[配套资源使用说明]

观看二维码教学视频的操作方法

本套丛书提供书中实例操作的二维码教学视频，i
一扫”功能，扫描本书前言中的“扫一扫，看视频”二维码图标，即可打开
教学视频界面。

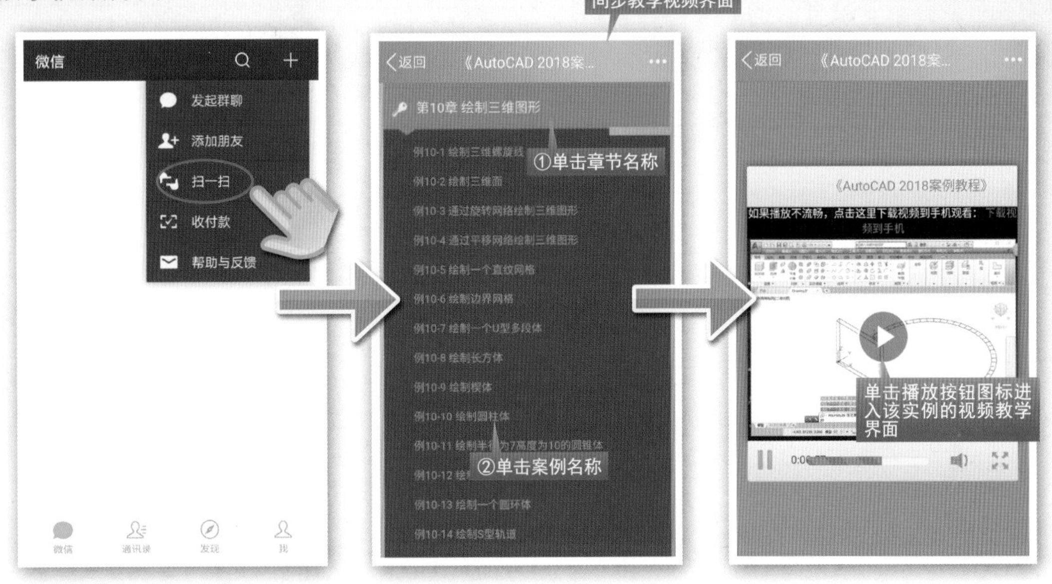

推送配套资源到邮箱的操作方法

本套丛书提供扫码推送配套资源到邮箱的功能，读者可以使用手机微信中的“扫一扫”功能，扫描本书前言中的“扫码推送配套资源到邮箱”二维码图标，即可快速下载图书配套的相关资源文件。

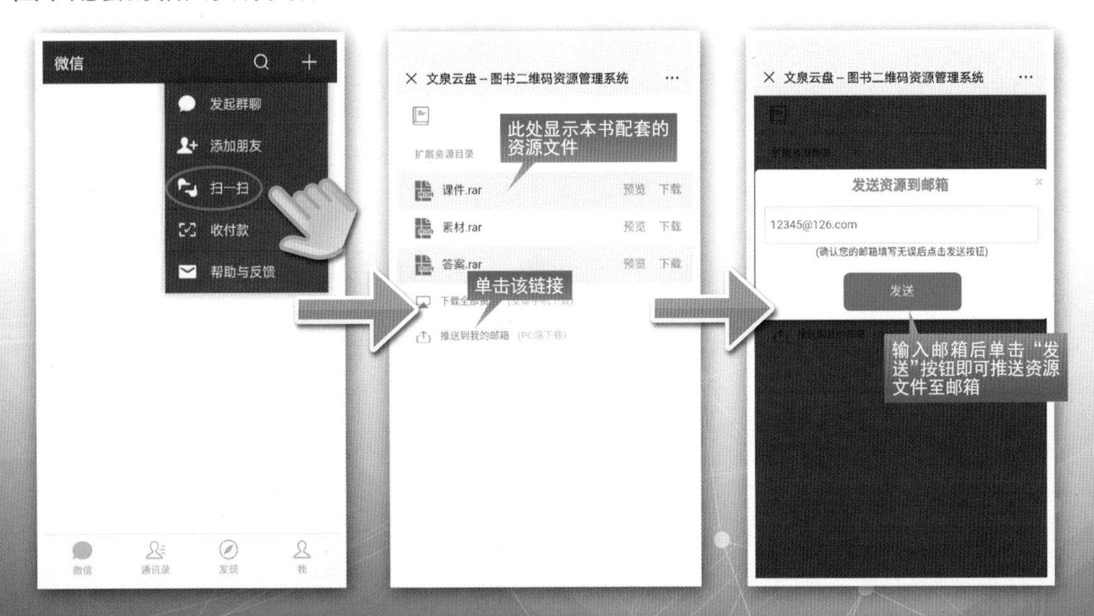

[配套资源使用说明]

电脑端资源使用方法

本套丛书配套的素材文件、电子课件、扩展教学视频以及云视频教学平台等资源，可通过在电脑端的浏览器中下载后使用。读者可以登录本丛书的信息支持网站(http://www.tupwk.com.cn/teaching)下载图书对应的相关资源。

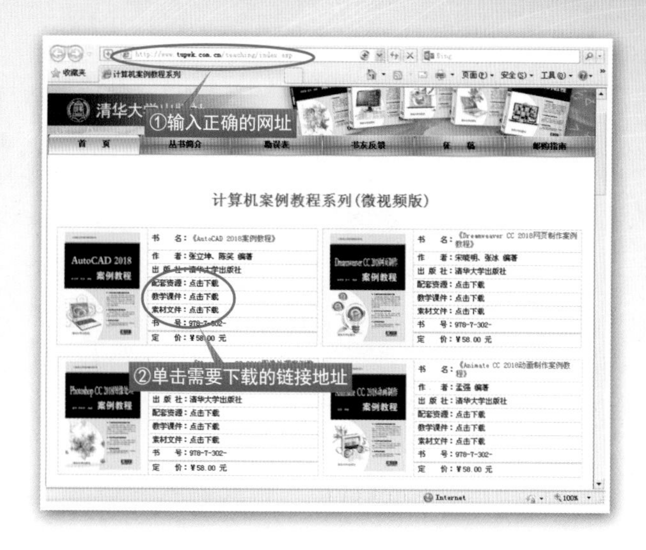

读者下载配套资源压缩包后，可在电脑中对该文件解压缩，然后双击名为Play的可执行文件进行播放。

扩展教学视频&素材文件

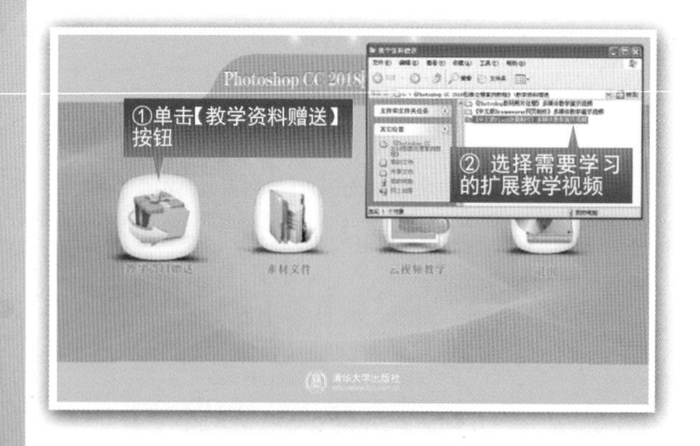

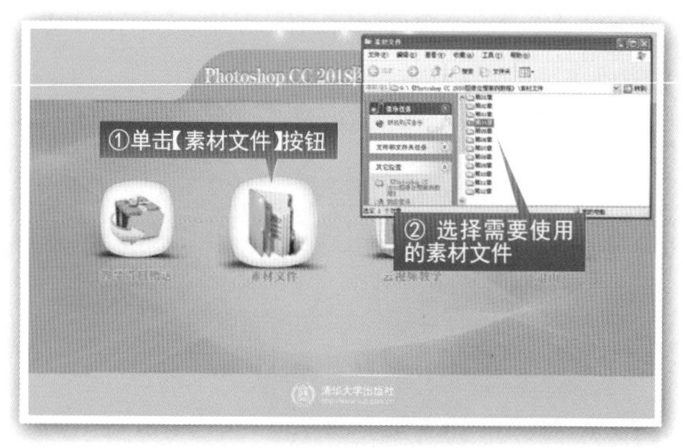

云视频教学平台

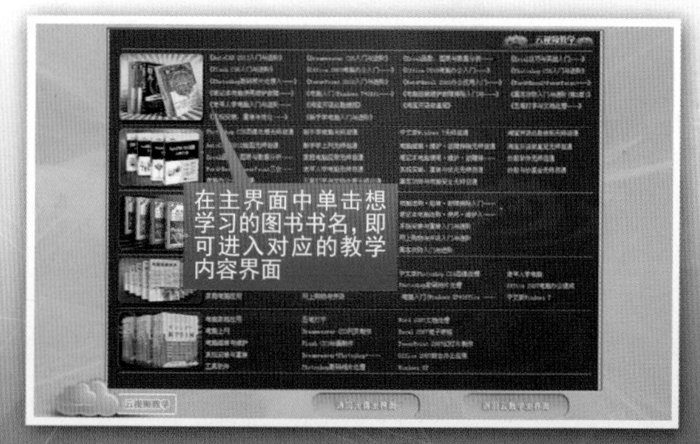

▶ 补间动画

▶ 传统补间动画

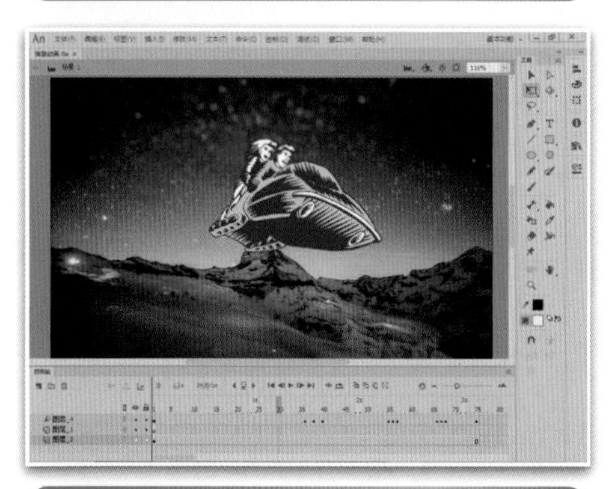

▶ 弹跳动画

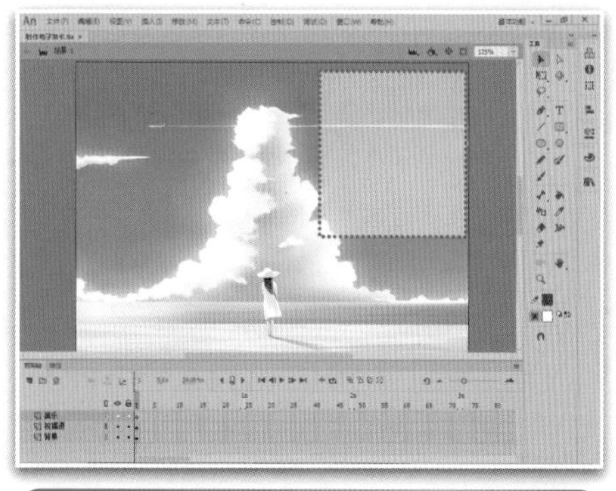

▶ 电子贺卡动画

▶ 动画转元件

▶ 放大文本动画

▶ 骨骼动画

▶ 滚动遮罩层

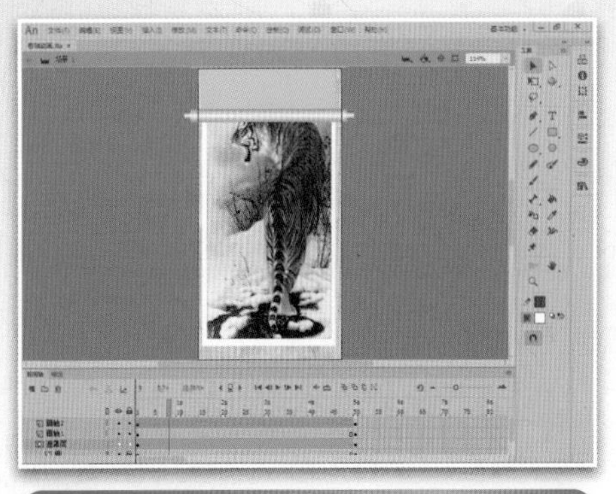

卷轴动画

蒲公英飘动动画

圣诞卡片

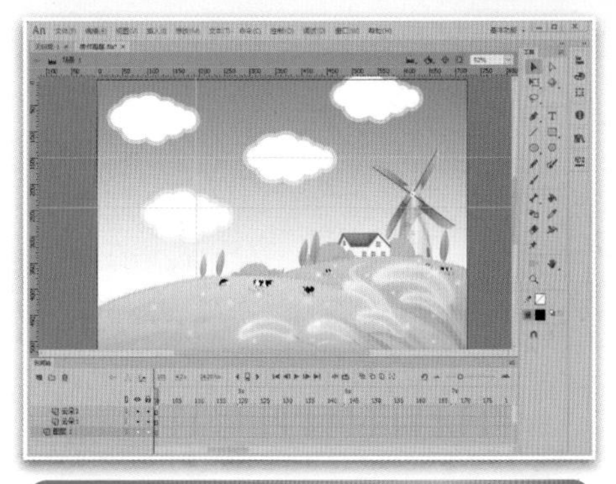

使用舞台辅助工具

文字按钮

下雪动画

引导层动画

逐帧动画

计算机应用案例教程系列

Animate CC 2019 动画制作案例教程

孔祥亮　冯彦乔◎编著

清華大學出版社
北　京

内 容 简 介

本书以通俗易懂的语言、翔实生动的案例全面介绍 Animate CC 2019 动画制作的操作方法和技巧。全书共分 12 章，内容涵盖了 Animate CC 2019 入门知识，简单实用的绘图工具，编辑图形和颜色，创建和编辑文本，导入多媒体对象，使用元件、实例和库，使用帧和图层，制作基本动画，ActionScript 脚本运用，创建基本动画组件，动画影片的后期处理以及 Animate CC 2019 综合案例。

书中同步的案例操作二维码教学视频可供读者随时扫码学习。本书还提供配套的素材文件、与内容相关的扩展教学视频以及云视频教学平台等资源的电脑端下载地址，方便读者扩展学习。本书具有很强的实用性和可操作性，是一本适用于高等院校及各类社会培训学校的优秀教材，也是广大初、中级计算机用户的首选参考书。

本书对应的电子课件及其他配套资源可以到 http://www.tupwk.com.cn/teaching 网站下载，也可以扫描前言中的二维码推送配套资源到邮箱。

图书在版编目(CIP)数据

Animate CC 2019 动画制作案例教程 / 孔祥亮，冯彦乔 编著. —北京：清华大学出版社，2020.4
（2023. 7重印）
计算机应用案例教程系列
ISBN 978-7-302-55049-5

I. ①A··· II. ①孔··· ②冯··· III. ①超文本标记语言—程序设计—教材 IV. ①TP312.8

中国版本图书馆 CIP 数据核字(2020)第 040738 号

责任编辑：胡辰浩
封面设计：孔祥峰
版式设计：妙思品位
责任校对：成凤进
责任印制：杨 艳
出版发行：清华大学出版社
网 址：http://www.tup.com.cn，http://www.wqbook.com
地 址：北京清华大学学研大厦 A 座 邮 编：100084
社 总 机：010- 83470000 邮 购：010-62786544
投稿与读者服务：010-62776969，c-service@tup.tsinghua.edu.cn
质 量 反 馈：010-62772015，zhiliang@tup.tsinghua.edu.cn
印 装 者：三河市君旺印务有限公司
经 销：全国新华书店
开 本：185mm×260mm **印 张**：18.75 **插 页**：2 **字 数**：480 千字
版 次：2020 年 5 月第 1 版 **印 次**：2023 年 7 月第 4 次印刷
印 数：7001～8000
定 价：79.00 元

产品编号：082906-02

熟练使用计算机已经成为当今社会不同年龄层次的人群必须掌握的一门技能。为了使读者在短时间内轻松掌握计算机各方面应用的基本知识，并快速解决生活和工作中遇到的各种问题，清华大学出版社组织了一批教学精英和业内专家特别为计算机学习用户量身定制了这套“计算机应用案例教程系列”丛书。

丛书、二维码教学视频和配套资源

选题新颖，结构合理，内容精练实用，为计算机教学量身打造

本套丛书注重理论知识与实践操作的紧密结合，同时贯彻“理论+实例+实战”3 阶段教学模式，在内容选择、结构安排上更加符合读者的认知习惯，从而达到老师易教、学生易学的目的。丛书采用双栏紧排的格式，合理安排图与文字的占用空间，在有限的篇幅内为读者提供更多的计算机知识和实战案例。丛书完全以高等院校及各类社会培训学校的教学需要为出发点，紧密结合学科的教学特点，由浅入深地安排章节内容，循序渐进地完成各种复杂知识的讲解，使学生能够一学就会、即学即用。

教学视频，一扫就看，配套资源丰富，全方位扩展知识范围

本套丛书提供书中案例操作的二维码教学视频，读者使用手机微信、QQ 以及浏览器中的“扫一扫”功能，扫描下方的二维码，即可观看本书对应的同步教学视频。此外，本书配套的素材文件、与本书内容相关的扩展教学视频以及云视频教学平台等资源，可通过在 PC 端的浏览器中下载后使用。用户也可以扫描下方的二维码推送配套资源到邮箱。

(1) 本书配套素材和扩展教学视频文件的下载地址如下。

http://www.tupwk.com.cn/teaching

(2) 本书同步教学视频的二维码如下。

扫一扫，看视频

扫码推送配套资源到邮箱

在线服务，疑难解答，贴心周到，方便老师定制教学课件

便捷的教材专用通道(QQ：22800898)为老师量身定制实用的教学课件。老师也可以登录本丛书的信息支持网站(http://www.tupwk.com.cn/teaching)下载图书对应的电子课件。

本书内容介绍

《Animate CC 2019 动画制作案例教程》是这套丛书中的一本，该书从读者的学习兴趣和实际需求出发，合理安排知识结构，由浅入深、循序渐进，通过图文并茂的方式讲解使用 Animate CC 2019 进行动画制作的基础知识和操作方法。全书共分 12 章，主要内容如下。

第 1 章：介绍 Animate CC 2019 的入门知识。

第 2 章：介绍绘图工具的操作方法和技巧。

第 3 章：介绍编辑图形和颜色的操作方法和技巧。

第 4 章：介绍创建和编辑文本的操作方法和技巧。

第 5 章：介绍导入多媒体对象的操作方法和技巧。

第 6 章：介绍使用元件、实例和库的操作方法和技巧。

第 7 章：介绍使用帧和图层的操作方法和技巧。

第 8 章：介绍制作基本动画的方法和技巧。

第 9 章：介绍 ActionScript 脚本运用的操作方法和技巧。

第 10 章：介绍创建基本动画组件的操作方法和技巧。

第 11 章：介绍动画影片后期处理的操作方法和技巧。

第 12 章：介绍 Animate CC 2019 综合案例实战的技巧应用。

读者定位和售后服务

本套丛书为所有从事计算机教学的老师和自学人员而编写，是一套适用于高等院校及各类社会培训学校的优秀教材，也可作为初、中级计算机用户的首选参考书。

如果您在阅读图书或使用电脑的过程中有疑惑或需要帮助，可以登录本丛书的信息支持网站(http://www.tupwk.com.cn/teaching)联系，本丛书的作者或技术人员会提供相应的技术支持。

本书分为 12 章，孔祥亮编写了第 1、5、6、9、10、11、12 章，四川交通职业技术学院的冯彦乔编写了第 2、3、4、7、8 章。由于作者水平所限，本书难免有不足之处，欢迎广大读者批评指正。我们的邮箱是 huchenhao@263.net，电话是 010-62796045。

“计算机应用案例教程系列”丛书编委会

2019 年 8 月

目录

第1章 Animate CC 2019 入门知识

第2章 简单实用的绘图工具

第3章 编辑图形和颜色

第 4 章 创建和编辑文本

第 5 章 导入多媒体对象

第 6 章 使用元件、实例和库

第 7 章 使用帧和图层

第 8 章 制作基本动画

第 9 章 ActionScript 脚本运用

第 10 章 创建基本动画组件

第 11 章 动画影片的后期处理

第12章 Animate CC 2019综合案例

第1章

Animate CC 2019 入门知识

Animate CC 在支持 Flash SWF 文件的基础上，加入了对 HTML5 的支持。Adobe Animate CC 2019 可以让用户在一个基于时间轴的创作环境中创建角色动画、广告、社交、游戏、教育等文档。本章将简单介绍 Animate CC 2019 的基础入门知识。

本章对应视频

例 1-1 自定义工作界面
例 1-2 新建 Animate 空白文档
例 1-3 Animate 文档操作

1.1 Animate 动画简介

Animate 动画是一种以 Web 应用为主的二维动画形式，它可以通过文字、图片、视频、声音等综合手段展现动画意图，还可以通过强大的交互功能实现与动画观看者之间的互动。

1.1.1 Animate 动画的概念和应用

Animate CC 由原 Adobe Flash Professional CC 更名得来，除维持原有 Flash 开发工具支持外，新增 HTML5 等创作工具。

Animate 动画被延伸到了多个领域，不仅可以在浏览器中观看，还具有在独立的播放器中播放的特性。Animate 动画凭借生成文件小、动画画质清晰、播放流畅等特点，在以下诸多领域中都得到了广泛的应用。

- 制作多媒体动画故事：Animate 动画的流行源于网络，Animate 动画比传统的 GIF 动画文件要小很多，在网络带宽有限的条件下，它更适合网络传输。

- 制作小游戏：Animate 动画有别于传统动画的重要特征之一在于其互动性，观众可以在一定程度上参与或控制 Animate 动画的进行，该功能得益于 Animate 拥有较强的 ActionScript 动态脚本编程语言。ActionScript 编程语言发展到 3.0 版本，其性能更强、灵活性更高、执行速度更快，用户可以利用 Animate 制作出各种有趣的小游戏。

- 制作教学课件：为了摆脱传统的文字式枯燥教学，远程网络教育对多媒体课件的要求非常高。复杂的课件在互动性方面有着很高的要求，它需要学生通过课件融入教学内容中，就像亲身试验一样。利用 Animate 制作的教学课件，能够很好地满足这些用户的需要。

- 制作动态网站：广告是大多数网站的收入来源，Animate 动画在网站广告方面的应用很多，任意打开一个门户网站，基本上都可以看到 Animate 动画广告元素的存在，而且设计者可以使用 Animate 直接制作网页动画，甚至制作出整个网站。

1.1.2 Animate 动画的制作流程

在制作 Animate CC 文档的过程中，通常需要执行一些基本步骤，包括计划应用程序、添加媒体元素、使用 ActionScript 控制行为等流程。

- 计划应用程序：确定应用程序要执行哪些基本任务。
- 添加媒体元素：添加图像、视频、声音和文本等媒体元素。
- 排列元素：在舞台上和时间轴中排列这些媒体元素，以定义它们在应用程序中显示的时间和显示方式。
- 应用特殊效果：根据需要应用图形滤镜(如模糊、发光和斜角)、混合和其他特殊效果。
- 使用 ActionScript 控制行为：编写 ActionScript 代码以控制媒体元素的行为方式，包括这些元素对用户交互的响应方式。
- 测试并发布应用程序：进行测试以验证应用程序是否按预期工作，查找并修复所遇到的错误。在整个创建过程中应不断测试应用程序。用户可以在 Animate 和 AIR Debug Launcher 中测试文件。
- 将文件发布为可在网页中显示并可使用 Flash Player 播放的 SWF 文件。

实用技巧

根据项目和工作方式，可以根据实际的制作需求，选择不同的顺序执行制作步骤。

1.1.3 Animate CC 2019 新增功能

Adobe Animate CC 最新版本为 Animate CC 2019，是矢量图编辑和动画创作的专业软件。Animate CC 2019 为游戏设计人员、开发人员、动画制作人员及教育内容编创人员推出了很多激动人心的新功能。

- 图像矢量化：现在可在 Animate 中轻松描摹图像并得到更高画质的结果。通过图像描摹，可将栅格图像(如 JPEG、PNG、PSD 等)转换为矢量图稿。利用此功能，用户可以通过描摹现有图稿，轻松地在该图稿基础上绘制新图稿。例如，使用【图像描摹】功能，将已在纸面上画出的铅笔素描图像转换为矢量图稿。用户可以从一系列描摹预设中选择预设来快速获得所需的结果。
- 音频分割：可将流式传输的音频分割为多个部分并保留其效果。
- 图像处理改进：通过取消选中【发布设置】对话框中的【导出为纹理】和【将图像合并到 Sprite 表中】复选框，将导出 Canvas 文档中导入的所有图像。已经压缩的图像也会按照原样导出，不会对其大小进行任何更改。
- 帧选择器增强功能：Animate 现在提供了将元件固定到帧选择器上的功能，这样在使用帧选择器工具时，就不会再选到元件。固定后的元件会被记忆下来，只要舞台上存在该元件实例，就不会从记忆中删除，即使转入另一帧也是如此。使用这些帧选择器增强功能，可使用多个元件并将它们固定在不同的帧选择器中。被固定后的元件将被记忆下来，只有该元件从库中消失或被明确取消固定且移动到其他文档之后，才会从记忆中删除。
- 纹理贴图集增强功能：纹理贴图集是作为单个大图像的纹理的集合。Animate 为纹理贴图集增添了两个新的导出选项：分辨率和优化尺寸。
- 文件保存优化：现在可更轻松地逐

步保存 Animate 文档(FLA 和 XFL)，且保存效果更好。这样反过来又有助于减少自动恢复模式的保存时间并更快地保存复杂数据。

➤ 资源变形：利用增强后的资源变形功能，可帮助用户更好地控制手柄和变形结果。

1.2 Animate CC 2019 启动及退出

制作 Animate 动画之前，首先要学会启动和退出 Animate CC 2019 程序，其步骤非常简单，下面将介绍启动和退出 Animate CC 2019 的操作方法。

1.2.1 启动 Animate CC 2019

如果要启动 Animate CC 2019，可以执行以下操作步骤之一。

➤ 从【开始】菜单启动：启动 Windows 7 后，打开【开始】菜单，选择【所有程序】|Adobe Animate CC 2019 选项，启动 Animate CC 2019。

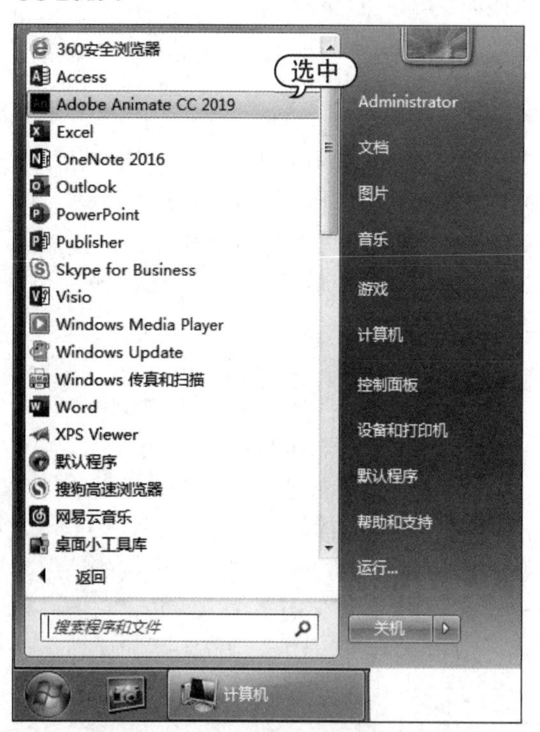

➤ 通过桌面快捷图标启动：当 Animate CC 2019 安装完后，桌面上将自动创建快捷图标。双击该快捷图标，就可以启动 Animate CC 2019。

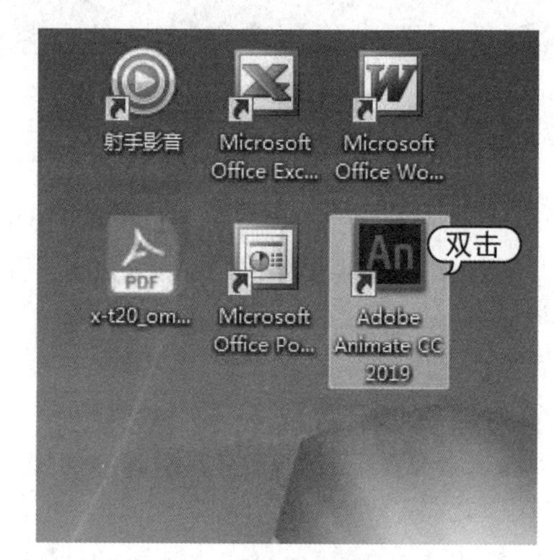

➤ 双击已经建立好的 Animate CC 文档。

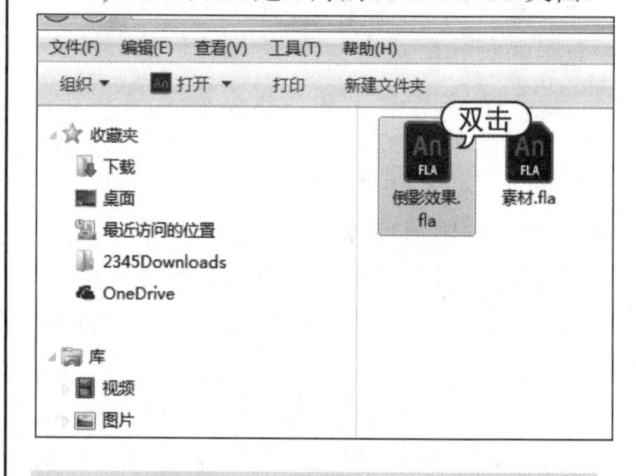

1.2.2 退出 Animate CC 2019

如果要退出 Animate CC 2019，可以执行以下步骤之一。

➤ 单击 Animate CC 2019 窗口右上角的【关闭】按钮 ✕ 。

➤ 选择【文件】|【退出】命令。

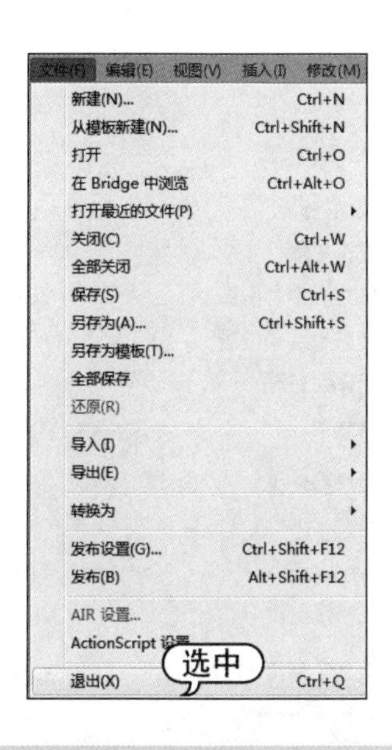

▶ 单击标题栏左侧的An按钮，从弹出的菜单中选择【关闭】命令。

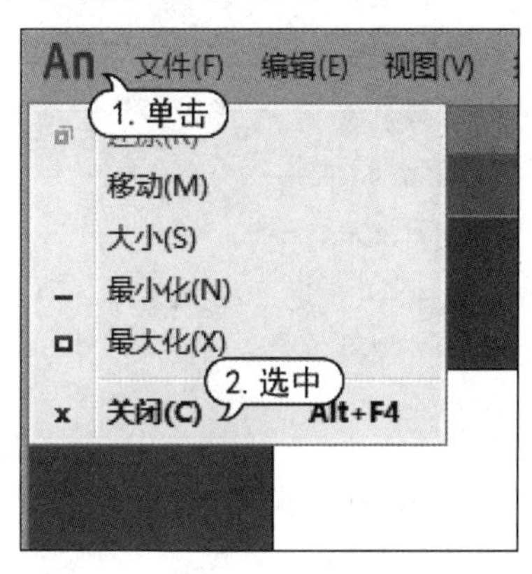

1.3　Animate CC 2019 工作界面

要正确高效地运用 Animate CC 2019 软件制作动画，首先需要熟悉 Animate CC 的工作界面以及工作界面中各界面元素的功能。Animate CC 的工作界面主要包括标题栏、【工具】面板、【时间轴】面板、其他面板组集合、舞台等界面要素。

1.3.1　主屏

在默认情况下，启动 Animate CC 会打开一个主屏，通过它可以快速创建 Animate 文件和打开相关项目。

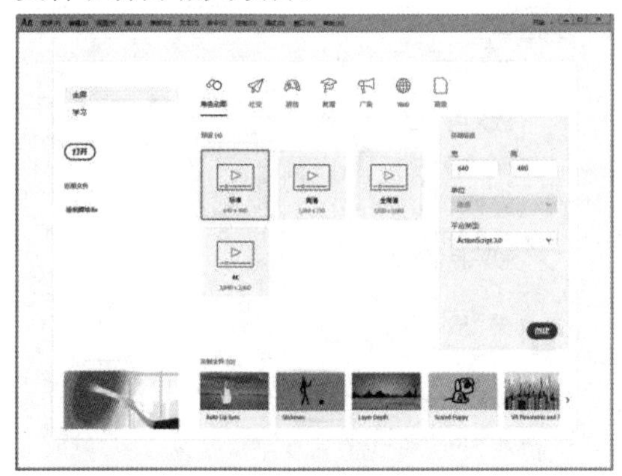

主屏上有几个常用选项列表，作用分别如下。

▶【打开】按钮：可以打开已有的文件。

▶【创建】按钮：可以创建包括【角色动画】【社交】【游戏】【教育】【广告】【Web】【高级】等各种文档。

▶【学习】：选择该选项，可以打开对应的程序简介和学习页面。

1.3.2　标题栏和菜单

Animate CC 2019 的标题栏包括窗口管理按钮、工作区切换按钮、菜单栏等。

▶ 窗口管理按钮：包括【最大化】【最小化】【关闭】按钮，它们和普通窗口的管理按钮一样。

▶ 工作区切换按钮：该按钮提供了多种工作区模式选择，包括【动画】【调试】【传统】【设计人员】【开发人员】【基本功能】【小屏幕】等选项，用户单击该按钮，在弹出的下拉菜单中选择相应的选项即可切换工作区模式。

▶ 菜单栏：包括【文件】【编辑】【视图】【插入】【修改】【文本】【命令】【控制】【调试】【窗口】与【帮助】菜单。

基本功能 ▾

动画
传统
调试
设计人员
开发人员
✓ 基本功能
小屏幕

开始

新建工作区
删除工作区
重置"基本功能"(R)...

菜单栏包含了大部分 Animate CC 2019 操作命令，其中【文件】菜单用于文件操作，例如新建、打开和保存文件等。

文件(F)

新建(N)...	Ctrl+N
从模板新建(N)...	Ctrl+Shift+N
打开	Ctrl+O
在 Bridge 中浏览	Ctrl+Alt+O
打开最近的文件(P)	▸
关闭(C)	Ctrl+W
全部关闭	Ctrl+Alt+W
保存(S)	Ctrl+S
另存为(A)...	Ctrl+Shift+S
另存为模板(T)...	
全部保存	
还原(R)	
导入(I)	▸
导出(E)	▸
转换为	▸
发布设置(G)...	Ctrl+Shift+F12
发布(B)	Alt+Shift+F12
AIR 设置...	
ActionScript 设置...	
退出(X)	Ctrl+Q

【编辑】菜单用于动画内容的编辑操作，例如复制、粘贴等。

编辑(E)

撤消	Ctrl+Z
重做	Ctrl+Y
剪切(T)	Ctrl+X
复制(C)	Ctrl+C
粘贴到中心位置(P)	Ctrl+V
粘贴到当前位置(N)	Ctrl+Shift+V
选择性粘贴	
清除(A)	Backspace
直接复制(D)	Ctrl+D
全选(L)	Ctrl+A
取消全选(V)	Ctrl+Shift+A
反转选区(I)	
查找和替换(F)	Ctrl+F
查找下一个(X)	F3
时间轴(M)	▸
编辑元件	Ctrl+E
编辑所选项目(I)	
在当前位置编辑(E)	
首选参数(S)...	Ctrl+U
字体映射(G)...	
快捷键(K)...	

【视图】菜单用于对开发环境进行外观和版式设置，例如放大、缩小视图等。

【插入】菜单用于插入性质的操作，例如新建元件、插入场景等。

插入(I)
新建元件(E)... Ctrl+F8
补间动画
创建补间形状
创建传统补间
时间轴(N)
场景(S)

【修改】菜单用于修改动画中的对象、场景等动画本身的特性，例如修改属性等。

修改(M)
文档(D)... Ctrl+J
转换为元件(C)... F8
转换为位图(B)
分离(K) Ctrl+B
位图(W)
元件(S)
形状(P)
合并对象(O)
时间轴(N)
变形(T)
排列(A)
对齐(N)
组合(G) Ctrl+G
取消组合(U) Ctrl+Shift+G

【文本】菜单用于对文本的属性和样式进行设置。

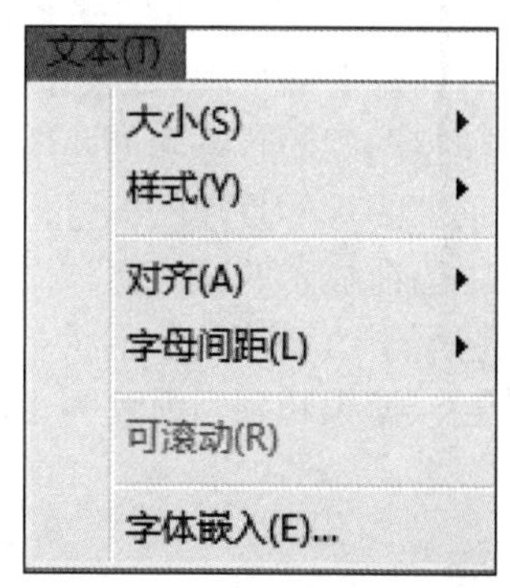

【命令】菜单用于对命令进行管理。

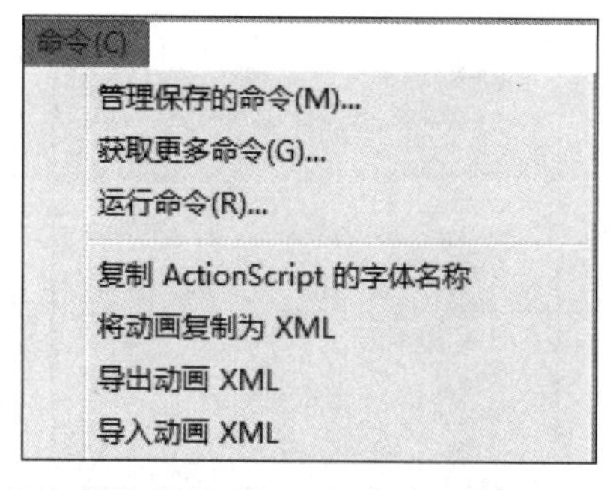

【控制】菜单用于对动画进行播放、控制和测试。

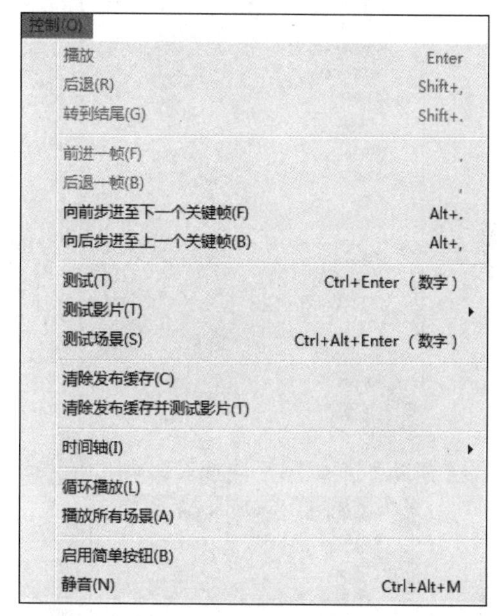

【调试】菜单用于对动画进行调试操作。

调试(D)
调试(D) Ctrl+Shift+Enter（数字）
调试影片(M)
继续(C) Alt+F5
结束调试会话(E) Alt+F12
跳入(I) Alt+F6
跳过(V) Alt+F7
跳出(O) Alt+F8
切换断点(T) Ctrl+Alt+B
删除所有断点(A) Ctrl+Alt+Shift+B
开始远程调试会话(R)

【窗口】菜单用于打开、关闭、组织和切换各种窗口面板。

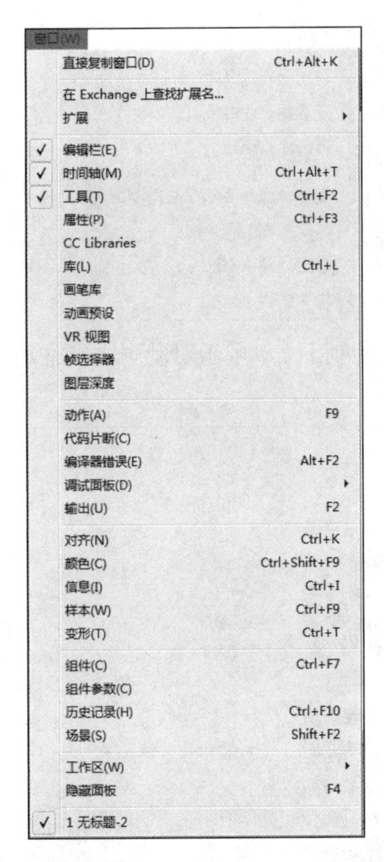

【帮助】菜单用于快速获取帮助信息。

1.3.3 【工具】面板

Animate CC 的【工具】面板包含了用于创建和编辑图像、图稿、页面元素的所有工具。使用这些工具可以进行绘图、选取对象、喷涂、修改及编排文字等操作。其中一部分工具按钮的右下角有◢图标，表示该工具里包含一组同类型工具。

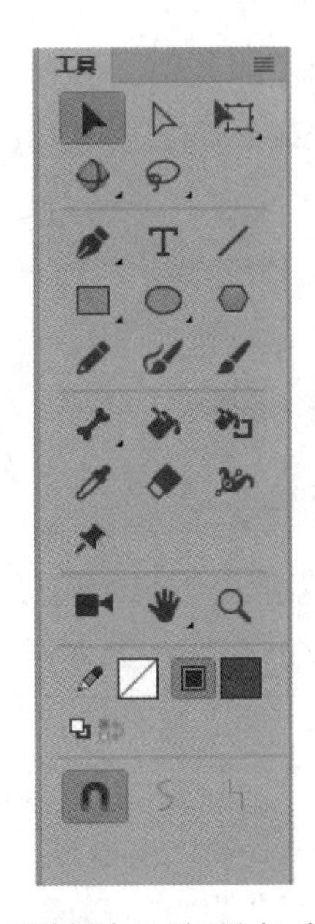

【工具】面板默认将所有功能按钮竖排，如果用户认为这种排列方式在使用上不方便，可以拖动【工具】面板边框，扩大面板来调整按钮位置。

1.3.4 【时间轴】面板

【时间轴】面板用于组织和控制影片内容在一定时间内播放的层数和帧数，动画影片将时间长度划分为帧。图层相当于层叠的幻灯片，每个图层都包含一个显示在舞台中的不同图像。

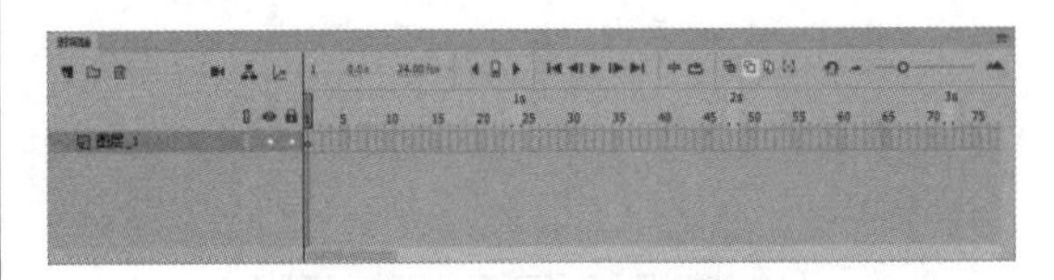

在【时间轴】面板中，左边的上方几个按钮用于调整图层的状态和创建图层。在帧区域中，顶部的标号是帧的编号，播放头指示了舞台中当前显示的帧。在该面板帧上面显示的按钮用于改变帧的显示状态，指示当前帧的编号、帧频和到当前帧为止动画的播放时间等。

1.3.5 面板集

面板集用于管理 Animate CC 面板，它将所有面板都嵌入同一个面板中。通过面板集，用户可以对工作界面的面板布局进行重新组合，以适应不同的工作需求。

1. 面板集的操作

面板集的基本操作主要有以下几个。

- Animate CC 提供了 7 种工作区面板集的布局方式，单击标题栏的【基本功能】按钮，在弹出的下拉菜单中选择相应命令，即可在 7 种布局方式间切换。

- 除了使用预设的几种布局方式以外，还可以对面板集进行手动调整。用鼠标左键按住面板的标题栏拖动可以进行任意移动，当被拖动的面板停靠在其他面板旁边时，会在其边界出现一个蓝边的半透明条，如果此时释放鼠标，则被拖动的面板将停放在半透明条位置。如下图所示为将【库】面板拖动到【工具】面板左侧。

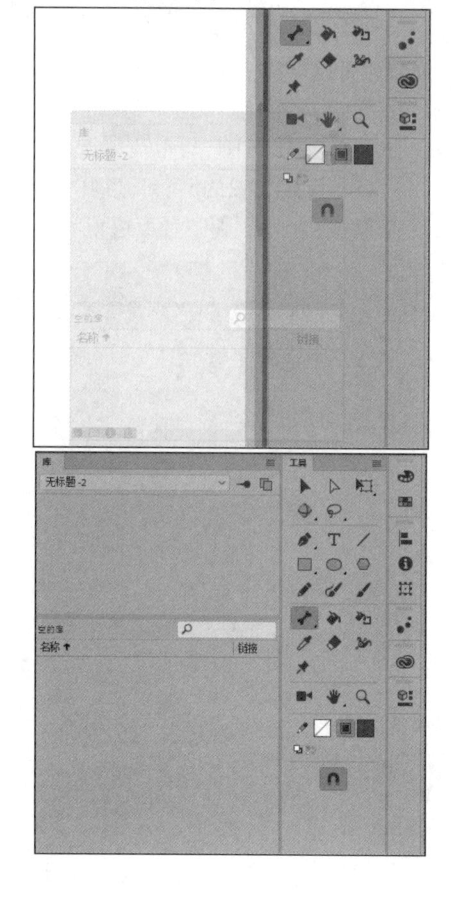

- 将一个面板拖动到另一个面板中时，目标面板会呈现蓝色的边框，如果此时释放鼠标，被拖动的面板将会以选项卡的形式出现在目标面板中。

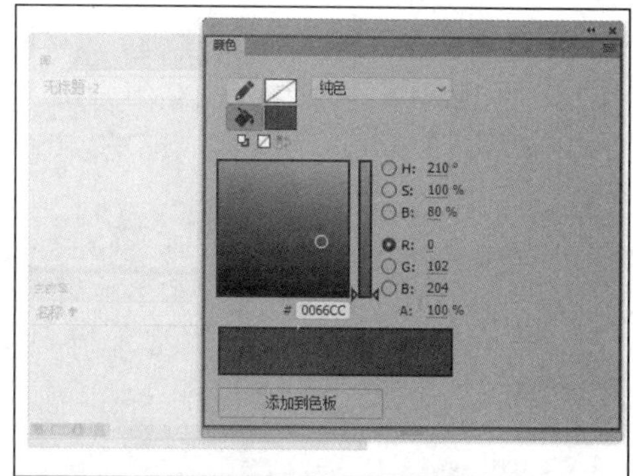

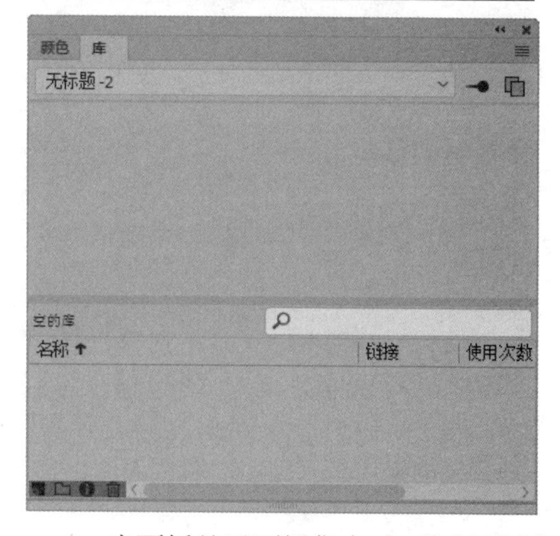

- 当面板处于面板集中时，单击面板集顶端的【折叠为图标】按钮，可以将整个面板集中的面板以图标方式显示，再次单击该按钮则恢复面板的显示。

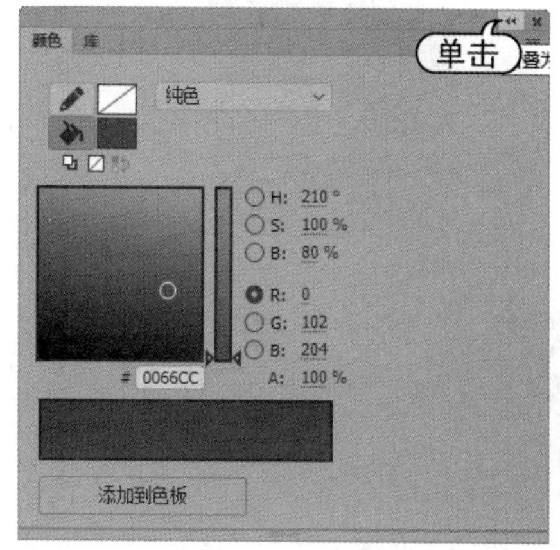

2. 其他常用面板

Animate CC 里比较常用的面板有【颜色】【库】【属性】和【变形】面板等。这几种常用面板简介如下。

- 【颜色】面板：选择【窗口】|【颜色】命令，或按下 Ctrl+Shift+F9 组合键，可以打开【颜色】面板，该面板用于给对象设置边框颜色和填充颜色。

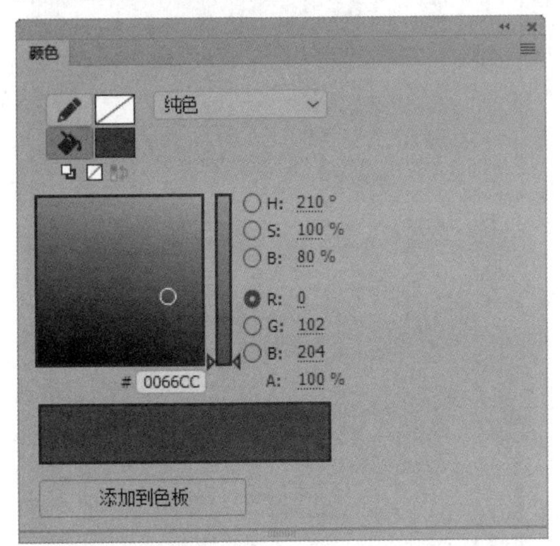

- 【库】面板：选择【窗口】|【库】命令，或按下 Ctrl+L 组合键，可以打开【库】面板。该面板用于存储用户所创建的组件等内容，在导入外部素材时也可以导入【库】面板中。

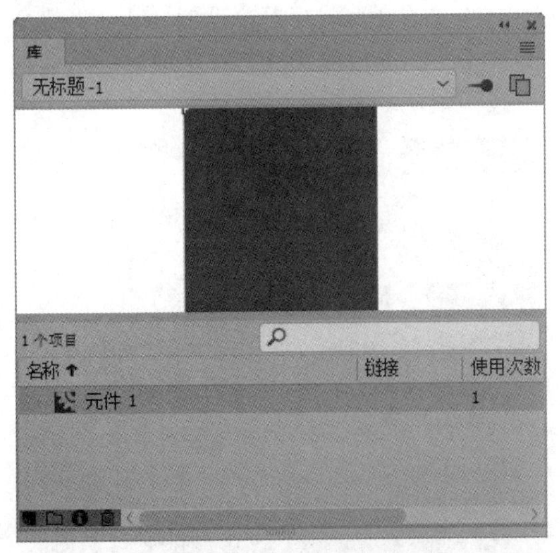

- 【属性】面板：选择【窗口】|【属性】命令，或按下 Ctrl+F3 组合键，可以打开【属性】面板。根据用户选择对象的不同，【属性】面板中显示出不同的相应信息。

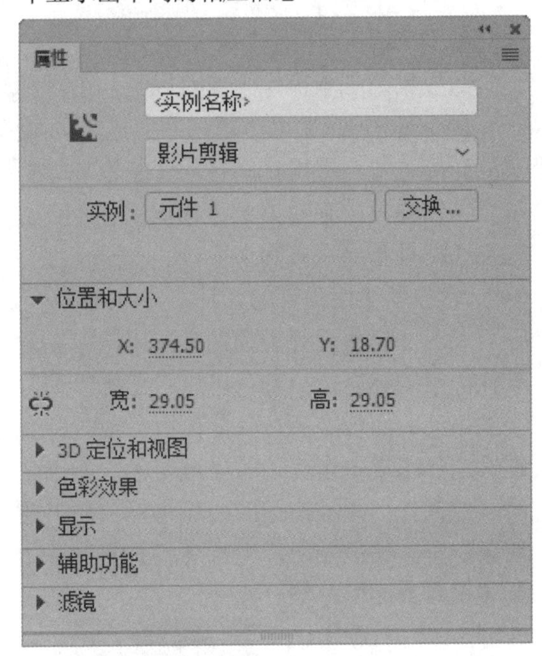

- 【变形】面板：选择【窗口】|【变形】命令，或按下 Ctrl+T 组合键，可以打开【变形】面板。在该面板中，用户可以对所选对象进行放大与缩小、设置对象的旋转角度和倾斜角度以及设置 3D 旋转度数和中心点位置等操作。

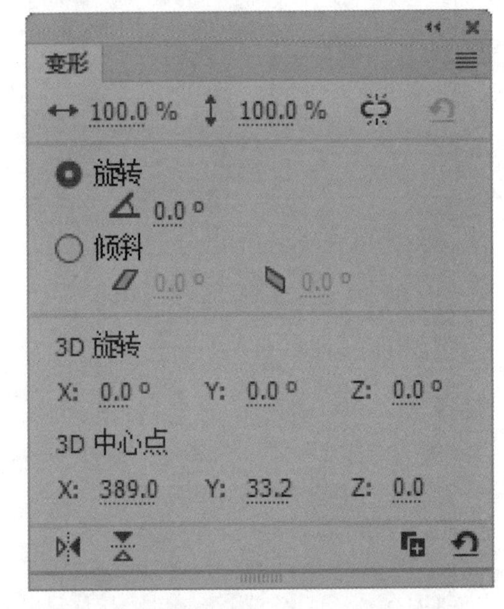

- 【对齐】面板：选择【窗口】|【对

齐】命令，或按快捷键 Ctrl+K，可以打开【对齐】面板。在该面板中，可以对所选对象进行对齐和分布操作。

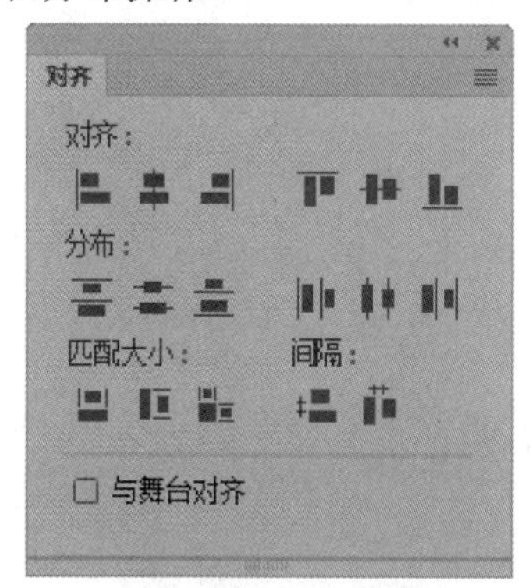

➤ 【动作】面板：选择【窗口】|【动作】命令，或按下 F9 键，可以打开【动作】面板。在该面板中，左侧是路径目录形式，右侧是参数设置区域和脚本编写区域，用户可以在右侧编写区域中直接编写脚本。

1.3.6　舞台

舞台是用户进行动画创作的可编辑区域，可以在其中直接绘制插图，也可以在舞台中导入需要的插图、媒体文件等，其默认状态是一幅白色的画布。

舞台上端为编辑栏，包含正在编辑的对象名称、【编辑场景】按钮、【编辑元件】按钮、【舞台居中】按钮、【剪切掉舞台范围以外的内容】按钮、缩放数字框 100% 等元素。编辑栏的上方是标签栏，上面标示着文档的名字。

要修改舞台的属性，选择【修改】|【文档】命令，打开【文档设置】对话框。根据需要修改舞台的尺寸大小、颜色、帧频等信息后，单击【确定】按钮即可。

创作环境中的舞台相当于 Flash Player 或 Web 浏览器窗口中在播放期间显示文档的矩形空间。要在工作时更改舞台的视图，可以使用放大和缩小功能。若要在舞台上定位项目，可以使用网格、辅助线和标尺等舞台工具。

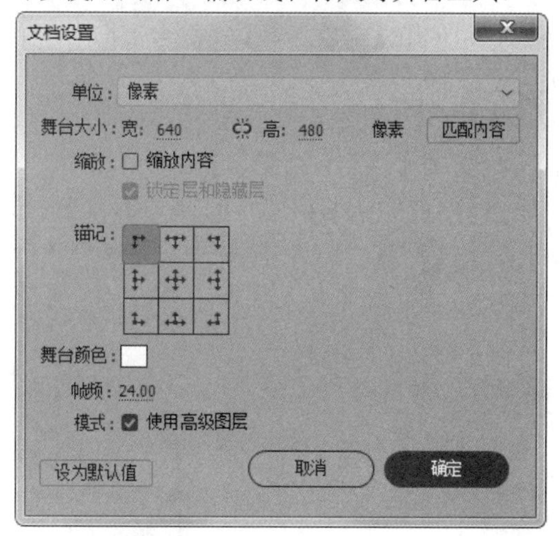

1. 缩放舞台

要在屏幕上查看整个舞台，或要以大缩放比例查看绘图的特定区域，可以更改缩放比例。最大的缩放比例取决于显示器的分辨率和文档大小。

➤ 若要放大某个元素，可选择【工具】面板中的【缩放工具】，然后单击该元素。若要在放大或缩小之间切换【缩放工具】，请

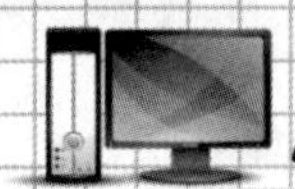

使用【放大】或【缩小】按钮进行切换(当【缩放工具】处于选中状态时位于【工具】面板的选项区域中)。

▶ 要进行放大以使绘图的特定区域填充窗口，可使用【缩放工具】在舞台上拖出一个矩形选取框。

▶ 要放大或缩小整个舞台，可选择【视图】|【放大】或【视图】|【缩小】命令。

▶ 要放大或缩小特定的百分比，可选择【视图】|【缩放比例】，然后从子菜单中选择一个百分比，或者从文档窗口右上角的缩放控件中选择一个百分比。

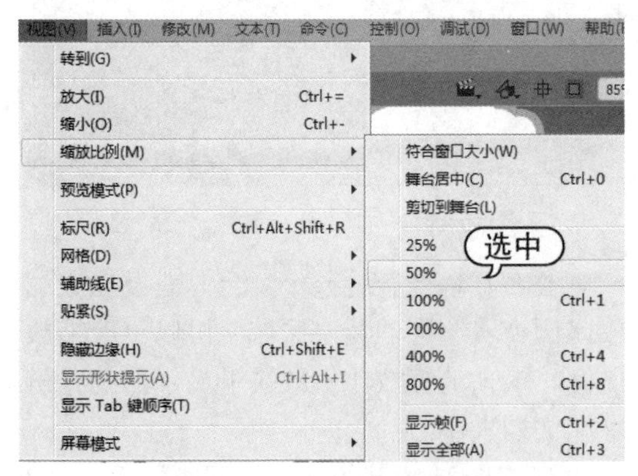

▶ 要缩放舞台以完全适合应用程序窗口，可选择【视图】|【缩放比例】|【符合窗口大小命令】。

▶ 要显示整个舞台，可选择【视图】|【缩放比例】|【显示帧】命令，或从文档窗口右上角的缩放控件中选择【显示帧】选项。

▶【属性】面板中的【缩放内容】复选框允许用户根据舞台大小缩放舞台上的内容。选中此复选框后，如果调整了舞台大小，其中的内容会随舞台同比例调整大小。

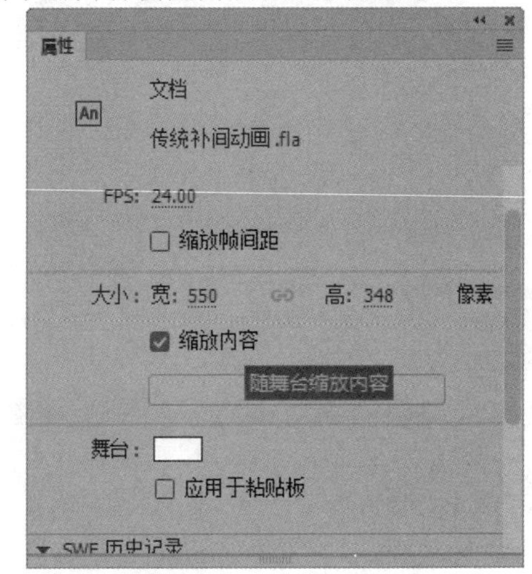

2. 旋转舞台

Animate CC 2019 提供了【旋转工具】，允许用户临时旋转舞台视图。

首先选择与【手形工具】位于同一组的【旋转工具】，选中旋转工具后，屏幕上会出现一个十字形的旋转轴心点，可以更改轴心点的位置，单击需要的位置即可。设置好轴心点后，即可围绕轴心点拖动鼠标来旋转视图。

不管当前已选中哪种工具，用户都可以采用以下方法快速旋转舞台：同时按住 Shift 和 Space 键，然后拖动鼠标使舞台视图旋转。

3. 标尺

舞台中还包含辅助工具，用来在舞台上精确地绘制和定位对象。其中的标尺显示在舞台设计区内的上方和左侧，用于显示尺寸。用户选择【视图】|【标尺】命令，可以显示或隐藏标尺。

用户可以更改标尺的度量单位，将其默认单位(像素)更改为其他单位。在显示标尺的情况下移动舞台上的元素时，将在标尺上显示几条线，标示该元素的尺寸。

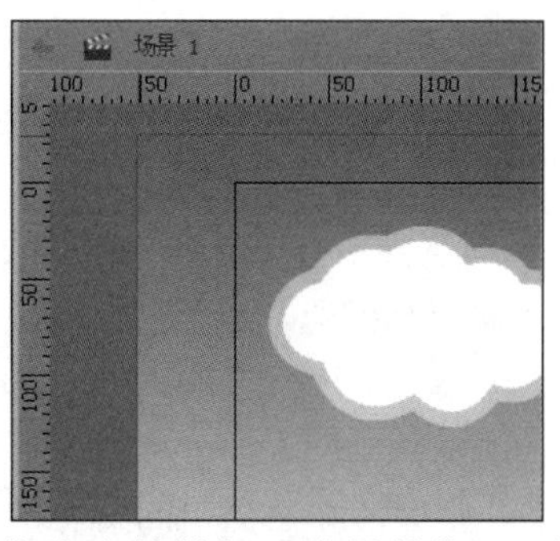

要指定文档的标尺度量单位，可选择【修改】|【文档】命令，打开【文档设置】对话框，然后从【单位】下拉列表中选择一个度量单位，单击【确定】按钮。

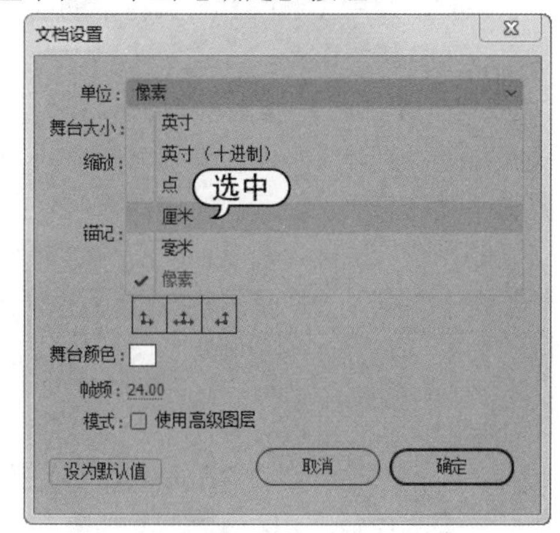

4. 辅助线

辅助线用于对齐文档中的各种元素。用户只需将鼠标光标置于标尺上方，然后按住鼠标左键，向下拖动到执行区内，即可添加辅助线。

对辅助线可以执行以下几种操作。

▶ 要移动辅助线，可使用【选取】工具单击标尺上的任意一处，将辅助线拖到舞台上需要的位置。

▶ 要锁定辅助线，可选择【视图】|【辅助线】|【锁定辅助线】命令。

▶ 要清除辅助线，可选择【视图】|【辅助线】|【清除辅助线】命令。如果在文档编辑模式下，则会清除文档中的所有辅助线。如果在元件编辑模式下，则只会清除元件中使用的辅助线。

▶ 要删除辅助线，可在辅助线处于解除锁定状态时，使用【选取】工具将辅助线拖到水平或垂直标尺上。

▶ 选择【视图】|【辅助线】|【编辑辅助线】命令，打开【辅助线】对话框，可以设置辅助线的颜色、显示、锁定等选项。

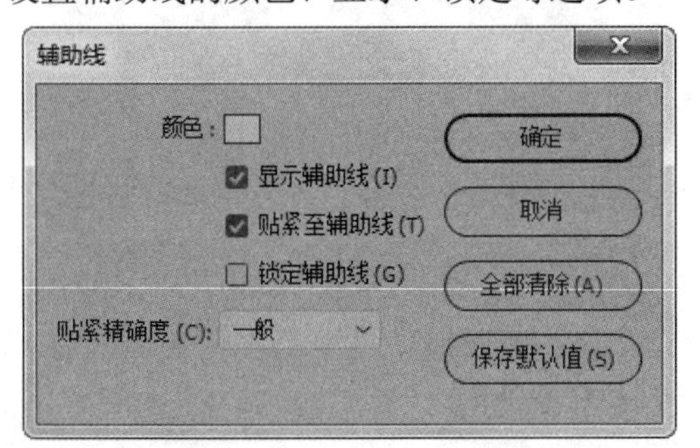

5. 网格

网格是用来对齐图像的网状辅助线工具。选择【视图】|【网格】|【显示网格】命令，即可在文档中显示或隐藏网格线。

选择【视图】|【网格】|【编辑网格】命令，将打开【网格】对话框，在其中可以设置网格的各种属性。

Animate CC 提供贴紧功能供用户使用，用户可以进行贴紧至辅助线、贴紧至网格、贴紧至像素等操作。

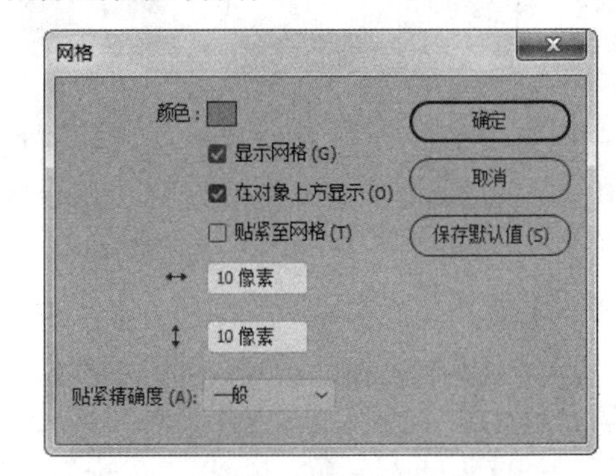

▶ 要打开或关闭贴紧至辅助线，可选择【视图】|【贴紧】|【贴紧至辅助线】命令。当辅助线处于网格之间时，贴紧至辅助线优先于贴紧至网格。

▶ 要打开或关闭贴紧至网格，可选择【视图】|【贴紧】|【贴紧至网格】命令。

▶ 要打开或关闭贴紧至像素，可选择【视图】|【贴紧】|【贴紧至像素】命令。

▶ 要打开或关闭贴紧至对象，可选择【视图】|【贴紧】|【贴紧至对象】命令。

1.4 设置工作环境

为了提高工作效率，使软件最大限度地符合个人的操作习惯，用户可以在动画制作之前先对 Animate CC 的工作界面、首选参数等选项进行相应设置。

1.4.1 自定义工作界面

在实际操作使用 Animate CC 软件时，常常需要调整某些面板或窗口的大小。例如，想仔细查看舞台中的内容时，就需要将舞台放大。将光标移至工作界面中的【工具】

面板和舞台窗口之间时，光标会变为左右双向箭头，此时按住鼠标左键左右拖动，可以横向改变【工具】面板和舞台的宽度。

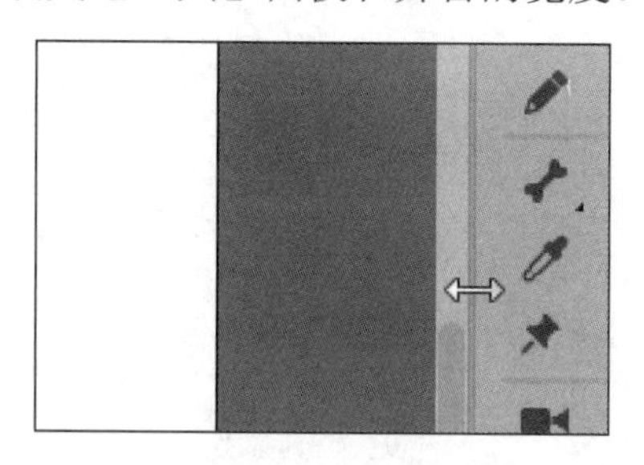

当光标移至工作界面中的【时间轴】面板和舞台窗口之间时，光标会变为上下双向箭头，此时按住鼠标左键上下拖动，可以纵向改变【时间轴】面板和舞台的高度。

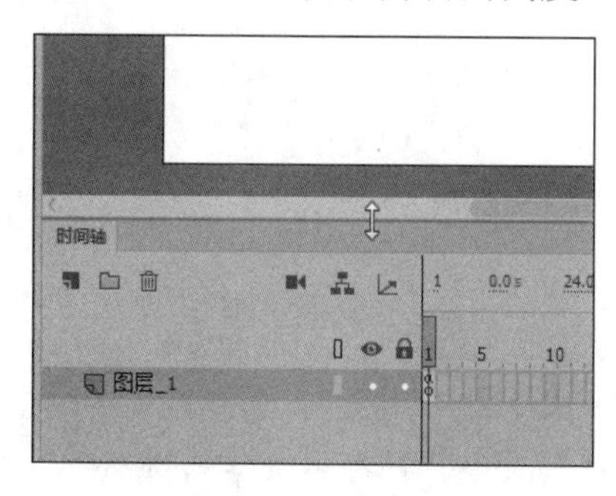

Animate CC 2019 允许用户自定义属于自己的工作界面，将自定义工作界面保存，这样下次就可以进入专属于自己的工作界面。

【例 1-1】设置 Animate CC 2019 工作界面。
视频

step 1 启动Animate CC 2019，新建一个文档。选择【窗口】|【工作区】|【新建工作区】命令，打开【新建工作区】对话框，在【名称】文本框中输入工作区名称为“新工作区”，然后单击【确定】按钮。

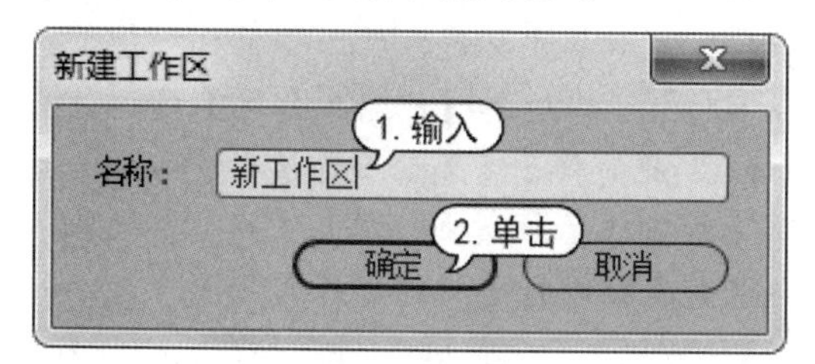

step 2 选择【窗口】|【属性】命令，打开【属性】面板，拖动面板至文档底部位置，当显示蓝边的半透明条时释放鼠标，【属性】面板将停放在文档底部位置。

step 3 选择【窗口】|【颜色】命令，打开【颜色】面板，将【颜色】面板拖动到窗口右侧，当显示蓝边的半透明条时释放鼠标，【颜色】面板将停放在文档右侧位置。

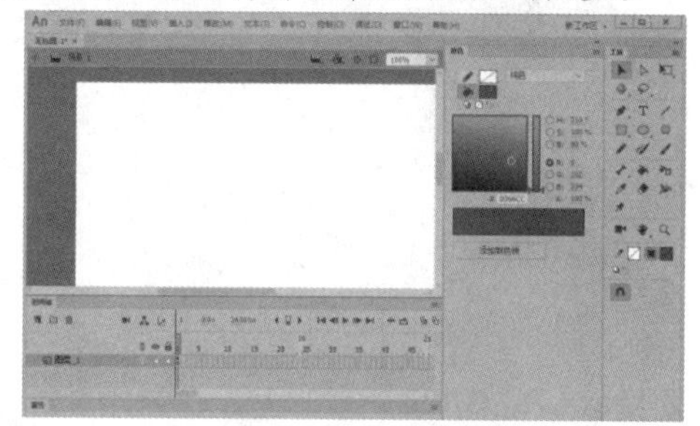

step 4 选择【窗口】|【库】命令，打开【库】面板，拖动【库】面板到【颜色】面板的标题栏上，当显示蓝边的半透明条时释放鼠标，【库】面板将停放在【颜色】面板的里面。

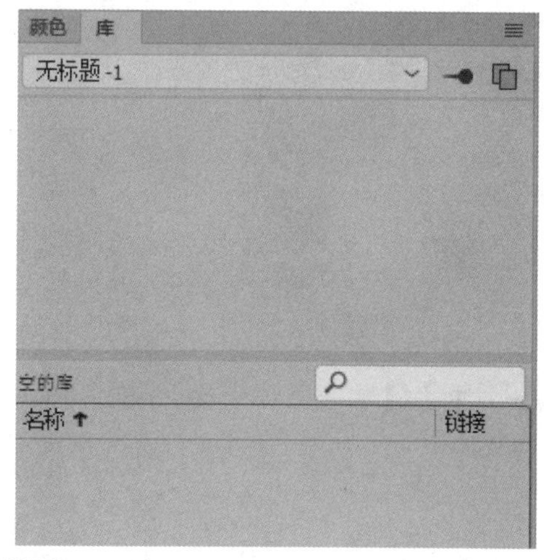

step 5 将【时间轴】面板拖动到最上面。

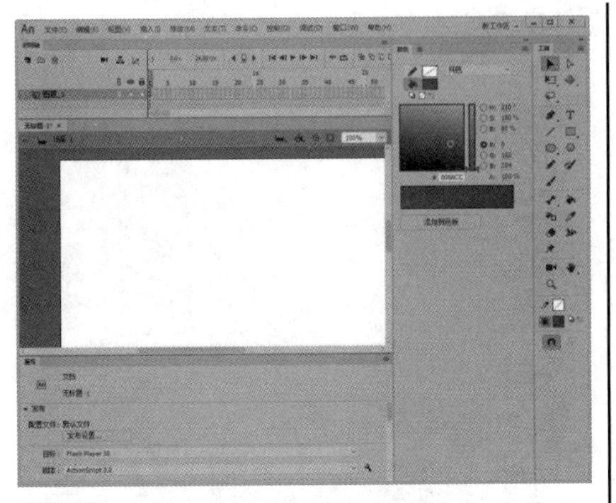

step 6 选择【窗口】|【信息】命令，单击【信息】面板上的【折叠为图标】按钮。

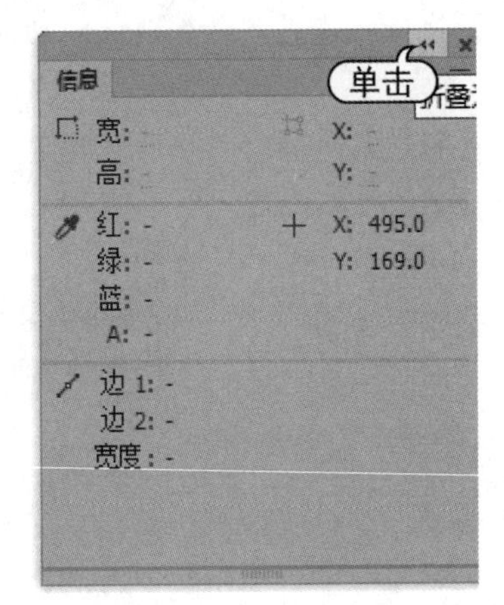

step 7 此时【信息】面板显示为图标模式，使用相同方法，将【对齐】【变形】【动画预设】面板都折叠为图标，并拖入【信息】图标，将它们组成一个图标组。

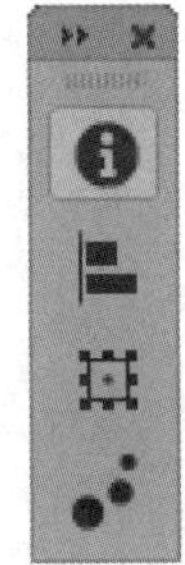

step 8 单击【展开面板】按钮，可以展开面板。

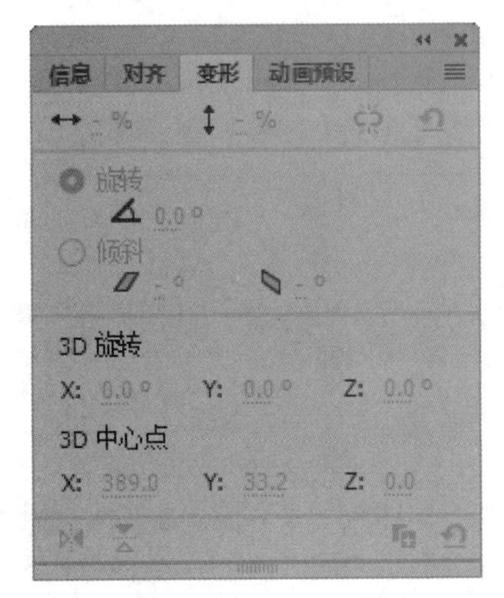

step 9 单击按钮，在下拉菜单中选择【锁定】命令。

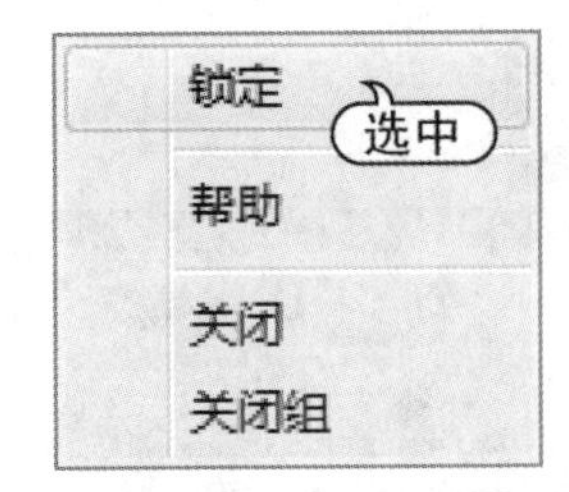

step 10 此时面板组显示为锁定状态，无法移动和控制大小，只有再次单击按钮，在下拉菜单中选择【解除锁定】命令，才会恢复原状。

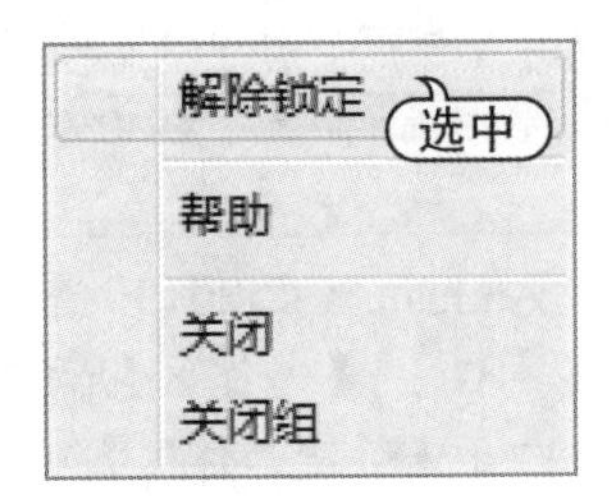

step 11 如果需要删除自定义的工作界面，可以选择【窗口】|【工作区】|【删除工作区】命令，或者单击标题栏的工作区切换按钮，在下拉菜单中选择【删除工作区】命令。

step 12 此时弹出【删除工作区】对话框，选择【新工作区】选项，单击【确定】按钮，即可删除刚才自定义的工作界面。

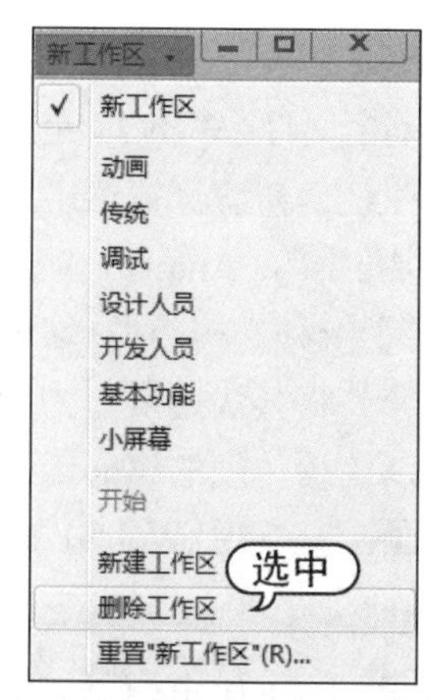

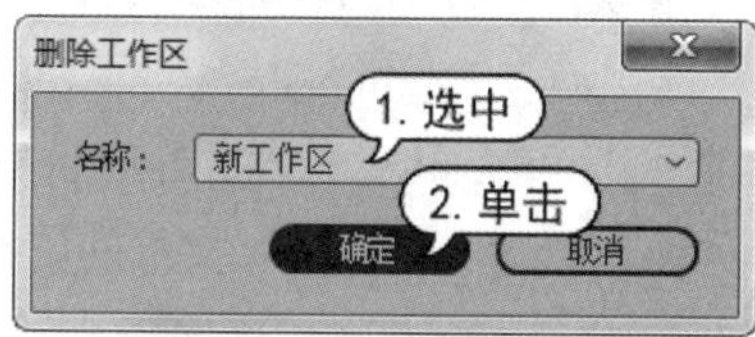

1.4.2　设置首选参数

用户可以在【首选参数】对话框中对 Animate CC 中的常规应用程序操作、编辑操作和剪贴板操作等参数选项进行设置。选择【编辑】|【首选参数】命令，打开【首选参数】对话框，用户可以在不同的选项卡中设置不同的参数选项。

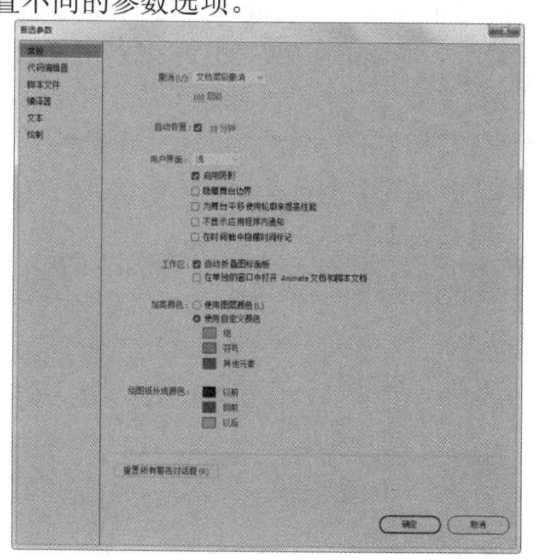

其中一些参数选项的设置如下。

- 文档或对象层级撤销：文档层级撤销用来维护一个列表，其中包含用户对整个 Animate 文档所做的所有动作。对象层级撤销为用户针对文档中每个对象的动作单独维护一个列表。使用对象层级撤销可以撤销针对某个对象的动作，而无须另外撤销针对修改时间比目标对象更近的其他对象的动作。
- 撤销层次：若要设置撤销或重做的级别，输入一个介于 2～300 的值。撤销级别需要消耗内存；使用的撤销级别越多，占用的系统内存就越多。默认值为 100。
- 自动恢复：若启用(默认设置)，此设置会以指定的时间间隔将每个打开文件的副本保存在原始文件所在的文件夹中。如果尚未保存文件，Animate 会将副本保存在其 Temp 文件夹中。将“RECOVER_”添加到该文件名前，使文件名与原始文件名相同。如果 Animate 意外退出，则在重新启动后要求打开自动恢复文件时，会出现一个对话框。正常退出 Animate 时，会删除自动恢复文件。
- 用户界面：用户可以选择想要的用户界面风格是【深】或【浅】，若要对用户界面元素应用底纹，可选择【启用底纹】选项。
- 工作区：若要在单击处于图标模式中的面板的外部时使这些面板自动折叠，可选中【自动折叠图标面板】复选框。若要在选择【控制】|【测试】命令后打开一个单独的窗口，可选中【在单独的窗口中打开 Animate 文档和脚本文档】复选框。默认情况是在其自己的窗口中打开测试影片。
- 加亮颜色：若要使用当前图层的轮廓颜色，可从面板中选择一种颜色，或者选择【使用图层颜色】单选按钮。

1.5　Animate CC 文档基础操作

在使用 Animate CC 创建文档前，必须掌握文档的一些基本操作，包括新建、保存、打开和关闭文档等。只有熟悉这些基本操作后，才能更好地操控 Animate CC。

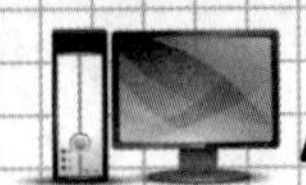

1.5.1 Animate CC 支持的文件格式

在 Animate CC 中，用户可以处理各种文件类型，每种文件类型的用途各不相同。

- FLA 文件：FLA 文件是在 Animate 中使用的主要文件，其中包含 Animate 文档的基本媒体、时间轴和脚本信息。媒体对象是组成 Animate 文档内容的图形、文本、声音和视频对象。时间轴用于指示 Animate 应何时将特定媒体对象显示在舞台上。用户可以将 ActionScript 代码添加到 Animate 文档中，以便更好地控制文档的行为并使文档对用户交互做出响应。
- 未压缩的 XFL 文件：与 FLA 文件类似，XFL 文件和同一文件夹中的其他关联文件只是 FLA 文件的等效格式。通过此格式，多组用户可以更方便地同时处理同一个 Animate 项目的不同元件。
- SWF 文件：它是在网页上显示的文件。当用户发布 FLA 文件时，Animate 将创建一个 SWF 文件。
- AS 文件：AS 文件是 ActionScript 文件，可以使用这些文件将部分或全部 ActionScript 代码放置在 FLA 文件之外，这对于代码组织和有多人参与开发 Animate 内容不同部分的项目很有帮助。
- JSFL 文件：JSFL 文件是 JavaScript 文件，可用来向 Animate 创作工具添加新功能。
- HTML5 Canvas 文件：Animate 中新增了一种文档类型 HTML5 Canvas，它对创建丰富的交互性 HTML5 内容提供本地支持。这意味着可以使用传统 Animate 时间轴、工作区及工具来创建内容，而生成的是 HTML5 输出。Canvas 是 HTML5 中的一个新元素，它提供了多个 API，可以供用户选择，以便动态生成及渲染图形、图表、图像及动画。HTML5 的 Canvas API 提供二维绘制能力，它的出现使 HTML5 平台更为强大。如今的大多数操作系统和浏览器都支持这些功能。
- WebGL 文件：WebGL 是一个无须额外插件即可在任何兼容浏览器中显示图形的开放 Web 标准。在 Animate CC 中，针对 WebGL 新增了一种文档类型。这就使得用户可以创建内容并将其快速发布为 WebGL 输出。用户可以使用传统的 Animate 时间轴、工作区及绘画工具实现 WebGL 内容的本地创作和生成。

1.5.2 新建 Animate CC 文档

使用 Animate CC 可以创建新的文档或打开以前保存的文档，也可以在工作时打开新的窗口并且设置新建文档或现有文档的属性。

创建一个 Animate CC 动画文档有新建空白文档和新建模板文档两种方式。

1. 新建空白文档

用户可以通过主屏新建文档，或者使用【文件】|【新建】命令，打开【新建文档】对话框进行新建文档操作。

【例 1-2】在 Animate CC 2019 里新建一个空白文档。视频

step 1 启动Animate CC 2019，选择【文件】|【新建】命令，打开【新建文档】对话框，选择【高级】|HTML5 Canvas文档类型，在右侧设置【宽】和【高】的像素数值，然后单击【创建】按钮。

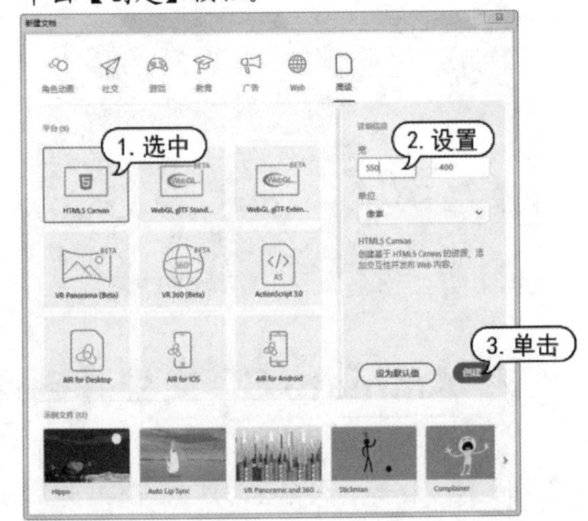

step 2 此时即可创建一个名为【无标题-2】的空白文档，舞台大小即为设定数值。

2. 新建模板文档

除了创建空白的新文档外，还可以利用 Animate CC 内置的多种类型模板快速地创建具有特定应用的 Animate CC 文档。

选择【文件】|【从模板新建】命令，打开【从模板新建】对话框，在【类别】列表框中选择创建的模板文档类别，在【模板】列表框中选择一种模板样式，然后单击【确定】按钮。

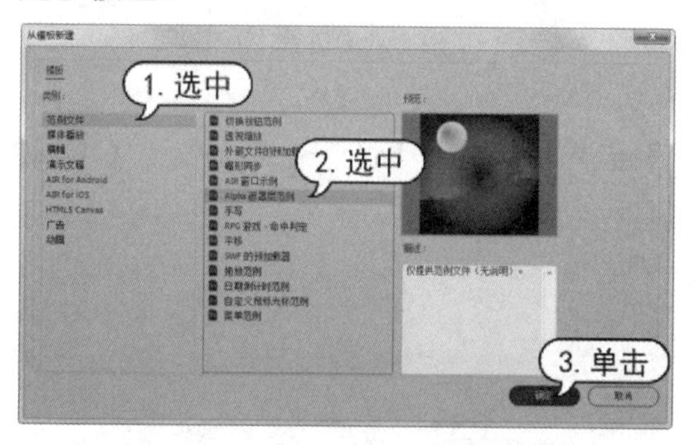

此时即可新建一个具有模板内容的文档，如下图所示为选择“Alpha 遮罩层范例”模板后创建的一个新文档。

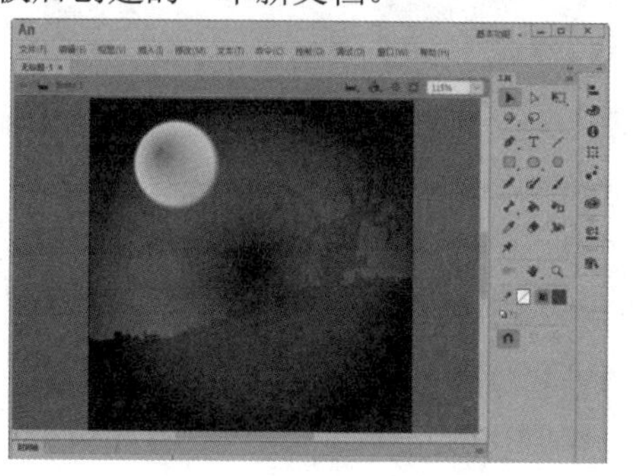

1.5.3 打开、关闭和保存文档

下面介绍使用 Animate CC 打开、关闭和保存文档的方法。

1. 打开文档

选择【文件】|【打开】命令，打开【打开】对话框，选择要打开的文件，然后单击【打开】按钮，即可打开选中文档。

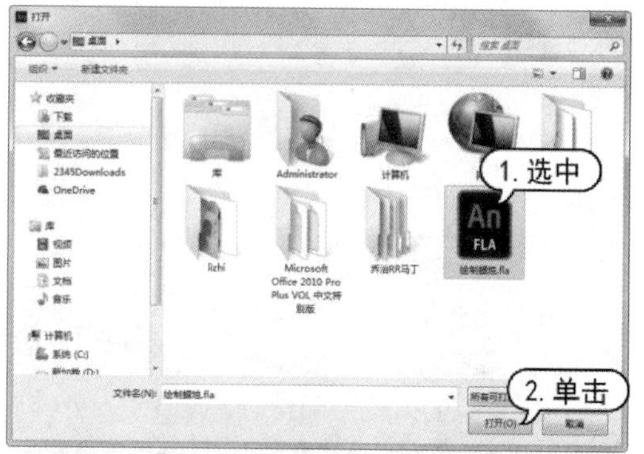

如果同时打开了多个文档，单击文档标签，即可在多个文档之间切换。

2. 关闭文档

如果要关闭单个文档，只需要单击标签上的☒按钮即可将该文档关闭。如果要关闭整个 Animate CC 软件，只需单击标题栏上的【关闭】按钮即可。

3. 保存文档

在完成对 Animate CC 文档的编辑和修改后，需要对其进行保存操作。选择【文件】|【保存】命令，打开【另存为】对话框。在该对话框中设置文件的保存路径、文件名和文件类型后，单击【保存】按钮即可。

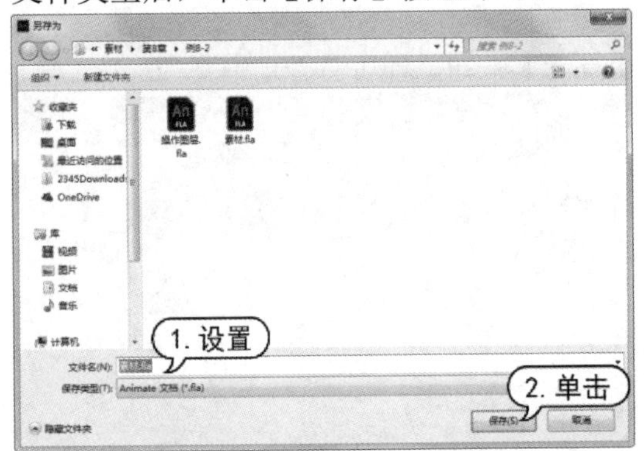

用户还可以将文档保存为模板以便以后使用，选择【文件】|【另存为模板】命令，打开【另存为模板】对话框。在【名称】文本框中输入模板的名称，在【类别】下拉列表框中选择类别或新建类别的名称，在【描述】文本框中输入模板的说明，然后单击【保存】按钮，即可以模板模式保存文档。

知识点滴

用户还可以选择【文件】|【另存为】命令，打开【另存为】对话框，按照直接保存的方法设置保存的路径和文件名，单击【保存】按钮，完成保存文档操作。这种保存方式主要用来将已经保存过的文档换名或换路径保存。

1.6 撤销、重做和历史记录

使用撤销、重做和重复命令或者历史面板可以重做或撤销前面的操作，大大提高了 Animate CC 2019 的工作效率。

1.6.1 撤销、重做和重复命令

要在当前文档中撤销或重做对个别对象或全部对象执行的动作，可指定对象层级或文档层级的【撤销】和【重做】命令(【编辑】|【撤销】或【编辑】|【重做】命令)。默认行为是文档层级的【撤销】和【重做】。

要选择对象层级或文档层级的撤销选项，可执行以下操作：选择【编辑】|【首选参数】命令，打开【首选参数】对话框，在【常规】选项卡中，选择【撤销】下拉列表中需要的选项。

要将某个步骤重复应用于同一对象或不同对象，可使用【重复】命令。例如，如果移动了名为 shape_A 的形状，可选择【编辑】|【重复移动】命令再次移动该形状；或者选择另一形状 shape_B，然后选择【编辑】|【重复移动】命令，将第二个形状移动相同的幅度。

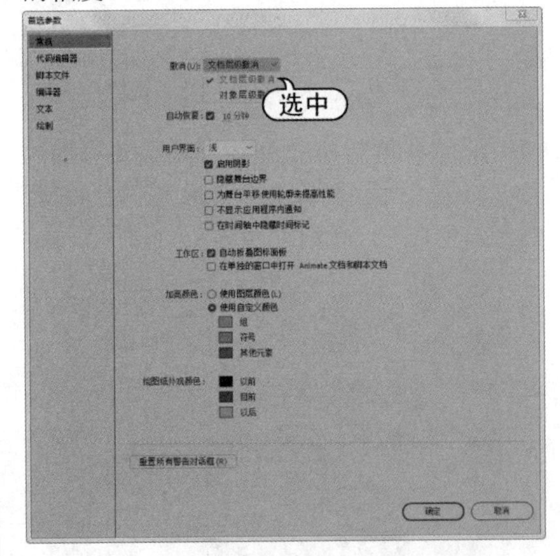

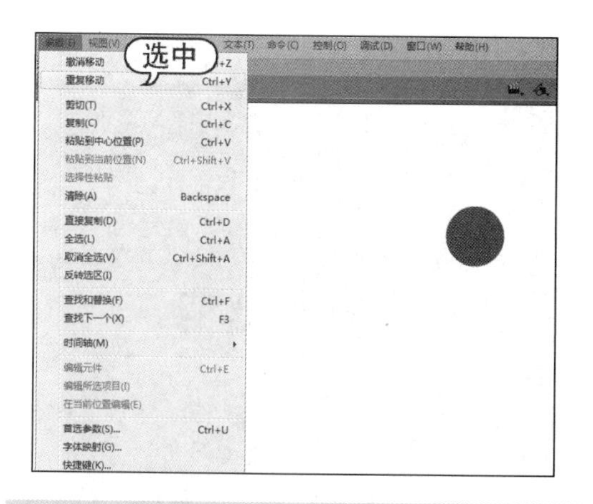

1.6.2 使用【历史记录】面板

选择【窗口】|【历史记录】命令，打开【历史记录】面板，该面板显示自创建或打开某个文档以来在该活动文档中执行的步骤的列表，列表中的数目最多为指定的最大步骤数。

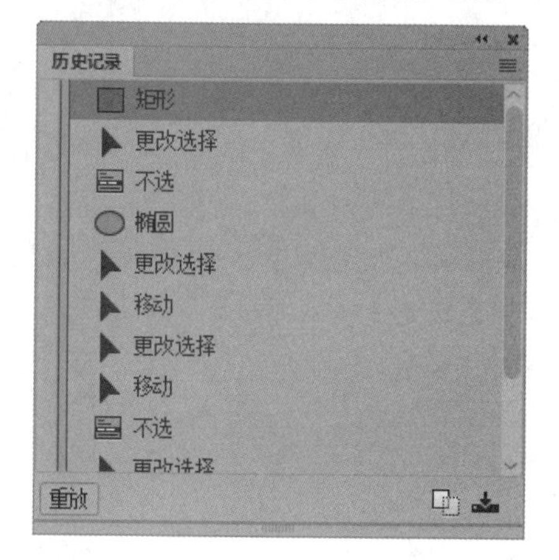

使用【历史记录】面板需要注意以下事项。

- 要一次性撤销或重做个别步骤或多个步骤，可使用【历史记录】面板。可以将【历史记录】面板中的步骤应用于文档中的同一对象或不同对象。但是，不能重新排列【历史记录】面板中的步骤顺序。【历史记录】面板按步骤的执行顺序来记录步骤。

- 默认情况下，Animate 的【历史记录】面板支持的撤销层级数为100。可以在 Animate 的【首选参数】对话框中选择撤销和重做的层级数(从2～300)。

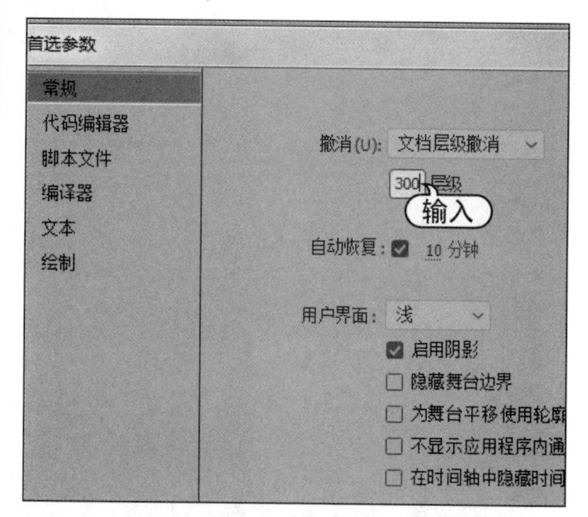

- 要清除当前文档的历史记录列表，可清除【历史记录】面板。清除历史记录列表后，就无法撤销已清除的步骤。清除历史记录列表不会撤销步骤，而是从当前文档的内存中删除那些步骤的记录。

- 要撤销执行的上一个步骤，可将【历史记录】面板的滑块在列表中向上拖动一个步骤。要一次性撤销多个步骤，可拖动滑块指向任意步骤，或在沿着滑块路径的某个步骤的左侧单击，滑块会自动滚动到该步骤，并在滚动的同时撤销所有后面的步骤。

- 在【历史记录】面板中，选择一个步骤，然后单击【重放】按钮，可以重放该步骤。还可以从一个步骤拖动到另一步骤，单击【重放】按钮，会依次重放这些步骤，并在【历史记录】面板中显示一个新步骤。

1.7 案例演练

本章的案例演练是 Animate CC 文档的基本操作，用户通过练习可以巩固本章所学知识。

【例 1-3】Animate CC 文档的基本操作。视频

step 1 启动Animate CC 2019，选择【文件】|【打开】命令，打开【打开】对话框。选择要打开的文档“夜”，单击【打开】按钮。

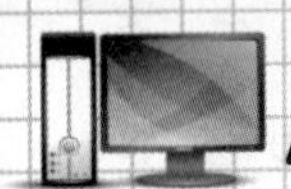

step 2 打开文档，右击舞台中央，在弹出的快捷菜单中选择【文档】命令。

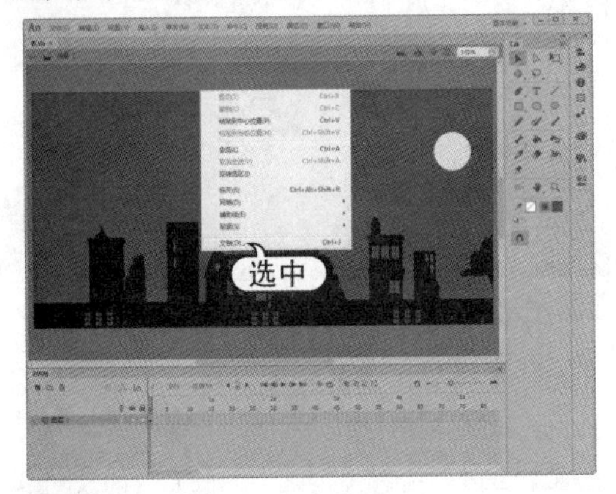

step 3 打开【文档设置】对话框，设置【舞台颜色】为红色，单击【确定】按钮。

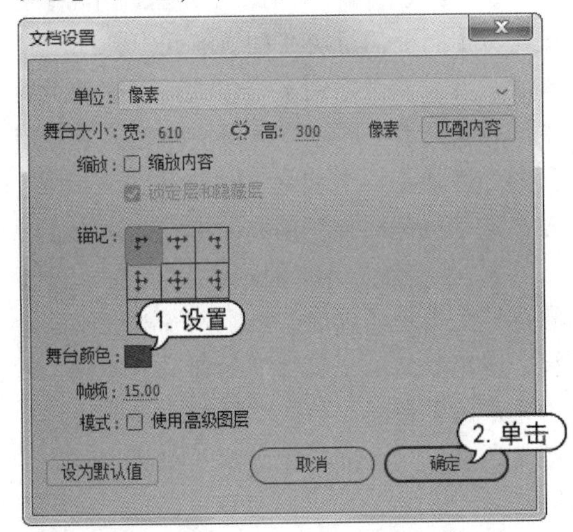

step 4 此时文档背景颜色会变为红色，效果如右上图所示。

step 5 选择【文件】|【另存为模板】命令，打开【另存为模板】对话框。在【名称】文本框中输入保存的模板名称为“暮”，在【类别】文本框中输入保存的模板类别为【动画】，在【描述】列表框中输入关于保存模板的说明内容，然后单击【保存】按钮。

step 6 选择【文件】|【另存为】命令，打开【另存为】对话框，输入文件名为“暮”，单击【保存】按钮即可另存为新文档。

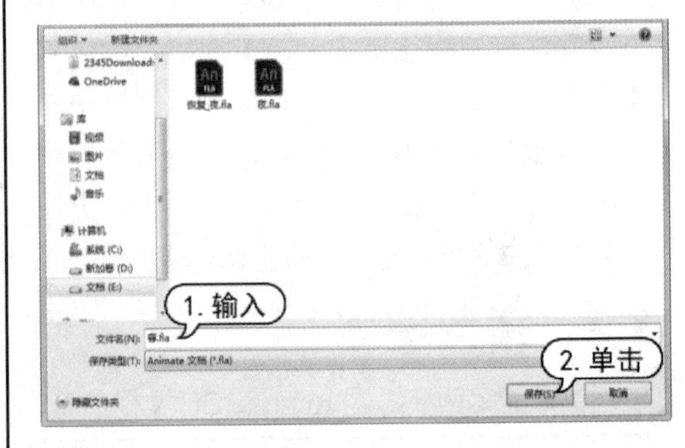

第 2 章

简单实用的绘图工具

Animate CC 2019 提供了很多简单而强大的绘图工具来绘制矢量图形，可供用户绘制各种形状、线条以及填充颜色。本章将主要介绍各种矢量图形绘制工具的使用方法。

本章对应视频

例 2-1 绘制蘑菇图形
例 2-2 填充蘑菇颜色
例 2-3 绘制卡通表情
例 2-4 绘制卡通鸡

2.1 Animate 图形简介

绘制图形是创作 Animate 动画的基础，在学习绘制和编辑图形的操作之前，首先要对 Animate 中的图形有较为清晰的认识，包括位图和矢量图的区别，以及图形色彩的相关知识。

2.1.1 位图和矢量图

在 Animate CC 2019 中绘制的图形，通常分为位图图像和矢量图形两种类型。

1. 位图

位图也称为点阵图或栅格图像，是由称作像素(图片元素)的单个点组成的。这些点可以进行不同的排列和染色以构成图像。当放大位图时，可以看见构成整个图像的无数单个方块。扩大位图尺寸会增多像素，使位图的线条和形状变得参差不齐。简单地说，最小单位由像素构成的位图，放大后会失真。

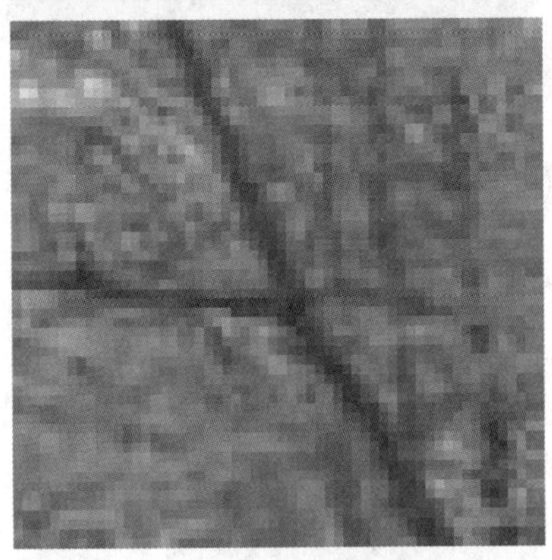

位图是由像素阵列的排列来实现其显示效果的，每个像素有自己的颜色信息。在对位图图像进行编辑操作的时候，操作的对象是像素，用户可以改变图像的色相、饱和度、明度，从而改变图像显示效果。

2. 矢量图

矢量图也称为向量图。在数学上定义为一系列由直线或者曲线连接的点。矢量图形文件一般较小，计算机在显示和存储矢量图的时候只是记录图形的边线位置和边线之间的颜色，而图形的复杂与否将直接影响矢量图文件的大小，与图形的尺寸无关，简单来说，矢量图是可以任意放大和缩小的，在放大和缩小后图形的清晰度都不会受到影响。

综上所述，矢量图与位图的区别在于：矢量图的轮廓形状更容易修改和控制，且线条工整并可以重复使用，但是对于单独的对象，色彩上变化的实现不如位图来得方便、直接；位图色彩变化丰富，编辑位图时可以改变任何形状区域的色彩显示效果，但对轮廓的修改不太方便。

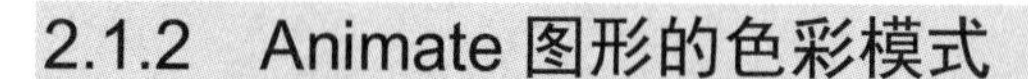

2.1.2　Animate 图形的色彩模式

在 Animate CC 2019 中对图形进行色彩填充，可使图形变得更加丰富多彩。由于不同的颜色在色彩的表现上存在某些差异，根据这些差异，色彩被分为若干种色彩模式。在 Animate CC 2019 中，程序提供了两种色彩模式，分别为 RGB 和 HSB 色彩模式。

1. RGB 色彩模式

RGB 色彩模式是一种最常见、使用最广泛的色彩模式，它是以三原色理论为基础的。在 RGB 色彩模式中，任何色彩都被分解为不同强度的红、绿、蓝 3 种色光，其中 R 代表红色，G 代表绿色，B 代表蓝色。

显示器就是通过 RGB 方式来显示颜色的。在显示器屏幕栅格中排列的像素阵列中，每个像素都有一个地址，例如位于从顶端数第 18 行、左端数第 65 列的像素的地址可以标记为(65，18)，计算机通过这样的地址给每个像素附加特定的颜色值。每个像素都由单一的红色、绿色和蓝色的点构成，通过调节单个的红色、绿色和蓝色点的亮度，在每个像素上混合就可以得到不同的颜色。亮度都可以在 0~256 的范围内调节，因此，如果红色半开(值为 127)，绿色关(值为 0)，蓝色开(值为 255)，像素将显示为微红的蓝色。

2. HSB 色彩模式

HSB 色彩模式是以人体对色彩的感觉为依据的，它描述了色彩的 3 种特性，其中 H 表示色相，S 表示饱和度，B 表示亮度。HSB 色彩模式比 RGB 色彩模式更为直观，因为人眼在分辨颜色时，不会将色光分解为单色，而是按其色相、饱和度和亮度进行判断，HSB 色彩模式更接近人的视觉原理。

2.1.3　Animate 常用的图形格式

使用 Animate CC 2019 可以导入多种图像文件格式，这些图像文件格式和相应的扩展名如下表所示。

文件格式	扩展名
Adobe Illustrator	.eps、.ai
AutoCAD DXF	.dxf
位图	.bmp
增强的 Windows 元文件	.emf
FreeHand	.fh7、.fh8、.fh9、.fh10、.fh11
Future Splash 播放文件	.spl
GIF 和 GIF 动画	.gif
JPEG	.jpg
PICT	.pct、.pic
PNG	.png
Flash Player 6	.swf
MacPaint	.pntg
Photoshop	.psd
PICT	.pct、.pic
QuickTime 图像	.qtif
Silicon 图形图像	.sgi
TGA	.tga
TIFF	.tif

2.2　使用线条绘制工具

矢量线条是构成图形的基础元素之一，Animate CC 2019 提供了强大的线条绘制工具，包括【线条工具】【铅笔工具】【钢笔工具】和【画笔工具】，用户使用这些工具可以绘制各种矢量图形。

2.2.1 使用【线条工具】

在 Animate CC 2019 中，【线条工具】主要用于绘制不同角度的矢量直线。

在【工具】面板中选择【线条工具】，将光标移动到舞台上，会显示为十字形状，按住鼠标左键向任意方向拖动，即可绘制出一条直线。

按住 Shift 键，然后按住鼠标左键向左或向右拖动，可以绘制出水平线条。

按住 Shift 键，按住鼠标左键向上或向下拖动，可以绘制出垂直线条。

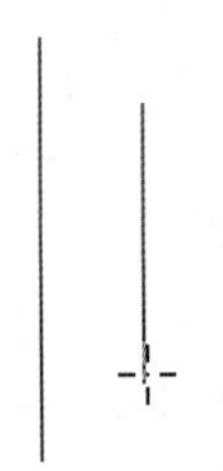

按住 Shift 键，按住鼠标左键斜向拖动可绘制出以 45° 角为角度增量倍数的直线。

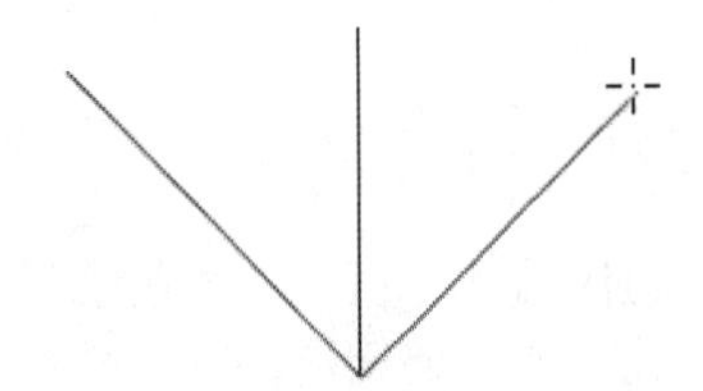

选择【线条】工具后，在菜单栏里选择【窗口】|【属性】命令，打开【线条工具】的【属性】面板，在该面板中可以设置线条的填充颜色、线条的笔触样式、线条的大小等参数选项。

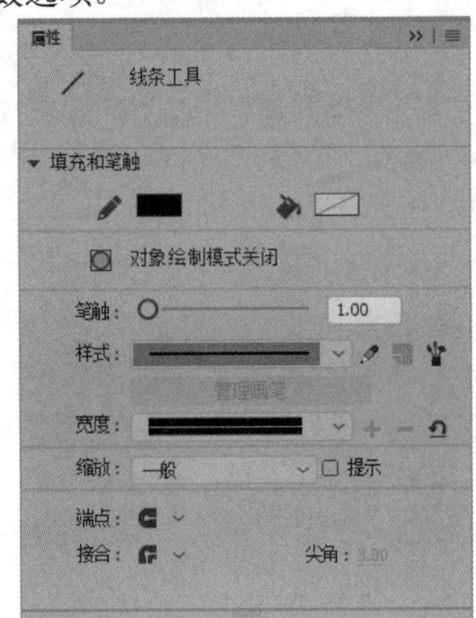

该面板中主要参数选项的具体作用如下。

- 【填充和笔触】：用于设置线条的笔触和线条内部的填充颜色。
- 【笔触】：用于设置线条的笔触大小，也就是线条的宽度，用鼠标拖动滑块或在后面的文本框内输入数值可以调整笔触大小。
- 【样式】：用于设置线条的样式，例如，虚线、点状线、锯齿线等。可以单击右侧的【编辑笔触样式】按钮，打开【笔触样式】对话框，在该对话框中自定义笔触样式。

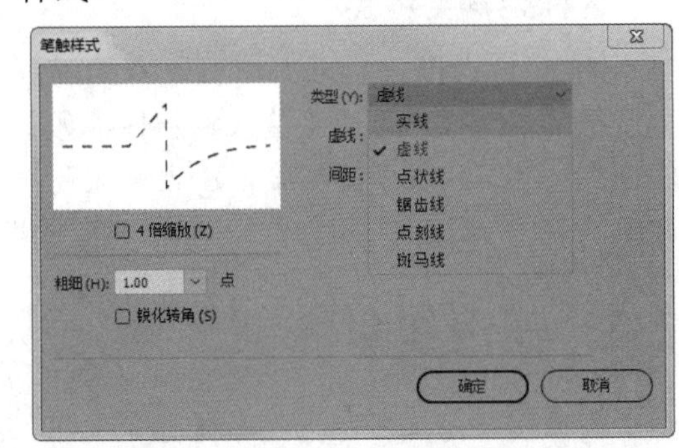

- 【宽度】：用于设置线条的宽度。
- 【端点】：用于设置线条的端点样式，可以选择【无】【圆角】或【方形】端点样式。

➤【接合】：用于设置两条线段相接处的拐角端点样式，可以选择【尖角】【圆角】或【斜角】样式。

2.2.2　使用【铅笔工具】

使用【铅笔工具】可以绘制任意线条。在【工具】面板选择【铅笔工具】后，在所需位置按下鼠标左键拖动即可绘制线条。在使用【铅笔工具】绘制线条时，按住 Shift 键，可以绘制出水平或垂直方向的线条。

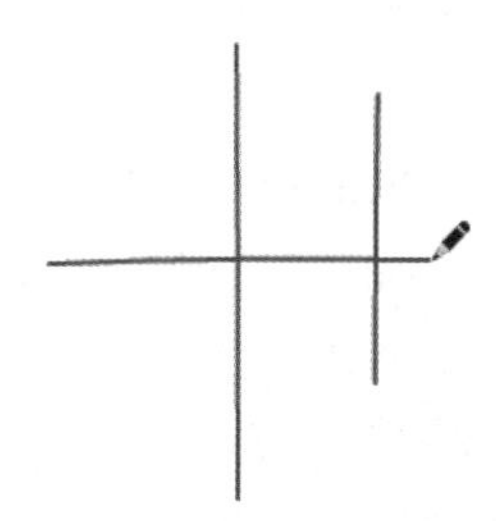

选择【铅笔工具】后，在【工具】面板中会显示【铅笔模式】按钮。单击该按钮，会打开模式选择菜单。在该菜单中，可以选择【铅笔工具】的绘图模式。

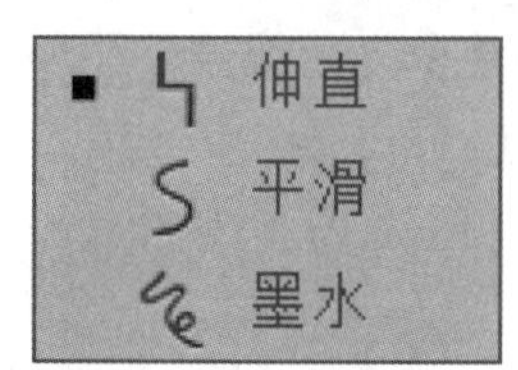

在【铅笔模式】选择菜单中 3 个选项的具体作用如下。

➤【伸直】：可以使绘制的线条尽可能地规整为几何图形。

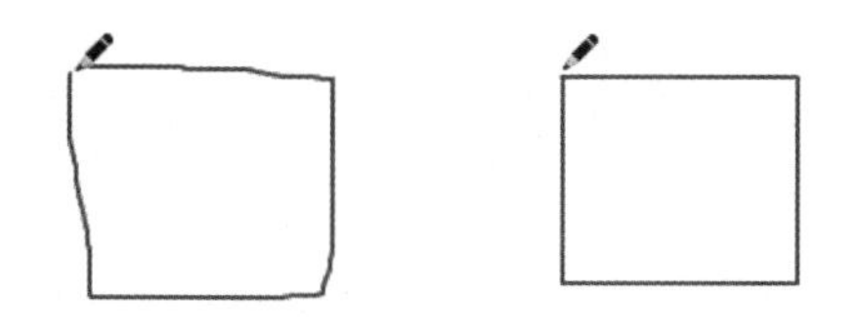

➤【平滑】：可以使绘制的线条尽可能地消除线条边缘的棱角，使绘制的线条更加平滑。

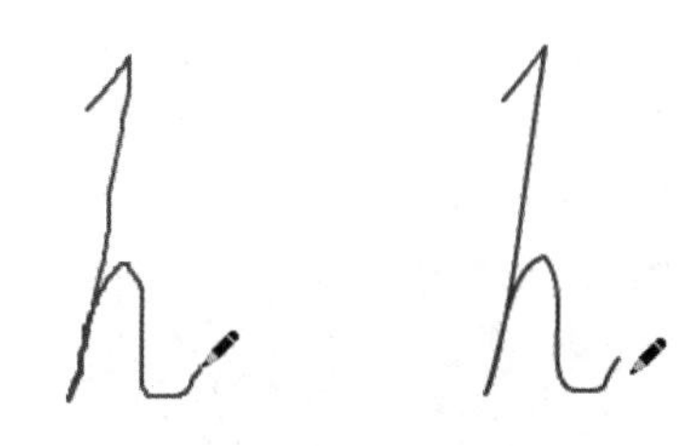

➤【墨水】：可以使绘制的线条更接近手写的感觉，在舞台上可以任意勾画。

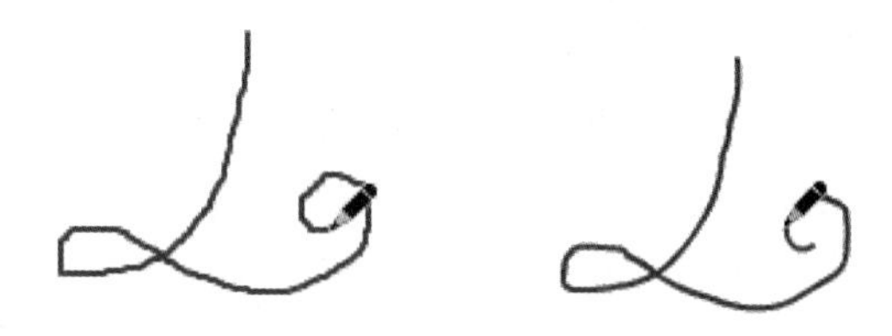

实用技巧

【伸直】模式用于绘制规则线条组成的图形，比如三角形、矩形等常见的几何图形。

2.2.3　使用【钢笔工具】

【钢笔工具】常用于绘制比较复杂、精确的曲线路径。“路径”由一条或多条直线段和曲线段组成，线段的起始点和结束点由锚点标记。使用【工具】面板中的【钢笔工具】，可以创建和编辑路径，以便绘制出需要的图形。

选择【钢笔工具】，当光标变为形状时，在舞台中单击确定起始锚点，再选择合适的位置单击确定第 2 个锚点，这时系统会在起点和第 2 个锚点之间自动连接一条直线。如果在创建第 2 个锚点时按下鼠标左键并拖动，会改变连接两个锚点的直线的曲率，使直线变为曲线。

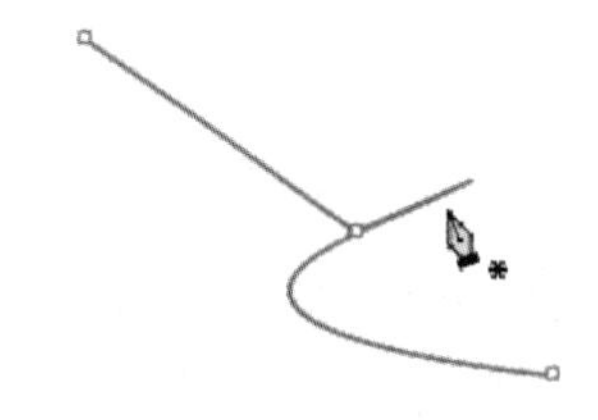

单击【钢笔工具】按钮，会弹出下拉列表，包含【钢笔工具】【添加锚点工具】【删除锚点工具】和【转换锚点工具】。

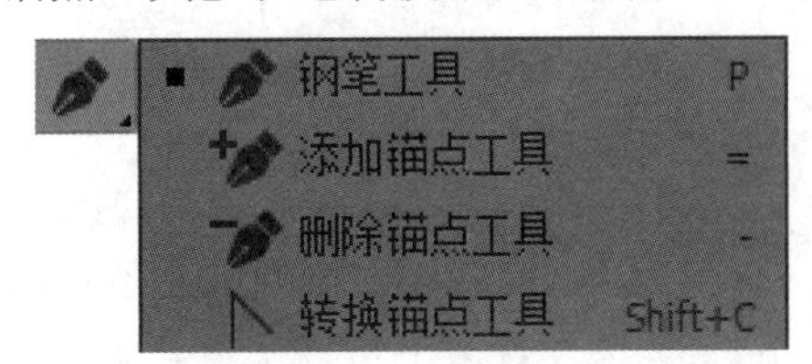

【钢笔工具】组中其他 3 个工具的作用如下。

- 【添加锚点工具】：选择要添加锚点的图形，然后单击该工具按钮，在图形上单击即可添加一个锚点。

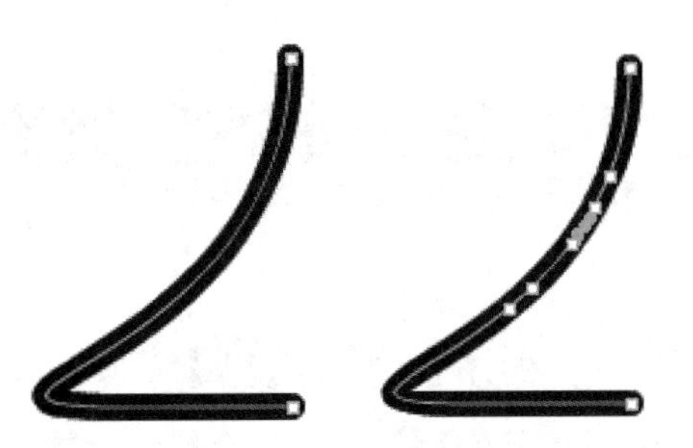

- 【删除锚点工具】：选择要删除锚点的图形，然后单击该工具按钮，在锚点上单击即可删除一个锚点。
- 【转换锚点工具】：选择要转换锚点的图形，然后单击该工具按钮，在锚点上单击即可实现曲线锚点和直线锚点间的转换。

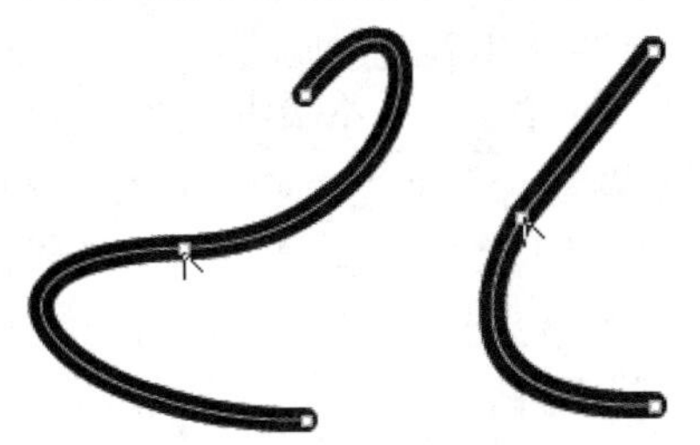

【钢笔工具】在绘制图形的过程中，主要会显示以下几个绘制状态。

- 初始锚点指针：这是选中【钢笔工具】后，在设计区内看到的第一个鼠标光标状态，是创建新路径的初始锚点。
- 连续锚点指针：用来指示下一次单击鼠标时将创建一个锚点，和前面的锚点以直线连接。
- 添加锚点指针：用来指示下一次单击鼠标时在现有路径上添加一个锚点。添加锚点必须先选择现有路径，并且鼠标光标停留在路径的线段上而不是锚点上。
- 删除锚点指针：用来指示下一次在现有路径上单击鼠标时将删除一个锚点，删除锚点必须先选择现有路径，并且鼠标光标停留在锚点上。
- 连续路径锚点：从现有锚点绘制新路径，只有在当前没有绘制路径时，鼠标光标位于现有路径的锚点的上面，才会显示该状态。
- 闭合路径指针：在当前绘制的路径起始点处闭合路径，只能闭合当前正在绘制的路径的起始锚点。
- 回缩贝塞尔手柄指针：当鼠标光标放在贝塞尔手柄的锚点上时显示该状态，单击鼠标则会回缩贝塞尔手柄，并将穿过锚点的弯曲路径变为直线段。
- 转换锚点指针：该状态将不带方向线的转角点转换为带有独立方向线的转角点。

【例 2-1】使用【钢笔工具】绘制蘑菇图形。
视频+素材 (素材文件\第 02 章\例 2-1)

step 1 启动Animate CC 2019，新建一个角色动画文档，然后选择【文件】|【保存】命令，打开【另存为】对话框，将其命名为“绘制蘑菇图形”，然后单击【保存】按钮。

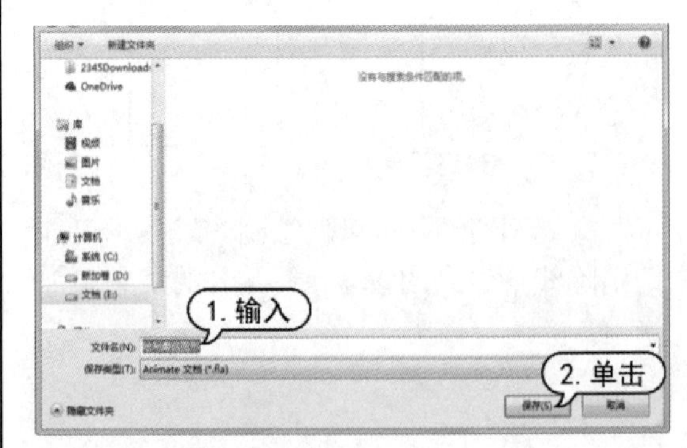

step 2　选择【钢笔工具】，单击面板中的【属性】按钮，打开其【属性】面板，设置笔触颜色为黑色，笔触大小为“1”。

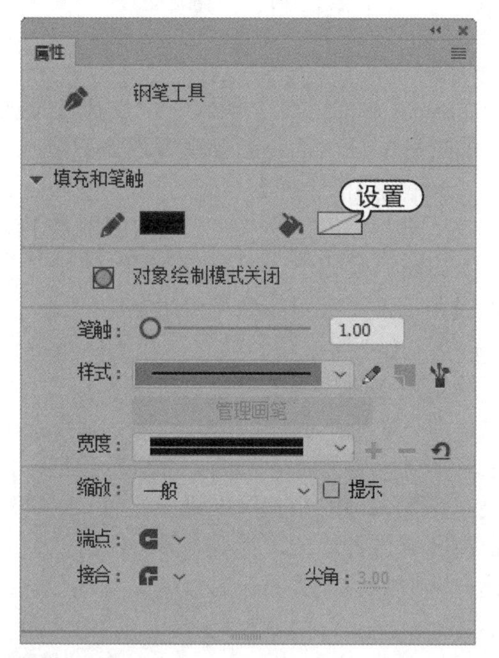

step 3　在舞台中绘制蘑菇根部的轮廓。

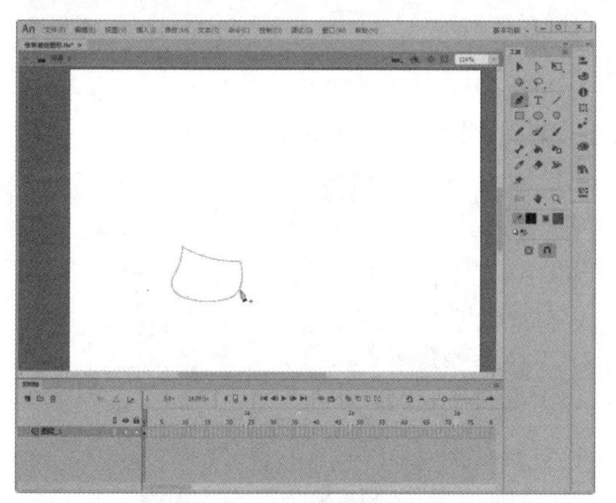

step 4　继续使用【钢笔工具】调整锚点，将蘑菇伞头绘制出来，注意将线段连接起来，形成闭合图形，然后用【椭圆工具】绘制圆斑轮廓，并用【部分选取工具】进行调整，最后效果如右上图所示。

2.2.4　使用【画笔工具】

在 Animate CC 2019 中，【画笔工具】用于绘制形态各异的矢量色块或创建特殊的绘制效果。

选择【画笔工具】，打开其【属性】面板，可以设置【画笔工具】的笔触大小、平滑度属性以及颜色等 。

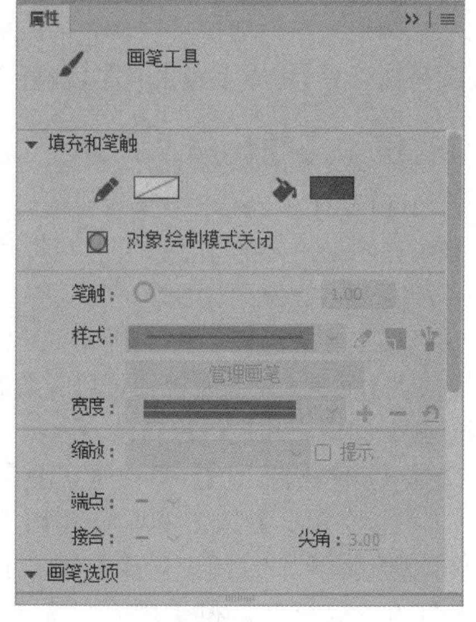

选择【画笔工具】，在【工具】面板中会显示【对象绘制】【锁定填充】和【画笔模式】选项按钮。这些选项按钮的作用分别如下。

➤ 【对象绘制】按钮：单击该按钮将切换到对象绘制模式。在该模式下绘制的色块是独立对象，即使和以前绘制的色块相重叠，也不会合并起来。

➤ 【锁定填充】按钮：单击该按钮，将会自动将上一次绘图时的笔触颜色变化规律锁定，并将该规律扩展到整个舞台。在非锁定填充模式下，任何一次笔触都将包含一个完整的渐变过程，即使只有一个点。

➤ 【画笔模式】按钮：单击该按钮，会弹出下拉列表，有 5 种画笔的模式供用户选择。

【画笔工具】的 5 种模式具体作用如下。

➤ 【标准绘画】模式：绘制的图形会覆盖下面的图形。

➤ 【颜料填充】模式：可以对图形的填充区域或者空白区域进行涂色，但不会影响线条。

➤ 【后面绘画】模式：可以在图形的后面进行涂色，而不影响原有线条和填充。

➤ 【颜料选择】模式：可以对已选择的区域进行涂绘，而未被选择的区域则不受影响。在该模式下，不论选择区域中是否包含线条，都不会对线条产生影响。

➤ 【内部绘画】模式：涂绘区域取决于绘制图形时落笔的位置。如果落笔在图形内，则只对图形的内部进行涂绘；如果落笔在图形外，则只对图形的外部进行涂绘；如果在图形内部的空白区域开始涂色，则只对空白区域进行涂色，而不会影响任何现有的填充区域。该模式不会对线条进行涂色。

2.3 使用颜色填充工具

绘制图形之后，即可进行颜色的填充操作。Animate CC 2019 中的颜色填充工具主要包括【颜料桶工具】【墨水瓶工具】【滴管工具】【橡皮擦工具】和【宽度工具】等。

2.3.1 使用【颜料桶工具】

在 Animate CC 2019 中，【颜料桶工具】用来填充图形内部的颜色，并且可以使用纯色、渐变色以及位图进行填充。

选择【工具】面板中的【颜料桶工具】，打开【属性】面板，在该面板中可以设置【颜料桶工具】的填充和笔触等属性。

选择【颜料桶工具】，单击【工具】面板中的【空隙大小】按钮，在弹出的菜单中可以选择【不封闭空隙】【封闭小空隙】【封闭中等空隙】和【封闭大空隙】4 个选项。

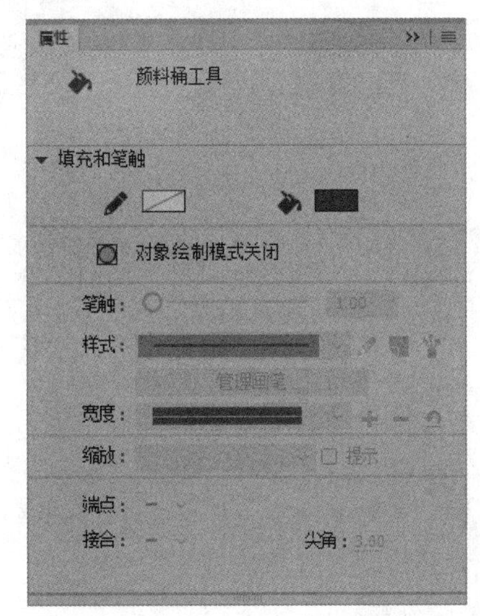

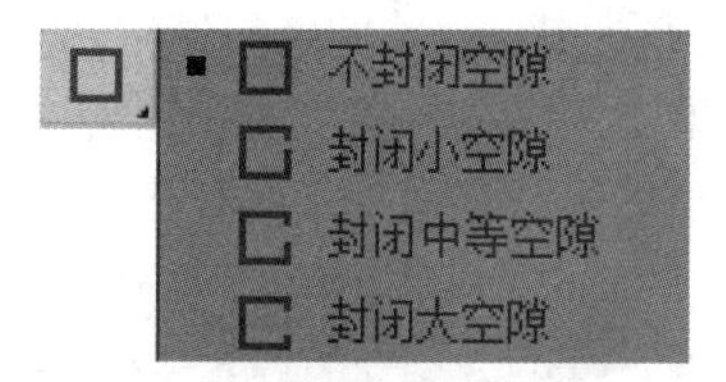

- 【不封闭空隙】：只能填充完全闭合的区域。

- 【封闭小空隙】：可以填充存在较小空隙的区域。

- 【封闭中等空隙】：可以填充存在中等空隙的区域。

- 【封闭大空隙】：可以填充存在较大空隙的区域。

2.3.2　使用【墨水瓶工具】

在 Animate CC 2019 中，【墨水瓶工具】用于更改矢量线条或图形的边框颜色，更改封闭区域的填充颜色，吸取颜色等。

打开其【属性】面板，可以设置【笔触颜色】【笔触】和【样式】等选项。

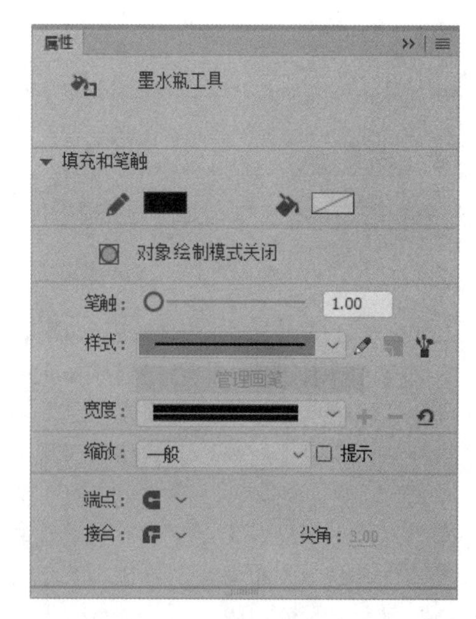

选择【墨水瓶工具】，将光标移至没有笔触的图形上，单击鼠标，可以给图形添加笔触；将光标移至已经设置好笔触颜色的图形上，单击鼠标，图形的笔触颜色会改为【墨水瓶工具】使用的笔触颜色。

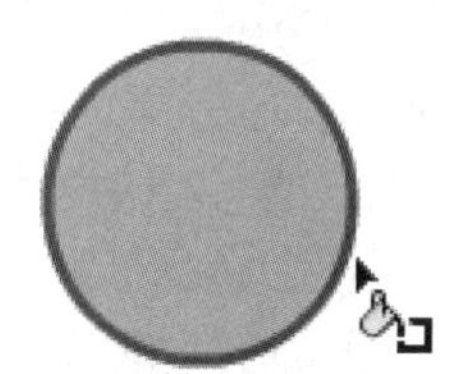

2.3.3　使用【滴管工具】

在 Animate CC 2019 中，使用【滴管工具】可以吸取现有图形的线条或填充上的颜色及风格等信息，并可以将该信息应用到其他图形上。

选择【工具】面板上的【滴管工具】，将鼠标移至舞台中，光标会显示为滴管形状；当光标移至线条上时，【滴管工具】的光标下方会显示出形状，这时单击即可拾取该线条的颜色作为填充样式；当【滴管工具】移至填充区域内时，【滴管工具】的光标下方

会显示出形状，这时单击即可拾取该区域颜色作为填充样式。

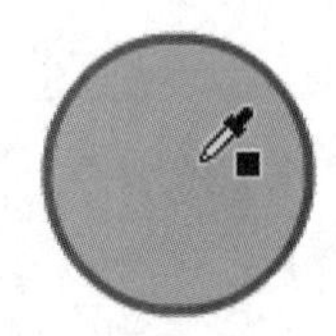

使用【滴管工具】拾取线条颜色时，会自动切换【墨水瓶工具】为当前操作工具，并且工具的填充颜色正是【滴管工具】所拾取的颜色。使用【滴管工具】拾取区域颜色和样式时，会自动切换【颜料桶工具】为当前操作工具，并打开【锁定填充】功能，而且工具的填充颜色和样式正是【滴管工具】所拾取的填充颜色和样式。

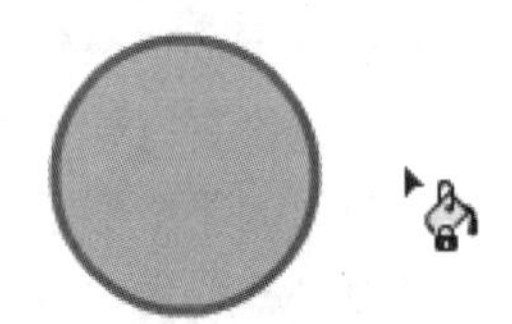

2.3.4 使用【橡皮擦工具】

在 Animate CC 2019 中，【橡皮擦工具】是一种擦除工具，可以快速擦除舞台中的任何矢量对象，包括笔触和填充区域。

选择【工具】面板中的【橡皮擦工具】，在【工具】面板中会显示【橡皮擦模式】按钮和【水龙头】按钮。

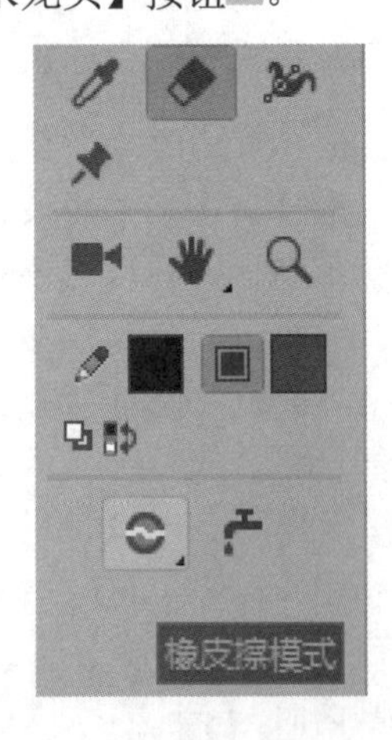

【水龙头】按钮用来快速删除笔触或填充区域。单击【橡皮擦模式】按钮，可以在打开的【模式选择】菜单中选择橡皮擦模式。

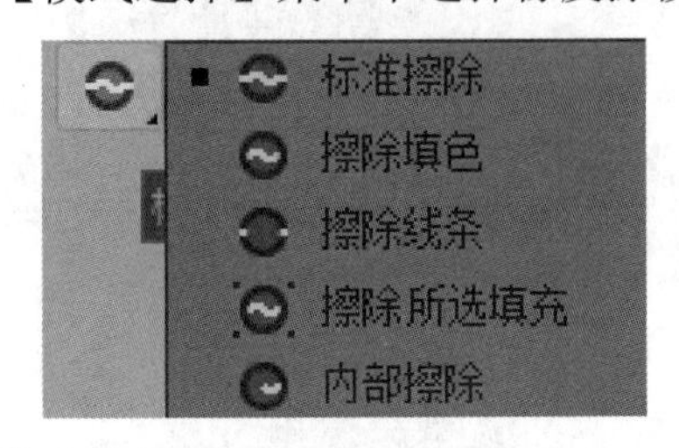

橡皮擦模式的功能如下所示。

- 【标准擦除】模式：可以擦除同一图层中擦除操作经过区域的笔触及填充。
- 【擦除填色】模式：只擦除对象的填充，而对笔触没有任何影响。
- 【擦除线条】模式：只擦除对象的笔触，而不会影响其填充部分。
- 【擦除所选填充】模式：只擦除当前对象中选定的填充部分，对未选中的填充及笔触没有影响。
- 【内部擦除】模式：只擦除【橡皮擦工具】开始处的填充，如果从空白处开始擦除，则不会擦除任何内容。选择该种擦除模式，不会对笔触产生影响。

> **知识点滴**
>
> 【橡皮擦工具】只能对矢量图进行擦除，对文字和位图无效。如果要擦除文字或位图，必须先将文字或位图按 Ctrl+B 组合键打散分离，然后才能使用【橡皮擦工具】对其进行擦除。

2.3.5 使用【宽度工具】

在 Animate CC 2019 中，【宽度工具】可以针对舞台上的绘图加入不同形式和粗细的宽度。通过调节宽度，用户可以轻松地将简单的笔画转变为丰富的图案。

首先使用绘图工具绘制一个图形，比如使用【铅笔工具】绘制一条直线，然后选择【工具】面板中的【宽度工具】，将鼠标光标移动到直线上，显示为形状时单击，出现一个锚点，拖动该点，将会拉宽该直线，拖动其余锚点，可以更改图形形状。

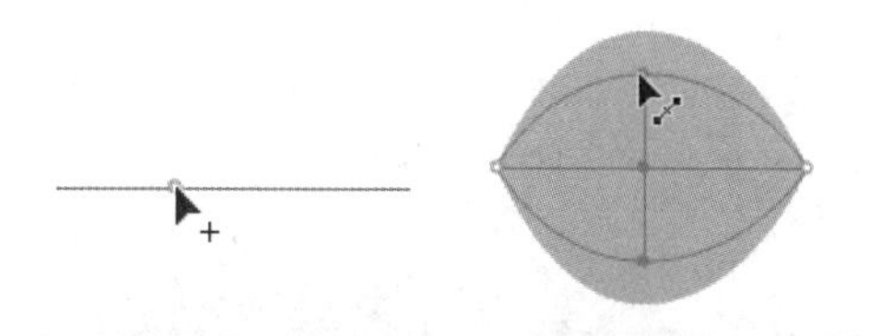

知识点滴

用户可以将使用【宽度工具】创建的笔画制成补间动画。此外，Animate CC 现在还可让用户将预设或自定义的“宽度描述文档”相关联的实色笔画制成补间动画。

【例 2-2】填充图形颜色。
视频+素材(素材文件\第 02 章\例 2-2)

step 1　启动Animate CC 2019，打开例 2-1 绘制的“绘制蘑菇图形”文档，然后选择【文件】|【另存为】命令，打开【另存为】对话框，将其命名为“填充蘑菇图形”，然后单击【保存】按钮。

step 2　选择【颜料桶工具】，单击面板中的【属性】按钮，打开其【属性】面板，设置笔触线条为无，填充颜色为淡黄色。

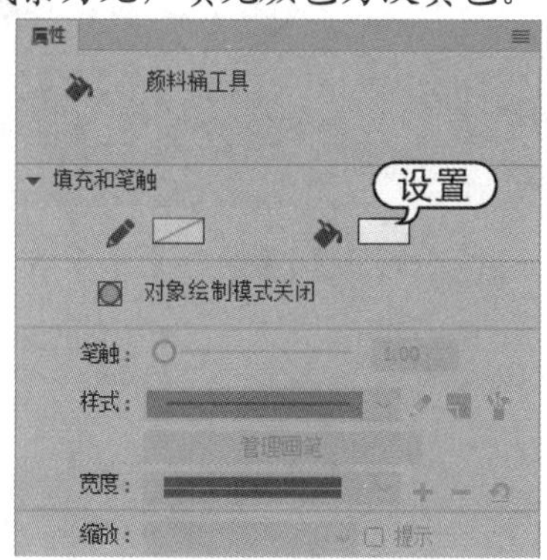

step 3　单击蘑菇根部轮廓的内部，将其填充为黄色。

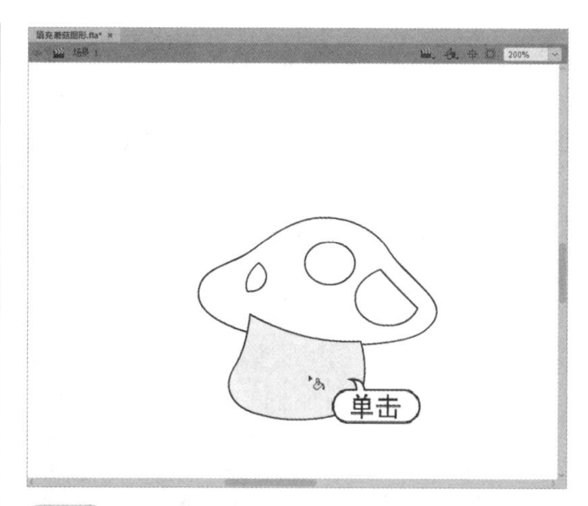

step 4　将圆斑轮廓从蘑菇伞头处拖动(使用【选择工具】)放置到外面，继续选择【颜料桶工具】，单击一个圆斑内部。

step 5　选择【滴管工具】，单击圆斑黄色部分，吸取黄色。

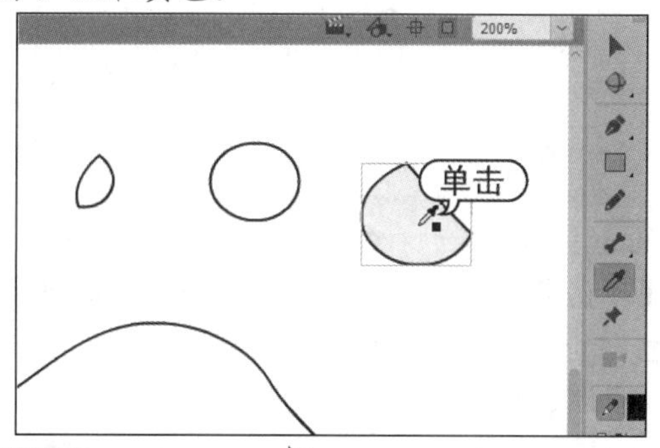

step 6　当光标变为形状时，单击其余圆斑内部，使 3 个圆斑的颜色一致。

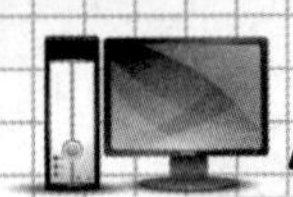

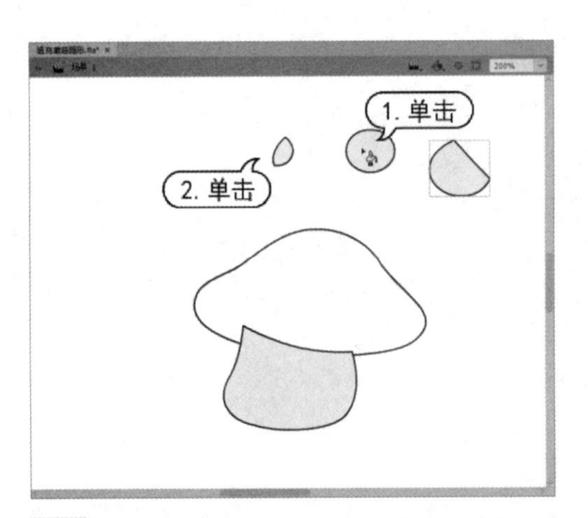

step 7 选择【墨水瓶工具】，设置笔触颜色为红色。

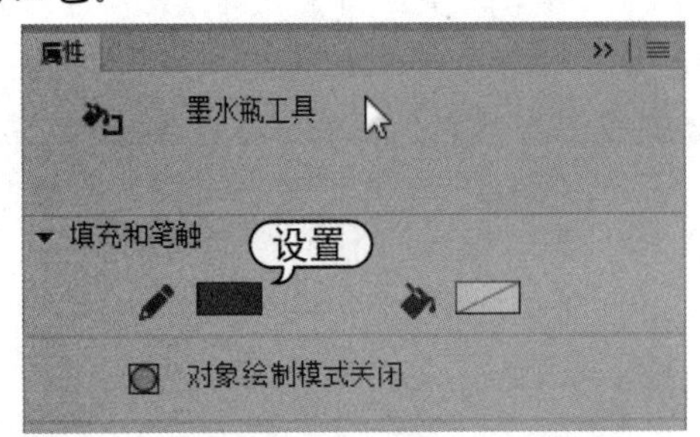

step 8 此时单击蘑菇伞头轮廓，轮廓变为红色。

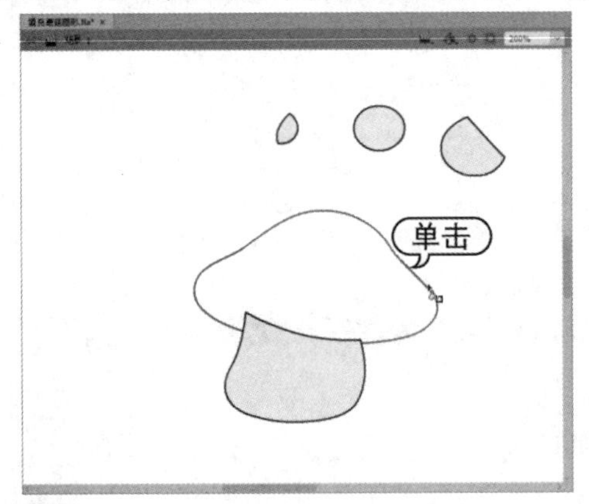

step 9 选择【颜料桶工具】，选择【窗口】|【颜色】命令，打开【颜色】面板，笔触颜色设置为无，填充颜色设置为线性渐变，并设置渐变颜色。

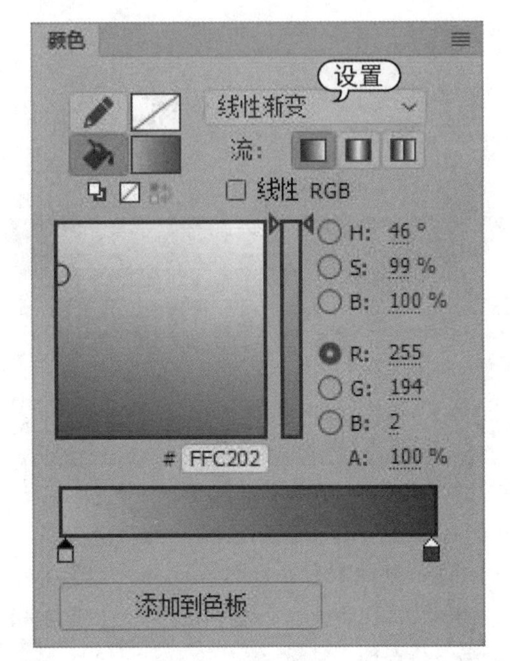

step 10 使用【颜料桶工具】单击蘑菇伞头内部，然后使用【选择工具】将圆斑图形移动至伞头内部。

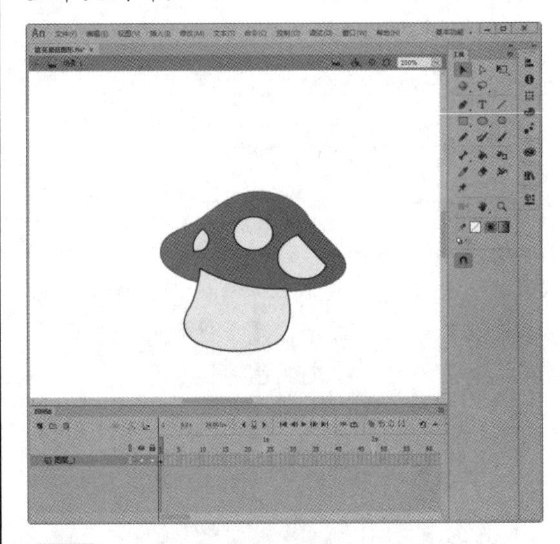

step 11 选择【文件】|【保存】命令，保存该文档。

2.4 使用标准绘图工具

Animate CC 提供了强大的标准绘图工具，使用这些工具可以绘制一些标准的几何图形，主要包括【矩形工具】和【基本矩形工具】、【椭圆工具】和【基本椭圆工具】，以及【多角星形工具】等。

2.4.1　使用【矩形工具】和【基本矩形工具】

【工具】面板中的【矩形工具】和【基本矩形工具】用于绘制矩形图形，这些工具不仅能设置矩形的形状、大小、颜色，还能设置边角半径以修改矩形形状。

1. 【矩形工具】

选择【工具】面板中的【矩形工具】，在舞台中按住鼠标左键拖动，即可开始绘制矩形。如果按住 Shift 键，可以绘制正方形图形。

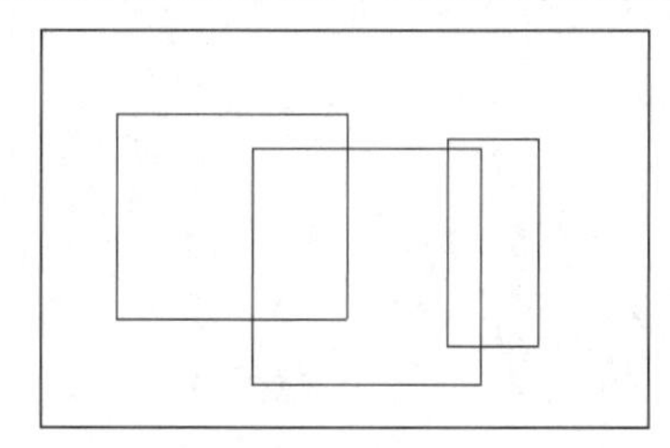

选择【矩形工具】后，打开其【属性】面板。

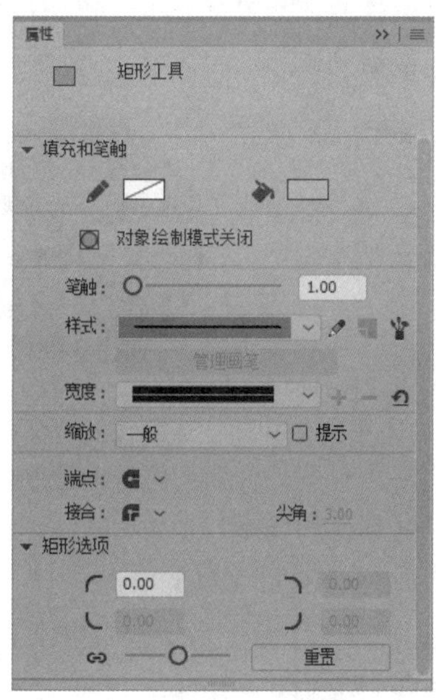

【矩形工具】的【属性】面板中主要参数选项的具体作用如下。

- 笔触颜色：用于设置矩形的笔触颜色，也就是矩形的外框颜色。
- 填充颜色：用于设置矩形的内部填充颜色。
- 【样式】：用于设置矩形的笔触样式。
- 【宽度】：用于设置矩形的宽度。
- 【缩放】：用于设置矩形的缩放模式，包括【一般】【水平】【垂直】和【无】4 个选项。
- 【矩形选项】：其文本框内的参数用来设置矩形的 4 个直角半径，正值为正半径，负值为反半径。

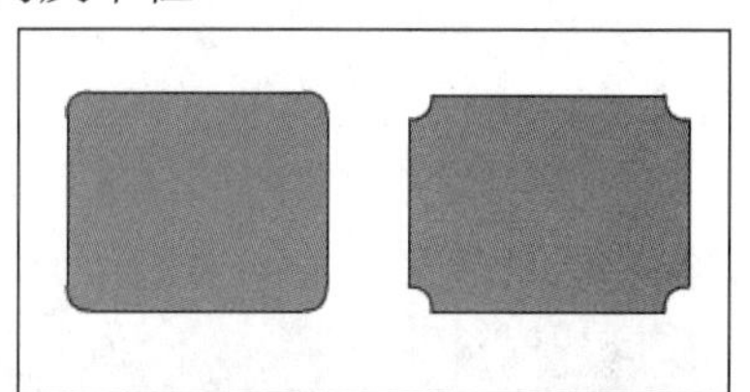

知识点滴

单击【矩形选项】区域左下角的按钮，可以为矩形的 4 个角设置不同的角度值。单击【重置】按钮将重置所有数值，即角度值还原为默认值 0。

2. 【基本矩形工具】

使用【基本矩形工具】，可以绘制出更加易于控制和修改的矩形形状。在【工具】面板中选择【基本矩形工具】后，在【属性】面板中可以设置属性。

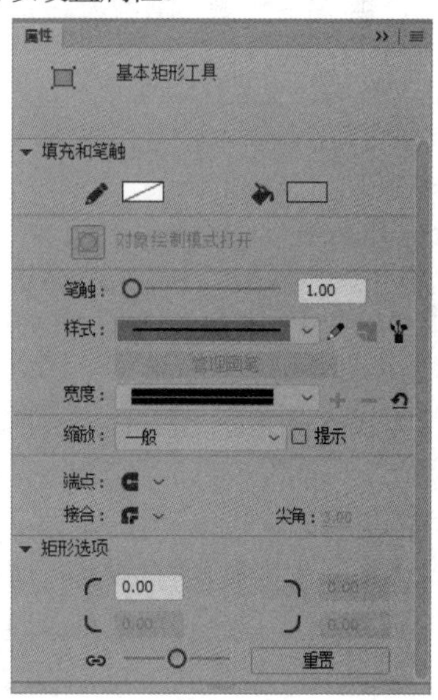

在舞台中按下鼠标左键并拖动，即可绘制出基本矩形。绘制完成后，选择【工具】面板中的【部分选取工具】，可以随意调整矩形图形的角半径。

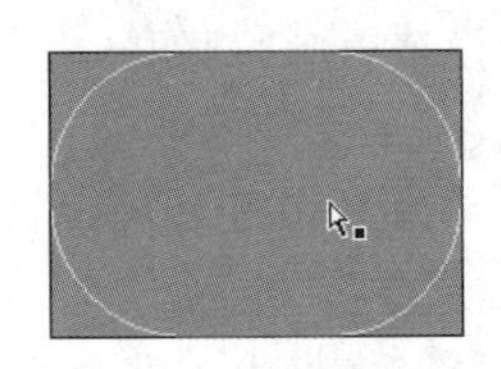

2.4.2 使用【椭圆工具】和【基本椭圆工具】

【工具】面板中的【椭圆工具】和【基本椭圆工具】用于绘制椭圆图形，它们和矩形工具类似，差别主要在于椭圆工具的选项中有关于角度和内径的设置。

1. 【椭圆工具】

选择【工具】面板中的【椭圆工具】，在舞台中按住鼠标拖动，即可绘制出椭圆。按住 Shift 键，可以绘制一个正圆图形。

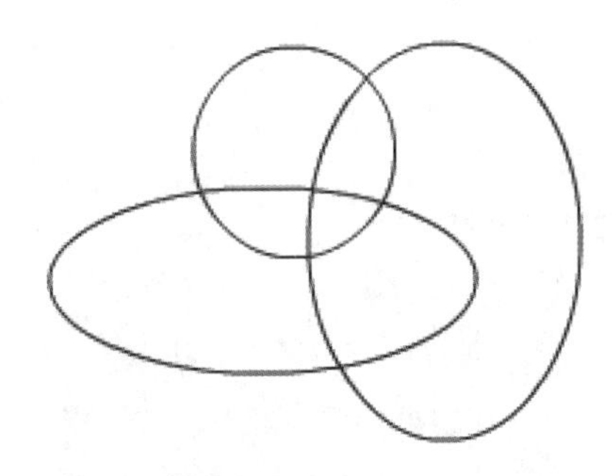

选择【椭圆工具】后，打开其【属性】面板。该【属性】面板中主要参数选项的具体作用与【矩形工具】的【属性】面板基本相同，其他选项的作用如下。

- 【开始角度】：用于设置椭圆绘制的起始角度，正常情况下，绘制椭圆是从 0° 开始绘制的。
- 【结束角度】：用于设置椭圆绘制的结束角度，正常情况下，绘制椭圆的结束角度为 0° ，默认绘制的是一个封闭的椭圆。
- 【内径】：用于设置内侧椭圆的大小，内径大小范围为 0~99。

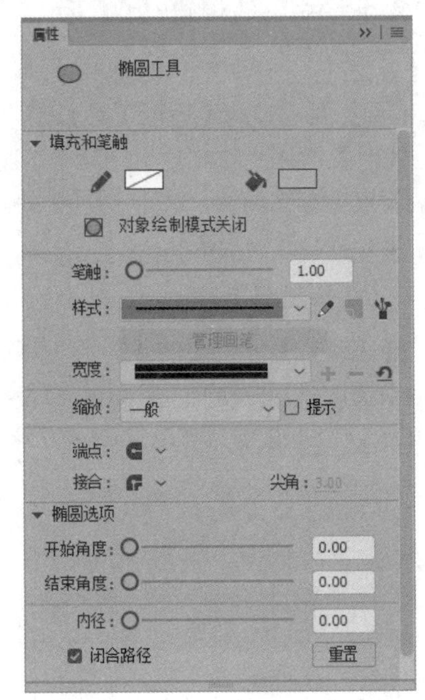

- 【闭合路径】：设置椭圆的路径是否闭合。默认情况下，该选项处于选中状态，取消选中该选项，用户绘制一个未闭合的形状，只能得到该形状的笔触。

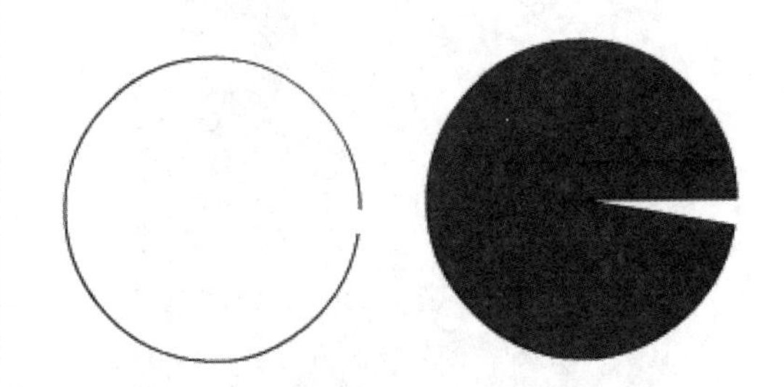

- 【重置】按钮：恢复【属性】面板中的所有选项设置，并将在舞台上绘制的基本椭圆形状恢复为原始大小和形状。

2. 【基本椭圆工具】

单击【工具】面板中的【椭圆工具】按钮，在弹出的下拉列表中选择【基本椭圆工具】。与【基本矩形工具】的属性类似，使用【基本椭圆工具】可以绘制出更加易于控制和修改的椭圆形状。

绘制完成后，选择【工具】面板中的【部

分选取工具】，拖动基本椭圆圆周上的控制点，可以调整完整性，拖动圆心处的控制点可以将椭圆调整为圆环。

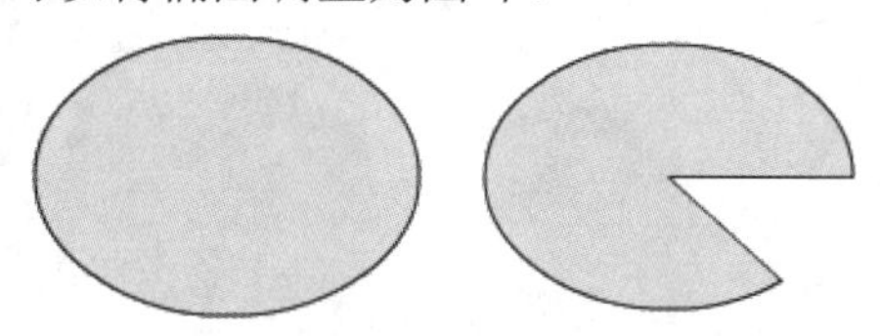

2.4.3　使用【多角星形工具】

使用【多角星形工具】可以绘制多边形和多角星形，选择【多角星形工具】后，将鼠标移动到舞台上，按住鼠标左键拖动绘制出五边形，通过设置也可以绘制其他多角星形。

选择【多角星形】工具后，打开【属性】面板。该面板中的大部分参数选项与之前介绍的图形绘制工具相同。

单击【工具设置】选项卡中的【选项】按钮，可以打开【工具设置】对话框，其主要参数选项的具体作用如下。

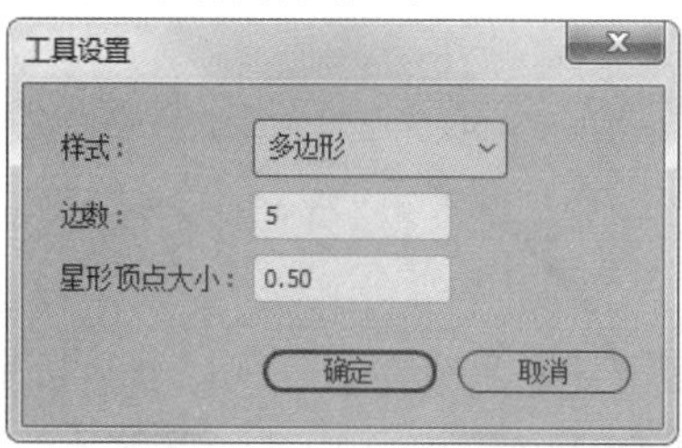

- 【样式】：用于设置绘制的多角星形样式，可以选择【多边形】和【星形】选项。
- 【边数】：用于设置绘制的图形边数，范围为 3~32。
- 【星形顶点大小】：用于设置绘制的图形顶点大小。

【例 2-3】使用各种绘图工具绘制卡通表情。
视频+素材 (素材文件\第 02 章\例 2-3)

step 1　启动Animate CC 2019，新建一个文档，选择【修改】|【文档】命令，打开【文档设置】对话框，设置舞台大小为宽 300 和高 300，单击【确定】按钮。

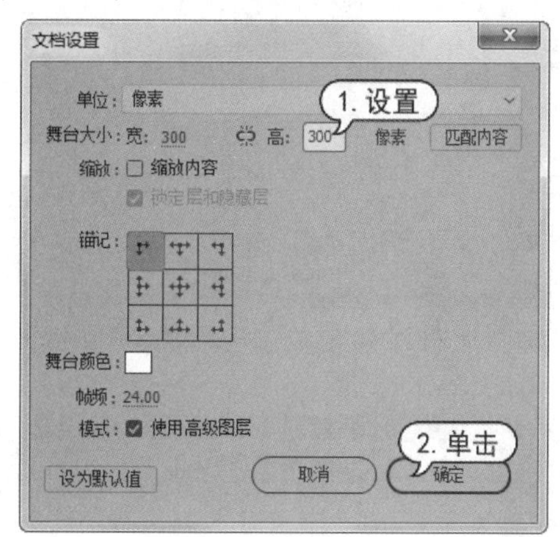

step 2　在工具面板中单击【椭圆工具】按钮，打开其【属性】面板，设置笔触颜色为棕色，填充颜色为黄色，笔触大小为 5。

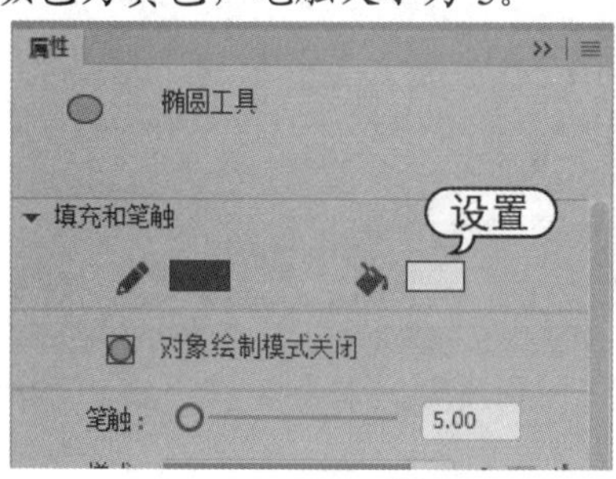

step 3 按住Shift键，拖动鼠标在舞台上绘制一个正圆形。

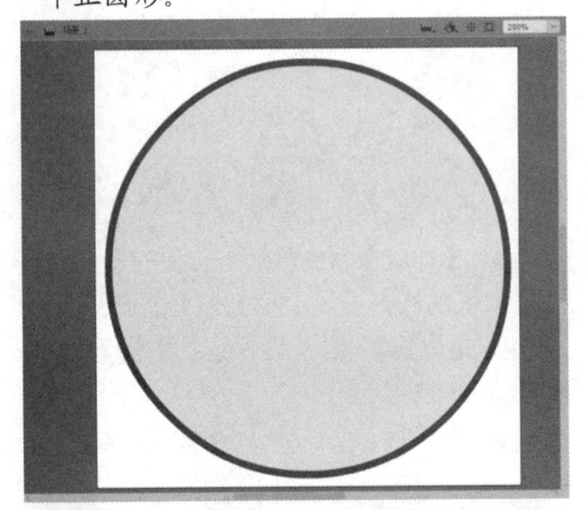

step 4 使用【画笔工具】绘制眼睛形状。

step 5 使用【铅笔工具】绘制嘴巴张开的形状。

step 6 使用【铅笔工具】在嘴巴中间绘制三条竖线。

step 7 选择【颜料桶工具】，设置填充颜色为白色，在牙齿部位上单击，即可填充为白色。

step 8 选择【文件】|【保存】命令，打开【另存为】对话框，将其命名为“绘制卡通表情”，单击【保存】按钮。

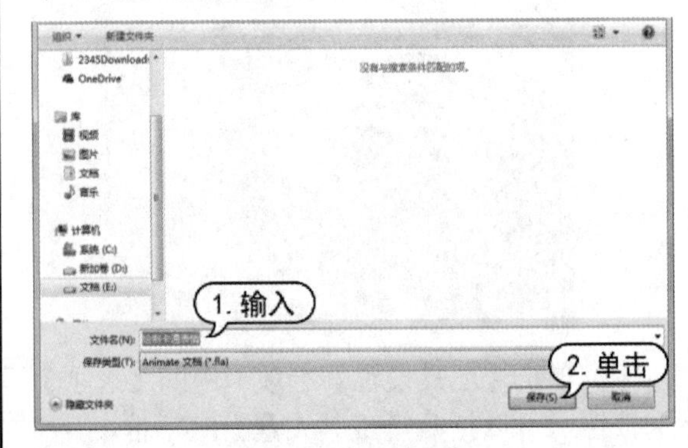

2.5　使用查看工具

Animate CC 2019 中的查看工具包括【手形工具】和【缩放工具】，分别用来平移设计区中的内容、放大或缩小设计区的显示比例。

2.5.1　使用【手形工具】

当视图被放大或者舞台面积较大，整个场景无法在视图窗口中完整显示时，用户要查看场景中的某个局部，就可以使用【手形工具】。

选择【工具】面板中的【手形工具】，将光标移动到舞台中，当光标显示为形状时，按住鼠标拖动，可以调整舞台在视图窗口中的位置。

在【手形工具】下还包含【旋转工具】和【时间划动工具】，使用【旋转工具】可以旋转舞台。

拖动【时间划动工具】可以移动帧并改变帧序列。

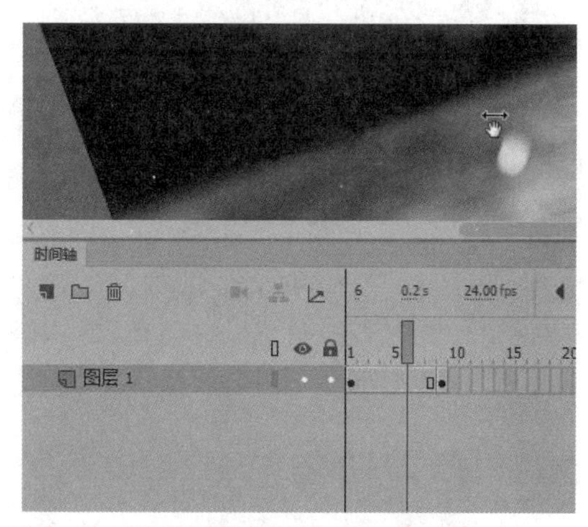

2.5.2　使用【缩放工具】

【缩放工具】是最基本的视图查看工具，用于缩放视图的局部和全部。选择【工具】面板中的【缩放工具】，在【工具】面板中会出现【放大】按钮和【缩小】按钮。

单击【放大】按钮后，光标在舞台中显示为形状，在舞台中单击可以按当前视图比例的 2 倍进行放大，最大可以放大到 20 倍。

单击【缩小】按钮，光标在舞台中显示为形状，在舞台中单击可以按当前视图比例的 1/2 进行缩小，最小可以缩小到原图的

4%。当视图无法再进行放大和缩小时，光标呈🔍形状。

此外，在选择【缩放工具】后，在舞台中以拖动矩形框的方式来放大或缩小指定区域，放大的比例可以通过舞台右上角的【视图比例】下拉列表框查看。

2.6 使用选择工具

Animate CC 2019 中的选择工具包括【选择工具】【部分选取工具】和【套索工具】，分别用来选择、移动和调整曲线，调整和修改路径以及自由选定要选择的区域。

2.6.1 使用【选择工具】

选择【工具】面板中的【选择工具】，在【工具】面板中显示了【贴紧至对象】按钮、【平滑按钮】和【伸直按钮】，其各自的功能如下。

- 【贴紧至对象】按钮：选择该按钮，在进行绘图、移动、旋转和调整操作时将和对象自动对齐。
- 【平滑】按钮：旋转该按钮，可以对直线和端头进行平滑处理。
- 【伸直】按钮：选择该按钮，可以对直线和端头进行伸直处理。

知识点滴

平滑和伸直只适用于形状对象，对组合、文本、实例和位图都不起作用。

使用【选择工具】选择对象时，有以下几种方法。

- 单击要选中的对象即可选中。
- 按住鼠标拖动选取，可以选中区域中的所有对象。
- 有时单击某线条时，只能选中其中的一部分，可以双击选中线条。
- 按住 Shift 键，单击所需选中的对象，可以选中多个对象。

使用【选择工具】可以调整对象的曲线和顶点。选择【选择工具】后，将光标移至对象的曲线位置，光标会显示为半弧形状，可以拖动调整曲线。要调整顶点，将光标移至对象的顶点位置，光标会显示为直角形状，可以拖动调整顶点。

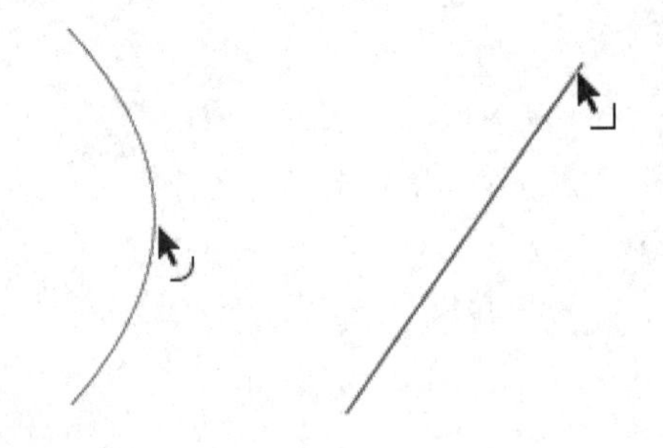

使用【选择工具】，将光标移至对象轮廓的任意转角上，光标会显示为直角形状，拖动鼠标可以延长或缩短组成转角的线段并保持伸直。

2.6.2　使用【部分选取工具】

【部分选取工具】主要用于选择线条、移动线条和编辑节点以及节点方向等。它的使用方法和作用与【选择工具】类似，区别在于，使用【部分选取工具】选中一个对象后，对象的轮廓线上将出现多个控制点(锚点)，表示该对象已经被选中。

在使用【部分选取工具】选中对象之后，可拉伸其中的控制点或修改曲线，具体操作如下。

- 移动控制点：选择的图形对象周围将显示出由一些控制点围成的边框，用户可以选择其中的一个控制点，此时光标右下角会出现一个空白方块，拖动该控制点，可以改变图形轮廓。

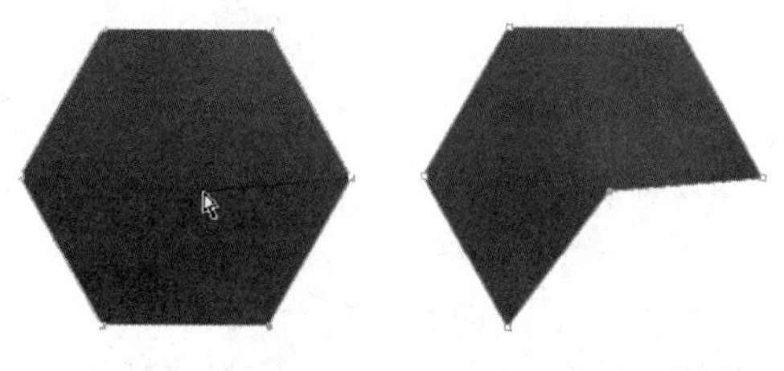

- 改变控制点曲度：可以选择其中一个控制点来设置图形在该点的曲度。选择某个控制点之后，按住 Alt 键移动，该点附近将出现两个在此点调节曲度的控制柄，此时空心的控制点将变为实心，可以拖动这两个控制柄，改变长度或者位置以实现对该控制点的曲度控制。

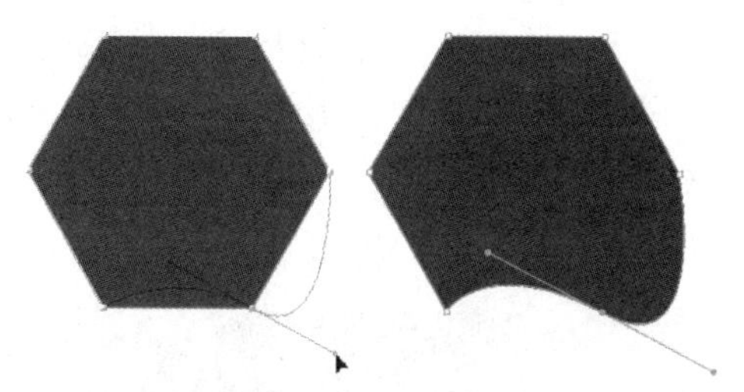

- 移动对象：使用【部分选取工具】靠近对象，当光标显示为黑色实心方块时，按下鼠标左键即可将对象拖动到所需位置。

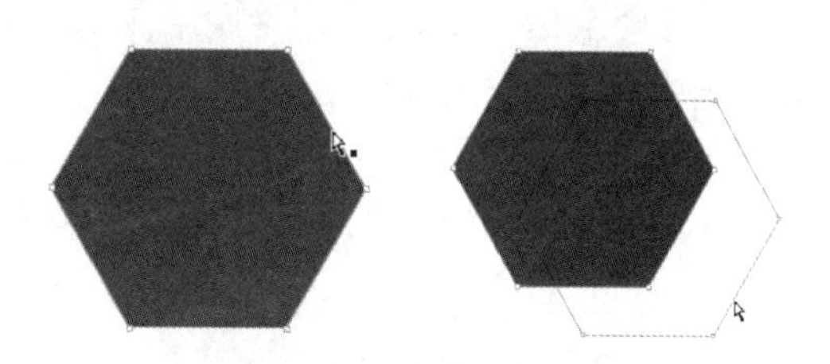

2.6.3　使用【套索工具】

【套索工具】主要用于选择图形中的不规则区域和相连的相同颜色的区域。单击【套索工具】下拉按钮，会弹出下拉列表，可以选择【套索工具】【多边形工具】【魔术棒】选项。

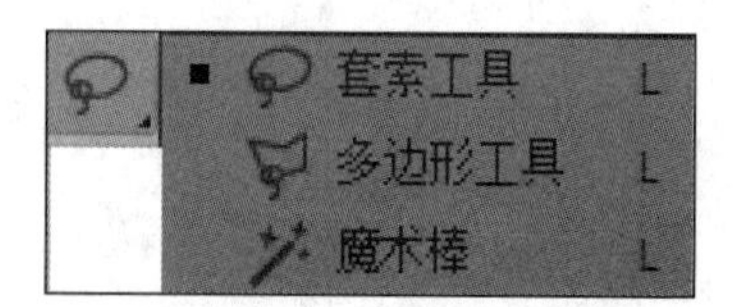

- 【套索工具】：使用【套索工具】可以选择图形对象中的不规则区域，按住鼠标左键在图形对象上拖动，并在开始位置附近结束拖动，形成一个封闭的选择区域；或在任意位置释放鼠标左键，系统会自动用直线段闭合选择区域。

▶【多边形工具】：使用【多边形工具】可以选择图形对象中的多边形区域，在图形对象上单击设置起始点，并依次在其他位置单击，最后在结束处双击即可。

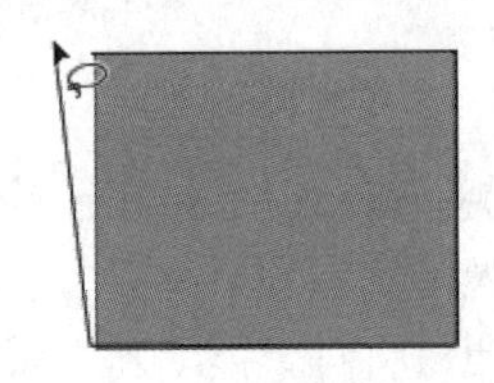

▶【魔术棒工具】：使用【魔术棒工具】可以选中图形对象中相似颜色的区域(必须是位图分离后的图形)。选择【魔术棒工具】后，单击面板上的【属性】按钮，打开其【属性】面板进行设置。

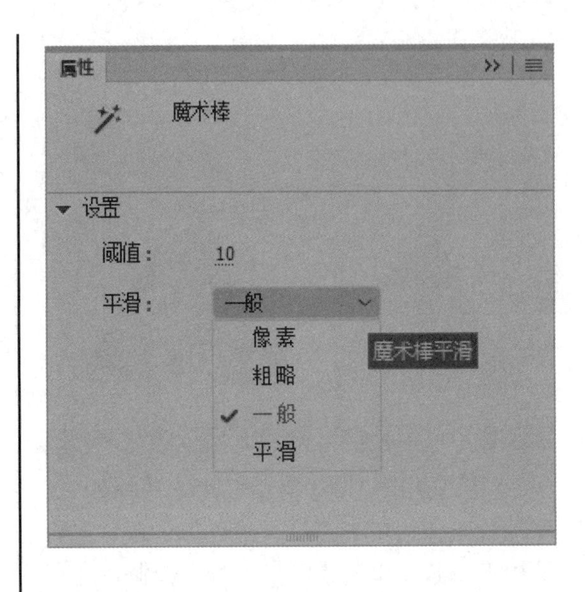

2.7 案例演练

本章的案例演练为使用绘图工具绘制卡通鸡图案，用户通过练习可以更好地掌握Animate CC 的绘制图形工具的使用方法。

【例 2-4】绘制卡通鸡。视频

step 1 启动Animate CC 2019，新建一个文档，选择【钢笔工具】，打开其【属性】面板，设置笔触颜色为黑色，笔触大小为 3。

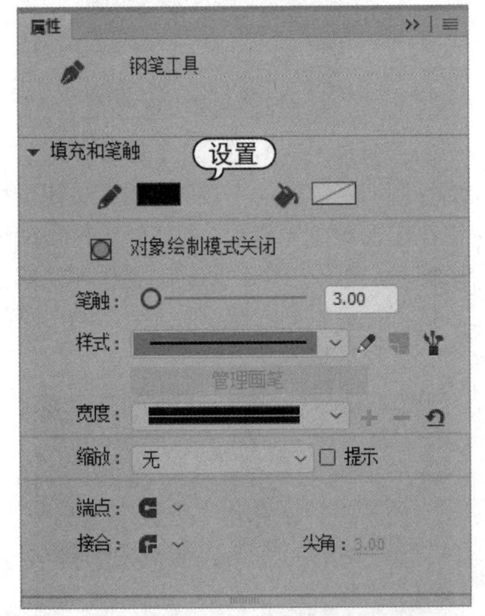

step 2 使用【钢笔工具】在舞台中绘制一个圆形，然后使用【铅笔工具】在圆中绘制一条直线。

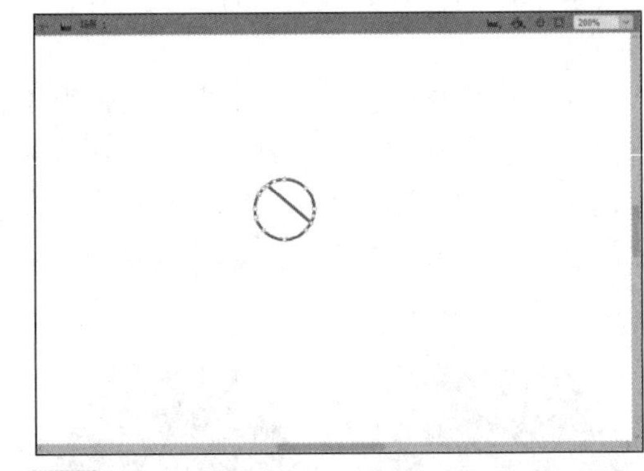

step 3 使用【钢笔工具】继续绘制，调整锚点，将鸡的其他躯干绘制出来，注意将线段连接起来，形成闭合图形。

step 4 选择【颜料桶工具】，打开其【属性】面板，设置笔触线条为无，填充颜色为黄色。

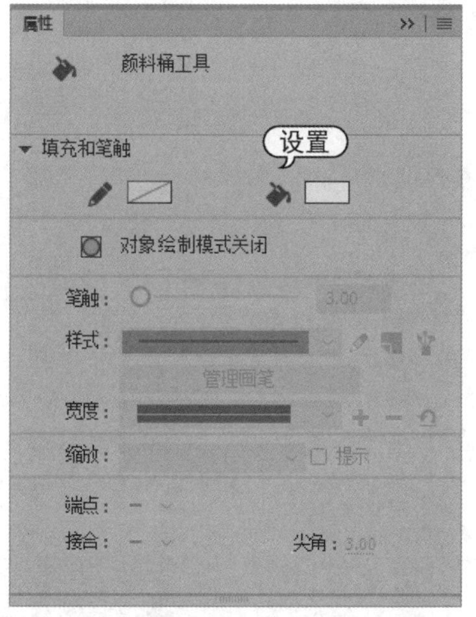

step 5 单击鸡嘴内部，将鸡嘴填充为黄色。

step 6 选择【滴管工具】，单击黄色鸡嘴以吸取颜色。

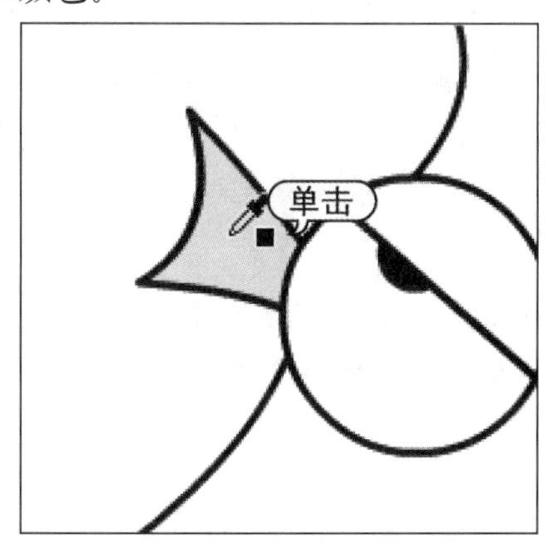

step 7 当光标变为形状时，单击鸡脚内部，使鸡脚的颜色和鸡嘴的颜色一致。

step 8 选择【颜料桶工具】，在其【属性】面板中设置填充颜色为土黄色。

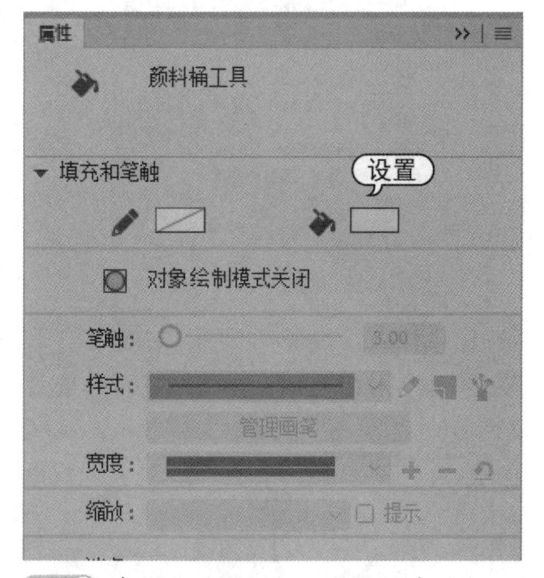

step 9 在【工具】面板上设置【空隙大小】为【封闭小空隙】选项(由于鸡身内部并未完全封闭，所以要使用【封闭小空隙】选项，才能填充上颜色)。

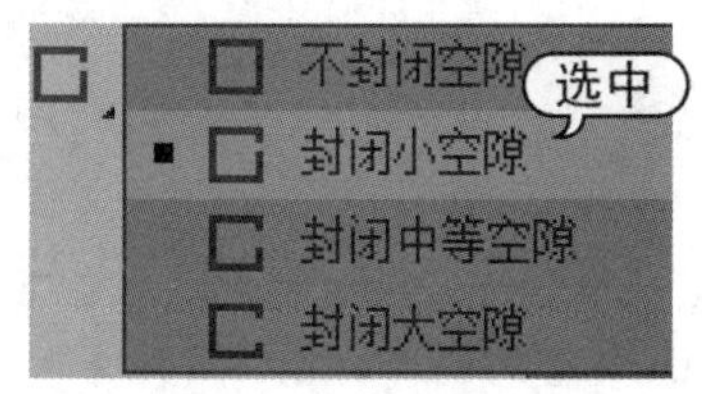

step 10 单击鸡身内部，此时鸡身内部填充为土黄色。

step 11 选择【颜料桶工具】，在其【属性】面板中设置填充颜色为橘色。

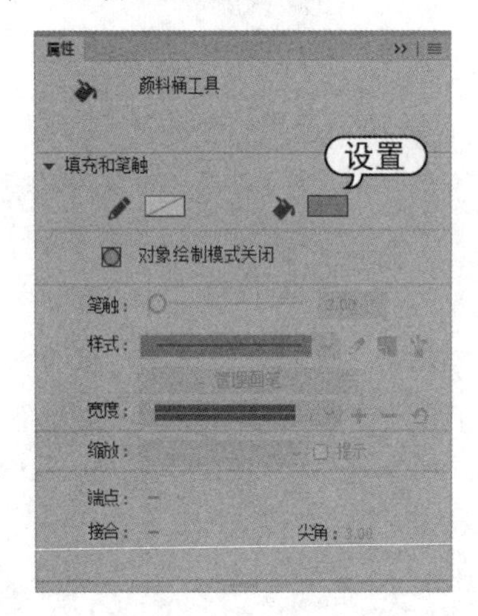

step 12 单击鸡冠内部，此时鸡冠内部填充为橘色。

step 13 选择【画笔工具】，在其【属性】面板中设置填充颜色为红色。

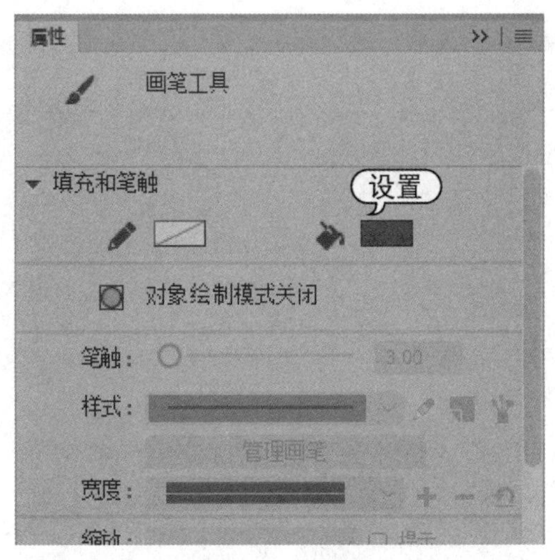

step 14 在【工具】面板上选择【对象绘制】模式，在【画笔模式】中选择【内部绘画】模式。

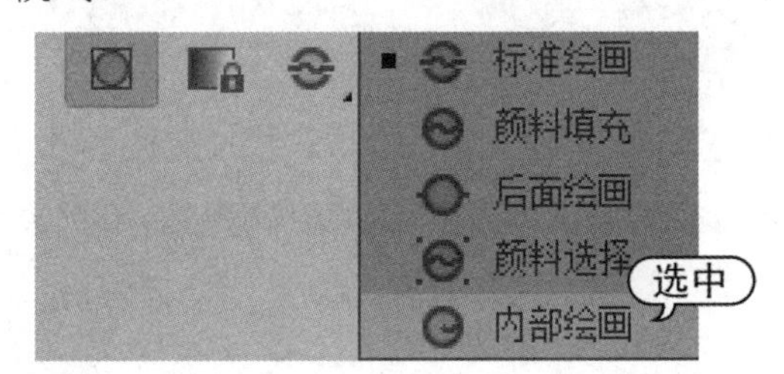

step 15 在鸡的眼皮内部涂抹，由于是【内部绘画】模式，所以画笔涂色不会超出眼皮的线条范围以外，最后填充好的图形如下图所示。

step 16 选择【文件】|【保存】命令，以“绘制卡通鸡”为名保存文档。

第3章

编辑图形和颜色

图形绘制完毕后，可以对 Animate 图形进行移动、复制、排列、组合等基本操作，还可以对图形对象进行旋转、缩放和扭曲等变形操作。为了使绘制的图形对象丰富多彩，还可以调整图形的颜色，使其更加丰富多彩。本章将主要介绍图形的编辑操作、颜色调整等内容。

本章对应视频

例 3-1 制作邮票
例 3-2 制作太阳光晕
例 3-3 制作倒影效果
例 3-4 绘制立体球体、圆锥体
例 3-5 制作气球

3.1 图形编辑的操作

图形的编辑操作主要包括一些改变图形的基本操作。使用【工具】面板中相应的工具可以进行移动、复制、排列、组合和分离对象等操作。

3.1.1 移动和锁定图形

在 Animate CC 2019 中，【选择工具】除了用来选择图形对象，还可以拖动对象来进行移动操作。而有时为了避免当前编辑的对象影响到其他对象，可以使用【锁定】命令来锁定图形对象。

1. 移动图形对象

选中图形对象后，可以进行一些常规的基本操作，比如移动对象操作。用户还可以使用键盘上的方向键进行对象的细微移动操作，使用【信息】面板或对象的【属性】面板也能使对象进行精确移动。

以下是移动图形对象的具体操作方法。

- 使用【选择工具】：选中要移动的图形对象，按住鼠标拖动到目标位置即可。在移动过程中，被移动的对象以框线方式显示；如果在移动过程中靠近其他对象，会自动显示与其他对象对齐的线条。

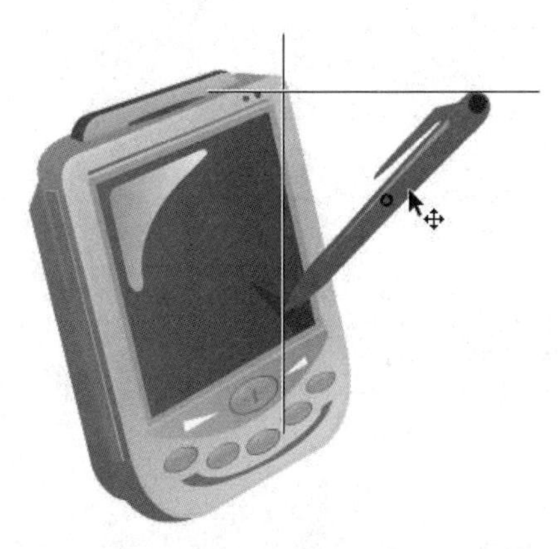

- 使用键盘上的方向键：在选中图形对象后，按下键盘上的↑、↓、←、→方向键即可移动对象，每按一次方向键可以使对象在该方向上移动 1 个像素。如果在按住 Shift 键的同时按方向键，每按一次键可以使对象在该方向上移动 10 个像素。

- 使用【信息】面板或【属性】面板：在选中图形对象后，选择【窗口】|【信息】命令打开【信息】面板，在【信息】面板或【属性】面板的 X 和 Y 文本框中输入精确的坐标后，按下 Enter 键即可将对象移动到指定坐标位置，移动的精度可以达到 0.1 像素。

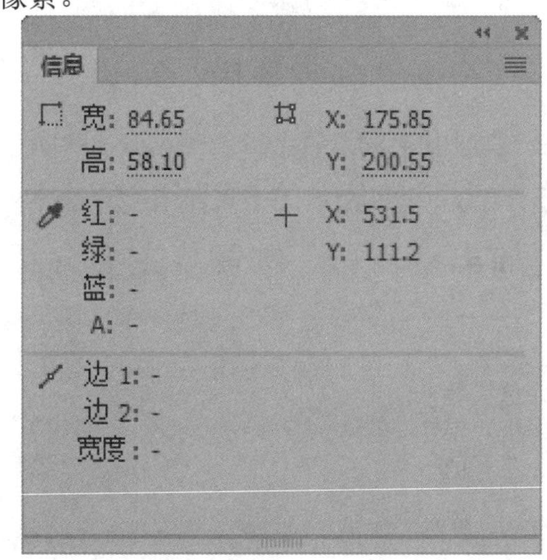

2. 锁定图形对象

锁定图形对象就是指将图形对象暂时锁定，使其移动不了。选择要锁定的对象，然后选择【修改】|【排列】|【锁定】命令，或者按 Ctrl+Alt+L 组合键，使用鼠标移动被锁定的对象，会发现移动不了。

如果要解除锁定的对象，用户可以选择【修改】|【排列】|【解除全部锁定】命令，或者按 Ctrl+Alt+Shift+L 组合键，即可解除锁定。

3.1.2　复制和粘贴图形

在 Animate CC 2019 中，可以使用菜单命令或键盘组合键复制和粘贴图形对象，在【变形】面板中，还可以在复制对象的同时变形对象。

复制和粘贴图形对象的几种操作方法如下。

- 使用菜单命令：选中要复制的对象，选择【编辑】|【复制】命令，选择【编辑】|【粘贴】命令可以粘贴对象；选择【编辑】|【粘贴到当前位置】命令，可以在保证对象的坐标没有变化的情况下粘贴对象。
- 使用【变形】面板：选择对象，然后选择【窗口】|【变形】命令，打开【变形】面板。在该面板中可以设置旋转或倾斜的角度，单击【复制选区和变形】按钮可以复制对象。如下图所示为一个五角星以 50° 角进行旋转，单击【复制选区和变形】按钮后创建的图形。

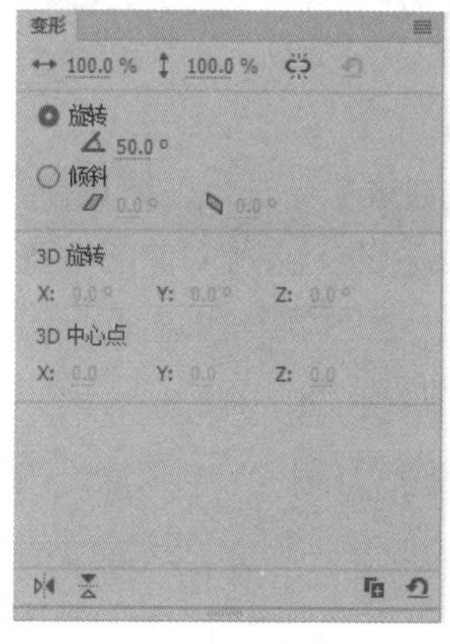

- 使用组合键：在移动对象的过程中，按住 Alt 键拖动，此时光标带+号形状，可以拖动并复制该对象。

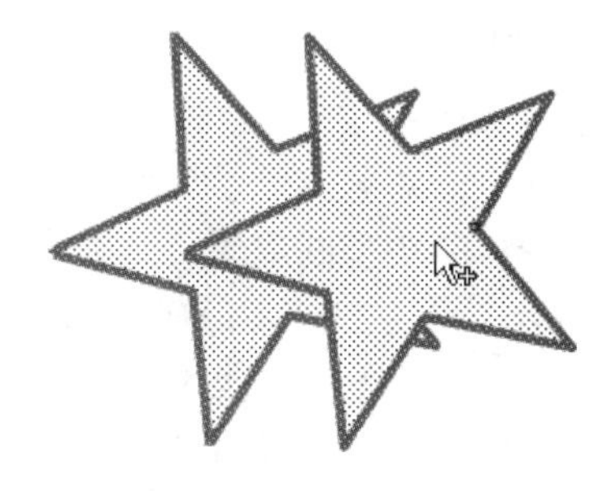

- 使用【直接复制】命令：在复制图形对象时，还可以选择【编辑】|【直接复制】命令，或按 Ctrl+D 组合键，对图形对象进行有规律的复制。如下图所示为直接复制了 3 次的图形。

3.1.3　排列和对齐图形

在同一图层中，绘制的图形会根据创建的顺序层叠对象，用户可以使用【修改】|【排列】命令对多个图形对象进行上下排列，还可以使用【修改】|【对齐】命令将图形对象进行横向排列。

1. 排列图形对象

当在舞台上绘制多个图形对象时，会以层叠的方式显示各个图形对象。若要把下方的图形放置在最上方，则可以在选中该对象后，选择【修改】|【排列】|【移至顶层】命令。如下图所示先选中最底层的蓝色星形，选择【移至顶层】命令后则移至顶层。

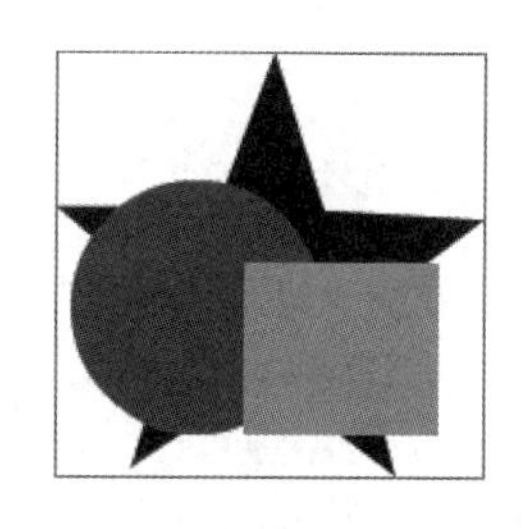

2. 层叠图形对象

当绘制多个图形时，需要启用【工具】面板上的【对象绘制】按钮，这样画出的图形在重叠中才不会影响其他图形，否则上

面的图形移动后会删除掉下面层叠的图形，如下图所示为没有使用【对象绘制】功能，所产生的图形重叠后再移动会删除下面层叠的图形。

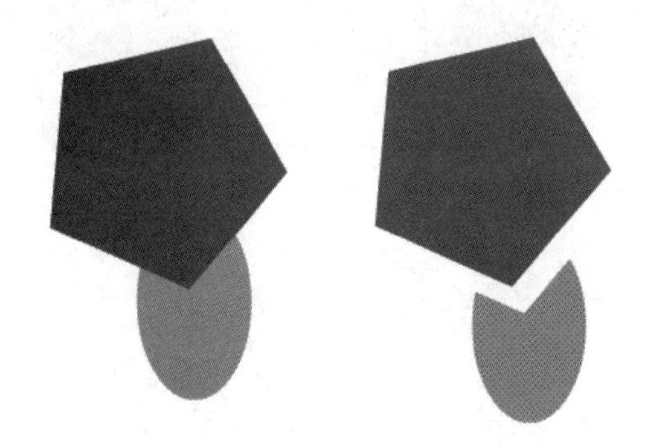

3. 对齐图形对象

打开【对齐】面板，在该面板中可以进行对齐对象的操作

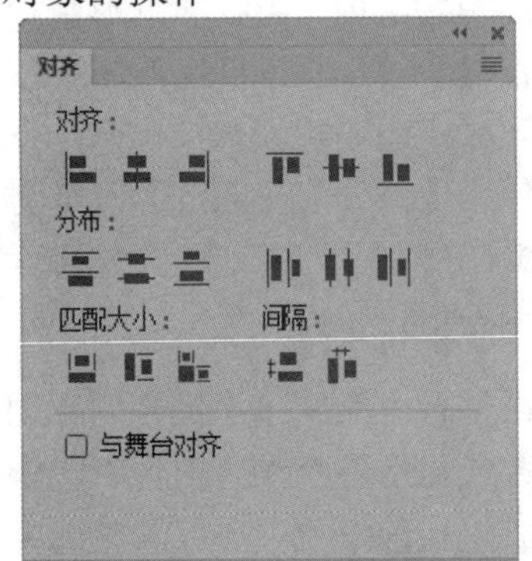

要对多个对象进行对齐与分布操作，首先选中图形对象，然后选择【修改】|【对齐】命令，在子菜单中选择多种对齐命令，或打开【对齐】面板进行设置。

左对齐(L)	Ctrl+Alt+1
水平居中(C)	Ctrl+Alt+2
右对齐(R)	Ctrl+Alt+3
顶对齐(T)	Ctrl+Alt+4
垂直居中(V)	Ctrl+Alt+5
底对齐(B)	Ctrl+Alt+6
按宽度均匀分布(D)	Ctrl+Alt+7
按高度均匀分布(H)	Ctrl+Alt+9
设为相同宽度(M)	Ctrl+Shift+Alt+7
设为相同高度(S)	Ctrl+Shift+Alt+9
与舞台对齐(G)	Ctrl+Alt+8

其中各类对齐选项的作用如下。

- 单击【对齐】面板中【对齐】区域中的【左对齐】【水平居中】【右对齐】【顶对齐】【垂直居中】和【底对齐】按钮，可设置对象在不同方向的对齐方式。
- 单击【对齐】面板中【分布】区域中的【顶部分布】【垂直居中分布】【底部分布】【左侧分布】【水平居中分布】和【右侧分布】按钮，可设置对象在不同方向的分布方式。
- 单击【对齐】面板中【匹配大小】区域中的【匹配宽度】按钮，可使所有选中的对象与其中最宽对象的宽度相匹配；单击【匹配高度】按钮，可使所有选中的对象与其中最高对象的高度相匹配；单击【匹配宽和高】按钮，将使所有选中的对象与其中最宽对象的宽度和最高对象的高度相匹配。
- 单击【对齐】面板中【间隔】区域中的【垂直平均间隔】和【水平平均间隔】按钮，可使对象在垂直方向或水平方向上等间距分布。
- 选中【与舞台对齐】复选框，可以使对象以设计区的舞台为标准，进行对象的对齐与分布设置；如果取消选中状态，则以选择的对象为标准进行对象的对齐与分布。

3.1.4 组合和分离图形

在创建复杂的矢量图时，为了避免图形之间的自动合并，可以对其进行组合，使其作为一个对象来进行整体的操作处理。此外，组合后的图形对象也可以进行分离以返回原始状态。

1. 组合图形对象

组合对象的方法是：首先从舞台中选择需要组合的多个对象，可以是形状、组、元件或文本等各种类型的对象，然后选择【修改】|【组合】命令或按 Ctrl+G 组合键，即可组合对象。如下图所示即为多个对象构成的图形，使用【修改】|【组合】命令后，变

为组合图形。

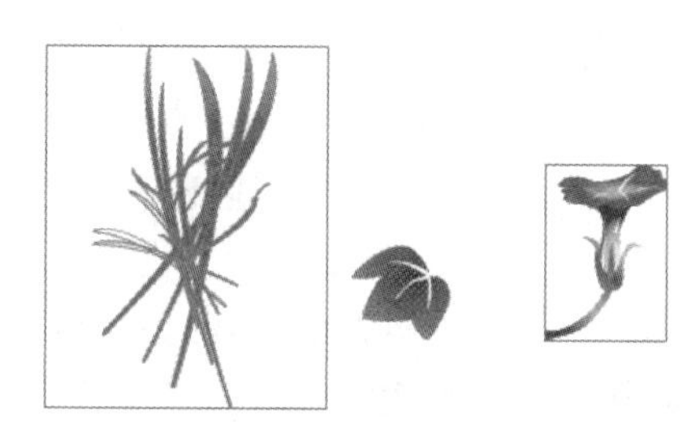

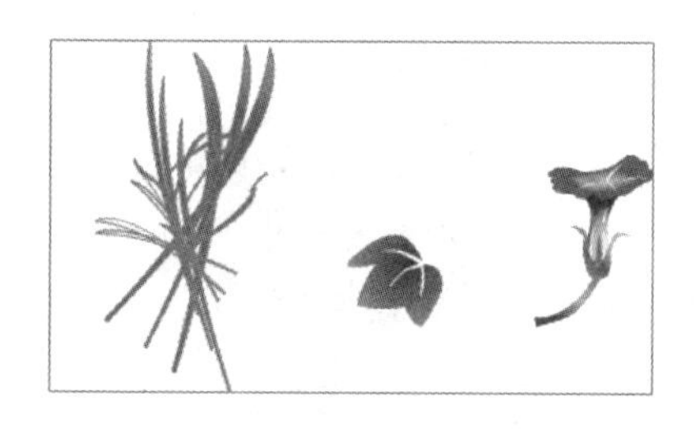

如果需要对组中的单个对象进行编辑，则应选择【修改】|【取消组合】命令或按 Ctrl+Shift+G 组合键取消组合的对象，或者在组合后的对象上双击。

2. 分离图形对象

对于组合对象，可以使用分离命令将其拆散为单个对象，也可将文本、实例、位图及矢量图等元素打散成一个个的独立像素点，以便进行编辑。

对于组合对象来说，可以选择【修改】|【分离】命令，将其分离开。该命令和【修改】|【取消组合】命令得到的效果是一样的，都是将组合对象返回到原始多个对象的状态。

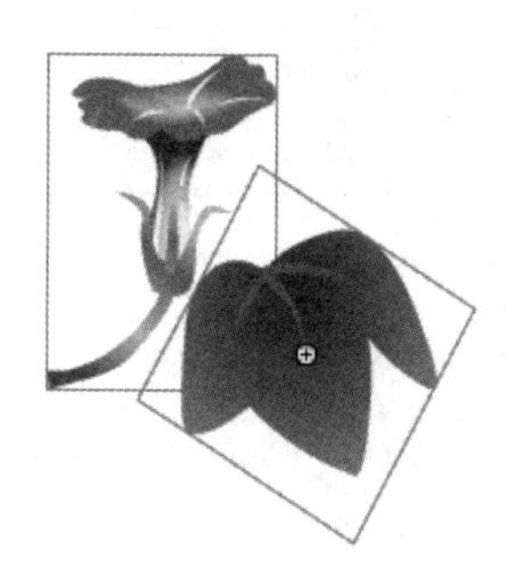

而对于单个图形对象来说，选择【修改】|【分离】命令，可以把选择的对象分离成独立的像素点，如下图所示的“飞机”对象分离后，成为形状对象。

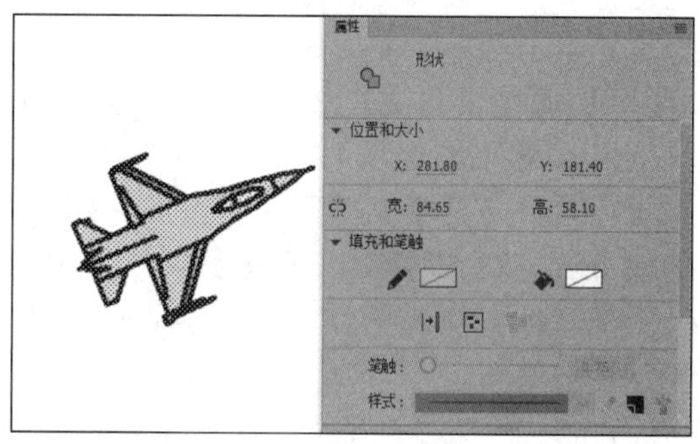

3.1.5　贴紧图形

如果要使图形对象彼此自动对齐，可以使用贴紧功能。Animate CC 为贴紧对齐对象提供了 5 种方式，即【贴紧至对象】【贴紧至像素】【贴紧至网格】【贴紧至辅助线】和【贴紧对齐】。

1. 贴紧至对象

【贴紧至对象】功能可以使对象沿着其他对象的边缘，直接与它们对齐的对象贴紧。选择对象后，选择【视图】|【贴紧】|【贴紧至对象】命令；或者选择【工具】面板上的【选择】工具后，单击【工具】面板底部的【贴紧至对象】按钮也能使用该功能。执行以上操作后，当拖动图形对象时，指针旁边会出现黑色小环，当对象处于另一个对象的贴紧距离内时，该小环会变大，释放鼠标即可和另一个对象边缘贴紧。

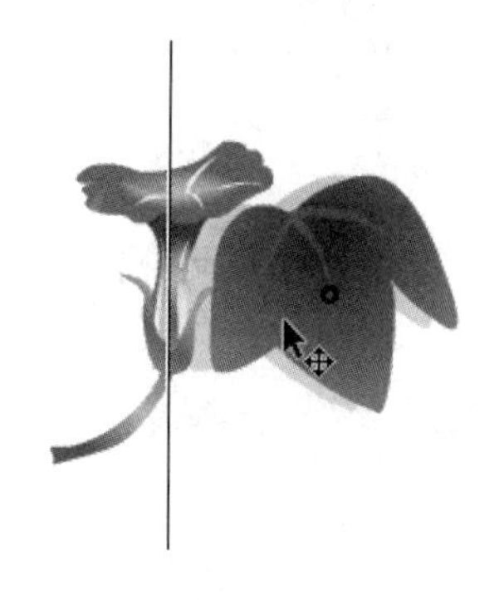

2. 贴紧至像素

【贴紧至像素】可以在舞台上将图形对象直接与单独的像素或像素的线条贴紧。首先选择【视图】|【网格】|【显示网格】命令，让舞台显示网格，然后选择【视图】|【网格】|【编辑网格】命令，在【网格】对话框中设置网格尺寸为 1 像素×1 像素，选择【视图】|【贴紧】|【贴紧至像素】命令，选择【工具】面板上的【矩形】工具，在舞台上随意绘制矩形时，会发现矩形的边缘紧贴至网格线。

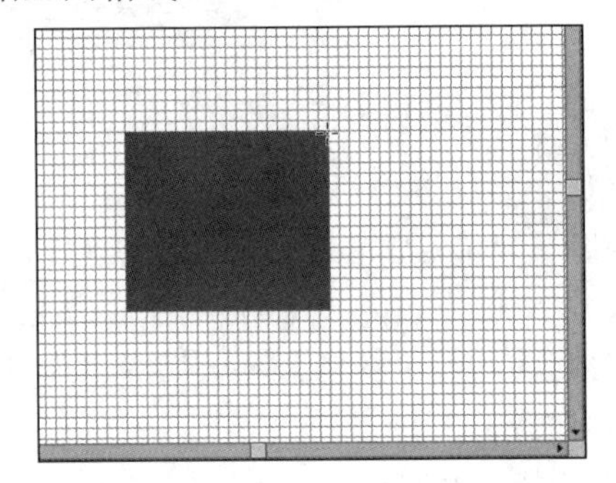

3. 贴紧至网格

如果网格以默认尺寸显示，可以选择【视图】|【贴紧】|【贴紧至网格】命令，同样可以使图形对象边缘和网格边缘贴紧。

4. 贴紧至辅助线

选择【视图】|【贴紧】|【贴紧至辅助线】命令，可以使图形对象中心和辅助线贴紧。当拖动图形对象时，指针旁边会出现黑色小环，当图形中的小环接近辅助线时，该小环会变大，松开鼠标即可和辅助线贴紧。

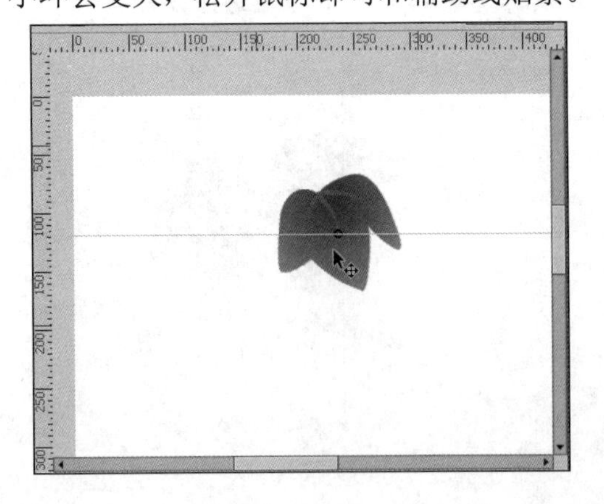

5. 贴紧对齐

使用贴紧对齐功能可以按照指定的贴紧对齐容差对齐对象，即按照对象和其他对象之间或对象与舞台边缘的预设边界进行对齐。要进行贴紧对齐，可以选择【视图】|【贴紧】|【贴紧对齐】命令，此时当拖动一个对象至另一个对象边缘时，会显示对齐线，松开鼠标，则两个对象互为贴紧对齐。

要设置对齐容差的参数值，可以选择【视图】|【贴紧】|【编辑贴紧方式】命令，在打开的【编辑贴紧方式】对话框中，单击【高级】按钮，展开选项进行设置。

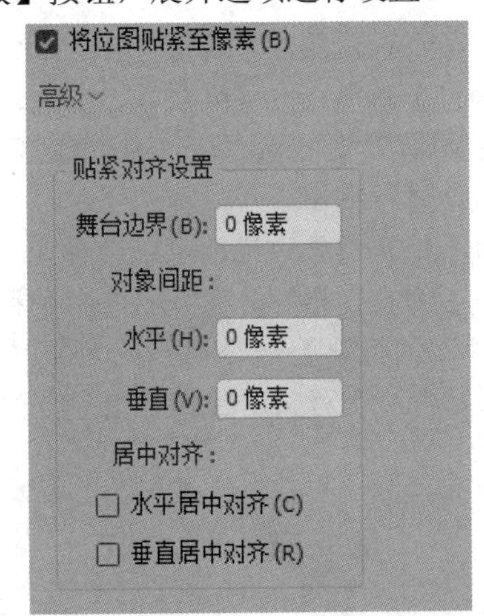

3.1.6 翻转图形

用户在选择图形对象后，可以将其翻转倒立过来，编辑以后如果不满意，还可以还原对象。

选择图形对象后，选择【修改】|【变形】

命令，在子菜单中可以选择【垂直翻转】或【水平翻转】命令，可以对选定的对象进行垂直或水平翻转，而不改变该对象在舞台上的相对位置。

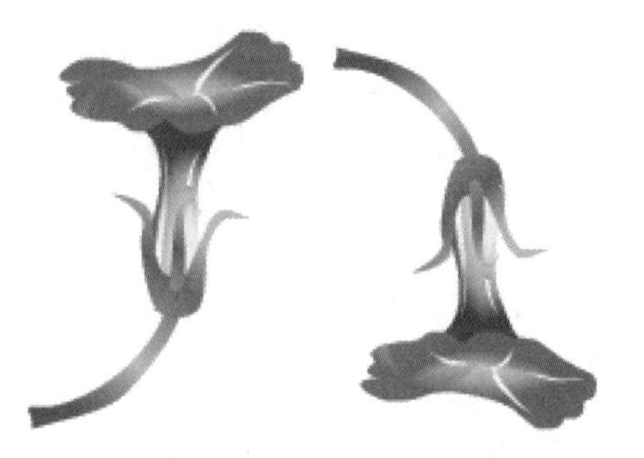

要还原变形的图形，用户可以选择以下几种还原方法。

- 选择【编辑】|【撤销】命令，可以撤销整个文档最近一次所做的操作，要撤销多步操作就必须多次执行该命令。
- 在选中某一个或几个进行变形操作的对象后，选择【修改】|【变形】|【取消变形】命令，可以将对这些对象所做的所有变形一次性全部撤销。
- 选择【窗口】|【历史记录】命令，打开【历史记录】面板。该面板中的滑块默认指向当前文档最后一次执行的步骤，拖动该滑块，即可将文档中已进行的操作撤销。

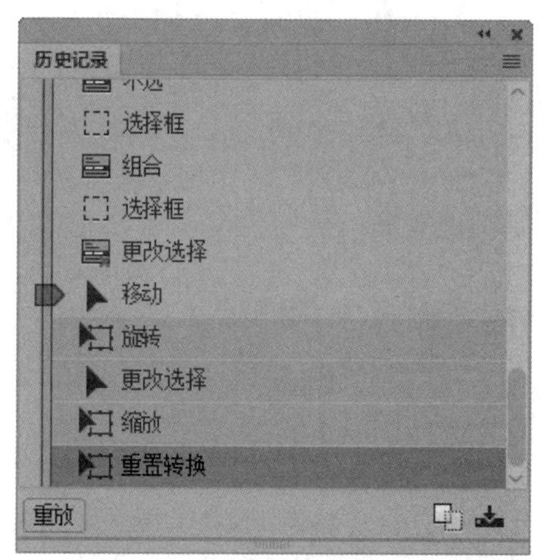

3.1.7　使用【任意变形工具】

使用【工具】面板中的【任意变形工具】可以对对象进行旋转、扭曲和封套等操作。选中【任意变形工具】，在【工具】面板中会显示【贴紧至对象】【旋转和倾斜】【缩放】【扭曲】和【封套】按钮。

选中对象，在对象的四周会显示 8 个控制点■，在中心位置会显示 1 个中心点○。

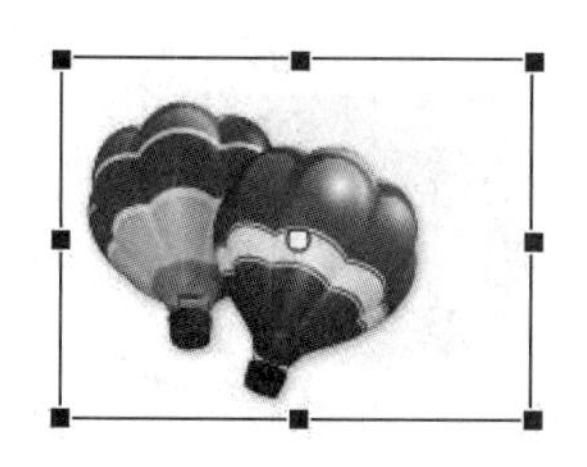

选中图形对象后，可以执行以下变形操作。

- 将光标移至 4 个角上的控制点处，当光标变为⤡形状时，按住鼠标左键进行拖动，可同时改变对象的宽度和高度。
- 将光标移至 4 个边上的控制点处，当光标变为↔形状时，按住鼠标左键进行拖动，可改变对象的宽度；当光标变为↕形状时，按住鼠标左键进行拖动，可改变对象的高度。
- 将光标移至 4 个角上控制点的外侧，当光标变为↻形状时，按住鼠标左键进行拖动，可旋转。
- 将光标移至 4 个边上，当光标变为⇋形状时，按住鼠标左键进行拖动，可倾斜对象。
- 将光标移至对象上，当光标变为✥形状时，按住鼠标左键进行拖动，可移动对象。
- 将光标移至中心点的旁边，当光标变为▸。形状时，按住鼠标左键进行拖动，可改变中心点的位置。

1. 旋转与倾斜图形

选择【工具】面板中的【任意变形】工具，然后单击【旋转与倾斜】按钮，选中对象边缘的各个控制点，当光标显示为形状时，可以旋转对象；当光标显示为形状时，可以在水平方向倾斜对象；当光标显示为形状时，可以在垂直方向倾斜对象。

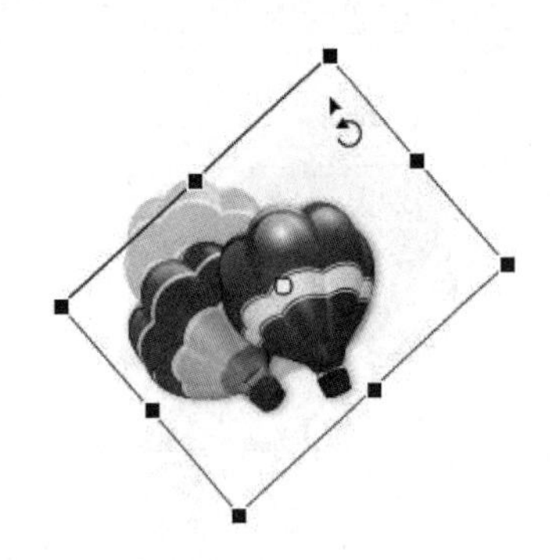

2. 缩放图形

可以在垂直或水平方向上缩放图形对象，还可以在垂直和水平方向上同时缩放。选择【工具】面板中的【任意变形】工具，然后单击【缩放】按钮，选中要缩放的对象，对象四周会显示框选标志，拖动对象某条边上的中点，可对对象进行垂直或水平的缩放，拖动某个顶点，则可以使对象在垂直和水平方向上同时进行缩放。

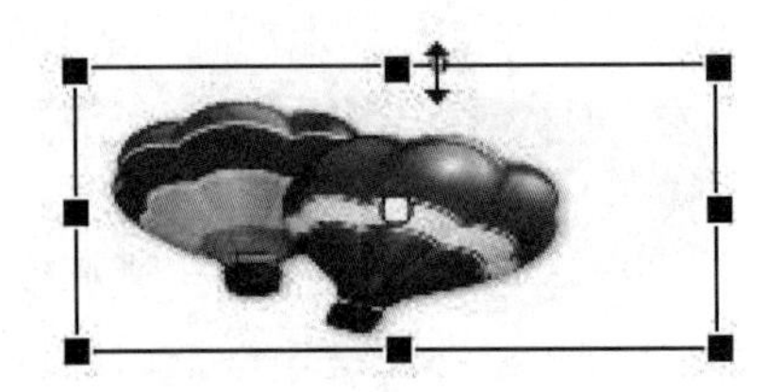

3. 扭曲图形

扭曲图形对象可以对图形进行锥化处理。选择【工具】面板中的【任意变形】工具，然后单击【扭曲】按钮，选中图形对象，在光标变为形状时，拖动边框上的角控制点或边控制点来移动该角或边；在拖动角手柄时，按住 Shift 键，当光标变为形状时，可对对象进行锥化处理。

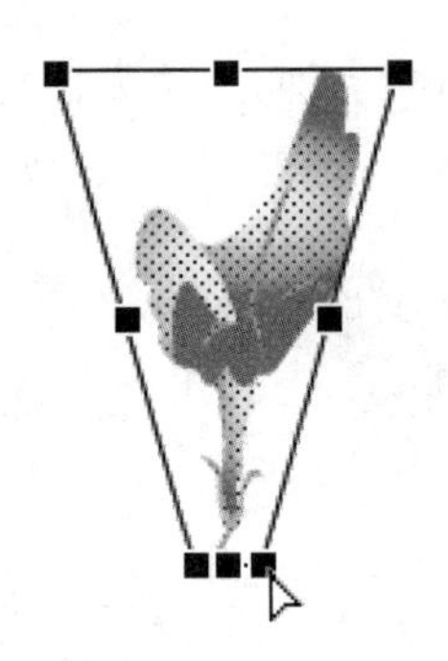

4. 封套图形

封套图形对象可以对图形进行任意形状的修改。选择【工具】面板中的【任意变形工具】，然后单击【封套】按钮，选中对象，在对象的四周会显示若干控制点和切线手柄，拖动这些控制点及切线手柄，即可对对象进行任意形状的修改。

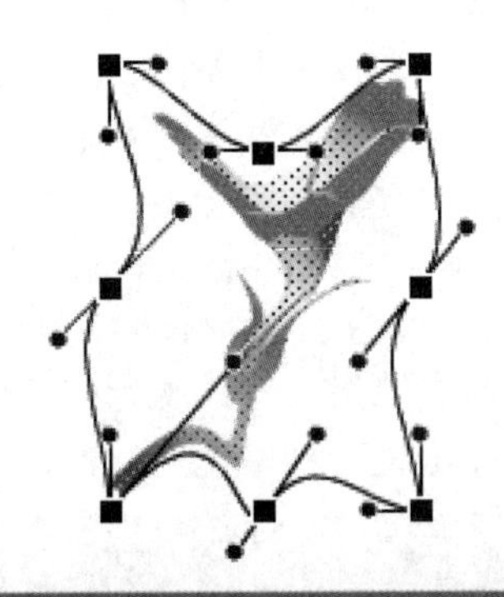

知识点滴

【旋转与倾斜】和【缩放】按钮可应用于舞台中的所有对象，【扭曲】和【封套】按钮都只适用于图形对象或者分离后的图像。

3.1.8 删除图形

当不再需要舞台中的某个图形时，可以使用【选择工具】选中该图形对象后，按 Delete 键或 Backspace 键将其删除。

用户还可以选择以下几种方法进行删除图形对象的操作。

- 选中要删除的对象，选择【编辑】|【清除】命令。

▶ 选中要删除的对象，选择【编辑】|【剪切】命令。

▶ 右击要删除的对象，在弹出的快捷菜单中选择【剪切】命令。

【例 3-1】使用编辑工具制作一张邮票。
视频+素材 (素材文件\第 03 章\例 3-1)

step 1 启动Animate CC 2019，新建一个文档。右击舞台，选择快捷菜单中的【文档】命令，打开【文档设置】对话框，设置舞台颜色为黑色，单击【确定】按钮。

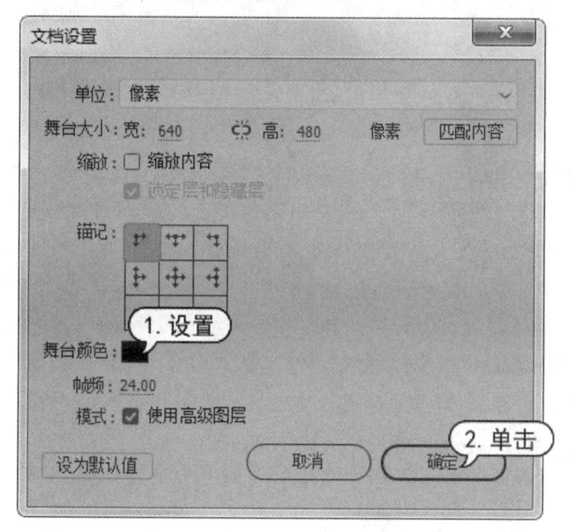

step 2 选择【文件】|【导入】|【导入到舞台】命令，打开【导入】对话框，选择一张位图文件，然后单击【打开】按钮。

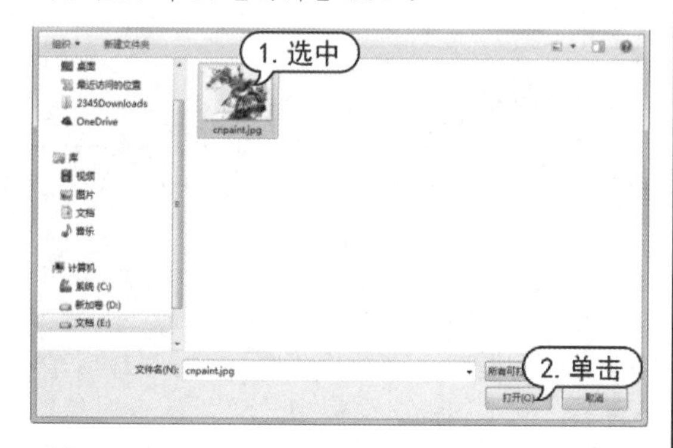

step 3 选择【工具】面板中的【任意变形工具】，选择导入的图像，调整其周围锚点，改变图像的大小和位置。

step 4 选择【工具】面板中的【矩形工具】，打开其【属性】面板，设置【填充颜色】为无，【笔触颜色】为红色，【笔触】大小为 10。

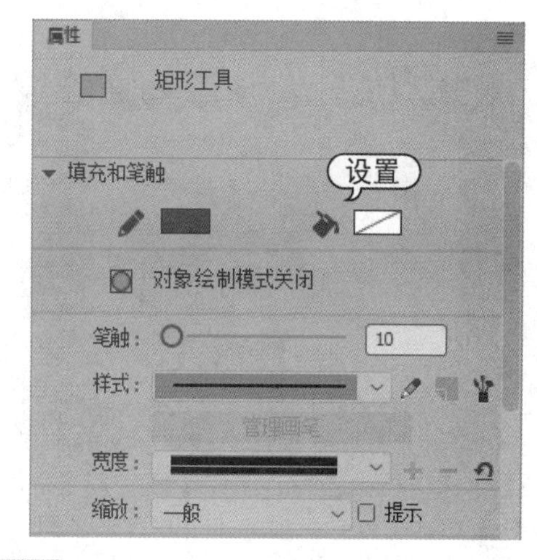

step 5 单击【对象绘制】按钮后，在舞台上绘制矩形，其尺寸和位置与导入的图形相同。

step 6 选中该矩形，在其【属性】面板上单击【编辑笔触样式】按钮，打开【笔触样式】对话框，选择【类型】为【点状线】，【点距】

为 9 点，【粗细】为 24 点，然后单击【确定】按钮。

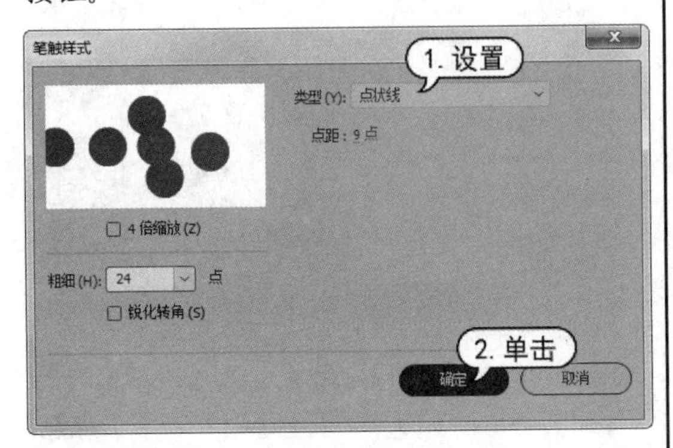

step 7 此时矩形线条在舞台上的效果如下图所示。

step 8 选中位图图形，选择【修改】|【分离】命令将其分离为形状，再选中矩形线条对象，选择【修改】|【形状】|【将线条转换为填充】命令，然后再选择【修改】|【分离】命令将线条分离为形状，此时图形效果如下图所示。

step 9 此时默认选中矩形线条，单击Delete键将其删除，此时邮票的锯齿形外轮廓即可显示出来。

step 10 选择【文件】|【保存】命令，打开【另存为】对话框，文件命名为“制作邮票”，单击【保存】按钮将其保存。

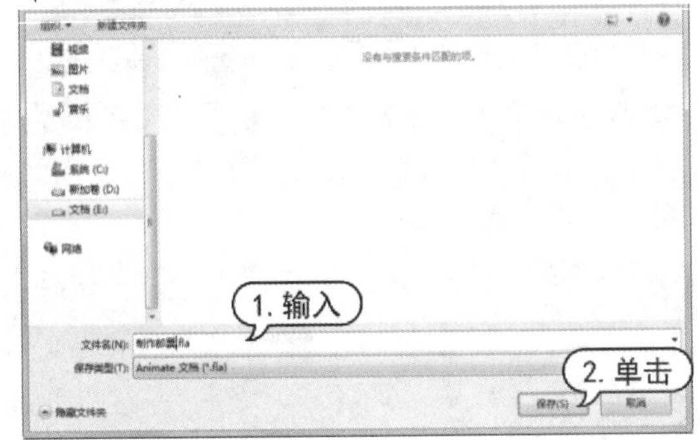

3.2 调整图形颜色

如果用户需要自定义颜色或者对已经填充的颜色进行调整，需要用到【颜色】面板。另外，使用【渐变变形工具】可以进行颜色的填充变形。在【属性】面板中还可以改变对象的亮度、色调以及透明度等。

3.2.1 使用【颜色】面板

在菜单上选择【窗口】|【颜色】命令，可以打开【颜色】面板。

打开右侧的下拉列表框，可以选择【无】【纯色】【线性渐变】【径向渐变】和【位图填充】5 种填充方式。

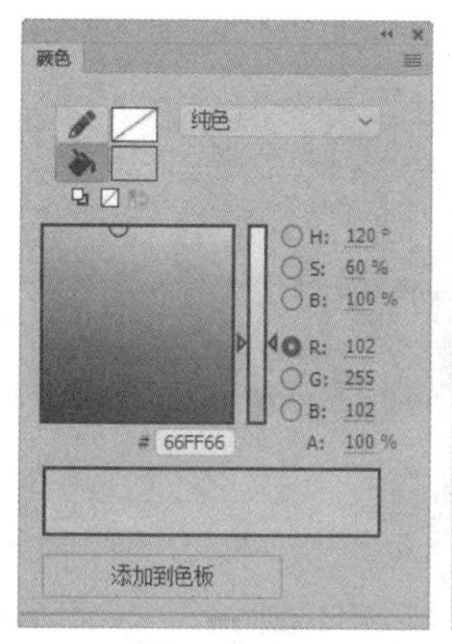

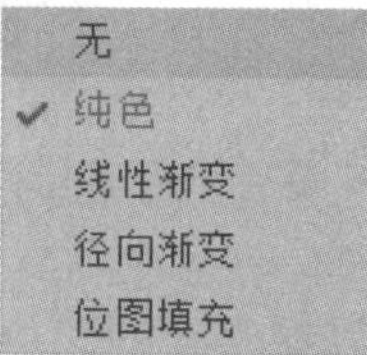

在颜色面板的中部有选色窗口，用户可以在窗口右侧拖动滑块来调节色域，然后在窗口中选中需要的颜色；在右侧分别提供了 HSB 颜色组合项和 RGB 颜色组合项，用户可以直接输入数值以合成颜色；下方的【A：】选项其实是原来的 Alpha 透明度设置项，100%为不透明，0%为全透明，可以在该选项中设置颜色的透明度。

单击【笔触颜色】和【填充颜色】右侧的颜色控件，都会弹出【调色板】面板，用户可以方便快捷地从中选取颜色。

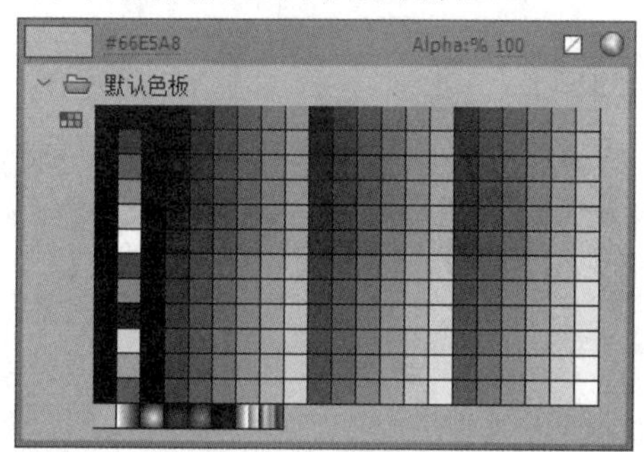

在【调色板】面板中单击右上角的【颜色选择器】按钮，打开【颜色选择器】对话框，在该对话框中可以进行更多的微调颜色选择。

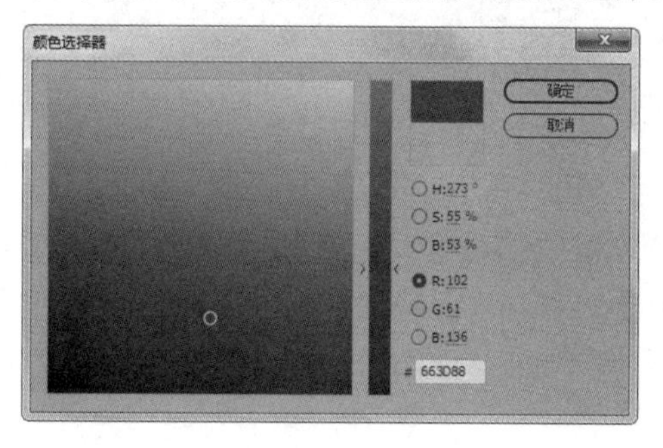

3.2.2　使用【渐变变形工具】

单击【任意变形工具】按钮后，在下拉列表中选择【渐变变形工具】，该工具可以通过调整填充的大小、方向或者中心位置，对渐变填充或位图填充进行变形操作。

1. 线性渐变填充

选择【工具】面板中的【渐变变形工具】，将光标指向要进行线性渐变填充的图形，当光标变为形状时，单击即可显示线性渐变填充的调节手柄。

调整线性渐变填充的具体操作方法主要有以下几点。

- 将光标指向中间的圆形控制柄时，光标变为形状，此时拖动该控制柄可以调整线性渐变填充的位置。

- 将光标指向右边中间的方形控制柄时，光标变为↔形状，拖动该控制柄，可以调整线性渐变填充的缩放。

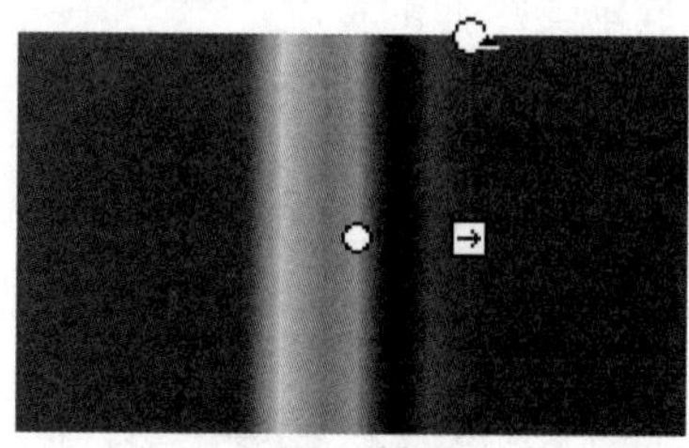

- 将光标指向右上角的环形控制柄时，光标变为形状，拖动该控制柄，可以调整线性渐变填充的方向。

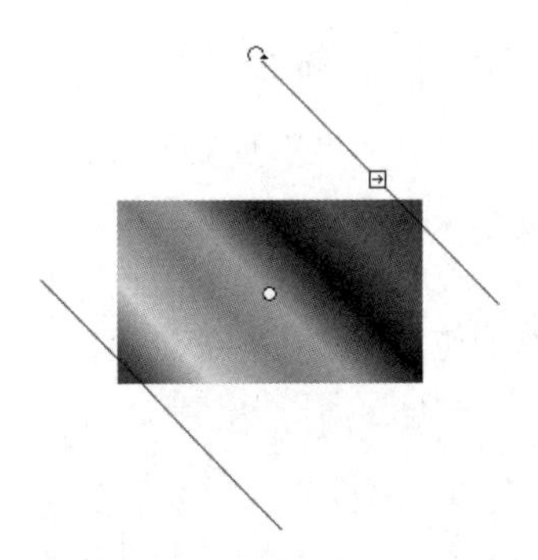

2. 径向渐变填充

选择【工具】面板中的【渐变变形工具】，单击要进行径向渐变填充的图形，即可显示径向渐变填充的调节柄，调整径向渐变填充。

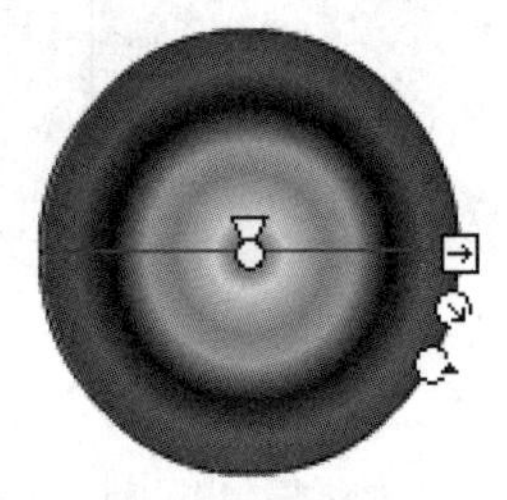

▶ 将光标指向中心的控制柄时，光标变为✢形状，拖动该控制柄可以调整径向渐变填充的位置。

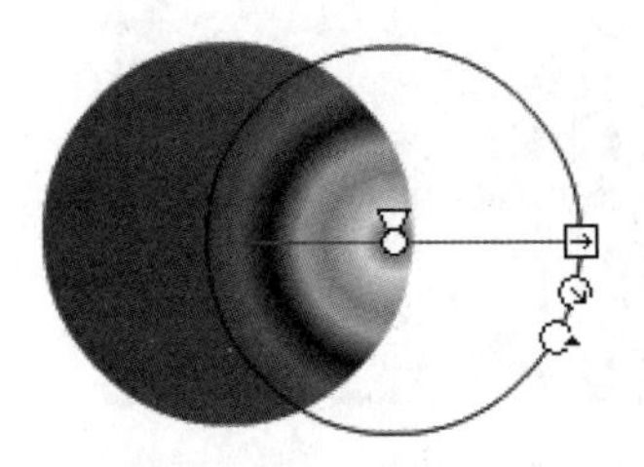

▶ 将光标指向圆周上的方形控制柄⊡时，光标变为↔形状，拖动该控制柄，可以调整径向渐变填充的宽度。

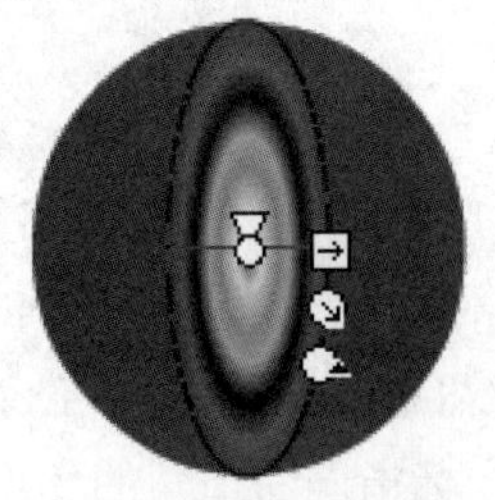

▶ 将光标指向圆周上中间的环形控制柄时，光标变为形状，拖动该控制柄，可以调整径向渐变填充的半径。

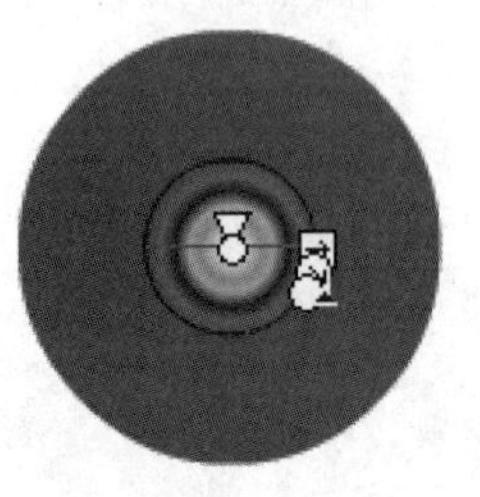

▶ 将光标指向圆周上最下面的环形控制柄时，光标变为形状，拖动该控制柄，可以调整径向渐变填充的方向。

【例 3-2】使用【渐变变形工具】制作太阳光晕。
视频+素材 (素材文件\第 03 章\例 3-2)

step 1 启动Animate CC 2019，新建一个文档。选择【修改】|【文档】命令，打开【文档设置】对话框，设置舞台大小为 600 像素 × 400 像素，舞台颜色为黑色，单击【确定】按钮。

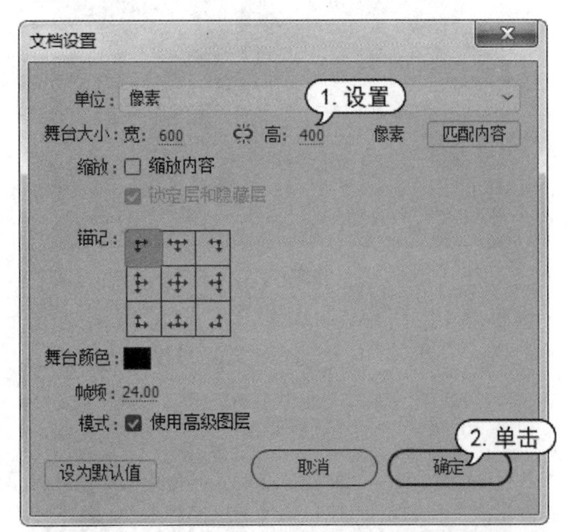

step 2 选择【窗口】|【颜色】命令，打开【颜色】面板，设置填充样式为【径向渐变】，在底下添加 4 个颜色块，其填充颜色都设置为白

色(#FFFFFF)，将各颜色块的透明度依次设置为 100%、10%、33%、0%。

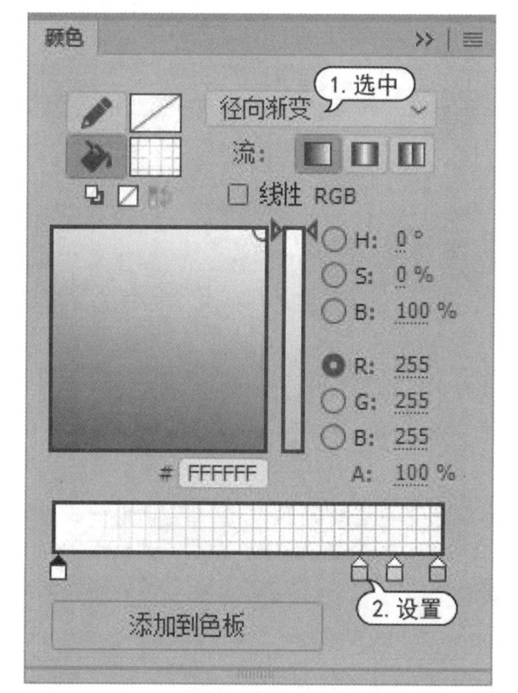

step 3 选择【椭圆工具】，打开其【属性】面板，设置笔触颜色为无，笔触为 5。

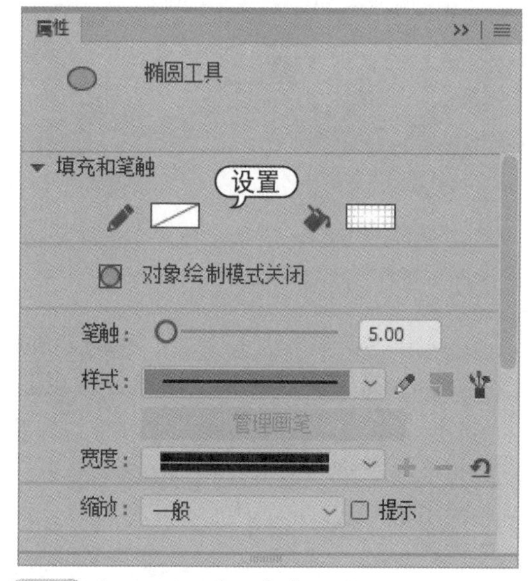

step 4 按住Shift键，在舞台中拖动鼠标，绘制一个正圆形。

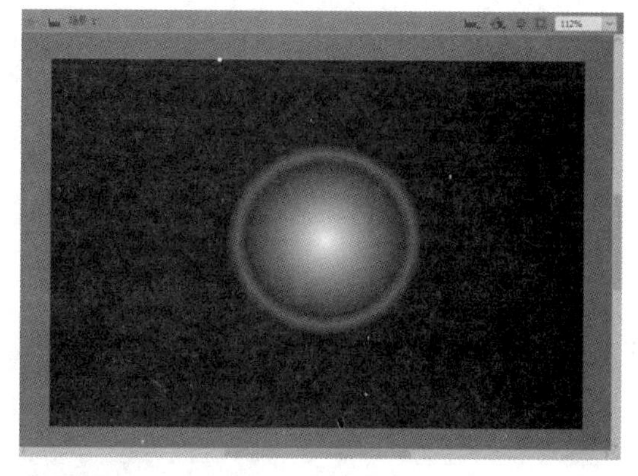

step 5 选择【渐变变形工具】，调整正圆的填充颜色。

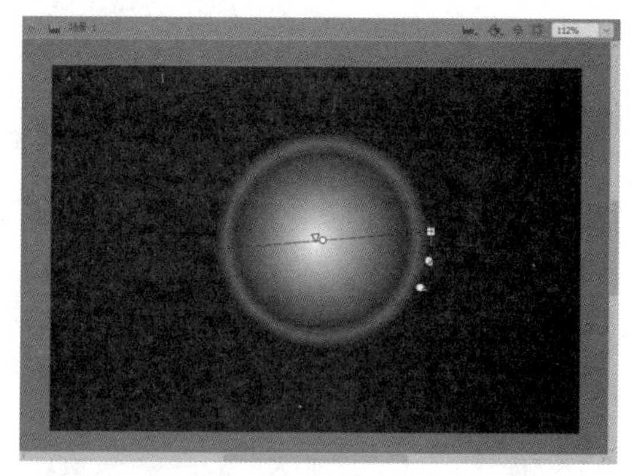

step 6 选择绘制的正圆，选择【修改】|【组合】命令，将其组合。

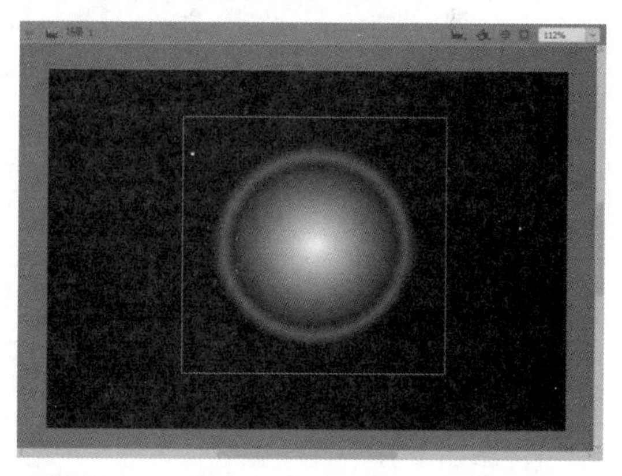

step 7 选择【文件】|【导入】|【导入到舞台】命令，打开【导入】对话框，选择一张背景图片，单击【打开】按钮。

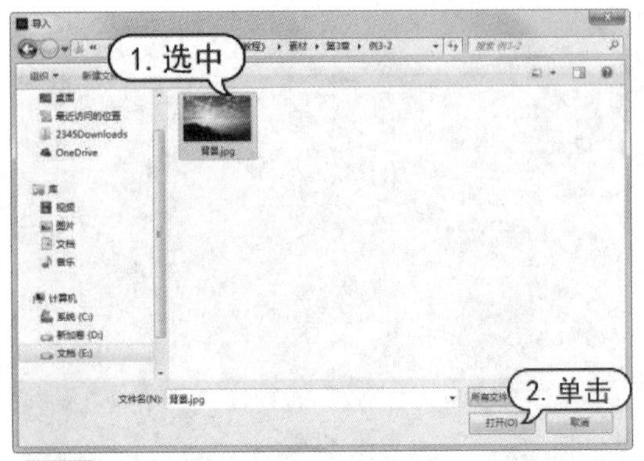

step 8 导入图片到舞台后，在图片上右击，在弹出的快捷菜单中选择【排列】|【下移一层】命令。

step 9 调整光晕正圆位置，然后将舞台设置为匹配内容，最后效果如下图所示。

3. 位图填充

在 Animate CC 2019 中，可以使用位图对图形进行填充。设置图形的位图填充后，选择【工具】面板中的【渐变变形】工具，在图形的位图填充上单击，即可显示位图填充的调节柄。

打开【颜色】面板，在【类型】下拉列表框中选择【位图填充】选项。

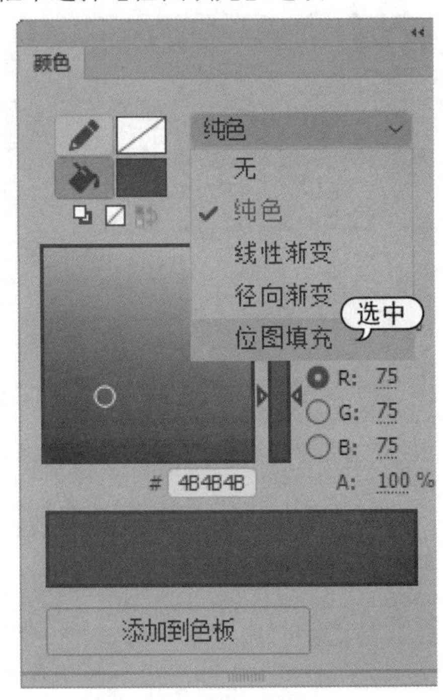

打开【导入到库】对话框，选中位图文件，单击【打开】按钮导入位图文件。

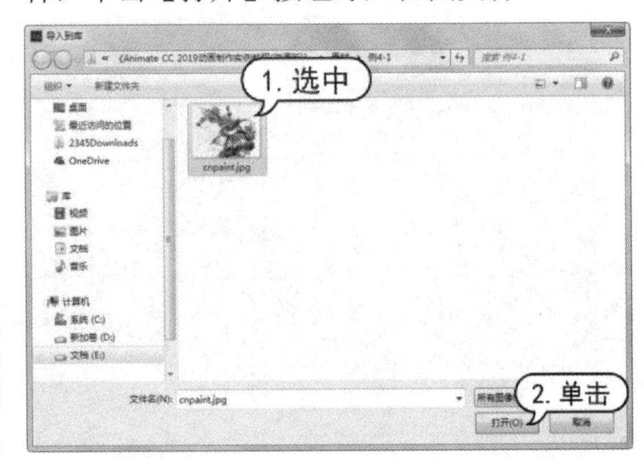

此时在【工具】面板中选择【矩形工具】，在舞台中拖动鼠标即可绘制一个具有位图填充的矩形形状。拖动中心点，可以改变填充图形的位置。拖动边缘的各个控制柄，可以调整填充图形的大小、方向、倾斜角度等。

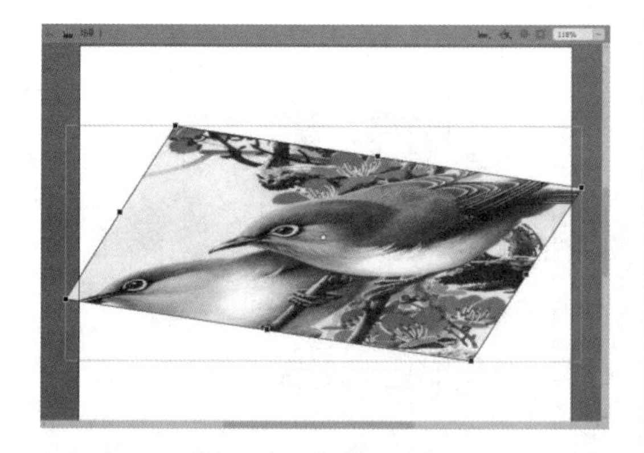

3.2.3　调整色彩显示效果

在 Animate CC 2019 中可以调整舞台中图形或其他对象的色彩显示效果，能够改变对象的亮度、色调以及透明度等，为动画的制作提供更高层次的特殊效果。

1. 调整亮度

图形的色彩效果可以在选中对象的【属性】面板里调整，其中的【亮度】选项用于调节元件实例的相对亮度和暗度。

选中对象后，在【色彩效果】选项区域中的【样式】下拉列表框内选择【亮度】选项，拖动出现的滑块，或者在右侧的文本框内输入数值，改变对象的亮度，亮度的度量范围是从黑(-100%)到白(100%)。

2. 调整色调

【色调】选项使用相同的色相为元件实例着色，其度量范围是从透明(0%)到完全饱和(100%)。

在【色彩效果】的【样式】下拉列表框内选择【色调】选项，此时会出现一个【着色】按钮和【色调】【红】【绿】【蓝】等滑块。单击【色调】右边的色块，弹出调色板，可以选择一种色调颜色。

通过拖动【红】【绿】【蓝】3 个选项的滑块，或者直接在其右侧文本框内输入颜色数值来改变对象的色调。当色调设置完成后，可以通过拖动【色调】选项的滑块，或者在其右侧的数值框内输入颜色数值，来改变对象的色调饱和度。

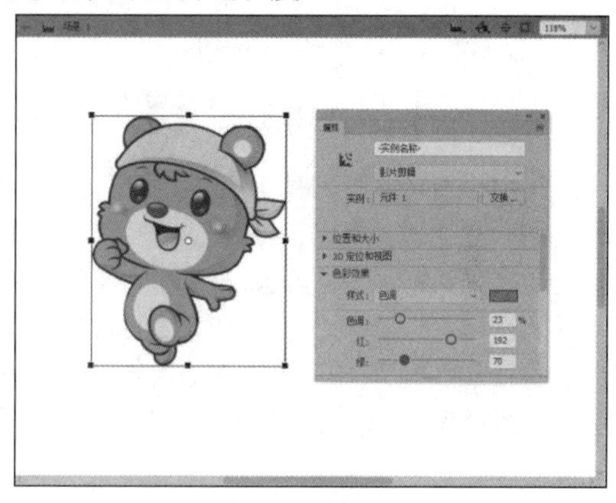

3. 调整透明度

Alpha 选项用来设置对象的透明度，其度量范围从透明(0%)到不透明(100%)。

在【色彩效果】选项的【样式】下拉列表框中选择 Alpha 选项，拖动滑块，或者在右侧的数值框内输入百分比数值，即可改变对象的透明度。

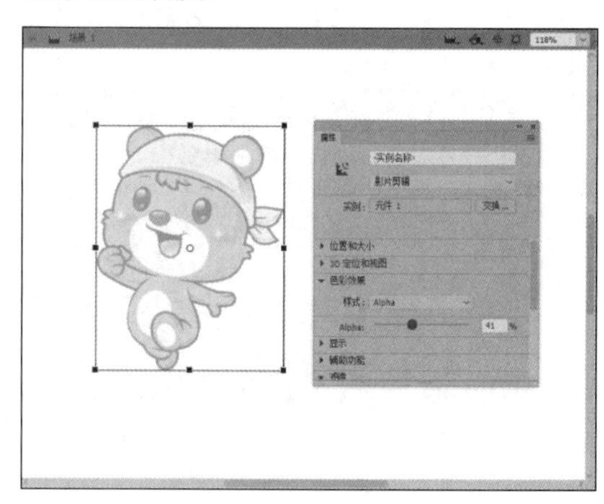

除了以上几个选项可用于色彩效果的改变外，还有一个【高级】选项。该选项是集合了亮度、色调、Alpha 3 个选项为一体的选项，可帮助用户在图形上制作更加丰富的色彩效果。

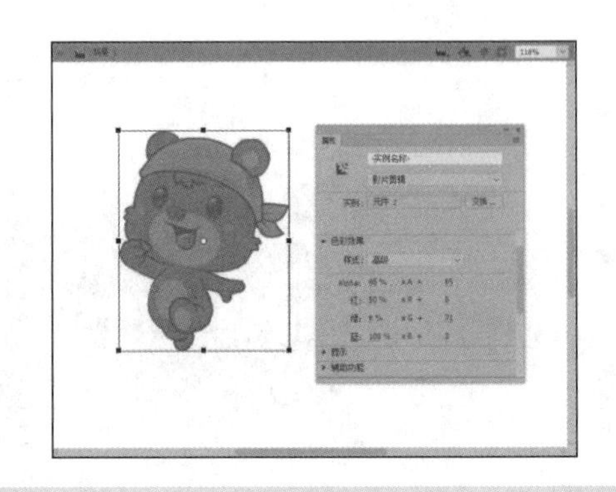

3.3 使用 3D 变形工具

使用 Animate CC 2019 提供的 3D 变形工具可以在 3D 空间内对 2D 对象进行动画处理，添加 3D 效果。3D 变形工具包括【3D 旋转工具】和【3D 平移工具】。

3.3.1 使用【3D 平移工具】

使用【3D 平移工具】可以在 3D 空间中移动【影片剪辑】实例。在【工具】面板上选择【3D 平移工具】，选择一个【影片剪辑】实例，实例的 X、Y 和 Z 轴将显示在对象的顶部。X 轴显示为红色、Y 轴显示为绿色，Z 轴显示为红绿线交接的黑点。

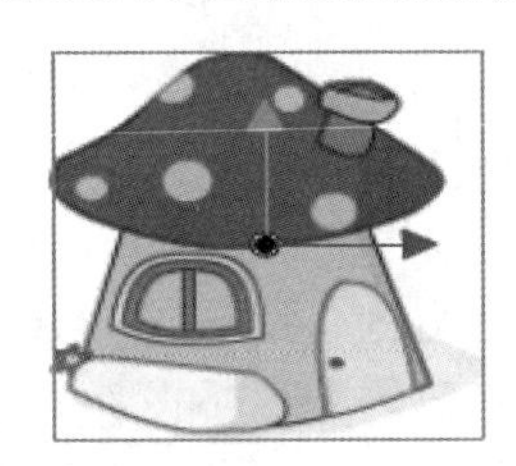

使用【3D 平移工具】选中对象后，可以拖动 X、Y 和 Z 轴来移动对象，也可以打开【属性】面板，设置 X、Y 和 Z 轴的数值来移动对象。

知识点滴

【3D 平移工具】的默认模式是全局模式。在全局 3D 空间中移动对象与在舞台中移动对象等效。在局部 3D 空间中移动对象相对影片剪辑移动对象等效。选择【3D 平移工具】后，单击【工具】面板【选项】中的【全局】切换按钮，可以切换全局/局部模式。

使用【3D 平移工具】平移单个对象的具体方法如下。

▶ 拖动移动对象：选中实例的 X、Y 或 Z 轴控件，X 和 Y 轴控件是轴上的箭头。按控件箭头的方向拖动，可沿所选轴方向移动对象。Z 轴控件是影片剪辑中间的黑点。上下拖动 Z 轴控件可在 Z 轴上移动对象。如下图所示分别为在 Y 轴方向上拖动对象和在 Z 轴上移动对象。

▶ 使用【属性】面板移动对象：打开【属性】面板，打开【3D 定位和视图】选项组，在 X、Y 或 Z 轴的输入区域输入坐标位置数值即可完成移动。

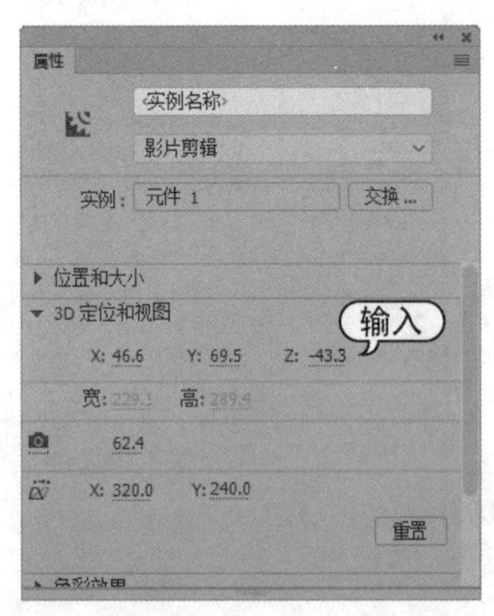

选中多个对象后，如果选择【3D 平移工具】移动某个对象，其他对象将以移动对象的相同方向移动。在全局和局部模式下移动多个对象的方法如下。

▶ 在全局模式 3D 空间中以相同方式移动多个对象，拖动轴控件移动一个对象，其他对象同时移动。按下 Shift 键，双击其中一个选中的对象，可以将轴控件移动到多个对象的中间位置。

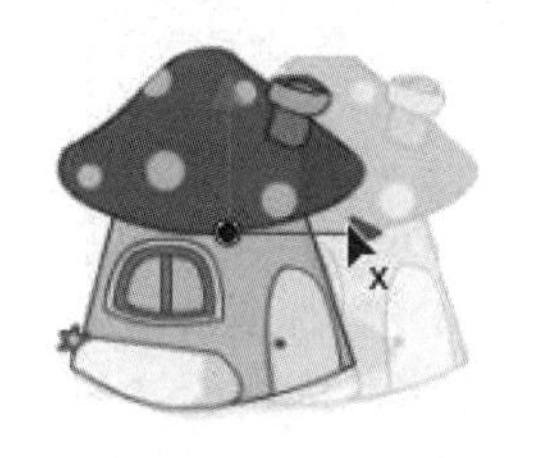

▶ 在局部模式 3D 空间中以相同方式移动多个对象，拖动轴控件移动一个对象，其他对象同时移动。按下 Shift 键，双击其中一个选中的对象，可以将轴控件移动到另一个对象上。

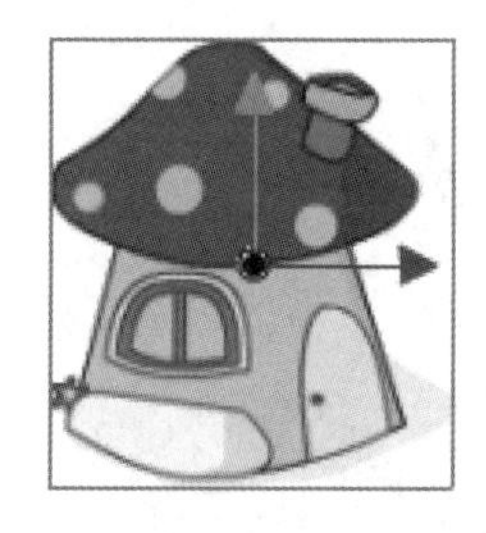

3.3.2　使用【3D 旋转工具】

使用【3D 旋转工具】，可以在 3D 空间移动【影片剪辑】实例，使对象能显示某一立体方向角度，【3D 旋转工具】是绕对象的 Z 轴进行旋转的。

选择【3D 旋转工具】，选中舞台中的【影片剪辑】实例，3D 旋转控件会显示在选定对象上方，X 轴控件显示为红色、Y 轴控件显示为绿色、Z 轴控件显示为蓝色，使用最外圈的橙色自由旋转控件，可以同时围绕 X 和 Y 轴方向旋转。

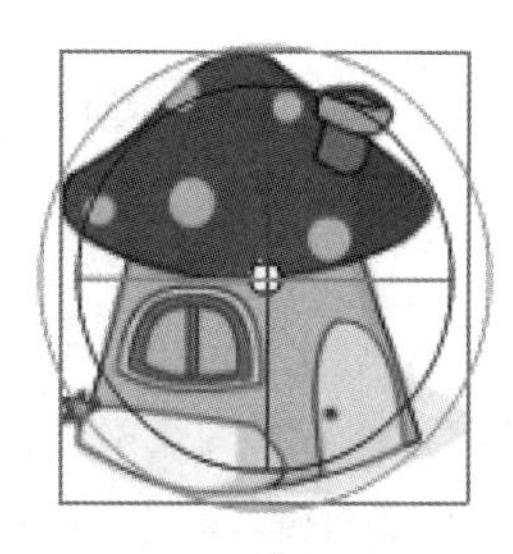

【3D 旋转工具】的默认模式为全局模式，在全局模式 3D 空间中旋转对象与在舞台中旋转对象等效。在局部 3D 空间中旋转对象相对影片剪辑旋转对象等效。

使用【3D 旋转工具】旋转对象的具体方法如下。

▶ 拖动一个旋转轴控件，能以绕该轴方向旋转对象，或拖动自由旋转控件(外侧橙色的圆圈)同时在 X 和 Y 轴方向旋转对象。

▶ 左右拖动 X 轴控件，可以绕 X 轴方向旋转对象。上下拖动 Y 轴控件，可以绕 Y 轴方向旋转对象。拖动 Z 轴控件，可绕 Z 轴方向旋转对象，进行圆周运动。

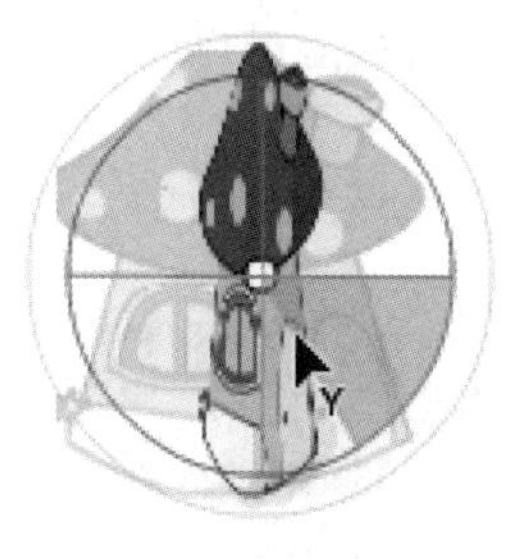

▶ 如果要相对于对象重新定位旋转控件中心点，拖动控件中心点即可。

▶ 按下 Shift 键，以 45° 为增量倍数旋转对象。

▶ 移动旋转中心点可以控制旋转对象的外观，双击中心点可将其移回所选对象的中心位置。

▶ 对象的旋转控件中心点的位置属性在【变形】面板中显示为【3D 中心点】，可以在【变形】面板中修改中心点的位置。

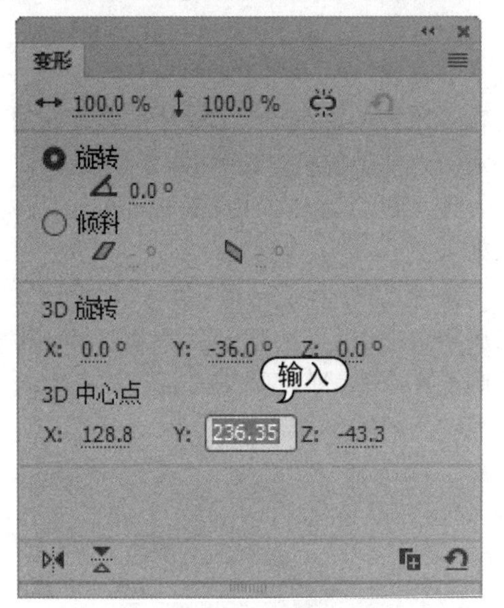

3.3.3　透视角度和消失点

透视角度和消失点用于控制 3D 动画在舞台上的外观视角和 Z 轴方向，它们可以在使用 3D 工具后的【属性】面板里查看并加以调整。

透视角度属性控制 3D【影片剪辑】实例的外观视角。使用【3D 平移工具】或【3D 旋转工具】选中对象后，在【属性】面板中的图标后修改数值可以调整透视角度的大小。增大透视角度可以使对象看起来很远，减小透视角度则造成相反的效果。

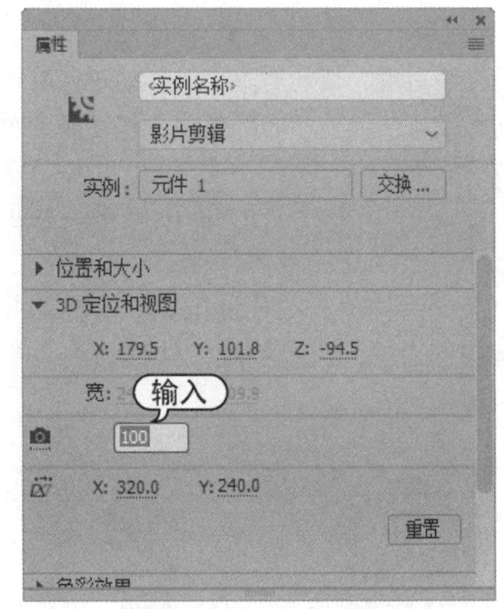

消失点属性控制 3D 影片剪辑元件在舞台上的 Z 轴方向，所有影片剪辑的 Z 轴都朝着消失点后退。使用【3D 平移工具】或【3D 旋转工具】选中对象后，在【属性】面板中的图标后修改数值可以调整消失点的坐标。调整消失点坐标数值，使影片剪辑对象发生改变，可以精确地控制对象的外观和位置。

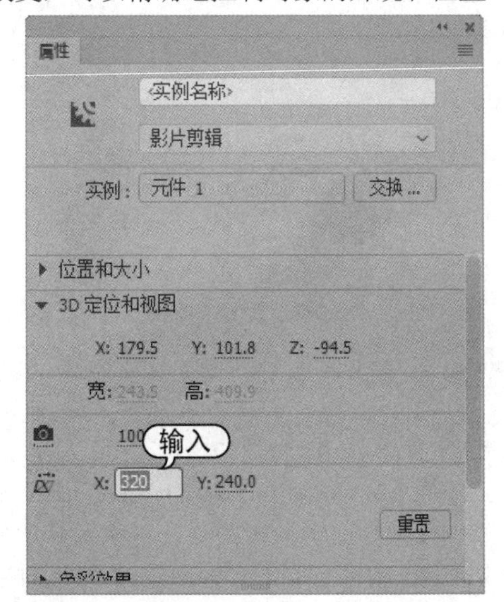

3.4　添加滤镜效果

滤镜是一种应用到对象上的图形效果。Animate CC 2019 允许对文本、影片剪辑或按钮添加滤镜效果，如投影、模糊、斜角等特效，使动画表现得更加丰富。

选中一个影片剪辑对象后，打开【属性】面板，单击【滤镜】选项卡将其打开。单击【添加滤镜】按钮，在弹出的下拉列表中可以选择要添加的滤镜选项，也可以删

除、启用和禁止滤镜效果。

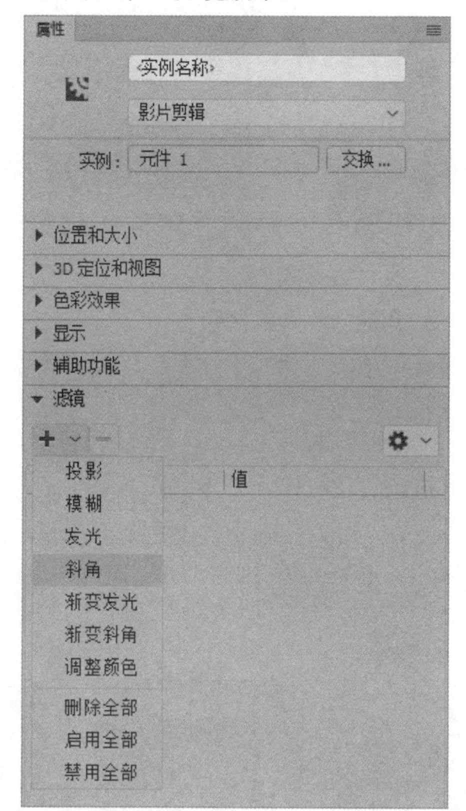

添加滤镜后，在【滤镜】选项卡中会显示该滤镜的属性，在【滤镜】面板窗口中会显示该滤镜名称，重复添加操作可以为对象创建多种不同的滤镜效果，如果单击【删除滤镜】按钮，可以删除选中的滤镜效果。

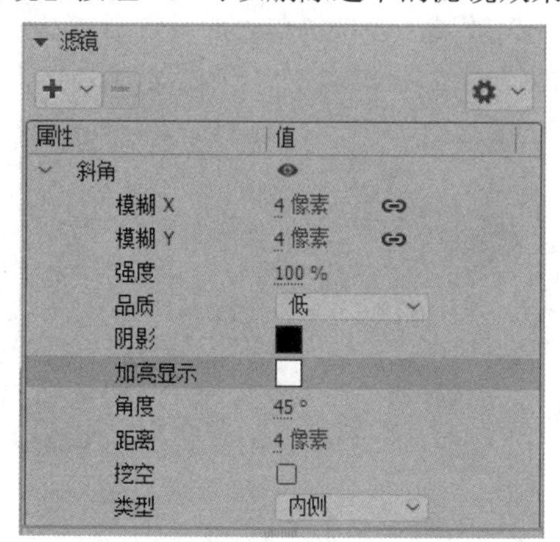

1.【投影】滤镜

【投影】滤镜属性的主要选项参数的具体作用如下。

- 如果要相对于对象重新定位旋转控件中心点，拖动控件中心点即可。
- 【模糊 X】和【模糊 Y】：设置投影的宽度和高度。
- 【强度】：用于设置投影的阴影暗度，暗度与该文本框中的数值成正比。
- 【品质】：用于设置投影的质量。
- 【角度】：用于设置投影的角度。
- 【距离】：用于设置投影与对象之间的距离。
- 【挖空】：选中该复选框可将对象实体隐藏，而只显示投影。
- 【内阴影】：选中该复选框可在对象边界内应用投影。
- 【隐藏对象】：选中该复选框可隐藏对象，并只显示其投影。
- 【颜色】：用于设置投影颜色。

【投影】滤镜模拟对象投影到一个表面的效果，其效果和属性如下图所示。

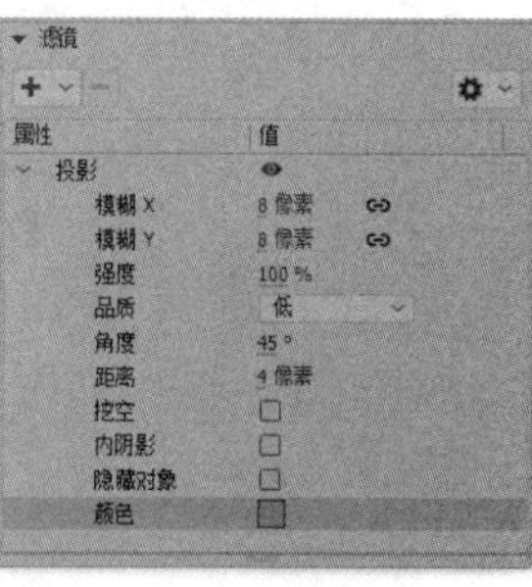

2.【模糊】滤镜

【模糊】滤镜属性的主要选项参数的具体作用如下。

- 【模糊 X】和【模糊 Y】文本框：用于设置模糊的宽度和高度。
- 【品质】：用于设置模糊的质量。

【模糊】滤镜可以柔化对象的边缘和细节，其效果和属性如下图所示。

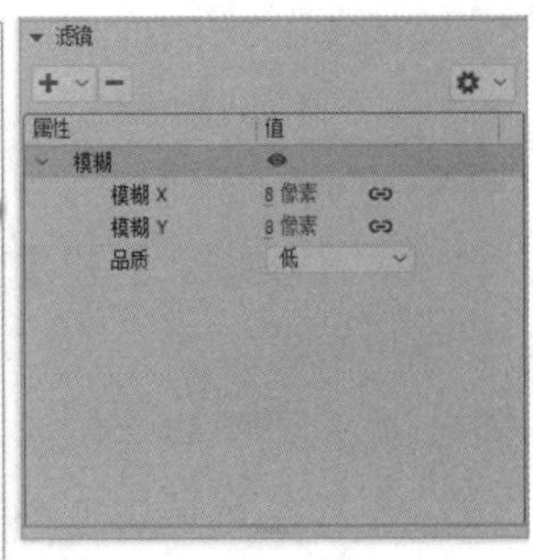

3.【发光】滤镜

【发光】滤镜属性的主要选项参数的具体作用如下。

- 【模糊 X】和【模糊 Y】：用于设置发光的宽度和高度。
- 【强度】：用于设置对象的透明度。
- 【品质】：用于设置发光质量。
- 【颜色】：用于设置发光颜色。
- 【挖空】：选中该复选框可将对象实体隐藏，而只显示发光。
- 【内发光】：选中该复选框可使对象只在边界内应用发光。

【发光】滤镜的效果和属性如下图所示。

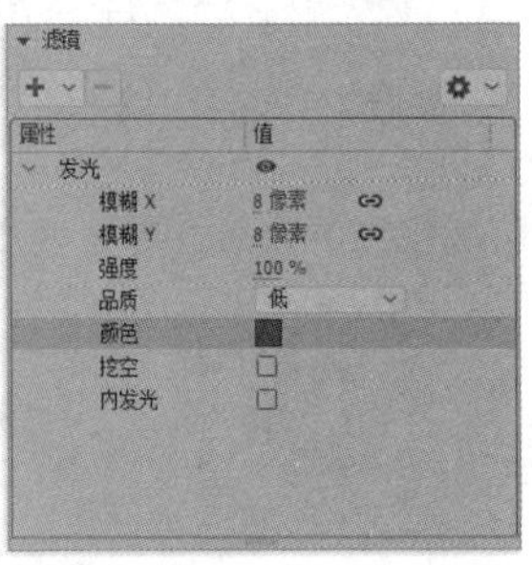

4.【斜角】滤镜

【斜角】滤镜的大部分属性设置与【投影】【模糊】或【发光】滤镜相似，单击其中的【类型】选项旁的按钮，在弹出的下拉列表中可以选择【内侧】【外侧】和【全部】3 个选项，可以分别对对象进行内斜角、外斜角或完全斜角的效果处理，其效果和属性如下图所示。

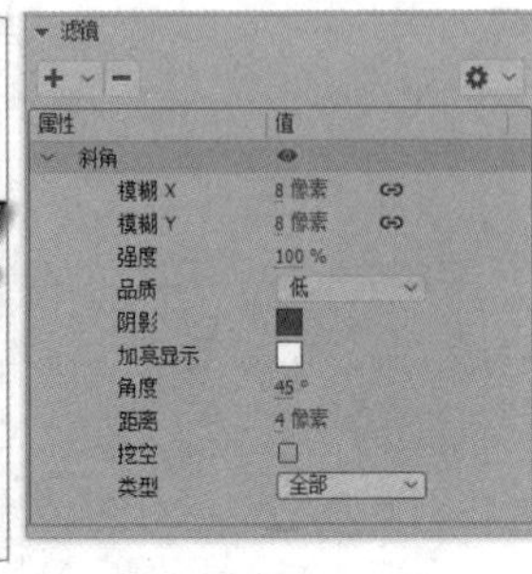

5.【渐变发光】滤镜

使用【渐变发光】滤镜，可以使发光表面具有渐变效果。将光标移动至该滤镜【属性】面板的【渐变】栏上，当光标变为形状时单击，可以添加一个颜色指针。单击该颜色指针，可以在弹出的颜色列表中设置渐变颜色；移动颜色指针的位置，则可以设置渐变色差，该滤镜的效果和属性如下图所示。

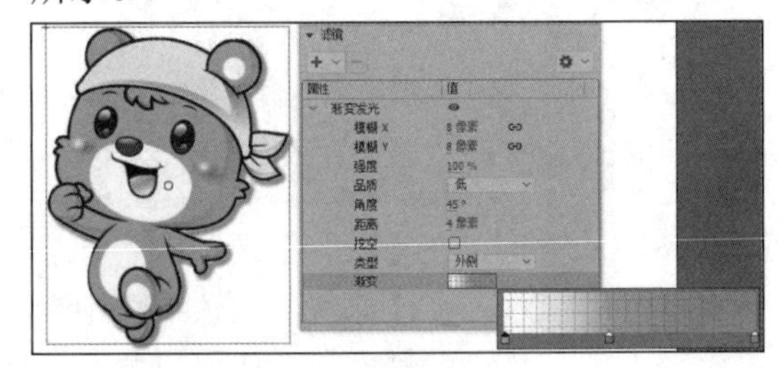

6.【渐变斜角】滤镜

使用【渐变斜角】滤镜，可以使对象产生凸起效果，并且斜角表面具有渐变颜色，该滤镜的效果和属性如下图所示。

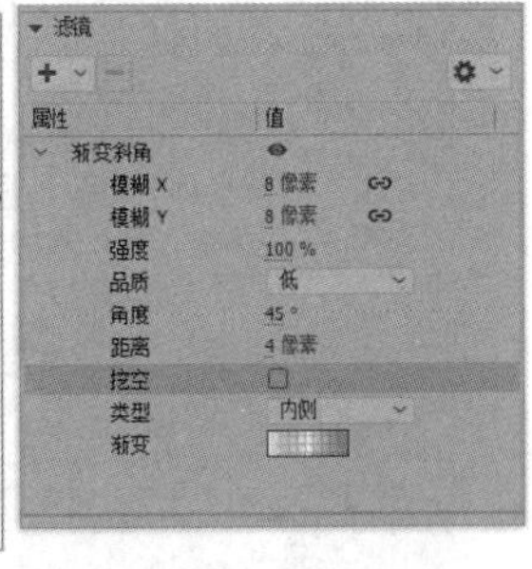

7.【调整颜色】滤镜

使用【调整颜色】滤镜，可以调整对象的亮度、对比度、色相和饱和度。用户可以通过修改选项数值的方式，对对象的颜色进行调整。该滤镜的效果和属性如下图所示。

【例 3-3】制作帆船倒影效果。
视频+素材 (素材文件\第 03 章\例 3-3)

step 1 启动Animate CC 2019，新建一个文档。选择【文件】|【导入】|【导入到舞台】命令，打开【导入】对话框，选择一张背景图片，单击【打开】按钮。

step 2 使用【任意变形工具】调整图片大小，然后设置舞台匹配内容。

step 3 选择【文件】|【导入】|【导入到舞台】命令，打开【导入】对话框，选择一张背景图片，单击【打开】按钮。

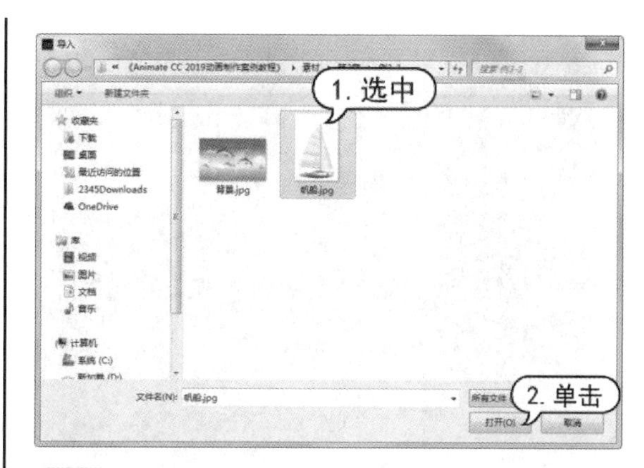

step 4 调整帆船图形的大小后，选择【修改】|【分离】命令。

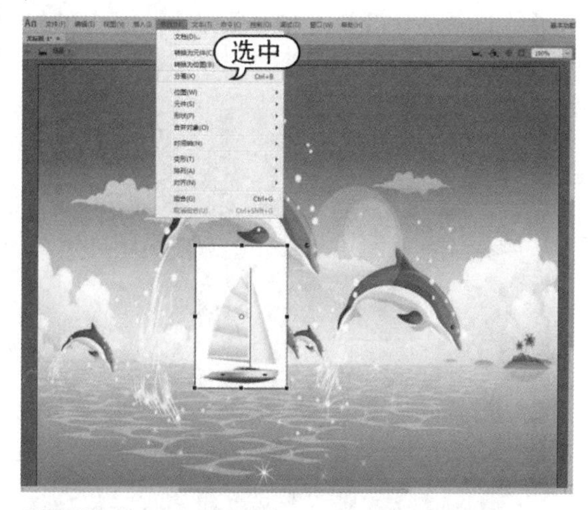

step 5 选择【魔术棒工具】，打开其【属性】面板，选择【平滑】选项，设置阈值为 15。

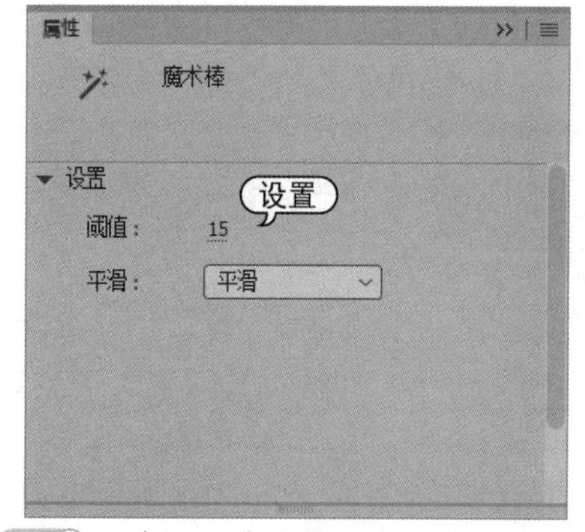

step 6 将舞台背景设置为黑色，将帆船图片拖动到黑色背景下，使用【魔术棒工具】单击帆船的白色背景，然后按Delete键删除。

step 7 使用【选择工具】选中帆船的所有元素，选择【修改】|【组合】命令，将它们组合起来，然后拖动至合适位置。

step 8 选择【修改】|【转换为元件】命令，打开【转换为元件】对话框，将帆船设置为【影片剪辑】元件，单击【确定】按钮。

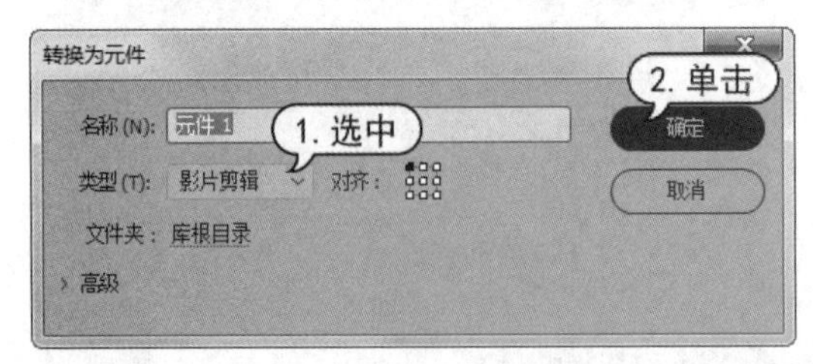

step 9 按Ctrl+C和Ctrl+V组合键复制该元件，选中复制的图形，选择【修改】|【变形】|【垂直翻转】命令，将复制的图形翻转过来。

step 10 使用【3D旋转工具】选中翻转的图形，将其旋转至合适位置。

step 11 打开其【属性】面板，打开其中的【滤镜】选项卡，单击【添加滤镜】按钮，选中【模糊】滤镜，在【模糊X】和【模糊Y】后面输入“7”，在【品质】下拉列表中选择【高】。

属性	值
模糊	
模糊 X	7 像素
模糊 Y	7 像素
品质	高

(面板：3D 定位和视图；色彩效果；显示；辅助功能；滤镜；设置)

step⑫ 最后的图形效果如下图所示。

step⑬ 选择【文件】|【保存】命令，将其命名为“帆船倒影”加以保存。

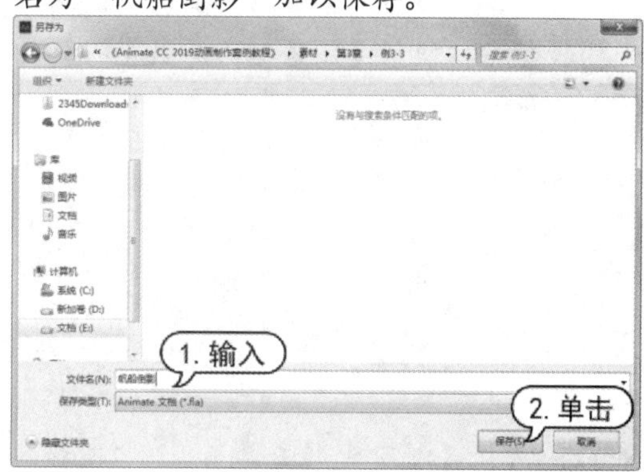

3.5 案例演练

本章的案例演练是绘制立体球体和制作气球等几个具体的案例操作，用户通过练习从而巩固本章所学知识。

3.5.1 绘制立体球体和圆锥体

【例 3-4】绘制立体球体、圆锥体。
视频+素材 (素材文件\第 03 章\例 3-4)

step① 启动Animate CC 2019，新建一个文档，在【颜色】面板的【颜色类型】下拉列表框中选择【径向渐变】选项，在【色值】文本框中输入CC9900。

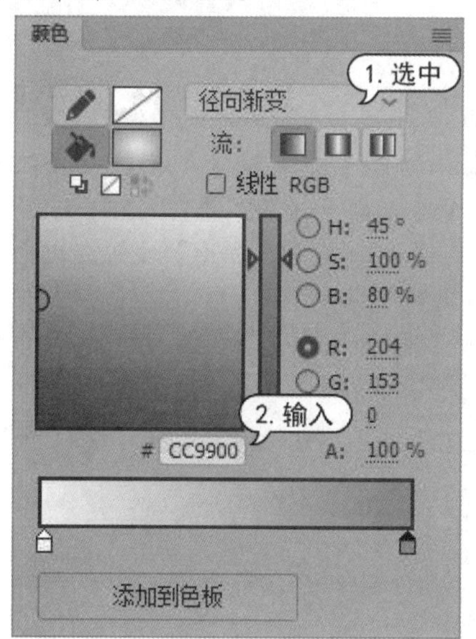

step② 在工具面板中选择【椭圆工具】，设置笔触颜色为【无】，填充颜色为【颜色】面板中设置的渐变色，按住Shift键在舞台中绘制一个正圆。

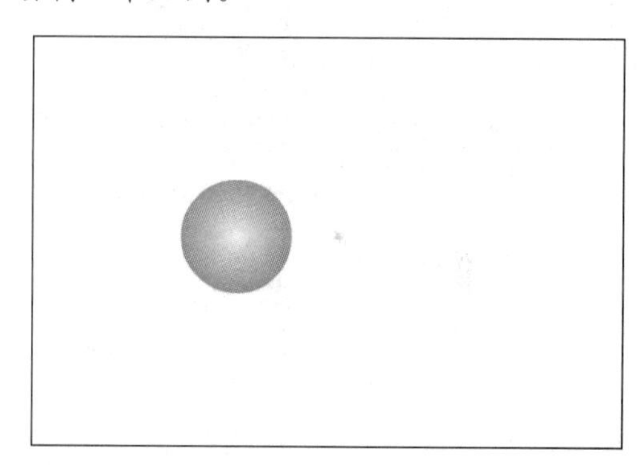

step③ 选择【渐变变形工具】，单击圆的渐变填充，拖动中心的控制柄到右上部。

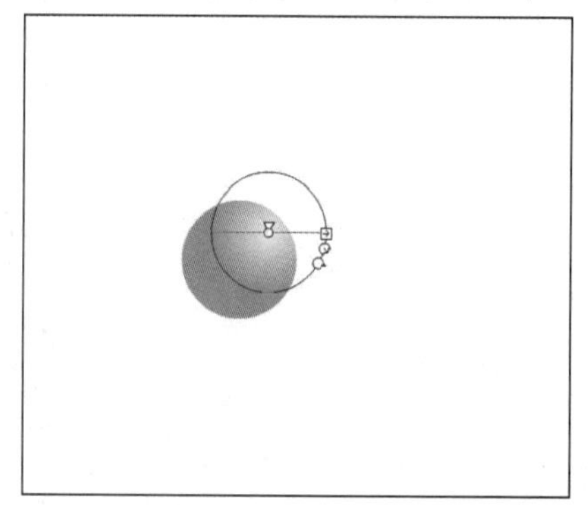

step 4 选择【椭圆工具】，在舞台中绘制一个椭圆，选择【选择工具】，拖动椭圆圆周上的控制点。使用【任意变形工具】将椭圆调整为扇形。

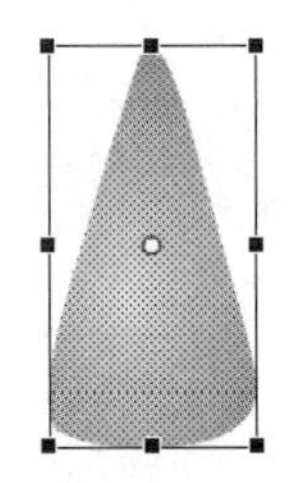

step 5 选择【渐变变形工具】，选中扇形的渐变填充，在【颜色】面板的【类型】下拉列表框中选择【线性渐变】选项，然后添加滑块以调整渐变。

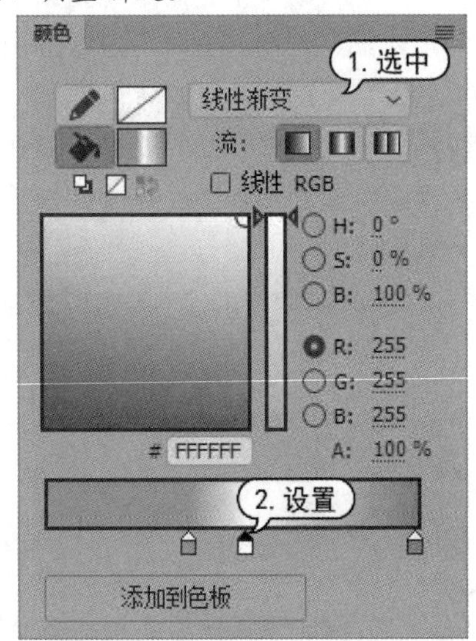

step 6 使用【渐变变形工具】调整渐变颜色，最后的效果如下图所示。

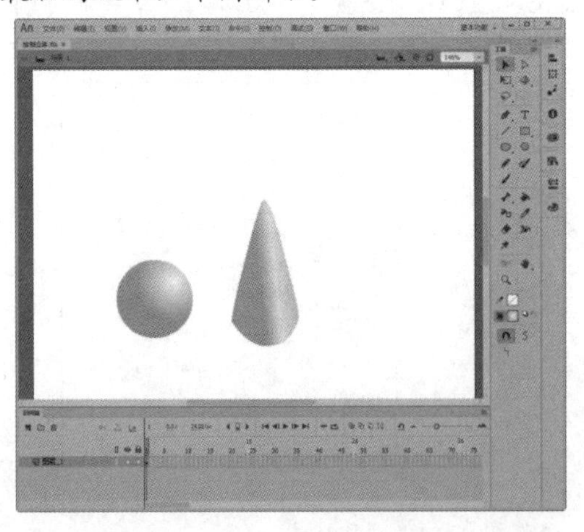

3.5.2 制作气球

【例 3-5】使用多种编辑操作方式制作一组彩色气球。
视频+素材 (素材文件\第 03 章\例 3-5)

step 1 启动Animate CC 2019，新建一个文档，选择【文件】|【导入】|【导入到舞台】命令，打开【导入】对话框，选择“背景”图片，单击【打开】按钮。

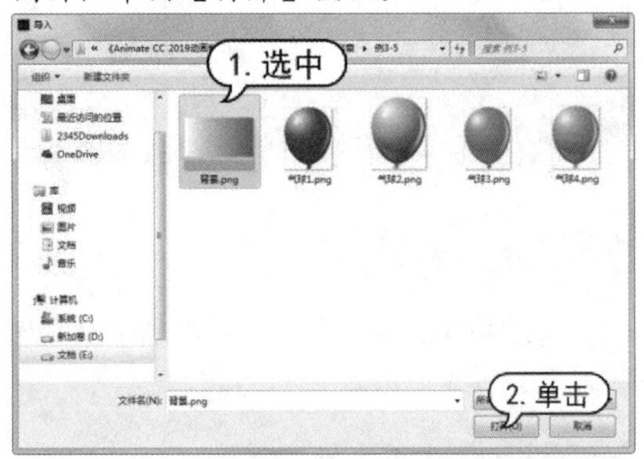

step 2 选择【文件】|【导入】|【导入到舞台】命令，打开【导入】对话框。选择“气球 1”文件，单击【打开】按钮，此时在舞台中导入气球的图案。

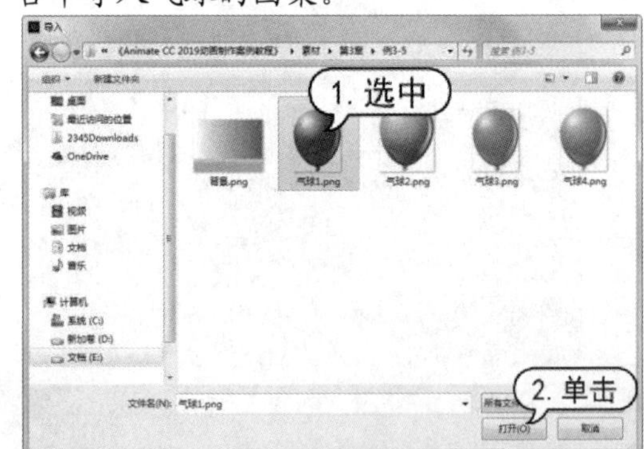

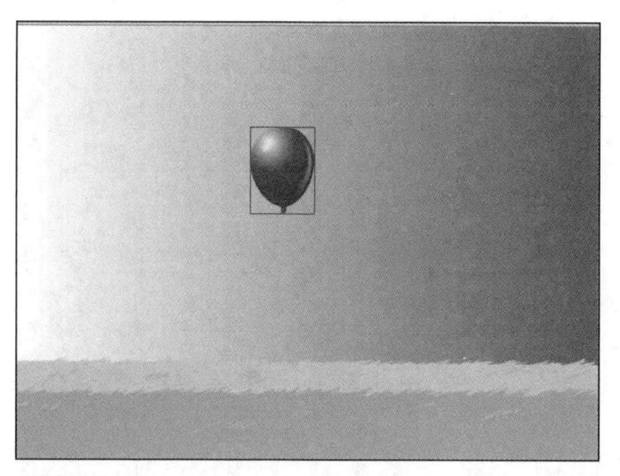

step 3 选中气球图形，选择【工具】面板里的【任意变形工具】，在气球图形轮廓上出现锚点，调整气球的大小和位置。

step 4 选择【文件】|【导入】|【导入到舞台】命令，打开【导入】对话框，按住Ctrl键选中“气球2”“气球3”“气球4”文件，单击【打开】按钮。

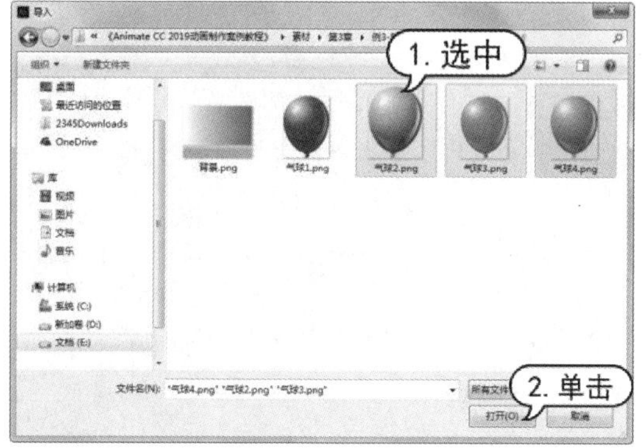

step 5 然后在舞台上调整各个气球的大小。

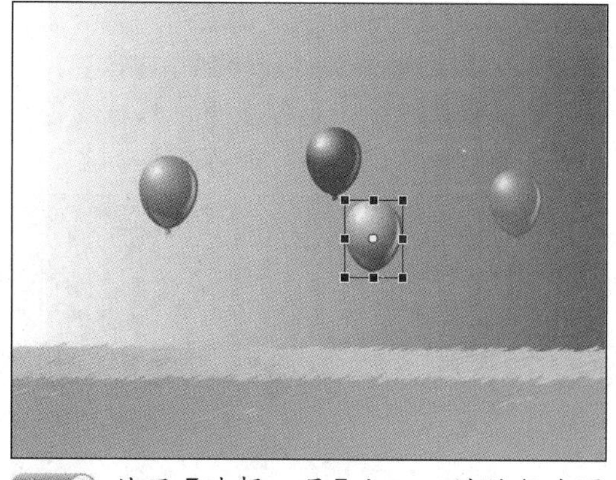

step 6 使用【选择工具】加Shift键将气球图形全部选中，选择【修改】|【对齐】|【水平居中】命令，将气球居中对齐。

step 7 选择红色气球图形，选择【修改】|【排列】|【移至顶层】命令，将其放到最上方，然后按Ctrl+C组合键将其复制，按Ctrl+V组合键将其粘贴在舞台上，重复操作，复制两个红色气球，并调整其他气球的位置。

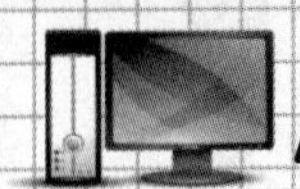

step 8 选择橙色和粉色气球图形，选择【任意变形工具】，将其倾斜旋转到合适位置，复制蓝色和橙色气球图形各 1 个，然后放置在另外两个红色气球上面，调整至合适位置。

step 9 选择【铅笔工具】，绘制几条气球系线，然后使用【选择工具】改变直线弧度，显示效果如下图所示。

step 10 选择【文件】|【另存为】命令，打开【另存为】对话框，将该文档命名为“制作气球”加以保存。

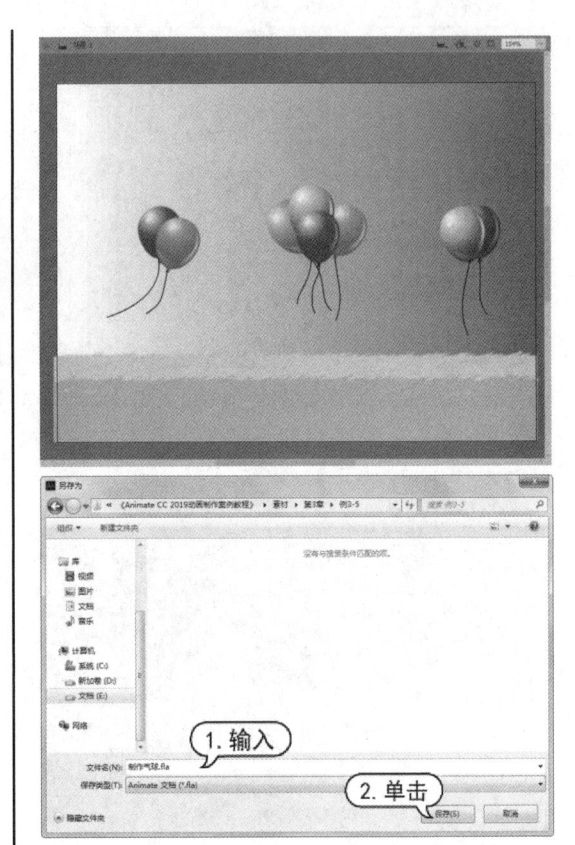

第 4 章

创建和编辑文本

文本是 Animate CC 2019 动画中重要的组成元素，可以起到帮助动画表述内容以及美化动画的作用。本章将介绍创建和编辑文本的知识内容。

本章对应视频

例 4-1 输入静态文本
例 4-2 制作文本信纸
例 4-3 制作倒影文字
例 4-4 添加文本链接
例 4-5 添加文本滤镜
例 4-6 制作上下标文本
例 4-7 制作圣诞卡片
例 4-8 制作斑点文字
例 4-9 制作滚动公告栏

4.1 创建文本

使用【工具】面板中的【文本工具】可以创建文本对象。在创建文本对象之前，首先需要明确所使用的文本类型，然后通过文本工具创建对应的文本框，从而实现不同类型的文本对象的创建。

4.1.1 文本的类型

使用【文本工具】T可以创建多种类型的文本，在 Animate CC 2019 中，文本类型可分为静态文本、动态文本、输入文本 3 种。

- 静态文本：默认状态下创建的文本对象均为静态文本，它在影片的播放过程中不会发生动态改变，因此常被用来作为说明文字。
- 动态文本：该文本对象中的内容可以动态改变，甚至可以随着影片的播放自动更新，例如用于比分或者计时器等方面的文字。
- 输入文本：该文本对象在影片的播放过程中用于在用户与动画之间产生互动。例如在表单中输入用户姓名等信息。

以上 3 种文本类型都可以在【文本工具】的【属性】面板中进行设置。

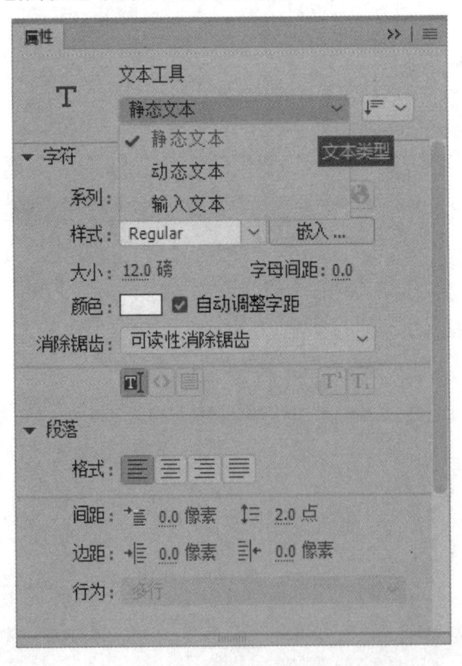

4.1.2 创建静态文本

要创建静态水平文本，首先应在【工具】面板中选择【文本工具】T，当光标变为形状时，在舞台中单击即可创建一个可扩展的静态水平文本框，该文本框的右上角具有方形手柄标识，其输入区域可随需要自动横向延长。

静态水平文本

如果选择【文本工具】后在舞台中拖放，则可以创建一个具有固定宽度的静态水平文本框，该文本框的右上角具有方形手柄标识，其输入区域的宽度是固定的，当输入文本超出宽度时将自动换行。

此外，还可以输入垂直方向的静态文本，只需在【属性】面板中进行设置即可。

【例 4-1】创建新文档，输入垂直的静态文本。
视频+素材 (素材文件\第 04 章\例 4-1)

step 1 启动Animate CC 2019，新建一个文档。选择【文件】|【导入】|【导入到舞台】命令，打开【导入】对话框，选择一个位图文件，然后单击【打开】按钮。

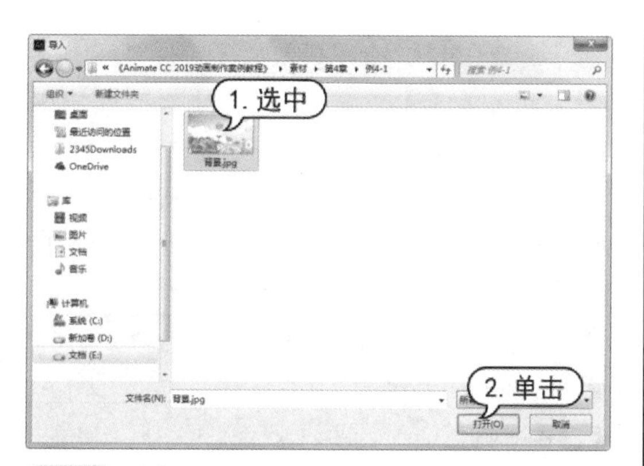

step 2 选择【修改】|【文档】命令，打开【文档设置】对话框，单击【匹配内容】按钮，然后单击【确定】按钮。

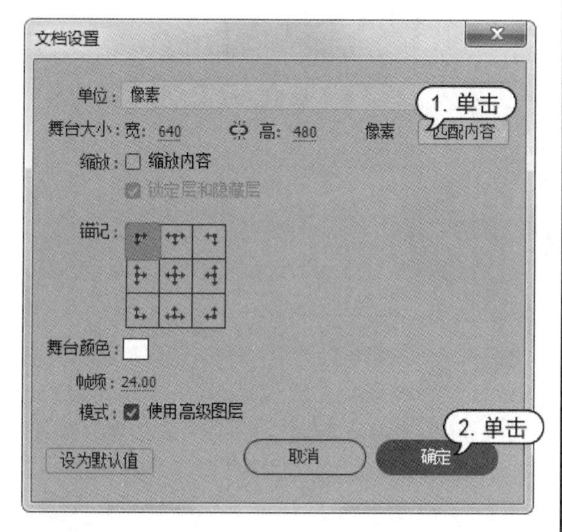

step 3 此时舞台和图片内容大小相一致，效果如下图所示。

step 4 在【工具】面板中选择【文本工具】，打开其【属性】面板，选择【静态文本】选项，单击【改变文字方向】下拉按钮，选择【垂直，从左向右】选项。在【字符】选项组中设置【系列】为【华文行楷】字体，【大小】为 40 磅，颜色为蓝色。

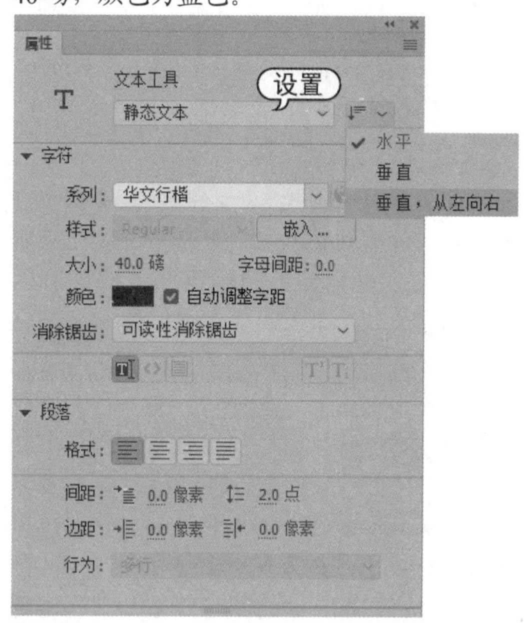

step 5 在舞台上拖动鼠标，创建一个文本框，然后输入静态文本。

step 6 选择【文件】|【保存】命令，打开【另存为】对话框，将该文档以“创建静态文本”为名保存起来。

4.1.3　创建动态文本

要创建动态文本，选择【文本工具】，打开其【属性】面板，单击【静态文本】按钮，在弹出的下拉列表中可以选择【动态文本】类型，此时单击舞台，可以创建一个具有固定宽度和高度的动态水平文本框，在舞台中拖动可以创建一个自定义固定宽度的动态水平文本框；在文本框中输入文字，即可创建动态文本。

动态文本

此外，用户还可以创建动态可滚动文本，动态可滚动文本的特点是：可以在指定大小的文本框内显示超过该范围的文本内容。创建滚动文本后，其文本框的右下方会显示一个黑色的实心矩形手柄。

动态可滚动文本

在 Animate CC 2019 中，创建动态可滚动文本有以下几种方法。

- 按住 Shift 键的同时双击动态文本框的方形手柄。
- 使用【选择工具】选中动态文本框，然后选择【文本】|【可滚动】命令。
- 使用【选择工具】选中动态文本框，右击该动态文本框，在打开的快捷菜单中选择【可滚动】命令。

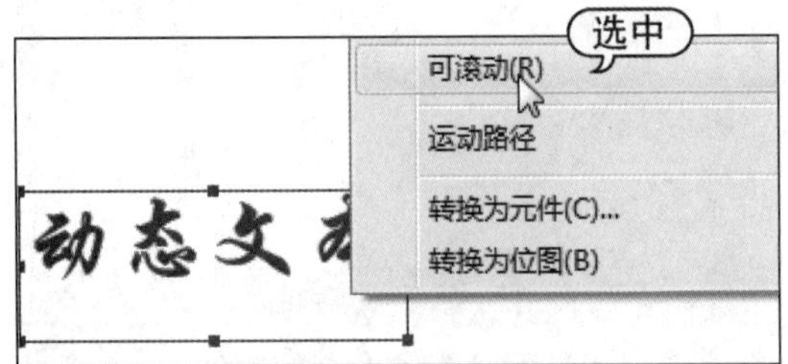

4.1.4 创建输入文本

输入文本可以在动画中创建一个允许用户填充的文本区域，因此它主要出现在一些交互性比较强的动画中，如有些动画需要用到内容填写、用户名或者密码输入等操作，就需要添加输入文本。

选择【文本工具】，在【属性】面板中选择【输入文本】类型后，此时单击舞台，可以创建一个具有固定宽度和高度的动态水平文本框；在舞台中拖动可以创建一个自定义固定宽度的动态水平文本框。

【例 4-2】使用创建输入文本的方法，制作一个可以输入文字的信纸。
视频+素材 (素材文件\第 04 章\例 4-2)

step 1 启动Animate CC 2019，新建一个文档。选择【文件】|【导入】|【导入到舞台】命令，打开【导入】对话框，选择一个位图文件，然后单击【打开】按钮。

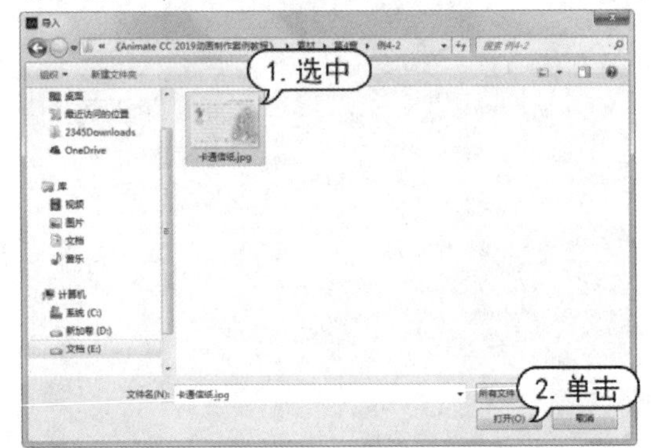

step 2 在【工具】面板中选择【文本工具】，打开【属性】面板，选择【静态文本】选项。在【字符】选项组中设置【系列】为【华文行楷】字体，【大小】为 20 磅，【颜色】为红色。

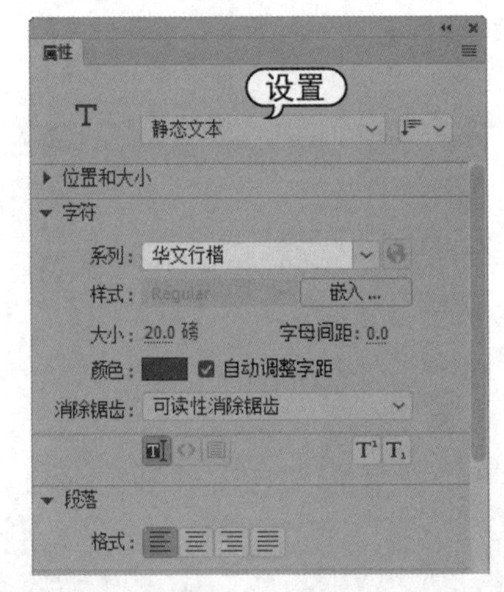

step 3 在信纸的第一行创建文本框并输入文字。

step 4 在【工具】面板中选择【文本工具】，打开【属性】面板，选择【输入文本】选项。在【字符】选项组内设置【系列】为【华文琥珀】字体，【大小】为 15 磅，【颜色】为蓝色。在【段落】选项组内设置【行为】为“多行”。

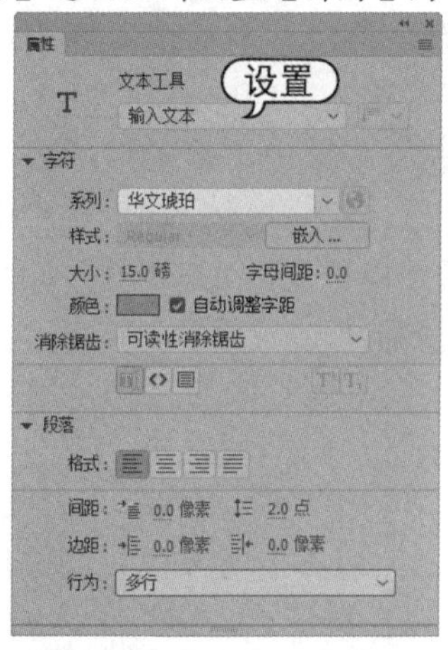

step 5 拖动鼠标，在舞台中绘制一个文本框区域。

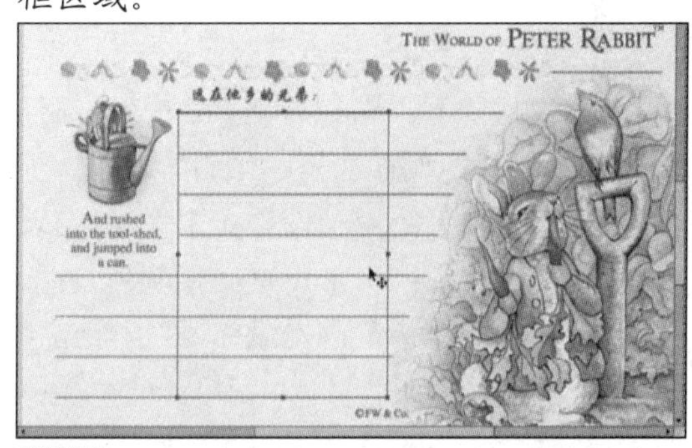

step 6 按下Ctrl+Enter组合键将文件导出并预览动画，然后在其中输入文字测试动画效果。

4.2 编辑文本

创建文本后，可以对文本进行一些编辑操作，主要包括设置文本属性，对文本进行分离、变形、剪切、复制和粘贴等编辑，还可以将文本链接到指定的 URL 地址。

4.2.1 设置文本属性

为了使动画中的文字更加灵活，用户可以使用【文本工具】的属性面板对文本的字符和段落属性进行设置。

1. 设置字符属性

在【属性】面板的【字符】选项组中，可以设置选定文本字符的字体、大小和颜色等。设置文本颜色时只能使用纯色，而不能使用渐变色。如果要对文本应用渐变色，必须将文本转换为线条或填充图形。

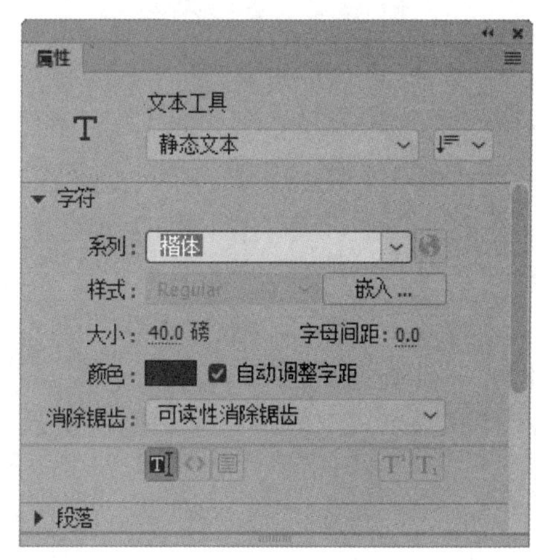

其中主要参数选项的具体作用如下。

- 【系列】：可以在下拉列表中选择文本字体。
- 【样式】：可以在下拉列表中选择文本字体样式，例如加粗、倾斜等。
- 【大小】：用于设置文本大小。
- 【颜色】：用于设置文本颜色。
- 【消除锯齿】：提供 5 种消除锯齿模式。
- 【字母间距】：用于设置文本字符间距。
- 【自动调整字距】：选中该复选框，系统会自动调整文本内容的合适间距。

2. 设置段落属性

在【属性】面板的【段落】选项组中，可以设置对齐方式、边距、缩进和行距等。

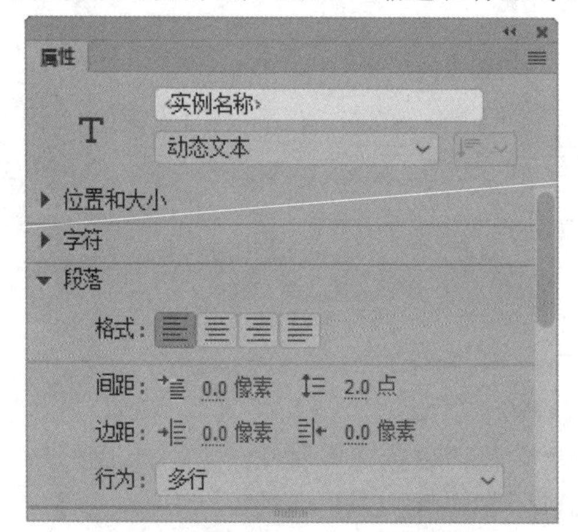

其中主要参数选项的具体作用如下。

- 【格式】：用于设置段落文本的对齐方式。
- 【间距】：用于设置段落边界和首行开头之间的距离以及段落中相邻行之间的距离。
- 【边距】：用于设置文本框的边框和文本段落之间的距离。
- 【行为】：为动态文本和输入文本提供单行或多行的设置。

> 知识点滴
>
> 如果文本框为【动态文本】和【输入文本】时，还可以打开【行为】下拉列表框，设置【单行】【多行】和【多行不换行】等选项。

4.2.2 选择文本

编辑文本或更改文本属性时，必须先选中要编辑的文本。在【工具】面板中选择【文本工具】后，可进行如下操作选择所需的文本对象。

- 在需要选择的文本上按下鼠标左键并向左或向右拖动，可以选择文本框中的部分或全部文本。
- 在文本框中双击，可以选择一个英文单词或连续输入的中文。
- 在文本框中单击确定所选择的文本的开始位置，然后按住 Shift 键单击所选择的文本的结束位置，可以选择开始位置和结束位置之间的所有文本。
- 在文本框中单击，然后按 Ctrl＋A 组合键，可以选择文本框中所有的文本对象。
- 要选择单个文本框，可以选择【选择工具】，然后单击文本框。要选择多个文本框，可以在按下 Ctrl 键的同时，逐一单击其他需要选择的文本框。

4.2.3 分离文本

在 Animate CC 2019 中，文本的分离原理和分离方法与之前介绍的分离图形相类似。

选中文本后，选择【修改】|【分离】命令将文本分离 1 次，可以使其中的文字成为单个的字符，分离 2 次可以使其成为填充图形，如下图所示为分离 1 次的效果。

如下图所示为分离 2 次变为填充图形的效果。

文本一旦被分离为填充图形后就不再具有文本的属性，而是拥有了填充图形的属性。即对于分离为填充图形的文本，用户不能再更改其字体或字符间距等文本属性，但可以对其应用渐变填充或位图填充等填充属性。

4.2.4 变形文本

将文本分离为填充图形后，可以非常方便地改变文本的形状。要改变分离后文本的形状，可以使用【工具】面板中的【选择工具】或【部分选取工具】，对其进行各种变形操作。

- 使用【选择工具】编辑分离文本的形状时，可以在未选中分离文本的情况下将光标靠近分离文本的边界，当光标变为↖或↖形状时，按住鼠标左键进行拖动，即可改变分离文本的形状。

- 使用【部分选取工具】对分离文本进行编辑操作时，可以先使用【部分选取工具】选中要修改的分离文本，使其显示出节点，然后选中节点进行拖动或编辑其曲线调整柄。

【例 4-3】利用分离和变形文本功能制作倒影文字。
视频+素材 (素材文件\第 04 章\例 4-3)

step 1 启动Animate CC 2019，新建一个文档。选择【修改】|【文档】命令，打开【文档设置】对话框，将【背景颜色】设置为绿色，然后单击【确定】按钮。

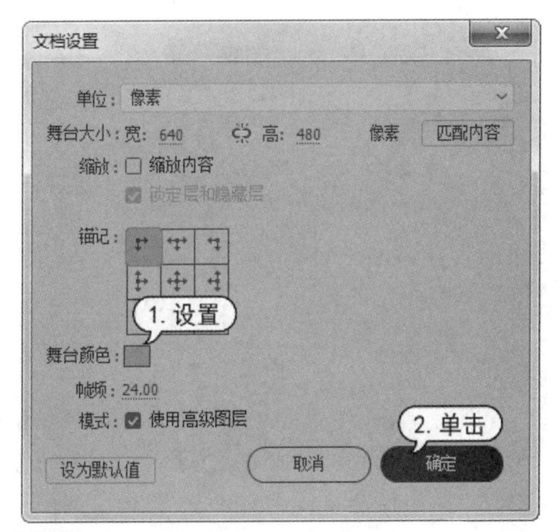

step 2 在【工具】面板中选择【文本工具】，在其【属性】面板中选择【静态文本】选项，设置字体为隶书、字号为 100 磅，颜色为黑色。

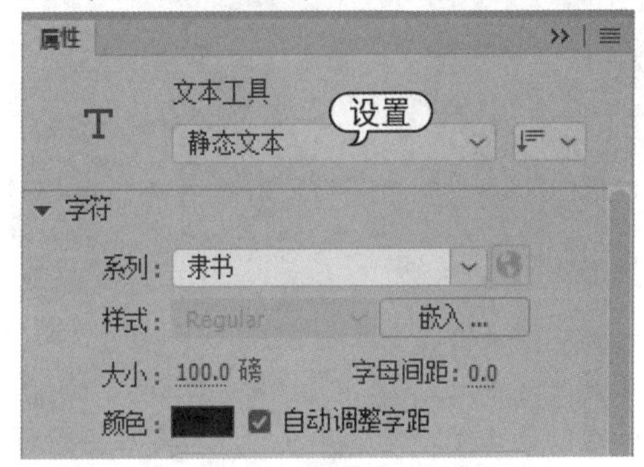

step 3 在舞台中单击创建一个文本框，然后输入文字“倒影文字”。

step 4 选中文本框后，按下Ctrl+D组合键将其复制并粘贴一份到舞台，然后选择【任意变形工具】，选择下方的文本框后，将其翻转并调整位置和大小。

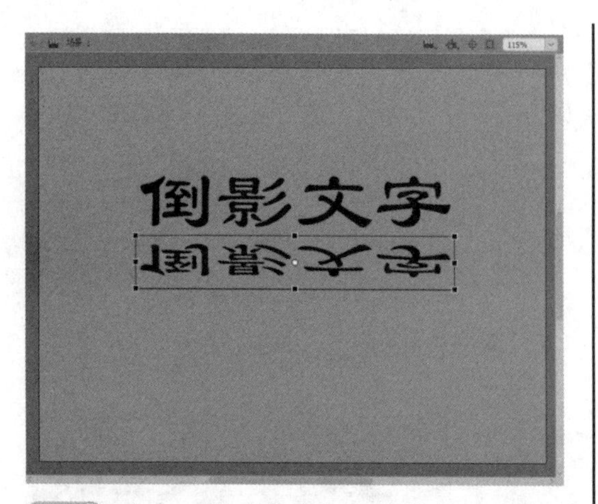

step 5 选中下方的文本框，连续按下两次Ctrl+B组合键，将文本进行分离。

step 6 在【工具】面板中选择【椭圆】工具，设置其笔触颜色为当前背景色(绿色)，设置填充颜色为无，笔触高度为1，笔触样式为【实线】。

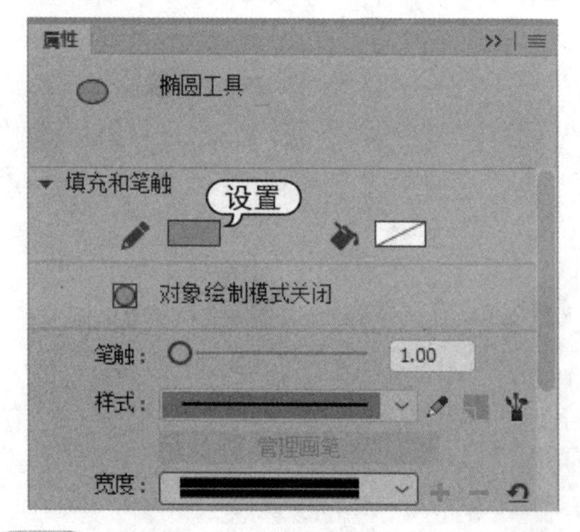

step 7 在文字上由内向外绘制多个椭圆形状，并逐渐增大该椭圆形状的大小和笔触高度(每次增量为1)，效果如下图所示。

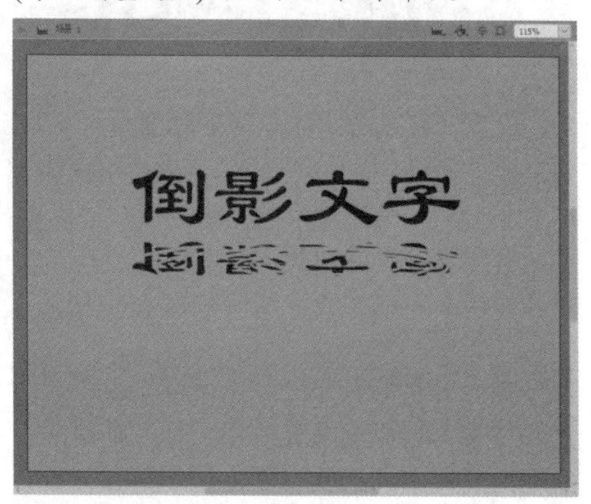

4.2.5 消除文本锯齿

选中舞台中的文本，然后进入【属性】面板的【字符】选项组，在【消除锯齿】下拉列表框中选择所需的消除锯齿选项即可消除文本锯齿。

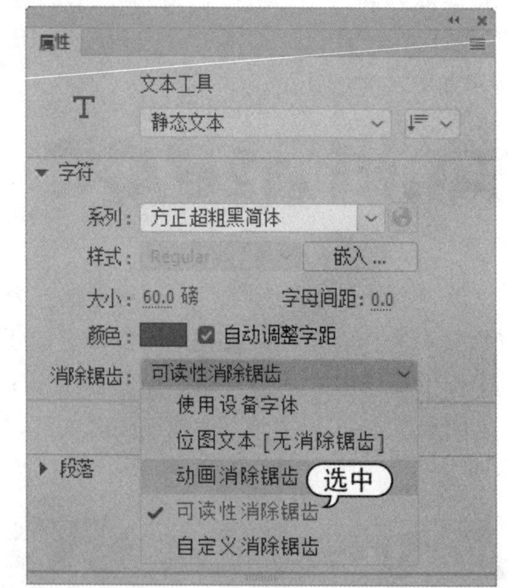

如果选择【自定义消除锯齿】选项，系统还会打开【自定义消除锯齿】对话框，用户可以在该对话框中设置详细的参数来消除文本锯齿。

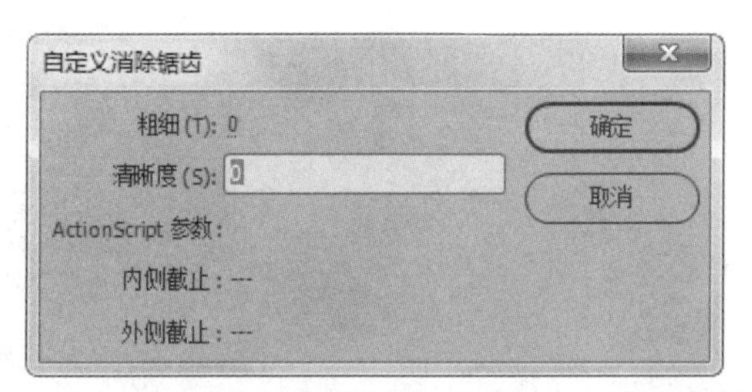

当用户使用消除锯齿功能后，动画中的文字边缘将会变得平滑细腻，锯齿和马赛克现象将得到改观。

4.2.6　添加文字链接

在 Animate CC 2019 中，可以将静态或动态的水平文本链接到 URL，从而在单击该文本的时候，可以跳转到其他文件、网页或电子邮件。

要将水平文本链接到 URL，首先要使用【工具】面板中的【文本工具】选择文本框中的部分文本，或使用【选择工具】从舞台中选择一个文本框，然后在其属性面板的【链接】中输入要将文本块链接到的 URL 地址。

【例 4-4】添加文本链接。
视频+素材 (素材文件\第 04 章\例 4-4)

step 1　启动Animate CC 2019，新建一个文档。选择【文件】|【导入】|【导入到舞台】命令，打开【导入】对话框，选择一张位图图片，然后单击【打开】按钮。

step 2　此时在舞台上显示该图片，调整其大小和位置，并设置舞台匹配内容。

step 3　在【工具】面板中选择【文本工具】，在其【属性】面板中选择【静态文本】选项，设置文字方向为水平，字体为华文琥珀、字号为 40 磅，颜色为绿色。

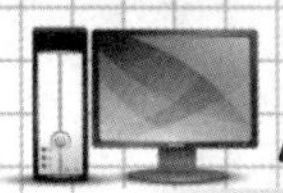

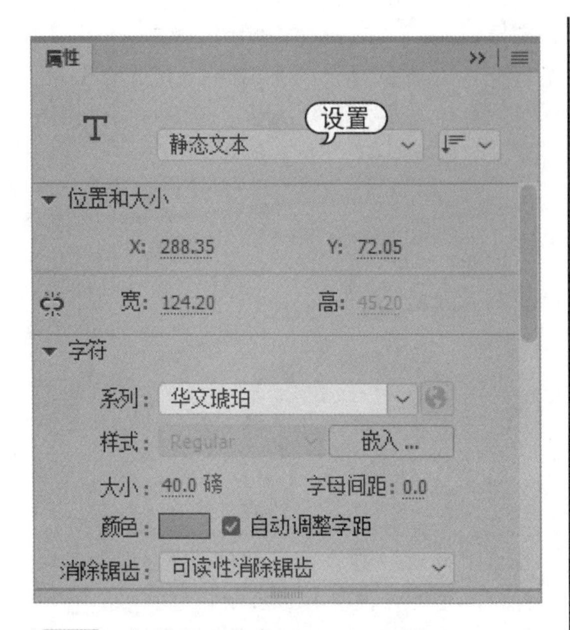

step 4 单击舞台中的合适位置，在文本框中输入“逛淘宝”文本。

step 5 选中文本，在【属性】面板中打开【选项】选项组，在【链接】文本框内输入淘宝网的网址。

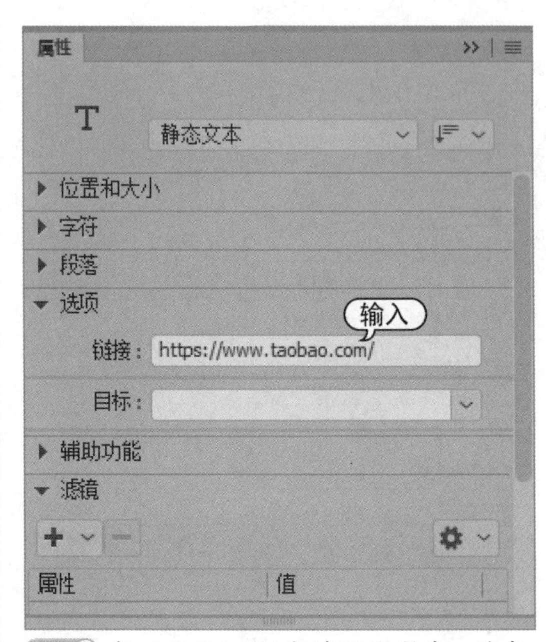

step 6 按Ctrl+Enter组合键测试影片，将光标移至文本上方，光标会变为手形，单击文本链接，即可打开浏览器，进入淘宝网首页。

4.3 添加文本效果

在 Animate CC 中，使用滤镜、上下标、段落设置等效果可以给文字带来视觉上的改变。

4.3.1 添加文本滤镜

滤镜是一种应用到对象上的图形效果，Animate CC 2019 允许对文本添加滤镜效果，使文字表现效果更加绚丽多彩。

选中文本后，打开【属性】面板，单击【滤镜】选项卡，打开该选项卡面板，单击【添加滤镜】按钮，在弹出的下拉列表中可以选择要添加的滤镜选项，也可以删除、启用和禁止滤镜效果。

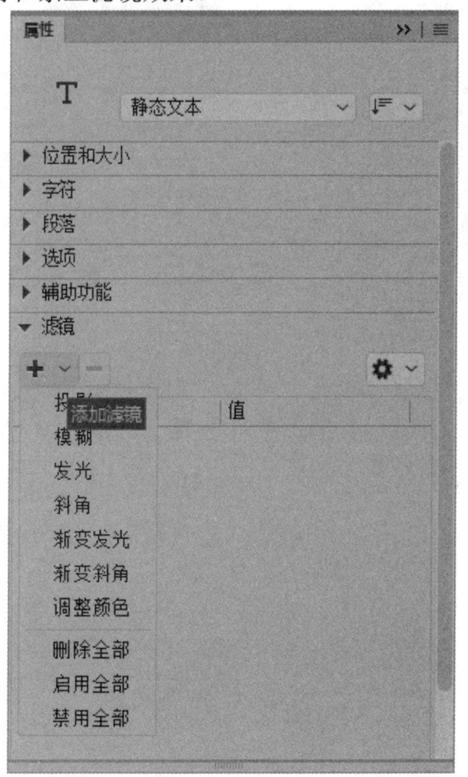

比如使用【投影】滤镜时，文本效果如下图所示。

使用【模糊】滤镜时，文本效果如下图所示。

使用【发光】滤镜时，文本效果如下图所示。

使用【斜角】滤镜时，文本效果如下图所示。

使用【渐变发光】滤镜时，文本效果如下图所示。

使用【渐变斜角】滤镜时，文本效果如下图所示。

使用【调整颜色】滤镜时，文本效果如

下图所示。

文本滤镜

此外，滤镜效果可以多个效果叠加，以产生更加复杂多变的效果。

【例 4-5】使用文本滤镜。
视频+素材 (素材文件\第 04 章\例 4-5)

step 1 启动Animate CC 2019，新建一个文档。选择【修改】|【文档】命令，打开【文档设置】对话框，舞台大小设置为 600 像素 × 420 像素，单击【确定】按钮。

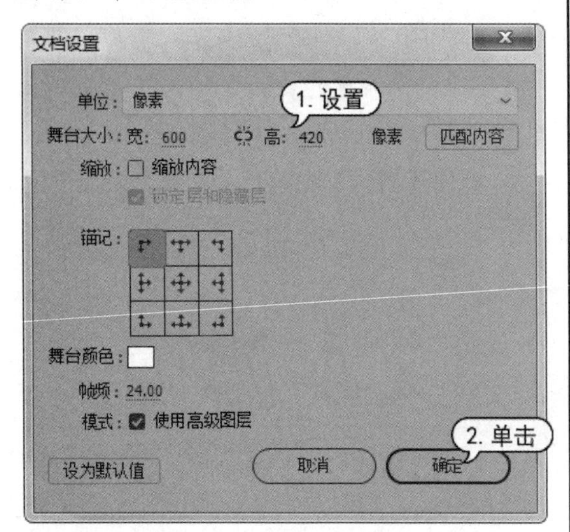

step 2 选择【文本工具】，在【属性】面板中设置字体为【汉仪海韵体简】，大小设置为 100 磅，颜色为红色。

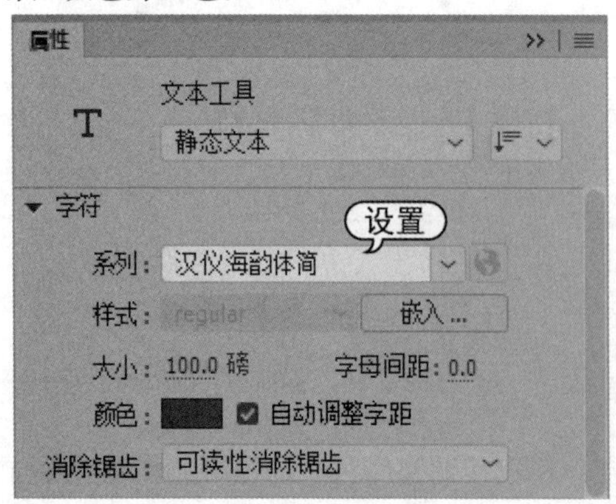

step 3 在舞台上输入文字。

step 4 选中文本框，在【属性】面板中打开【滤镜】选项卡，单击【添加滤镜】按钮，添加【渐变斜角】滤镜，设置其中参数。

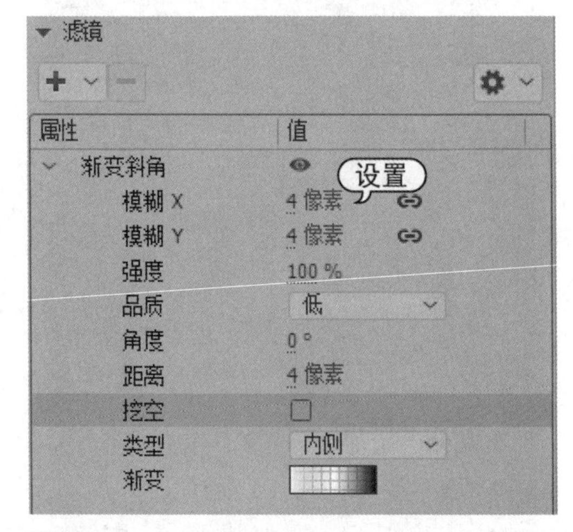

step 5 选择【文件】|【导入】|【导入到舞台】命令，打开【导入】对话框，选择背景图片，单击【打开】按钮。

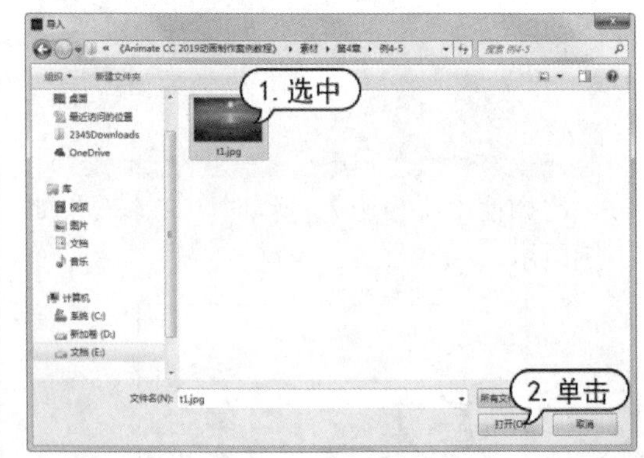

step 6 导入图片后，设置图片排列至底层，并设置图片的大小和位置，最后效果如下图所示。

4.3.2 制作上下标文本

在输入某些特殊文本时(比如一些数学公式)，需要将文本内容转换为上下标类型，用户在【属性】面板中进行设置即可。

【例 4-6】制作上下标文本。
视频+素材 (素材文件\第 04 章\例 4-6)

step 1 启动Animate CC 2019，新建一个文档。

step 2 在【工具】面板中选择【文本工具】，在其【属性】面板中选择【静态文本】选项，设置字体为Arial，大小为 60 磅，颜色为蓝色。

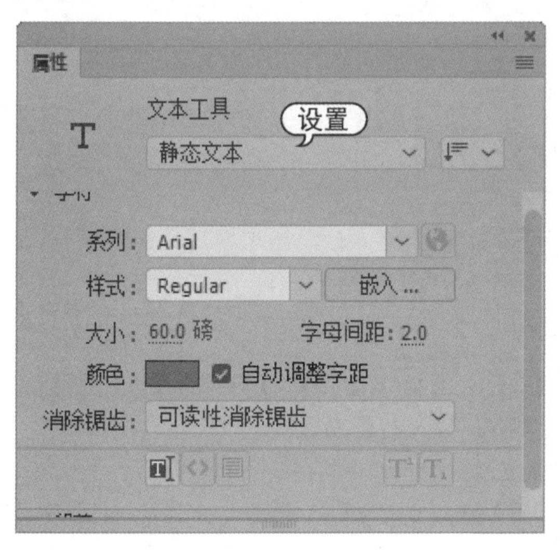

step 3 在舞台中输入一组数学公式，效果如下图所示。

step 4 选中字母后面的“2”，在【属性】面板中单击【切换上标】按钮，设置为上标文本。

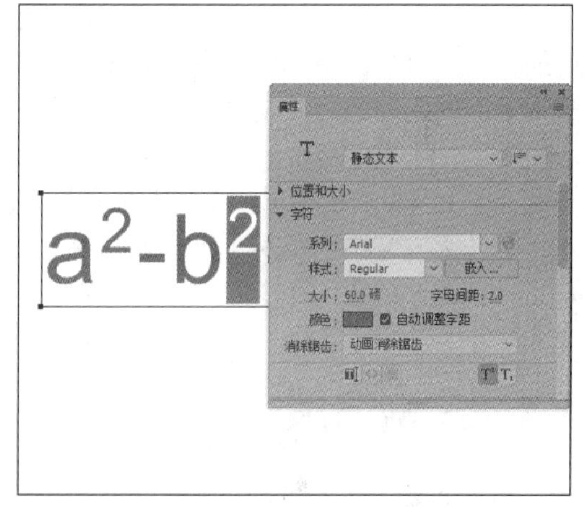

step 5 继续输入一组公式，效果如下图所示。

step 6 选中字母后面的“2”，在【属性】面板中单击【切换下标】按钮，设置为下标文本。

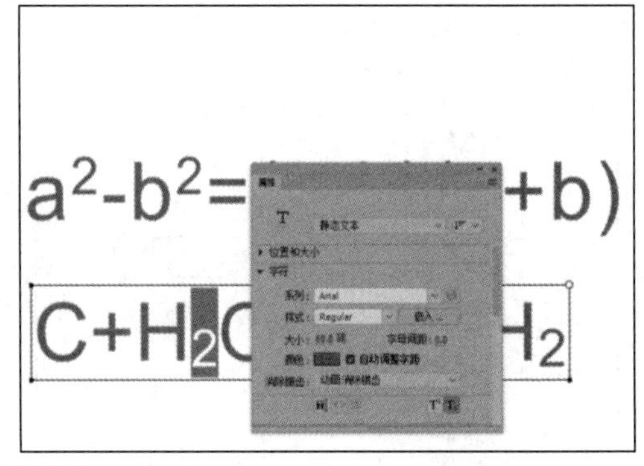

step 7 选择【文件】|【保存】命令，将该文档以“制作上下标文本”为名保存。

4.3.3 调整文本行间距

一般情况下，Animate CC 中的文本以默认的行间距显示。用户可以根据需要重新调整文本的间距和边距，使文本内容显示得更加清晰。

在【工具】面板中选择【文本工具】，输入文本并选中文本，在其【属性】面板上打开【段落】选项组，在【间距】后输入 50，在【边距】后输入 15。

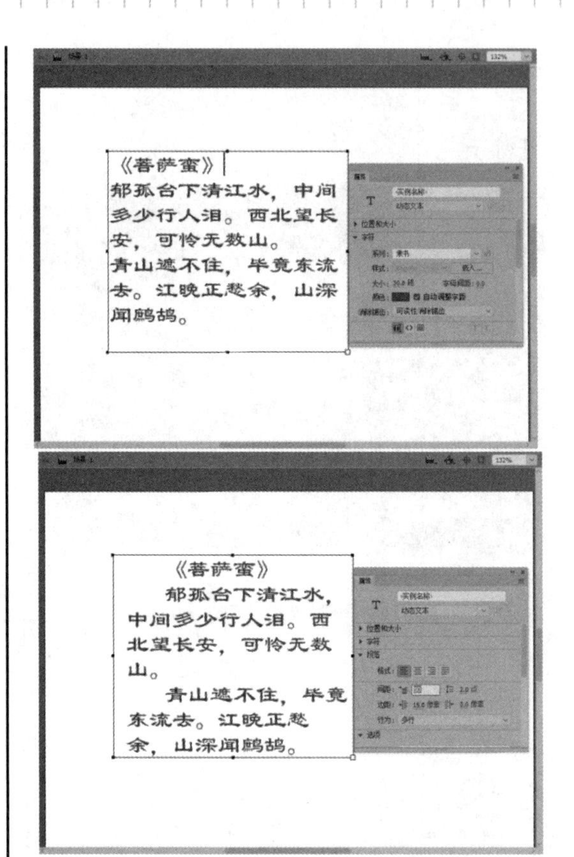

4.4 案例演练

本章的案例演练是制作圣诞卡片等几个综合实例操作，用户通过练习从而巩固本章所学知识。

4.4.1 制作圣诞卡片

【例 4-7】使用文本的分离和填充颜色的功能，制作一张电子圣诞卡片。

视频+素材 (素材文件\第 04 章\例 4-7)

step 1 启动Animate CC 2019，新建一个文档。

step 2 选择【文件】|【导入】|【导入到舞台】命令，打开【导入】对话框，选择一张位图图片，单击【打开】按钮将其导入舞台中。

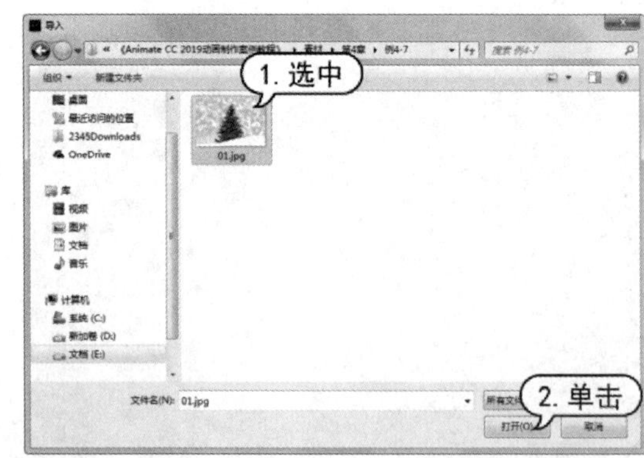

step 3 选择【插入】|【时间轴】|【图层】命令，插入新图层。

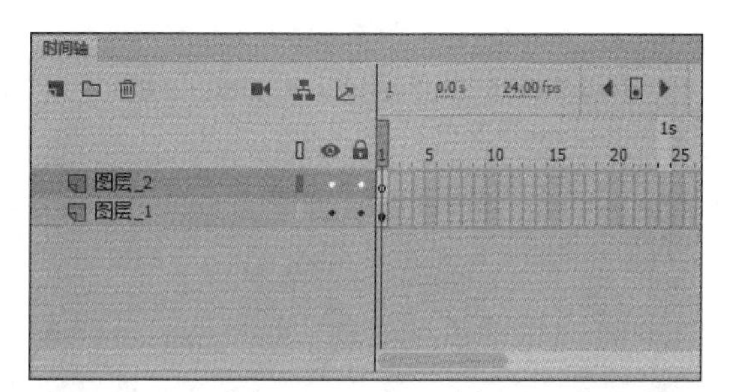

step 4 选择【文本工具】，打开其【属性】面板，设置文本类型为静态文本，【系列】为Ravie，大小为 30 磅，颜色为天蓝色。

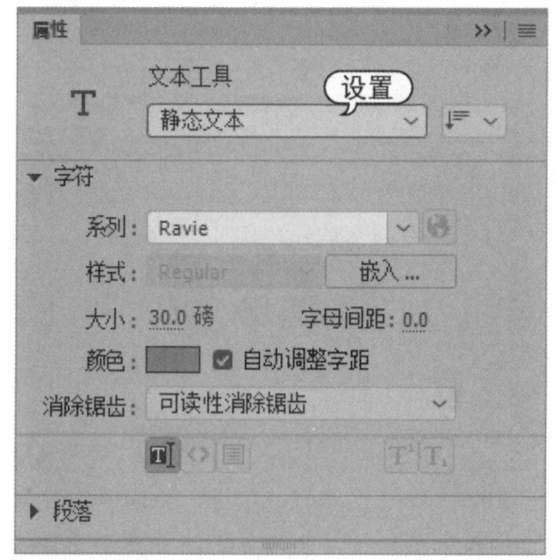

step 5 在舞台中单击建立文本框，输入“Merry Christmas”文本。

step 6 选中文本，连续两次按下Ctrl+B组合键，将文本分离成图形对象。

step 7 选择【墨水瓶工具】，设置笔触颜色为红色，填充图形对象的笔触颜色。

step 8 选择【选择工具】，选中并删除图形对象中的填充内容，剩下图形外框，也就是删除字母的内部填充色，保留字母的笔触。

step 9 选中图形的外框，选择【颜料桶工具】，单击【笔触颜色】按钮，在打开的面板中选择彩虹色。

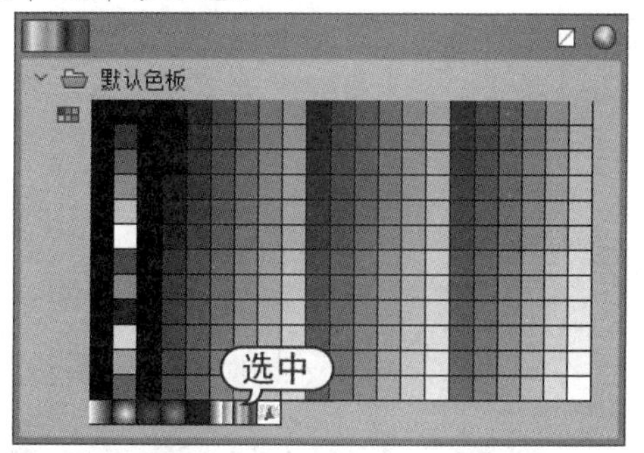

step 10 选择【修改】|【文档】命令，打开【文档设置】对话框，单击【匹配内容】按钮，然后单击【确定】按钮。

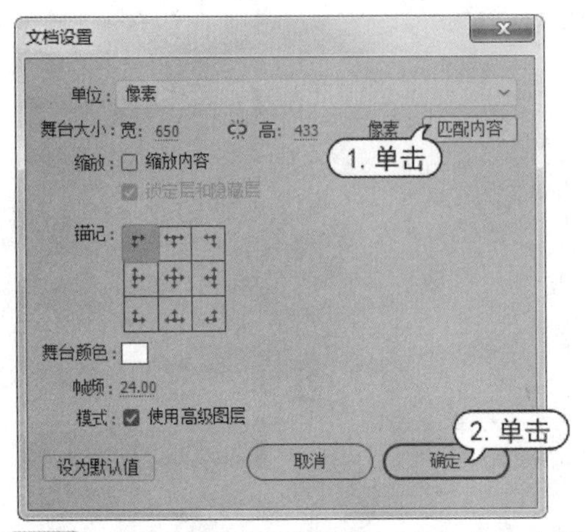

step 11 选中图形的外框，按下Ctrl+G组合键组合对象，最终效果如下图所示。

4.4.2 制作斑点文字

【例 4-8】制作带有斑点轮廓的文字。

视频+素材 (素材文件\第 04 章\例 4-8)

step 1 启动Animate CC 2019，新建一个文档。

step 2 在【工具】面板中选择【文本工具】，在其【属性】面板中设置文本类型为静态文本，字体为华文琥珀，大小为 160 磅，颜色为红色。

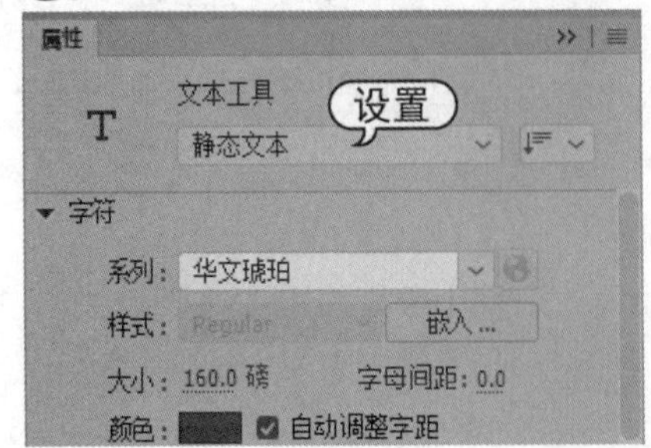

step 3 在舞台上输入文字。

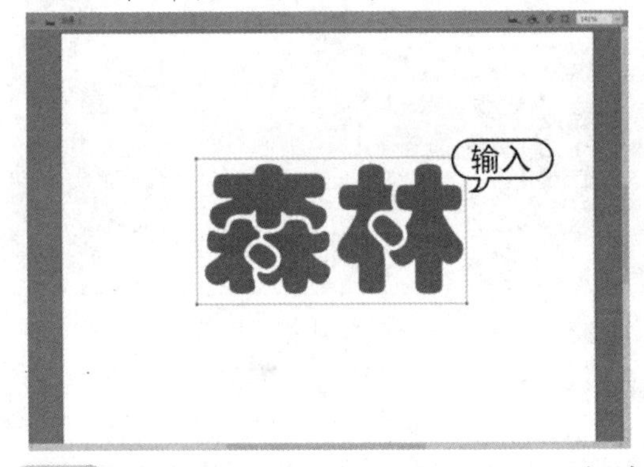

step 4 选中文本框，按 2 次Ctrl+B组合键分离文字。

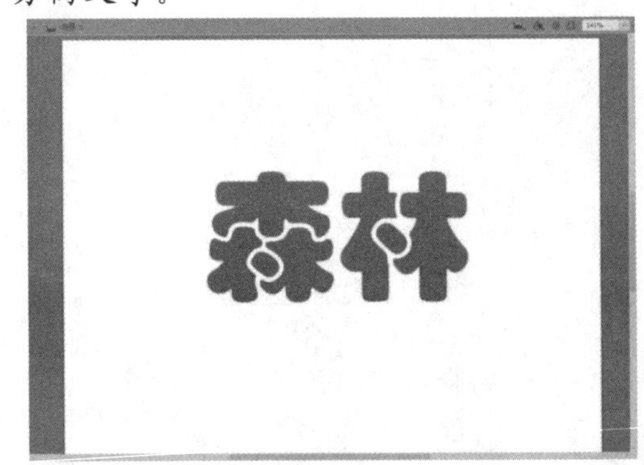

step 5 选择【墨水瓶工具】，在其【属性】面板中设置笔触颜色为黄色，填充颜色为无，笔触为 10，样式为点刻线。

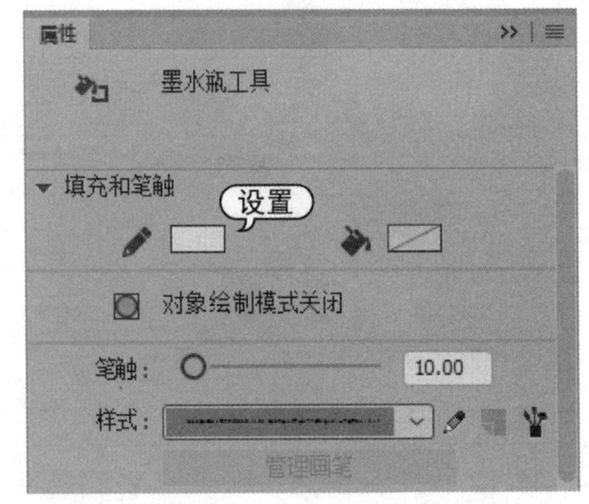

step 6 单击舞台中的分离文本形状，使其轮廓带上斑点效果。

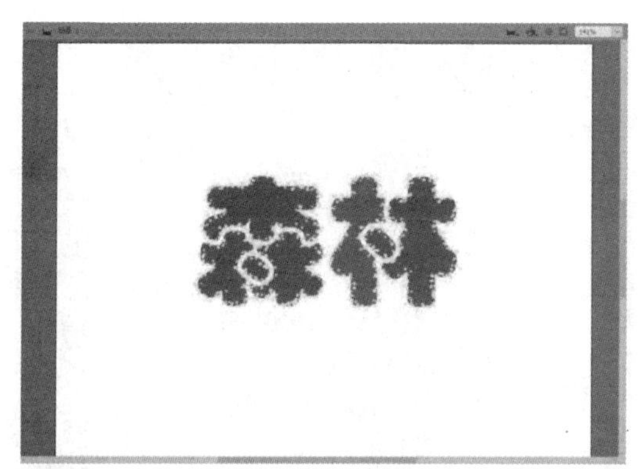

step 7 选择所有文本，按Ctrl+G组合键组合对象。

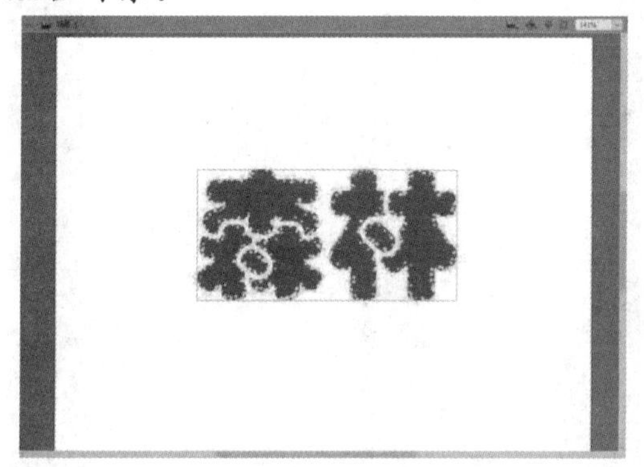

step 8 选择【文件】|【导入】|【导入到舞台】命令，打开【导入】对话框，选择一张位图图片，单击【打开】按钮。

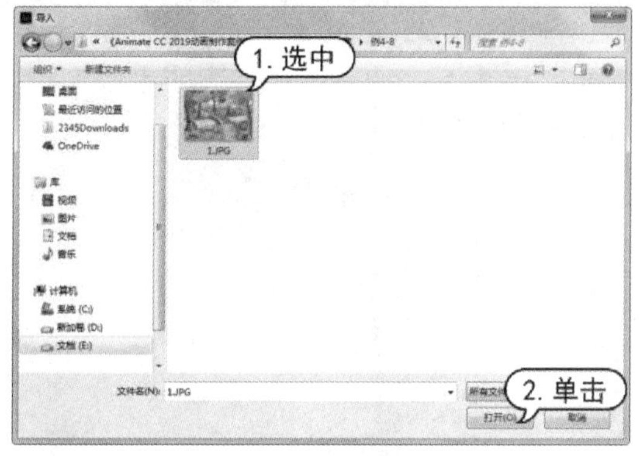

step 9 导入图片后，右击图片，在弹出的快捷菜单中选择【排列】|【移至底层】命令。

step 10 选择【修改】|【文档】命令，打开【文档设置】对话框，单击【匹配内容】按钮，然后单击【确定】按钮。

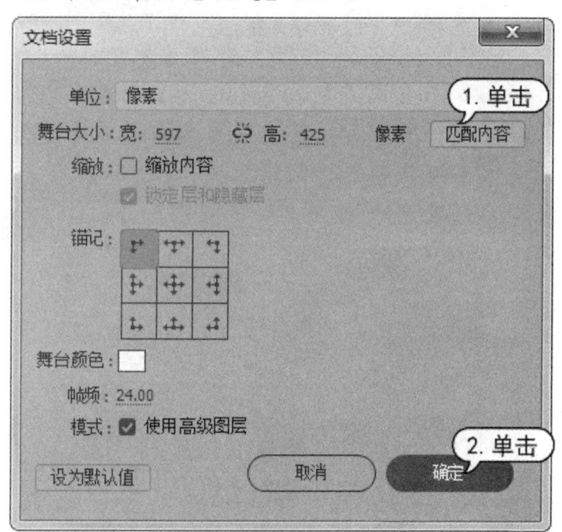

step 11 最后的动画效果如下图所示，保存该文档。

4.4.3 制作滚动公告栏

【例 4-9】使用动态文本，制作滚动公告栏。
视频+素材 (素材文件\第 04 章\例 4-9)

step 1 启动Animate CC 2019，打开素材文档。

step 2 在【工具】面板上选择【文本工具】，在其【属性】面板上设置文本类型为【动态文本】，【系列】为微软雅黑，【大小】为 25 磅，段落间距为 2。

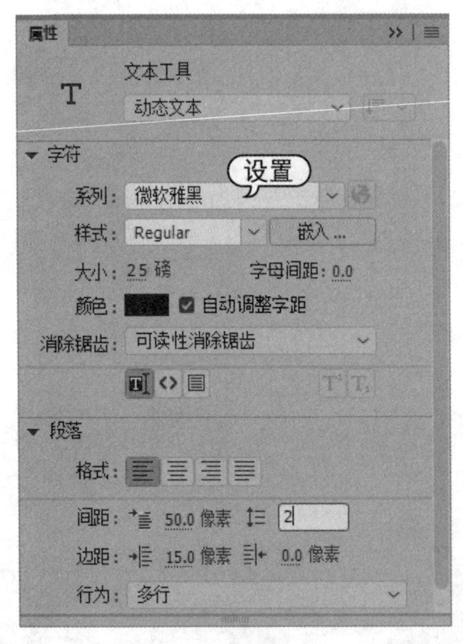

step 3 单击舞台，创建动态文本字段，输入文本内容，当内容过多时，会将文本字段扩大。

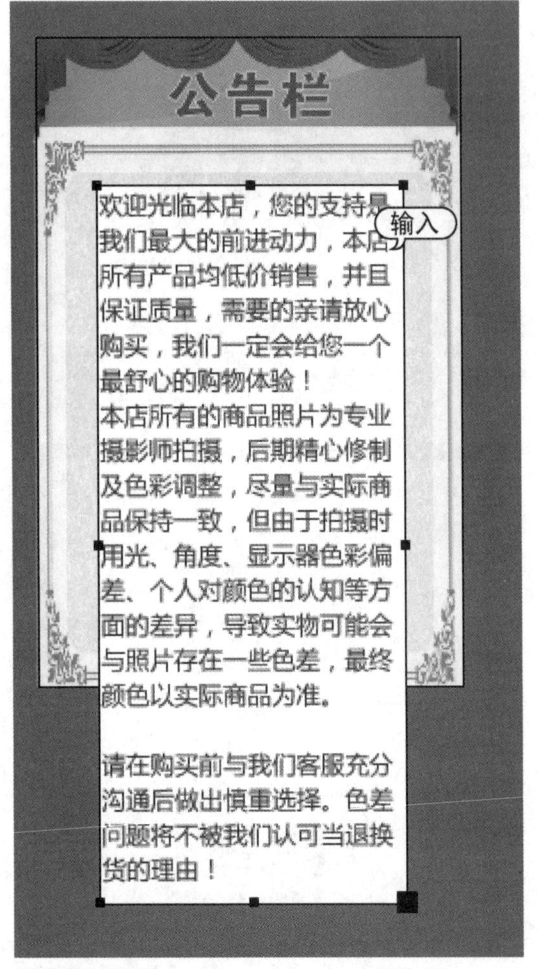

step 4 选中动态文本字段，选择【文本】|【可滚动】命令。

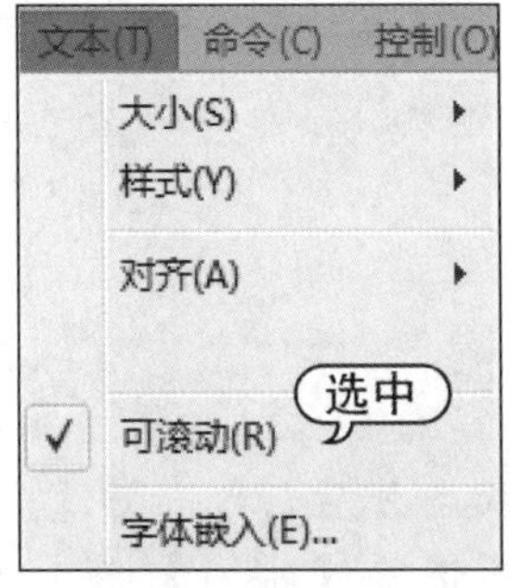

step 5 使用【选择工具】选择文本字段下方的控制点，向上拖动，缩小文本字段的高度。

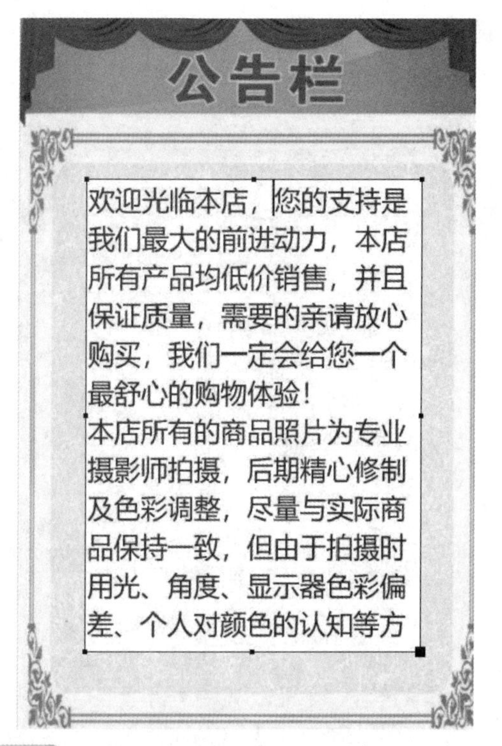

step 6 选择【窗口】|【组件】命令，打开【组件】面板。

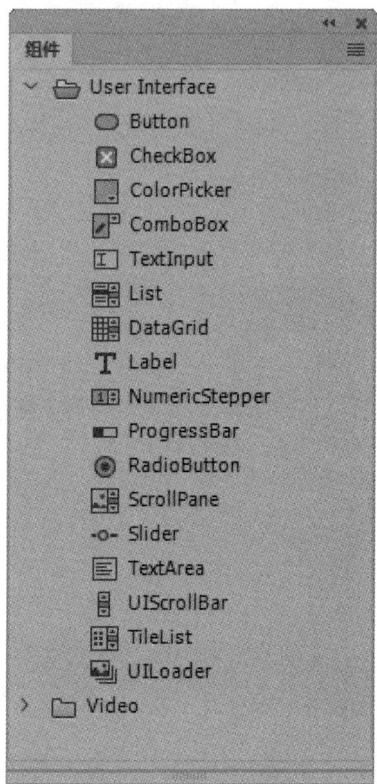

step 7 展开【User Interface】选项，将【UI ScrollBar】组件拖动到动态文本字段右边的边缘内(其目的是为文本字段添加窗口滚动条)。

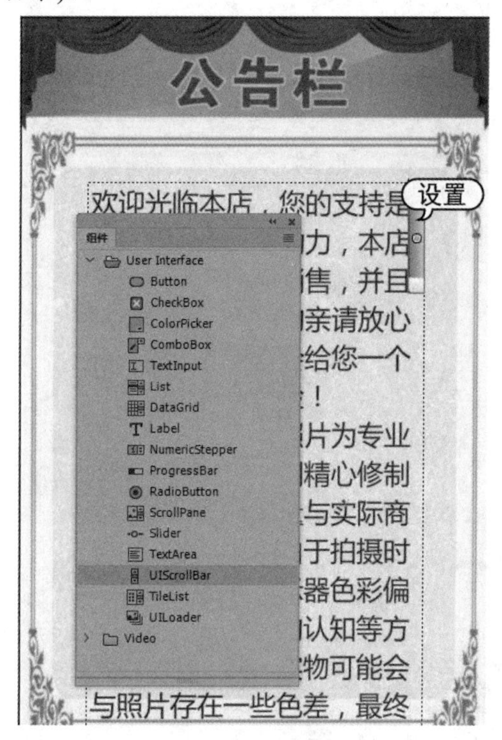

step 8 在【工具】面板中选择【任意变形工具】，按住Alt键选择组件下边节点向下拖动，延长至文本字段底部边缘。

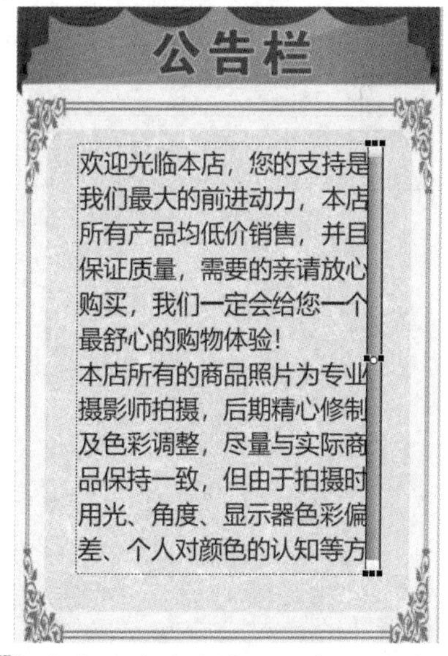

step 9 选中动态文本字段，打开【属性】面板，在【字符】选项组中取消【在文本周围显示边框】按钮的按下状态。

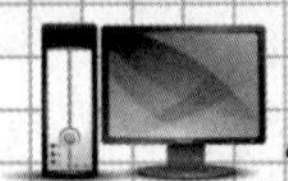

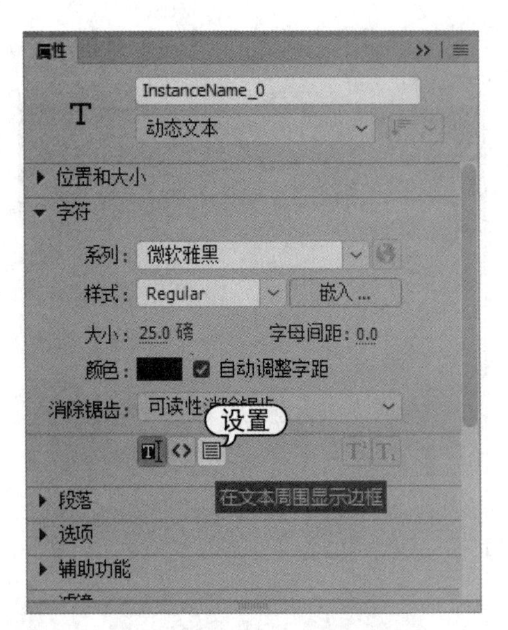

step 10 选择【文件】|【另存为】命令，打开【另存为】对话框，将其命名为“滚动公告栏”加以保存。

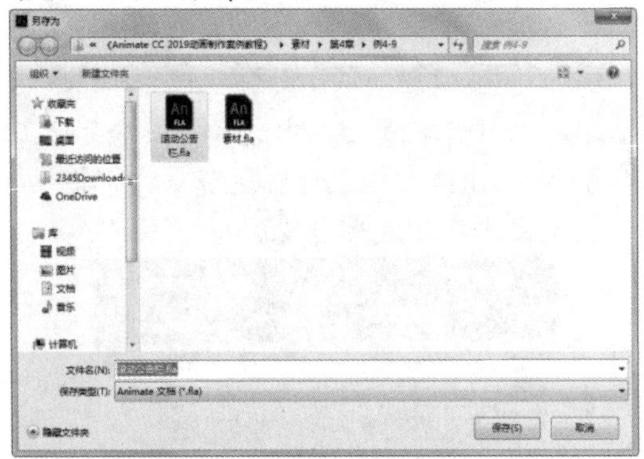

step 11 按下 Ctrl+Enter 组合键测试影片，可以通过滚动条滚动文本内容。

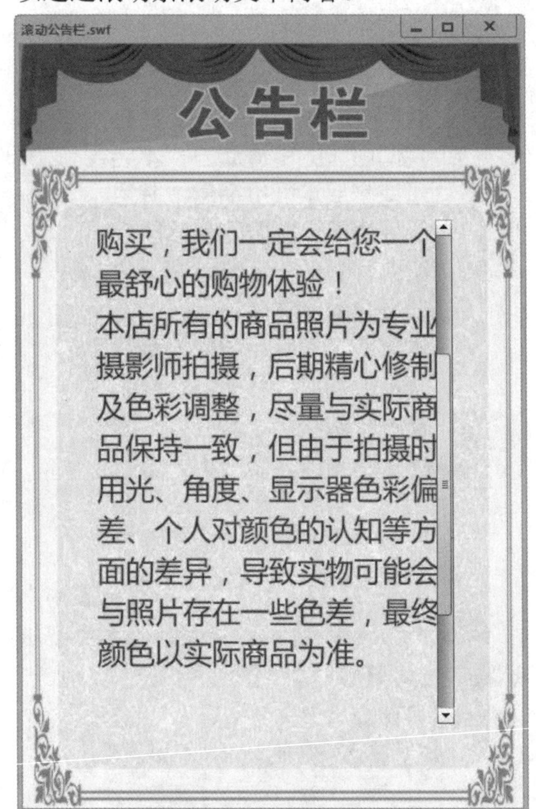

第 5 章

导入多媒体对象

Animate CC 2019 作为矢量动画处理程序，可以导入外部位图和视频、音频等多媒体文件作为特殊的元素应用，从而为制作动画提供了更多可以应用的素材，本章将主要介绍在 Animate CC 2019 中导入和处理多媒体对象的操作内容。

本章对应视频

例 5-1 转换位图为矢量图
例 5-2 制作按钮声音
例 5-3 设置声音属性
例 5-4 导入视频文件
例 5-5 制作视频播放器
例 5-6 制作花纹盘子

5.1 导入图形

Animate CC 虽然也支持图形的绘制，但是它毕竟无法与专业的绘图软件相媲美，因此，从外部导入制作好的图形元素成为 Animate 动画设计制作过程中常用的操作。

5.1.1 导入位图

Animate CC 2019 可以导入目前大多数主流的图像格式，具体的文件类型和文件扩展名可以参照下表。

文件类型	扩展名
Adobe Illustrator	.eps、.ai
AutoCAD DXF	.dxf
BMP	.bmp
增强的 Windows 元文件	.emf
FreeHand	.fh7、.fh8、.fh9、.fh10、.fh11
GIF 和 GIF 动画	.gif
JPEG	.jpg
PICT	.pct、.pic
PNG	.png
Flash Player	.swf
MacPaint	.pntg
Photoshop	.psd
QuickTime 图像	.qtif
Silicon 图形图像	.sgi
TGA	.tga
TIFF	.tif

位图是制作影片时最常用到的图形元素之一，在 Animate CC 中默认支持的位图格式包括 BMP、JPEG 等。

要将位图图像导入舞台，可以选择【文件】|【导入】|【导入到舞台】命令，打开【导入】对话框，选择需要导入的图像文件后，单击【打开】按钮，即可将其导入当前的文档舞台中。

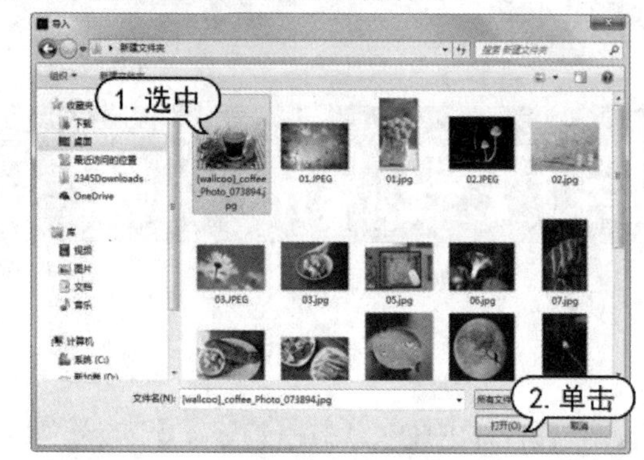

在导入图像文件到 Animate CC 文档中时，可以选择多个图像同时导入，方法是：按住 Ctrl 键或用鼠标拖动，然后选择多个图像文件的缩略图即可实现同时导入。

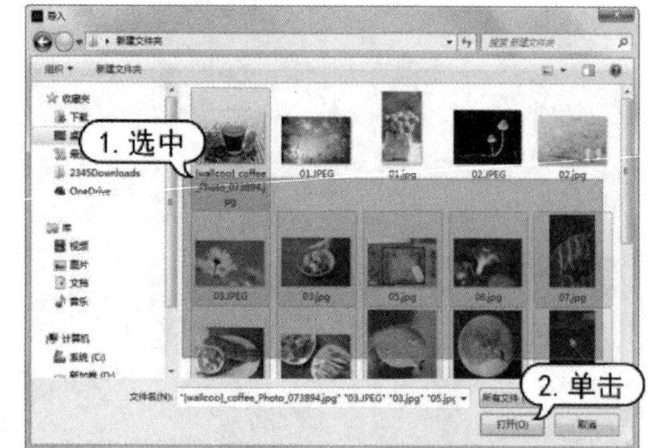

用户不仅可以将位图图像导入舞台中直接使用，也可以选择【文件】|【导入】|【导入到库】命令，打开【导入到库】对话框导入图片。

先将需要的位图图像导入该文档的【库】

面板中，在需要时打开【库】面板再将其拖至舞台中使用。

5.1.2 编辑位图

在导入位图文件后，可以进行各种编辑操作，例如设置位图属性、将位图分离或者将位图转换为矢量图等。

1. 设置位图属性

要设置位图图像的属性，可在导入位图图像后，在【库】面板中位图图像的名称处右击，在弹出的快捷菜单中选择【属性】命令，打开【位图属性】对话框进行设置。

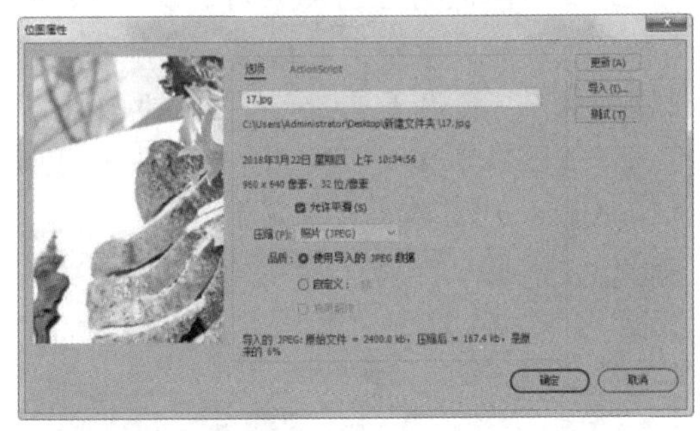

在【位图属性】对话框中，主要参数选项的具体作用如下。

- 在【选项】选项卡里，第一行的文本框中显示的是位图图像的名称，可以在该文本框中更改位图图像在文档中显示的名称。
- 【允许平滑】：选中该复选框，可以使用消除锯齿功能平滑位图的边缘。
- 【压缩】：在该选项下拉列表中可以选择【照片(JPEG)】选项，可以使用 JPEG 格式压缩图像，对于具有复杂颜色或色调变化的图像，如具有渐变填充的照片或图像，常使用【照片(JPEG)】压缩格式；选择【无损(PNG/GIF)】选项，可以使用无损压缩格式压缩图像，这样不会丢失该图像中的任何数据，具有简单形状和相对较少颜色的图像，则常使用【无损(PNG/GIF)】压缩格式。
- 【品质】：有【使用导入的 JPEG 数据】和【自定义】单选按钮可以选择，在【自定义】后面输入数值可以调节压缩的位图品质，值越大，图像越完整，同时产生的文件也越大。
- 【更新】按钮：单击该按钮，可以按照设置对位图图像进行更新。
- 【导入】按钮：单击该按钮，打开【导入位图】对话框，选择导入新的位图图像，以替换原有的位图图像。
- 【测试】按钮：单击该按钮，可以对设置效果进行测试，在【位图属性】对话框的下方将显示设置后图像的大小及压缩比例等信息，用户可以将原来的文件大小与压缩后的文件大小进行比较，从而确定选定的压缩设置是否可以接受。

导入的 JPEG: 原始文件 = 2400.0 kb，压缩后 = 167.4 kb，是原来的 6%

2. 分离位图

分离位图可将位图图像中的像素点分散到离散的区域中，这样可以分别选取这些区域并进行编辑修改。

在分离位图时可以先选中舞台中的位图图像，然后选择【修改】|【分离】命令，或者按下 Ctrl+B 组合键即可对位图图像进行分离操作。在使用【选择工具】选择分离后

的位图图像时，该位图图像上将被均匀地蒙上了一层细小的白点，这表明该位图图像已完成了分离操作，此时可以使用工具面板中的图形编辑工具对其进行修改。

3. 将位图转换为矢量图

如果需要对导入的位图图像进行更多的编辑修改，可以将位图转换为矢量图。

要将位图转换为矢量图，选中要转换的位图图像，选择【修改】|【位图】|【转换位图为矢量图】命令，打开【转换位图为矢量图】对话框。

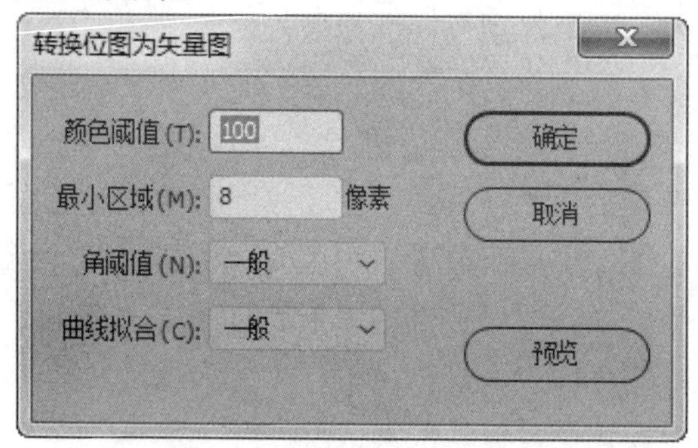

该对话框中各选项的功能如下。

- 【颜色阈值】：可以在文本框中输入1~500的值。当该阈值越大时转换后的颜色信息也丢失的越多，但是转换的速度会比较快。
- 【最小区域】：可以在文本框中输入1~1000的值，用于设置在指定像素颜色时要考虑的周围像素的数量。该文本框中的值越小，转换的精度就越高，但相应的转换速度会较慢。
- 【角阈值】：可以选择是保留锐边还是进行平滑处理，在下拉列表中选择【较多转角】选项，可使转换后的矢量图中的尖角保留较多的边缘细节；选择【较少转角】选项，则转换后矢量图中的尖角边缘细节会较少。
- 【曲线拟合】：可以选择绘制轮廓的平滑程度，在下拉列表中包括【像素】【非常紧密】【紧密】【一般】【平滑】和【非常平滑】6个选项。

【例5-1】转换位图为矢量图并进行编辑。

视频+素材 (素材文件\第05章\例5-1)

step 1 启动Animate CC 2019，新建一个文档。选择【文件】|【导入】|【导入到舞台】命令，打开【导入】对话框，选择位图图像，单击【打开】按钮。

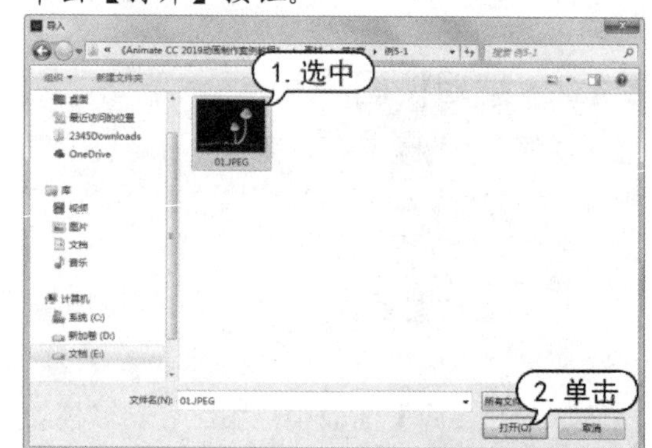

step 2 选中导入的位图图像，选择【修改】|【位图】|【转换位图为矢量图】命令，打开【转换位图为矢量图】对话框。对于一般的位图图像而言，设置【颜色阈值】为10~20，可以保证图像不会明显失真。这里设置【颜色阈值】为10，单击【确定】按钮。

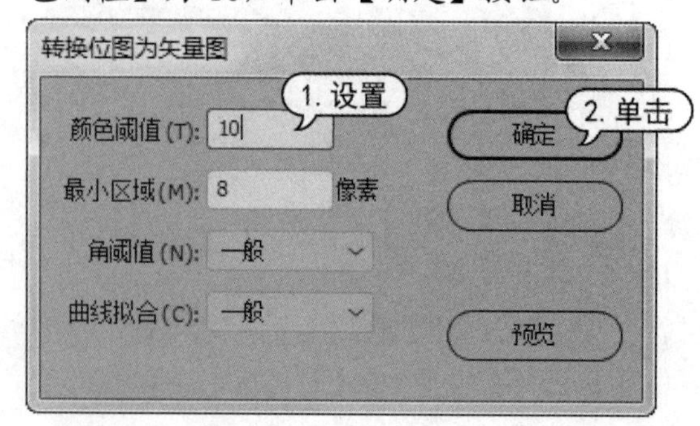

step 3 此时位图已经转换为矢量图。

step 4 选择【工具】面板中的【滴管工具】，将光标移至图像中的黑色背景，单击左键吸取图像颜色。

step 5 选择【工具】面板中的【画笔工具】，将光标移至图像左下角的签名区域，拖动左键刷上黑色掩盖签名。

step 6 选择【工具】面板中的【文本工具】，在其【属性】面板中设置文本类型为静态文本，然后设置文本颜色为黄色，字体为楷体，大小为 60 磅。

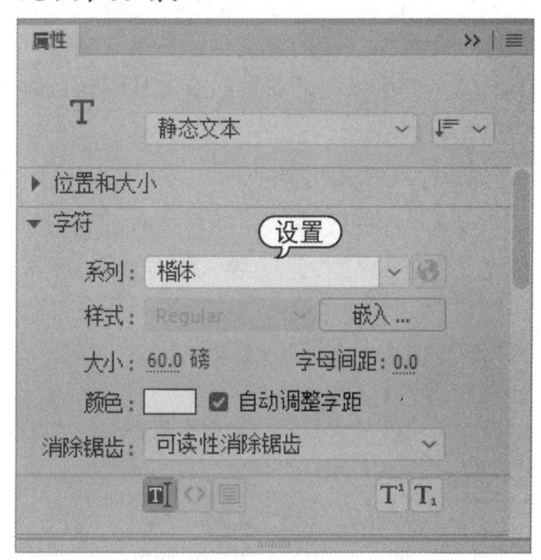

step 7 单击舞台中的图片，在文本框中输入文本。

step 8 选择【文件】|【保存】命令，打开【另存为】对话框，将其命名为“位图转换为矢量图”加以保存。

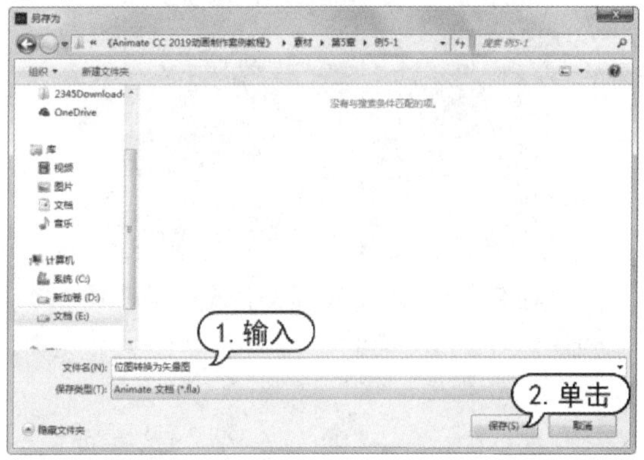

5.1.3　导入其他格式

在 Animate CC 2019 中，还可以导入 PSD、AI 等格式的图像文件，导入这些格式的图像文件可以保证图像的质量和保留图像的可编辑性。

1. 导入 PSD 文件

要导入 Photoshop 的 PSD 文件，可以选择【文件】|【导入】|【导入到舞台】命令，在打开的【导入】对话框中选择要导入的 PSD 文件，然后单击【打开】按钮，打开【将*.psd 导入到舞台】对话框。

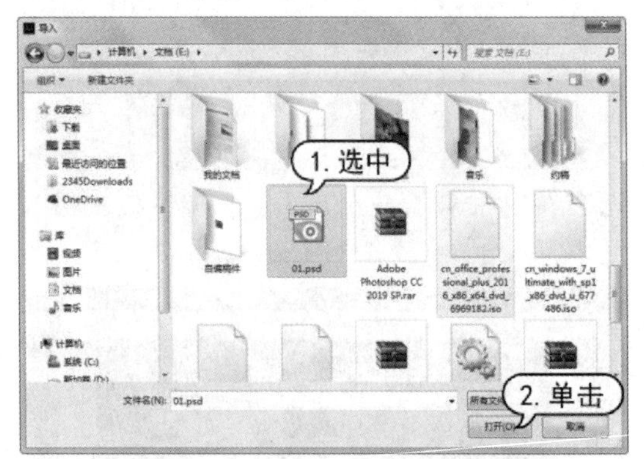

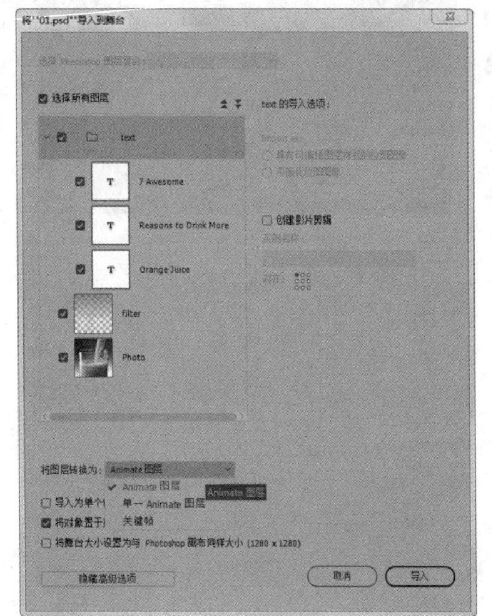

在【将*.psd 导入到舞台】对话框中，【将图层转换为】选项的下拉列表中有 3 个选项，其具体的作用如下。

- 【Animate 图层】：选择该选项后，在图层列表框中选中的图层导入 Animate CC 2019 后将会放置在各自的图层上，并且具有与原来 Photoshop 图层相同的图层名称。
- 【单一 Animate 图层】：选择该选项后，可以将导入文档中的所有图层转换为 Animate 文档中的单个平面化图层。
- 【关键帧】：选择该选项后，在图层列表框中选中的图层，在导入 Animate CC 2019 后将会按照 Photoshop 图层从下到上的顺序，将它们分别放置在一个新图层的从第 1 帧开始的各关键帧中，并且以 PSD 文件的文件名来命名该新图层。

该对话框中其他主要参数选项的具体作用如下。

- 【将对象置于原始位置】：选中该复选框，导入的 PSD 文件内容将保持在 Photoshop 中的准确位置。例如，如果某对象在 Photoshop 中位于 X=100，Y=50 的位置，那么在舞台上将具有相同的坐标。如果没有选中该选项，那么导入的 Photoshop 图层将位于舞台的中间位置。PSD 文件中的项目在导入时将保持彼此的相对位置，所有对象在当前视图中将作为一个块位于中间位置。
- 【将舞台大小设置为与 Photoshop 画布同样大小】：选中该复选框，导入 PSD 文件时，文档的大小会调整为与创建 PSD 文件所用的 Photoshop 文档相同的大小。

2. 导入 AI 文件

AI 文件是 Illustrator 软件的默认保存格式，要导入 AI 文件，可以选择【文件】|【导入】|【导入到舞台】命令，在打开的【导入】对话框中选中要导入的 AI 文件，单击【确定】按钮，打开【将*.ai 导入到舞台】对话框，在【将*.ai 导入到舞台】对话框中的【将图层转换为】选项中，可以选择将 AI 文件的图层转换为 Animate 图层、关键帧或单一 Animate 图层。

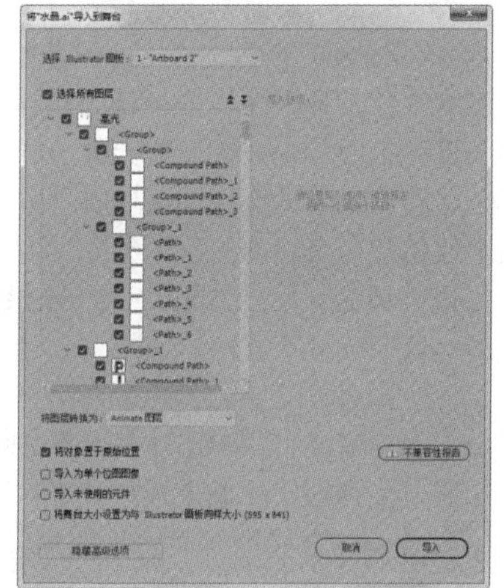

在【将*.ai 导入到舞台】对话框中，其他主要参数选项的具体作用如下。

➤【将对象置于原始位置】：选中该复选框，导入 AI 图像文件的内容将保持在 Illustrator 中的准确位置。

➤【将舞台大小设置为与 Illustrator 画板同样大小】：选中该复选框，导入 AI 图像文件时，设计区的大小将调整为与 AI 文件的画板(或活动裁剪区域)相同的大小。默认情况下，该选项是未选中状态。

➤【导入未使用的元件】：选中该复选框，在 Illustrator 画板上没有实例的所有 AI 图像文件的库元件都将导入 Animate 库中。如果没有选中该选项，那么没有使用的元件就不会被导入 Animate 中。

➤【导入为单个位图图像】：选中该复选框，可以将 AI 图像文件整个导入为单个的位图图像，并禁用【将*.ai 导入到舞台】对话框中的图层列表和导入选项。

例如，要导入一个 AI 文件，打开【将“*.ai”导入到舞台】对话框，在【将图层转换为】下拉列表中选择【单一 Animate 图层】选项，然后单击【导入】按钮。

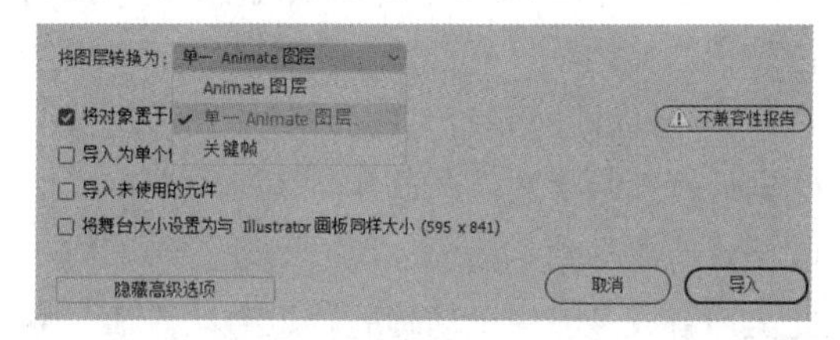

选择多个混合对象，选择【修改】|【组合】命令，将其组合为一个图形，然后选择【修改】|【转换为位图】命令，此时将该组合转换为位图。

5.2　导入声音

声音是 Animate 动画的重要组成元素之一，它可以增添动画的表现力。在 Animate CC 2019 中，用户可以使用多种方法在影片中添加音频文件，从而创建出有声影片。

5.2.1　导入声音的操作

Animate 在导入声音时，可以为按钮添加音效，也可以将声音导入时间轴上，作为整个动画的背景音乐。在 Animate CC 2019 中，可以将外部的声音文件导入动画中，也可以使用共享库中的声音文件。

1. 声音的类型

在 Animate 动画中插入声音文件，首先需要确定插入声音的类型。Animate CC 2019 中的声音分为事件声音和音频流两种。

▽ 事件声音：事件声音必须在动画全部下载完后才可以播放，如果没有明确的停止命令，它将连续播放。在 Animate 动画中，事件声音常用于设置单击按钮时的音效，或者用来表现动画中某些短暂的音效。因为事件声音在播放前必须全部下载才能播放，因此此类声音文件不能过大，以减少下载动画的时间。在运用事件声音时要注意，无论什么情况下，事件声音都是从头开始播放的，且无论声音的长短都只能插入一个帧中。

▽ 音频流：音频流在前几帧下载了足够的数据后就开始播放，通过和时间轴同步可以使其更好地在网站上播放，可以边观看边下载。此类声音大多应用于动画的背景音乐。在实际制作动画的过程中，绝大多数是结合事件声音和音频流两种类型声音的方法来插入音频的。

声音的采样率是采集声音样本的频率，即在一秒钟的声音中采集了多少次样本。

声音采样率与声音品质的关系如下表所示。

采 样 率	声音品质
48 kHz	专业录音棚效果
44.1kHz	CD 效果
32kHz	接近 CD 效果
22.05kHz	FM 收音机效果
11.025kHz	作为声效可以接受
5kHz	简单的人声可以接受

声音还有声道的概念，声道也就是声音通道。把一个声音分解成多个声音通道，再分别进行播放。增加一个声道也就意味着多一倍的信息量，声音文件也相应大一倍，为减小声音文件的大小，在 Animate 动画中通常使用单声道。

声音的位深是指录制每一个声音样本的精确程度。声音的位深与声音品质的关系如下表所示。

声音位深	声音品质
24 位	专业录音棚效果
16 位	CD 效果
12 位	接近 CD 效果
10 位	FM 收音机效果
8 位	简单的人声可以接受

2. 导入声音到库

在 Animate CC 2019 中，可以导入 WAV、MP3 等文件格式的声音文件，但不能直接导入 MIDI 文件。导入文档的声音文件一般会保存在【库】面板中，因此与元件一样，只需要创建声音文件的实例即可以各种方式在动画中使用该声音。

要将声音文件导入 Animate 文档的【库】面板中，可以选择【文件】|【导入】|【导入到库】命令，打开【导入到库】对话框，选择要导入的声音文件，单击【打开】按钮，将添加声音文件至【库】面板中。

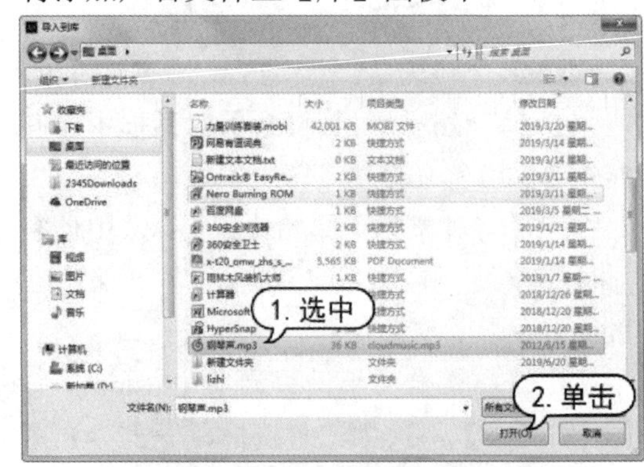

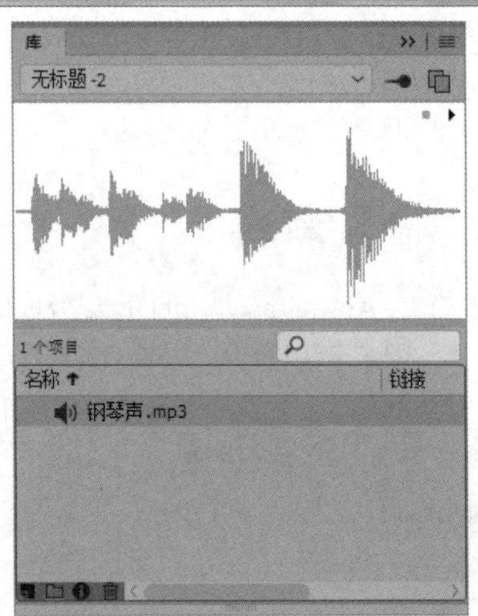

3. 导入声音到文档

导入声音文件到【库】面板后，可以将声音文件添加到文档中。要在文档中添加声音，从【库】面板中拖动声音文件到舞台中，即可将其添加至当前文档中。选择【窗口】|【时间轴】命令，打开【时间轴】面板，在该面板中显示了声音文件的波形。

选择时间轴中包含声音波形的帧，打开【属性】面板，可以查看【声音】选项的属性。

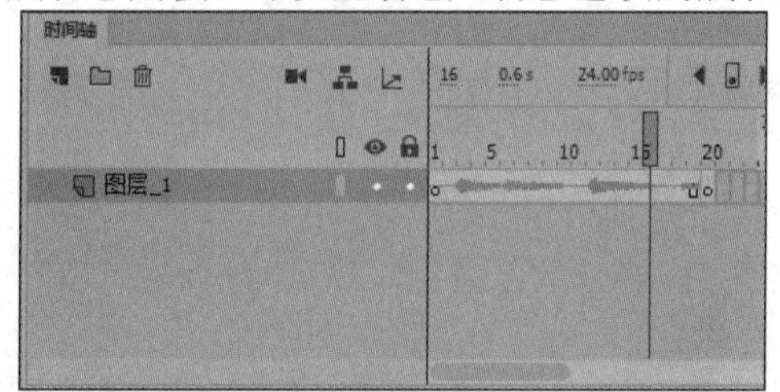

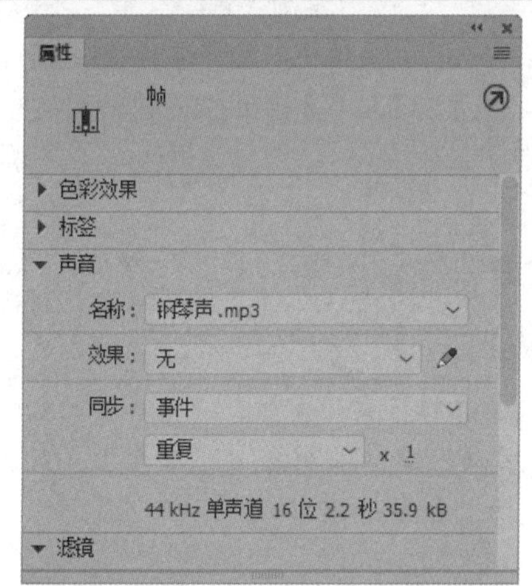

在帧【属性】面板中，【声音】选项组中主要参数选项的具体作用如下。

- 【名称】：用于选择导入的声音文件名称。
- 【效果】：用于设置声音的播放效果。
- 【同步】：用于设置声音的同步方式。
- 【重复】：单击该按钮，在下拉列表中可以选择【重复】和【循环】两个选项，选择【重复】选项，可以在右侧设置声音文件重复播放的次数；选择【循环】选项，声音文件将循环播放。

其中【效果】下拉列表中包括以下几个选项(在 WebGL 和 HTML5 Canvas 文档中不支持这些效果)。

- 【无】：不对声音文件应用效果。选中此选项将删除以前应用的效果。
- 【左声道/右声道】：只在左声道或右声道中播放声音。
- 【从左到右淡出/从右到左淡出】：会将声音从一个声道切换到另一个声道。
- 【淡入】：随着声音的播放逐渐增加音量。
- 【淡出】：随着声音的播放逐渐减小音量。
- 【自定义】：允许使用【编辑封套】创建自定义的声音淡入和淡出点。

【同步】下拉列表中包括以下几个选项。

- 【事件】：将声音和一个事件的发生过程同步起来。当事件声音的开始关键帧首次显示时，事件声音将播放，并且将完整播放声音，而不管播放头在时间轴上的位置如何，即使 SWF 文件停止播放也会继续播放声音。当播放发布的 SWF 文件时，事件声音会混合在一起。如果事件声音正在播放时声音被再次实例化(例如，用户再次单击按钮或播放头通过声音的开始关键帧)，那么声音的第一个实例继续播放，而同一声音的另一个实例同时开始播放。在使用较长的声音时请记住这一点，因为它们可能发生重叠，导致意外的音频效果。
- 【开始】：与【事件】选项的功能相近，但是如果声音已经在播放，则新声音实例就不会播放。
- 【停止】：使指定的声音静音。
- 【流】：同步声音，以便在网站上播放。Animate 会强制动画和音频流同步。如果 Animate 绘制动画帧的速度不够快，它就会跳过帧。与事件声音不同，音频流随着 SWF 文件的停止而停止。而且，音频流的播放时间绝对不会比帧的播放时间长。当发布

SWF 文件时，音频流混合在一起。在 WebGL 和 HTML5 Canvas 文档中不支持流设置。

【例 5-2】导入位图和声音文件，制作按钮声音。
视频+素材 (素材文件\第 05 章\例 5-2)

step 1 启动Animate CC 2019，新建一个文档。选择【文件】|【导入】|【导入到库】命令，在打开的【导入到库】对话框中选择“钢琴.jpg”图片文件和“钢琴声.mp3”音乐文件，然后单击【打开】按钮。

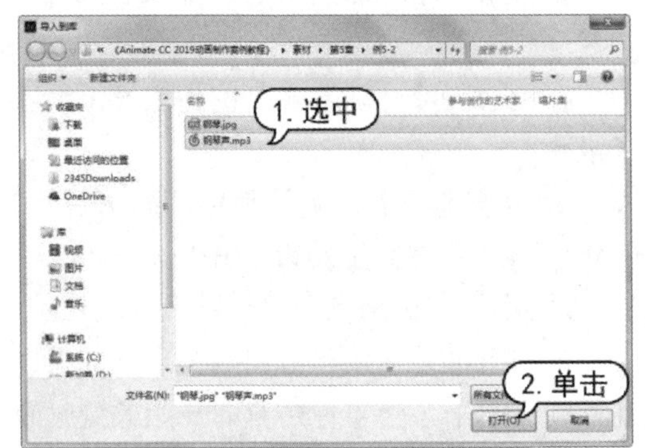

step 2 打开【库】面板，将“钢琴”图像从【库】面板中拖动至舞台。

step 3 使用【任意变形工具】调整图形的大小和位置。

step 4 选择【修改】|【转换为元件】命令，打开【转换为元件】对话框，将其命名为“钢琴按钮”，类型选择为【按钮】元件，单击【确定】按钮。

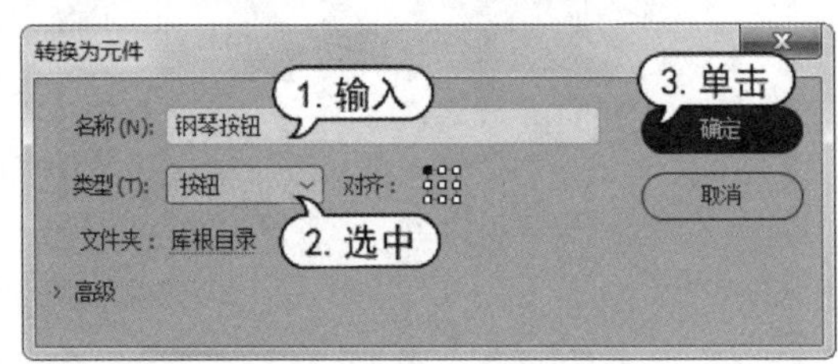

step 5 双击该元件进入元件编辑模式，分别在其【指针】和【按下】帧上按F6 键插入关键帧。

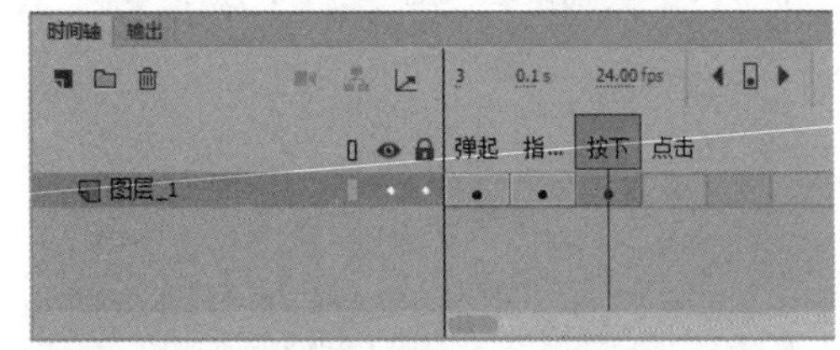

step 6 选择【按下】帧，将【库】面板中的“钢琴声”声音文件拖入到舞台上，此时，时间轴上会显示波形。

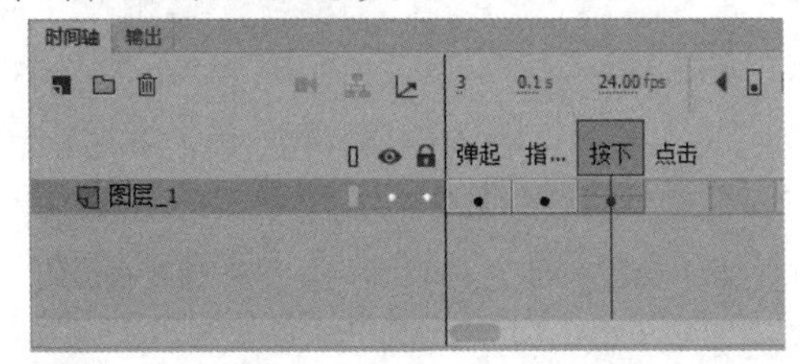

step 7 选择【指针经过】帧，选择【工具】面板上的【任意变形】工具，选择钢琴图形，将图形调大一些。

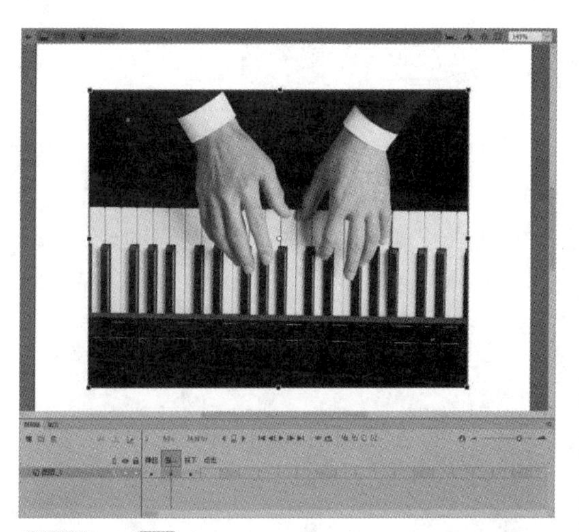

step 8 按 键返回场景，按下Ctrl+Enter组合键进行测试，按下钢琴图形时，会听到钢琴的声音。

5.2.2　编辑声音

在 Animate CC 2019 中，可以进行改变声音开始播放、停止播放的位置和控制播放的音量等编辑操作。

1. 编辑声音封套

选择一个包含声音文件的帧，打开【属性】面板，单击【编辑声音封套】按钮，打开【编辑封套】对话框，其中上面和下面两个显示框分别代表左声道和右声道。

在【编辑封套】对话框中，主要参数选项的具体作用如下。

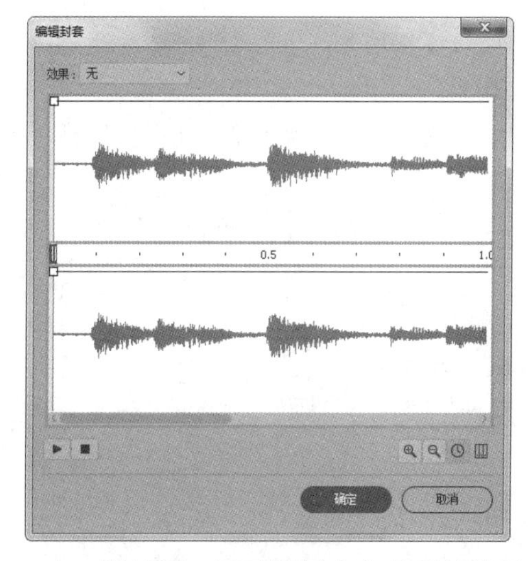

- 【效果】：用于设置声音的播放效果，在该下拉列表框中可以选择【无】【左声道】【右声道】【从左到右淡出】【从右到左淡出】【淡入】【淡出】和【自定义】8 个选项。选择任意效果，即可在下面的显示框中显示该声音效果的封套线。
- 封套手柄：在显示框中拖动封套手柄，可以改变声音不同点处的播放音量，在封套线上单击，即可创建新的封套手柄。最多可创建 8 个封套手柄。选中任意封套手柄，拖动至对话框外面，即可删除该封套手柄。
- 【放大】和【缩小】：用于改变窗口中声音波形的显示。单击【放大】按钮，以水平方向放大显示窗口的声音波形，一般用于细致查看声音波形；单击【缩小】按钮，以水平方向缩小显示窗口的声音波形，一般用于查看波形较长的声音文件。
- 【秒】和【帧】：用于设置声音是以秒为单位显示或是以帧为单位显示。单击【秒】按钮，以窗口中的水平轴为时间轴，刻度以秒为单位，是 Animate CC 默认的显示状态。单击【帧】按钮，以窗口中的水平轴为时间轴，刻度以帧为单位。

▶【播放】：单击【播放】按钮▶，可以测试编辑后的声音效果。

▶【停止】：单击【停止】按钮■，可以停止声音的播放。

2. 【声音属性】对话框

导入声音文件到【库】面板中，右击声音文件，在弹出的快捷菜单中选择【属性】命令，打开【声音属性】对话框。

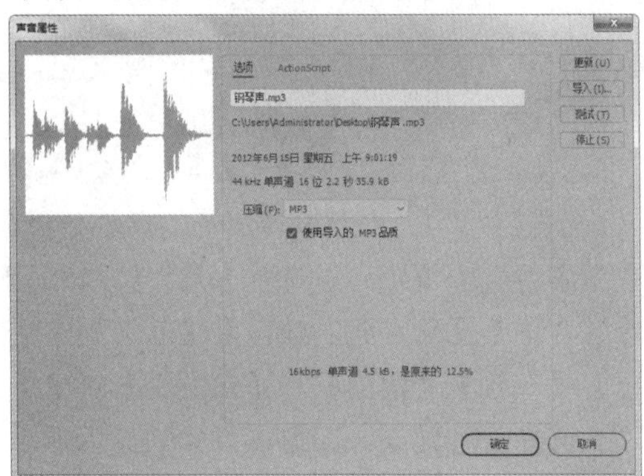

在【声音属性】对话框中，主要参数选项的具体作用如下。

▶【名称】：用于显示当前选择的声音文件名称。用户可以在文本框中重新输入名称。

▶【压缩】：用于设置声音文件在 Animate 中的压缩方式，在该下拉列表框中可以选择【默认】【ADPCM】【MP3】【Raw】和【语音】5 种压缩方式。

▶【更新】：单击该按钮，可以更新设置好的声音文件属性。

▶【导入】：单击该按钮，可以导入新的声音文件并且替换原有的声音文件。但在【名称】文本框显示的仍是原有声音文件的名称。

▶【测试】：单击该按钮，按照当前设置的声音属性测试声音文件。

▶【停止】：单击该按钮，可以停止正在播放的声音。

5.2.3 发布设置声音

发布设置 Animate 文档声音的几种操作方法如下。

▶ 打开【编辑封套】对话框，设置开始时间切入点和停止时间切出点(拖动▯手柄)，以避免静音区域保存在 Animate 文件中，减小声音文件的大小。

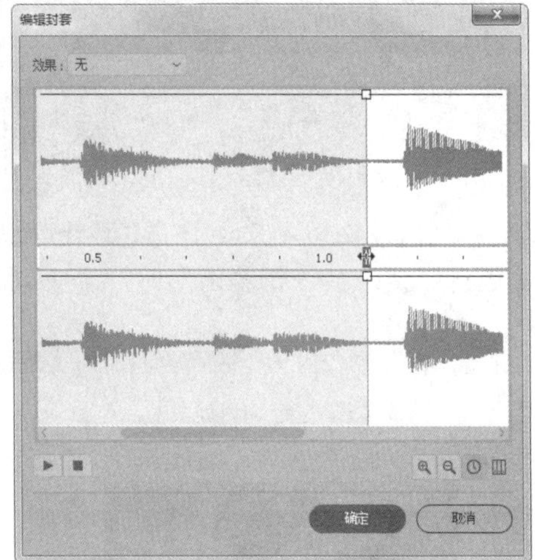

▶ 在不同关键帧上应用同一声音文件的不同声音效果，如循环播放、淡入、淡出等。这样只使用一个声音文件而得到更多的声音效果，同时达到减小文件大小的目的。

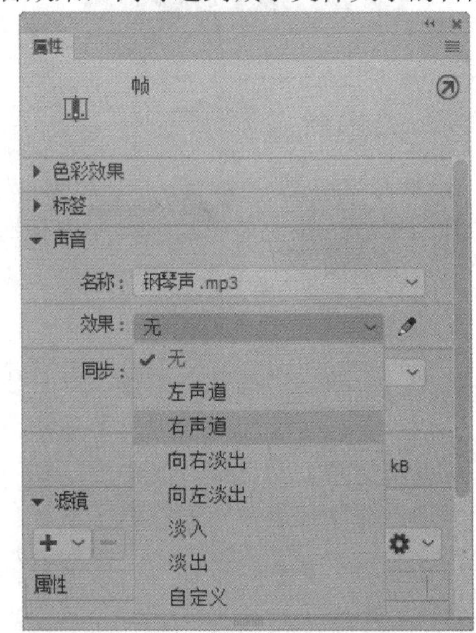

▶ 用短声音作为背景音乐循环播放。

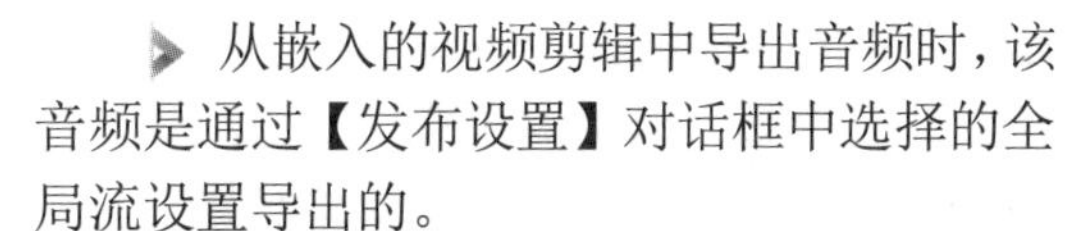

▶ 从嵌入的视频剪辑中导出音频时，该音频是通过【发布设置】对话框中选择的全局流设置导出的。

▶ 在编辑器中预览动画时，使用流同步可以使动画和音轨保持同步。如果计算机运算速度不够快，绘制动画帧的速度将会跟不上音轨，那么 Animate 就会跳过某些帧。

在制作动画的过程中，如果没有对声音属性进行设置，也可以在发布声音时设置。选择【文件】|【发布设置】命令，打开【发布设置】对话框。

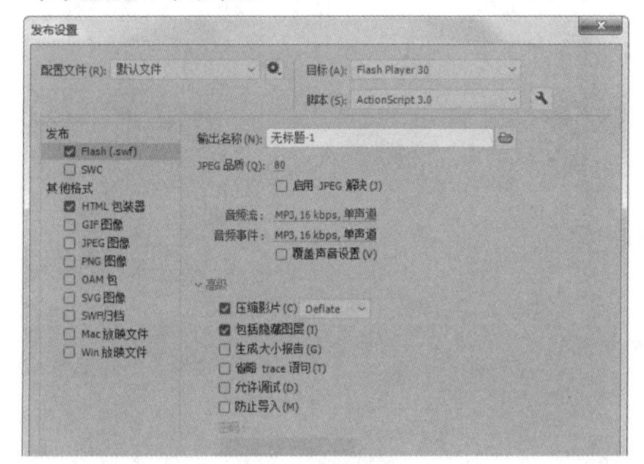

选中【Flash.swf】复选框，单击右边的【音频流】和【音频事件】链接，可以打开相应的【声音设置】对话框。该对话框中参数选项的设置方法与【声音属性】对话框中的设置相同。

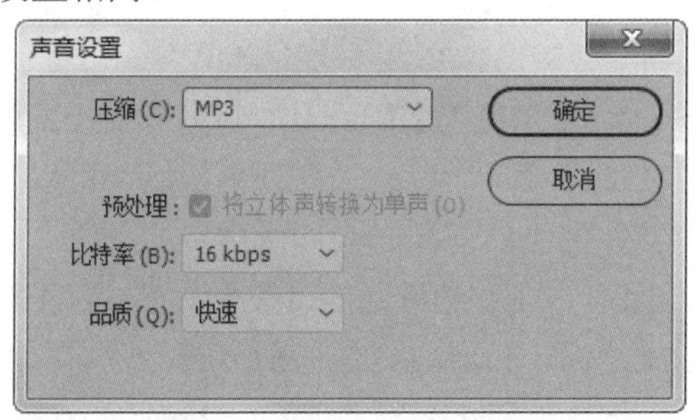

【例 5-3】打开一个文档，设置其中的声音属性。
视频+素材 (素材文件\第 05 章\例 5-3)

step 1 启动Animate CC 2019，打开一个素材文档。

step 2 选择【声音】图层的帧，打开其【属性】面板，单击【编辑声音封套】按钮。

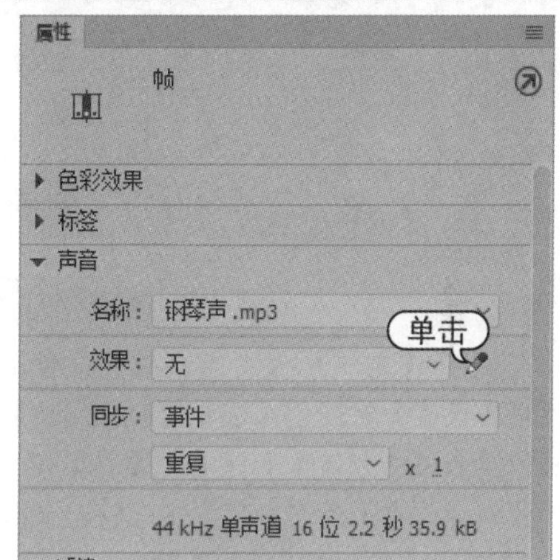

step 3 打开【编辑封套】对话框，在【效果】下拉列表中选择【从右到左淡出】选项，然后拖动滑块，设置【停止时间】为 1.5 秒，单击【确定】按钮。

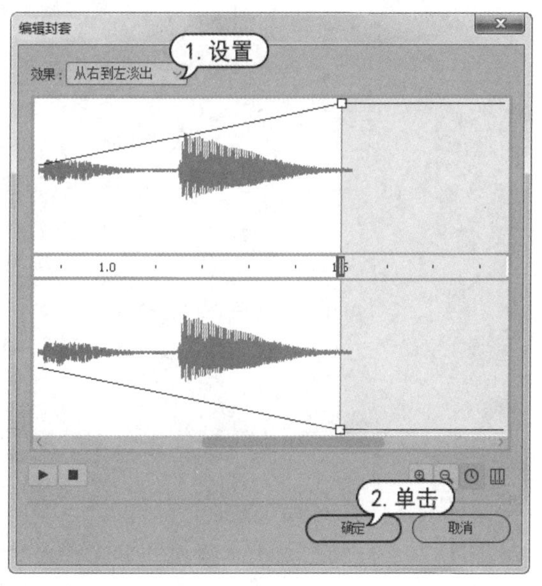

step 4 打开【库】面板，选择声音文件，右击弹出快捷菜单，选择【属性】命令，打开【声音属性】对话框，在【压缩】下拉列表中选择【MP3】选项，在【预处理】选项后面选中【将立体声转换为单声道】复选框，【比特率】选择【64kbps】，【品质】选择【快速】，然后单击【确定】按钮。

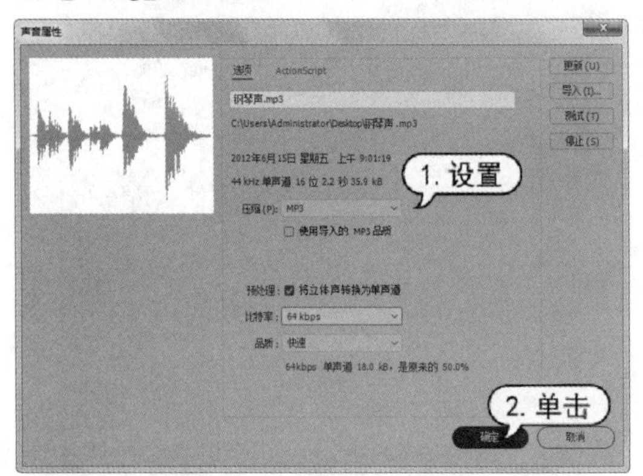

step 5 选择【文件】|【发布设置】命令，打开【发布设置】对话框，选中【Flash.swf】复选框，单击【音频流】和【音频事件】链接，打开【声音设置】对话框，将【比特率】设置为 64kbps，然后单击【确定】按钮。

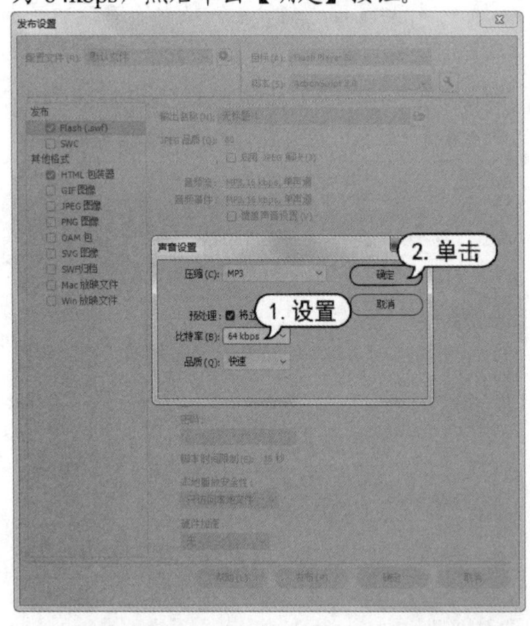

5.2.4 压缩声音

声音文件的压缩比例越高、采样频率越低，生成的 Animate 文件越小，但音质较差；反之，压缩比例较低，采样频率较高时，生成的 Animate 文件较大，音质较好。

打开【声音属性】对话框，在【压缩】下拉列表框中可以选择【默认】【ADPCM】【MP3】【Raw】和【语音】5 种压缩方式。

1. 【ADPCM】压缩

【ADPCM】压缩方式用于 8 位或 16 位声音数据压缩声音文件，一般用于导出短事件声音，例如单击按钮事件。打开【声音属性】对话框，在【压缩】下拉列表框中选择【ADPCM】选项，展开该选项组。

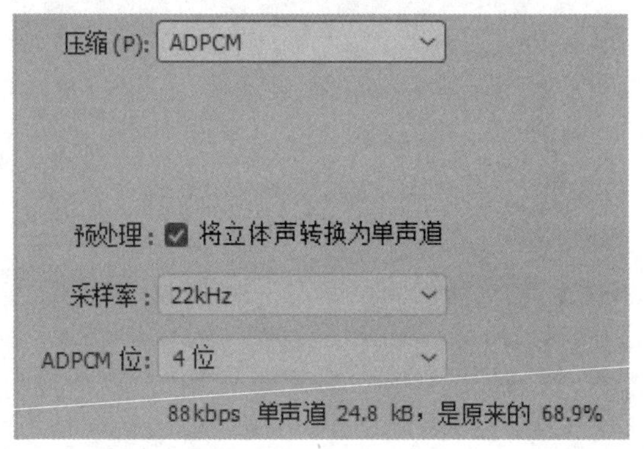

在该选项组中，主要参数选项的具体作用如下。

- 【预处理】：选中【将立体声转换为单声道】复选框，可转换混合立体声为单声道(非立体声)，并且不会影响单声道声音。
- 【采样率】：用于控制声音的保真度及文件大小，设置的采样频率较低，可以减小文件大小，但同时会降低声音的品质。对于语音，5kHz 是最低的可接受标准；对于音乐短片断，11kHz 是最低的声音品质；标准 CD 音频的采样率为 44kHz；Web 回放的采样率常用 22kHz。
- 【ADPCM 位】：用于设置在 ADPCM 编码中使用的位数，压缩比越高，声音文件越小，音效也越差。

2. 【MP3】压缩

使用【MP3】压缩方式，能够以 MP3

压缩格式导出声音。一般用于导出一段较长的音频流(如一段完整的乐曲)。打开【声音属性】对话框，在【压缩】下拉列表框中选择 MP3 选项，打开该选项组。

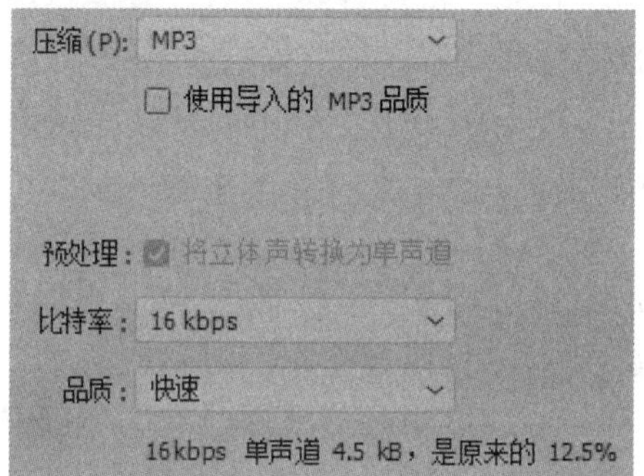

在该选项组中，主要参数选项的具体作用如下。

- 【预处理】：选中【将立体声转换为单声道】复选框，可转换混合立体声为单声道(非立体声)，【预处理】选项只有在选择的比特率高于 16kbps 或更高时才可用。
- 【比特率】：决定由 MP3 编码器生成声音的最大比特率，从而可以设置导出声音文件中每秒播放的位数。Animate CC 支持 8kbps 到 160kbps CBR(恒定比特率)，设置比特率为 16kbps 或更高数值，可以获得较好的声音效果。
- 【品质】：用于设置压缩速度和声音的品质。在下拉列表框中选择【快速】选项，压缩速度较快，声音品质较低；选择【中】选项，压缩速度较慢，声音品质较高；选择【最佳】选项，压缩速度最慢，声音品质最高。一般情况下，在本地磁盘或 CD 上运行，选择【中】或【最佳】选项。

3. 【Raw】压缩

使用【Raw】压缩方式，在导出声音时不进行任何压缩。打开【声音属性】对话框，在【压缩】下拉列表框中选择【Raw】选项，打开该选项对话框。在该对话框中，主要可以设置声音文件的【预处理】和【采样率】选项。

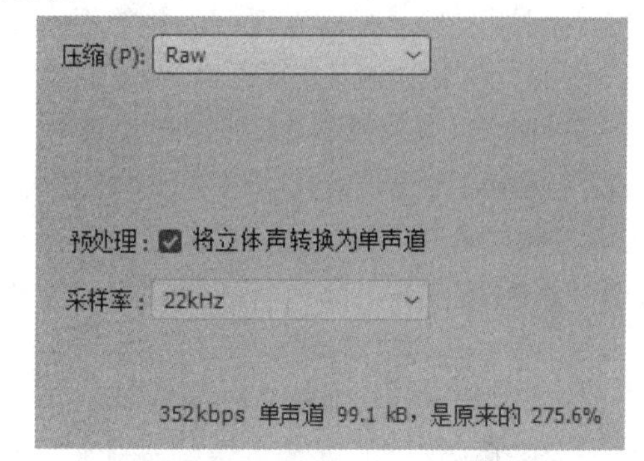

4. 【语音】压缩

使用【语音】压缩方式，能够以适合于语音的压缩方式导出声音。打开【声音属性】对话框，在【压缩】下拉列表框中选择【语音】选项，打开该选项对话框，可以设置声音文件的【预处理】和【采样率】选项。

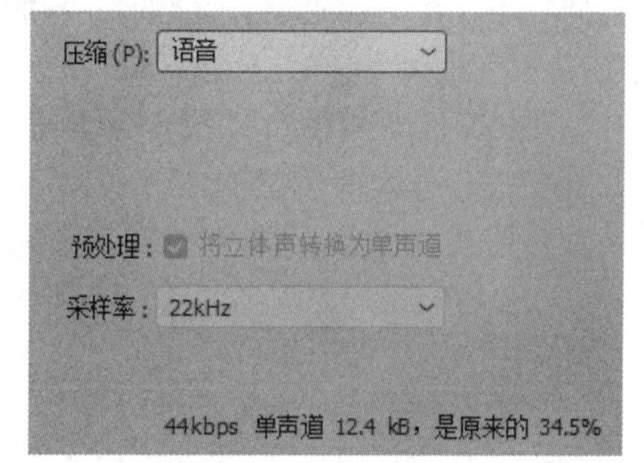

5.3 导入视频

Animate 可将数字视频素材编入基于 Web 的演示中。FLV 和 F4V (H.264) 视频格式具有技术和创意优势，允许用户将视频、图形、声音和交互式控件融合在一起。通过 FLV 和 F4V 视频，可以轻松地将视频放到网页上。

5.3.1 FLV 文件特点

若要将视频导入 Animate 中，必须使用以 FLV 或 H.264 格式编码的视频。视频导入向导(使用【文件】|【导入】|【导入视

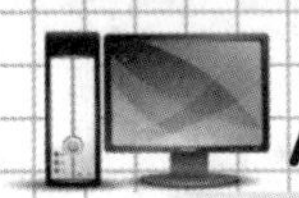

频】命令)会检查用户选择导入的视频文件；如果视频不是 Animate 可以播放的格式，便会提醒用户。如果视频不是 FLV 或 F4V 格式，则可以使用 Adobe Media Encoder 以适当的格式对视频进行编码。

FLV 格式全称为 Flash Video，它的出现有效地解决了视频文件导入 Animate 后文件过大的问题，它已经成为现今主流的视频格式之一。FLV 视频格式主要有以下几个特点。

- FLV 视频文件较小，需要占用的 CPU 资源较低。一般情况下，1 分钟清晰的 FLV 视频的大小在 1MB 左右，一部电影通常在 100MB 左右，仅为普通视频文件大小的 1/3。
- FLV 是一种流媒体格式文件，用户可以使用边下载边观看的方式进行欣赏，尤其对于网络连接速度较快的用户而言，在线观看几乎不需要等待时间。
- FLV 视频文件利用了网页上广泛使用的 Flash Player 平台，这意味着网站的访问者只要能看 Flash 动画，也就可以看 FLV 格式的视频，用户无须通过本地的播放器播放视频。
- FLV 视频文件可以很方便地导入 Animate 中进行再编辑，包括对其进行品质设置、裁剪视频大小、音频编码设置等操作，从而使其更符合用户的需要。

Flash Player 从 9.0.r115 版本开始引入了对 H.264 视频编解码器的支持。使用此编解码器的 F4V 视频格式提供的品质比特率之比远远高于以前的 Flash 视频编解码器，但所需的计算量要大于随 Flash Player 7 和 8 发布的 Sorenson Spark 和 On2 VP6 视频编解码器。

遵循下列准则可以提供品质尽可能好的 FLV 或 F4V 视频。

- 在最终输出之前，以项目的原有格式处理视频。如果将预压缩的数字视频格式转换为另一种格式(如 FLV 或 F4V)，则以前的编码器可能会引入视频杂波。第一个压缩程序已将其编码算法应用于视频，从而降低了视频的品质并减小了帧大小和帧速率。该压缩可能还会引入数字人为干扰或杂波。这种额外的杂波会影响最终的编码过程，因此，可能需要使用较高的数据速率来编码高品质的文件。
- 力求简洁：避免使用复杂的过渡，这是因为它们的压缩效果并不好，并且可能使最终压缩的视频在画面过渡时显得“矮胖”。硬切换(相对于溶解)通常具有最佳效果。尽管有一些视频序列的画面可能很吸引人(例如，一个物体从第一条轨道后面由小变大并呈现“页面剥落”效果，或一个物体围绕一个球转动并随后飞离屏幕)，但其压缩效果欠佳，因此应少用。
- 选择适当的帧频：帧频表明每秒钟播放的帧数(fps)。如果剪辑的数据速率较高，则较低的帧速率可以改善通过有限带宽进行播放的效果。但是，如果压缩高速运动的视频，降低帧频会对数据速率产生影响。由于视频在以原有的帧速率观看时效果会好得多，因此，如果传送通道和播放平台允许的话，应保留较高的帧速率。
- 选择适合于数据速率和帧长宽比的帧大小：对于给定的数据速率(连接速度)，增大帧大小会降低视频品质。为编码设置选择帧大小时，应考虑帧速率、源素材和个人喜好。若要防止出现邮筒显示效果，一定要选择与源素材的长宽比相同的帧大小。
- 了解渐进式下载时间：了解渐进式下载方式下载足够的视频所需的时间，以便它能够播放完视频而不用暂停来完成下载。在下载视频剪辑的第一部分内容时，用户可能希望显示其他内容来掩饰下载过程。对于较短的剪辑，请使用下面的公式：暂停 =下载时间 - 播放时间 + 10%播放时间。例如，剪辑的播放时间为 30 秒，下载时间为 1

分钟，则应为该剪辑提供 33 秒的缓冲时间(60 秒 - 30 秒 + 3 秒 = 33 秒)。

- 删除杂波和交错：为了获得最佳编码，可能需要删除杂波和交错。原始视频的品质越高，最终的效果就越好。Adobe Animate 适用于计算机屏幕和其他设备上的渐进式显示，而不适用于交错显示(如电视)。在渐进式显示器上查看交错素材会显示出高速运动区域中的交替垂直线。这样，Adobe Media Encoder 会删除所处理的所有视频镜头中的交错。

5.3.2　导入视频文件

用户可以通过不同方法在 Animate 中使用视频。

- 从 Web 服务器渐进式下载：此方法可以让视频文件独立于 Animate 文件和生成的 SWF 文件。
- 使用 Flash Media Server 流式加载视频：此方法也可以让视频文件独立于 Animate 文件。除了流畅的播放体验之外，Adobe Media Streaming Server 还会为用户的视频内容提供安全保护。
- 在 Animate 文件中嵌入视频数据：此方法生成的 Animate 文件非常大，因此建议只用于小视频剪辑。

1. 导入供进行渐进式下载的视频

用户可以导入在计算机上本地存储的视频文件，然后将该视频文件导入 FLA 文件后，将其上传到服务器。在 Animate 中，当导入渐进式下载的视频时，实际上仅添加对视频文件的引用。Animate 使用该引用在本地计算机或 Web 服务器上查找视频文件，也可导入已经上传到标准 Web 服务器、Flash Media Server 或 Flash Video Streaming Service (FVSS)的视频文件。

【例 5-4】导入供进行渐进式下载的视频。
视频+素材 (素材文件\第 05 章\例 5-4)

step 1　启动Animate CC 2019，新建一个文档。

step 2　选择【文件】|【导入】|【导入视频】命令，打开【导入视频】对话框。如果要导入本地计算机上的视频，请选中【使用播放组件加载外部视频】单选按钮，单击【浏览】按钮选择本地视频文件。要导入已部署到 Web 服务器、Flash Media Server 或 Flash Video Streaming Service的视频，选中【已经部署到Web服务器、Flash Video Streaming Service 或来自Flash Media Server】单选按钮，然后输入视频剪辑的URL，单击【下一步】按钮。

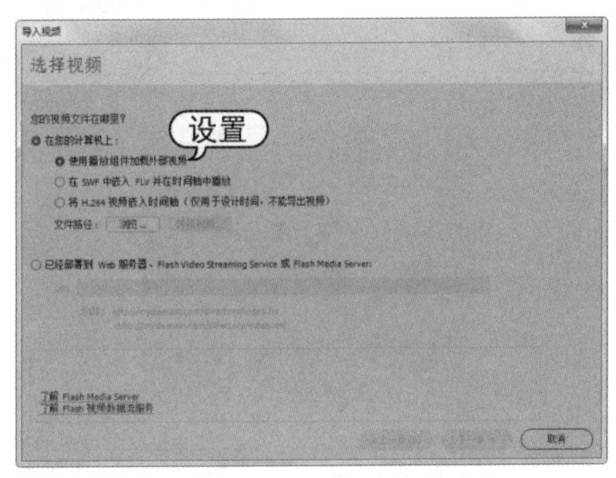

step 3　打开【导入视频-设定外观】对话框，可以在【外观】下拉列表中选择播放条样式，单击【颜色】按钮，可以选择播放条样式颜色，然后单击【下一步】按钮。

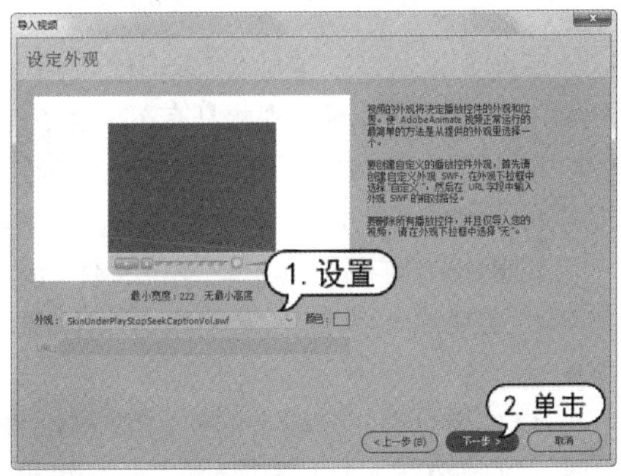

step 4　打开【导入视频-完成视频导入】对话框，在该对话框中显示了导入视频的一些

信息，单击【完成】按钮，即可将视频文件导入舞台中。

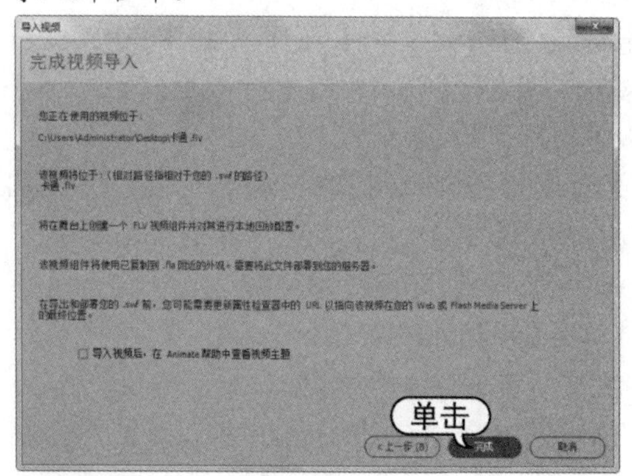

step 5 视频导入向导在舞台上创建FLV Playback视频组件，可以使用该组件在本地测试视频的播放。

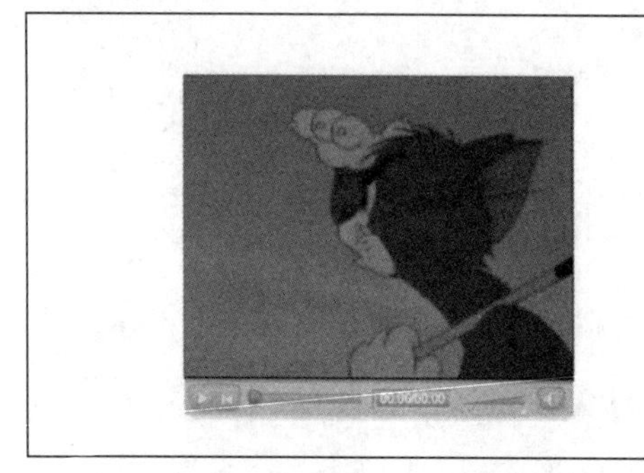

2. 流式加载视频

Flash Media Server 将媒体流实时传送到 Flash Player 和 AIR。Flash Media Server 基于用户的可用带宽，使用带宽检测传送视频或音频内容。

与嵌入和渐进式下载视频相比，使用 Flash Media Server 流式视频具有下列优点。

- 与其他集成视频的方法相比，播放视频的开始时间更早。
- 由于客户端无须下载整个文件，因此流传送使用较少的客户端内存和磁盘空间。
- 由于只有用户查看的视频部分才会传送给客户端，因此网络资源的使用变得更加有效。
- 由于在传送媒体流时媒体不会保存到客户端的缓存中，因此媒体传送更加安全。
- 流视频具备更好的跟踪、报告和记录能力。
- 流传送可以传送实时视频和音频，或者通过 Web 摄像头或数码摄像机捕获视频。
- Flash Media Server 为视频聊天、视频信息和视频会议应用程序提供多向和多用户的流传送。
- 通过使用服务器端脚本控制视频和音频流，用户可以根据客户端的连接速度创建服务器端播放曲目、同步流和更智能的传送选项。

3. 在 Animate 文件中嵌入视频

当用户嵌入视频文件时，所有视频文件数据都将添加到 Animate 文件中。这导致 Animate 文件及随后生成的 SWF 文件比较大。视频被放置在时间轴中，可以查看在时间轴帧中显示的单独的视频帧。由于每个视频帧都由时间轴中的一个帧表示，因此视频剪辑和 SWF 文件的帧速率必须设置为相同的速率。如果对 SWF 文件和嵌入的视频剪辑使用不同的帧速率，视频播放将不一致。

对于播放时间少于 10 秒的较小视频剪辑，嵌入视频的效果最好。如果正在使用播放时间较长的视频剪辑，可以考虑使用渐进式下载的视频，或者使用 Flash Media Server 传送视频流。

若要将 FLV、SWF 或 H4V 视频文件导入库中。选择【文件】|【导入】|【导入到库】命令将其导入到库，在【库】面板中右击现有的视频剪辑，然后从弹出的快捷菜单中选择【属性】命令，打开【视频属性】对话框，单击【导入】按钮。

打开【导入视频】对话框，选择要导入的视频文件，单击【打开】按钮即可。

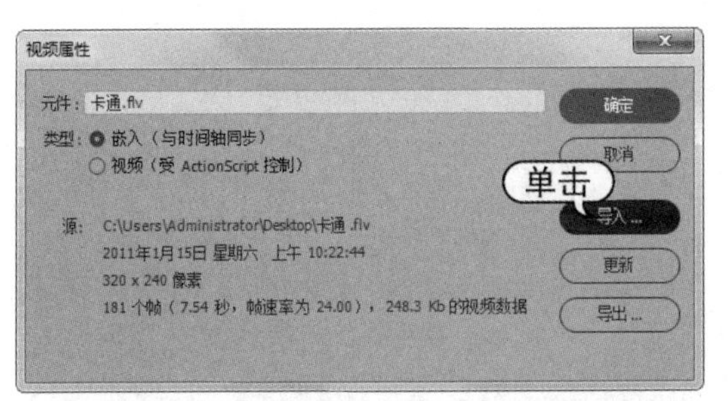

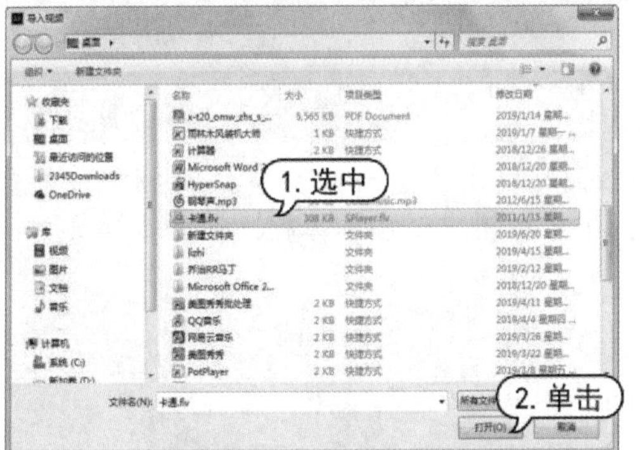

在文档中选择嵌入的视频剪辑后，可以设置其属性。选中导入的视频文件，打开其【属性】面板，在【实例名称】文本框中可以为该视频剪辑指定一个实例名称。在【位置和大小】选项组里的【宽】【高】【X】和【Y】后可以设置影片剪辑在舞台中的位置及大小。

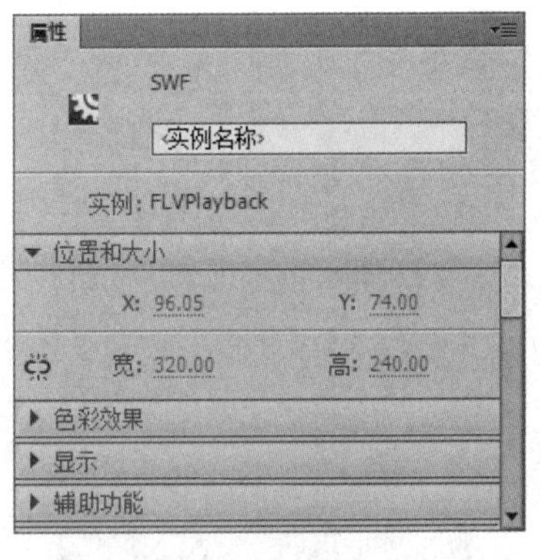

在【组件参数】选项组中，可以设置视频组件播放器的相关参数。

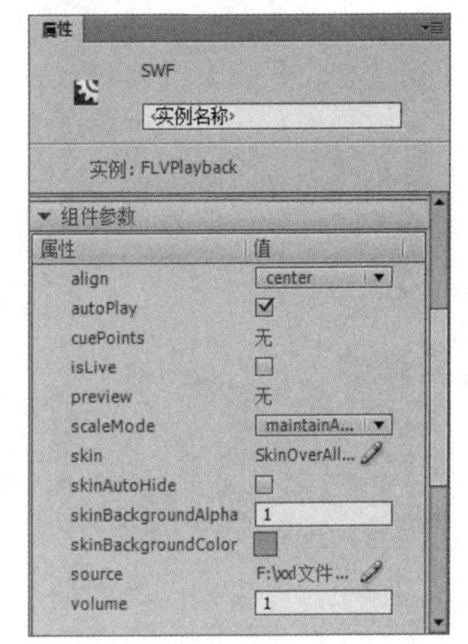

5.4　案例演练

本章的案例演练是制作视频播放器等几个实例操作，用户通过练习从而巩固本章所学知识。

5.4.1　制作视频播放器

【例 5-5】制作一个视频播放器。
视频+素材 (素材文件\第 05 章\例 5-5)

step 1 启动Animate CC 2019，新建一个文档。

step 2 选择【文件】|【导入】|【导入到舞台】命令，打开【导入】对话框，选择所需导入的图像，单击【打开】按钮，导入舞台中。

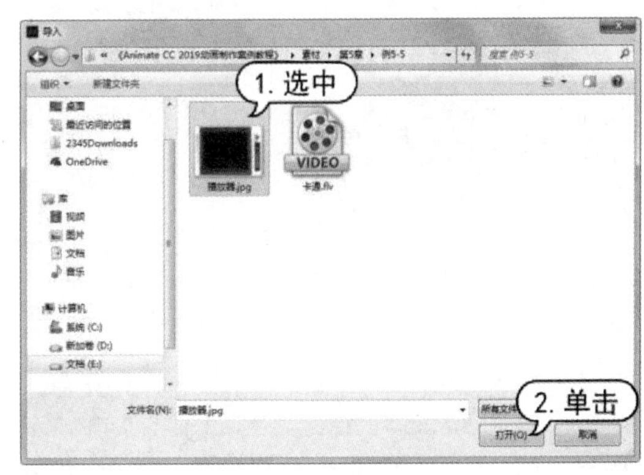

step 3 使用【任意变形工具】调整图片大小，然后使舞台和图片匹配内容。

step 4 选择【文件】|【导入】|【导入视频】命令，打开【导入视频】对话框，选中【在SWF中嵌入FLV并在时间轴中播放】单选按钮，然后单击【浏览】按钮。

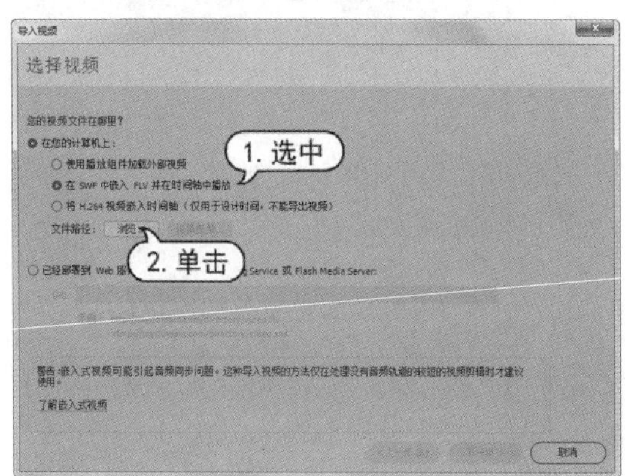

step 5 打开【打开】对话框，选择视频文件，然后单击【打开】按钮。

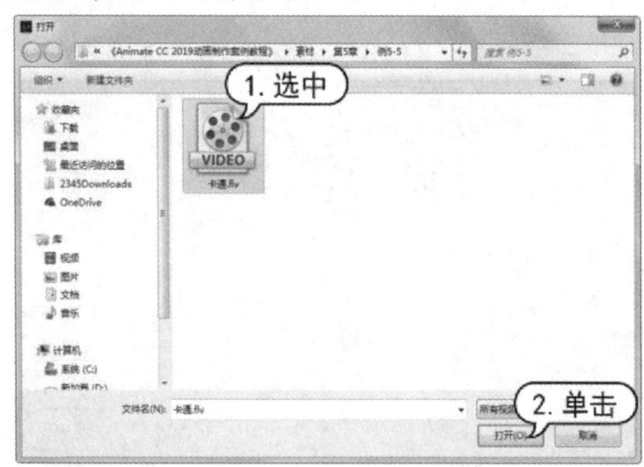

step 6 返回【导入视频】对话框，单击【下一步】按钮，打开【导入视频-嵌入】对话框。保持默认选项，然后单击【下一步】按钮。

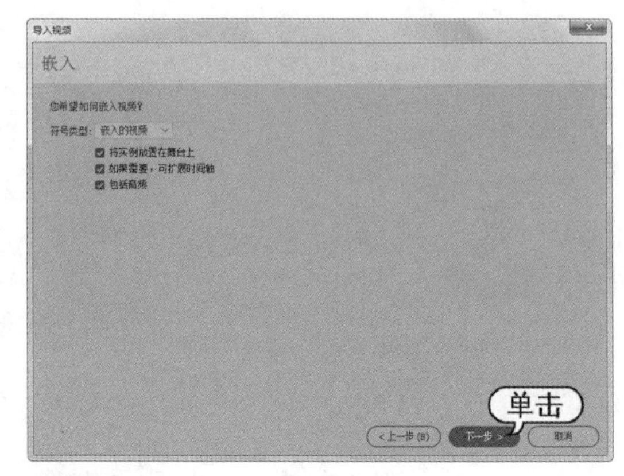

step 7 打开【导入视频-完成视频导入】对话框，单击【完成】按钮，即可将视频文件导入舞台中。

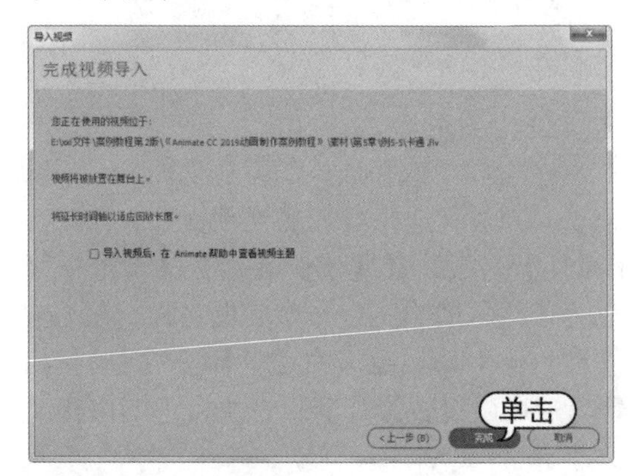

step 8 此时将舞台中的视频嵌入播放器中，使用【任意变形工具】调整视频的大小。

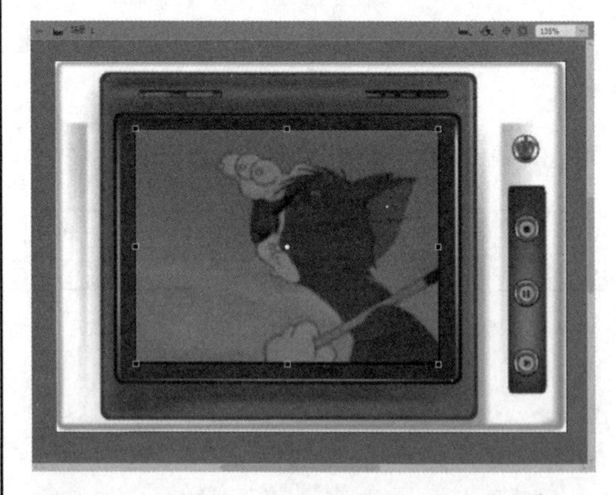

step 9 按下Ctrl+Enter组合键，即可播放视频。

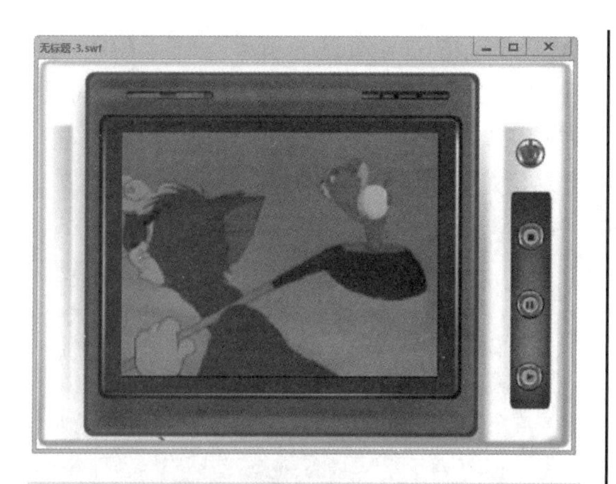

5.4.2　制作花纹盘子

【例 5-6】导入位图和 AI 图像，绘制一个带花纹的盘子。

视频+素材 (素材文件\第 05 章\例 5-6)

step 1　启动Animate CC 2019，新建一个文档。

step 2　选择【修改】|【文档】命令，打开【文档设置】对话框，设置舞台颜色为天蓝色，单击【确定】按钮。

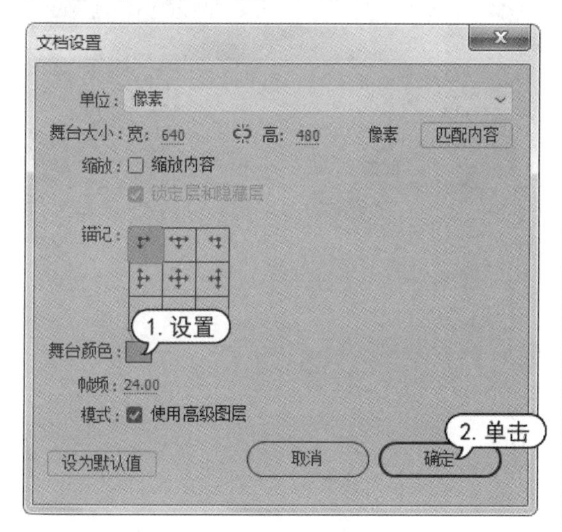

step 3　选择【文件】|【导入】|【导入到舞台】命令，打开【导入】对话框，选择“盘子”图片文件，单击【打开】按钮导入舞台。

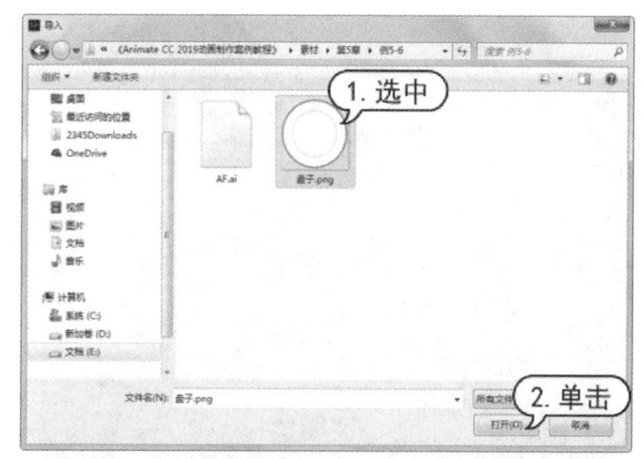

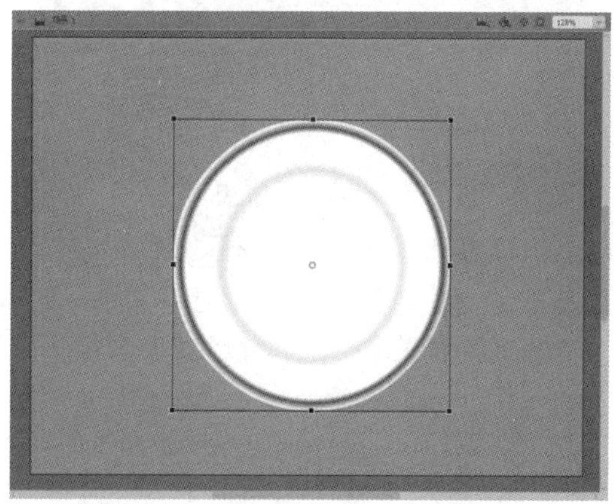

step 4　选择【文件】|【导入】|【导入到库】命令，打开【导入到库】对话框，选择“AF.ai”文件，单击【打开】按钮。

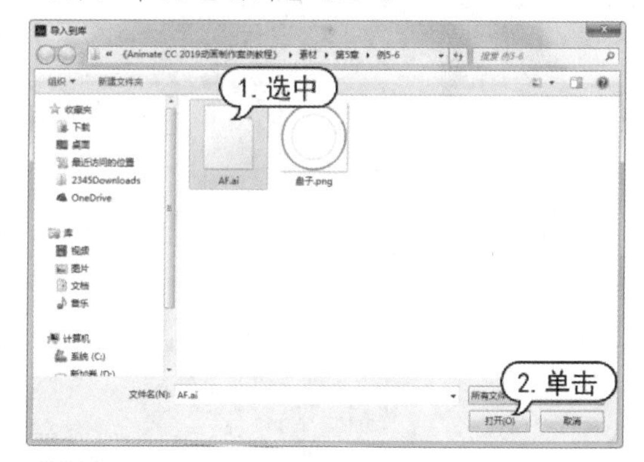

step 5　打开【将“AF.ai”导入到库】对话框，选择需要的图案前的复选框，在【将图层转换为】下拉列表中选择【单一Animate图层】选项，然后单击【导入】按钮。

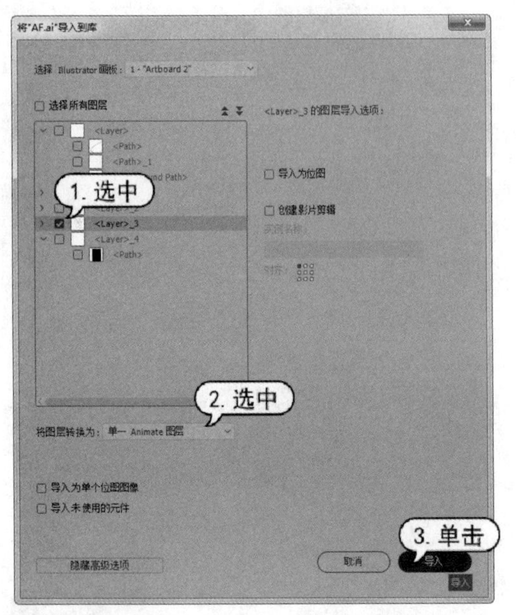

step 6 在【库】面板中右击“AF.ai”文件，在弹出的快捷菜单中选择【编辑】命令。

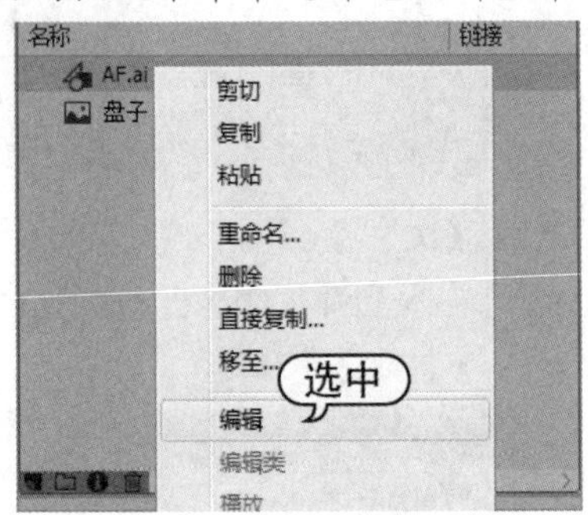

step 7 打开该元件编辑窗口，使用【任意变形工具】选中该元件，进行大小和方向的调整。

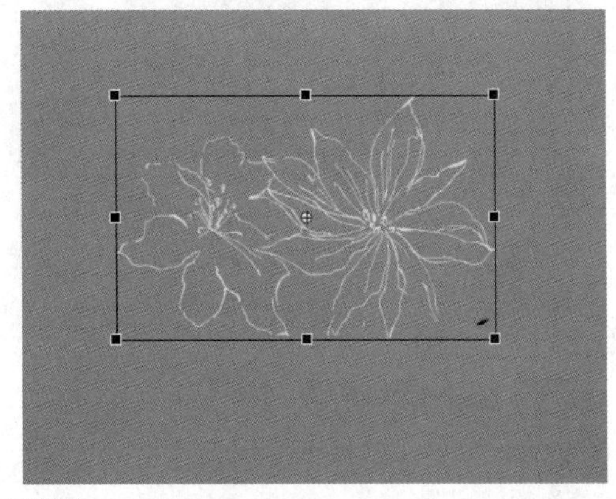

step 8 返回场景，将【库】面板中的“AF.ai”文件拖入舞台，调整花纹在盘子上的大小和位置。

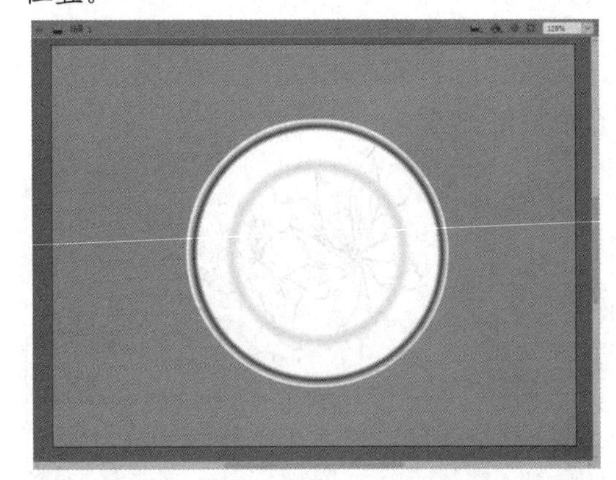

第 6 章

使用元件、实例和库

在制作动画的过程中，经常需要重复使用一些特定的动画元素，用户可以将这些元素转换为元件，在制作动画时多次调用。实例是元件在舞台中的具体表现，【库】面板是放置和组织元件的地方，本章将主要介绍在 Animate CC 2019 中使用元件和实例的操作方法，以及【库】面板的相关应用。

本章对应视频

例 6-1　将动画转换为元件
例 6-2　制作按钮元件
例 6-3　管理库项目
例 6-4　制作文字按钮动画
例 6-5　制作影片剪辑动画

6.1 使用元件

元件是存放在库中可被重复使用的图形、按钮或者动画。在 Animate CC 2019 中，元件是构成动画的基础，凡是使用 Animate CC 创建的所有文件，都可以通过某个或多个元件来实现。

6.1.1 元件的类型

元件是指在 Animate CC 创作环境中或使用 SimpleButton (AS 3.0) 和 MovieClip 类一次性创建的图形、按钮或影片剪辑。用户可在整个文档或其他文档中重复使用该元件。

在 Animate CC 2019 中，每个元件都具有唯一的时间轴、舞台及图层。可以在创建元件时选择元件的类型，元件类型将决定元件的使用方法。

打开 Animate CC 2019，选择【插入】|【新建元件】命令，打开【创建新元件】对话框。

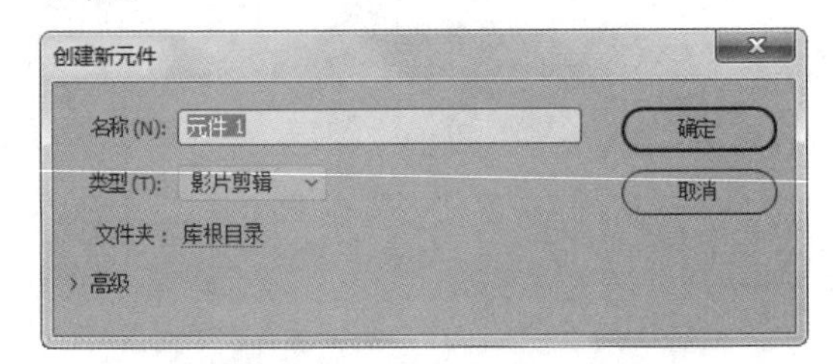

单击【高级】按钮，可以展开对话框，显示更多高级设置。

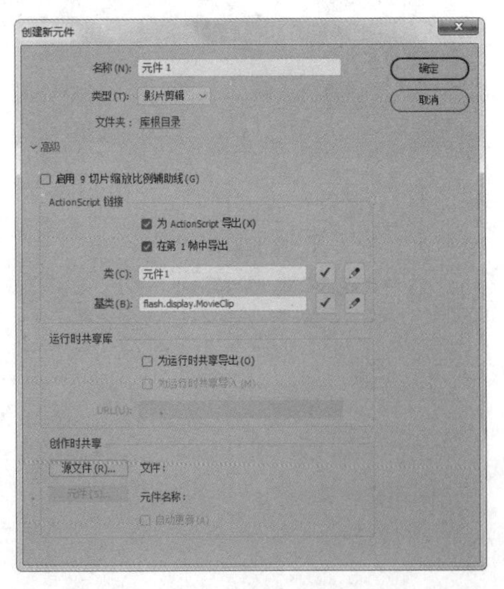

在【创建新元件】对话框中的【类型】下拉列表中可以选择创建的元件类型，可以选择【影片剪辑】【按钮】和【图形】3 种类型的元件。

这 3 种类型元件的具体作用如下。

- 【影片剪辑】元件：【影片剪辑】元件是 Animate 影片中一个相当重要的角色，它可以是一段动画，而大部分的 Animate 影片其实都是由许多独立的影片剪辑元件实例组成的。影片剪辑元件拥有绝对独立的多帧时间轴，可以不受场景和主时间轴的影响。【影片剪辑】元件的图标为。
- 【按钮】元件：使用【按钮】元件可以在影片中创建响应鼠标单击、滑过或其他动作的交互式按钮，它包括【弹起】【指针经过】【按下】和【点击】4 种状态，每种状态上都可以创建不同内容，并定义与各种按钮状态相关联的图形，然后指定按钮实例的动作。【按钮】元件另一个特点是每个显示状态均可以通过声音或图形来显示，从而构成一个简单的交互性动画。【按钮】元件的图标为。
- 【图形】元件：对于静态图像可以使用【图形】元件，并可以创建几个链接到主影片时间轴上的可重用动画片段。【图形】元件与影片的时间轴同步运行，交互式控件和声音不会在【图形】元件的动画序列中起作用。【图形】元件的图标为。

此外，在 Animate CC 中还有一种特殊的元件——【字体】元件。【字体】元件可以保证在计算机没有安装所需字体的情况下，也可以正确显示文本内容，因为 Animate 会将所有字体信息通过【字体】元件存储在 SWF 文件中。【字体】元件的图标为A。只有在使用动态文本或输入文本时才需要通过【字体】元件嵌入字体；如果使用静态文本，则不必通过【字体】元件嵌入字体。

6.1.2　创建元件

创建元件的方法有两种，一种是直接新建一个空元件，然后在元件编辑模式下创建元件内容；另一种是将舞台中的某个元素转换为元件，这一方法在前面章节的例题中已经有所介绍，下面将具体介绍创建几种类型元件的方法。

1. 创建【图形】元件

要创建【图形】元件，选择【插入】|【新建元件】命令，打开【创建新元件】对话框，在【类型】下拉列表中选择【图形】选项，单击【确定】按钮。

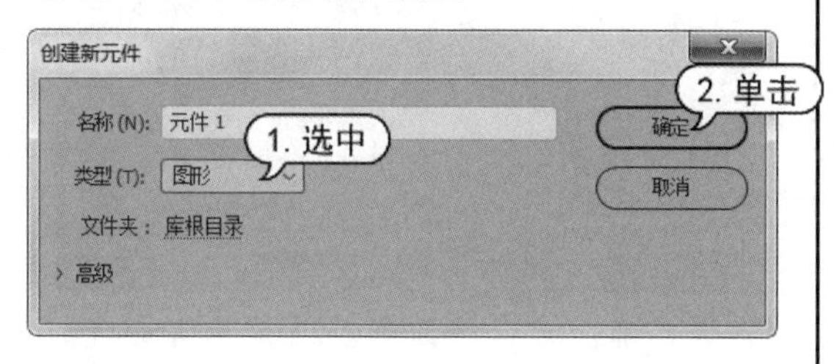

打开元件编辑模式，在该模式下进行元件制作，可以将位图或者矢量图导入舞台中转换为【图形】元件。也可以使用【工具】面板中的各种绘图工具绘制图形再将其转换为【图形】元件。

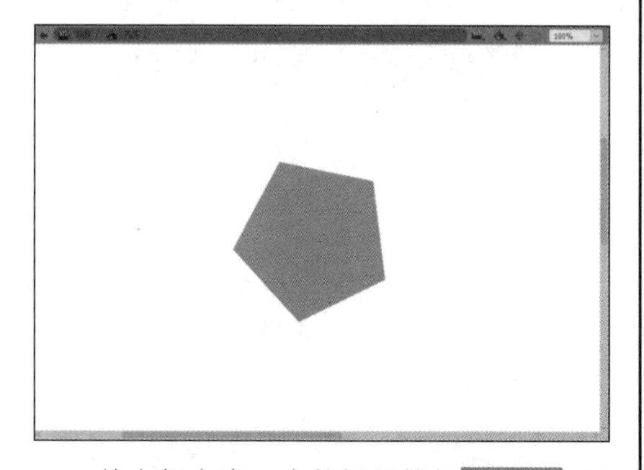

单击舞台窗口中的场景按钮 场景 1，可以返回场景，也可以单击后退按钮，返回到上一层模式。在【图形】元件中，还可以继续创建其他类型的元件。

创建的【图形】元件会自动保存在【库】面板中，选择【窗口】|【库】命令，打开【库】面板，在该面板中显示了已经创建的【图形】元件。

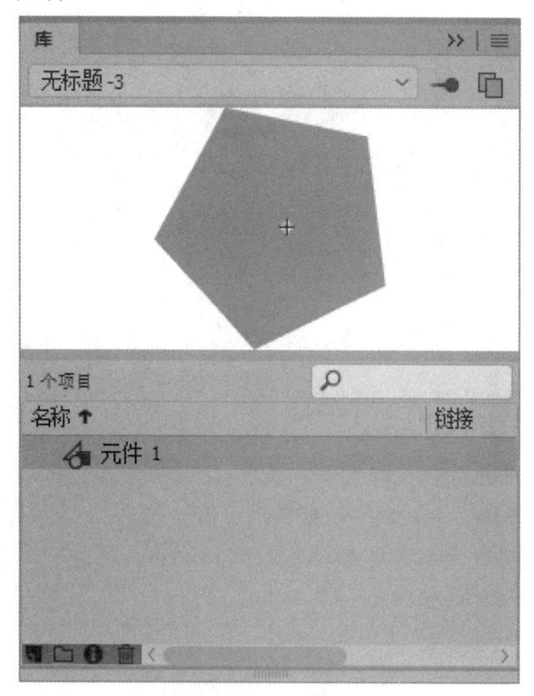

2. 创建【影片剪辑】元件

【影片剪辑】元件除了图形对象以外，还可以是一个动画。它拥有独立的时间轴，并且可以在该元件中创建按钮、图形甚至其他影片剪辑元件。

在制作一些较大型的 Animate 动画时，不仅是舞台中的元素，很多动画效果也需要重复使用。由于【影片剪辑】元件拥有独立的时间轴，可以不依赖主时间轴而播放运行，因此可以将主时间轴中的内容转换到【影片剪辑】元件中，方便反复调用。

在 Animate CC 2019 中是不能直接将动画转换为【影片剪辑】元件的，可以使用复制图层的方法，将动画转换为【影片剪辑】元件，下面用具体实例说明。

【例 6-1】新建一个文档，将动画转换为【影片剪辑】元件。

视频+素材　(素材文件\第 06 章\例 6-1)

step 1 启动Animate CC 2019，新建一个文档。打开一个已经完成动画制作的素材文档，选中顶层图层的第 1 帧，按下Shift键，选中底层图层的最后一帧，即可选中时间轴上所有要转换的帧。

step 2 右击选中帧中的任何一帧，从弹出的快捷菜单中选择【复制帧】命令，将所有图层里的帧都进行复制。

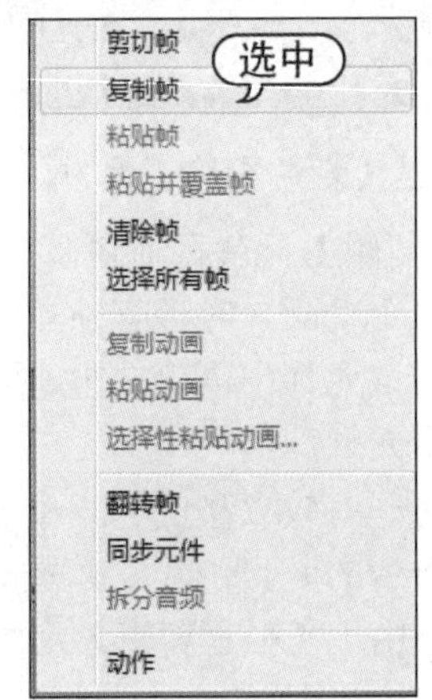

step 3 返回新建文档，选择【插入】|【新建元件】命令，打开【创建新元件】对话框。创建名称为“动画”，类型为【影片剪辑】的元件，然后单击【确定】按钮。

step 4 进入元件编辑模式后，右击元件编辑模式中的第 1 帧，在弹出的快捷菜单中选择【粘贴帧】命令，此时将把从主时间轴复制的帧粘贴到该影片剪辑的时间轴中。

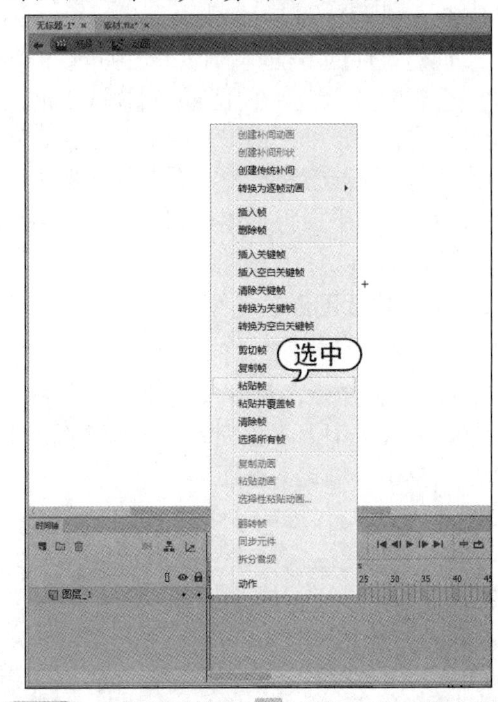

step 5 单击后退按钮，返回【场景 1】，在【库】面板中会显示该【动画】元件。

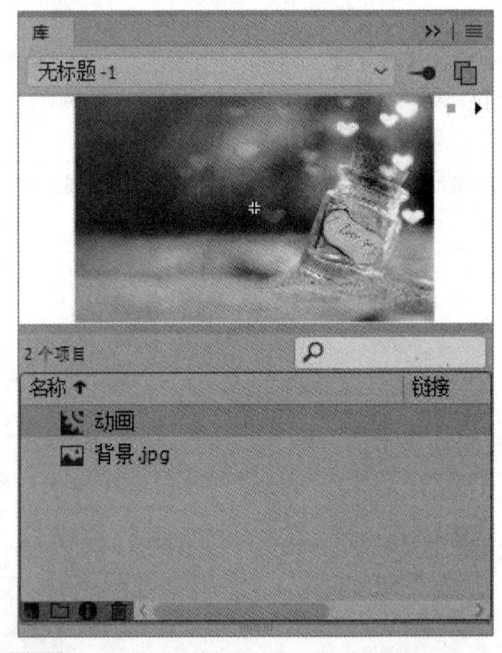

step 6 将该元件拖入【场景 1】的舞台中，

然后按Ctrl+Enter组合键，测试动画效果。

3. 创建【按钮】元件

【按钮】元件是一个 4 帧的交互影片剪辑，选择【插入】|【新建元件】命令，打开【创建新元件】对话框，在【类型】下拉列表中选择【按钮】选项，单击【确定】按钮，打开元件编辑模式。

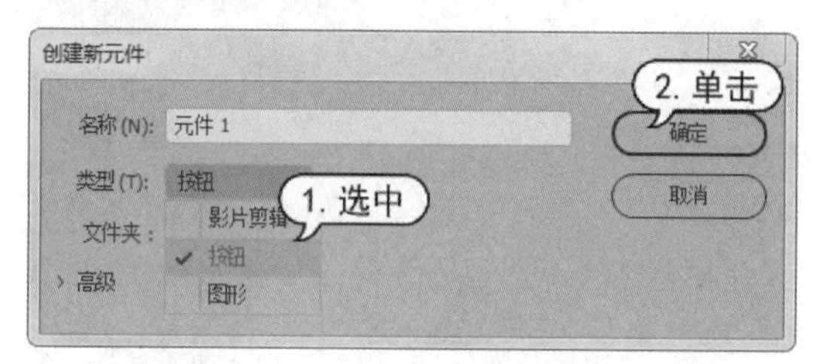

在【按钮】元件编辑模式中的【时间轴】面板中显示了【弹起】【指针经过】【按下】和【点击】4 个帧。

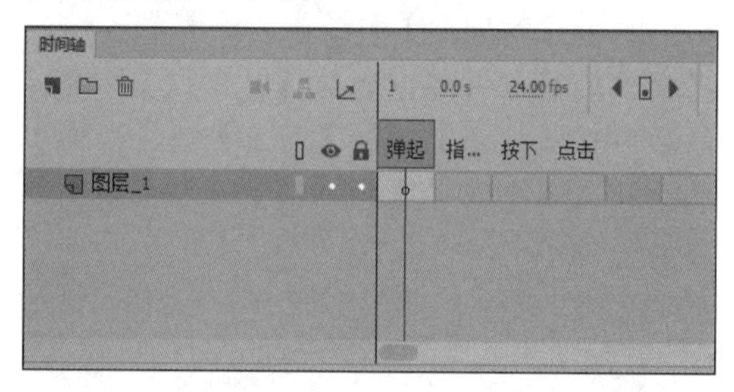

每一帧都对应一种按钮状态，其具体功能如下。

- 【弹起】帧：代表指针没有经过按钮时该按钮的外观。
- 【指针经过】帧：代表指针经过按钮时该按钮的外观。
- 【按下】帧：代表单击按钮时该按钮的外观。
- 【点击】帧：定义响应鼠标单击的区域。该区域中的对象在最终的 SWF 文件中不显示。

要制作一个完整的按钮元件，可以分别定义这 4 种按钮状态，也可以只定义【弹起】帧的按钮状态，但只能创建静态的按钮。

【例 6-2】创建【按钮】元件。
视频+素材 (素材文件\第 06 章\例 6-2)

step 1 启动Animate CC 2019，新建一个文档，选择【插入】|【新建元件】命令，打开【创建新元件】对话框，在【类型】下拉列表中选择【按钮】选项，单击【确定】按钮，创建一个名为【按钮】的按钮元件。

step 2 选择【文件】|【导入】|【导入到舞台】命令，将一张按钮图片导入舞台中。

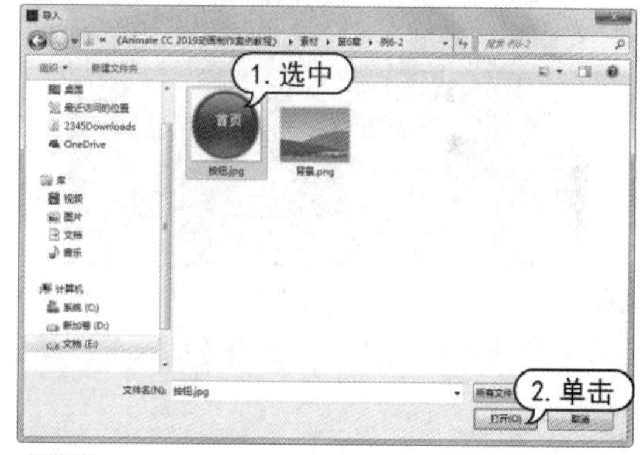

step 3 首先分离按钮图形，将舞台设置为黑色，然后在【工具】面板中选择【椭圆工具】，在其【属性】面板中设置笔触颜色为红色，填充颜色为无，笔触高度为 2，然后在按钮图形上绘制一个正圆。

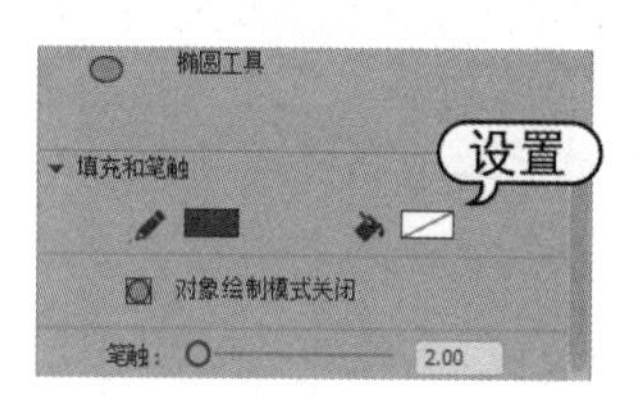

step 4 使用【选择工具】选中白色部分，按Delete键删除，然后选中其他图形，按Ctrl+G组合键进行组合。

step 5 右击【时间轴】面板中的【指针经过】帧，在弹出的快捷菜单中选择【插入关键帧】命令插入关键帧。

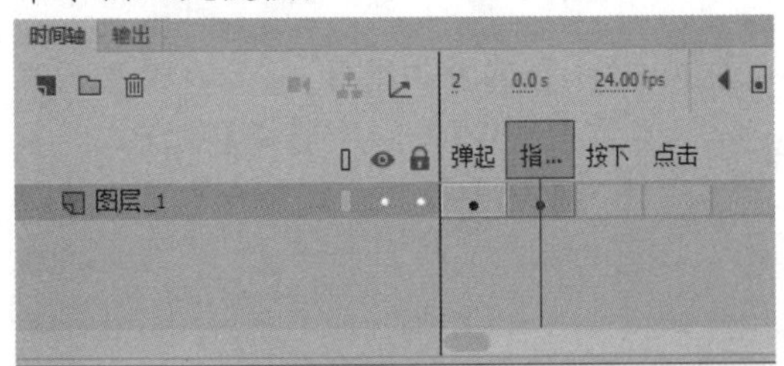

step 6 选择【文本工具】，在其【属性】面板上设置文本类型为静态文本，然后在图像的上面添加一个静态文本框，并输入“首页按钮”文字，然后将其和按钮组合。

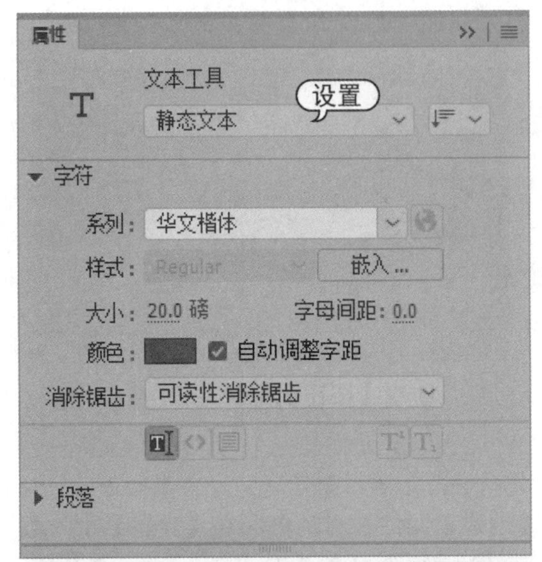

step 7 在【时间轴】面板中右击【弹起】帧，在弹出的快捷菜单中选择【复制帧】命令，然后右击【按下】帧和【点击】帧，在弹出的快捷菜单中选择【粘贴帧】命令，复制相同的关键帧。

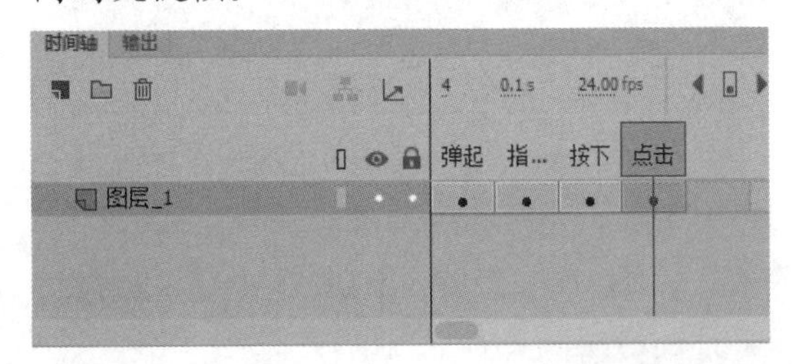

step 8 选中【按下】帧，使用【选择工具】和【任意变形工具】调整按钮图形的大小，使其比原来的按钮稍小一些。

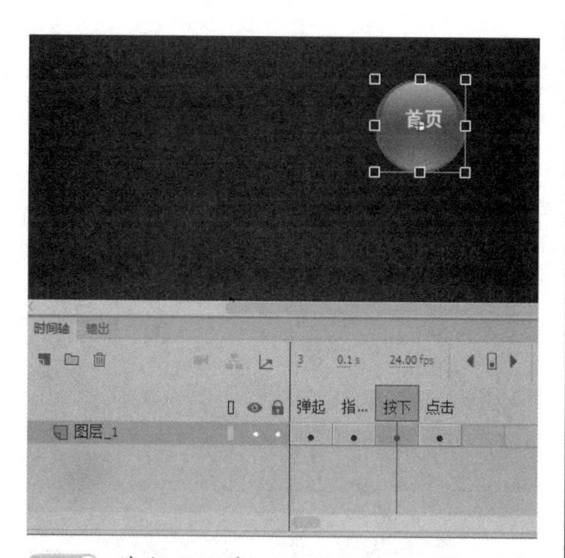

step 9 单击【场景 1】按钮返回场景，选择【文件】|【导入】|【导入到舞台】命令，将一张背景图片导入舞台中，然后将舞台匹配内容。

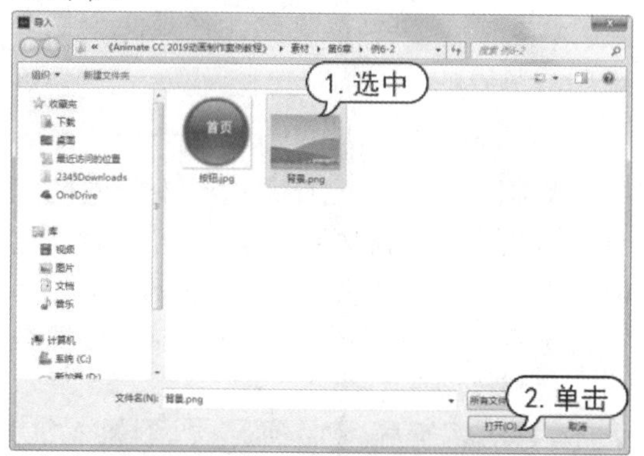

step 10 打开【库】面板，将按钮元件从【库】面板中拖到舞台上。

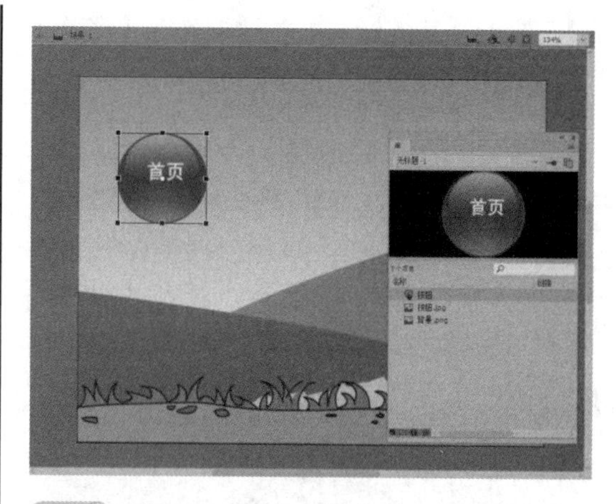

step 11 按下Ctrl+Enter组合键，测试按钮动画效果。

4. 创建【字体】元件

【字体】元件的创建方法比较特殊，选择【窗口】|【库】命令，打开当前文档的【库】面板，单击【库】面板右上角的☰按钮，在弹出的【库面板】菜单中选择【新建字型】命令。

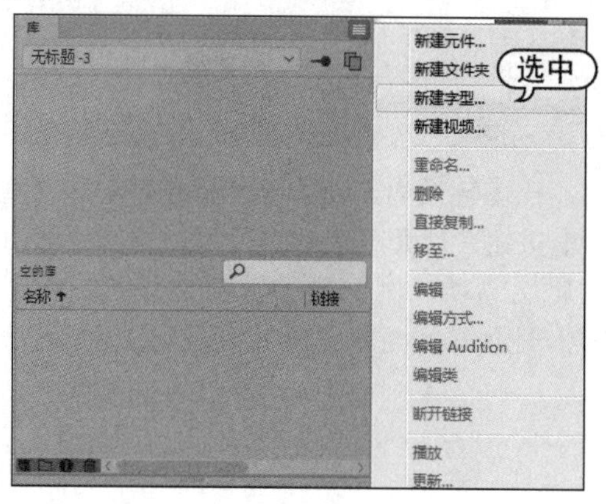

打开【字体嵌入】对话框，在【名称】文本框中可以输入字体元件的名称；在【系列】下拉列表框中可以选择需要嵌入的字体，或者将该字体的名称输入到该下拉列表框中；在【字符范围】区域中可以选中要嵌入的字符范围，嵌入的字符越多，发布的SWF 文件越大；如果要嵌入任何其他特定字符，可以在【还包含这些字符】区域中输入字符，当将某种字体嵌入库中之后，就可以将它用于舞台上的文本字段了。

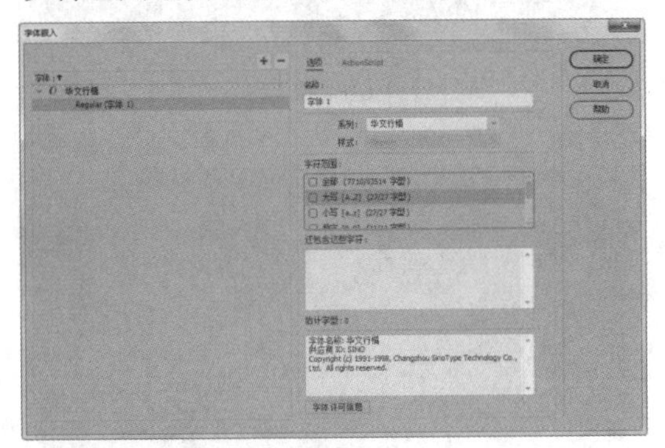

6.1.3 转换为元件

如果舞台中的元素需要反复使用，可以将它转换为元件，保存在【库】面板中，方便以后调用。要将元素转换为元件，可以选中舞台中的元素，选择【修改】|【转换为元件】命令，打开【转换为元件】对话框，选择元件类型，然后单击【确定】按钮。

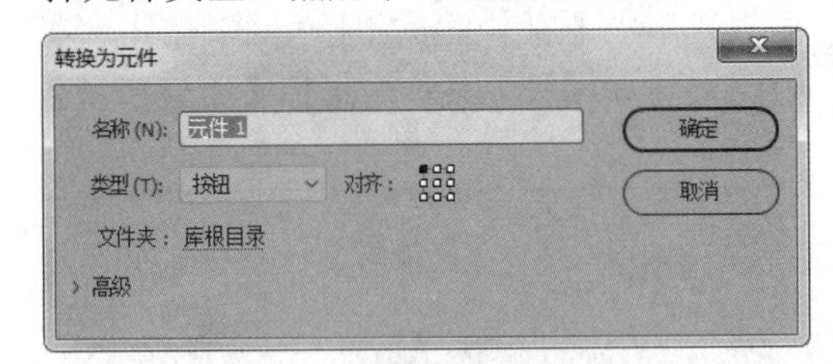

在【转换为元件】对话框中，单击【高级】按钮，展开高级选项，可以设置更多元件属性选项，例如元件链接标识符、共享URL 地址等。

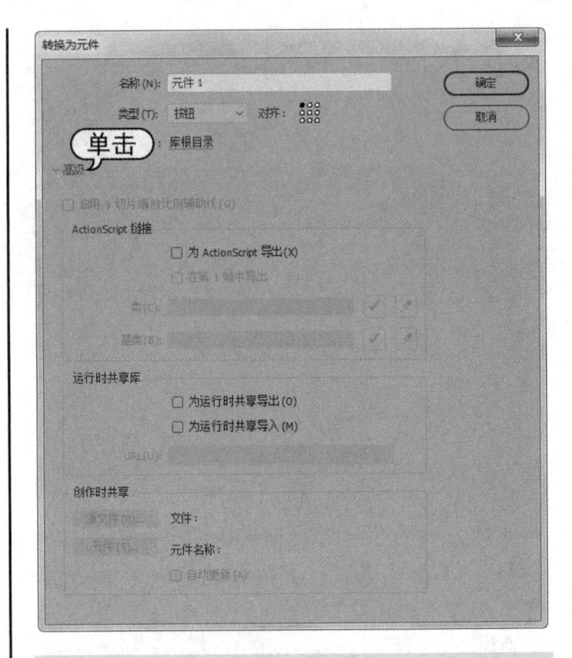

6.1.4 复制元件

复制元件和直接复制元件是两个完全不同的概念。

1. 复制元件

复制元件是将元件复制一份相同的元件，用此方式复制文件，修改一个元件的同时，另一个元件也会发生相同的改变。

选择库中的元件并右击，弹出快捷菜单，选择【复制】命令。

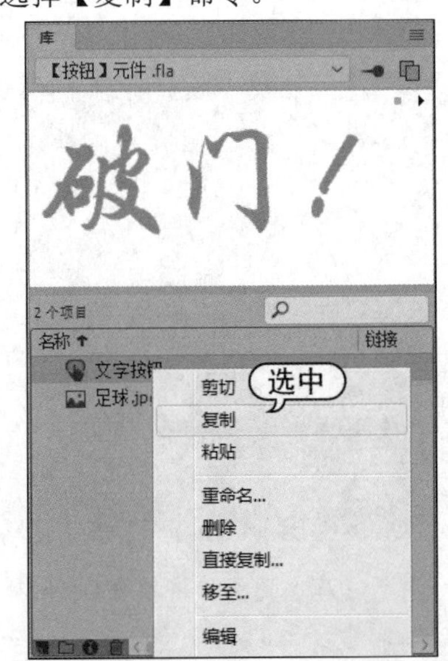

然后在舞台中选择【编辑】|【粘贴到中心位置】命令(或者是【粘贴到当前位置】命令)，即可将复制的元件粘贴到舞台中。此时修改粘贴后的元件，原有的元件也将随之改变。

2. 直接复制元件

直接复制元件是以当前元件为基础，创建一个独立的新元件，不论修改哪个元件，另一个元件都不会发生改变。

在制作 Animate 动画时，有时希望仅仅修改单个实例中元件的属性而不影响其他实例或原始元件，此时就需要用到直接复制元件功能。通过直接复制元件，可以使用现有的元件作为创建新元件的起点，来创建具有不同外观的各种版本的元件。

打开【库】面板，选中要直接复制的元件，右击该元件，在弹出的快捷菜单中选择【直接复制】命令或者单击【库】面板右上角的▤按钮，在弹出的【库面板】菜单中选择【直接复制】命令，打开【直接复制元件】对话框。

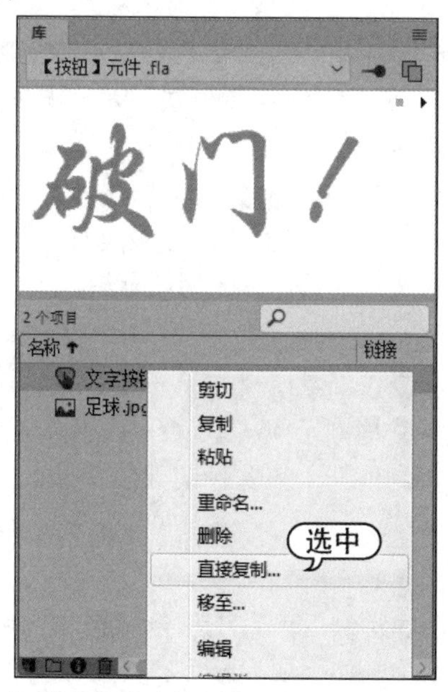

在【直接复制元件】对话框中，可以更改直接复制元件的名称、类型等属性。而且更改以后，原有的元件并不会发生变化，所以在 Animate 应用中，使用直接复制元件更为普遍。

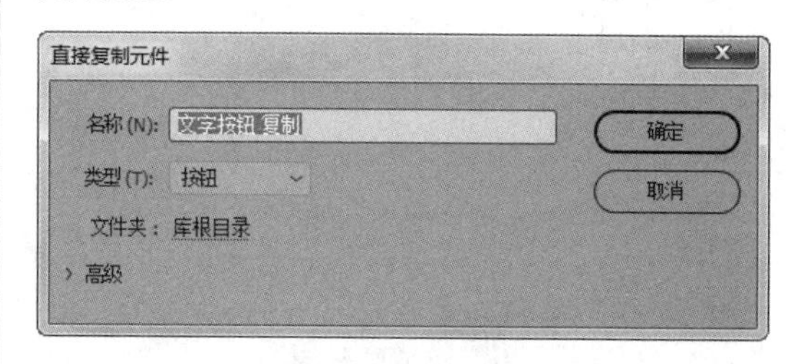

6.1.5　编辑元件

创建元件后，可以选择【编辑】|【编辑元件】命令，在元件编辑模式下编辑该元件；也可以选择【编辑】|【在当前位置编辑】命令，在舞台中编辑该元件；或者直接双击该元件进入该元件编辑模式。

1. 在当前位置编辑元件

要在当前位置编辑元件，可以在舞台上双击元件的一个实例，或者在舞台上选择元件的一个实例，右击后在弹出的快捷菜单中选择【在当前位置编辑】命令；或者在舞台上选择元件的一个实例，然后选择【编辑】|【在当前位置编辑】命令，进入元件的编辑状态。如果要更改注册点，可以在舞台上拖动该元件，拖动时显示一个十字光标来表明注册点的位置。

2. 在新窗口中编辑元件

要在新窗口中编辑元件，可以右击舞台中的元件，在弹出的快捷菜单中选择【在新窗口中编辑】命令，直接打开一个新窗口，并进入元件的编辑状态。

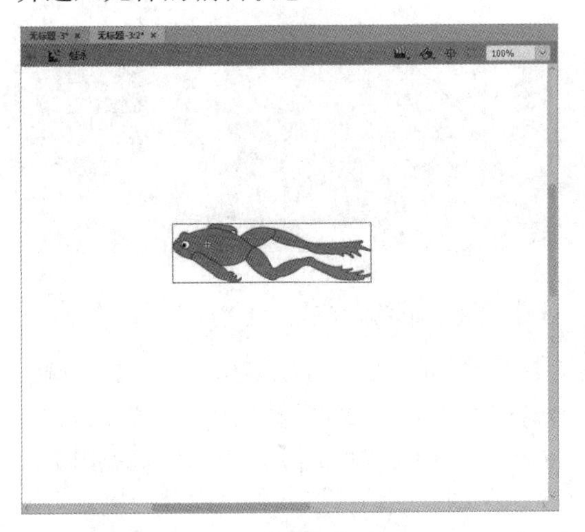

3. 在元件编辑模式下编辑元件

要选择在元件编辑模式下编辑元件，可以通过多种方式来实现。

- 双击【库】面板中的元件图标。
- 在【库】面板中选择该元件，单击【库】面板右上角的按钮，在打开的菜单中选择【编辑】命令。
- 在【库】面板中右击该元件，从弹出的快捷菜单中选择【编辑】命令。
- 在舞台上选择该元件的一个实例，右击后从弹出的快捷菜单中选择【编辑】命令。
- 在舞台上选择该元件的一个实例，然后选择【编辑】|【编辑元件】命令。

4. 退出元件编辑模式

要退出元件的编辑模式并返回文档编辑状态，可以进行以下操作。

- 在舞台上选择该元件的一个实例，然后选择【编辑】|【编辑元件】命令。
- 单击舞台左上角的【返回】按钮，返回上一层编辑模式。
- 单击舞台左上角的【场景 1】按钮场景 1，返回场景。

- 在元件的编辑模式下，双击元件内容以外的空白处。
- 选择【编辑】|【编辑文档】命令。
- 如果在新窗口中编辑元件，可以直接切换到文档窗口或关闭新窗口。

6.2 使用实例

实例是元件在舞台中的具体表现，创建实例的过程就是将元件从【库】面板中拖到舞台中。此外，还可以对创建的实例可以进行修改，从而得到依托于该实例的其他效果。

6.2.1 创建实例

创建实例的方法在前文中已经介绍，选择【窗口】|【库】命令，打开【库】面板，将【库】面板中的元件拖动到舞台中即可。

实例只可以放在关键帧中，并且实例总是显示在当前图层上。如果没有选择关键帧，则实例将被添加到当前帧左侧的第1个关键帧上面。

创建实例后，系统都会指定一个默认的实例名称，如果要为影片剪辑元件实例指定实例名称，可以打开【属性】面板，在【实例名称】文本框中输入该实例的名称即可。

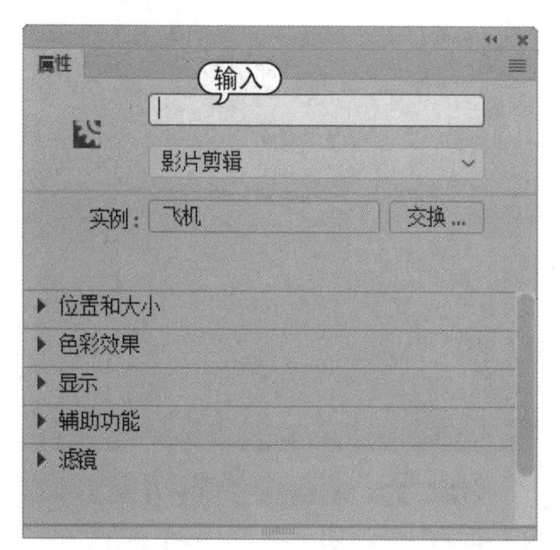

如果是【图形】实例，则不能在【属性】面板中命名实例名称。可以双击【库】面板中的元件名称，然后修改名称，再创建实例。在【图形】实例的【属性】面板中可以设置实例的大小、位置等信息，单击【样式】按钮，在下拉列表中可以设置【图形】实例的透明度、亮度、色调等信息。

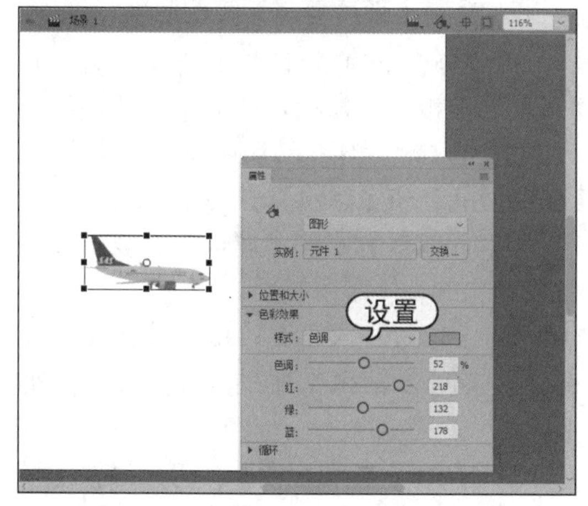

6.2.2　交换实例

在创建实例后，用户可以对实例进行交换，使选定的实例变为另一个元件的实例。

比如选中舞台里的一个【影片剪辑】实例，选择【修改】|【元件】|【交换元件】命令，打开【交换元件】对话框，显示了当前文档创建的所有元件，可以选中要交换的元件，然后单击【确定】按钮，即可为实例指定另一个元件。并且舞台中的实例将自动被替换。

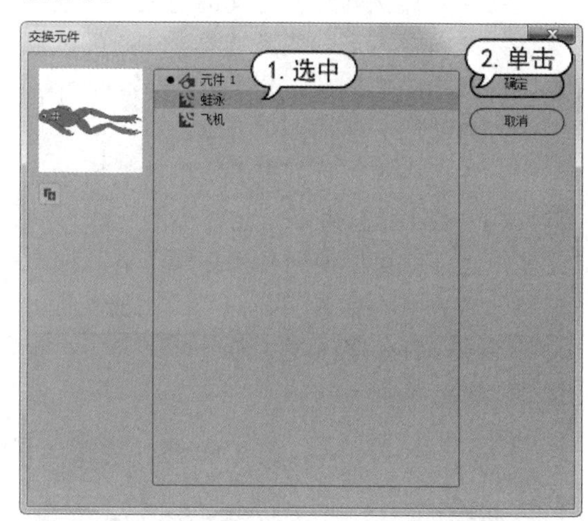

单击【交换元件】对话框中的【直接复制元件】按钮，可以打开【直接复制元件】对话框，使用直接复制元件功能，可以当前选中的元件为基础创建一个全新的元件。

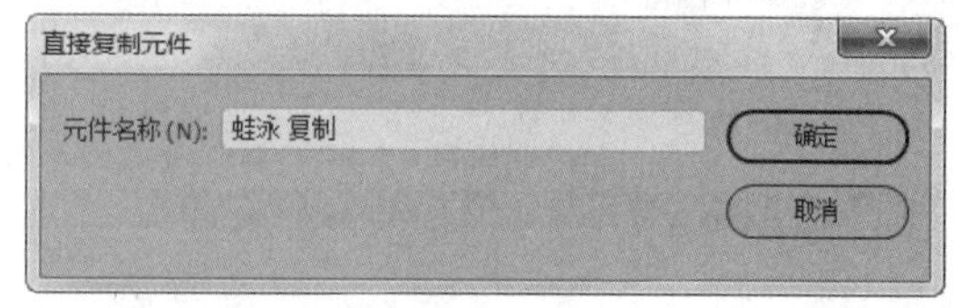

6.2.3　改变实例类型

实例的类型也是可以相互转换的。例如，可以将一个【图形】实例转换为【影片剪辑】实例，或将一个【影片剪辑】实例转换为【按钮】实例，可以通过改变实例类型来重新定义它在动画中的行为。

要改变实例类型，选中某个实例，打开【属性】面板，单击【实例类型】下拉按钮，在弹出的下拉列表中选择需要的实例类型。

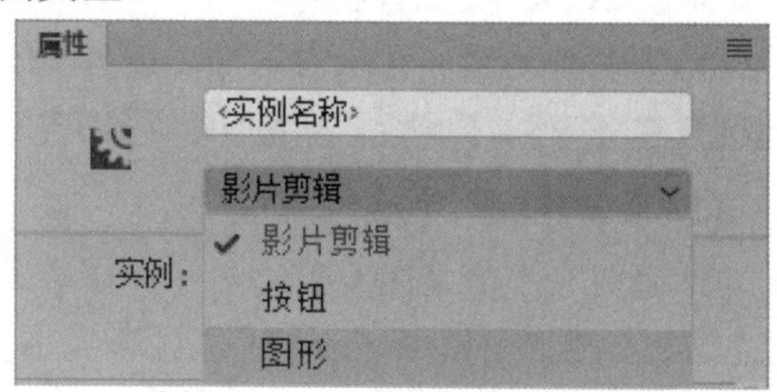

6.2.4 分离实例

要断开实例与元件之间的链接，并把实例放入未组合图形和线条的集合中，可以在选中舞台中的实例后，选择【修改】|【分离】命令，将实例分离成图形元素。

比如选中【影片剪辑】实例，然后选择【修改】|【分离】命令，此时实例变成形状元素，这样就可以使用各种编辑工具，根据需要修改并且不会影响其他已应用的实例。

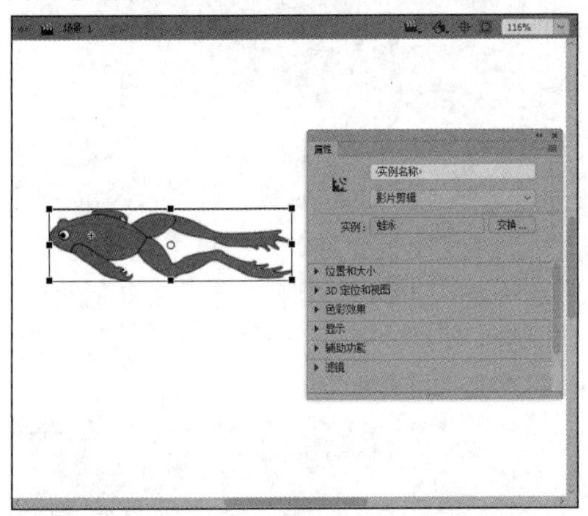

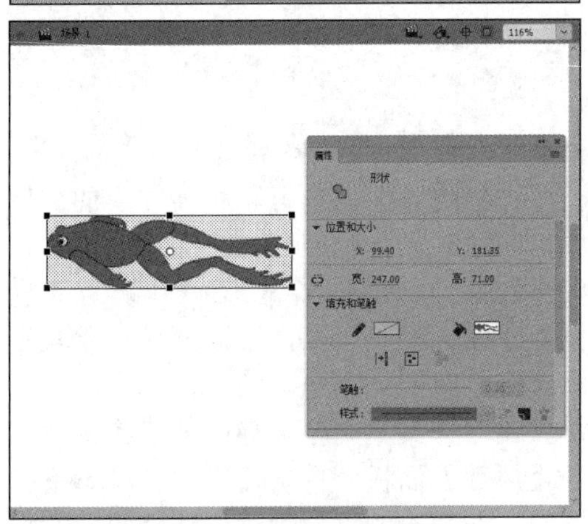

6.2.5 设置实例属性

不同元件类型的实例有不同的属性，用户可以在各自的【属性】面板中进行设置。

1. 设置【图形】实例属性

选中舞台上的【图形】实例，打开【属性】面板，在该面板中显示了【位置和大小】【色彩效果】和【循环】3 个选项组。

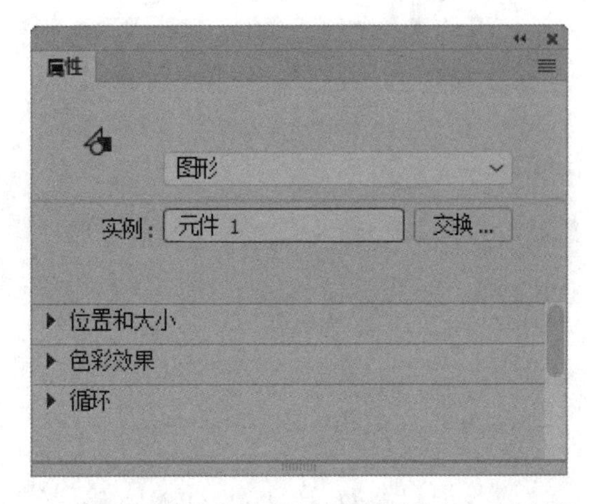

【图形】实例【属性】面板中主要参数选项的具体作用如下。

- 【位置和大小】：可以设置【图形】实例 X 轴和 Y 轴坐标位置以及实例大小。
- 【色彩效果】：可以设置【图形】实例的透明度、亮度以及色调等色彩效果。
- 【循环】：可以设置【图形】实例的循环，可以设置循环方式和循环起始帧。

2. 设置【影片剪辑】实例属性

选中舞台上的【影片剪辑】实例，打开【属性】面板，在该面板中显示了【位置和大小】【3D 定位和视图】【色彩效果】【显示】【辅助功能】和【滤镜】6 个选项组。

【影片剪辑】实例【属性】面板中主要参数选项的具体作用如下。

- 【位置和大小】：可以设置【影片剪辑】实例 X 轴和 Y 轴的坐标位置以及实例大小。
- 【3D 定位和视图】：可以设置【影片剪辑】实例的 Z 轴坐标位置，Z 轴坐标位置是在三维空间中的一个坐标轴。同时可以设置【影片剪辑】实例在三维空间中的透视角度和消失点。
- 【色彩效果】：可以设置【影片剪辑】实例的透明度、亮度以及色调等色彩效果。
- 【显示】：可以设置【影片剪辑】

实例的显示效果，例如强光、反相以及变色等效果。

- 【滤镜】：可以设置【影片剪辑】实例的滤镜效果。

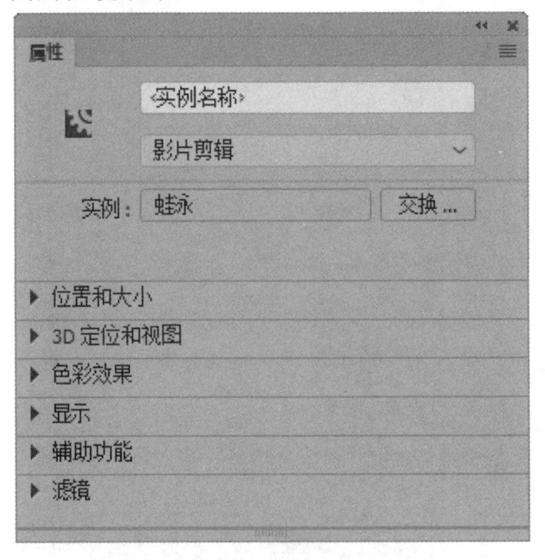

3. 设置【按钮】实例属性

选中舞台上的【按钮】实例，打开【属性】面板，在该面板中显示了【位置和大小】【色彩效果】【显示】【字距调整】【辅助功能】和【滤镜】6 个选项组。

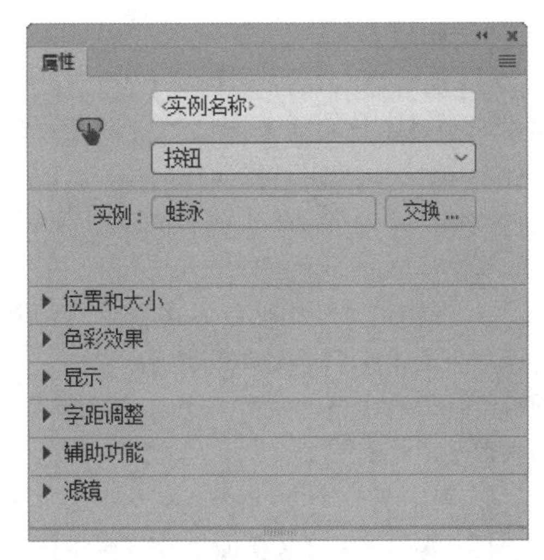

【按钮】实例【属性】面板中主要参数选项的具体作用如下。

- 【位置和大小】：可以设置【按钮】实例 X 轴和 Y 轴的坐标位置以及实例大小。
- 【色彩效果】：可以设置【按钮】实例的透明度、亮度以及色调等色彩效果。
- 【显示】：可以设置【按钮】实例的显示效果。
- 【滤镜】：可以设置【按钮】实例的滤镜效果。

6.3 使用库

在 Animate CC 2019 中，创建的元件和导入的文件都存储在【库】面板中。【库】面板中的资源可以在多个文档中使用。

6.3.1 【库】面板和库项目

【库】面板是集成库项目内容的工具面板，【库】项目是库中的相关内容。

1. 【库】面板

选择【窗口】|【库】命令，打开【库】面板。面板的列表主要用于显示库中所有项目的名称，可以通过其查看并组织这些文档中的元素。

知识点滴

在【库】面板中的预览窗口中显示了存储的所有元件缩略图，如果是【影片剪辑】元件，可以在预览窗口中预览动画效果。

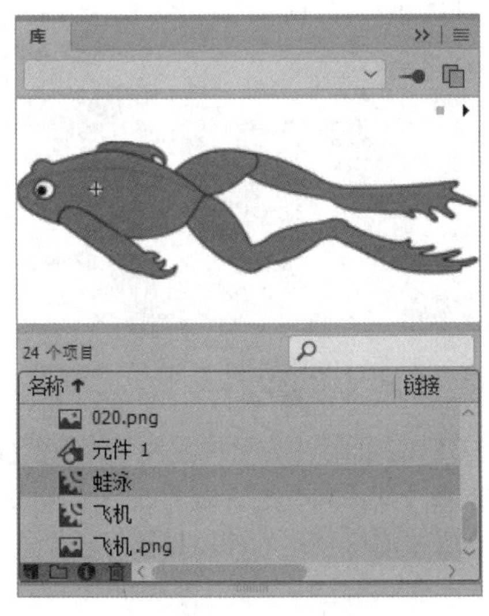

2. 库项目

在【库】面板中的元素称为库项目,【库】面板中项目名称旁边的图标表示该项目的文件类型，可以打开任意文档的库，并能够将该文档的库项目用于当前文档。

有关库项目的一些处理方法如下。

- 在当前文档中使用库项目时，可以将库项目从【库】面板中拖动到舞台中。该项目会在舞台中自动生成一个实例，并添加到当前图层中。
- 要在另一个文档中使用当前文档的库项目，将项目从【库】面板或舞台中拖入另一个文档的【库】面板或舞台中即可。
- 要将对象转换为库中的元件，可以选中对象后打开【转换为元件】对话框，进行转换元件的操作。

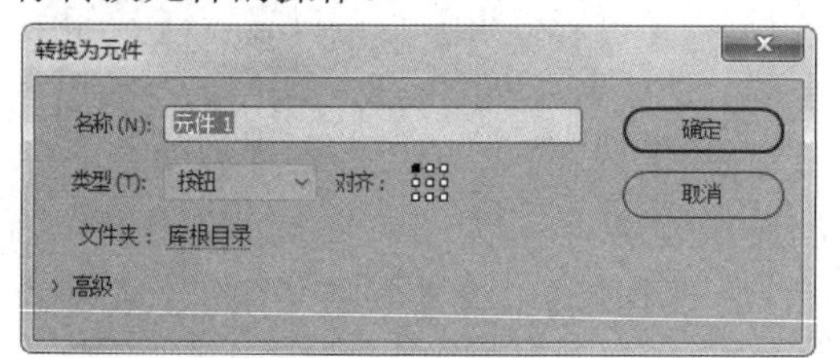

- 要在文件夹之间移动项目，可以将项目从一个文件夹拖动到另一个文件夹中。如果新位置中存在同名项目，那么会打开【解决库冲突】对话框，提示是否要替换现有项目。

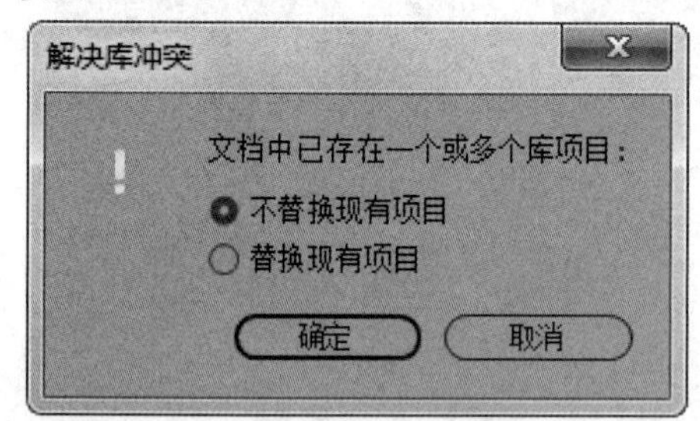

6.3.2 【库】的操作

在【库】面板中，可以使用【库】面板菜单中的命令对库项目进行编辑、排序、重命名、删除以及查看未使用的库项目等管理操作。

1. 编辑对象

要编辑元件，可以在【库】面板菜单中选择【编辑】命令，进入元件编辑模式，然后对元件进行编辑。

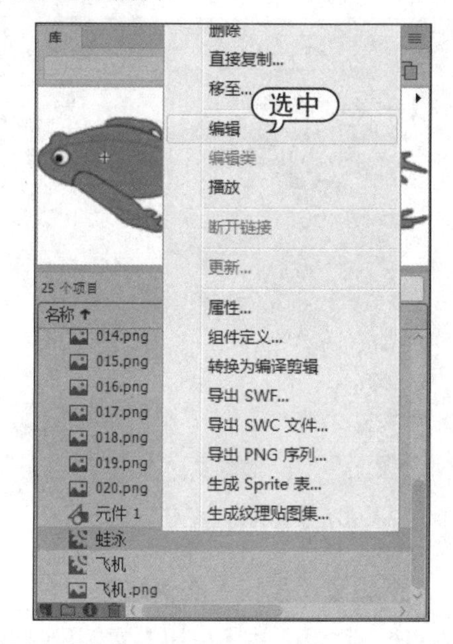

如果要编辑【库】里的文件，可以选择【编辑方式】命令，打开【选择外部编辑器】对话框。

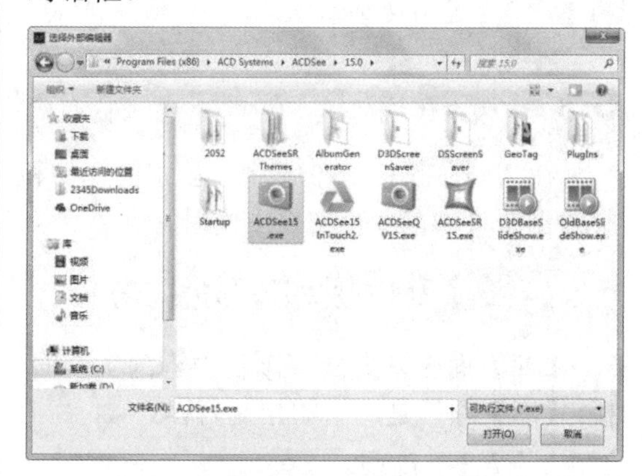

在该对话框中选择外部编辑器(其他应用程序)，编辑导入的文件，比如说可以用ACDSee看图程序编辑导入的位图文件。

在外部编辑器编辑完文件后，再在【库】面板中选择【更新】命令更新这些文件，即可完成编辑文件操作。

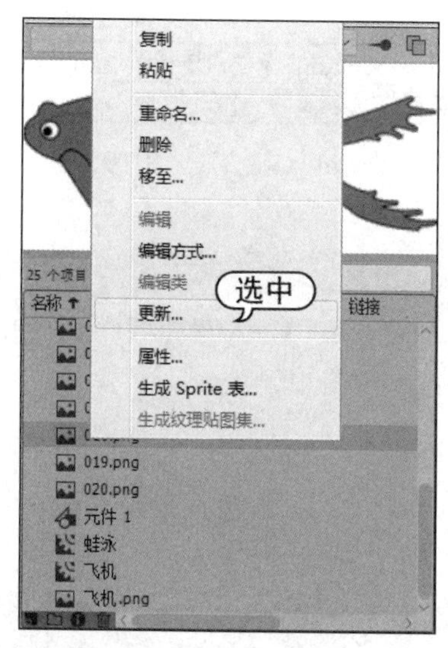

2. 操作文件夹

在【库】面板中，可以使用文件夹来组织库项目。当用户创建一个新元件时，它会存储在选定的文件夹中。如果没有选定文件夹，该元件就会存储在库的根目录下。

对【库】面板中的文件夹可以进行如下操作。

- 要创建新文件夹，可以在【库】面板底部单击【新建文件夹】按钮。

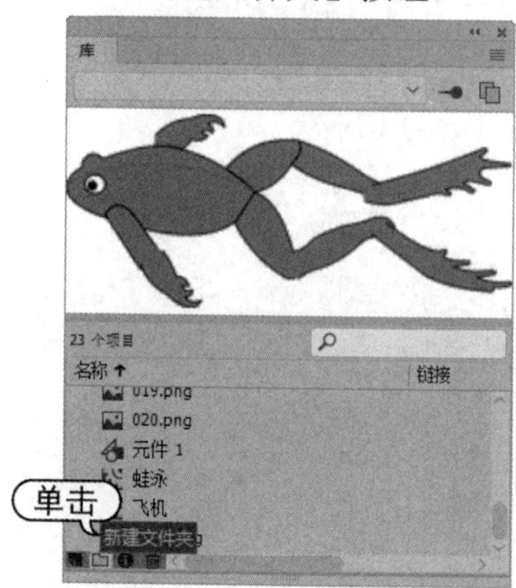

- 要打开或关闭文件夹，可以单击文件夹名前面的按钮▶，或选择文件夹后，在【库】面板菜单中选择【展开文件夹】或【折叠文件夹】命令。

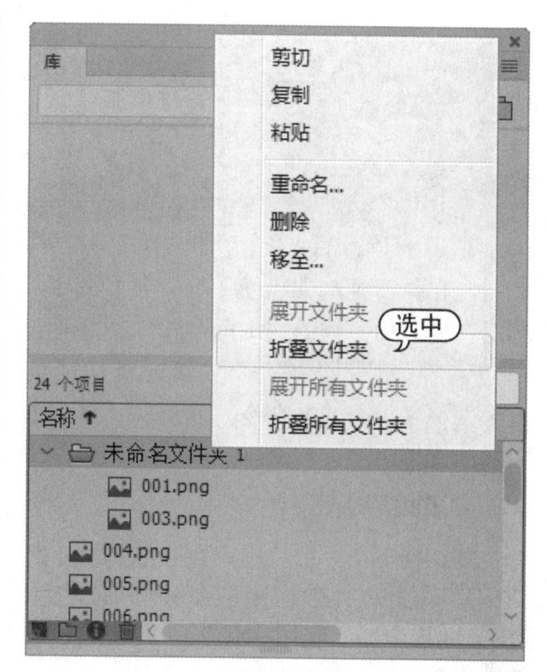

- 要打开或关闭所有文件夹，可以在【库】面板菜单中选择【展开所有文件夹】或【折叠所有文件夹】命令。

3. 重命名库项目

在【库】面板中，用户还可以重命名库中的项目。但更改导入文件的库项目名称并不会更改该文件的名称。

要重命名库项目，可以执行如下操作。

- 双击该项目的名称，在【名称】列的文本框中输入新名称。

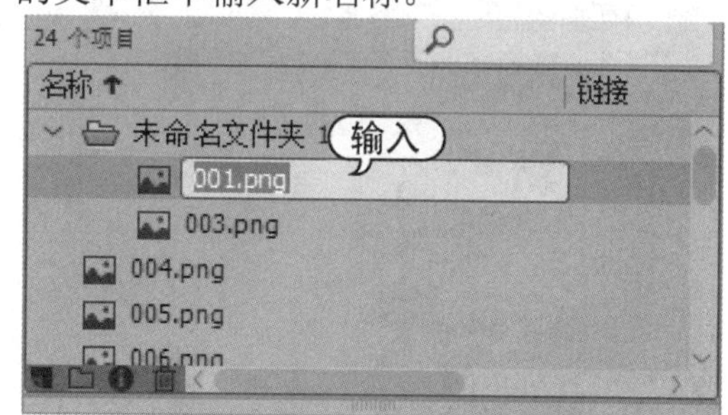

- 选择项目，并单击【库】面板下部的【属性】按钮，打开【元件属性】对话框，在【名称】文本框中输入新名称，然后单击【确定】按钮。

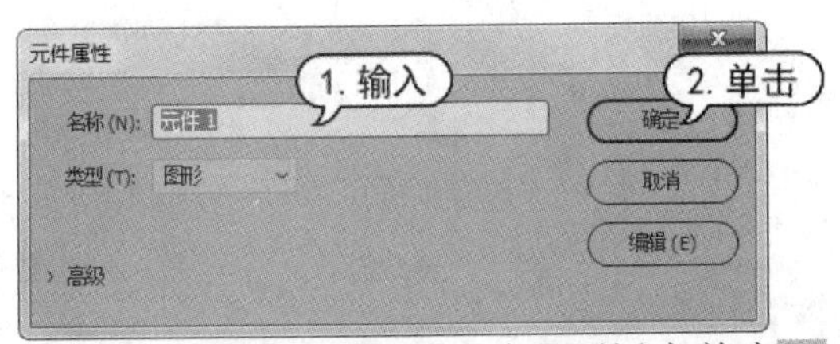

▶ 选择库项目，在【库】面板中单击 按钮，在弹出菜单中选择【重命名】命令，然后在【名称】列的文本框中输入新名称。

▶ 在库项目上右击，在弹出的快捷菜单中选择【重命名】命令，然后在【名称】列的文本框中输入新名称。

4. 删除库项目

默认情况下，当从库中删除项目时，文档中该项目的所有实例也会被同时删除。【库】面板中的【使用次数】列显示项目的使用次数。

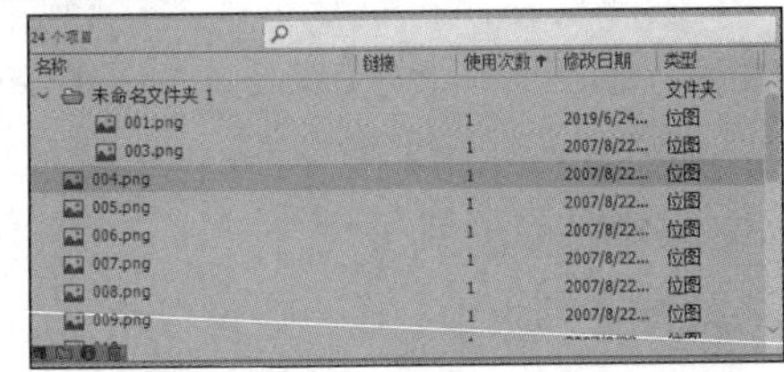

名称	链接	使用次数 ↑	修改日期	类型
未命名文件夹 1				文件夹
001.png		1	2019/6/24...	位图
003.png		1	2007/8/22...	位图
004.png		1	2007/8/22...	位图
005.png		1	2007/8/22...	位图
006.png		1	2007/8/22...	位图
007.png		1	2007/8/22...	位图
008.png		1	2007/8/22...	位图
009.png		1	2007/8/22...	位图

要删除库项目，可以执行如下操作。

▶ 选择库项目，然后单击【库】面板下部的【删除】按钮 。

▶ 选择库项目，在【库】面板中单击 按钮，在弹出菜单中选择【删除】命令。

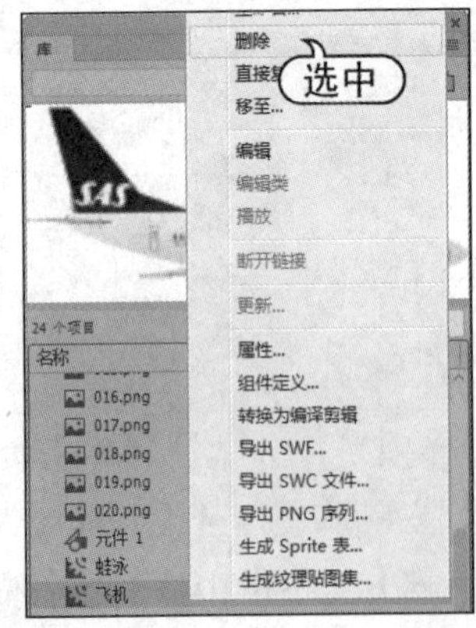

【例 6-3】将文档里的库项目进行管理和编辑。

视频+素材 (素材文件\第 06 章\例 6-3)

step 1 启动Animate CC 2019，打开一个文档。

step 2 选择【窗口】|【库】命令，打开【库】面板，调整面板大小。单击【类型】列标题，将库项目按类型进行排序。

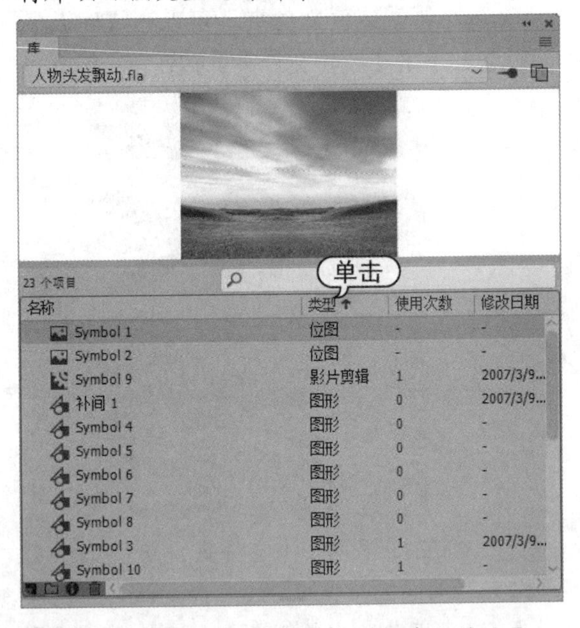

名称	类型	使用次数	修改日期
Symbol 1	位图	-	-
Symbol 2	位图	-	-
Symbol 9	影片剪辑	1	2007/3/9...
补间 1	图形	0	2007/3/9...
Symbol 4	图形	0	-
Symbol 5	图形	0	-
Symbol 6	图形	0	-
Symbol 7	图形	0	-
Symbol 8	图形	0	-
Symbol 3	图形	1	2007/3/9...
Symbol 10	图形	1	-

step 3 在【库】面板中单击【新建文件夹】按钮 ，创建文件夹并重命名为“背景位图”。

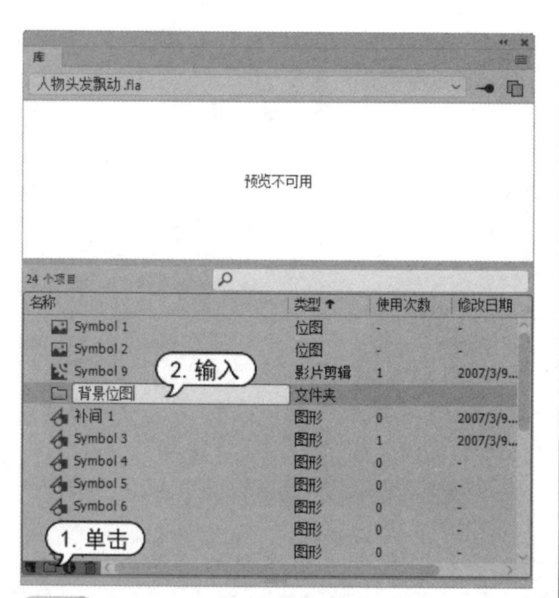

step 4　按住Ctrl键选中两个位图文件，拖入到“背景位图”文件夹中。

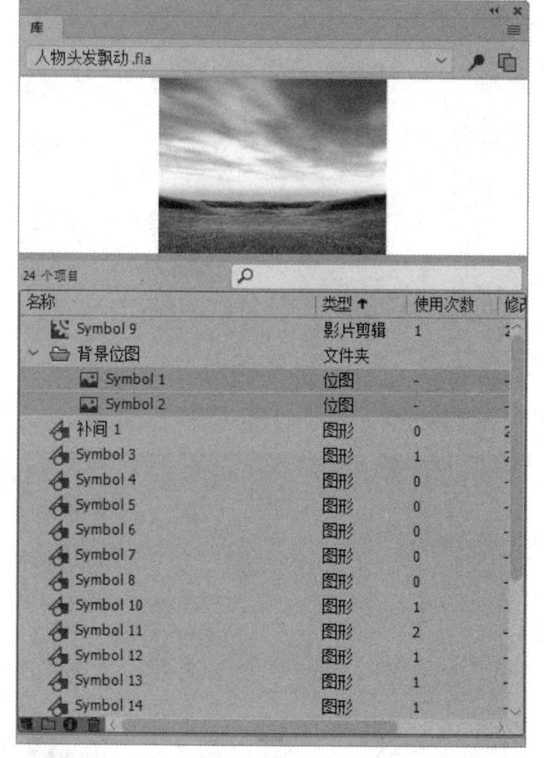

step 5　使用相同的方法，将库里的各个项目元素，分门别类地放入“头发”和“躯体”文件夹中。

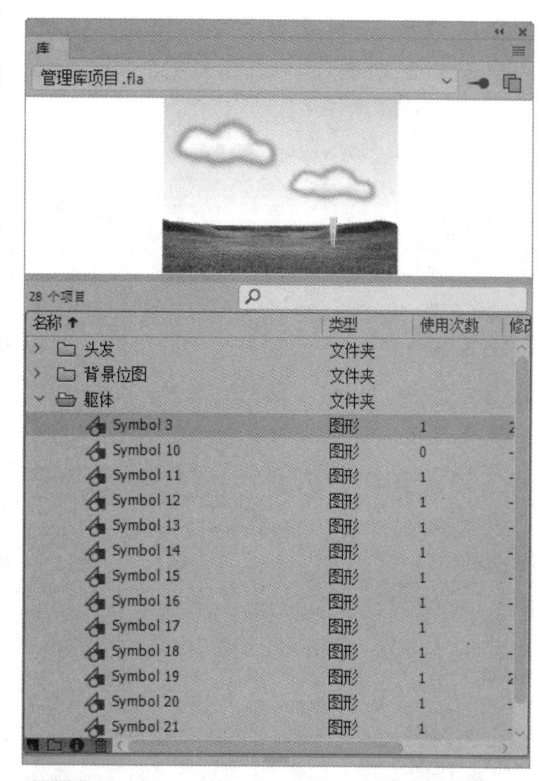

step 6　选择“头发”文件夹下的“Symbol5”元件，右击，弹出快捷菜单，选择【直接复制】命令。

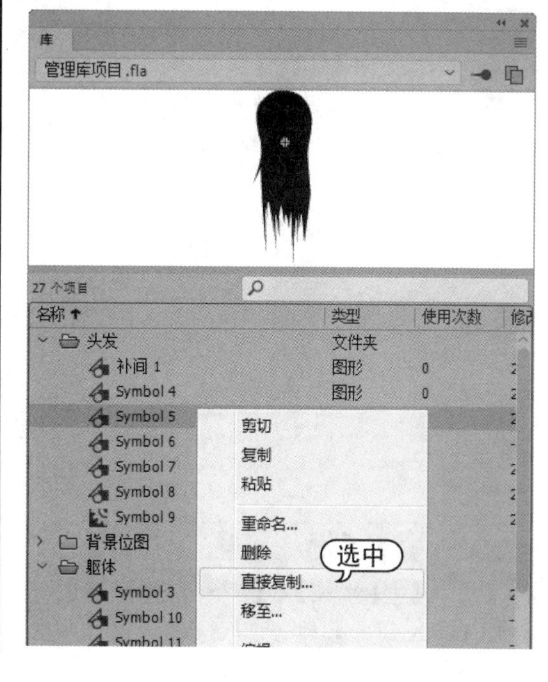

step 7 打开【直接复制元件】对话框，命名为“头发 5 副本”，单击【确定】按钮，即可直接复制该元件。

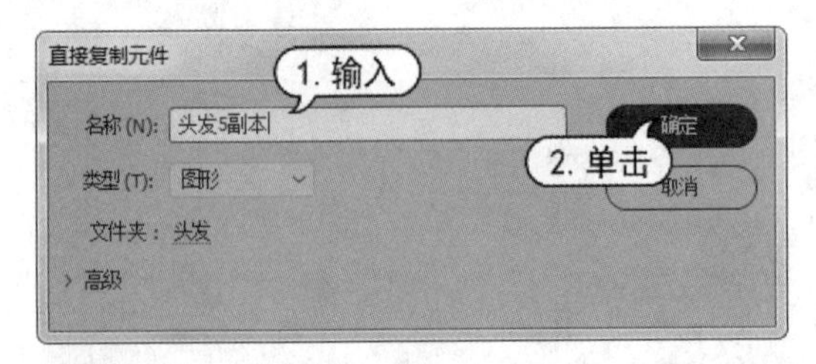

step 8 右击“头发 5 副本”元件，在弹出的快捷菜单中选择【编辑】命令。

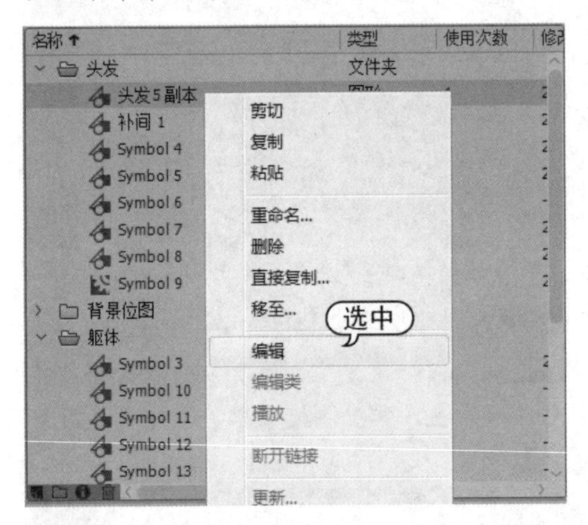

step 9 进入元件编辑的【头发 5 副本】窗口，使用【工具】面板里的【部分选取工具】选取头发形状，调整边缘锚点来改变外形。

step 10 单击【返回】按钮，返回场景，选择【文件】|【导入】|【导入到库】命令，打开【导入到库】对话框，选择“枫叶”图片文件，单击【打开】按钮。

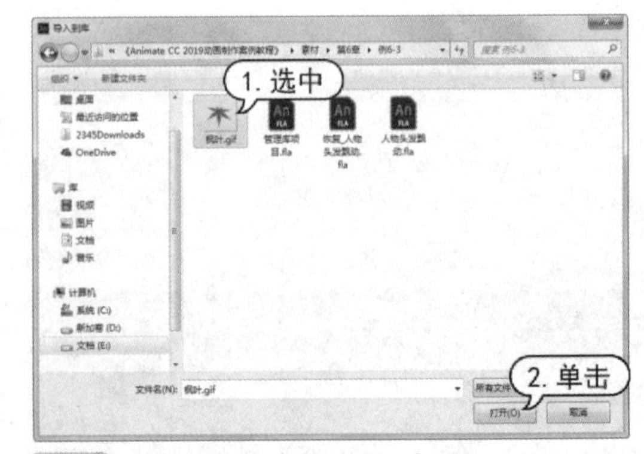

step 11 在【库】面板中找到“枫叶”项目，将其拖入“背景位图”文件夹中。

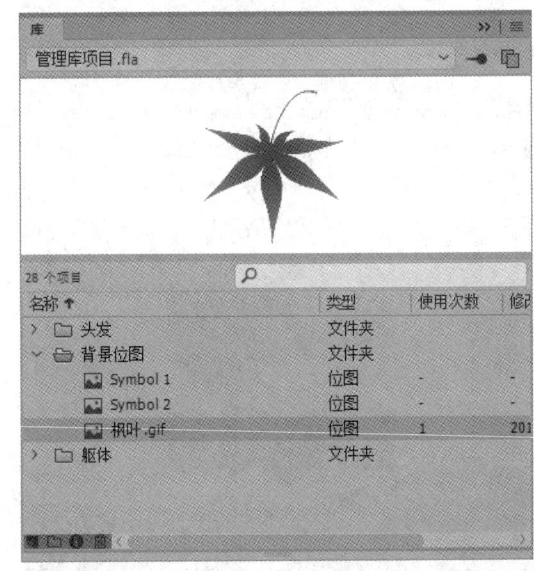

step 12 将“枫叶”项目拖入舞台中，并使用【任意变形】工具调整枫叶的形状和大小。

step 13 选择【文件】|【另存为】命令，打

开【另存为】对话框，将其以“管理库项目”为名保存。

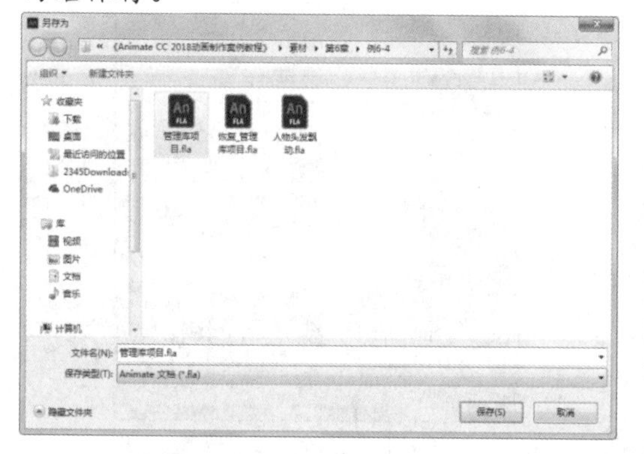

6.3.3　共享库资源

使用共享库资源，可以将一个 Animate 影片【库】面板中的元素共享，供其他影片使用。这一功能在进行小组开发或制作大型 Animate 影片时是非常实用的。

1. 设置共享库

要设置共享库，首先打开要将其【库】面板设置为共享库的 Animate 影片，然后选择【窗口】|【库】命令，打开【库】面板，单击☰按钮，在弹出菜单中选择【运行时共享库 URL】命令。

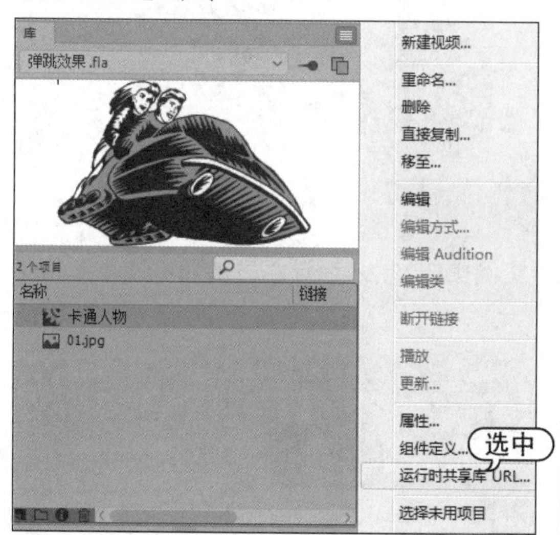

打开【运行时共享库(RSL)】对话框，在 URL 文本框中输入共享库所在影片的 URL 地址。若共享库影片在本地硬盘上，可使用【文件://<驱动器：> / <路径名>】格式，最后单击【确定】按钮，即可将该【库】设置为共享库。

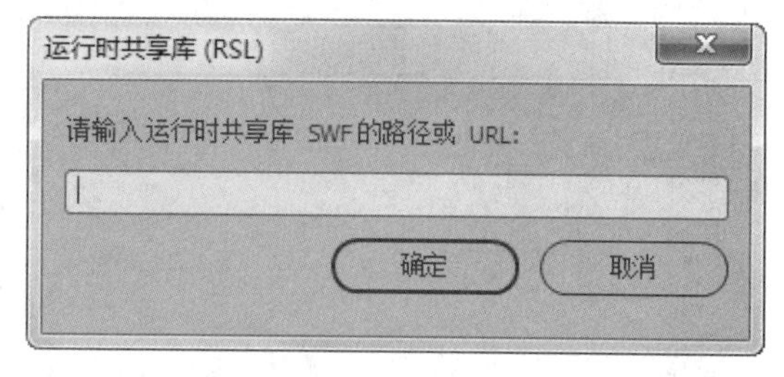

2. 设置共享元素

设置完共享库，还可以将【库】面板中的元素设置为共享。

在设置共享元素时，可先打开包含共享库的 Animate 文档，打开该共享库，然后右击所要共享的元素，在弹出的快捷菜单中选择【属性】命令，打开【元件属性】对话框，单击【高级】按钮，展开高级选项。

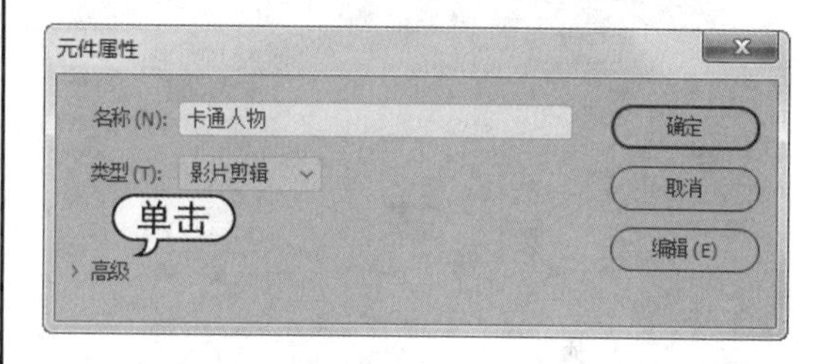

在【运行时共享库】选项组里选中【为运行时共享导出】复选框，并在 URL 文本框中输入该共享元素的 URL 地址，单击【确定】按钮即可设置为共享元素。

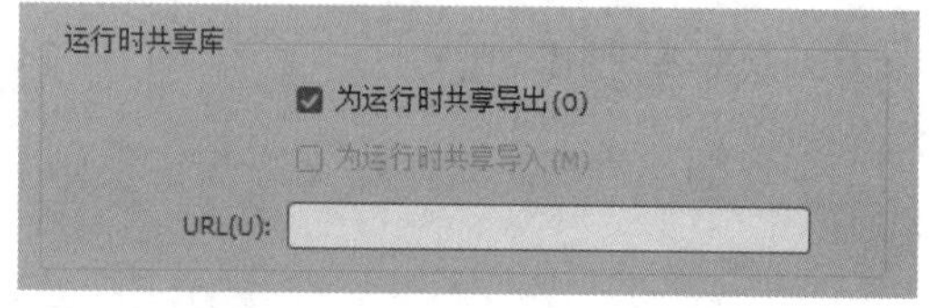

3. 使用共享元素

在动画影片中如果重复使用了大量相同的元素，则会大幅度减少文件的容量，使用共享元素可以达到这个目的。

要使用共享元素，可先打开要使用共享元素的 Animate 文档并选择【窗口】|【库】命令，打开该文件的【库】面板，然后选择【文件】|【导入】|【打开外部库】命令，在

弹出的对话框中选择一个包含共享库的 Animate 文档，单击【打开】按钮。

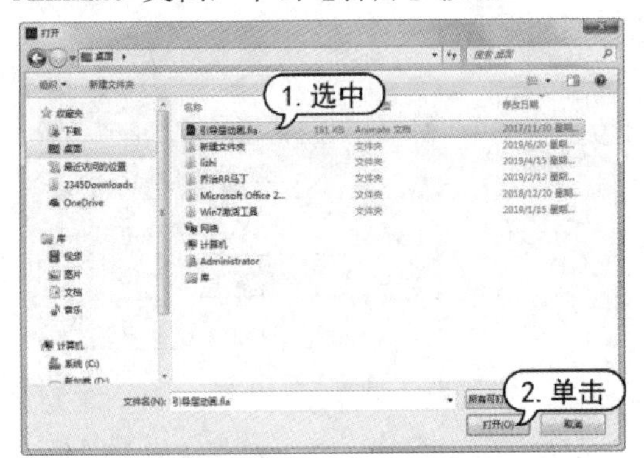

选中共享库中需要的元素，将其拖到舞台中。这时在该文件的【库】面板中将会出现该共享元素。

此外，还可以自定义元件的共享属性。比如右击【库】面板中的【飞机】元件，在弹出的快捷菜单中选择【属性】命令。

打开【元件属性】对话框，单击【高级】按钮，展开高级选项。选择【为运行时共享导出】复选框，使该资源可以链接到目标文件，在【URL】栏内输入将要包含共享资源的 SWF 文件的网络地址，然后单击【确定】按钮。

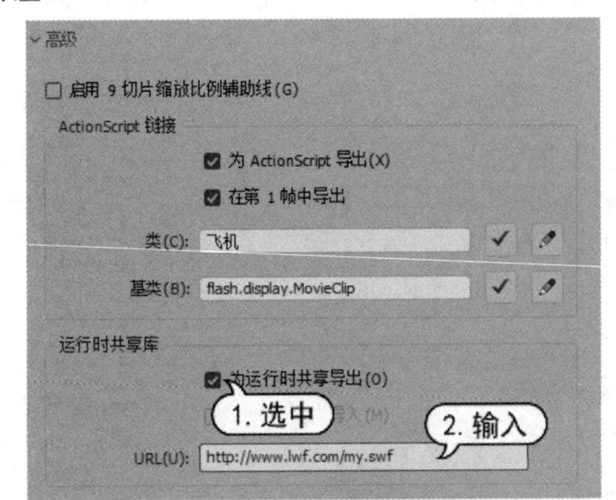

6.4 案例演练

本章的案例演练是制作文字按钮动画等几个实例操作，用户通过练习从而巩固本章所学知识。

6.4.1 制作文字按钮动画

【例 6-4】导入图片和外部库元件，创建文字按钮动画。

视频+素材 (素材文件\第 06 章\例 6-4)

step 1 启动Animate CC 2019，新建一个文档，选择【文件】|【导入】|【导入到库】命令，打开【导入到库】对话框，将名为“猫”的图片导入【库】面板。

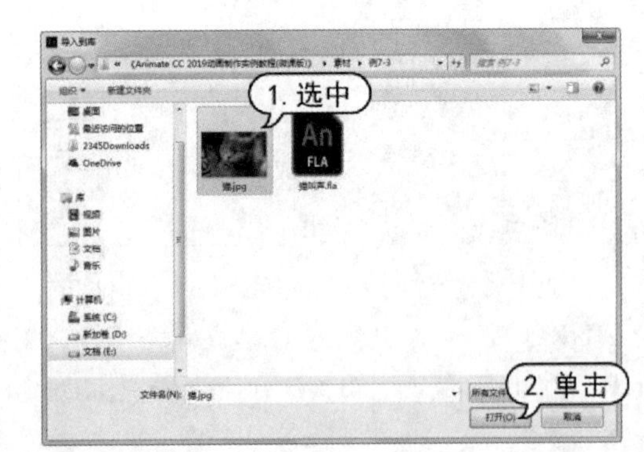

step 2 将【库】面板中的“猫”图片拖入舞台中，将舞台匹配图片。

step 3 选择【工具】面板上的【文本工具】，在其【属性】面板上设置【系列】为“华文琥珀”字体，【大小】为 30 磅，颜色为半透明天蓝色。

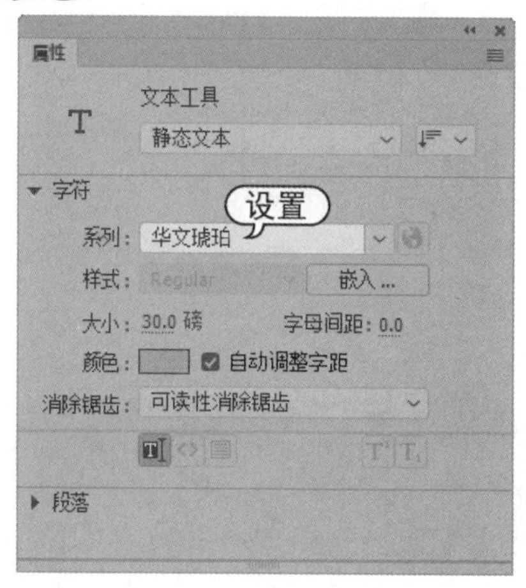

step 4 单击舞台，输入文本“你叫我喵”。

step 5 选中文本，选择【修改】|【转换为元件】命令，打开【转换为元件】对话框，输入名称，在【类型】下拉列表中选择【按钮】选项，单击【确定】按钮。

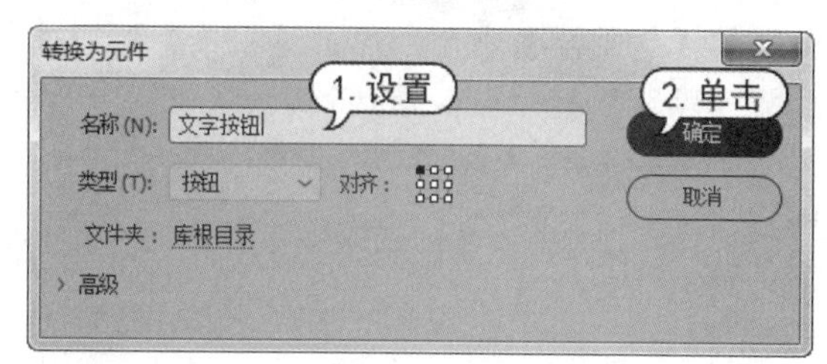

step 6 右击【库】面板中的【文字按钮】项目，在弹出菜单中选择【编辑】命令。进入【文字按钮】元件编辑窗口，在【时间轴】面板的【指针经过】帧上插入关键帧。

step 7 选中文本内容，将其【属性】面板中的【字符】选项组里的颜色设置为半透明黄

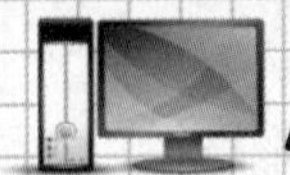

色，大小设置为 40 磅，打开【滤镜】选项组，设置添加渐变发光滤镜，设置渐变色为绿色。

step 8 在【时间轴】面板的【按下】帧上插入关键帧，右击【弹起】帧，弹出快捷菜单，选择【复制帧】命令，右击【按下】帧，选择【粘贴帧】命令，使两帧内容一致。

step 9 选择【文件】|【导入】|【打开外部库】命令，弹出【打开】对话框，选择"猫叫声"文件，单击【打开】按钮。

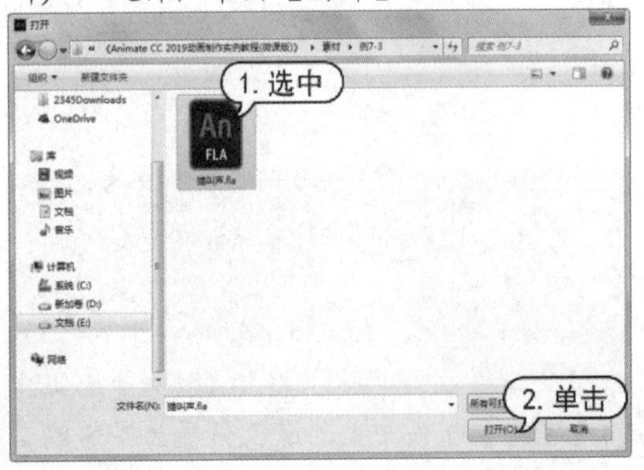

step 10 打开外部库【库-猫叫声】面板，将库中的声音元件拖到【按下】帧的舞台中。

step 11 右击【时间轴】面板上的【点击】帧，在弹出的快捷菜单中选择【插入空白关键帧】命令。

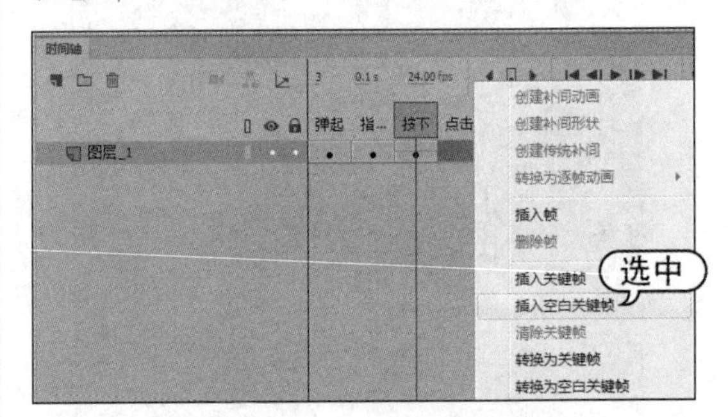

step 12 在【工具】面板上选择【矩形工具】，绘制一个任意填充色的长方形，大小和文本框范围接近即可。

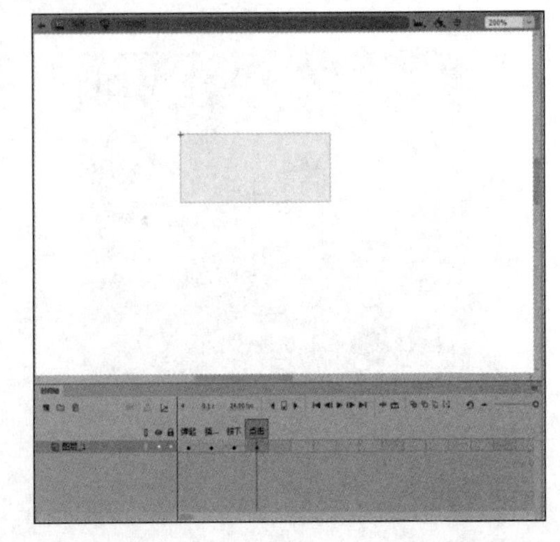

step 13 保存文档，按Ctrl+Enter组合键预览动画，测试文字按钮的不同状态。

6.4.2　制作影片剪辑动画

【例 6-5】创建一个影片剪辑动画。
视频+素材 (素材文件\第 06 章\例 6-5)

step 1 启动Animate CC 2019，新建一个文档。

step 2 选择【插入】|【新建元件】命令，打开【创建新元件】对话框，在【名称】文本框中输入元件名称“蝶舞”，在【类型】下拉列表中选择【影片剪辑】选项，单击【确定】按钮，打开元件编辑模式。

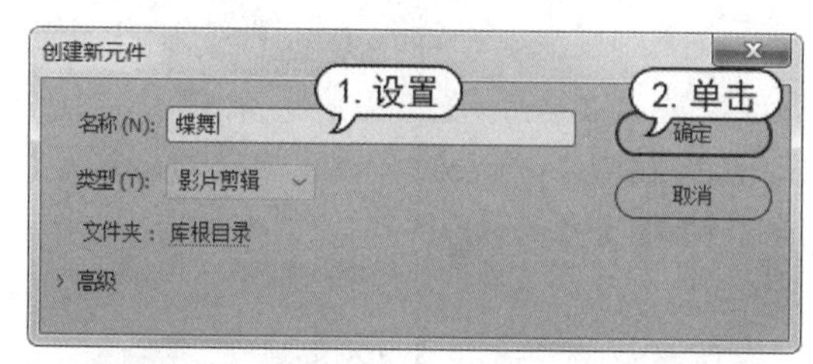

step 3 选择【文件】|【导入】|【打开外部库】命令，打开【打开】对话框，选择名为“蝴蝶”的动画文档，单击【打开】按钮。

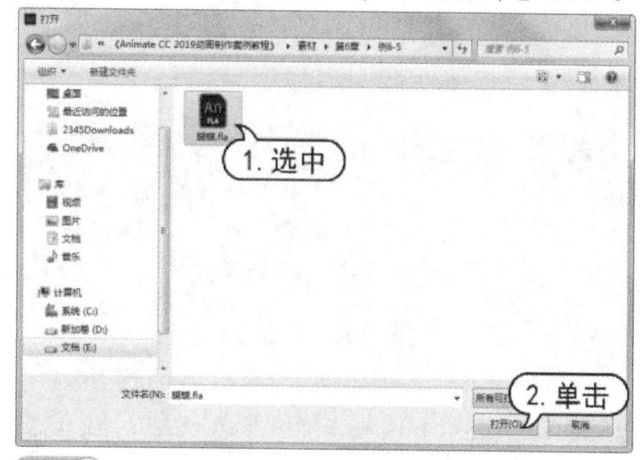

step 4 此时打开【库-蝴蝶.fla】外部库，选中其中的【蝴蝶】元件，拖入【蝶舞】元件编辑模式中。

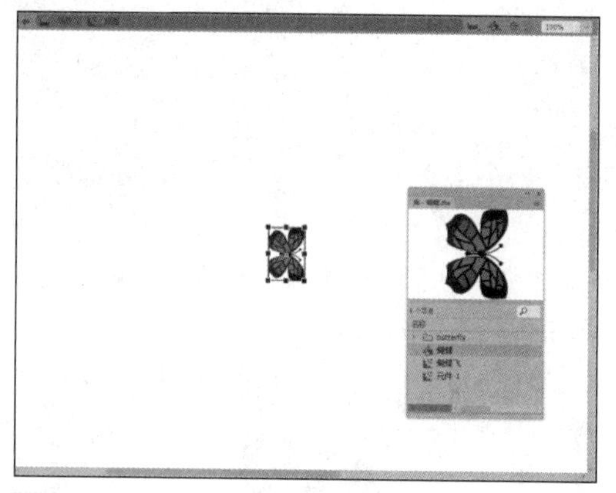

step 5 在时间轴上右击第 5 帧，在弹出的快捷菜单中选择【插入关键帧】命令，插入关键帧。

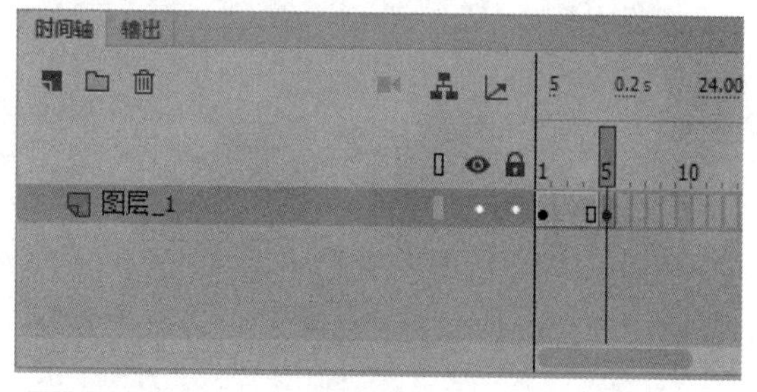

step 6 在第 5 帧中，选择【工具】面板中的【任意变形工具】，对舞台上的蝴蝶进行形状和位置的调整。

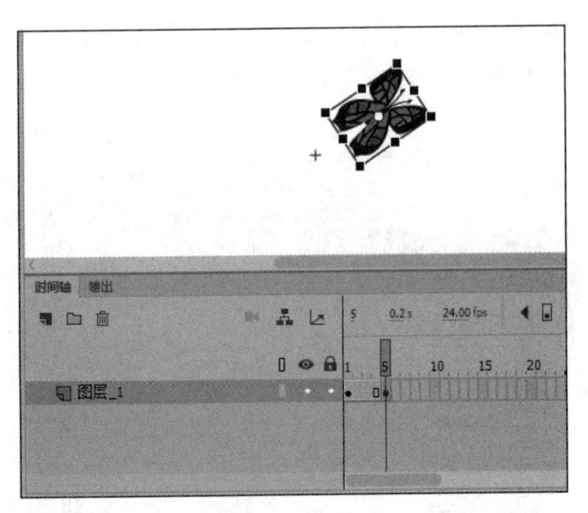

step 7 右击 1～4 帧中的任意一帧，在弹出的快捷菜单中选择【创建传统补间】命令，创建传统补间动画。

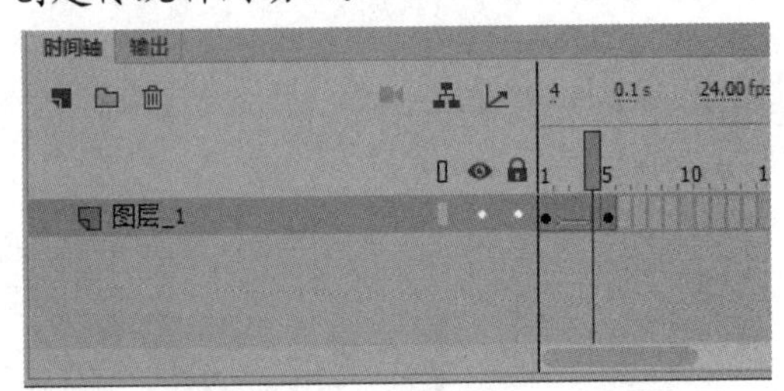

step 8 打开【库】面板，【影片剪辑】元件【蝶舞】已经创建完毕。

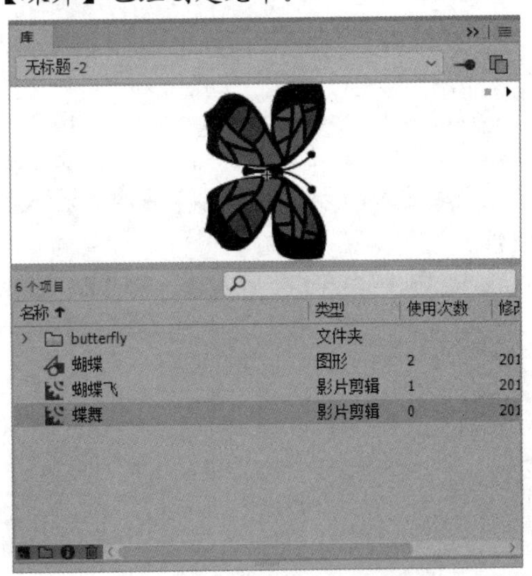

step 9 单击【场景 1】按钮，返回舞台，选择【文件】|【导入】|【导入到舞台】命令，将【鲜花】位图文件导入舞台中。

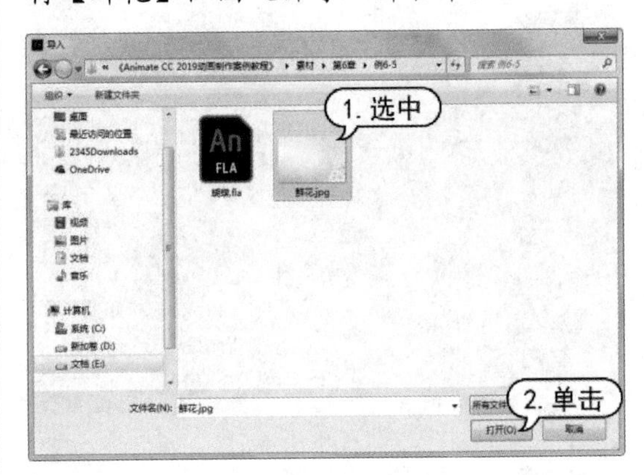

step 10 将舞台匹配图片内容，然后将【库】面板中的【蝶舞】影片剪辑元件拖动到合适位置上。

step 11 按Ctrl+Enter组合键，测试动画影片，会有蝴蝶飞舞的效果。

第 7 章

使用帧和图层

Animate 动画播放的长度以帧为单位，创建 Animate 动画，实际上就是创建连续帧上的内容，而使用图层可以将动画中的不同对象与动作区分开。本章主要介绍在 Animate CC 2019 动画中使用帧和图层制作基础动画的内容。

本章对应视频

例 7-1 制作逐帧动画

例 7-2 练习图层操作

例 7-3 制作奔马动画

例 7-4 制作倒计时动画

7.1 时间轴和帧

帧是 Animate 动画的基本组成部分，Animate 动画是由不同的帧组合而成的。时间轴是摆放和控制帧的地方，帧在时间轴上的排列顺序将决定动画的播放顺序。

7.1.1 简介时间轴和帧

帧控制 Animate 动画内容，而时间轴则起着控制帧的顺序和时间的作用。

1. 时间轴

时间轴是 Animate 动画的控制台，所有关于动画的播放顺序、动作行为以及控制命令等操作都在时间轴中编排。

时间轴主要由图层、帧和播放头组成，在播放 Animate 动画时，播放头沿时间轴向后滑动，而图层和帧中的内容则随着时间的变化而变化。

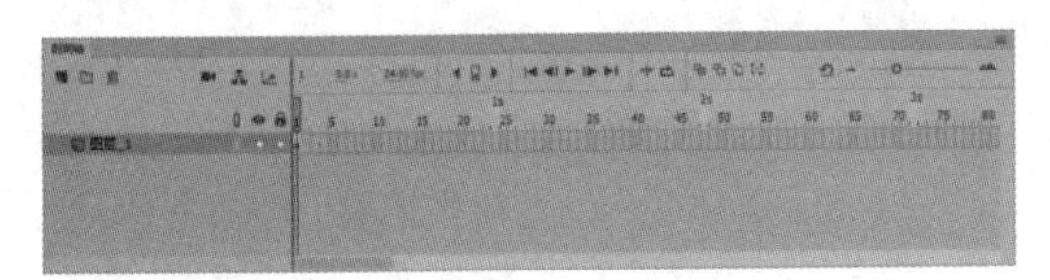

2. 帧

帧是 Animate 动画的基本组成部分，帧在时间轴上的排列顺序将决定动画的播放顺序。

每一帧中的具体内容，则需在相应的帧的工作区域内进行制作，如在第一帧包含了一幅图，那么这幅图只能作为第一帧的内容，第二帧还是空的。

知识点滴

帧的播放顺序不一定会严格按照时间轴的横轴方向进行播放，如自动播放到某一帧就停止，然后接受用户的输入或回到起点重新播放，直到某个事件被激活后才能继续播放等，对于这种互动式动画将涉及 Animate 的动作脚本语言。

7.1.2 帧的类型

在 Animate CC 中，用来控制动画播放的帧具有不同的类型，选择【插入】|【时间轴】命令，在弹出的子菜单中显示了帧、关键帧和空白关键帧 3 种类型的帧。

不同类型的帧在动画中发挥的作用也不同，这 3 种类型的帧的具体作用如下。

- 帧(普通帧)：连续的普通帧在时间轴上用灰色显示，并且在连续的普通帧的最后一帧中有一个空心矩形块。连续的普通帧的内容都相同，在修改其中的某一帧时其他帧的内容也同时被更新。由于普通帧的这个特性，通常用它来放置动画中静止不变的对象(如背景和静态文字)。

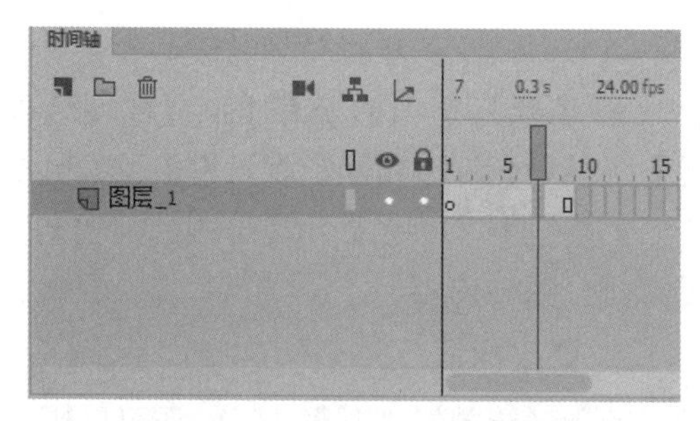

▶ 关键帧：关键帧在时间轴中是含有黑色实心圆点的帧，是用来定义动画变化的帧，在动画制作过程中是最重要的帧类型。在使用关键帧时不能太频繁，过多的关键帧会增大文件的大小。补间动画的制作就是通过关键帧内插的方法实现的。

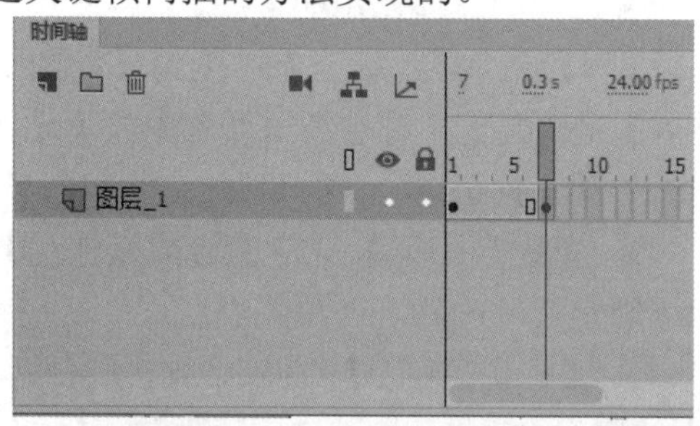

知识点滴

由于文档会保存每一个关键帧中的形状，所以制作动画时只需在插图中有变化的地方创建关键帧。

▶ 空白关键帧：在时间轴中插入关键帧后，左侧相邻帧的内容就会自动复制到该关键帧中，如果不想让新关键帧继承相邻左侧帧的内容，可以采用插入空白关键帧的方法。在每一个新建的 Animate 文档中都有一个空白关键帧。空白关键帧在时间轴中是含有空心小圆圈的帧。

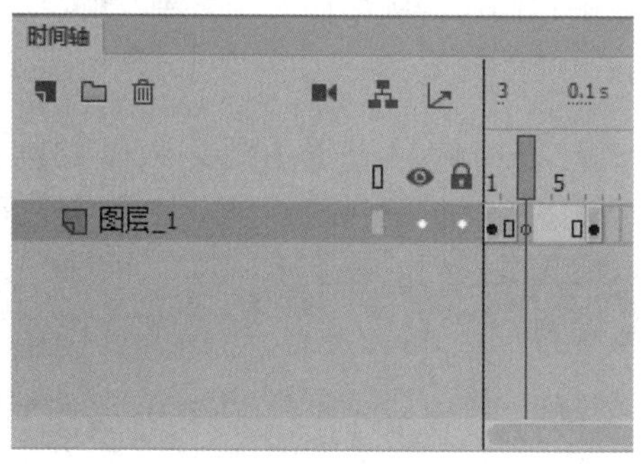

7.1.3　帧的显示状态

帧在时间轴上具有多种表现形式，根据创建动画的不同，帧会呈现出不同的状态甚至是不同的颜色。

▶ ：当起始关键帧和结束关键帧用一个黑色圆点表示，中间补间帧为紫色背景并被一个箭头贯穿时，表示该动画是设置成功的传统补间动画。

▶ ：当传统补间动画被一条虚线贯穿时，表示该动画是设置不成功的传统补间动画。

▶ ：当起始关键帧和结束关键帧用一个黑色圆点表示，中间补间帧为棕色背景并被一个箭头贯穿时，表示该动画是设置成功的补间形状动画。

▶ ：当补间形状动画被一条虚线贯穿时，表示该动画是设置不成功的补间形状动画。

▶ ：当起始关键帧用一个黑色圆点表示，中间补间帧为黄色背景时，表示该动画为补间动画。

▶ ：如果在单个关键帧后面包含有浅灰色的帧，表示这些帧包含与第一个关键帧相同的内容。

▶ ：当关键帧上有一个小“a”标记时，表示该关键帧中有帧动作。

7.1.4　使用【绘图纸外观】工具

一般情况下，在舞台中只能显示动画序列的某一帧的内容，为了便于定位和编辑动画，可以使用【绘图纸外观】工具一次查看在舞台上两个或更多帧的内容。

1. 工具的操作

单击【时间轴】面板上的【绘图纸外观】按钮，在【时间轴】面板播放头两侧会出现【绘图纸外观】标记：即【开始绘图纸外观】和【结束绘图纸外观】标记。

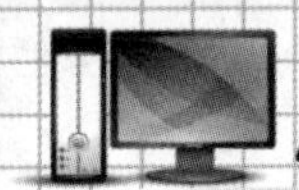

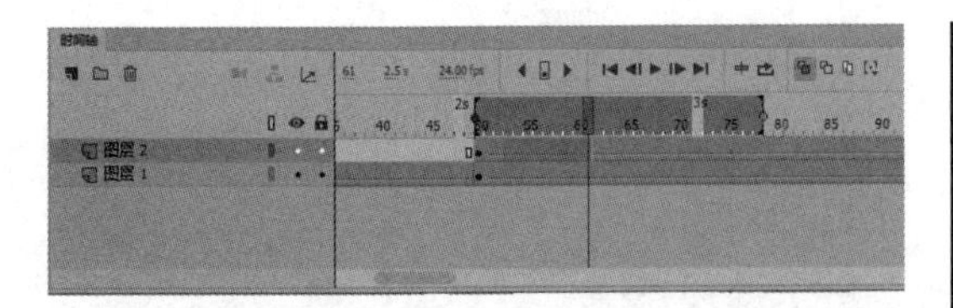

使用【绘图纸外观】工具可以设置图像的显示方式和显示范围，并且可以编辑【绘图纸外观】标记内的所有帧，相关的操作如下。

- 设置显示方式：如果舞台中的对象太多，为了方便查看其他帧上的内容，可以将具有【绘图纸外观】的帧显示为轮廓，单击【绘图纸外观轮廓】按钮即可显示对象轮廓。

- 移动【绘图纸外观】标记位置：选中【开始绘图纸外观】标记，可以向动画起始帧位置移动；选中【结束绘图纸外观】标记，可以向动画结束帧位置移动。
- 编辑标记内的所有帧：【绘图纸外观】工具只允许编辑当前帧，单击【编辑多个帧】按钮，可以显示【绘图纸外观】标记内每个帧的内容。

2. 更改标记

使用【绘图纸外观】工具，还可以更改【绘图纸外观】标记的显示。单击【修改绘图纸标记】按钮，在弹出的下拉菜单中可以选择【始终显示标记】【锚定标记】【标记范围 2】【标记范围 5】和【标记所有范围】5 个选项。

各选项的具体作用如下。

- 【始终显示标记】：无论【绘图纸外观】是否打开，都会在时间轴中显示【绘图纸外观】标记。
- 【锚定标记】：将【绘图纸外观】标记锁定在时间轴当前位置。
- 【标记范围 2】：显示当前帧左右两侧的两帧内容。
- 【标记范围 5】：显示当前帧左右两侧的 5 帧内容。
- 【标记所有范围】：显示当前帧左右两侧的所有帧内容。

> **知识点滴**
>
> 一般情况下，【绘图纸外观】范围和当前帧指针以及【绘图纸外观标记】相关，锚定【绘图纸外观】标记，可以防止它们随当前帧指针移动。

7.2 帧的操作

在制作动画时，用户可以根据需要对帧进行一些基本操作，例如插入、选择、删除、清除、复制、移动帧等。

7.2.1 插入帧

帧的操作可以在【时间轴】面板上进行，首先介绍插入帧的操作。

要在时间轴上插入帧，可以通过以下几种方法实现。

- 在时间轴上选中要插入帧的帧位置，按下 F5 键，可以插入帧，按下 F6 键，可以插入关键帧，按下 F7 键，可以插入空白关键帧。

在插入关键帧或空白关键帧之后，可以直接按下 F5 键或其他键，进行扩展，每按一次将关键帧或空白关键帧长度扩展 1 帧。

➤ 在时间轴上选中要插入帧的帧位置，选择【插入】|【时间轴】命令，在弹出的子菜单中选择相应命令，可插入帧、关键帧和空白关键帧。

➤ 右击时间轴上要插入帧的帧位置，在弹出的快捷菜单中选择【插入帧】【插入关键帧】或【插入空白关键帧】命令，可以插入帧、关键帧或空白关键帧。

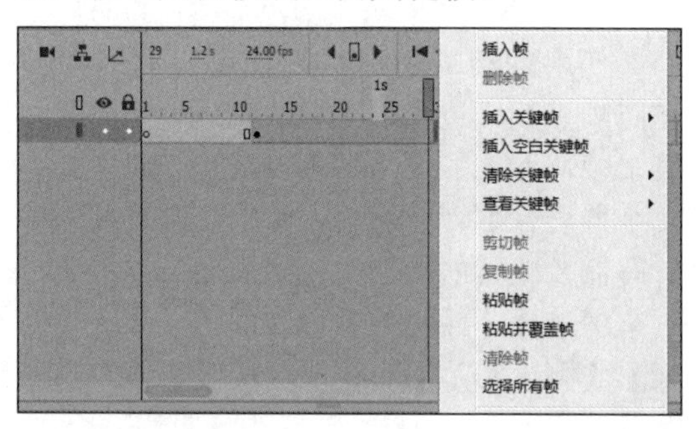

7.2.2　选择帧

帧的选择是对帧以及帧中内容进行操作的前提条件。要对帧进行操作，首先必须选择【窗口】|【时间轴】命令，打开【时间轴】面板。

选择帧可以通过以下几种方法实现。

➤ 选择单个帧：把光标移到需要的帧上，单击即可。

➤ 选择多个不连续的帧：按住 Ctrl 键，然后单击需要选择的帧。

➤ 选择多个连续的帧：按住 Shift 键，单击选择该范围内的开始帧和结束帧。

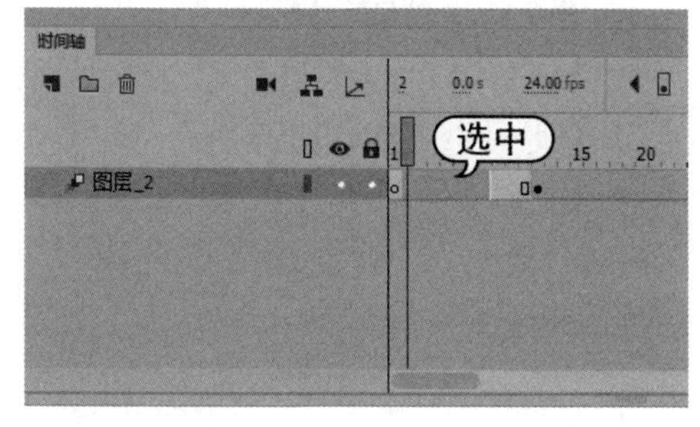

➤ 选择所有的帧：在任意一个帧上右击，从弹出的快捷菜单中选择【选择所有帧】命令，或者选择【编辑】|【时间轴】|【选择所有帧】命令，同样可以选择所有的帧。

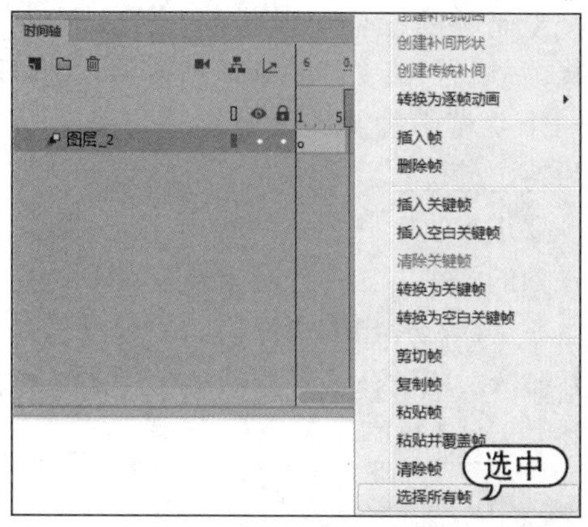

7.2.3　删除和清除帧

如果有不想要的帧，用户可以进行删除或清除帧的操作。

1. 删除帧

删除帧的操作不仅可以删除帧中的内容，还可以将选中的帧删除，还原为初始状态。如下图所示，左侧为删除前的帧，右侧为删除后的帧。

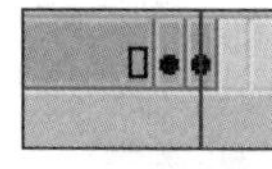

要进行删除帧的操作，可以按照选择帧的几种方法，先将要删除的帧选中，然后右击，从弹出的快捷菜单中选择【删除帧】命令；或者在选中帧以后选择【编辑】|【时间轴】|【删除帧】命令。

2. 清除帧

清除帧仅把被选中的帧上的内容清除，并将这些帧自动转换为空白关键帧状态。清除帧的效果如下图所示。

要进行清除帧的操作，可以按照选择帧的几种方法，先选中要清除的帧，然后右击，在弹出的快捷菜单中选择【清除帧】命令；

或者在选中帧以后选择【编辑】|【时间轴】|【清除帧】命令。

7.2.4　复制帧

复制帧的操作可以将同一个文档中的某些帧复制到该文档的其他帧位置，也可以将一个文档中的某些帧复制到另外一个文档的特定帧位置。

要进行复制和粘贴帧的操作，可以按照选择帧的几种方法，先将要复制的帧选中，然后右击，从弹出的快捷菜单中选择【复制帧】命令；或者在选中帧以后选择【编辑】|【时间轴】|【复制帧】命令。

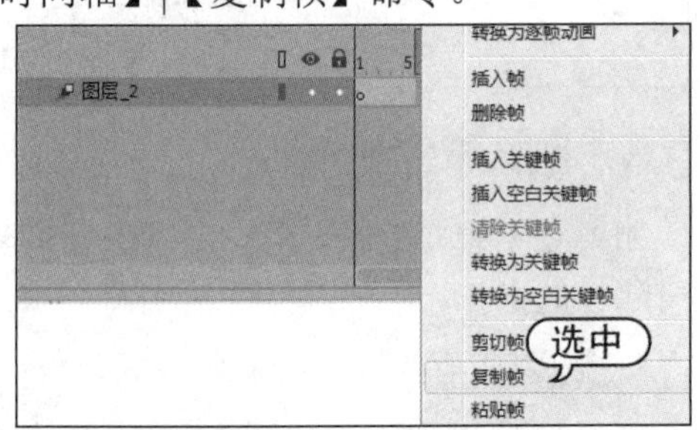

然后在需要粘贴的帧上右击，从弹出的快捷菜单中选择【粘贴帧】命令；或者在选中帧以后选择【编辑】|【时间轴】|【粘贴帧】命令。

7.2.5　移动帧

移动帧的操作方法主要有以下两种。

- 将鼠标光标放置在所选帧上面，出现显示状态时，拖动选中的帧，移动到目标帧位置以后释放鼠标。

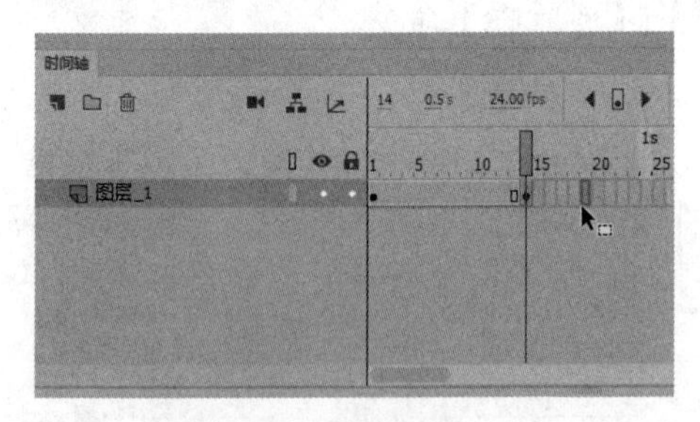

选中需要移动的帧并右击，从打开的快捷菜单中选择【剪切帧】命令，然后在目标位置右击，从打开的快捷菜单中选择【粘贴帧】命令。

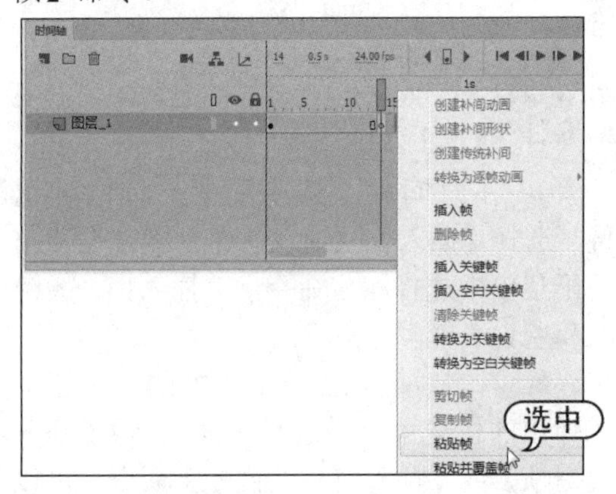

7.2.6　翻转帧

使用翻转帧功能可以使选定的一组帧按照顺序翻转过来，使原来的最后一帧变为第 1 帧，原来的第 1 帧变为最后一帧。

要进行翻转帧操作，首先在时间轴上将所有需要翻转的帧选中，然后右击，从弹出菜单中选择【翻转帧】命令即可。选择【控制】|【测试影片】命令，会发现播放顺序与翻转前相反。

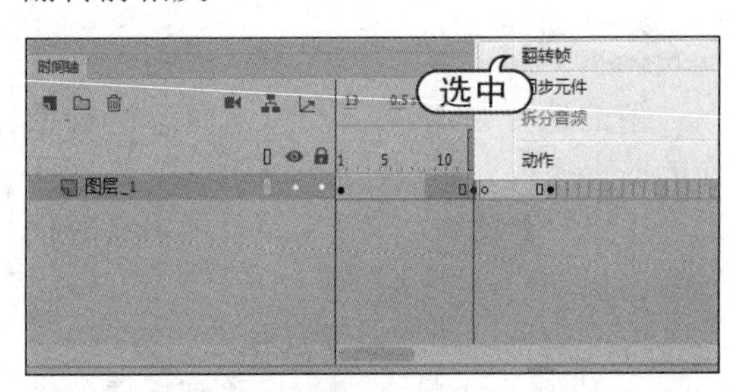

7.2.7　帧频和帧序列

帧序列就是指一列帧的顺序，帧频是指 Animate 动画播放的速度。用户可以进行改变帧序列的长度和设置帧频等操作。

1. 更改帧序列的长度

将光标放置在帧序列的开始帧或结束帧处，按住 Ctrl 键不放使光标变为左右箭头，向左或向右拖动可更改帧序列的长度。

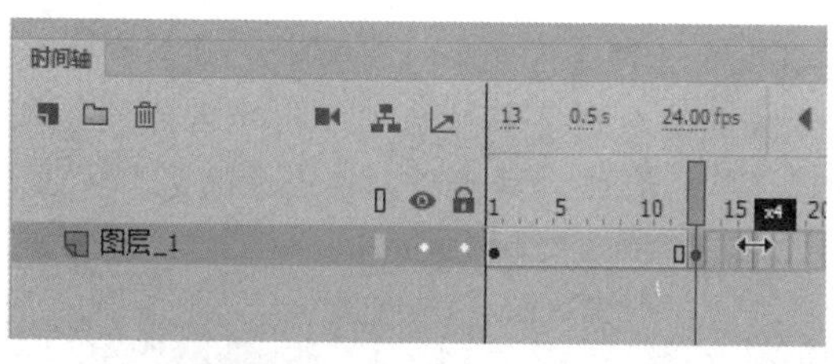

2. 设置帧频

选择【修改】|【文档】命令，打开【文档设置】对话框。在该对话框中的【帧频】文本框中输入合适的帧频数值。

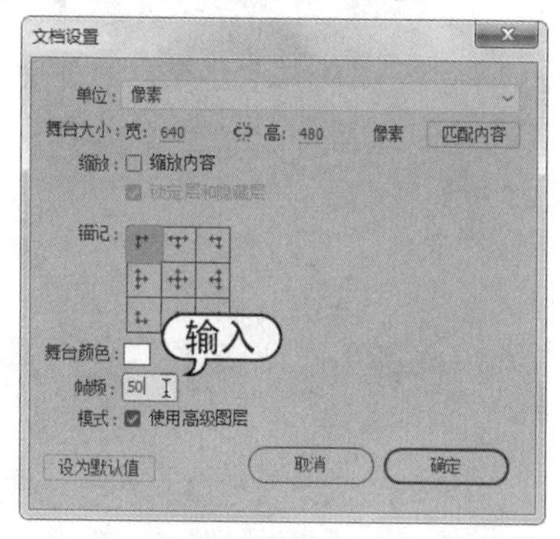

此外，还可以选择【窗口】|【属性】命令，打开【属性】面板，在FPS文本框内输入帧频的数值。

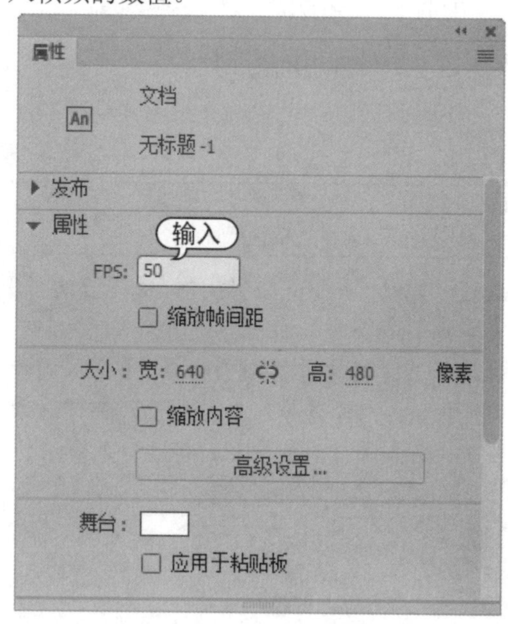

7.3 逐帧动画

逐帧动画是最简单的一种动画形式，在逐帧动画中，需要为每个帧创建图像，适合于表演很细腻的动画，但花费时间也长。

7.3.1 逐帧动画的概念

逐帧动画也称为帧帧动画，是最常见的动画形式，最适合制作图像在每一帧中都在变化而不是在舞台上移动的复杂动画。

逐帧动画的原理是在连续的关键帧中分解动画动作，也就是要创建每一帧的内容，才能连续播放而形成动画。逐帧动画的帧序列内容不一样，不仅增加制作负担，而且最终输出的文件也很大。但它的优势也很明显，因为它与电影播放模式相似，适合表演很细腻的动画，通常在网络上看到的行走、头发的飘动等动画，很多都是使用逐帧动画实现的。

逐帧动画在时间轴上表现为连续出现的关键帧。要创建逐帧动画，就要将每一个帧都定义为关键帧，为每个帧创建不同的对象。

通常创建逐帧动画主要有以下几种方法。

- 将jpg、png等格式的静态图片连续导入Animate中，就会建立一段逐帧动画。
- 绘制矢量逐帧动画，用鼠标或压感笔在场景中一帧帧地画出帧内容。
- 文字逐帧动画，用文字作帧中的元件，实现文字跳跃、旋转等特效。
- 指令逐帧动画，在【时间轴】面板上逐帧写入动作脚本语句来完成元件的变化。

▶ 导入序列图像，可以导入 gif 序列图像、swf 动画文件或者利用第三方软件(如 Swish、Swift 3D 等)产生的动画序列。

7.3.2 逐帧动画的制作

下面将通过一个实例介绍逐帧动画的制作过程。

【例 7-1】新建一个文档，制作逐帧动画。
视频+素材 (素材文件\第 07 章\例 7-1)

step 1 启动Animate CC 2019，选择【文件】|【新建】命令，新建一个文档。

step 2 选择【文件】|【导入】|【导入到舞台】命令，打开【导入】对话框，选择背景图片，单击【打开】按钮，将其导入舞台。

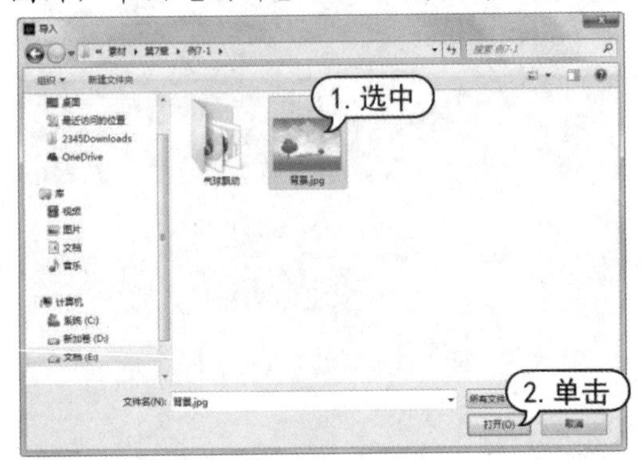

step 3 选择【修改】|【文档】命令，打开【文档设置】对话框，单击【匹配内容】按钮，然后单击【确定】按钮，设置舞台和图片大小一致。

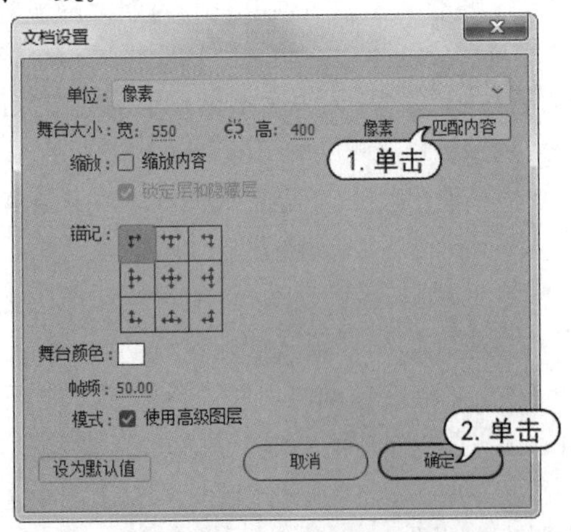

step 4 选择【插入】|【新建元件】命令，打开【创建新元件】对话框，创建名为“气球飘动”的影片剪辑元件，单击【确定】按钮。

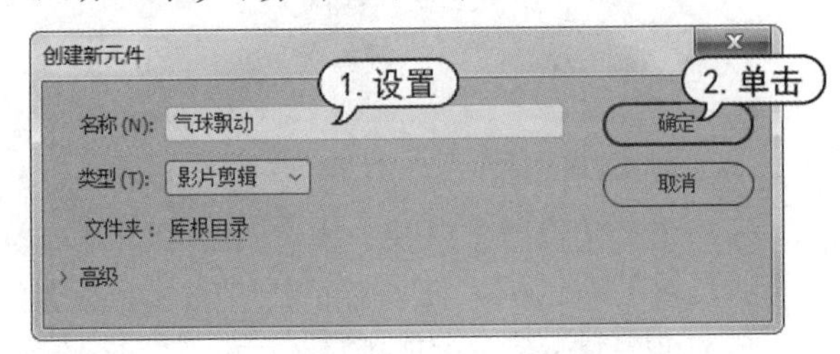

step 5 进入元件编辑窗口，选择【文件】|【导入】|【导入到舞台】命令，打开【导入】对话框，选择一组图片中的第 1 张图片文件，单击【打开】按钮。

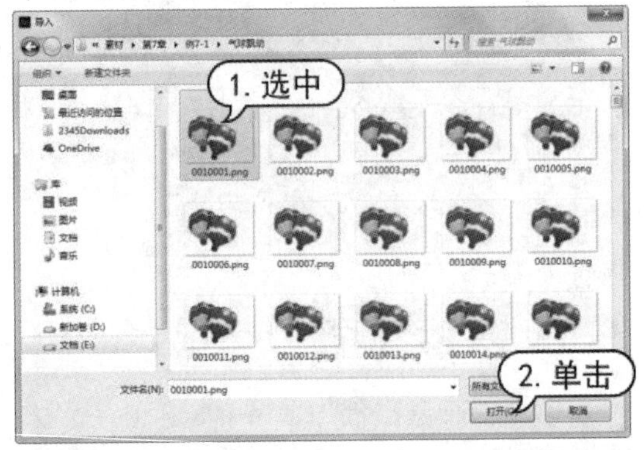

step 6 弹出提示对话框，单击【是】按钮，将该组图片都导入舞台。

step 7 全部导入后，单击【返回】按钮，返回至场景 1。

step 8 将【气球飘动】影片剪辑元件从【库】面板中拖入舞台，并调整图形的大小和位置。

step 9 保存文档，按Ctrl+Enter组合键测试动画，显示气球飘动的动画效果。

7.4　使用图层

在 Animate CC 2019 中，使用图层可以将动画中的不同对象与动作区分开，例如可以绘制、编辑、粘贴和重新定位一个图层上的元素而不会影响其他图层，因此不必担心在编辑过程中会对图像产生无法恢复的误操作。

7.4.1　图层的类型

图层类似透明的薄片，层层叠加，如果一个图层上有一部分没有内容，那么就可以透过这部分看到下面的图层上的内容。通过图层可以方便地组织文档中的内容。当在某一图层上绘制和编辑对象时，其他图层上的对象不会受到影响。

图层位于【时间轴】面板的左侧，在 Animate CC 2019 中，图层一般共分为 5 种类型，即一般图层、遮罩层、被遮罩层、引导层、被引导层。

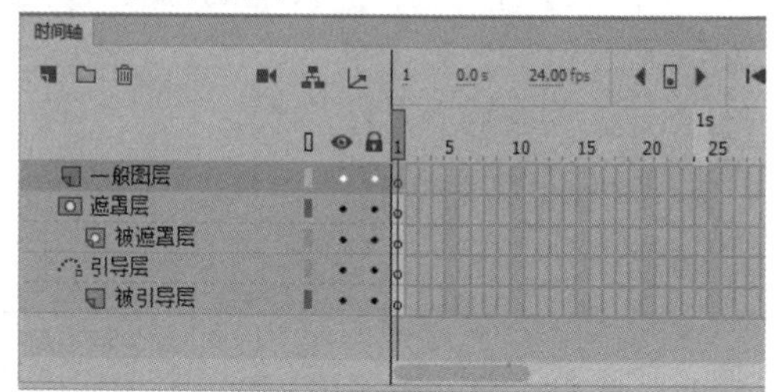

这 5 种图层类型的详细说明如下。

- 一般图层：指普通状态下的图层，这种类型的图层名称的前面将显示普通图层图标。
- 遮罩层：指放置遮罩物的图层，当设置某个图层为遮罩层时，该图层的下一图层便被默认为被遮罩层。这种类型的图层名称的前面有一个遮罩层图标。
- 被遮罩层：被遮罩层是与遮罩层对应的、用来放置被遮罩物的图层。这种类型的图层名称的前面有一个被遮罩层的图标。
- 引导层：在引导层中可以设置运动路径，用来引导被引导层中的对象依照运动路径进行移动。当图层被设置成引导层时，在图层名称的前面会出现一个运动引导层图标，该图层的下方图层会被系统默认为是被引导层；如果引导图层下没有任何图层作为被引导层，那么在该引导图层名称的前面就出现一个引导层图标。
- 被引导层：被引导层与其上面的引导层是对应的，当上一个图层被设定为引导层时，这个图层会自动转变成被引导层，并且图层名称会自动进行缩排，被引导层的图标和一般图层一样。

7.4.2　图层的模式

Animate CC 2019 中的图层有多种图层

模式，以适应不同的设计需要，这些图层模式的具体作用如下。

- 当前层模式：在任何时候只有一层处于该模式，该层即为当前操作的层，所有新对象或导入的场景都将放在这一层上。当前层为选中状态。

- 隐藏模式：要集中处理舞台中的某一部分时，可以将多余的图层隐藏起来。隐藏图层的名称栏上有×图标作为标识，表示当前图层为隐藏图层，如下图所示【一般图层】图层即为隐藏图层。

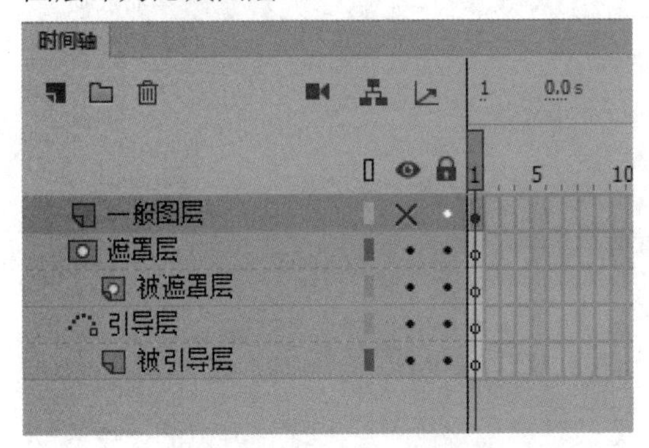

- 锁定模式：要集中处理舞台中的某一部分时，可以将需要显示但不希望被修改的图层锁定起来。被锁定的图层的名称栏上有一个锁形图标作为标识。

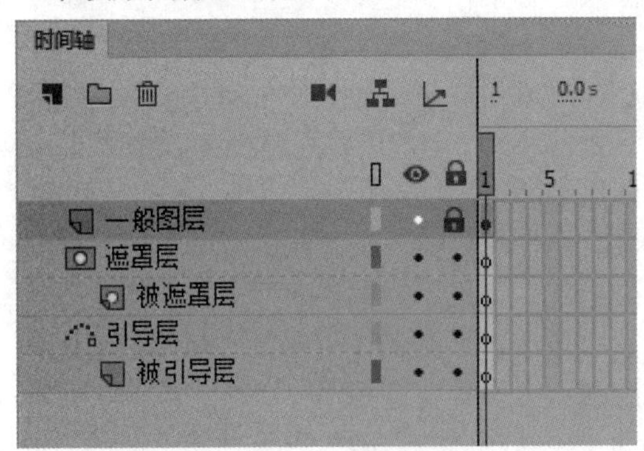

- 轮廓模式：如果某图层处于轮廓模式，则该图层名称栏上会以空心的彩色方框作为标识，此时舞台中将以彩色方框中的颜色显示该图层中内容的轮廓。比如下图中的【引导层】里，原本填充颜色为红色的方形，单击按钮，使其成为轮廓模式，此时方形显示为无填充色的粉红色轮廓。

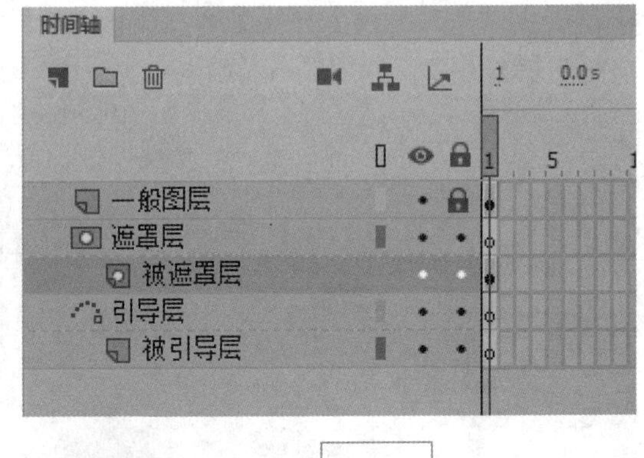

7.4.3 创建图层和图层文件夹

使用图层可以通过分层将不同的内容或效果添加到不同的图层上，从而组合成为复杂而生动的作品。使用图层前需要先创建图层或图层文件夹。

1. 创建图层

当创建一个新的 Animate 文档后，它只包含一个图层。用户可以创建更多的图层来满足动画制作的需要。

要创建图层，可以通过以下方法实现。

- 单击【时间轴】面板中的【新建图层】按钮，即可在选中图层的上方插入一个图层。

- 选择【插入】|【时间轴】|【图层】命令，即可在选中图层的上方插入一个新图层。

- 右击【时间轴】面板上的图层，在弹出的快捷菜单中选择【插入图层】命令，即可在该图层上方插入一个图层。

2. 创建图层文件夹

图层文件夹可以用来摆放和管理图层，当创建的图层数量过多时，可以将这些图层根据实际类型归纳到同个图层文件夹中。

要创建图层文件夹，可以通过以下方法实现。

- 选中【时间轴】面板中顶部的图层，然后单击【新建文件夹】按钮，即可插入一个图层文件夹。

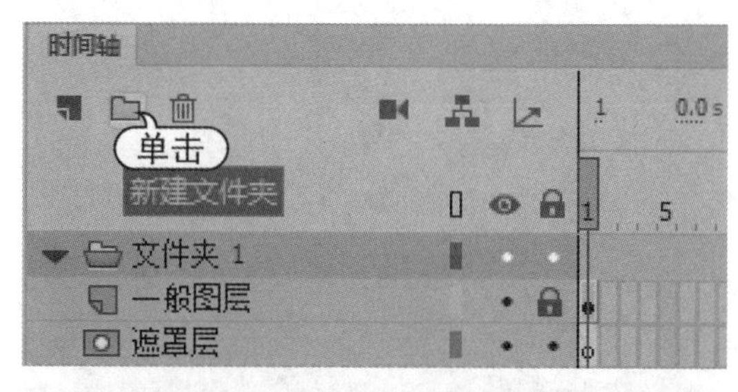

知识点滴

由于图层文件夹仅用于管理图层而不是用于管理对象，因此图层文件夹没有时间线和帧。

- 在【时间轴】面板中选择一个图层或图层文件夹，然后选择【插入】|【时间轴】|【图层文件夹】命令。
- 右击【时间轴】面板中的图层，在弹出的快捷菜单中选择【插入文件夹】命令，即可插入一个图层文件夹。

7.4.4　编辑图层

图层的基本编辑主要包括选择、删除、重命名图层等操作，此外，设置图层属性的操作可以在【图层属性】对话框中进行。

1. 选择图层

创建图层后，要修改和编辑图层，首先要选择图层。在 Animate CC 2019 中，一次可以选择多个图层，但一次只能有一个图层处于可编辑状态。

要选择图层，可以通过以下方法实现。

- 单击【时间轴】面板中的图层名称即可选中该图层。
- 单击【时间轴】面板图层上的某个帧，即可选中该图层。
- 单击舞台中某图层上的任意对象，即可选中该图层。
- 按住 Shift 键，单击【时间轴】面板中起始和结束位置的图层名称，可以选中连续的图层。

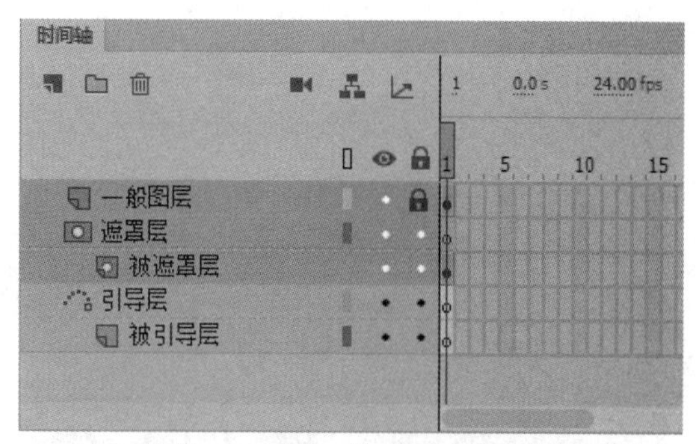

- 按住 Ctrl 键，单击【时间轴】面板中的图层名称，可以选中不连续的图层。

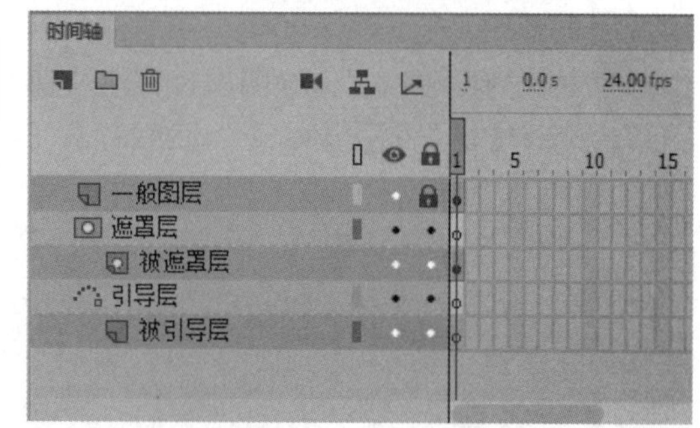

2. 删除图层

在选中图层后，可以进行删除图层操作，具体操作方法如下。

- 选中图层，单击【时间轴】面板中的【删除】按钮，即可删除该图层。
- 拖动【时间轴】面板中所需删除的图层到【删除】按钮上即可删除图层。
- 右击所需删除的图层，在弹出的快捷菜单中选择【删除图层】命令。

3. 复制和拷贝图层

在制作动画的过程中，有时可能需要重复使用两个图层中的对象，可以通过复制或拷贝图层的方式来实现，从而减少重复操作。

在 Animate CC 2019 中，右击当前选择的图层，从弹出的快捷菜单中选择【复制图层】命令，或者选择【编辑】|【时间轴】|【复制图层】命令，可以在选择的图层上方创建一个含有“复制”后缀字样的同名图层。

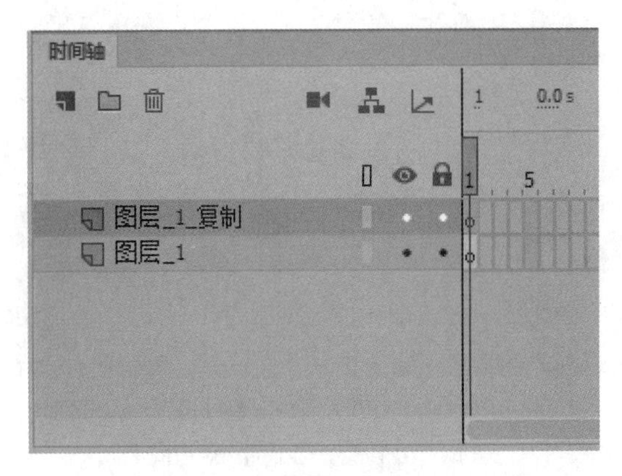

如果要把一个文档内的某个图层复制到另一个文档内，可以右击该图层，弹出快捷菜单，选择【拷贝图层】命令，然后右击任意图层(可以是本文档内，也可以是另一文档)，在弹出的快捷菜单中选择【粘贴图层】命令，即可在图层上方创建一个与复制的图层相同的图层。

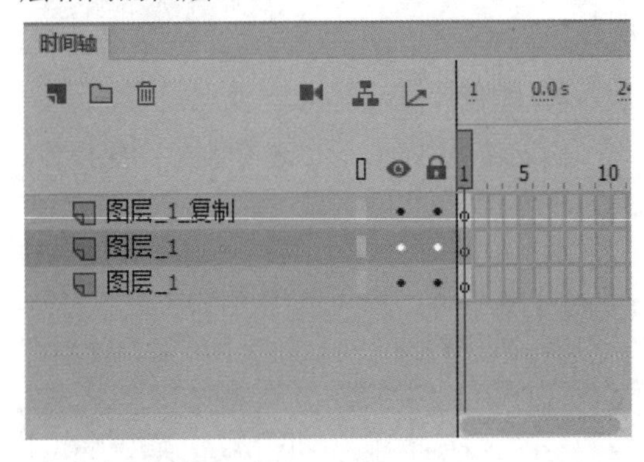

4. 重命名图层

默认情况下，创建的图层会以【图层+编号】的样式为该图层命名，但这种编号性质的名称在图层较多时使用会很不方便。

用户可以对每个图层进行重命名，使每个图层的名称都具有一定的含义，方便用户对图层或图层中的对象进行操作。

重命名图层可以通过以下方法实现。

▶ 双击【时间轴】面板中的图层，出现文本框后输入新的图层名称即可。

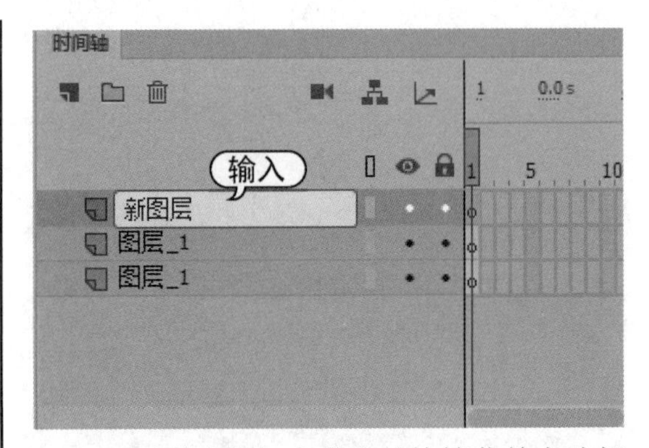

▶ 右击图层，在弹出的快捷菜单中选择【属性】命令，打开【图层属性】对话框。在【名称】文本框中输入图层的名称，单击【确定】按钮即可。

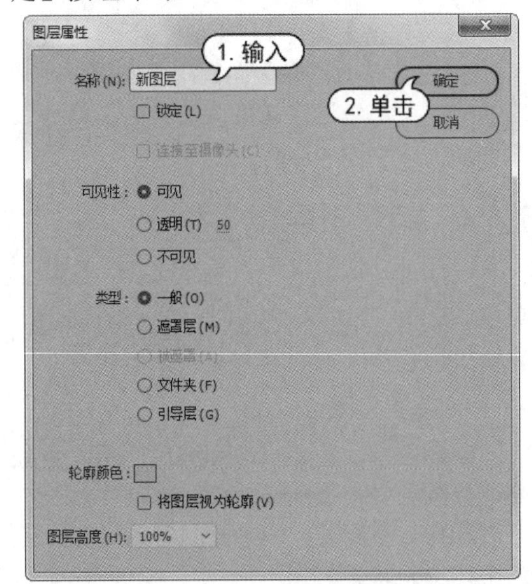

▶ 在【时间轴】面板中选择图层，选择【修改】|【时间轴】|【图层属性】命令，打开【图层属性】对话框，在【名称】文本框中输入图层的新名称，单击【确定】按钮。

5. 调整图层的顺序

调整图层的顺序，可以得到不同的动画效果和显示效果。要更改图层的顺序，直接拖动所需改变顺序的图层到适当的位置，然后释放鼠标即可。在拖动过程中会出现一条带圆圈的黑色实线，表示图层当前已被拖动到的位置。

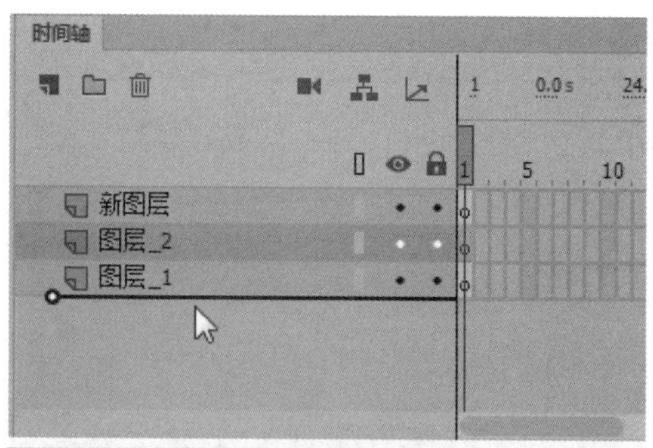

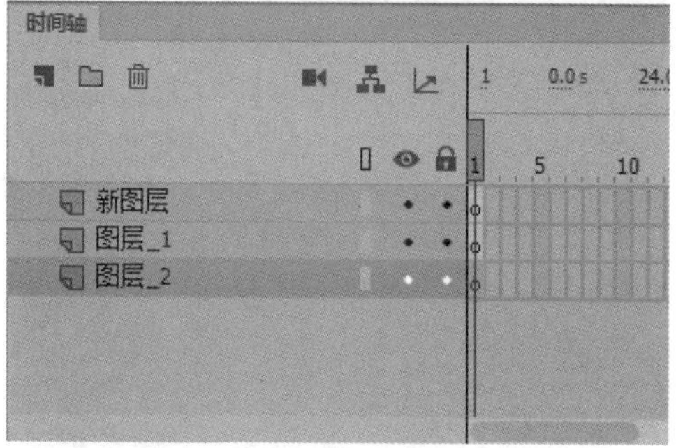

6. 设置图层属性

要设置某个图层的详细属性，例如轮廓颜色、图层类型等，可以在【图层属性】对话框中实现。

选择要设置属性的图层，选择【修改】|【时间轴】|【图层属性】命令，打开【图层属性】对话框。

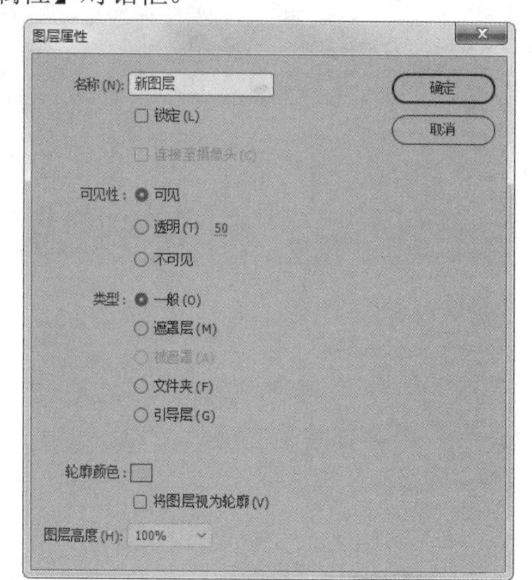

该对话框中主要参数选项的具体作用如下。

- 【名称】：可以在文本框中输入或修改图层的名称。
- 【锁定】：选中该复选框，可以锁定图层。
- 【可见性】：可以在该选项中设置显示或隐藏图层。
- 【类型】：可以在该选项中更改图层的类型。
- 【轮廓颜色】：单击该按钮，在打开的颜色调色板中可以选择颜色，以修改当图层以轮廓线方式显示时的轮廓颜色。
- 【将图层视为轮廓】：选中该复选框，可以设置图层中的对象以轮廓线方式显示。
- 【图层高度】：在该下拉列表框中，可以设置图层的高度比例。

【例 7-2】打开一个文档，练习重命名图层、复制图层等操作。

视频+素材 (素材文件\第 07 章\例 7-2)

step 1 启动Animate CC 2019，打开【多图层】文档。

step 2 在【时间轴】面板上双击【图层 1】图层，待其变为可输入状态时，输入文字“背景”，即可修改图层名称。

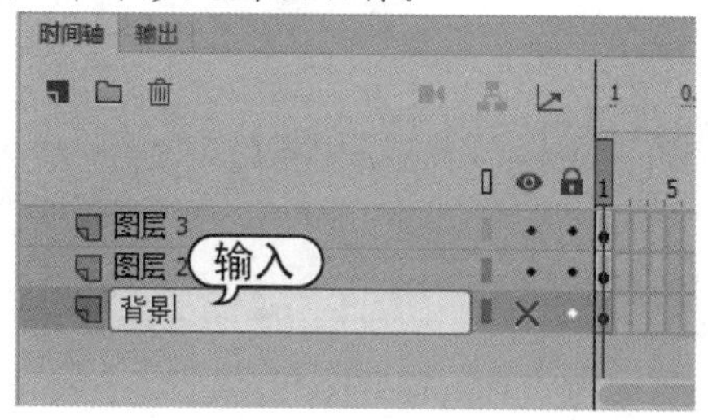

step 3 右击【图层 3】，在弹出的快捷菜单上选择【拷贝图层】命令。

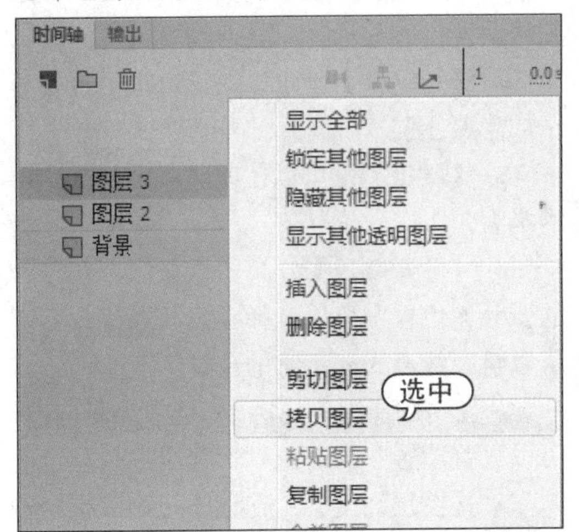

step 4 在【图层 3】上右击，在弹出的快捷菜单上选择【粘贴图层】命令。此时会添加【图层 3】图层，和原来的【图层 3】完全一样。

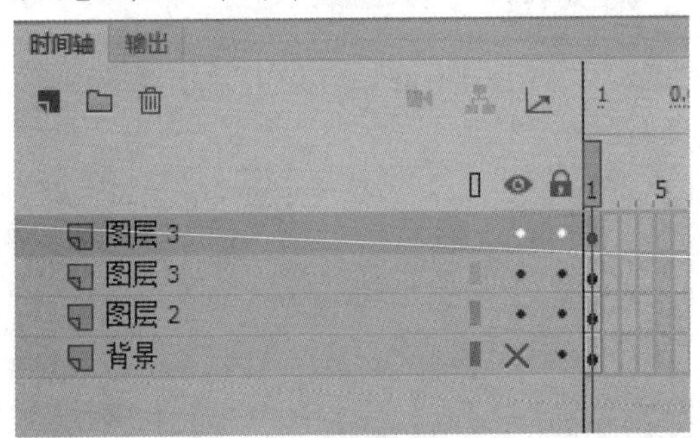

step 5 选中上面的【图层 3】，隐藏其他所有图层，选中图层内容(蝴蝶)，使用【任意变形】工具调整蝴蝶的位置和大小。

step 6 重命名上面的【图层 3】为【蝴蝶 1】，下面的【图层 3】为【蝴蝶 2】，【图层 2】为【花草】。

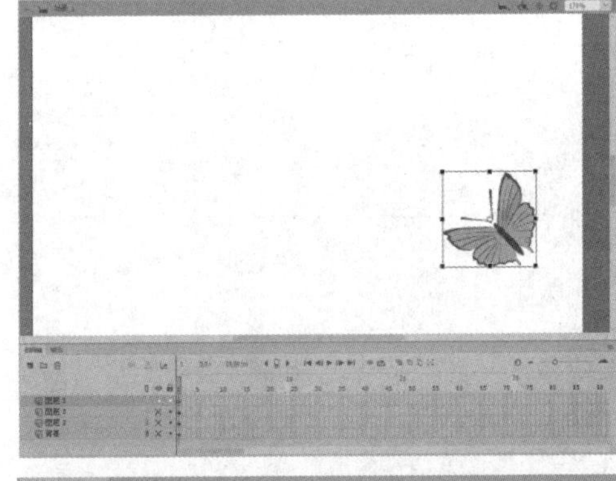

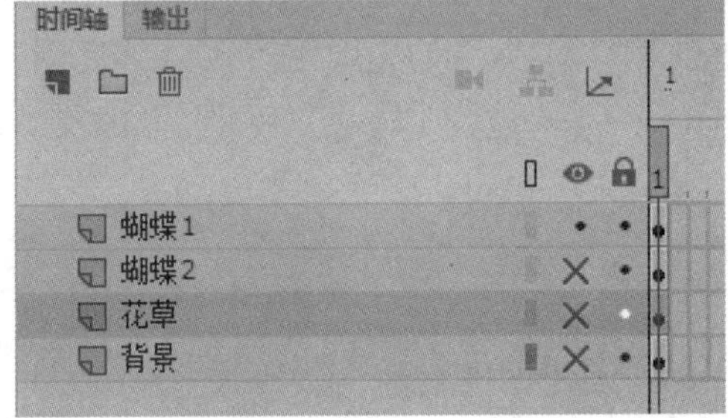

step 7 拖动【花草】图层，放置在最上面，最后的效果如下图所示。

7.5 案例演练

本章的案例演练是制作奔马动画等几个案例操作，用户通过练习从而巩固本章所学知识。

7.5.1 制作奔马动画

【例 7-3】新建一个文档，制作奔马动画。
视频+素材 (素材文件\第 07 章\例 7-3)

step 1 启动Animate CC 2019，新建一个文档。选择【文件】|【导入】|【导入到舞台】命令，打开【导入】对话框，选择名为“背景”的位图文件，然后单击【打开】按钮，将图形导入舞台中。

step 2　选择【修改】|【文档】命令，打开【文档设置】对话框，单击【匹配内容】按钮，然后单击【确定】按钮。

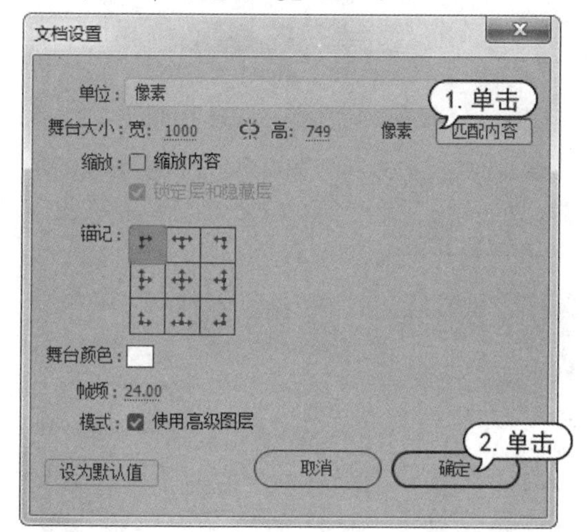

step 3　这样使舞台和背景图片大小一致，效果如下图所示。

step 4　在【时间轴】面板上选择第 300 帧，右击，弹出快捷菜单，选择【插入帧】命令，即可插入普通帧。

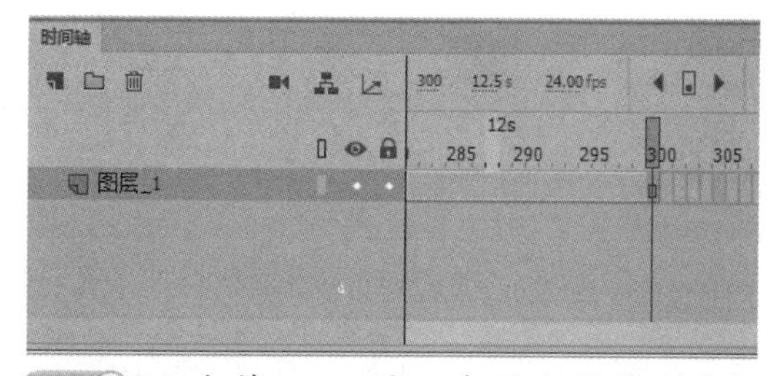

step 5　右击第 300 帧，在弹出菜单中选择【创建补间动画】命令，在第 1 帧至第 300 帧之间创建补间动画。

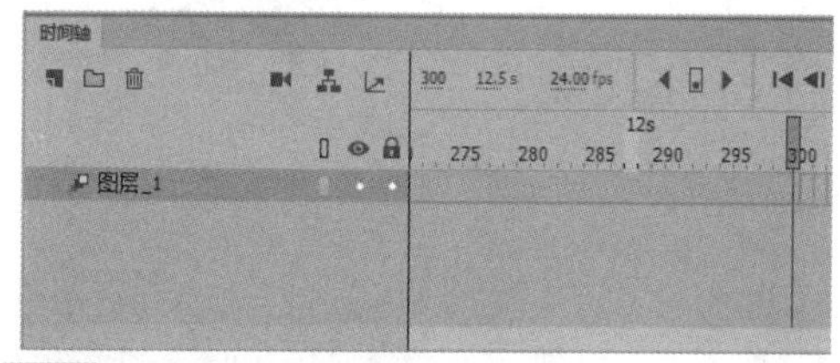

step 6　选择【插入】|【新建元件】命令，打开【创建新元件】对话框，创建一个名为“奔马”的影片剪辑元件。

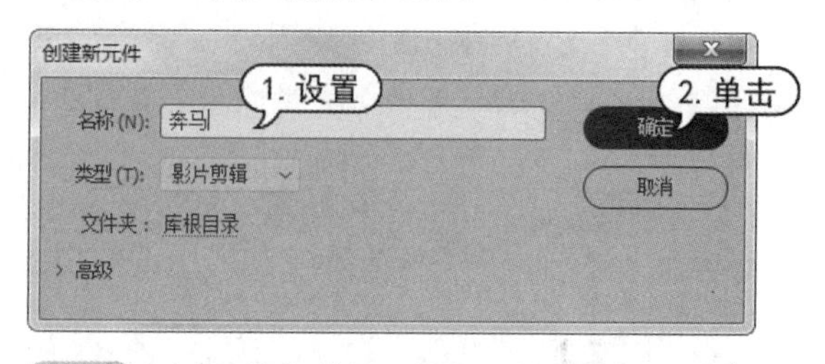

step 7　选择【文件】|【导入】|【导入到舞台】命令，打开【导入】对话框，选择“1”图片文件，单击【打开】按钮。

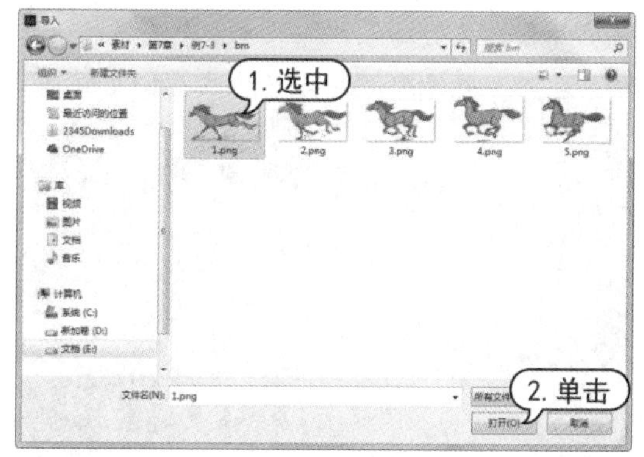

step 8　弹出对话框，询问是否导入序列中所有的图形文件，单击【是】按钮。

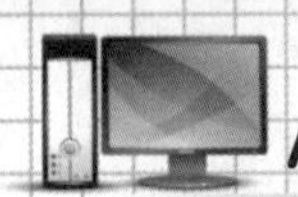

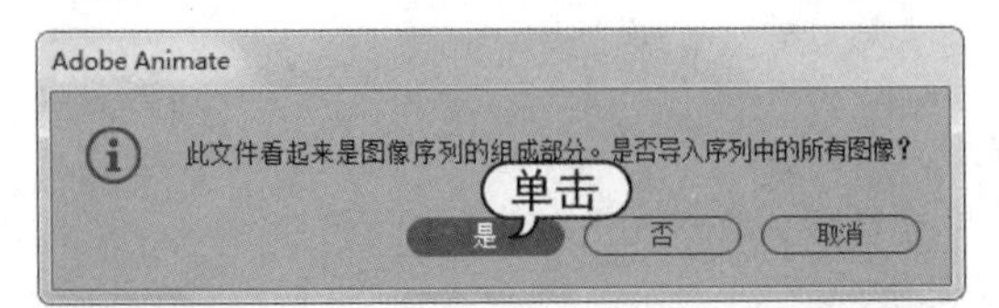

step 9 此时将5张图片依序导入5个帧内。

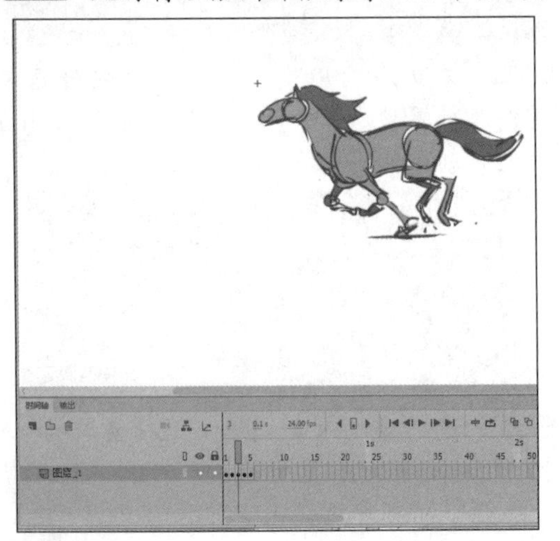

step 10 单击【场景1】按钮，返回场景。在【时间轴】面板上单击【新建图层】按钮，新建一个名为“马”的图层。

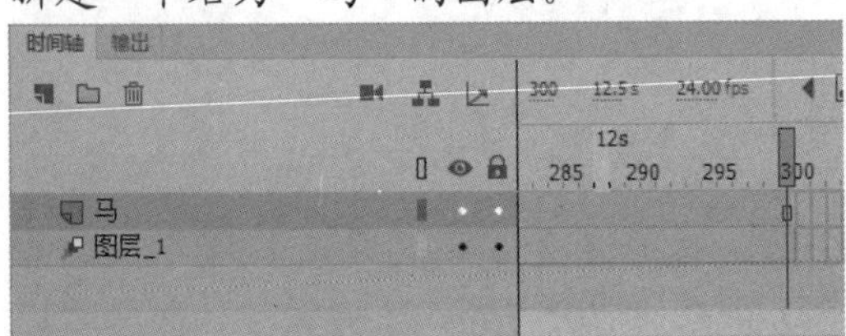

step 11 打开【库】面板，将【库】面板中的【奔马】影片剪辑元件拖入【马】图层的第1帧舞台中，并调整其在图中的位置和大小。

step 12 选择【马】图层的第300帧，右击，在弹出的快捷菜单中选择【转换为关键帧】命令，将其转换为关键帧，然后将【奔马】影片剪辑元件拖动到图片的最左端。

step 13 右击第1帧～299帧的任意1帧，在弹出的快捷菜单中选择【创建传统补间】命令，创建传统补间动画。

step 14 保存文档，按Ctrl+Enter组合键预览动画。

7.5.2　制作倒计时动画

【例 7-4】新建一个文档，制作数字的倒计时动画效果。

视频+素材 (素材文件\第 07 章\例 7-4)

step 1　启动Animate CC 2019，新建一个文档，选择【修改】|【文档】命令，打开【文档设置】对话框，将【宽】设置为 400 像素，【高】设置为 300 像素，【帧频】设置为 1fps，【背景颜色】设置为白色，单击【确定】按钮。

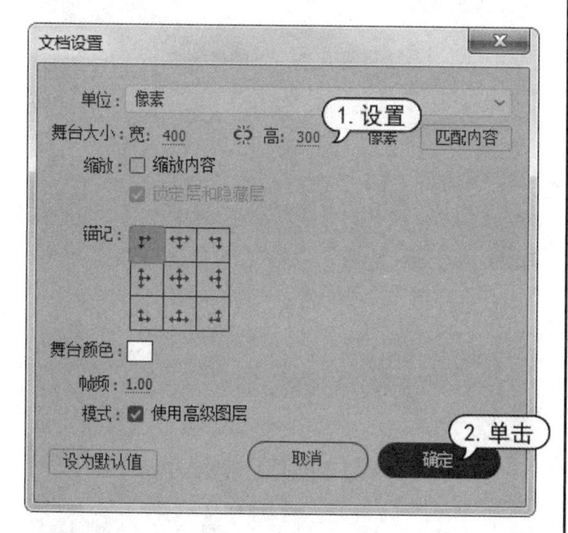

step 2　选择【文件】|【导入】|【导入到舞台】命令，打开【导入】对话框，选择图片文件，单击【打开】按钮。

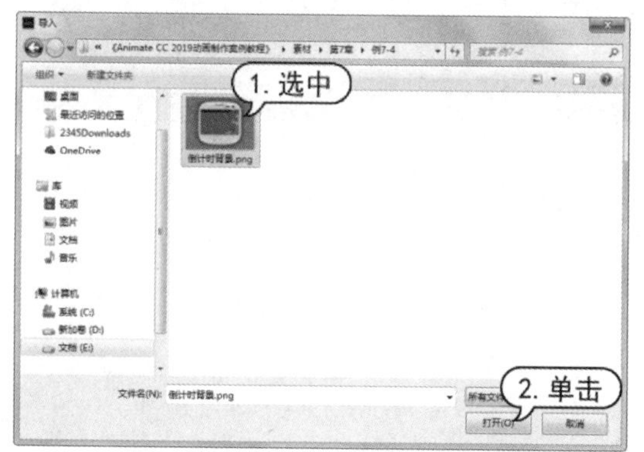

step 3　打开【时间轴】面板，右击【图层_1】的第 6 帧，在弹出的快捷菜单中选择【插入帧】命令，然后将【图层_1】重命名为【背景】并将其锁定。

step 4　单击【新建图层】按钮，新建一个【数字】图层。

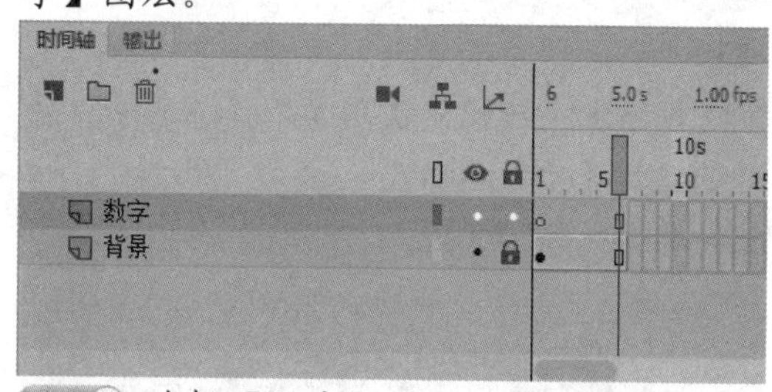

step 5　选择【数字】图层的第 1 个关键帧，单击【文本工具】，打开【属性】面板，设置【系列】为方正大黑简体，【大小】为 50 磅，【颜色】为白色。

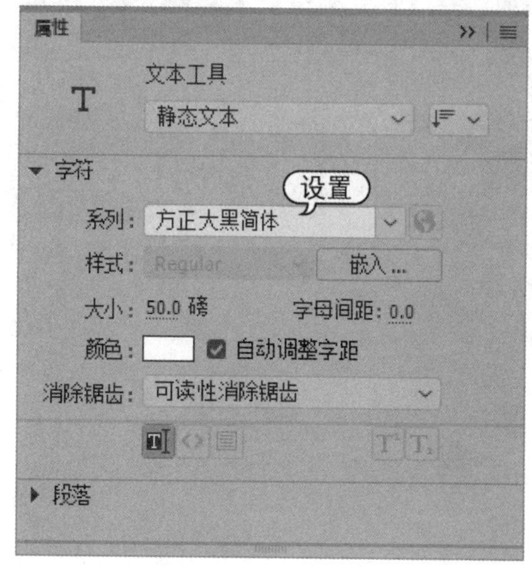

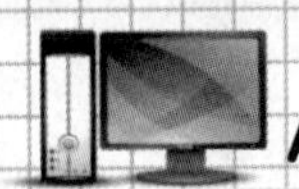

step 6 在舞台中输入“00:05”，选中文本，在【对齐】面板中单击【水平中齐】按钮和【垂直中齐】按钮，将其调整至舞台的中央。

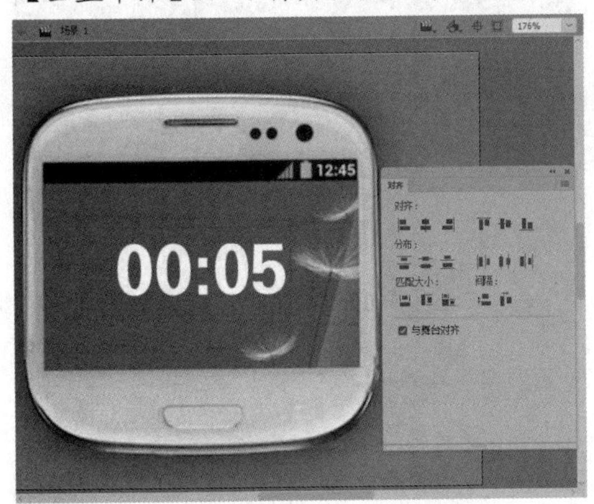

step 7 选择【数字】图层的第 2 帧，右击，选择快捷菜单中的【插入关键帧】命令，为第 2 帧添加关键帧，使用【选择工具】双击文本使其处于编辑状态，改为“00:04”，位置和大小保持不变。

step 8 使用相同的方法，在其他帧插入关键帧并更改文本数字。

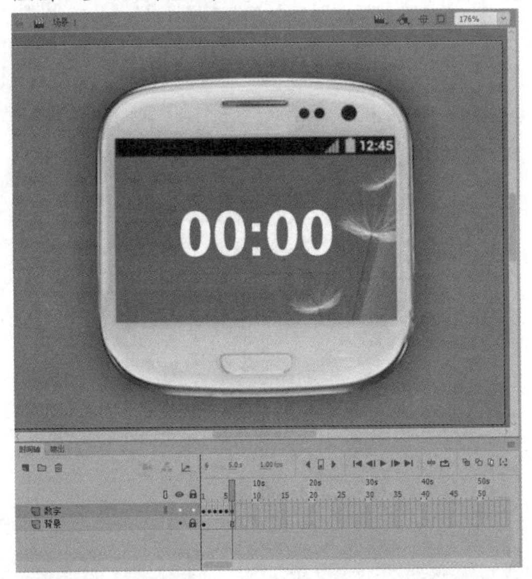

step 9 保存文档，按下Ctrl+Enter组合键进行预览，显示倒计时数字的动画。

第 8 章

制作基本动画

使用时间轴和帧可以制作 Animate 的补间动画，使用不同的图层类型可以制作引导层和遮罩层动画。此外，运用相关知识，还可以制作骨骼动画和多场景动画等。本章主要介绍运用帧和图层，制作常用的 Animate 动画。

本章对应视频

例 8-1 创建补间形状动画
例 8-2 创建传统补间动画
例 8-3 创建补间动画
例 8-4 创建传统运动引导层动画
例 8-5 创建遮罩层动画
例 8-6 创建骨骼动画
例 8-7 创建摄像头动画
例 8-8 创建多场景动画
例 8-9 制作弹跳效果动画
例 8-10 制作滚动遮罩动画

8.1 制作补间形状动画

补间形状动画是一种在制作对象形状变化时经常使用到的动画形式，其制作原理是通过在两个具有不同形状的关键帧之间指定形状补间，以表现中间变化过程的方法形成动画。

8.1.1 创建补间形状动画

补间形状动画是通过在时间轴的某个帧中绘制一个对象，在另一个帧中修改该对象或重新绘制其他对象，然后由 Animate 计算出两帧之间的差距并插入过渡帧，从而创建出动画的效果。

最简单的完整补间形状动画至少应该包括两个关键帧，一个起始帧和一个结束帧，在起始帧和结束帧上至少各有一个不同的形状，系统根据两形状之间的差别生成补间形状动画。

知识点滴

要在不同的形状之间形成补间形状动画，对象不可以是元件实例，因此对于图形元件和文字等，必须先将其分离后才能创建形状补间动画。

【例 8-1】新建一个文档，创建补间形状动画。
视频+素材 (素材文件\第 08 章\例 8-1)

step 1 启动Animate CC 2019，新建一个文档，选择【修改】【文档】命令，打开【文档设置】对话框，设置舞台颜色为黑色，单击【确定】按钮。

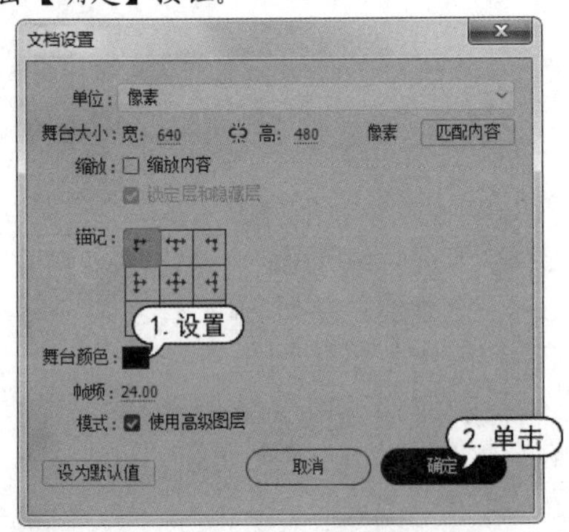

step 2 选择【文件】|【导入】|【打开外部库】命令，弹出【打开】对话框，选择“素材”文档，单击【打开】按钮。

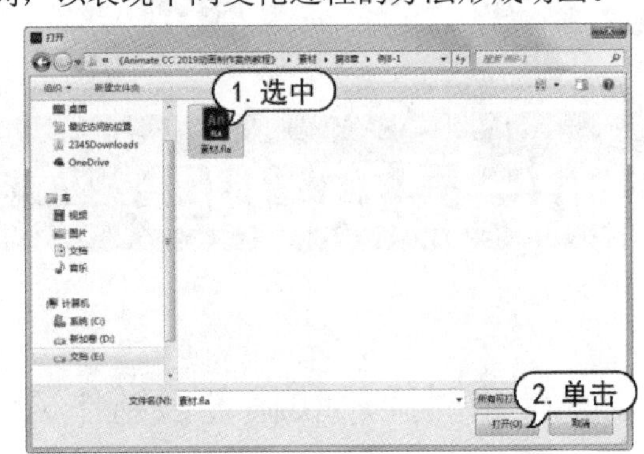

step 3 在时间轴上选中第 1 帧，将【库】面板中的 4 个影片剪辑元件都导入舞台中，然后将它们调整至合适的位置，使它们中心一致。

step 4 在时间轴上选中第 30 帧，然后选择【插入】|【时间轴】|【关键帧】命令，使第 30 帧成为关键帧，此时第 30 帧和第 1 帧的图案保持不变。

step 5 使用同样的方法，在时间轴的第 60 帧、第 90 帧上插入关键帧，然后在第 1 帧、第 30 帧、第 60 帧、第 90 帧上各保持不同的一张图案。

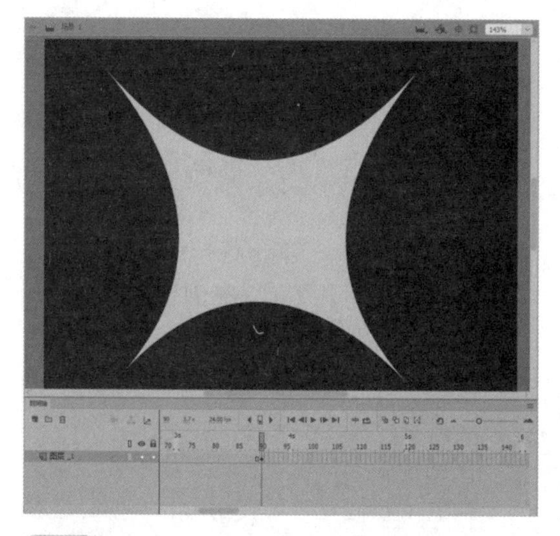

step 6 分别选中第 1 帧、第 30 帧、第 60 帧、第 90 帧上的 4 种图案的影片剪辑元件，然后选择 2 次(或 2 次以上)【修改】|【分离】命令，将这 4 个元件分离成填充图形。

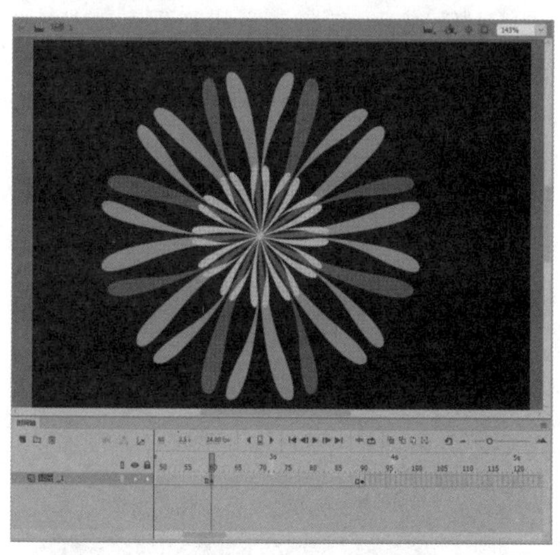

step 7 右击第 1 帧~30 帧的任意一帧，在弹出的菜单中选择【创建补间形状】命令，在第 1~30 帧创建补间形状动画。

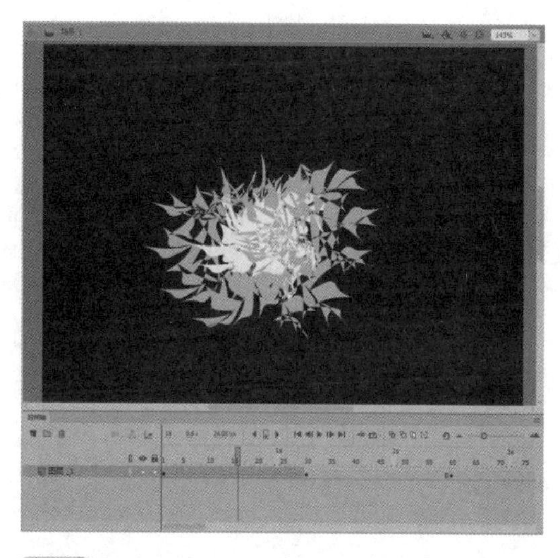

step 8 使用相同的方法，分别在第 30~60 帧、第 60~90 帧创建补间形状动画。

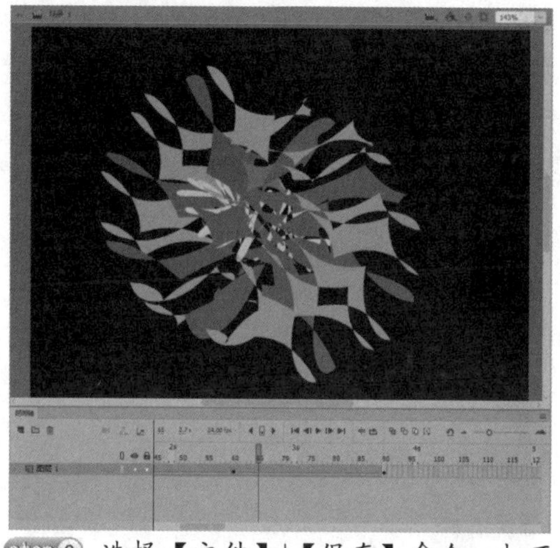

step 9 选择【文件】|【保存】命令，打开【另存为】对话框，将其命名为“补间形状动画”文档进行保存。

step 10 按Ctrl+Enter组合键测试动画，效果如下图所示。

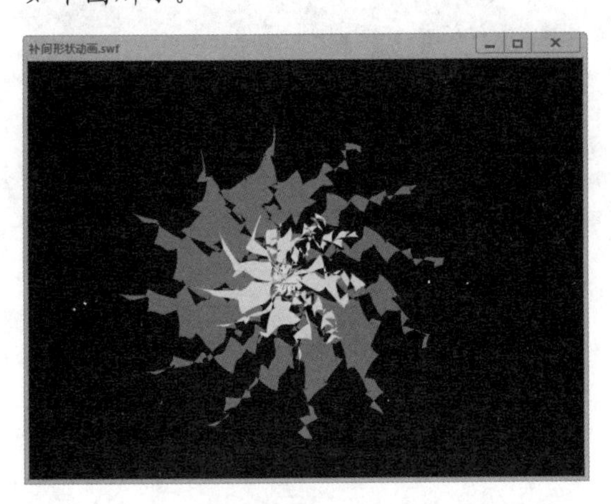

8.1.2 编辑补间形状动画

当创建一个补间形状动画后，可以进行适当的编辑操作。选中补间形状动画中的某一帧，打开其【属性】面板。

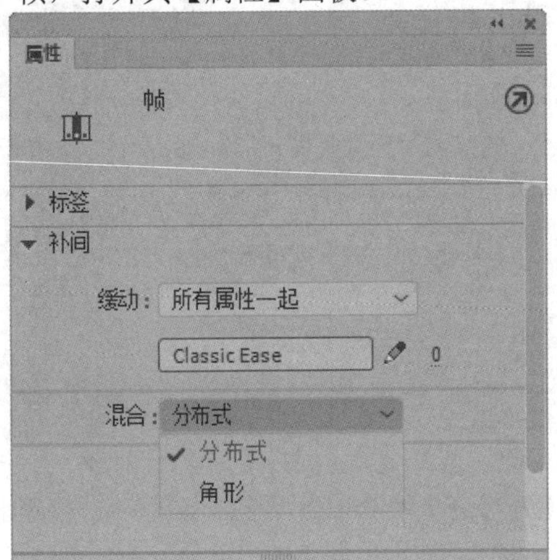

在该面板中，主要参数选项的具体作用如下。

- 【缓动】：用于设置补间形状动画缓动的速度。用户可以设置缓动类型、缓动强度等选项。单击✎按钮将打开【自定义缓动】对话框，可以自定义缓动的补间选项。

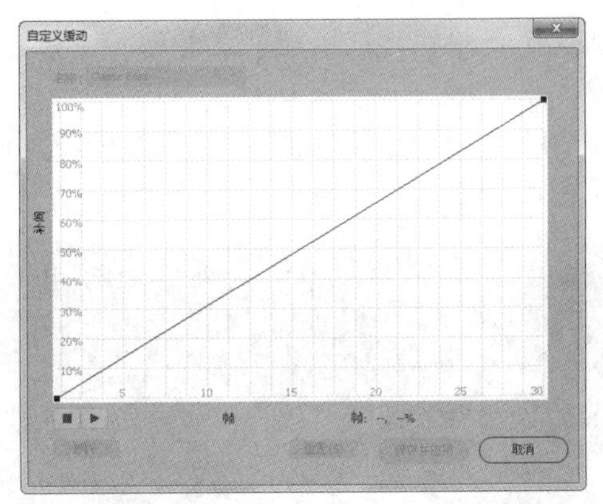

- 【混合】：单击该按钮，在下拉列表中选择【角形】选项，在创建的动画中形状会保留明显的角和直线，适合具有锐化转角和直线的混合形状；选择【分布式】选项，创建的动画中形状比较平滑和不规则。

在创建补间形状动画时，如果要控制较为复杂的形状变化，可使用形状提示。选择形状补间动画的起始帧，选择【修改】|【形状】|【添加形状提示】命令，即可添加形状提示。

形状提示会标识起始形状和结束形状中相对应的点，以控制形状的变化，从而达到更加精确的动画效果。其中，起始关键帧的形状提示为黄色，结束关键帧的形状提示为绿色。而当形状提示不在一条曲线上时则为红色。在显示形状提示时，只有包含形状提示的层和关键帧处于当前状态下时，【显示形状提示】命令才处于可用状态。

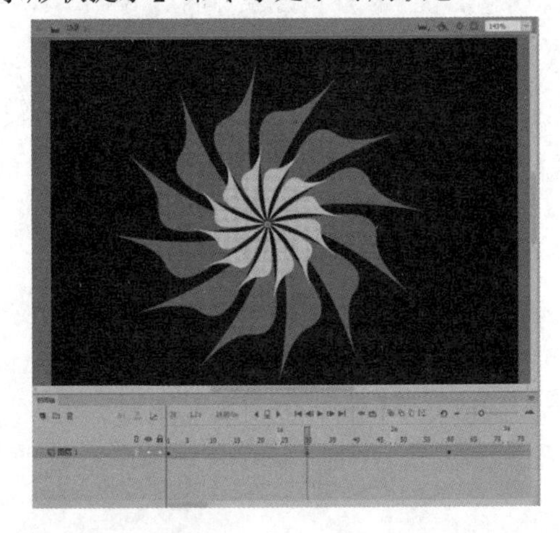

8.2　制作传统补间动画

当需要在动画中展示移动位置、改变大小、旋转、改变色彩等效果时，就可以使用传统补间动画。

8.2.1　创建传统补间动画

传统补间动画又称为中间帧动画、渐变动画等。只需建立起始和结束的画面，中间部分由软件自动生成动作补间效果。

Animate 可以对实例、组和类型的位置、大小、旋转和倾斜进行补间。另外，Animate 可以对实例和类型的颜色进行补间、创建渐变的颜色切换或使实例淡入或淡出。若要补间组或类型的颜色，请将它们转换为元件。若要使文本块中的单个字符分别动起来，请将每个字符放在独立的文本块中。如果应用传统补间，更改两个关键帧之间的帧数，或移动任一关键帧中的元件，Animate 会自动重新对帧进行补间。

【例 8-2】新建一个文档，创建传统补间动画。
视频+素材 (素材文件\第 08 章\例 8-2)

step 1 启动Animate CC 2019，新建一个文档，选择【文件】|【导入】|【导入到库】命令，打开【导入到库】对话框，选择两张图片，单击【打开】按钮。

step 2 在【库】面板中选择【图 1】拖入舞台中，打开其【属性】面板，设置X、Y值都为 0，然后将舞台背景匹配图片。

step 3 选中图片，选择【修改】|【转换为元件】命令，打开【转换为元件】对话框，将其命名为“图 1”，设置【类型】为【图形】，单击【确定】按钮。

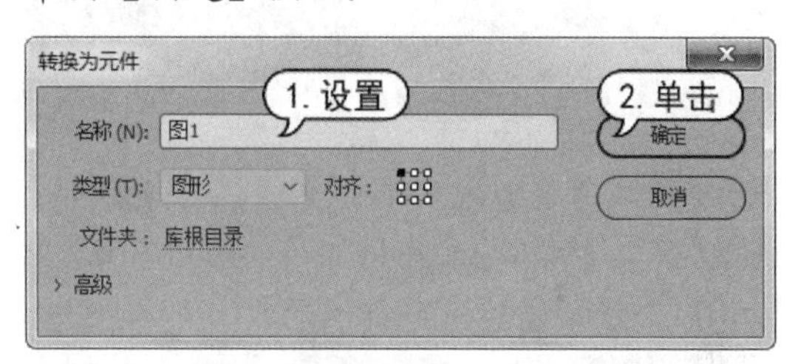

step 4 在【时间轴】面板上的第 130 帧处按F5 键插入帧，在第 50 帧处按F6 键插入关键帧。

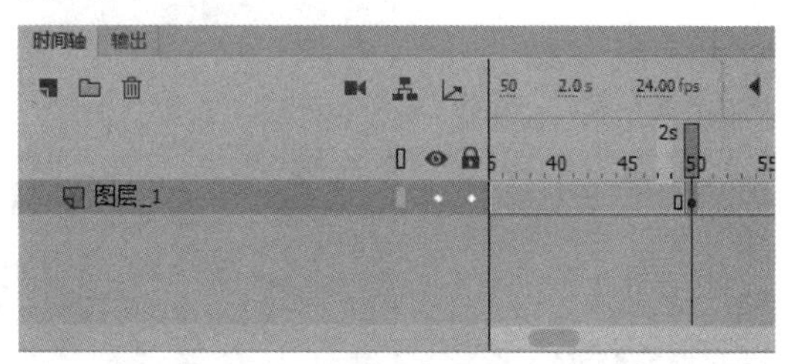

step 5 选择第 1 帧，选中图片，打开【属性】面板的【色彩效果】选项组，设置样式为【Alpha】且为 0%。

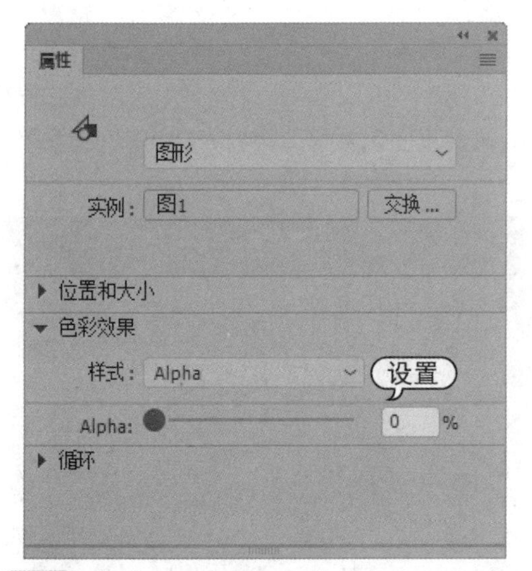

step 6 在第 1 帧至第 50 帧处右击，在弹出的快捷菜单中选择【创建传统补间】命令，创建传统补间动画。

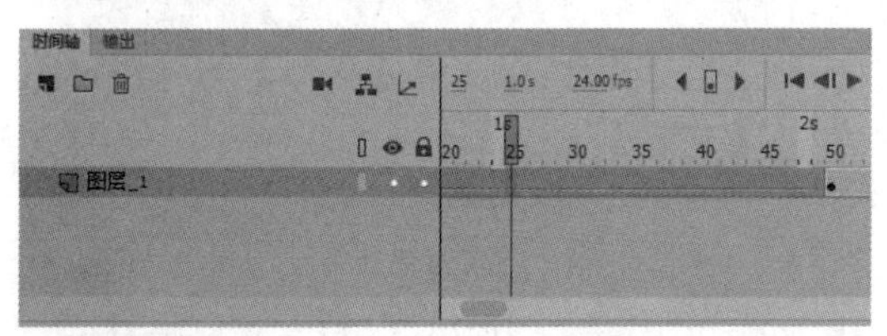

step 7 在第 120 帧处插入关键帧，将图片设置样式为【Alpha】且为 0%，然后在第 51 帧~第 120 帧创建传统补间动画。

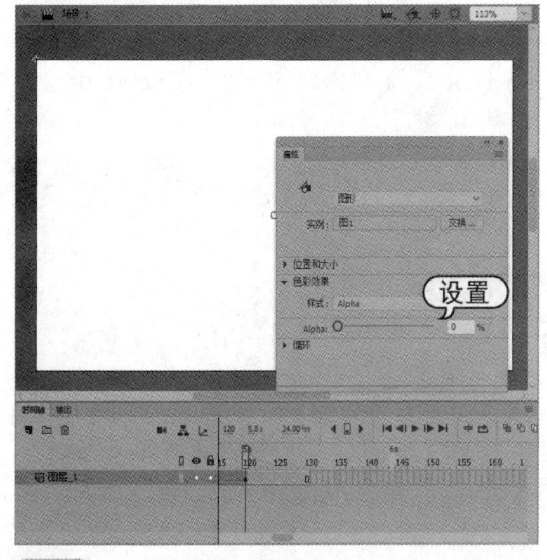

step 8 新建【图层_2】，在第 50 帧处插入关键帧。

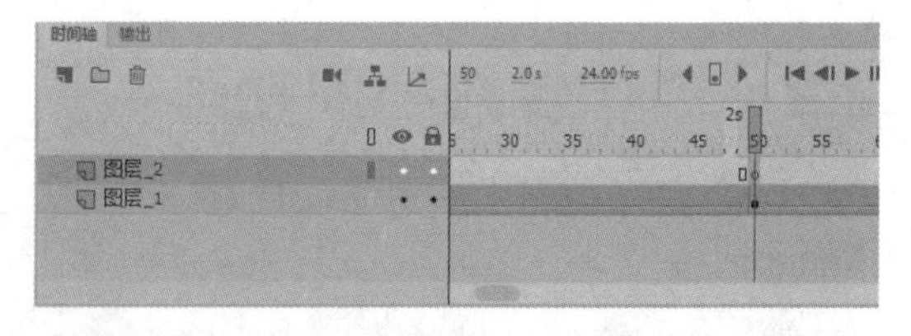

step 9 打开【库】面板，将【图 2】拖入舞台，将其X、Y值设为 0。

step 10 选中图片，选择【修改】|【转换为元件】命令，打开【转换为元件】对话框，将其命名为“图 2”，设置类型为【图形】，单击【确定】按钮。

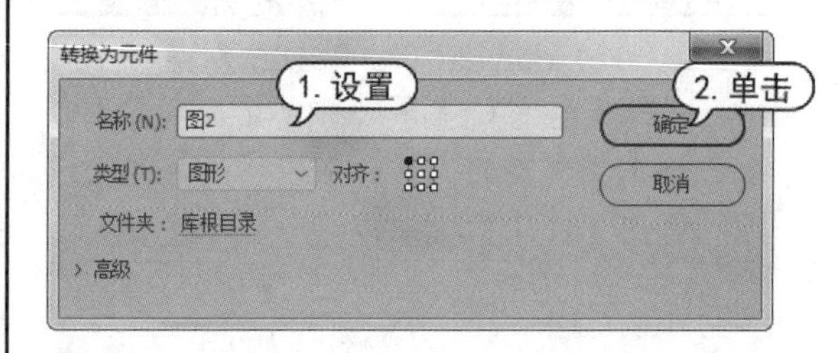

step 11 在【图层_2】的第 120 帧处插入关键帧，将元件的X、Y值设置为-372 和-322。

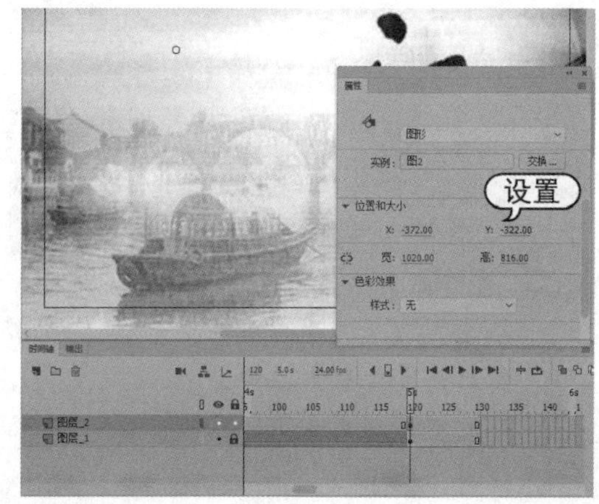

step 12 选中【图层_2】的第 50 帧，选中元件，打开【属性】面板，设置样式为【Alpha】且为 0%。

step 13 在第 50 帧至第 120 帧处右击，在弹出的快捷菜单中选择【创建传统补间】命令，创建传统补间动画。

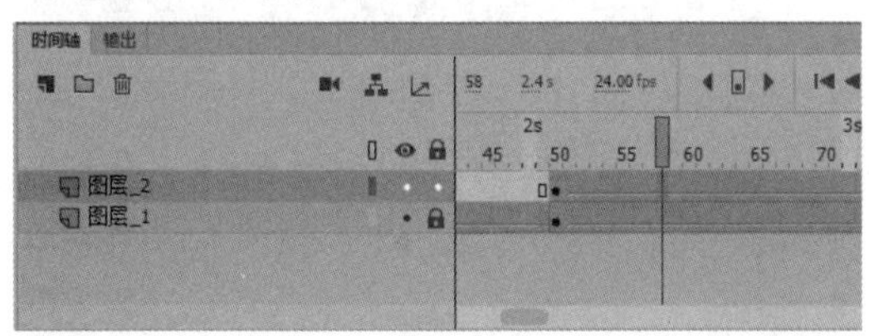

step 14 选择【文件】|【保存】命令，打开【另存为】对话框，将其命名为“传统补间动画”文档加以保存。

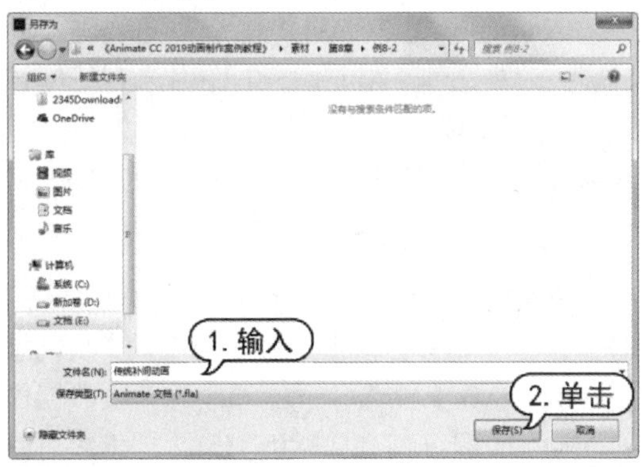

step 15 按Ctrl+Enter组合键测试动画，效果如下图所示。

8.2.2　编辑传统补间动画

在创建传统补间动画后，可以通过【属性】面板，对传统补间动画进一步进行编辑。选中传统补间动画的任意一帧，打开【属性】面板。

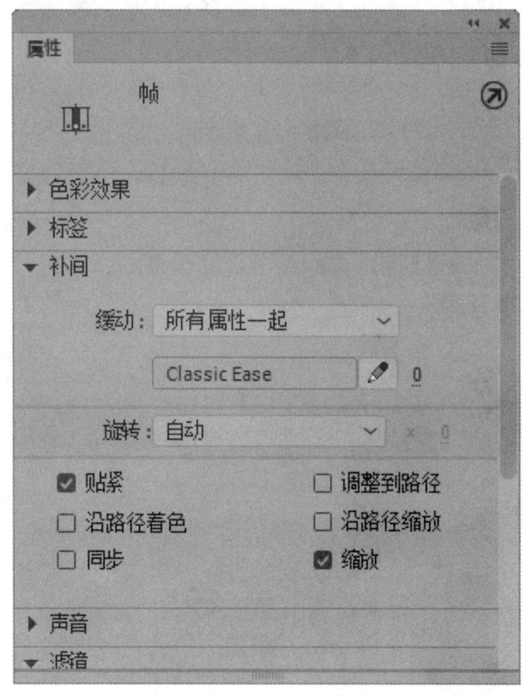

1. 面板中的选项

该面板中主要选项的具体作用如下。

➤ 【缓动】：可以设置补间动画的缓动速度。如果单击【编辑缓动】按钮，将会打开【自定义缓动】对话框，在该对话框中用户可以调整缓动的变化速率，以此调节缓动速度。

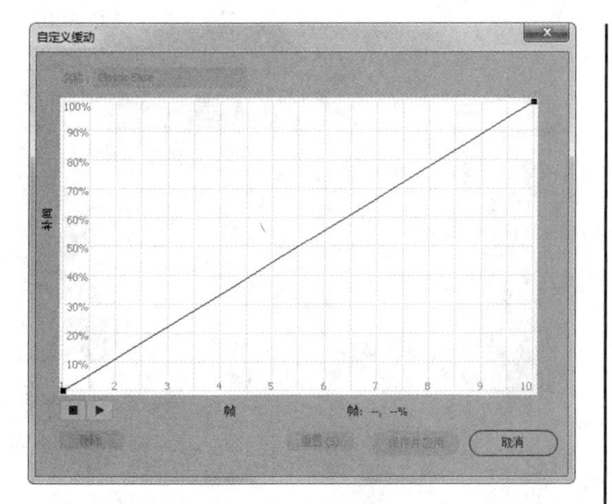

▶【旋转】：单击该按钮，在下拉列表中可以选择对象在运动的同时产生旋转效果，在后面的文本框中可以设置旋转的次数。

▶【贴紧】：选中该复选框，可以将对象自动对齐到路径上。

▶【调整到路径】：选中该复选框，可以使动画元素沿路径改变方向。

▶【同步】：选中该复选框，可以对实例进行同步校准。

▶【缩放】：选中该复选框，可以将对象进行大小缩放。

2. 设置缓动

使用【自定义缓动】对话框可以为传统补间动画添加缓动方面的内容。该对话框中主要控件的属性如下。

▶ 播放和停止按钮：这些按钮允许用户使用【自定义缓动】对话框中定义的当前速率曲线，预览舞台上的动画。

▶【重置】按钮：允许用户将速率曲线重置为默认的线性状态。

▶ 所选控制点的位置：在该对话框的右下角，一个数值显示所选控制点的关键帧和位置。如果没有选择控制点，则不显示数值。若要在线上添加控制点，单击一次对角线即可。若要实现对对象动画的精确控制，可拖动控制点的位置。使用帧指示器(用方形手柄表示)，单击要减缓或加速对象的位置。单击控制点的方形手柄，可选择该控制点，并显示其两侧的正切点。空心圆表示正切点。

3. 添加缓动的步骤

要添加自定义缓入和缓出，可以使用以下步骤。

▶ 选择时间轴中一个已应用了传统补间动画的图层。

▶ 在帧【属性】面板中单击【编辑缓动】按钮，打开【自定义缓动】对话框。

▶ 若要添加控制点，需要在按住 Ctrl 键的同时单击对角线。

▶ 若要增加对象的速度，需要向上拖动控制点；若要降低对象的速度，需要向下拖动控制点。

▶ 若要进一步调整缓动曲线，并微调补间的缓动值，可拖动顶点手柄。

▶ 若要查看舞台上的动画，可单击左下角的播放按钮。

▶ 可以复制和粘贴缓动曲线。在退出 Animate 应用程序前，复制的曲线一直可用于粘贴。

▶ 调整控件直到获得所需的效果。

8.2.3 使用 XML 文件

Animate 允许用户将传统补间动画作为 XML 文件处理。Animate 允许用户对任何传统补间应用以下命令：将动画复制为 XML、将动画导出为 XML、将动画导入为 XML。

1. 将动画复制为 XML

首先创建传统补间动画，选择时间轴上的任意一个关键帧，然后选择【命令】|【将动画复制为 XML】命令。此时系统将动画属性作为 XML 数据复制到剪贴板上，之后用户可以使用任意文本编辑器来处理此 XML 文件。

2. 将动画导出为 XML

Animate 允许用户将应用到舞台上任意

对象的动画属性导出为一个可以保存的XML文件。

首先创建传统补间动画，然后选择【命令】|【将动画导出为XML】命令。

此时打开【将动画XML另存为】对话框，设置保存路径和XML文件的名称，然后单击【保存】按钮。这个传统补间动画即作为一个XML文件导出到指定位置。

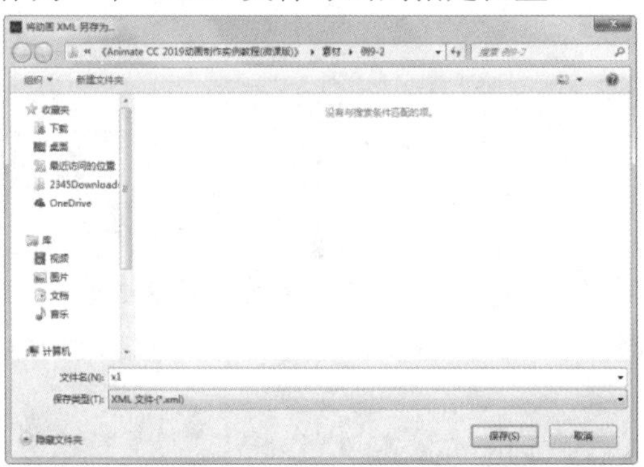

3. 将动画导入为XML

Animate允许用户导入一个已定义了动画属性的现有XML文件。

首先选择舞台上的一个对象，然后选择【命令】|【将动画导入为XML】命令，打开【打开动画XML】对话框，选择该XML文件，单击【打开】按钮。

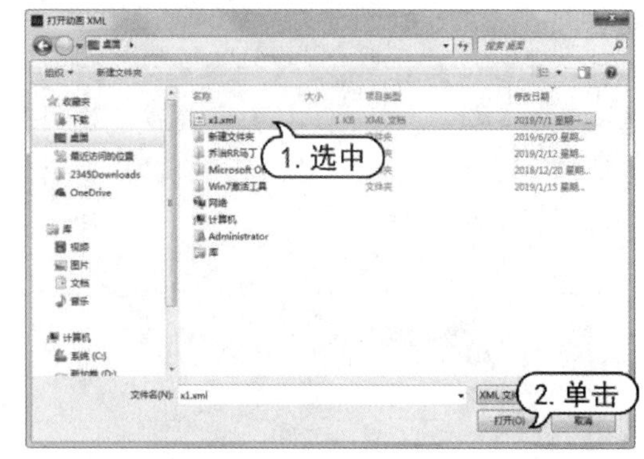

8.3 制作补间动画

补间动画是Animate CC 2019中的一种动画类型，它允许用户通过鼠标拖动舞台上的对象来创建动画，使动画制作变得简单快捷。

8.3.1 创建补间动画

补间动画是通过为一个帧中的对象属性指定一个值，然后为另一个帧中相同属性的对象指定另一个值而创建的动画。由Animate自动计算这两个帧之间该属性的值。

补间动画主要以元件对象为核心，一切的补间动作都是基于元件的。首先创建元件，然后将元件放到起始关键帧中，最后右击第1帧，在弹出的快捷菜单中选择【创建补间动画】命令，此时，Animate将创建补间范围，其中浅绿色帧序列即为创建的补间范围，然后在补间范围内创建补间动画。

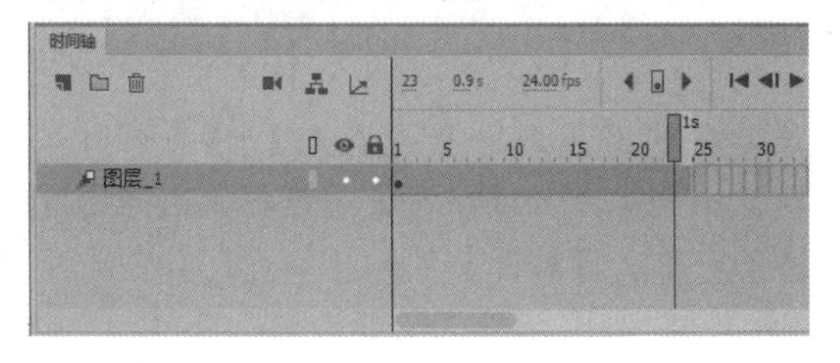

知识点滴

补间范围是时间轴上显示为浅绿色背景的一组帧，其舞台上对象的一个或多个属性可以随着时间来改变。可以对这些补间范围作为单个对象来选择，在每个补间范围中只能对一个目标对象进行动画处理。如果对象仅停留在1帧中，则补间范围的长度等于每秒的帧数。

补间动画和传统补间动画之间有所差别。Animate支持两种不同类型的补间创建动画。补间动画功能强大，易于创建。通过补间动画可对补间的动画进行最大程度的控制。传统补间(包括在早期版本的Animate中创建的所有补间)的创建过程更为复杂。尽管补间动画提供了更多对补间的控制，但传统补间动画提供了某些用户需要的特定功能。

在补间动画的补间范围内，用户可以为动画定义一个或多个属性关键帧，而每个属性关键帧可以设置不同的属性。

右击补间动画的帧，选择【插入关键帧】

命令后的子菜单中，共有 7 种属性关键帧选项，即【位置】【缩放】【倾斜】【旋转】【颜色】【滤镜】和【全部】选项。其中前 6 种针对 6 种补间动作类型，而第 7 种【全部】可以支持所有的补间类型。在关键帧上可以设置不同的属性值，打开其【属性】面板进行设置。

此外，对于补间动画上的运动路径，可以使用【工具】面板上的【选择工具】【部分选取工具】【任意变形工具】和【钢笔工具】等选择运动路径，然后进行设置调整，这样可以编辑运动路径。

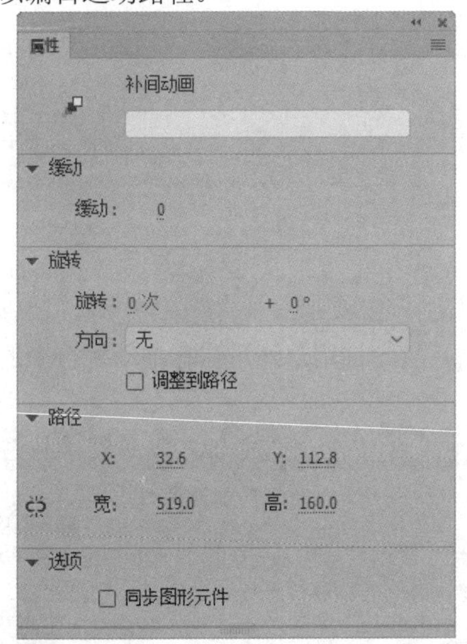

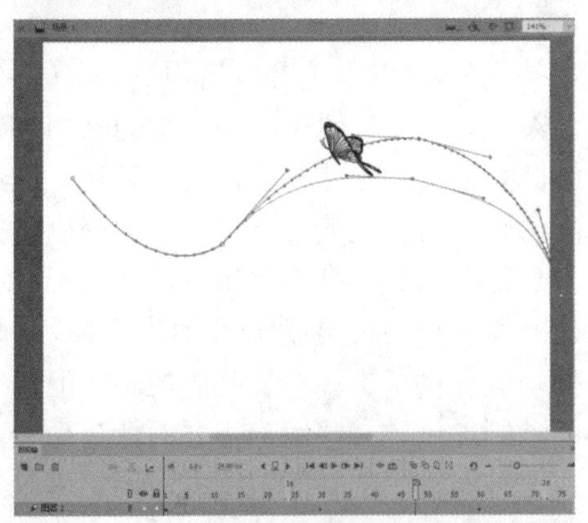

【例 8-3】新建一个文档，创建补间动画。
视频+素材 (素材文件\第 08 章\例 8-3)

step 1 启动Animate CC 2019，新建一个文档，选择【文件】|【导入】|【导入到舞台】命令，打开【导入】对话框，选择背景图片文件，单击【打开】按钮将其导入舞台。

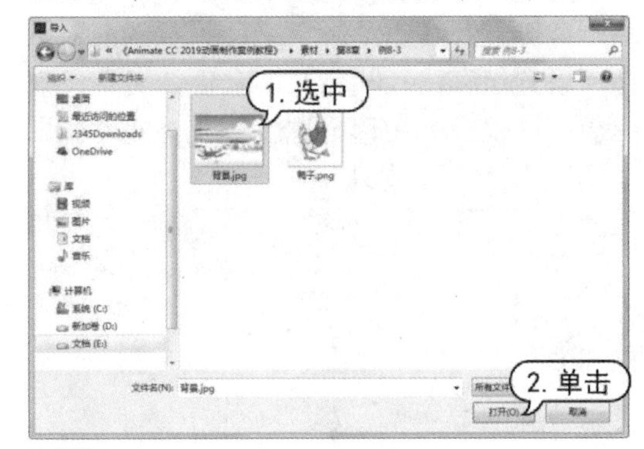

step 2 调整图片的大小，然后设置舞台匹配图片内容。

step 3 在【时间轴】面板上单击【新建图层】按钮，新建【图层_2】图层。

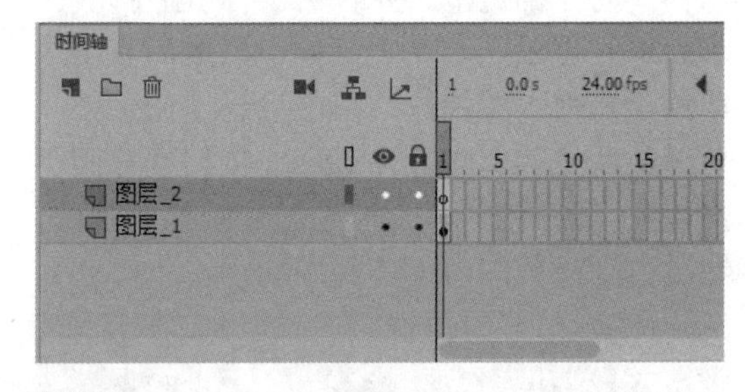

step 4 选择【文件】|【导入】|【导入到舞台】命令，打开【导入】对话框，选择图片文件，单击【打开】按钮。

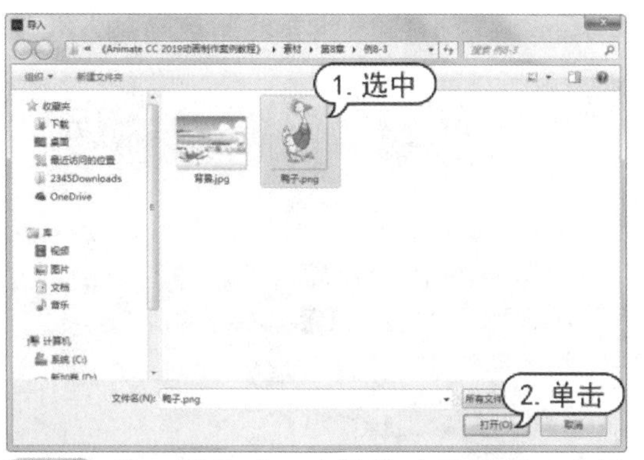

step 5 导入图片后，选择该鸭子图形，选择【修改】|【转换为元件】命令，将其转换为图形元件。

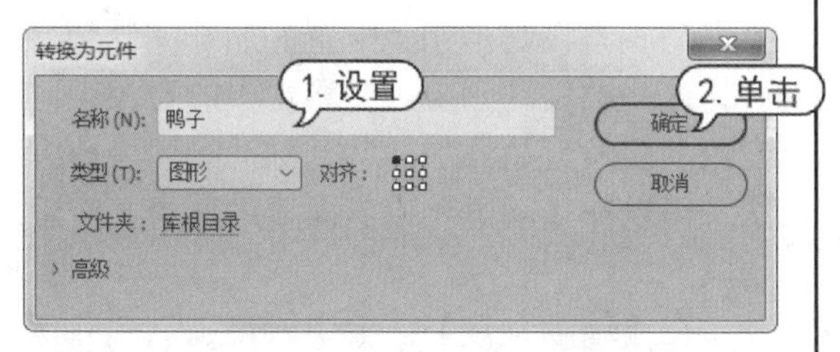

step 6 选择【鸭子】图形元件，调整至合适大小，拖动到舞台的左下角。

step 7 右击【图层_2】图层的第 1 帧，在弹出的快捷菜单中选择【创建补间动画】命令，此时【图层_2】添加了补间动画，右击第 30 帧，在弹出的快捷菜单中选择【插入关键帧】|【位置】命令，插入属性关键帧。

step 8 调整鸭子元件实例在舞台中的位置，改变运动路径。

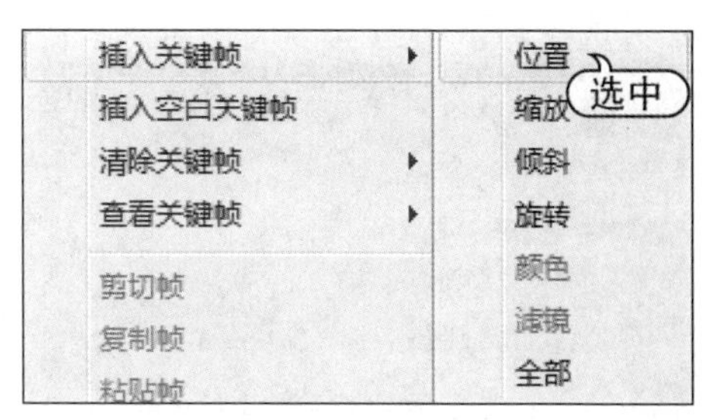

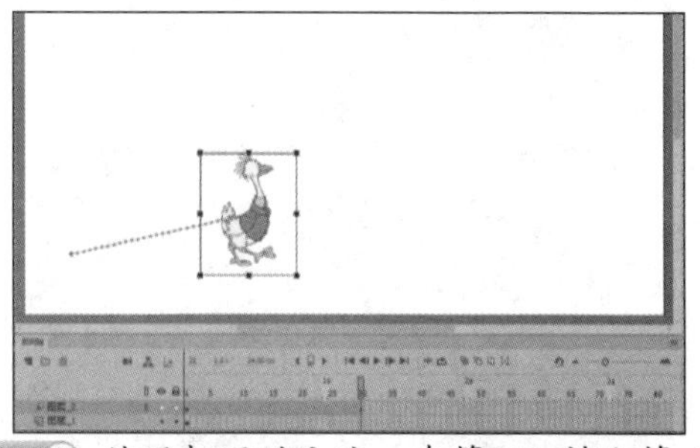

step 9 使用相同的方法，在第 60 帧和第 80 帧处插入属性关键帧，在这两帧上分别调整元件在舞台上的位置，使其从左边移动到右边。

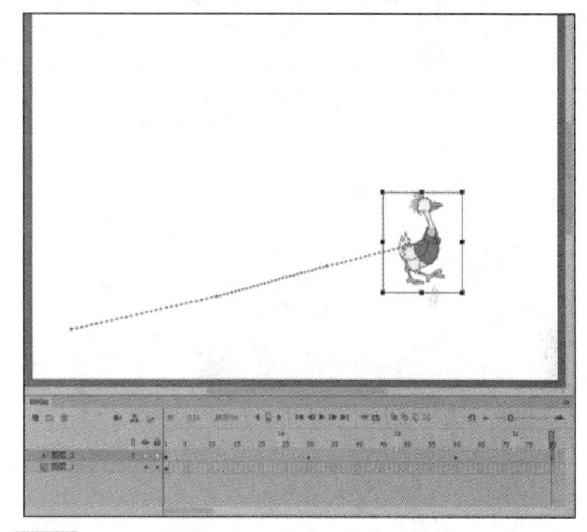

step 10 使用【选择工具】拖动调整运动路径，使其变为弧形。

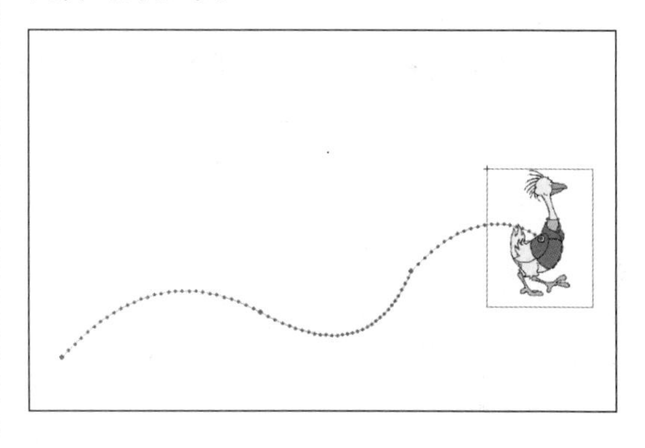

step 11 选择【图层_1】第80帧，插入关键帧。

step 12 选择【图层_2】第1帧，打开【属性】面板，在【缓动】选项组中设置缓动为“-50”。

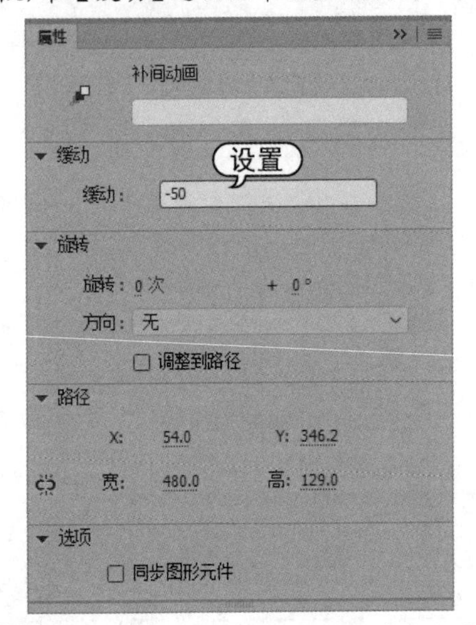

step 13 选择【文件】|【另存为】命令，打开【另存为】对话框，将其命名为“补间动画”文档进行保存。

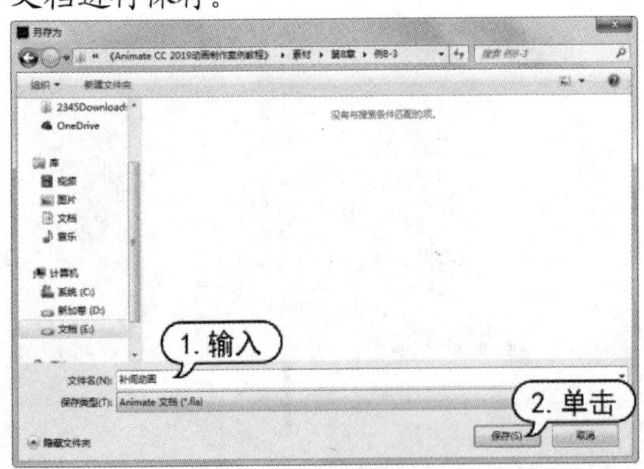

step 14 按Ctrl+Enter组合键测试动画，效果如下图所示。

8.3.2 使用动画预设

动画预设是指预先配置好的补间动画，可将这些补间动画应用到舞台中的对象上。使用动画预设是添加一些基础动画的快捷方法，可以在【动画预设】面板中选择并应用动画。

在【动画预设】面板中，可以创建并保存自定义的动画预设，还可以导入和导出动画预设，但动画预设只能包含补间动画。

1. 使用动画预设

在舞台上选中元件实例或文本字段，选择【窗口】|【动画预设】命令，打开【动画预设】面板。单击【默认预设】文件夹名称前面的 按钮，展开文件夹，在该文件夹中显示了系统默认的动画预设，选中任意一个动画预设，单击【应用】按钮即可。

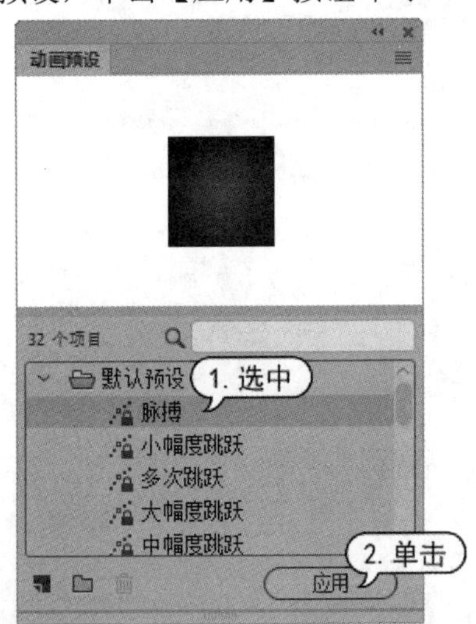

一旦将动画预设应用于舞台中的对象后，在时间轴中会自动创建补间动画，如下图所示为鸭子元件添加【波形】动画预设的效果。

每个动画预设都包含特定数量的帧。在应用预设时，在时间轴中创建的补间范围将包含此数量的帧。如果目标对象已应用了不同长度的补间，补间范围将进行调整，以符合动画预设的长度。可在应用动画预设后调整时间轴中补间范围的长度。

2. 保存动画预设

在 Animate 中，可以将创建的补间动画保存为动画预设，也可以修改【动画预设】面板中应用的补间动画，再另存为新的动画预设。新预设将显示在【动画预设】面板中的【自定义预设】文件夹中。

要保存动画预设，首先选中时间轴中的补间动画范围、应用补间动画的对象或者运动路径。

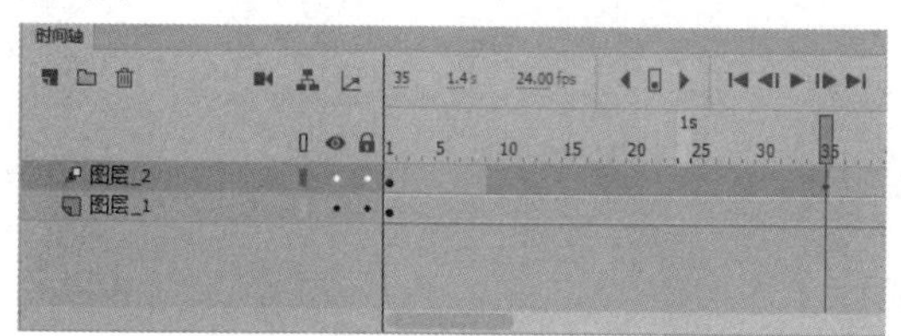

然后单击【动画预设】面板中的【将选区另存为预设】按钮，或者右击，在弹出的快捷菜单中选择【另存为动画预设】命令，打开【将预设另存为】对话框，在【预设名称】文本框中输入另存为动画预设的预设名称，单击【确定】按钮，即可保存动画预设。此时在【动画预设】面板中的【自定义预设】文件夹中显示保存的新预设选项。

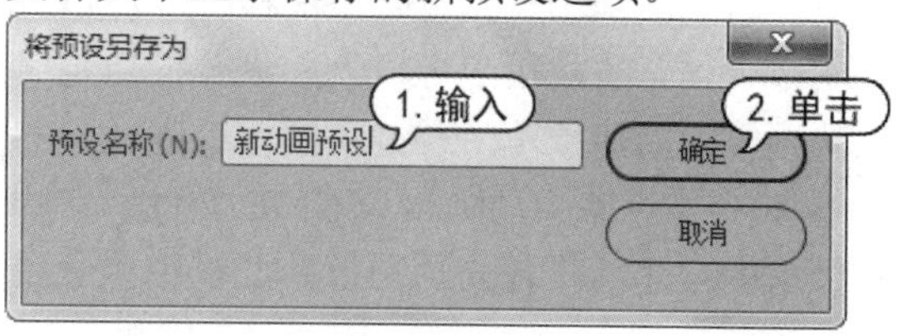

3. 导入和导出动画预设

【动画预设】面板中的预设还可以进行导入和导出操作。右击【动画预设】面板中的某个动画预设，在弹出的快捷菜单中选择【导出】命令，打开【另存为】对话框，在【保存类型】下拉列表中默认的保存预设文件后缀名为*.xml，在【文件名】文本框中输入导出的动画预设名称，单击【保存】按钮，完成导出动画预设操作。

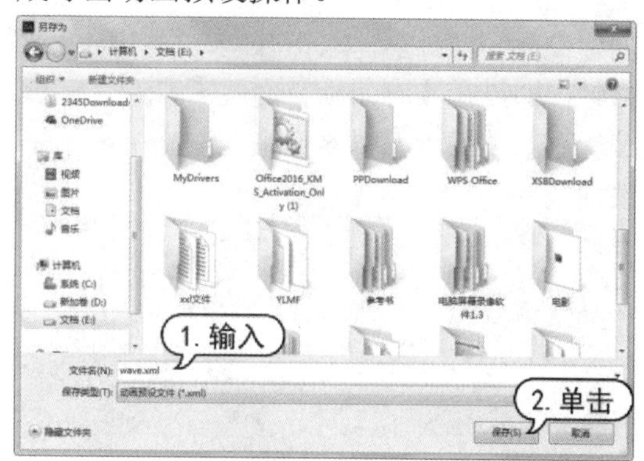

要导入动画预设，选中【动画预设】面板中要导入预设的文件夹，然后单击【动画预设】面板右上角的按钮，在弹出菜单中选择【导入】命令，打开【导入动画预设】对话框，选中要导入的动画预设，单击【打开】按钮，导入【动画预设】面板中。

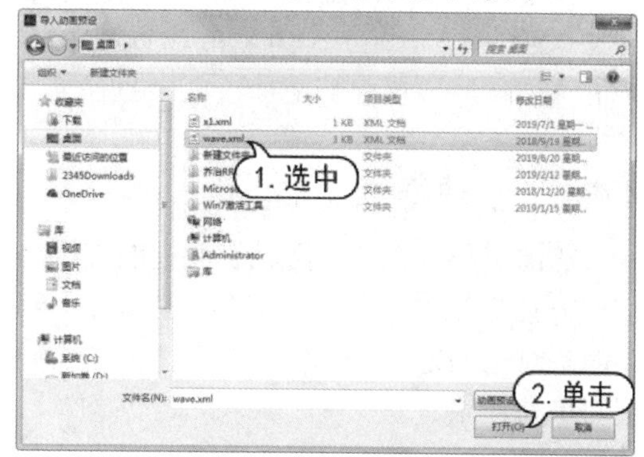

4. 创建自定义动画预设预览

自定义的动画预设是不能在【动画预设】面板中预览的，用户可以为所创建的自定义动画预设创建预览，通过将演示补间动画的SWF文件存储于动画预设XML文件所在的目录中，即可在【动画预设】面板中预览自定义动画预设。

创建补间动画，另存为自定义预设，选择【文件】|【发布】命令，从FLA文件创建SWF文件，将SWF文件拖动到已保存的自定义动画预设XML文件所在的目录中即可。

8.3.3 使用【动画编辑器】

使用Animate CC 2019的【动画编辑器】可以更加详细地设置补间动画的运动轨迹。创建完补间动画后，双击补间动画中的任意1帧，即可在【时间轴】面板中打开【动画编辑器】。【动画编辑器】将在网格上显示属性曲线。

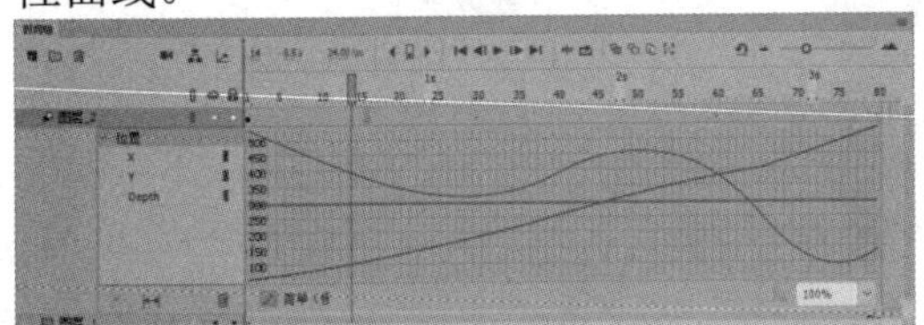

在【动画编辑器】中可以进行以下操作。

- 右击曲线，在弹出的快捷菜单中有【复制】【粘贴】【反转】和【翻转】等命令，比如选择【反转】命令，可以将曲线呈镜像反转，改变运动轨迹。

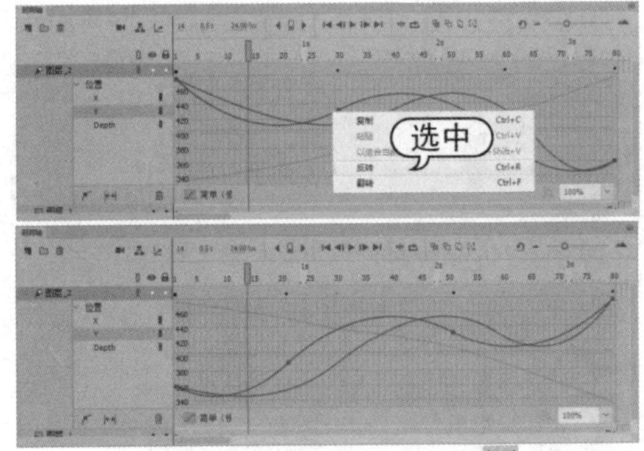

- 单击【适应视图大小】按钮可以使曲线网格界面适合当前的【时间轴】面板的大小。
- 单击【在图形上添加锚点】按钮可以在曲线上添加锚点来改变运动轨迹。

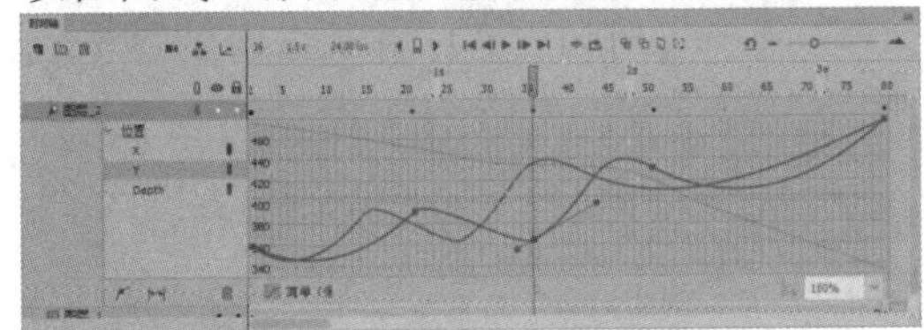

- 单击【添加缓动】按钮，弹出面板，选择添加各种缓动选项，也可以添加锚点自定义缓动曲线。

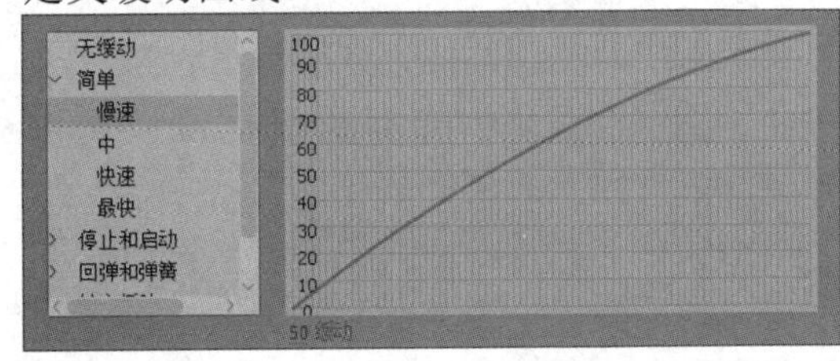

8.4 制作引导层动画

在Animate CC 2019中，引导层是一种特殊的图层，在该图层中，同样可以导入图形和引入元件，但是最终发布动画时引导层中的对象不会显示出来，按照引导层发挥的功能不同，可以分为普通引导层和传统运动引导层两种类型。

8.4.1 创建普通引导层

普通引导层在【时间轴】面板的图层名称前方会显示图标，该图层主要用于辅助静态对象的定位，并且可以不产生被引导层而单独使用。

创建普通引导层的方法与创建普通图层的方法相似，右击要创建普通引导层的图层，在弹出的快捷菜单中选择【引导层】命令，即可创建普通引导层。

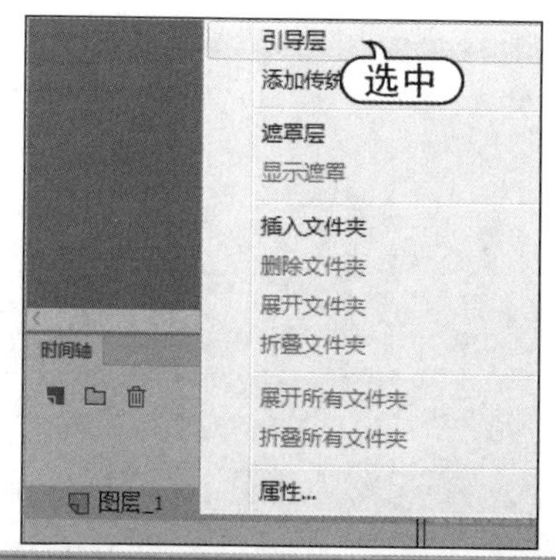

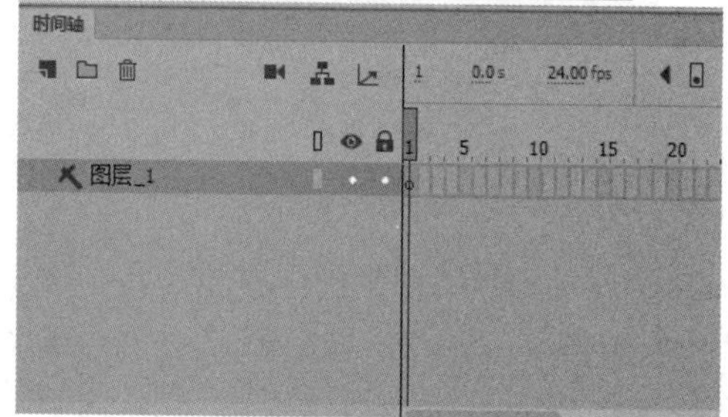

8.4.2　创建传统运动引导层

传统运动引导层在时间轴上以按钮表示，传统运动引导层主要用于绘制对象的运动路径，可以将一个图层链接到一个传统运动引导层中，使图层中的对象沿引导层中的路径运动，此时，该图层将位于传统运动引导层下方并成为被引导层。

右击要创建传统运动引导层的图层，在弹出的快捷菜单中选择【添加传统运动引导层】命令，即可创建传统运动引导层，而该引导层下方的图层会转换为被引导层。

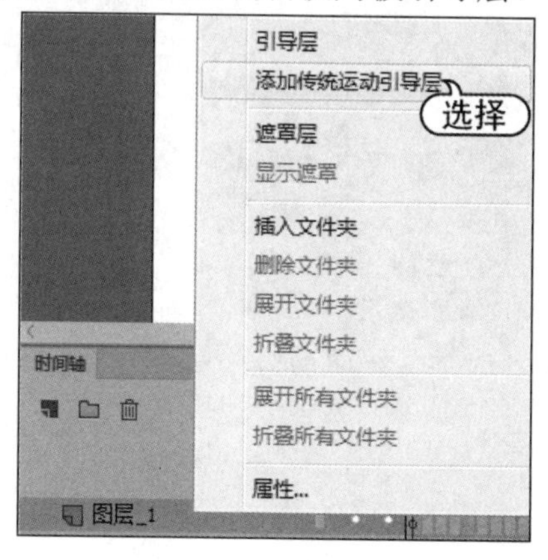

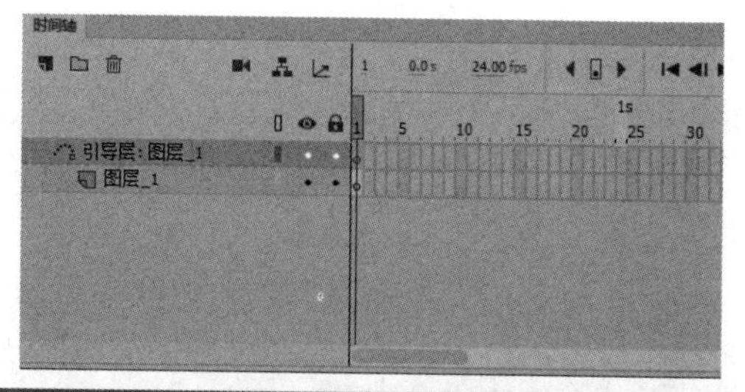

实用技巧

右击传统运动引导层，在弹出的快捷菜单中选择【引导层】命令，可以将传统运动引导层转换为普通引导层。

下面将通过一个简单实例说明传统运动引导层动画的创建方法。

【例 8-4】新建一个文档，创建传统运动引导层动画。
视频+素材 (素材文件\第 08 章\例 8-4)

step 1 启动Animate CC 2019，新建一个文档，选择【文件】|【导入】|【导入到舞台】命令，打开【导入】对话框，选择背景图片文件，单击【打开】按钮将其导入舞台。

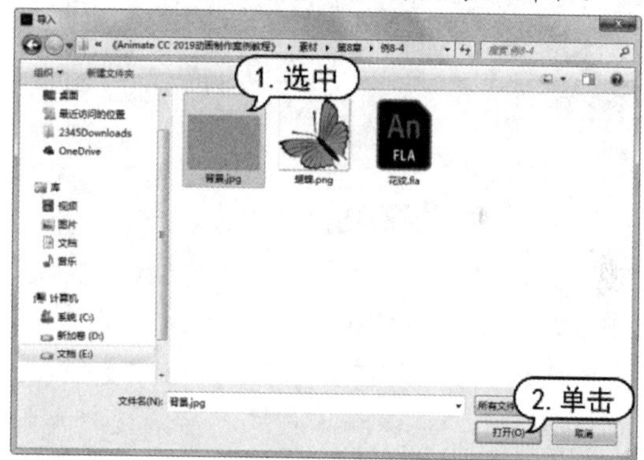

step 2 重命名图层为【背景】，使舞台匹配内容，并锁定该图层。

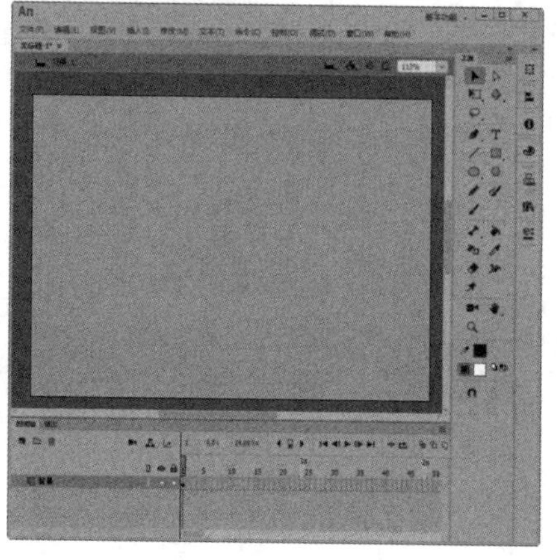

step 3 新建图层，重命名图层为【花纹】。

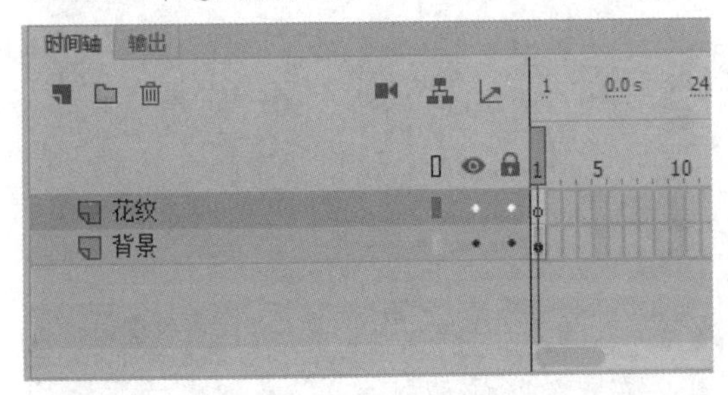

step 4 打开“花纹”文档，将里面的花纹图形复制到当前新文档的舞台中。

step 5 新建【蝴蝶】图层，选择【文件】|【导入】|【导入到舞台】命令，打开【导入】对话框，选择蝴蝶图片文件，单击【打开】按钮将其导入舞台。

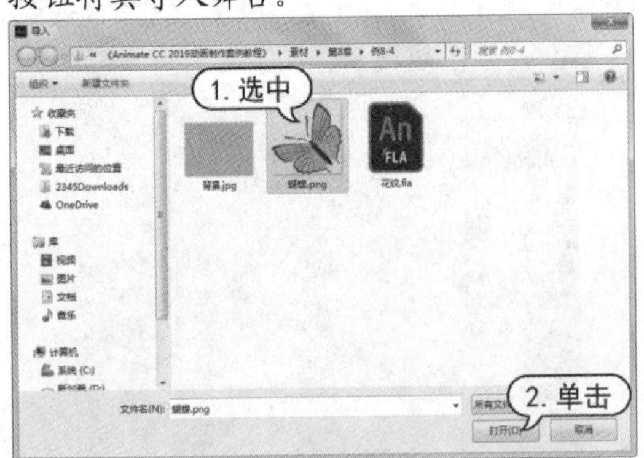

step 6 选择蝴蝶图形，选择【修改】|【转换为元件】命令，转换该图形为【图形】元件。

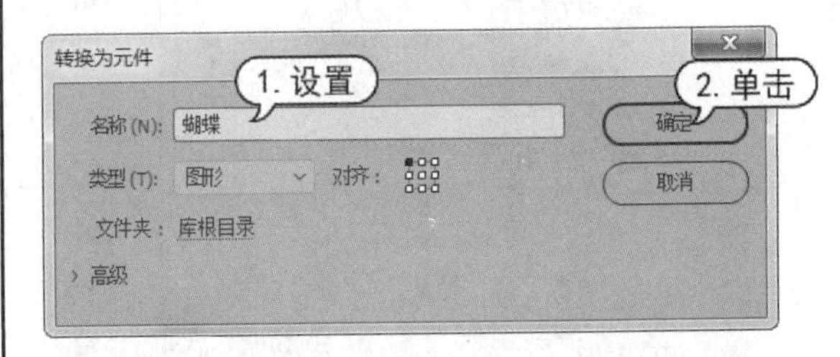

step 7 调整【蝴蝶】元件的形状大小和位置。

step 8 右击【蝴蝶】图层，在弹出的快捷菜单中选择【添加传统运动引导层】命令，在【蝴蝶】图层上添加一个引导层。

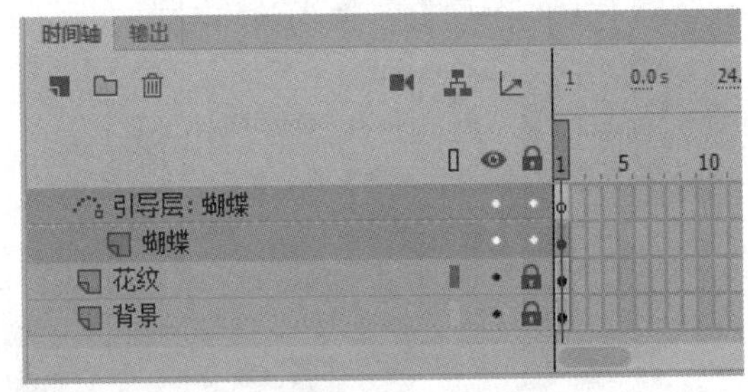

step 9 选择传统运动引导层，选择【铅笔工具】，设置为平滑模式，绘制运动轨迹曲线。

step 10 分别选中【引导层：蝴蝶】【花纹】【背景】图层，按F5 键直至添加到第 30 帧。选中【蝴蝶】图层，在时间轴上的第 30 帧处插入关键帧，然后在第 1～29 帧处右击，弹出快捷菜单，选择【创建传统补间】命令，在【蝴蝶】图层上创建传统补间动画。

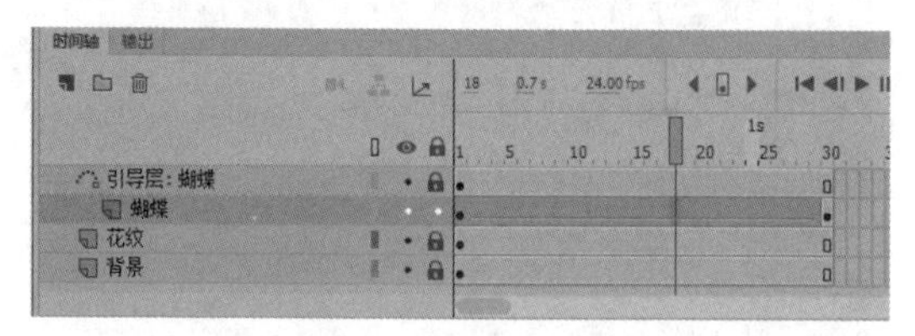

step 11 锁定【引导层】图层，然后在【蝴蝶】图层第 1 帧处拖动蝴蝶对象到曲线的起始端，使其紧贴在引导线上。在【蝴蝶】图层第 30 帧处拖动蝴蝶对象到曲线的终点端，使其紧贴在引导线上。

step 12 单击【蝴蝶】图层第 1～29 帧的任意一帧，打开其【属性】面板，选中【调整到路径】复选框。

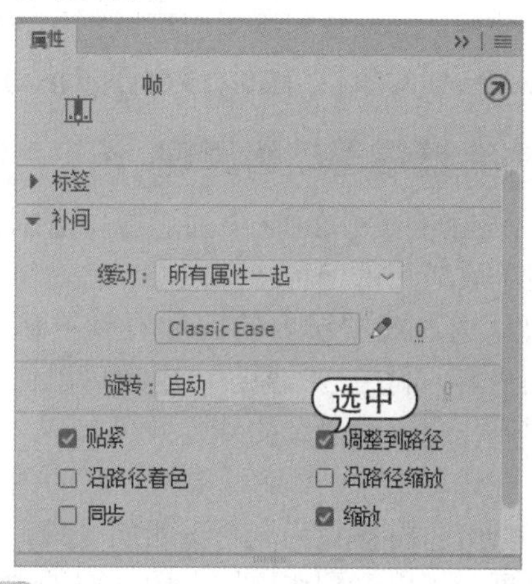

step 13 选择【文件】|【保存】命令，打开【另存为】对话框，将其命名为“引导层动画”文档加以保存。

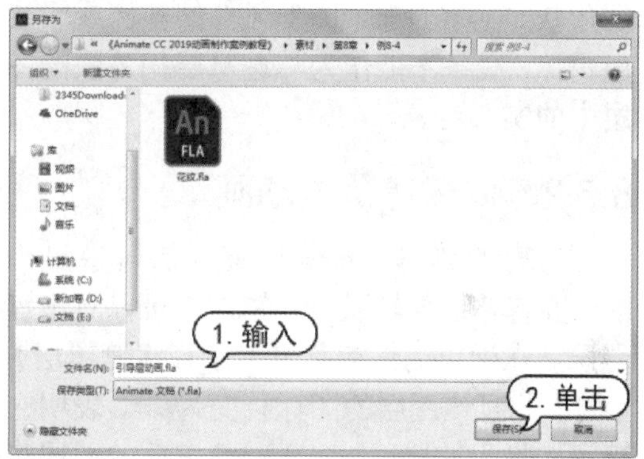

step 14 此时按Ctrl+Enter组合键测试动画，效果如下图所示。

8.5 制作遮罩层动画

使用 Animate 的遮罩层可以制作更加复杂的动画，在动画中只需要设置一个遮罩层，就能遮掩一些对象，可以制作出灯光移动或其他复杂的动画效果。

8.5.1 遮罩层动画原理

Animate CC 2019 中的遮罩层是制作动画时非常有用的一种特殊图层，它的作用就是可以通过遮罩层内的图形看到被遮罩层中的内容，利用这一原理，用户可以使用遮罩层制作出多种复杂的动画效果。

在遮罩层中，与遮罩层相关联的图层中的实心对象将被视为一个透明的区域，透过这个区域可以看到遮罩层下面一层的内容；而与遮罩层没有关联的图层，则不会被看到。其中，遮罩层中的实心对象可以是填充的形状、文字对象、图形元件的实例或影片剪辑等，线条不能作为与遮罩层相关联的图层中的实心对象。

8.5.2 创建遮罩层动画

所有的遮罩层都是由普通层转换过来的。要将普通层转换为遮罩层，可以右击该图层，在弹出的快捷菜单中选择【遮罩层】命令，此时该图层的图标会变为◙，表明它已被转换为遮罩层，而紧贴它下面的图层将自动转换为被遮罩层，图标为◙。

在创建遮罩层后，通常遮罩层下方的一个图层会自动设置为被遮罩图层，若要创建遮罩层与普通图层的关联，使遮罩层能够同时遮罩多个图层，可以通过下列方法来实现。

- 在时间轴上的【图层】面板中，将现有的图层直接拖到遮罩层下面。
- 在遮罩层的下方创建新的图层。
- 选择【修改】|【时间轴】|【图层属性】命令，打开【图层属性】对话框，在【类型】选项中选中【被遮罩】单选按钮，然后单击【确定】按钮即可。

如果要断开某个被遮罩图层与遮罩层的关联，可先选择要断开关联的图层，然后将该图层拖到遮罩层的上面；或选择【修改】|【时间轴】|【图层属性】命令，在打开的【图层属性】对话框中的【类型】选项中选中【一般】单选按钮，然后单击【确定】按钮即可。仅当某一图层上方存在遮罩层时，【图层属性】对话框中的【被遮罩】单选按钮才处于可选状态。

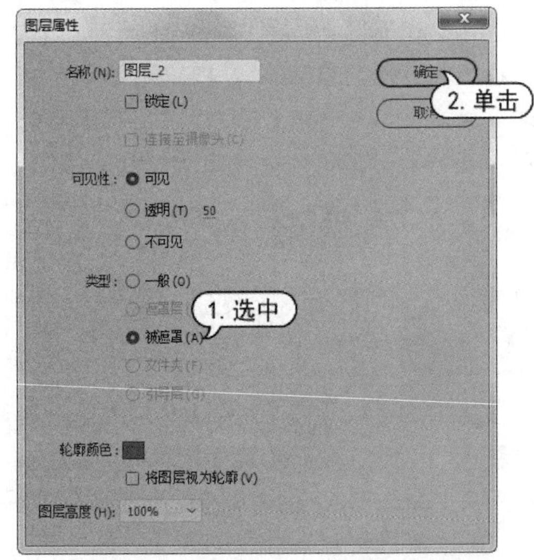

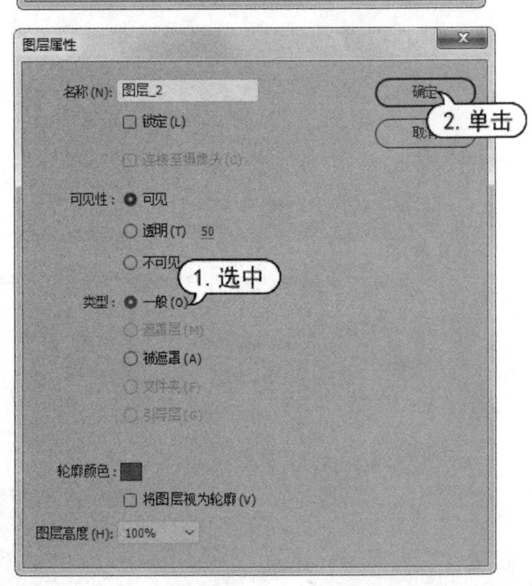

【例 8-5】在一个文档上制作遮罩层动画效果。
视频+素材 (素材文件\第 08 章\例 8-5)

step 1 启动Animate CC 2019，新建一个文档。选择【文件】|【导入】|【导入到舞台】命令，打开【导入】对话框，选择图片导入舞台。

step 2 调整舞台上的图片大小，右击舞台，在快捷菜单中选择【文档】命令，打开【文档设置】对话框，设置舞台匹配图片内容。

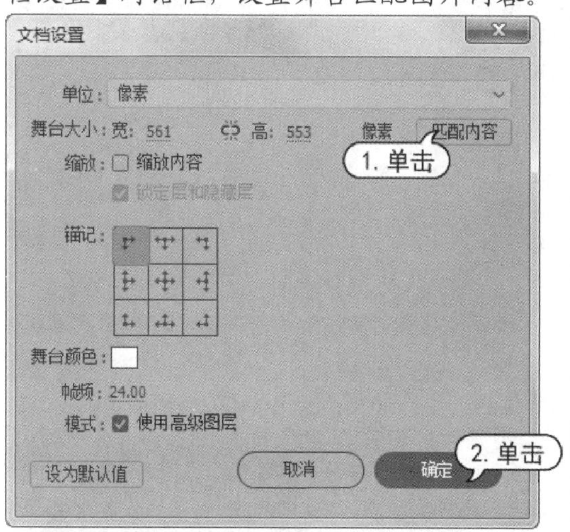

step 3 在【时间轴】面板上单击【新建图层】按钮，新建【图层_2】。

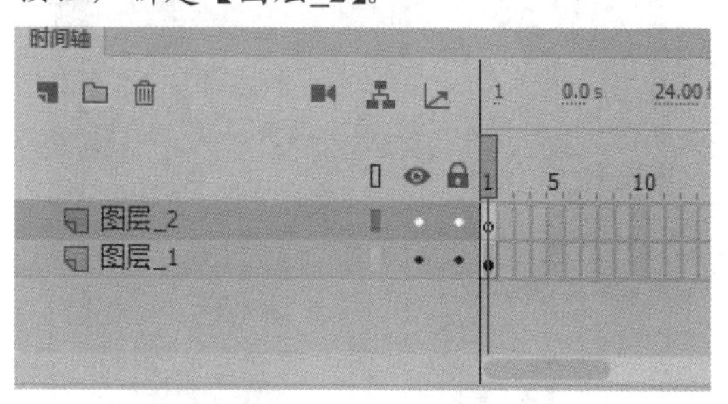

step 4 选择【椭圆工具】，打开【属性】面板，将笔触颜色设置为无，填充颜色设置为红色。

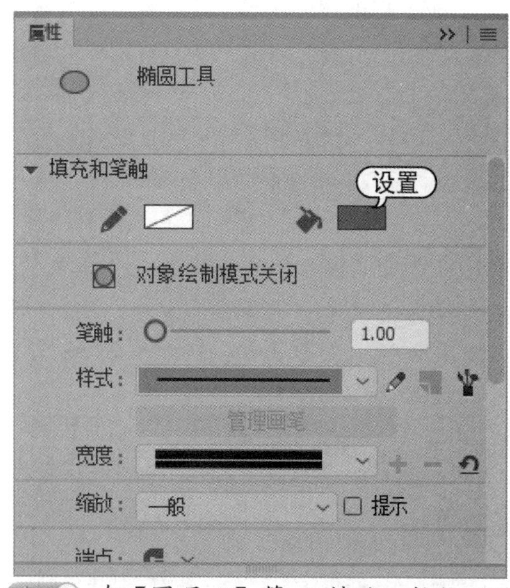

step 5 在【图层_2】第 1 帧处，按住Shift键绘制一个圆形。

step 6 选择圆形，选择【窗口】|【对齐】命令，打开【对齐】面板，选中【与舞台对齐】复选框，单击【水平中齐】和【垂直居中分布】按钮。

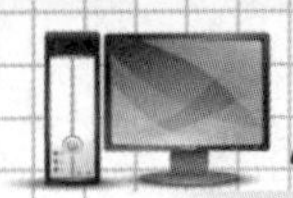

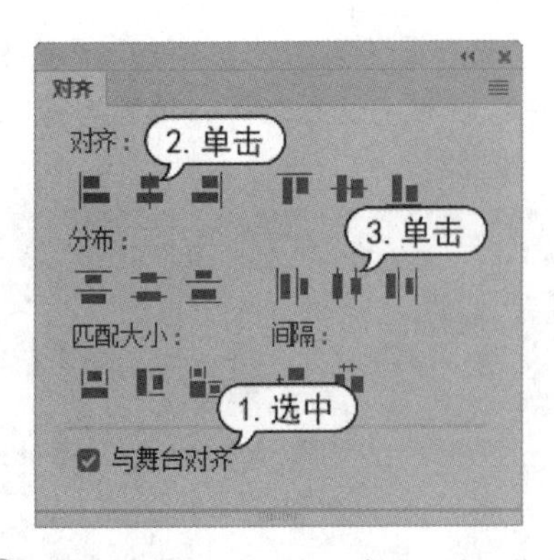

step 7 选中【图层_2】的第21帧，按F7键插入空白关键帧，选中第20帧，按F6键插入关键帧。在【图层_1】的第22帧处插入关键帧。

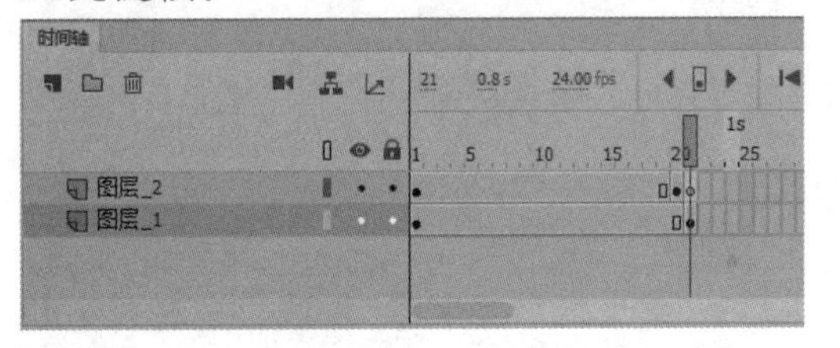

step 8 选中【图层_2】的第20帧，使用【任意变形】工具选择圆形，按Shift键向外拖动控制点，等比例从中心往外扩大圆形并覆盖住背景图。

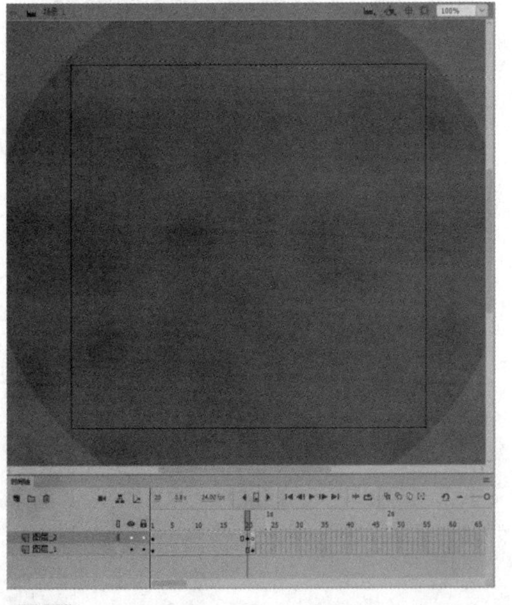

step 9 右击【图层_2】的第1帧，在弹出的快捷菜单中选择【创建补间形状】命令，创建补间形状动画。

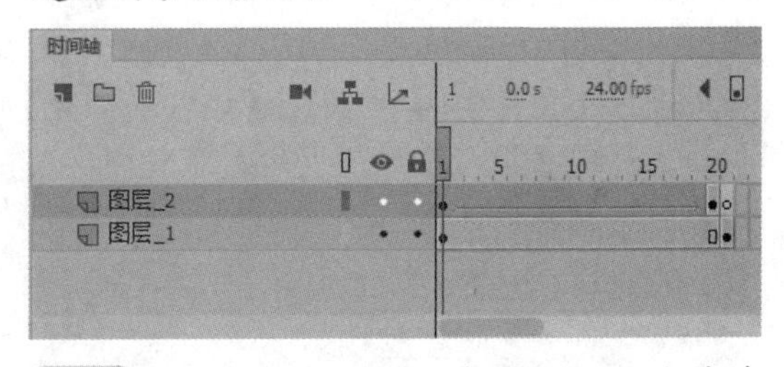

step 10 右击【图层_2】，在弹出的快捷菜单中选择【遮罩层】命令，使【图层_2】转换为【图层_1】的遮罩层。

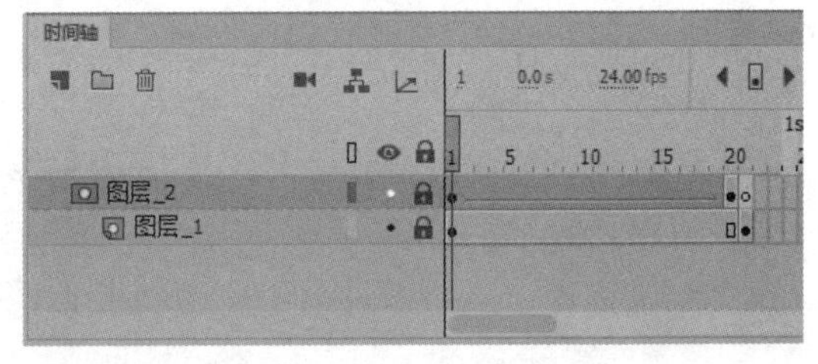

step 11 将文档命名为“遮罩层动画”加以保存。

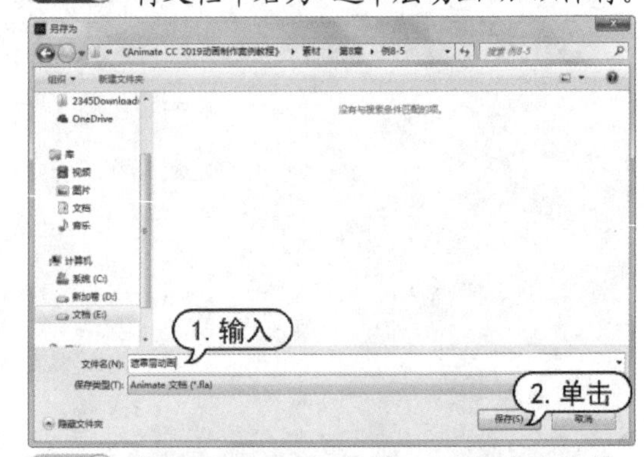

step 12 按Ctrl+Enter组合键，测试动画效果。

8.6　制作骨骼动画

使用 Animate CC 2019 中的【骨骼工具】可以创建一系列连接的对象，创建链型效果，帮助用户更加轻松地创建出各种人物动画，如胳膊、腿的反向运动效果。

8.6.1　添加骨骼

反向运动是使用骨骼的关节结构对一个对象或彼此相关的一组对象进行动画处理的方法。使用骨骼、元件实例和形状对象可以按复杂而自然的方式移动，只需做很少的设计工作。

可以向单独的元件实例或单个形状的内部添加骨骼。在一个骨骼移动时，与启动运动的骨骼相关的其他连接骨骼也会移动。使用反向运动进行动画处理时，只需指定对象的开始位置和结束位置即可。骨骼链称为骨架。在父子层次结构中，骨架中的骨骼彼此相连。骨架可以是线性或分支的。源于同一骨骼的骨架分支称为同级。骨骼之间的连接点称为关节。

在 Animate 中可以按两种方式使用【骨骼工具】：一是添加将每个实例与其他实例连接在一起的骨骼，用关节连接一系列的元件实例；二是向形状对象的内部添加骨架，可以在合并绘制模式或对象绘制模式中创建形状。在添加骨骼时，Animate 可以自动创建与对象关联的骨架并移动到时间轴中的姿势图层。此新图层称为骨架图层。每个骨架图层只能包含一个骨架及其关联的实例或形状。

> **知识点滴**
>
> 向单个形状或一组形状添加骨骼时，在任意情况下，在添加第一个骨骼之前必须选择所有形状。在将骨骼添加到所选内容后，Animate 将所有的形状和骨骼转换为骨骼形状对象，并将该对象移动到新的骨架图层。但在这个形状转换为骨骼形状后，它无法再与骨骼形状外的其他形状合并。

1. 向形状添加骨骼

在舞台中绘制一个图形，选中该图形，选择【工具】面板中的【骨骼工具】，在图形中单击并拖动到形状内的其他位置。在拖动时将显示骨骼。释放鼠标后，在单击的点和释放的点之间将显示一个实心骨骼。每个骨骼都由头部、线和尾部组成。

其中骨架中的第一个骨骼是根骨骼，显示为一个圆围绕骨骼头部。添加第一个骨骼时，在形状内往骨架根部所在的位置单击即可连接。

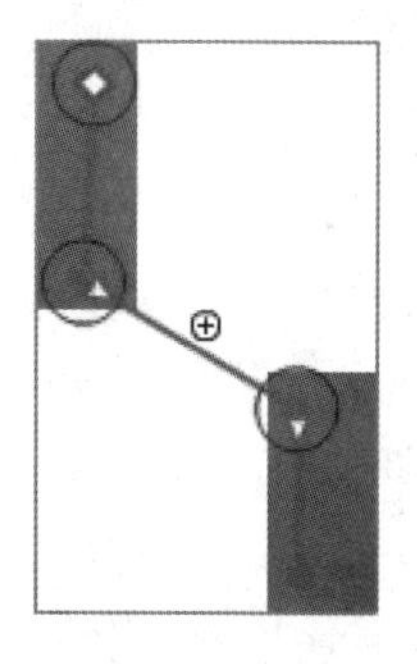

要添加其他骨骼，可以拖动第一个骨骼的尾部到形状内的其他位置，第二个骨骼将成为根骨骼的子级。按照要创建的父子关系的顺序，将形状的各区域与骨骼连接在一起。

> **知识点滴**
>
> 形状变为骨骼形状后，就无法再添加新笔触，但仍可以向形状的现有笔触添加控制点或从中删除控制点。

2. 向元件添加骨骼

通过【骨骼工具】可以向影片剪辑、图形和按钮元件实例添加反向运动骨骼，将元件和元件连接在一起，共同完成一套动作。

在舞台中有一个由多个元件组成的对象，选择【骨骼工具】，单击要成为骨架的元件的头部或根部，然后拖动到另一个元件，将两个元件连接在一起。如果要添加其他骨骼，使用【骨骼工具】从第一个骨骼的根部拖动到下一个元件即可。

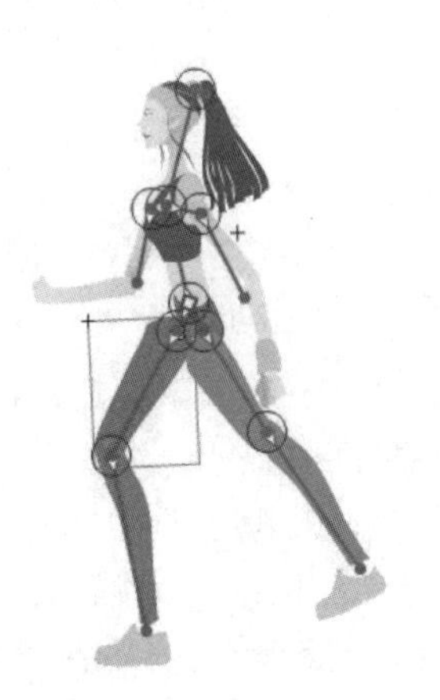

8.6.2 编辑骨骼

创建骨骼后，可以使用多种方法编辑骨骼，例如，重新定位骨骼及其关联的对象，在对象内移动骨骼，更改骨骼的长度，删除骨骼，以及编辑骨骼的形状等。

1. 选择骨骼

要编辑骨架，首先要选择骨骼，用户可以通过以下方法选择骨骼。

- 要选择单个骨骼，使用【选择工具】单击骨骼即可。
- 按住 Shift 键，可以单击选择同个骨骼中的多个骨架。
- 要将所选内容移动到相邻骨骼，可以单击【属性】面板中的【上一个同级】【下一个同级】【父级】或【子级】按钮。
- 要选择整个骨架并显示骨架的属性和骨架图层，可以单击骨骼图层中包含骨架的帧。
- 要选择骨骼形状，单击该形状即可。

2. 重新定位骨骼

添加的骨骼还可以重新定位，主要由以下方式可以实现。

- 要重新定位骨架的某个分支，可以拖动该分支中的任何骨骼。该分支中的所有骨骼都将移动，骨架的其他分支中的骨骼不会移动。
- 要将某个骨骼与子级骨骼一起旋转而不移动父级骨骼，可以按住 Shift 键拖动该骨骼。
- 要将某个骨骼形状移动到舞台上的新位置，可在属性检查器中选择该形状并更改 X 和 Y 属性。

3. 删除骨骼

删除骨骼可以删除单个骨骼和所有骨骼，可以通过以下方法实现。

- 要删除单个骨骼及所有子级骨架，可以选中该骨骼，按下 Delete 键即可。
- 要从某个骨骼形状或元件骨架中删除所有骨骼，可以选择该形状或该骨架中的任何元件实例，选择【修改】|【分离】命令，分离为图形，即可删除整个骨骼。

4. 移动骨骼

移动骨骼可以移动骨骼的任意一端的位置，并且可以调整骨骼的长度，具体方法如下。

- 要移动骨骼形状内骨骼任意一端的位置，可以选择【部分选取工具】，拖动骨骼的一端即可。
- 要移动元件实例内的骨骼连接、头部或尾部的位置，打开【变形】面板，移动实例的变形点，骨骼将随变形点移动。
- 要移动单个元件实例而不移动任何其他连接的实例，可以按住 Alt 键，拖动该实例，或者使用任意变形工具拖动它。连接到实例的骨骼会自动调整长度，以适应实例的新位置。

5. 编辑骨骼形状

用户还可以对骨骼形状进行编辑。使用【部分选取工具】，可以在骨骼形状中删除和编辑轮廓的控制点。

- 要移动骨骼的位置而不更改骨骼形状，可以拖动骨骼的端点。
- 要显示骨骼形状边界的控制点，单击形状的笔触即可。
- 要移动控制点，直接拖动该控制点即可。
- 要删除现有的控制点，选中控制点，

按下 Delete 键即可。

8.6.3　创建骨骼动画

创建骨骼动画的方法与 Animate 中的其他对象不同。对于骨架，只需向骨架图层中添加帧并在舞台上重新定位骨架即可创建关键帧。骨架图层中的关键帧称为姿势，每个姿势图层都自动充当补间图层。

要在时间轴中对骨架进行动画处理，可以右击骨架图层中要插入姿势的帧，在弹出的快捷菜单中选择【插入姿势】命令，然后使用选取工具更改骨架的位置。Animate 会自动在姿势之间的帧中插入骨骼。如果要在时间轴中更改动画的长度，直接拖动骨骼图层中末尾的姿势即可。

【例 8-6】新建一个文档，创建运动骨骼动画。

视频+素材 (素材文件\第 08 章\例 8-6)

step 1　启动Animate CC 2019，新建一个文档。选择【文件】|【导入】|【导入到舞台】命令，打开【导入】对话框，选择图片导入舞台。

step 2　调整图片的大小，并将舞台匹配内容。

step 3　选择【插入】|【新建元件】命令，创建影片剪辑元件【女孩】。

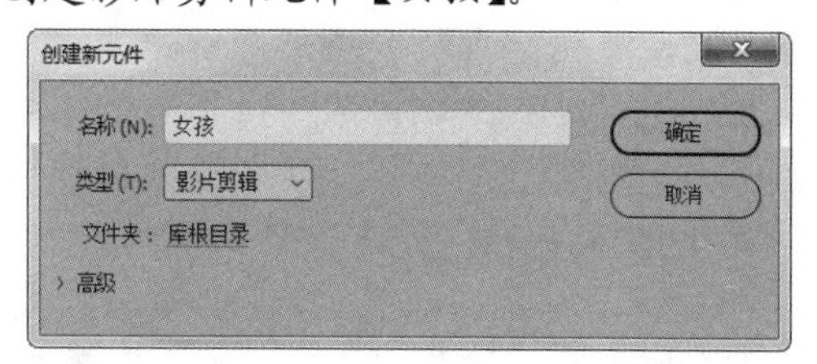

step 4　选择【文件】|【导入】|【打开外部库】命令，导入【女孩素材】文件。

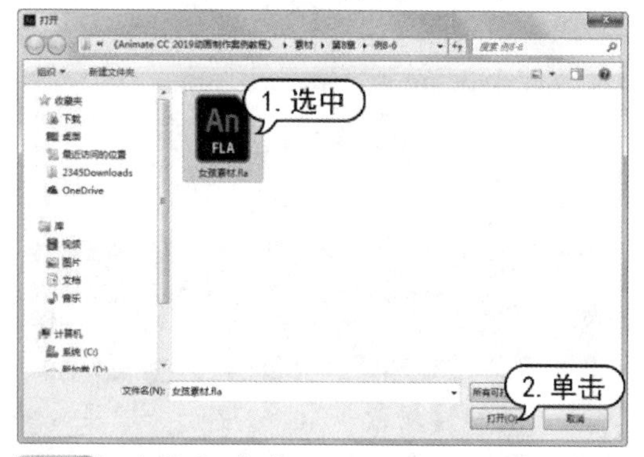

step 5　将外部库中的女孩图形组成部分的影片剪辑元件拖入舞台中。

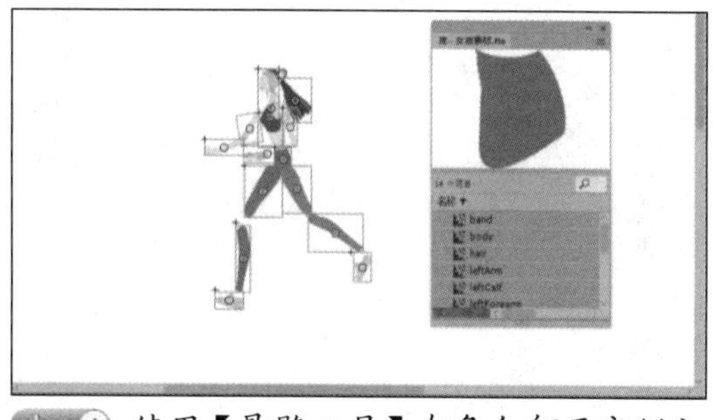

step 6　使用【骨骼工具】在多个躯干实例之间添加骨骼，并调整骨骼之间的旋转角度。

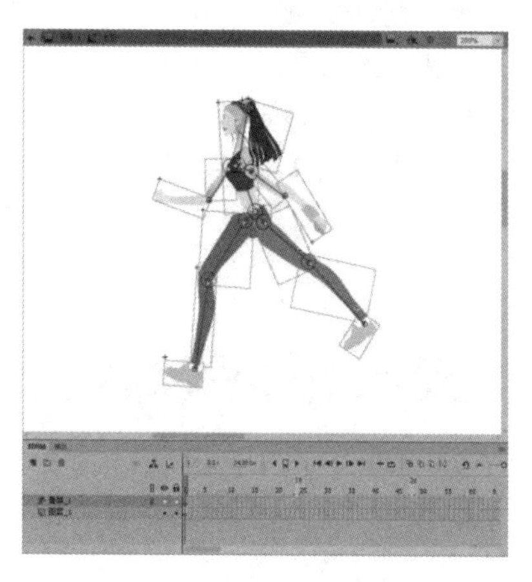

step 7 右击图层的第 50 帧，在弹出的快捷菜单中选择【插入帧】命令，然后在第 25 帧处选择【插入姿势】命令，并调整骨骼的姿势，接着在第 50 帧处复制第 1 帧处的姿势。

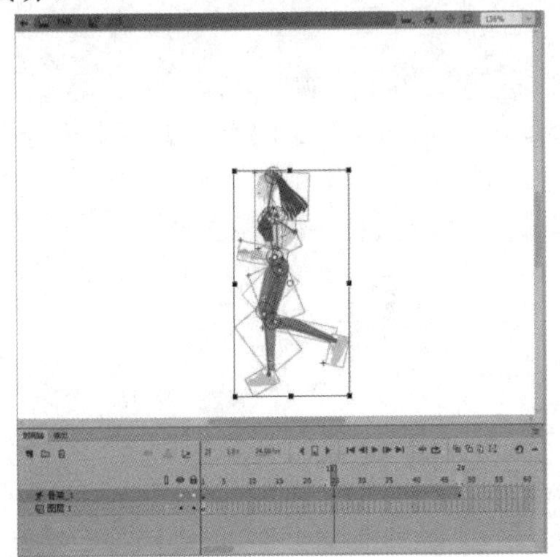

step 8 返回【场景一】，新建一个图层，将【女孩】影片剪辑元件拖入舞台的右侧。

step 9 在【图层_2】的第 100 帧处插入关键帧，将该影片剪辑移动到舞台左侧，并添加传统补间动画。在【图层_1】的第 100 帧处插入关键帧，使背景图和女孩图形都显示。

step 10 选择【文件】|【保存】命令，将其命名为“骨骼动画”加以保存。

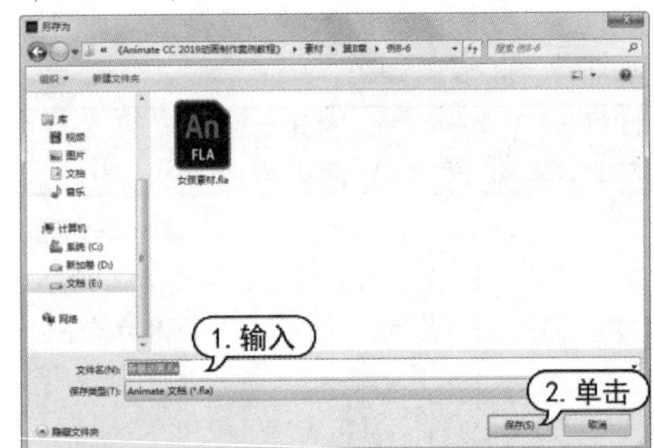

step 11 按Ctrl+Enter键，测试动画效果。

8.7 制作摄像头动画

在 Animate CC 2019 中提供了【摄像头工具】，用户使用该工具可以控制摄像头的摆位、放大或缩小、平移以及其他特效，指挥舞台上的角色和对象。

8.7.1　摄像头图层

在工具面板上选择【摄像头工具】或者在【时间轴】面板上单击【添加摄像头】按钮，将会在时间轴顶部添加一个摄像头图层【Camera】，舞台上出现摄像头控制台。

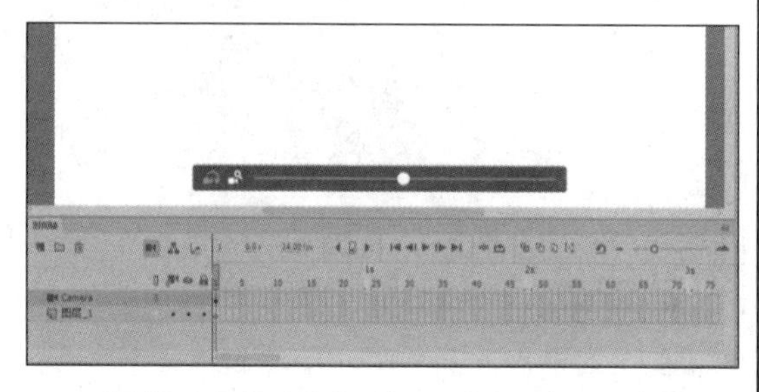

摄像头图层的操作方法与普通图层有所不同，其主要特点如下。

- 舞台的大小变为摄像头视角的框架。
- 只能有一个摄像头图层，它始终位于所有其他图层的顶部。
- 无法重命名摄像头图层。
- 无法在摄像头图层中添加或绘制对象，但可以向图层内添加传统补间动画或补间动画，这样就能为摄像头运动和摄像头滤镜设置动画。
- 当摄像头图层处于活动状态时，无法移动或编辑其他图层中的对象。

8.7.2　创建摄像头动画

使用舞台上的摄像头控制台，可以方便地创建摄像头动画。

1. 缩放和旋转摄像头视图

创建摄像头图层后，显示的控制台有两种模式：一种用来缩放，一种用来旋转。要缩放摄像头视图，首先单击控制台上的按钮，将滑块向右拖动，摄像头视图将会放大，释放鼠标后，滑块回到中心，允许用户继续向右拖动放大视图。将滑块向左拖动，摄像头视图将会缩小。

要旋转摄像头视图，首先单击控制台上的按钮，将滑块向右拖动，摄像头视图将会逆时针旋转，释放鼠标后，滑块回到中心，允许用户继续逆时针旋转视图。

此外，还可以打开摄像头的【属性】面板，在【摄像头属性】选项组中设置缩放和旋转的数值。

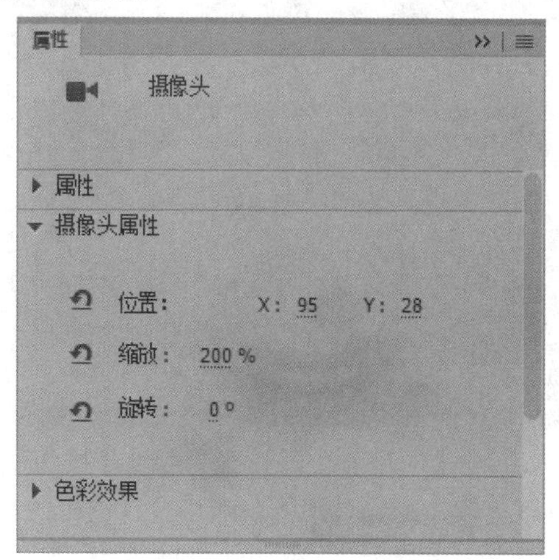

2. 移动摄像头

要移动摄像头，可以将鼠标指针放在舞台上，将摄像头向左拖动，这是移动摄像头而不是移动舞台内容，此时舞台的内容向右移动。相反，将摄像头向右拖动，则舞台的内容向左移动。

使用类似的方法，将摄像头向上拖动，则舞台的内容向下移动；将摄像头向下拖动，则舞台的内容向上移动。

3. 摄像头色彩效果

用户可以使用摄像头色彩效果来创建色调或更改整个视图的对比度、饱和度、亮度及色相等。

打开摄像头的【属性】面板，单击【应用色调至摄像头】按钮，可以更改色调、红、绿、蓝的数值。

单击【应用颜色滤镜至摄像头】按钮，可以更改亮度、对比度、饱和度、色相的数值。单击重置按钮即可返回初始属性。

【例 8-7】新建一个文档，创建摄像头动画。

视频+素材 (素材文件\第 08 章\例 8-7)

step 1 启动Animate CC 2019，新建一个文档。选择【文件】|【导入】|【导入到舞台】命令，打开【导入】对话框，选择图片导入舞台。

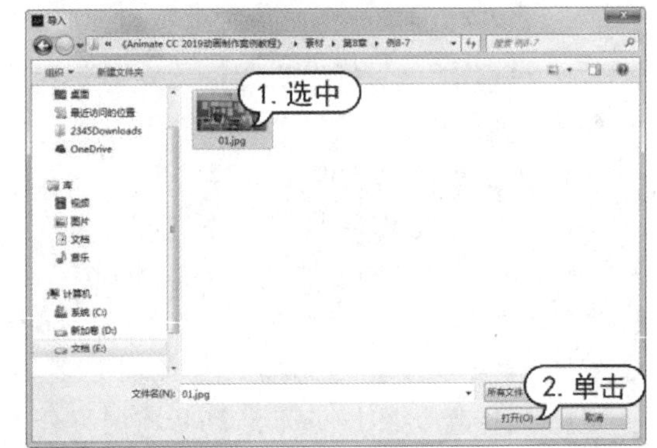

step 2 选择【修改】|【文档】命令，打开【文档设置】对话框，单击【匹配内容】按钮，然后单击【确定】按钮。

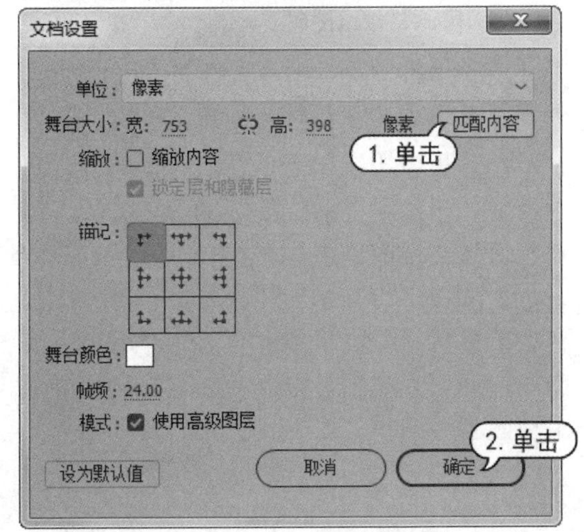

step 3　单击【工具】面板上的【摄像头】按钮，创建【Camera】图层，舞台上显示摄像头控制台。

step 4　打开其【属性】面板，在【摄像头属性】选项组中设置【缩放】数值为 200%。

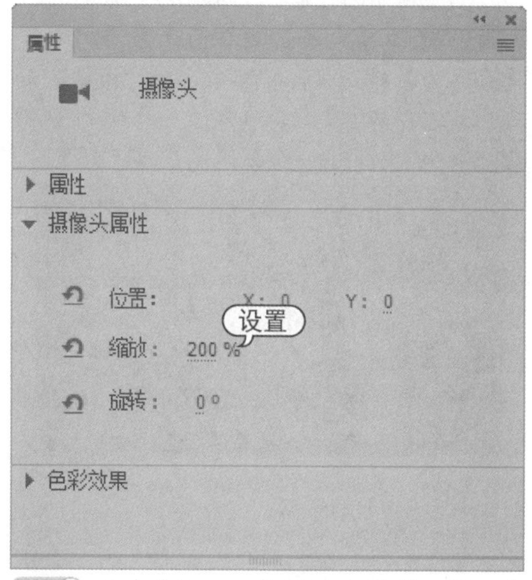

step 5　右击【Camera】图层中的第 1 帧，在弹出菜单中选择【创建补间动画】命令，创建第 1 帧的补间动画。

step 6　在【图层_1】中选择第 100 帧，插入关键帧。

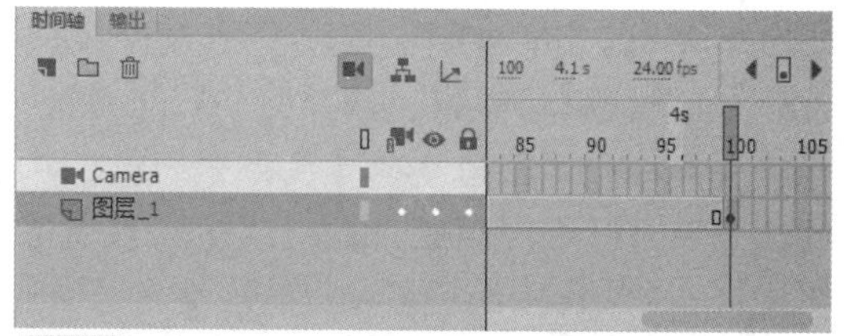

step 7　选中【Camera】图层，拖动第 1 帧的边线，拉长帧至第 100 帧，形成 100 帧的补间动画。

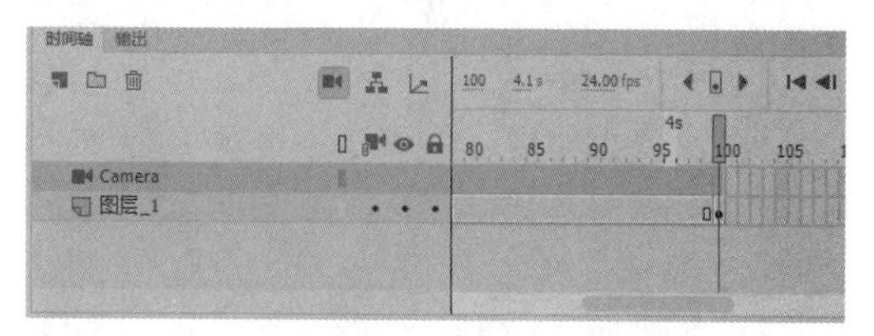

step 8　选中【Camera】图层，将播放头移动到第 25 帧，将指针放在舞台上，按住Shift键向上垂直拖动摄像头显示左边女生的脸。

step 9　在【Camera】图层上将播放头移动到第 50 帧，按住Shift键向右平行拖动摄像头显示右边女生的脸。

step 10 在【Camera】图层上第 65 帧处按F6键创建关键帧，将播放头移动到第 80 帧，单击舞台，打开摄像头的【属性】面板，在【摄像头属性】选项组中设置【缩放】数值为 100%，然后拖动摄像头使视图重新居中。

step 11 在【Camera】图层的第 85 帧上创建关键帧，打开摄像头的【属性】面板，单击【应用颜色滤镜至摄像头】按钮，并设置所有选项为 0。

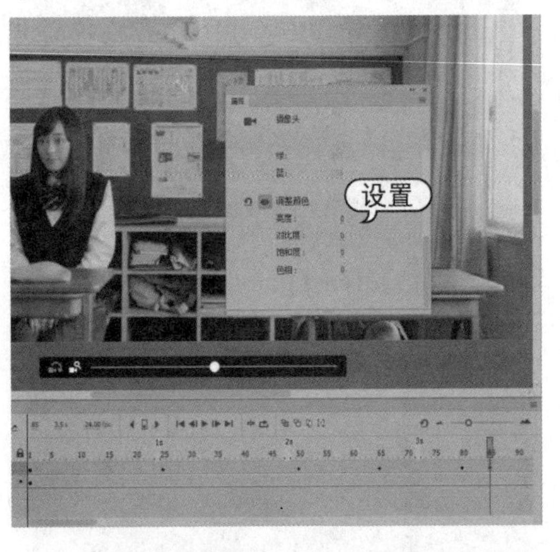

step 12 在【Camera】图层的第 100 帧上创建关键帧，打开摄像头的【属性】面板，单击【应用颜色滤镜至摄像头】按钮，并设置所有选项为 30。

step 13 选择【文件】|【保存】命令，打开【另存为】对话框，将其命名为“摄像头动画”加以保存。

step 14 按Ctrl+Enter组合键测试动画效果。

8.8 制作多场景动画

在 Animate CC 2019 中，除了默认的单场景动画以外，用户还可以应用多个场景来编辑动画，比如动画风格转换时就可以使用多个场景。

8.8.1 编辑场景

Animate 默认只使用一个场景(场景 1)来组织动画，用户可以自行添加多个场景来丰富动画，每个场景都有自己的主时间轴，在其中制作动画的方法也一样。

下面介绍场景的创建和编辑方法。

- 添加场景：要创建新场景，可以选择【窗口】|【场景】命令，在打开的【场景】面板中单击【添加场景】按钮，即可添加【场景 2】。

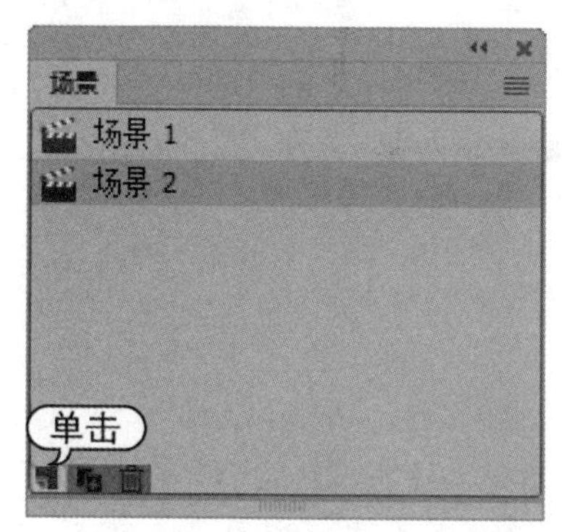

- 切换场景：要切换多个场景，可以单击【场景】面板中要进入的场景，或者单击舞台右上方的【编辑场景】按钮，选择下拉列表中的场景选项。

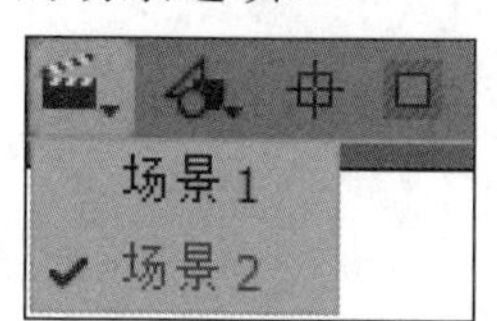

- 更改场景名称：要重命名场景，可以双击【场景】面板中要改名的场景，使其变为可编辑状态，输入新名称即可。

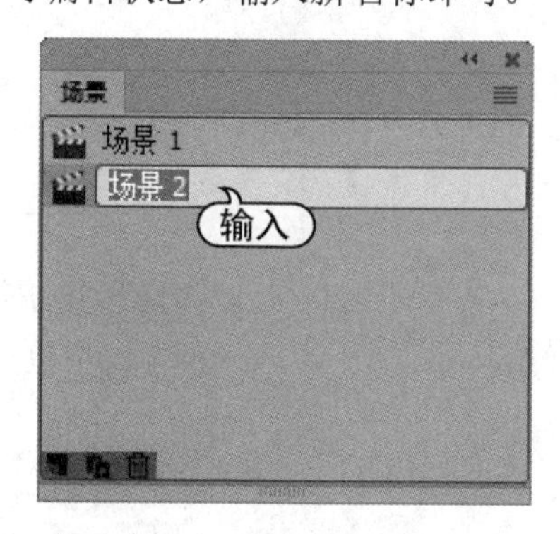

- 复制场景：要复制场景，可以在【场景】面板中选择要复制的场景，单击【重制场景】按钮，即可将原场景中的所有内容都复制到当前场景。

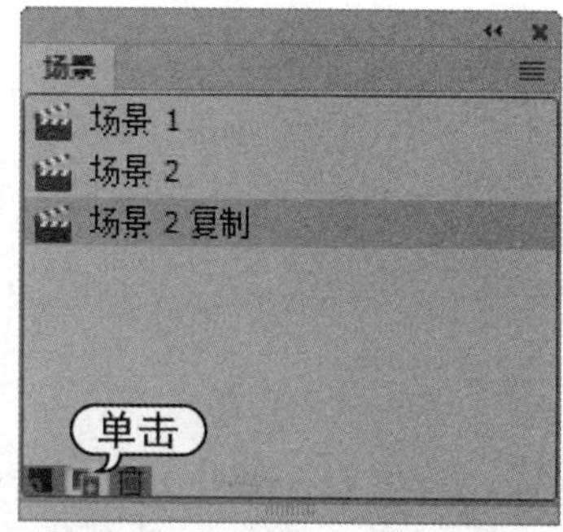

- 排序场景：要更改场景的播放顺序，可以在【场景】面板中拖动场景到相应位置。

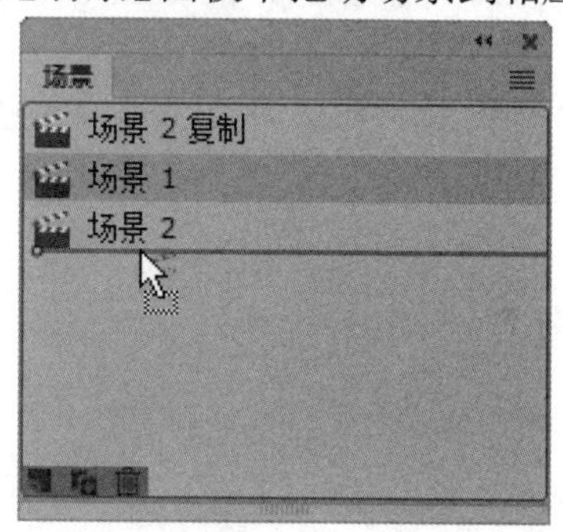

- 删除场景：要删除场景，可以在【场景】面板中选中某场景，单击【删除场景】按钮，在弹出的提示对话框中单击【确定】按钮。

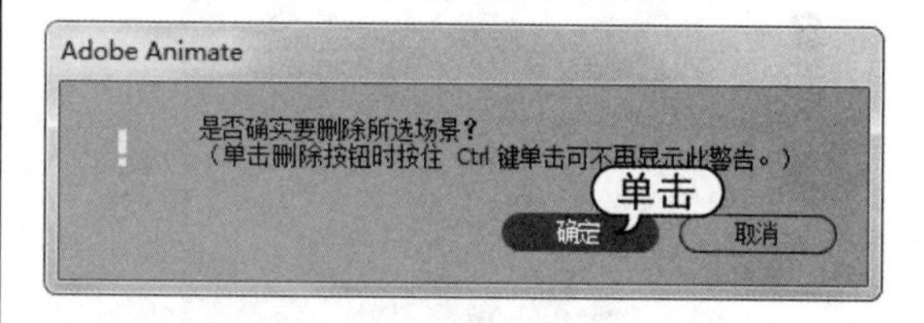

8.8.2　创建多场景动画

下面通过一个简单实例来介绍如何制作多场景动画。

【例 8-8】创建多场景动画。
视频+素材 (素材文件\第 08 章\例 8-8)

step 1　启动Animate CC 2019，打开一个素材文档。

step 2 选择【窗口】|【场景】命令，打开【场景】面板，单击其中的【复制场景】按钮，出现【场景 1 复制】场景选项。

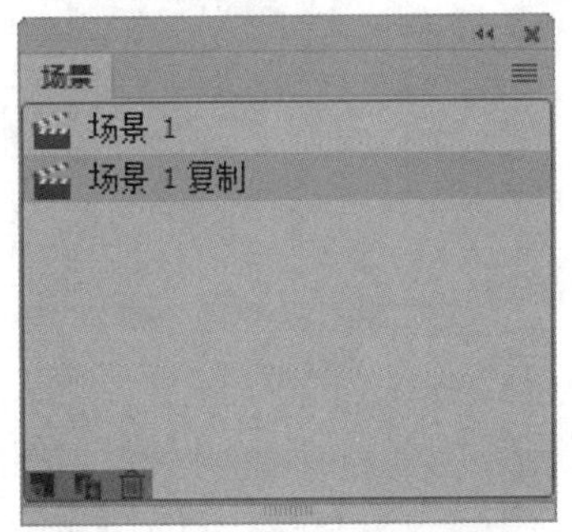

step 3 双击该场景，输入新名称“场景 2”。

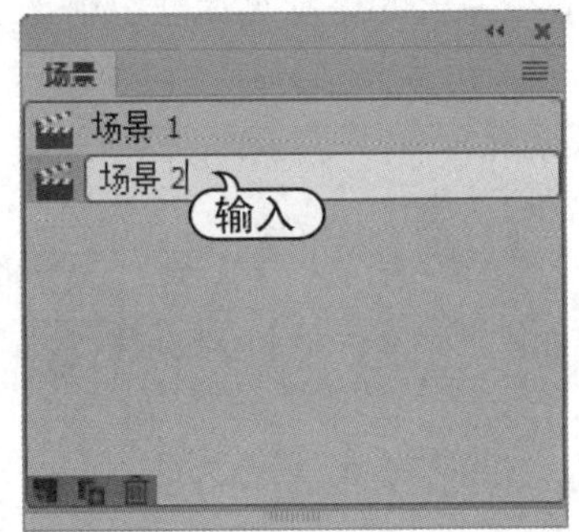

step 4 使用相同的方法创建新场景，并重命名为“场景 3”。

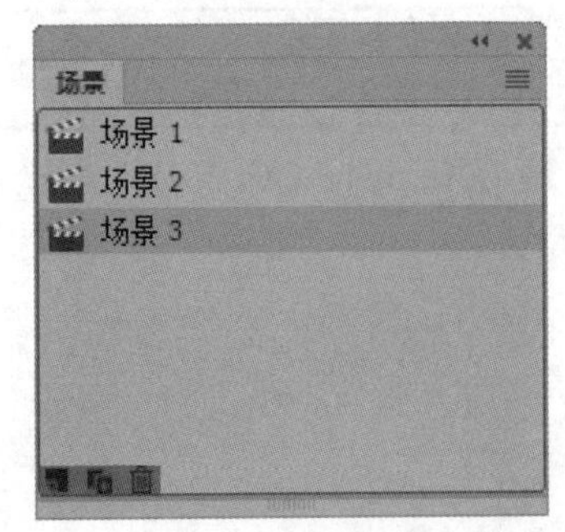

step 5 选择【文件】|【导入】|【导入到库】命令，打开【导入到库】对话框，选择两张位图文件导入到库。

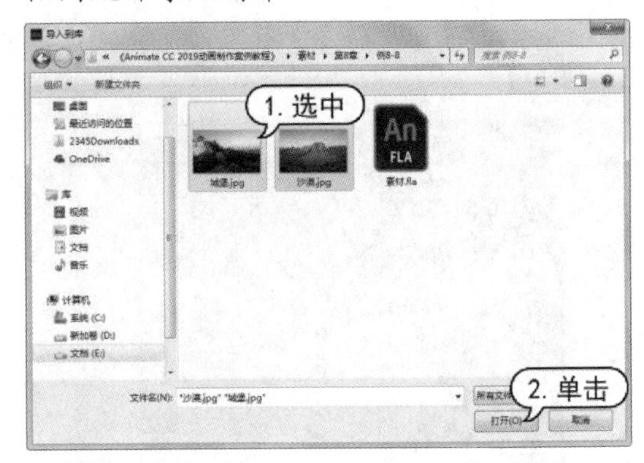

step 6 选择【场景 3】中的背景图形，打开其【属性】面板，单击【交换】按钮。

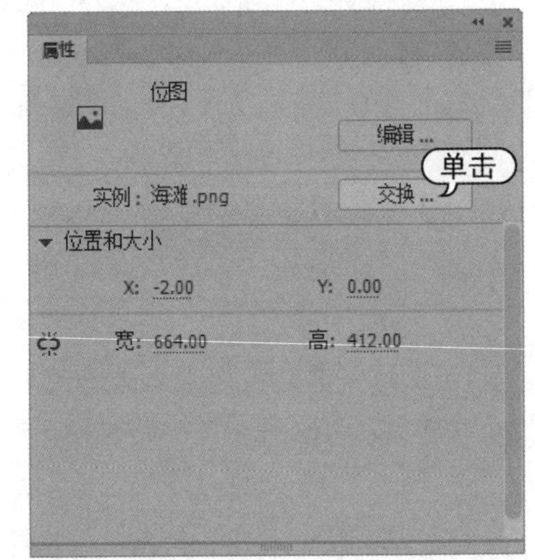

step 7 打开【交换位图】对话框，选择【城堡】图片，单击【确定】按钮。

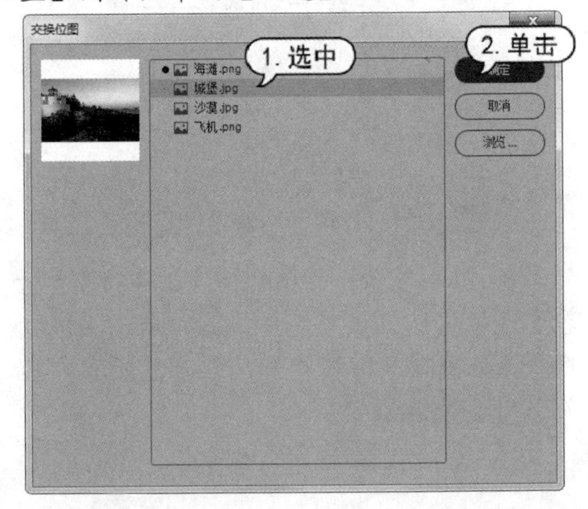

step 8 此时【场景 3】背景图形为【城堡】图片。

step 9 在【场景】面板上选中【场景 2】，使用相同的方法，在【交换位图】对话框中选择【沙漠】图形文件，单击【确定】按钮。

step 10 此时【场景 2】背景图形为【沙漠】图片。

step 11 打开【场景】面板，将【场景 3】和【场景 2】拖动到【场景 1】之上，使 3 个场景的排序以【场景 3】【场景 2】【场景 1】的顺序来排列。

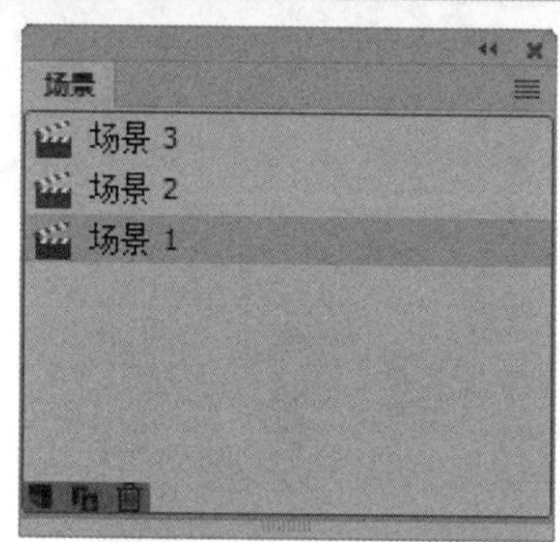

step 12 将该文档以"多场景动画"为名另存，按Ctrl+Enter组合键预览动画效果。

8.9 案例演练

本章的案例演练是制作弹跳效果动画等几个实例操作，用户通过练习从而巩固本章所学知识。

8.9.1 制作弹跳效果动画

【例 8-9】制作弹跳效果动画。
视频+素材 (素材文件\第 08 章\例 8-9)

step 1 启动Animate CC 2019，打开一个素材文档。

step 2 新建一个图层，选择【文件】|【导入】|【导入到舞台】命令，打开【导入】对

话框，选择位图文件，单击【打开】按钮。

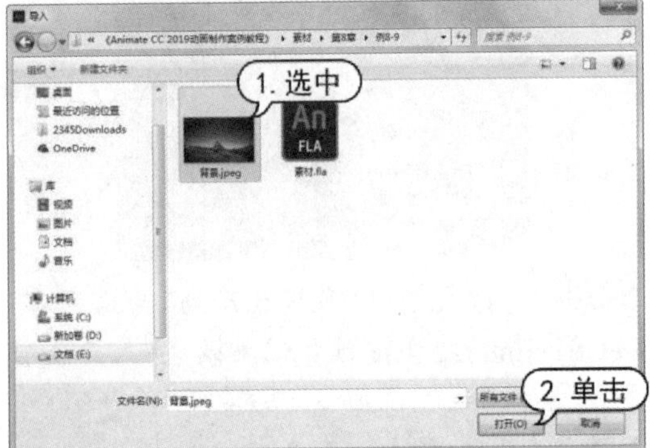

step 3 设置舞台匹配内容，然后在【时间轴】面板上拖动【图层_1】至【图层_2】之上，将飞船实例显示于背景之前。

step 4 选择【窗口】|【动画预设】命令，打开【动画预设】面板。在【动画预设】面板中打开【默认预设】列表，选择【3D弹入】选项，单击【应用】按钮。

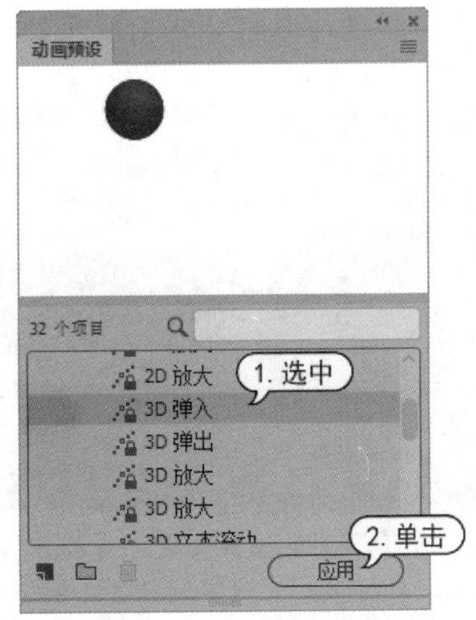

step 5 此时自动为元件添加补间动画，使用【任意变形工具】调整补间动画的路径。

step 6 双击补间动画中的任意帧，打开【动画编辑器】，单击【适应视图大小】按钮，选择【缩放】下的X曲线，单击【为选用属性适用缓动】按钮，在打开的面板中选择【简单】|【快速】选项。

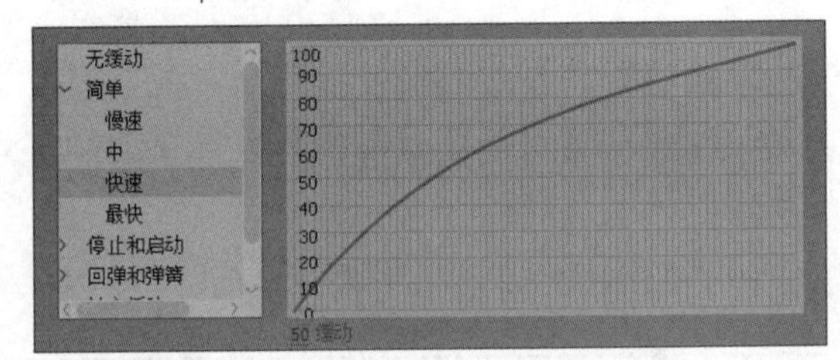

step 7 双击任意帧退出动画编辑器，在【图层_2】中的第 75 帧处插入普通帧，使背景覆盖整个动画过程。

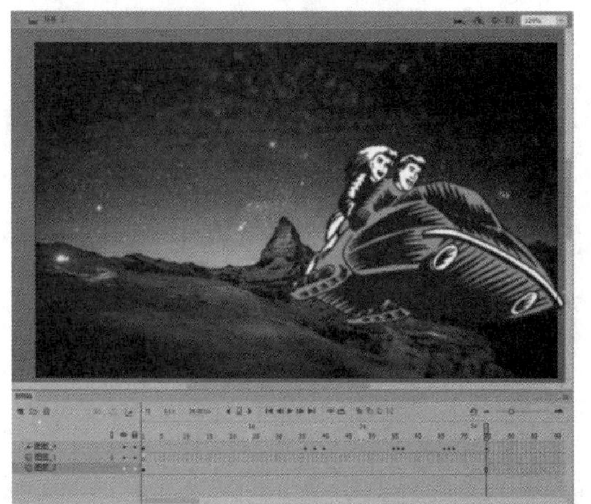

step 8 将其命名为“弹跳动画”另存，按Ctrl+Enter组合键测试动画效果。

8.9.2 制作滚动遮罩动画

【例 8-10】制作滚动遮罩动画。
视频+素材 (素材文件\第 08 章\例 8-10)

step 1 启动Animate CC 2019，新建一个文档。选择【修改】|【文档】命令，打开【文档设置】对话框，设置文档尺寸为 540 像素 × 405 像素，单击【确定】按钮。

step 2 将图层重命名为“左右线条”，使用【线条工具】在舞台左侧绘制一条垂直竖线。

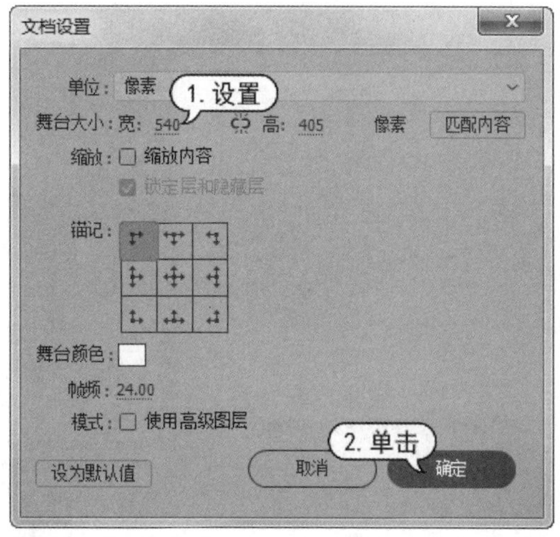

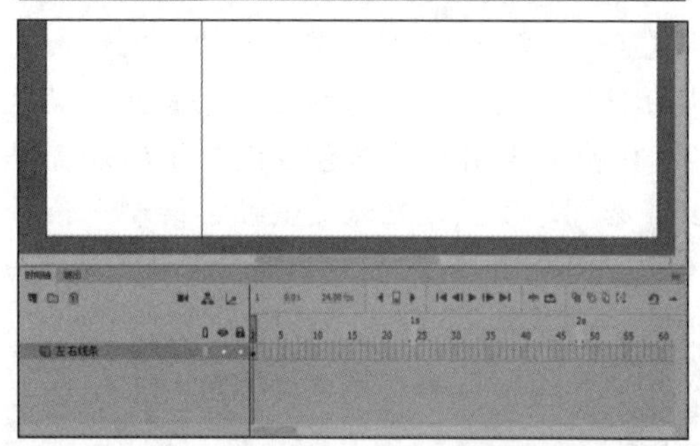

step 3 打开【对齐】面板，选中【与舞台对齐】复选框，单击【分布】中的【左侧分布】按钮。

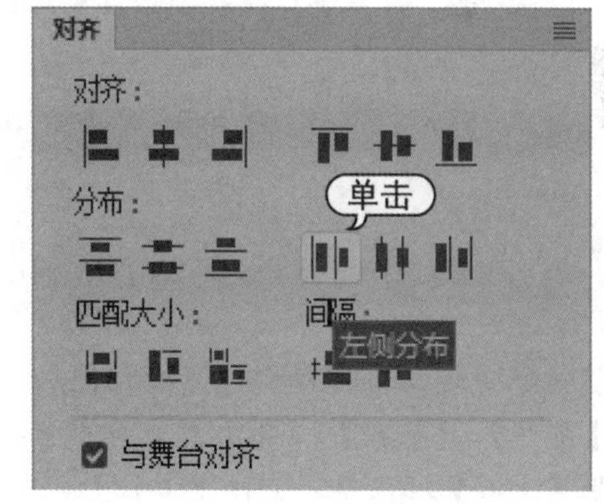

step 4 在时间轴上选中第 40 帧，按F6 键插入关键帧，使用相同的方法，再次绘制一条相对于舞台右侧分布的垂直竖线。

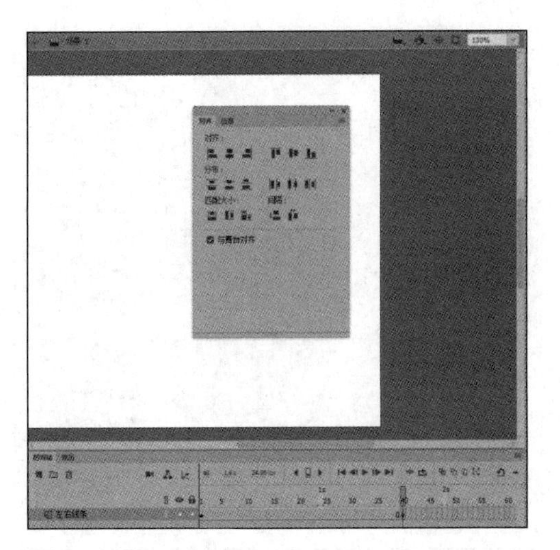

step 5 新建图层，并重命名为“右左线条”。使用上面的方法，在【右左线条】图层里的第 1 帧中绘制一条舞台右侧分布的垂直竖线，在第 40 帧处插入关键帧，绘制一条舞台左侧分布的垂直竖线。

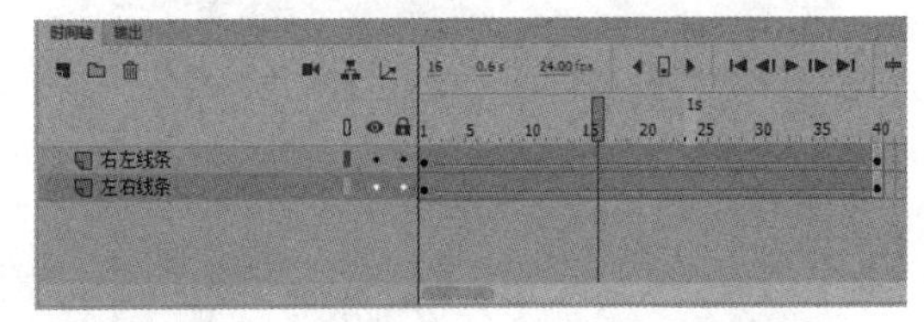

step 6 分别选择这两个图层，右击任意帧，弹出快捷菜单，选择【创建补间形状】命令，创建形状补间动画。

step 7 新建图层并重命名为【考拉图】。选择【文件】|【导入】|【导入到舞台】命令，打开【导入】对话框，选择【考拉】位图，单击【打开】按钮，将其导入舞台。

step 8 新建图层并重命名为【企鹅图】。选择【文件】|【导入】|【导入到舞台】命令，打开【导入】对话框，选择【企鹅】位图，单击【打开】按钮，将其导入舞台。

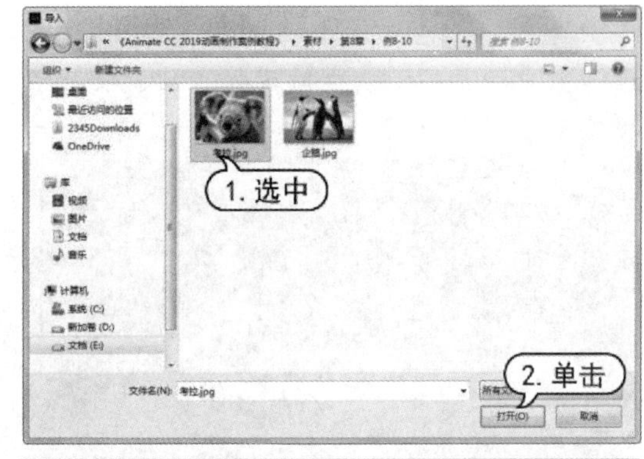

step 9 调整两张图片的位置，使其相对于舞台水平并垂直居中。

step 10 选择【企鹅图】图层，选中第 20 帧，按F6 键插入关键帧。将第 1~19 帧内容用【清除帧】命令将其清除。

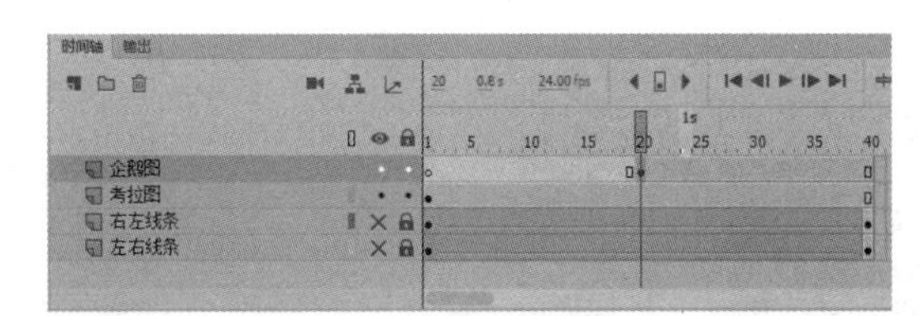

step 11 新建图层并重命名为“矩形”，选择第 20 帧并按F6 键插入空白关键帧，锁定除当前图层外的所有图层，并隐藏【企鹅图】和【考拉图】图层。

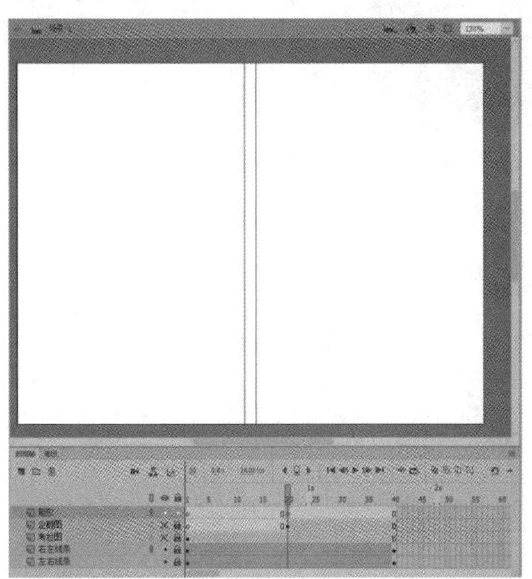

step 12 使用【矩形工具】绘制一个长方形，使其和两条竖线相对齐。

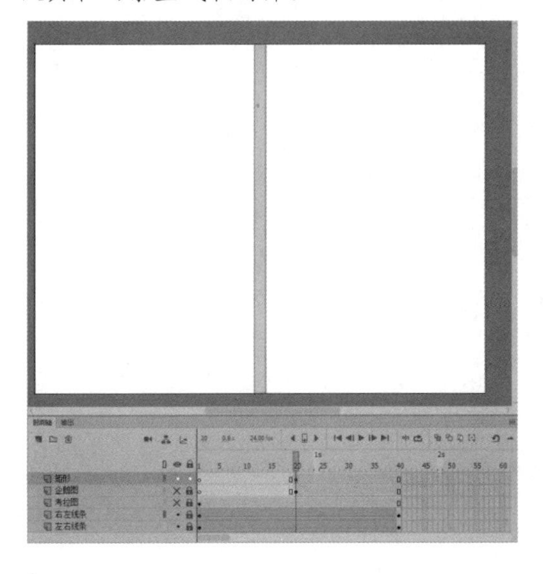

step 13 在【矩形】图层的第 40 帧处插入关键帧，使用【任意变形工具】调整矩形宽度，使其可以覆盖整个舞台。

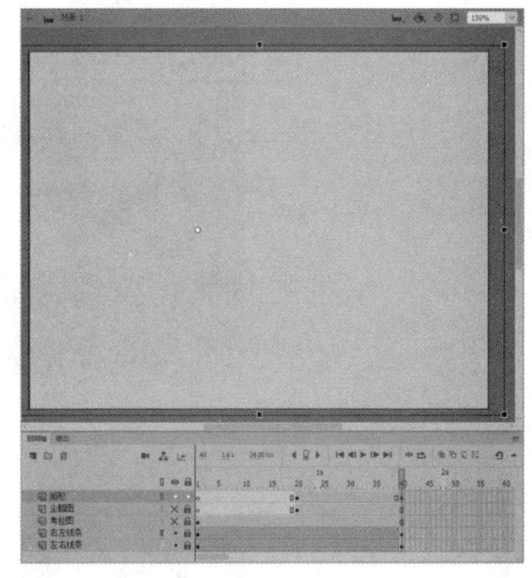

step 14 在【矩形】图层的第 20~40 帧任意帧处右击，在弹出的快捷菜单中选择【创建补间形状】命令，创建补间形状动画。

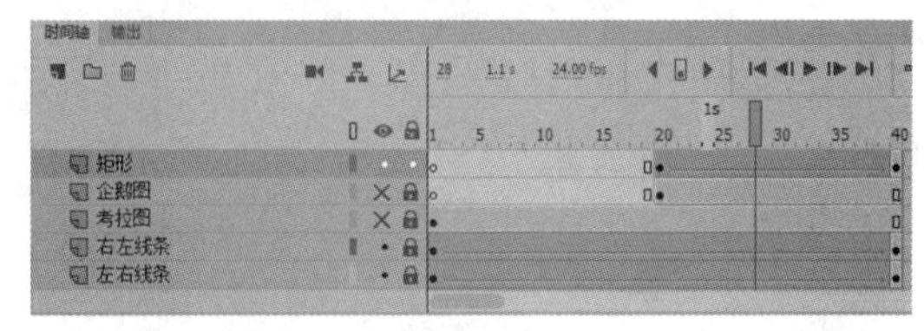

step 15 右击【矩形】图层，从弹出的快捷菜单中选择【遮罩层】命令，使其变为遮罩层，【企鹅层】自动变为被遮罩层。

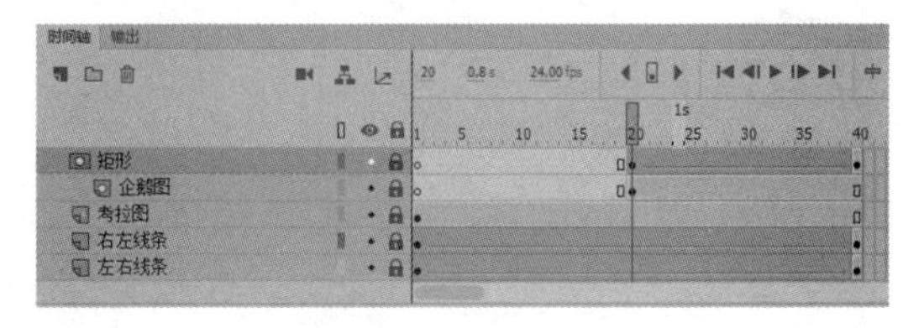

step 16 按Shift键选中【左右线条】和【右左线条】图层，拖到【矩形】图层的上方。

step 17 以“滚动遮罩层动画”为名保存，按Ctrl+Enter组合键预览动画效果。

第 9 章

ActionScript 脚本运用

ActionScript 是 Animate 的动作脚本语言，使用动作脚本语言可以与后台数据库进行交流，在 Animate 中，结合脚本语言可以制作出交互性强、动画效果更加复杂绚丽的 Animate 动画。本章主要介绍 ActionScript 相关知识。

本章对应视频

例 9-1 创建动态进度条动画
例 9-2 创建下雪效果动画
例 9-3 创建蒲公英飘动动画
例 9-4 创建切换视频动画

9.1 ActionScript 语言简介

ActionScript 是 Animate 与程序进行通信的方式。可以通过输入代码，让系统自动执行相应的任务，并询问在影片运行时发生的情况。这种双向的通信方式，可以创建具有交互功能的影片。

9.1.1 ActionScript 入门

ActionScript 脚本语言允许用户向应用程序添加复杂的交互性、播放控制和数据显示。用户可以使用动作面板、【脚本】窗口或外部编辑器在创作环境内添加 ActionScript 语言。

1. ActionScript 版本

Animate 包含多个 ActionScript 版本，以满足各类开发人员和播放硬件的需要。ActionScript 3.0 和 2.0 相互之间不兼容。

- ActionScript 3.0 的执行速度非常快。与其他 ActionScript 版本相比，此版本要求开发人员对面向对象的编程概念有更深入的了解。ActionScript 3.0 完全符合 ECMAScript 规范，提供了更出色的 XML 处理、一个改进的事件模型以及一个用于处理屏幕元素的改进的体系结构。使用 ActionScript 3.0 的 FLA 文件不能包含 ActionScript 的早期版本。
- ActionScript 2.0 比 ActionScript 3.0 更容易学习。尽管 Flash Player 运行编译后的 ActionScript2.0 代码比运行编译后的 ActionScript 3.0 代码的速度慢，但 ActionScript 2.0 对于许多类型的项目仍然十分有用，ActionScript 2.0 也基于 ECMAScript 规范，但并不完全遵循该规范。

2. 【动作】面板

在创作环境中编写 ActionScript 代码时，可使用【动作】面板。【动作】面板包含一个全功能代码编辑器，其中包括代码提示和着色、代码格式设置、语法加亮显示、调试、行号、自动换行等功能，并支持 Unicode。

首先选中关键帧，然后选择【窗口】|【动作】命令，打开【动作】面板。【动作】面板包含两个窗格：右边的【脚本】窗格供用户输入与当前所选帧相关联的 ActionScript 代码。左边的【脚本导航器】列出 Animate 文档中的脚本，可以快速查看这些脚本。在脚本导航器中单击一个项目，即可在脚本窗格中查看脚本。

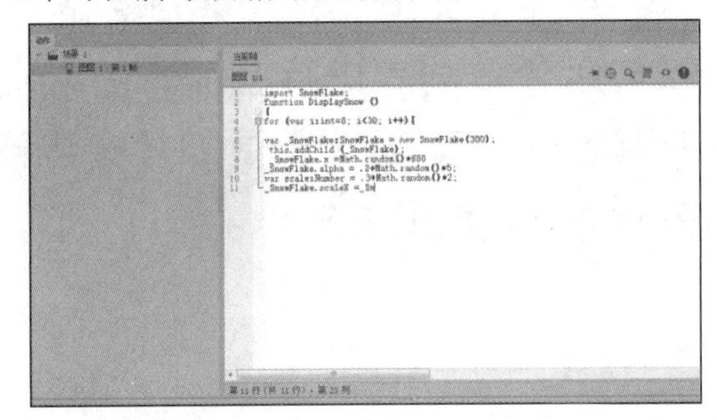

工具栏位于脚本语言编辑区域上方，工具栏中主要按钮的具体作用如下。

- 【固定脚本】按钮：单击该按钮，固定当前帧当前图层的脚本。

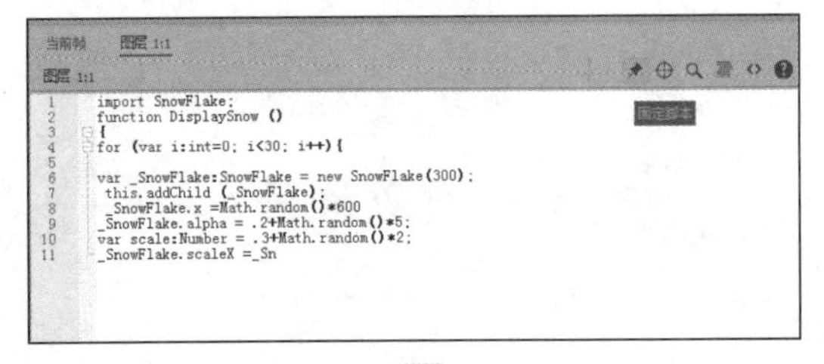

- 【查找】按钮：单击该按钮，展开高级选项，在文本框中输入内容，可以进行查找与替换。

- 【插入实例路径和名称】按钮：单击该按钮，打开【插入目标路径】对话框，可以选择插入按钮或影片剪辑元件实例的目标路径。

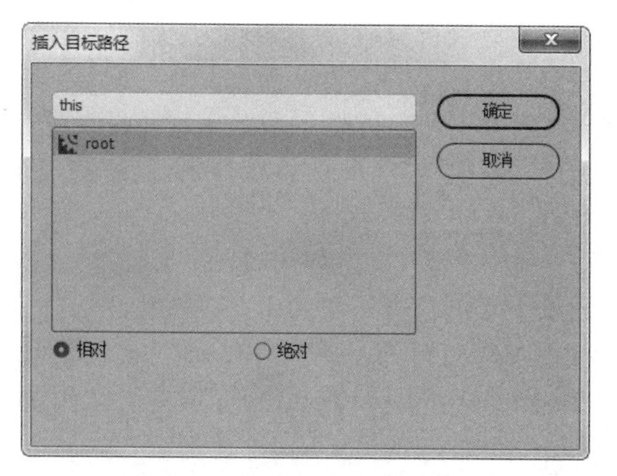

▶【设置代码格式】按钮：单击该按钮，为写好的脚本提供默认的代码格式。

▶【代码片段】按钮：单击该按钮，打开【代码片段】面板，可以使用预设的 ActionScript 语言。

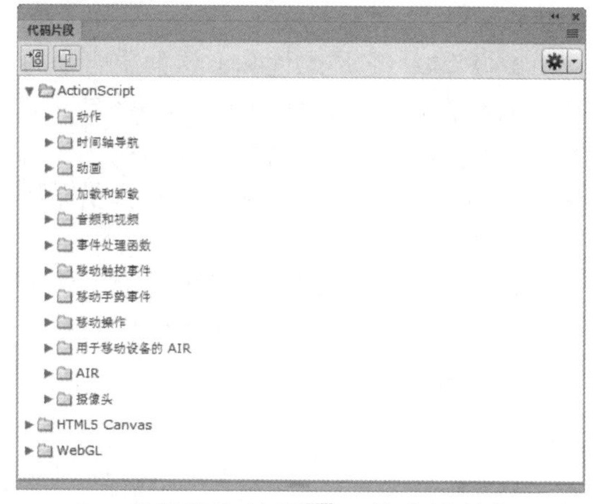

▶【帮助】按钮：单击该按钮，打开链接网页，提供 ActionScript 语言的帮助信息。

3. 设置 ActionScript 首选参数

选择【编辑】|【首选参数】命令，打开【首选参数】对话框中的【代码编辑器】选项卡，主要参数选项的作用如下：

▶【自动缩进】：如果选中【自动缩进】复选框，在左小括号(或左大括号{之后输入的文本将按照【制表符大小】设置自动缩进。

▶【制表符大小】：用于指定新行中将缩进的字符数。

▶【代码提示】：选中该复选框，在【脚本】窗格中启用代码提示。

▶【字体】：用于指定脚本的字体。

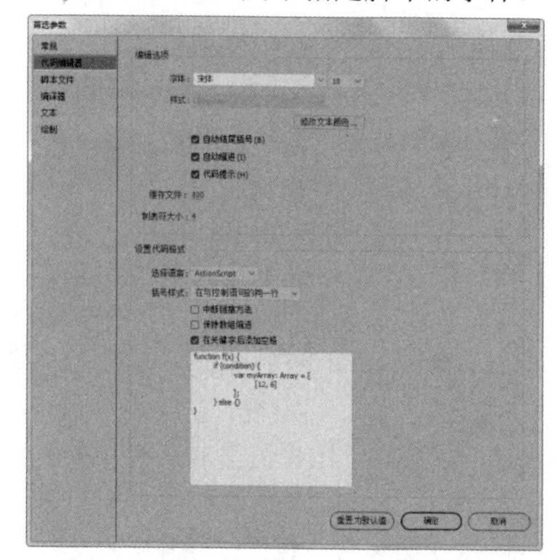

打开【首选参数】对话框中的【脚本文件】选项卡，可以设置以下首选参数：

▶【打开】：用于指定打开 ActionScript 文件时使用的字符编码。

▶【重新加载修改的文件】：用于指定脚本文件被修改、移动或删除时将如何操作。可以选择【总是】(不显示警告，自动重新加载文件)、【从不】(不显示警告，文件仍保持当前状态)或【提示】选项(显示警告，可以选择是否重新加载文件)。

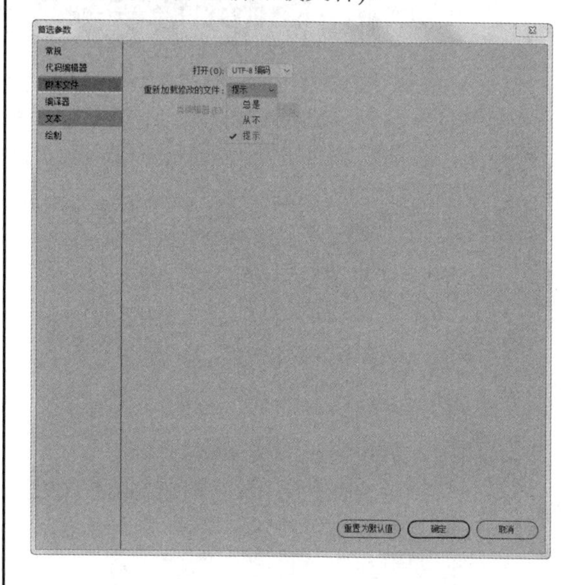

9.1.2 ActionScript 常用术语

在学习编写 ActionScript 之前，首先要了解一些 ActionScript 的常用术语，有关 ActionScript 中的常用术语说明如下。

- 动作：它是在播放影片时指示影片执行某些任务的语句。例如，使用 gotoAndStop 动作可以将播放头放置到特定的帧或标签。
- 布尔值：可以是 true 或 false 值。
- 类：它是用于定义新类型对象的数据类型。要定义类，需要创建一个构造函数。
- 常数：指不变的元素。例如，常数 Key.TAB 的含义始终不变，它代表键盘上的 Tab 键。常数对于比较值是非常有用的。
- 数据类型：它是值和可以对这些值执行的动作的集合，包括字符串、数字、布尔值、对象、影片剪辑、函数、空值和未定义等。
- 事件：它是在影片播放时发生的动作。
- 函数：指可以向其传递参数并能够返回值的可重复使用的代码块。例如，可以向 getProperty 函数传递属性名和影片剪辑的实例名，然后它会返回属性值；使用 getVersion 函数可以得到当前正在播放影片的 Flash Player 版本号。
- 标识符：它是用于表明变量、属性、对象、函数或方法的名称。它的第一个字符必须是字母、下画线(_)或美元符号($)。其后的字符必须是字母、数字、下画线或美元符号。
- 实例：它是属于某个类的对象。类的每个实例包含该类的所有属性和方法。所有的影片剪辑都是具有 MovieClip 类的属性(例如_alpha 和_visible)和方法(例如 gotoAndPlay 和 getURL)的实例。
- 运算符：它是通过一个或多个值计算新值的连接符。
- 关键字：它是有特殊含义的保留字。例如，var 是用于声明本地变量的关键字。但是，在 Animate 中，不能使用关键字作为标识符。
- 对象：它是属性和方法的集合，每个对象都有自己的名称，并且都是特定类的实例。内置对象是在动作脚本语言中预先定义的。例如，内置对象 Date 可以提供系统时钟信息。
- 变量：它是保存任何数据类型的值的标识符。用户可以创建、更改和更新变量，也可以获得它们存储的值以在脚本中使用。

9.2 ActionScript 语言基础组成

ActionScript 动作脚本具有语法和标点规则，这些规则可以确定哪些字符和单词能够用来创建含义及编写它们的顺序。在前文中已经介绍了有关 ActionScript 中的常用术语的名称和说明，下面将详细介绍 ActionScript 语言的主要组成部分及其作用。

9.2.1 基本语法

ActionScript 的语法相对于其他的一些专业程序语言来说较为简单。ActionScript 动作脚本主要包括语法和标点规则。

1. 点语法

在动作脚本中，点(.)通常用于指向一个对象的某一个属性或方法，或者标识影片剪辑、变量、函数或对象的目标路径。点语法表达式以对象或影片剪辑的名称开始，后面跟一个点，最后以要指定的元素结束。

例如，MCjxd 实例的 play 方法可在 MCjxd 的时间轴中移动播放头。

```
MCjxd.play();
```

2. 大括号

大括号{ }用于分割代码段，也就是把大括号中的代码分成独立的一块，用户可以把括号中的代码看作一句表达式。例如，在如下代码中，_MC.stop();就是一段独立的代码。

```
On(release) {
_MC.stop();
}
```

3. 小括号

在 ActionScript 中，小括号()用于定义和调用函数。在定义和调用函数时，原函数的参数和传递给函数的各个参数值都用小括号括起来，如果括号里面是空，表示没有任何参数传递。

4. 分号

在 ActionScript 中，分号；通常用于结束一段语句。

5. 字母大小写

在 ActionScript 中，除了关键字外，对于动作脚本的其余部分，是不严格区分大小写的。

知识点滴

在编写脚本语言时，对于函数和变量的名称，最好将它首字母大写，以便于在查阅动作脚本代码时会更易于识别它们。由于动作脚本是不区分大小写的，因此在设置变量名时不可以使用与内置动作脚本对象相同的名称。

6. 注释

使用注释可以向脚本中添加说明，便于对程序的理解，常用于团队合作或向其他人员提供范例信息。

若要添加注释，可以执行下列操作之一。

- 注释某一行内容，可在【动作】面板的脚本语言编辑区域中输入符号“//”，然后输入注释内容。
- 注释多行内容，可在【动作】面板的专家模式下输入符号“/*”和“*/”符号，然后在两个符号之间输入注释内容。

9.2.2　数据类型

数据类型用于描述变量或动作脚本元素可以存储的数据信息。在 Animate 中包括两种数据类型，即原始数据类型和引用数据类型。

原始数据类型包括字符串、数值和布尔值，都有一个常数值，因此可以包含它们所代表元素的实际值。引用数据类型是指影片剪辑和对象，值可以发生更改，因此它们包含对该元素实际值的引用。此外，在 Animate 中还包含两种特殊的数据类型，即空值和未定义。

1. 字符串

字符串是由字母、数字和标点符号等组成的序列。在 ActionScript 中，字符串必须在单引号或双引号之间输入，否则将被作为变量进行处理。例如，在下面的语句中，“JXD24”是一个字符串。

```
favoriteBand = "JXD24";
```

可以使用加法(+)运算符连接或合并两个字符串。在连接或合并字符串时，字符串前面或后面的空格将作为该字符串的一部分被连接或合并。在如下代码中，在 Animate 执行程序时，自动将 Welcome 和 Beijing 两个字符串连接合并为一个字符串。

```
"Welcome" + "Beijing";
```

知识点滴

虽然动作脚本在引用变量、实例名称和帧标签时是不区分大小写的，但文本字符串却要区分大小写。例如，"chiangxd"和"CHIANGXD"将被认为是两个不同的字符串。在字符串中包含引号，可以在其前面使用反斜杠字符(\)，这称为字符转义。

2. 数值

数值类型是很常见的数据类型，它包含的都是数字。所有的数值类型都是双精度浮点类，可以用数学算术运算符来获得或者修改变量，例如，使用加(+)、减(－)、乘(*)、除(/)、递增(++)、递减(--)等对数值型数据进行处理；也可以使用 Animate 内置的数学函数库，这些函数放置在 Math 对象里，例如，使用 sqrt(平方根)函数，求出 90 的平方根，然后给 number 变量赋值。

```
number=Math.sqrt(90);
```

3. 布尔值

布尔值是 true 或 false 值。动作脚本会在需要时将 true 转换为 1，将 false 转换为 0。布尔值在控制脚本流的动作脚本语句中，经常与逻辑运算符一起使用。例如下面的代码中，如果变量 i 值为 flase，转到第 1 帧时开始播放影片。

```
if (i == flase) {
gotoAndPlay(1);
}
```

4. 对象

对象是属性的集合，每个属性都包含名称和值两部分。属性的值可以是 Animate 中的任何数据类型。可以将对象相互包含或进行嵌套。要指定对象和它们的属性，可以使用点(.)运算符。

例如，在下面的代码中，hoursWorked 是 weeklyStats 的属性，而 weeklyStats 又是 employee 的属性。

```
employee.weeklyStats.hoursWorked
```

5. 影片剪辑

影片剪辑是对象类型中的一种，它是 Animate 影片中可以播放动画的元件，是唯一引用图形元素的数据类型。

影片剪辑数据类型允许用户使用 MovieClip 对象的方法对影片剪辑元件进行控制。用户可以通过点(.)运算符调用该方法。

```
mc1.startDrag(true);
```

6. 空值

空值数据类型只有一个值即 null，表示没有值，缺少数据。它可以在以下各种情况下使用。

- 表明变量还没有接收到值。
- 表明变量不再包含值。
- 作为函数的返回值，表明函数没有可以返回的值。
- 作为函数的一个参数，表明省略了一个参数。

9.2.3 变量

变量是动作脚本中可以变化的量，在动画播放过程中可以更改变量的值，还可以记录和保存用户的操作信息。

变量中可以存储数值、字符串、布尔值、对象或影片剪辑等任何类型的数据；也可以存储典型的信息类型，如 URL、用户姓名、数学运算的结果、事件发生的次数或是否单击了某个按钮等。

1. 变量命名

对变量进行命名必须遵循以下规则。

- 必须是标识符，即必须以字母或者下画线开头，例如 JXD24、_365games 等都是有效变量名。
- 不能和关键字或动作脚本同名。
- 在变量的范围内必须是唯一的。

2. 变量赋值

在 Animate 中，当给一个变量赋值时，会同时确定该变量的数据类型。

在编写动作脚本的过程中，Animate 会自动将一种类型的数据转换为另一种类型。例如：

```
"one minute is"+60+"seconds"
```

其中 60 属于数值数据类型，左右两边用运算符号(+)连接的都是字符串数据类型，Animate 会把 60 自动转换为字符串，因为运算符号(+)在用于字符串变量时，左右两边的内容都是字符串类型，Animate 会自动转换，该脚本实际执行的值为"one minute is 60 seconds"。

3. 变量类型

在 Animate 中，主要有 4 种类型的变量。

- 逻辑变量：这种变量用于判定指定

的条件是否成立，即 true 和 false。true 表示条件成立，false 表示条件不成立。

- 数值型变量：用于存储一些特定的数值。
- 字符串变量：用于保存特定的文本内容。
- 对象型变量：用于存储对象类型的数据。

4. 变量声明

要声明时间轴变量，可以使用 set variable 动作或赋值运算符(=)。要声明本地变量，可在函数体内部使用 var 语句。本地变量的使用范围只限于包含该本地变量的代码块，它会随着代码块的结束而结束。没有在代码块中声明的本地变量会在它的脚本结束时结束，例如：

```
function myColor() {
var i = 2;
}
```

要声明全局变量，可在该变量名前面使用_global 标识符。

5. 在脚本中使用变量

在脚本中必须先声明变量，然后才能在表达式中使用。如果未声明变量，该变量的值为 undefined，并且脚本将会出错。

例如下面的代码：

```
getURL(WebSite);
WebSite = "http://www.xdchiang.com.cn";
```

在上述代码中，声明变量 WebSite 的语句必须先出现，这样才能用其值替换 getURL 动作中的变量。

在一个脚本中，可以多次更改变量的值。变量包含的数据类型将影响任何时候更改的变量。原始数据类型是按值进行传递的。这意味着变量的实际内容会传递给变量。例如，在下面的代码中，x 设置为 15，该值会复制到 y 中。当在第 3 行中将 x 更改为 30 时，y 的值仍然为 15，这是因为 y 并不依赖 x 的改变而改变。

```
var x = 15;
var y = x;
var x = 30;
```

6. 变量的作用范围

变量的作用范围是指变量能够被识别并且可以引用的范围，在该范围内的变量是已知并可以引用的。动作脚本包括以下 3 种类型的变量范围：

- 本地变量：只能在变量自身的代码块(由大括号界定)中可用的变量。
- 时间轴变量：可以用于任何时间轴的变量，但必须使用目标路径进行调用。
- 全局变量：可以用于任何时间轴的变量，并且不需要使用目标路径也可直接调用。

9.2.4　常量

常量在程序中是始终保持不变的量，它分为数值型、字符串型和逻辑型。

- 数值型常量：由数值表示，例如"setProperty(yen，_alpha，100)；"中，100 就是数值型常量。
- 字符串型常量：由若干字符构成的字符串，它必须在常量两端加上引号，但并不是所有包含引号的内容都是字符串，Animate 会根据上下文的内容来判断一个值是字符串还是数值。
- 逻辑型常量：又称为布尔型常量，表明条件成立与否，如果条件成立，在脚本语言中用 1 或 true 表示，如果条件不成立，则用 0 或 false 表示。

9.2.5　关键字

在 ActionScript 中保留了一些具有特殊用途的单词便于调用，这些单词称为关键字。ActionScript 中常用的关键字主要有以下几种：break、else、instanceof、typeof、delete、case、for、new、in、var、continue、function、return、void、this、default、if、Switch、while、with。

在编写脚本时，要注意不能将它们作为变量、函数或实例名称使用。

9.2.6 函数

在 ActionScript 中，函数是一个动作脚本的代码块，可以在任何位置重复使用，以减少代码量，从而提高工作效率，同时也可以减少手动输入代码时引起的错误。在 Animate 中可以直接调用已有的内置函数，也可以创建自定义函数，然后进行调用。

1. 内置函数

内置函数是一种语言在内部集成的函数，它已经完成了定义的过程。当需要传递参数调用时，可以直接使用。它可用于访问特定的信息以及执行特定的任务。例如，获取播放影片的 Flash Player 版本号的函数为 getVersion()。

2. 自定义函数

可以把执行自定义功能的一系列语句定义为一个函数。自定义的函数同样可以返回值、传递参数，也可以任意调用它。

> **知识点滴**
>
> 函数跟变量一样，附加在定义它们的影片剪辑的时间轴上。必须使用目标路径才能调用它们。此外，也可以使用_global 标识符声明一个全局函数，全局函数可以在所有时间轴中被调用，而且不必使用目标路径。这和变量很相似。

要定义全局函数，可以在函数名称前面加上标识符_global。例如：

```
_global.myfunction = function (x) {
    return (x*2)+3;
}
```

要定义时间轴函数，可以使用 function 动作，后接函数名、传递给该函数的参数，以及指示该函数功能的 ActionScript 语句。例如，以下语句定义了函数 areaOfCircle，其参数为 radius。

```
function areaOfCircle(radius) {
    return Math.PI * radius * radius;
}
```

3. 向函数传递参数

参数是指某些函数执行其代码时所需要的元素。例如，以下函数使用了参数 initials 和 finalScore。

```
function fillOutScorecard(initials, finalScore) {
    scorecard.display = initials;
    scorecard.score = finalScore;
}
```

当调用函数时，所需的参数必须传递给函数。函数会使用传递的值替换函数定义中的参数。例如以上代码，scorecard 是影片剪辑的实例名称，display 和 score 是影片剪辑中的可输入文本块。

4. 从函数返回值

使用 return 语句可以从函数中返回值。return 语句将停止函数运行并使用 return 语句的值替换它。

在函数中使用 return 语句时要遵循以下规则。

- 如果为函数指定除 void 之外的其他返回类型，则必须在函数中加入一条 return 语句。
- 如果指定返回类型为 void，则不应加入 return 语句。
- 如果不指定返回类型，则可以选择是否加入 return 语句。如果不加入该语句，将返回一个空字符串。

5. 调用自定义函数

使用目标路径从任意时间轴中调用函数时，如果函数是使用_global 标识符声明的，则无须使用目标路径即可调用它。

要调用自定义函数，可以在目标路径中输入函数名称，有的自定义函数需要在括号内传递所有必需的参数。例如，以下语句中，在主时间轴上调用影片剪辑 MathLib 中的函数 sqr()，其参数为 3，最后把结果存储在变量 temp 中：

```
var temp = _root.MathLib.sqr(3);
```

在调用自定义函数时，可以使用绝对路径或相对路径来调用。

9.2.7　运算符

ActionScript 中的表达式都是通过运算符连接变量和数值的。运算符是在进行动作脚本编程过程中经常会用到的元素，使用它可以连接、比较、修改已经定义的数值。ActionScript 中的运算符分为：数值运算符、赋值运算符、逻辑运算符、等于运算符等。

知识点滴

如果一个表达式中包含相同优先级的运算符时，动作脚本将按照从左到右的顺序依次进行计算；当表达式中包含较高优先级的运算符时，动作脚本将按照从左到右的顺序，先计算优先级高的运算符，然后再计算优先级低的运算符；当表达式中包含括号时，则先对括号中的内容进行计算，然后按照优先级顺序依次进行计算。

1. 数值运算符

数值运算符可以执行加、减、乘、除及其他算术运算。动作脚本的数值运算符如下表所示。

运算符	执行的运算
+	加法
–	减法
*	乘法
/	除法
%	求模(除后的余数)
++	递增
– –	递减

2. 比较运算符

比较运算符用于比较表达式的值，然后返回一个布尔值(true 或 false)，比较运算符通常用于循环语句和条件语句中。动作脚本中的比较运算符如下表所示。

运算符	执行的运算
<	小于
>	大于
<=	小于或等于
>=	大于或等于

3. 字符串运算符

加(+)运算符处理字符串时会产生特殊效果，它可以将两个字符串操作数连接起来，使其成为一个字符串。若加(+)运算符连接的操作数中只有一个是字符串，Animate 会将另一个操作数也转换为字符串，然后将它们连接为一个字符串。

4. 逻辑运算符

逻辑运算符对布尔值(true 和 false)进行比较，然后返回另一个布尔值，动作脚本中的逻辑运算符如下表所示，该表按优先级递减的顺序列出了逻辑运算符。

<table>
<tr><th>运算符</th><th>执行的运算</th></tr>
<tr><td>&&</td><td>逻辑与</td></tr>
<tr><td>||</td><td>逻辑或</td></tr>
<tr><td>!</td><td>逻辑非</td></tr>
</table>

5. 按位运算符

按位运算符会在内部对浮点数值进行处理，并转换为 32 位整型数值。在执行按位运算符时，动作脚本会分别评估 32 位整型数值中的每个二进制位，从而计算出新的值。动作脚本中的按位运算符如下表所示。

<table>
<tr><th>运算符</th><th>执行的运算</th></tr>
<tr><td>&</td><td>按位与</td></tr>
<tr><td>|</td><td>按位或</td></tr>
<tr><td>^</td><td>按位异或</td></tr>
</table>

续表

运算符	执行的运算
~	按位非
<<	左移位
>>	右移位
>>>	右移位填零

6. 等于运算符

等于(= =)运算符一般用于确定两个操作数的值或标识是否相等，动作脚本中的等于运算符如下表所示。它会返回一个布尔值(true 或 false)，若操作数为字符串、数值或布尔值，将按照值进行比较；若操作数为对象或数组，将按照引用进行比较。

运算符	执行的运算
= =	等于
= = =	全等
! =	不等于
! = =	不全等

7. 赋值运算符

赋值(=)运算符可以将数值赋给变量，或在一个表达式中同时给多个参数赋值。例如如下代码中，表达式 asde=5 中会将数值 5 赋给变量 asde；在表达式 a=b=c=d 中，将 a 的值分别赋予变量 b、c 和 d。

```
asde = 5;
a = b = c = d;
```

动作脚本中的赋值运算符如下表所示。

运算符	执行的运算
=	赋值
+=	相加并赋值
- =	相减并赋值
*=	相乘并赋值
%=	求模并赋值
/=	相除并赋值
<<=	按位左移位并赋值
>>=	按位右移位并赋值
>>>=	右移位填零并赋值
^=	按位异或并赋值
|=	按位或并赋值

8. 点运算符和数组访问运算符

使用点运算符(.)和数组访问运算符([ ])可以访问内置或自定义的动作脚本对象属性，包括影片剪辑的属性。点运算符的左侧是对象的名称，右侧是属性或变量的名称。例如：

```
mc.height = 24;
mc. = "ball";
```

9.3 输入代码

由于 Animate CC 2019 只支持 ActionScript 3.0 环境，不支持 ActionScript 2.0 环境，按钮或影片剪辑不可以被直接添加代码，只能将代码输入在时间轴上，或者将代码输入在外部类文件中。

9.3.1 代码的编写流程

在开始编写 ActionScript 代码之前，首先要明确动画所要达到的目的，然后根据动画设计的目的，决定使用哪些动作。在设计动作脚本时始终要把握好脚本程序的时机和脚本程序的位置。

1. 脚本程序的时机

脚本程序的时机就是指某个脚本程序在何时执行。Animate 中主要的脚本程序时机如下。

- 图层中的某个关键帧(包括空白关键帧)处。当动画播放到该关键帧的时候，执行该帧的脚本程序。

▶ 对象(例如，按钮、图形以及影片剪辑等)上的时机。例如，按钮对象在按下的时候，执行该按钮上对应的脚本程序，对象上的时机也可以通过【行为】面板来设置。

▶ 自定义时机。主要指设计者通过脚本程序来控制其他脚本程序执行的时间。例如，用户设计一个计时函数和播放某影片剪辑的程序，当计时函数计时到达指定时间时，就自动执行播放某影片剪辑的程序。

2. 脚本程序的位置

脚本程序的位置是指脚本程序代码放置的位置。设计者要根据具体动画的需要，选择恰当的位置放置脚本程序。Animate 中主要放置脚本程序的位置如下。

▶ 图层中的某个关键帧上。即打开该帧对应的【动作】面板时，脚本程序放置在面板的代码中。

▶ 场景中的某个对象。即脚本程序放置在对象对应的【动作】面板中。

▶ 外部文件。在 Animate 中，动作脚本程序可以作为外部文件存储(文件后缀为.as)，这样的脚本代码便于统一管理，且提高了代码的重复利用性。如果需要外部的代码文件，可以直接将 AS 文件导入文件中。

9.3.2 绝对路径和相对路径

许多脚本动作都会影响影片剪辑、按钮和其他元件实例。在代码中，可以引用时间轴上的元件实例，方法是插入目标路径，即希望设为目标的实例地址。用户可以设置绝对或相对路径。绝对路径包含实例的完整地址，相对路径仅包含与脚本在 FLA 文件中的地址不同的部分地址，如果脚本移动到另一位置，则地址将会失效。

1. 绝对路径

绝对路径以文档加载到其中的层名开始，直至显示列表中的目标实例。用户也可以使用别名_root 来指示当前层的最顶层时间轴。例如，影片剪辑 california 中引用影片剪辑 oregon 的动作可以使用绝对路径_root.westCoast.oregon。

在 Flash Player 中打开的第一个文档被加载到第 0 层。用户必须给加载的所有其他文档分配层号。在 ActionScript 中使用绝对引用来引用一个加载的文档时，可以使用_levelX 的形式，其中 X 是文档加载到的层号。例如，在 Flash Player 中打开的第一个文档叫作_level0；加载到第 3 层的文档叫作_level3。

要在不同层的文档之间进行通信，必须在目标路径中使用层名。下面的例子显示 portland 实例如何定位名为 georgia 的影片剪辑上的 atlanta 实例(georgia 与 oregon 位于同一层)：

```
_level5.georgia.atlanta。
```

用户可以使用_root 别名表示当前层的主时间轴。对于主时间轴，当_root 别名被同在_level0 上的影片剪辑作为目标时，则代表_level0。对于加载到_level5 的文档，如果被同在第 5 层上的影片剪辑作为目标时，则_root 等于_level5。例如，如果影片剪辑 southcarolina 和 florida 都加载到同一层，从实例 southcarolina 调用的动作就可以使用以下绝对路径来指向目标实例 florida：

```
_root.eastCoast.florida
```

2. 相对路径

相对路径取决于控制时间轴和目标时间轴之间的关系。相对路径只能确定 Flash Player 中它们所在层上的目标的位置。例如，在_leve10 上的某个动作以_level5 上的时间轴为目标时，不能使用相对路径。

在相对路径中，使用关键字 this 指示当前层中的当前时间轴；使用_parent 别名指示当前时间轴的父时间轴。用户可以重复使用_parent 别名，在 Flash Player 同一层内的影片剪辑层次结构中逐层上升。例如，_parent._parent 控制影片剪辑在层次结构中上升两层。Flash Player 中任何一层的最顶层时间轴是唯一具有未定义_parent 值的时间轴。

实例 charleston(较 southcarolina 低一层)在时间轴上的动作，可以使用以下目标路径将实例 southcarolina 作为目标：

```
_parent
```

若要从 charleston 中的动作指向实例 eastCoast(上一层)，可以使用以下相对路径：

```
_parent._parent
```

若要从 charleston 的时间轴上的动作指向实例 atlanta，可以使用以下相对路径：

```
_parent._parent.georgia.atlanta
```

相对路径在重复使用脚本时非常有用。例如，可以将以下脚本附加到某个影片剪辑，使其父时间轴放大 150%：

```
onClipEvent (load) { _parent._xscale
= 150; _parent._yscale = 150;
}
```

用户可以通过将此脚本附加到任意影片剪辑实例来重复使用该脚本。

无论使用绝对路径还是相对路径，都要用后面跟着表明变量或属性名称的点(.)来标识时间轴中的变量或对象的属性。例如，以下语句将实例 form 中的变量 name 设置为值 "Gilbert"：

```
_root.form.name = "Gilbert";
```

使用 ActionScript 可以将消息从一个时间轴发送到另一个时间轴。包含动作的时间轴称作控制时间轴，而接收动作的时间轴称作目标时间轴。例如，一个时间轴的最后一帧上可以有一个动作，指示开始播放另一个时间轴。

要指向目标时间轴，必须使用目标路径，指明影片剪辑在显示列表中的位置。

与在 Web 服务器上一样，Animate 中的每个时间轴都可以用两种方式确定其位置：绝对路径或相对路径。实例的绝对路径是始终以层名开始的完整路径，与哪个时间轴调用动作无关。例如，实例 california 的绝对路径是_level0.westCoast.california。相对路径则随调用位置的不同而不同。例如，从 sanfrancisco 到 california 的相对路径是_parent，但从 portland 出发的相对路径则是_parent._parent.california。

3. 指定目标路径

要控制影片剪辑、加载的 SWF 文件或按钮，必须指定目标路径。用户可以手动指定，也可以使用【插入目标路径】对话框指定，还可以通过创建结果为目标路径的表达式指定。要指定影片剪辑或按钮的目标路径，必须为影片剪辑或按钮分配一个实例名称。加载的文档不需要实例名称，因为其层号即可作为实例名称(例如_level5)。

用户可以使用插入目标路径对话框来指定目标路径，其步骤如下。

- 选择想为其分配动作的影片剪辑、帧或按钮实例。
- 在【动作】面板中，转到左边的工具栏，选择指定目标路径的动作或方法。
- 单击脚本中想插入目标路径的参数框或位置。
- 单击【脚本】窗格上面的【插入实例路径和名称】按钮⊕。
- 打开【插入目标路径】对话框，对于目标路径模式，选中【绝对】或【相对】单选按钮。在显示列表中选择一个影片剪辑，再单击【确定】按钮。

9.3.3 在帧上输入代码

在 Animate CC 中，可以在时间轴上的任何一帧中添加代码，包括主时间轴和影片剪辑的时间轴中的任何帧。输入时间轴的代码，将在播放头进入该帧时执行。在时间轴

上选中要添加代码的关键帧，选择【窗口】|【动作】命令，或者直接按下 F9 快捷键即可打开【动作】面板，在动作面板的【脚本编辑】窗口中输入代码。

【例 9-1】在帧上添加代码，创建动态显示音乐进度条的动画效果。
视频+素材 (素材文件\第 09 章\例 9-1)

step 1 启动Animate CC 2019，打开一个名为"音乐播放器"的文件，在【时间轴】面板上单击【新建图层】按钮，新建一个【音乐进度条】图层。

step 2 打开【库】面板，将【音乐进度条】影片剪辑元件拖动到合适的舞台位置上。

step 3 选中该元件实例，打开其【属性】面板，将其【实例名称】改为"bfjdt_mc"。

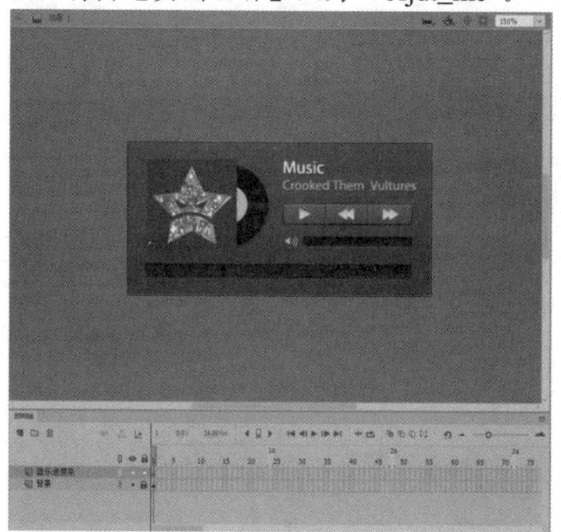

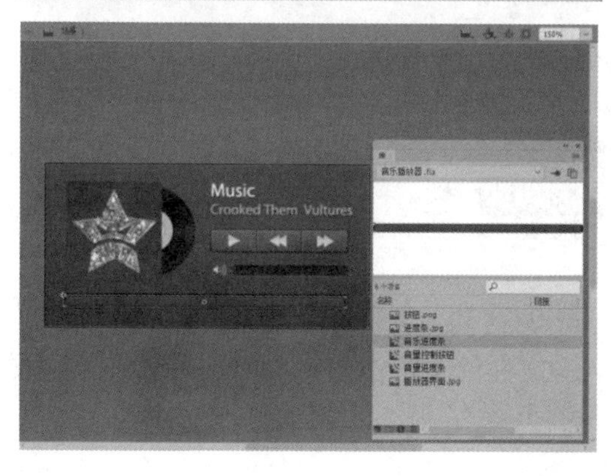

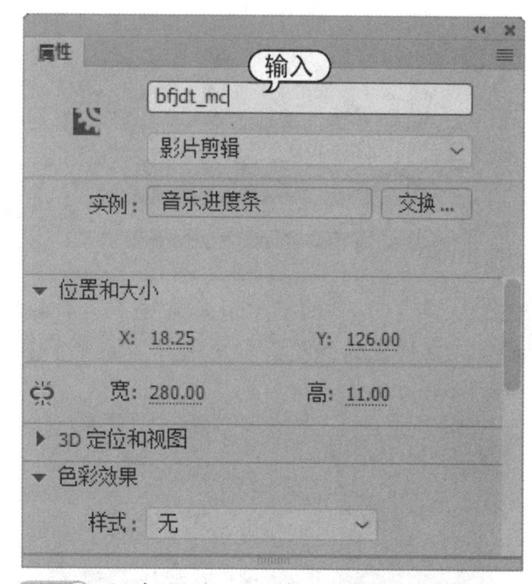

step 4 新建图层，将其命名为【遮罩层】图层。

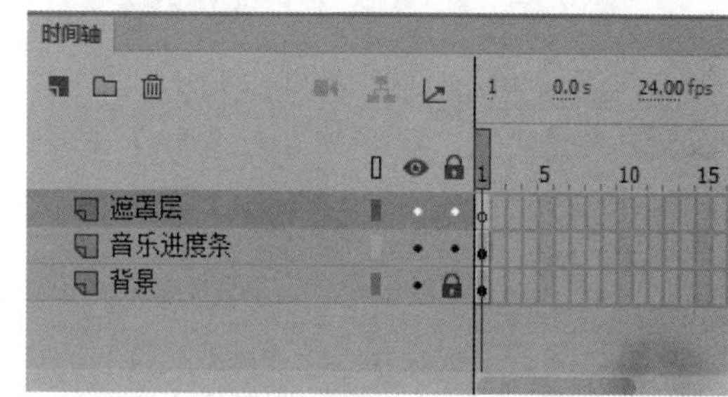

step 5 选择【矩形工具】，将【笔触颜色】设置为无，【填充颜色】设置为白色。

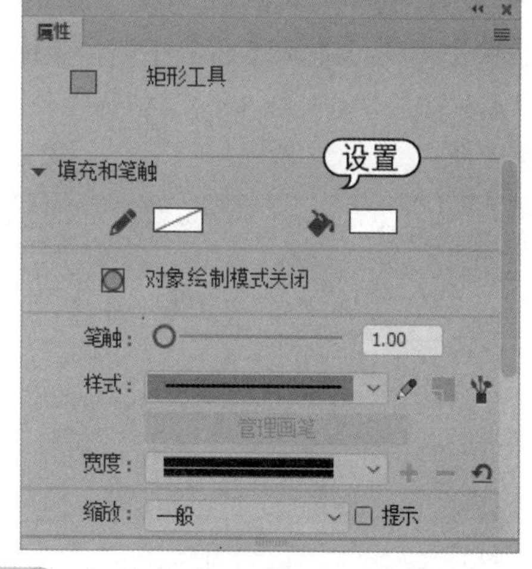

step 6 在舞台中绘制一个白色矩形，将【bfjdt_mc】元件实例遮盖住。

step 7 在【时间轴】面板上，右击【遮罩层】图层，在弹出的快捷菜单中选择【遮罩层】命令，形成遮罩层。

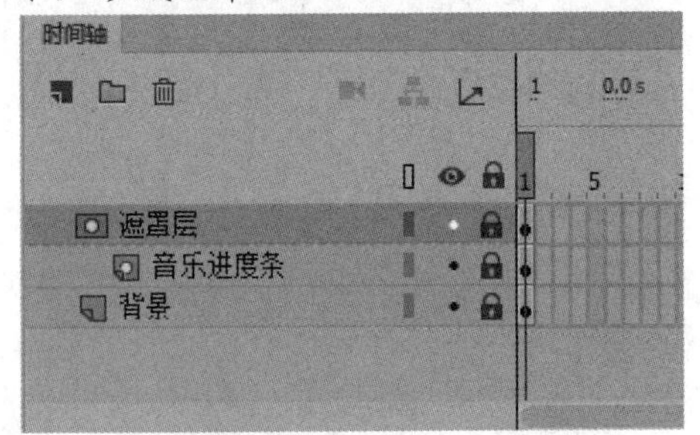

step 8 新建图层，将其命名为【AS】图层。

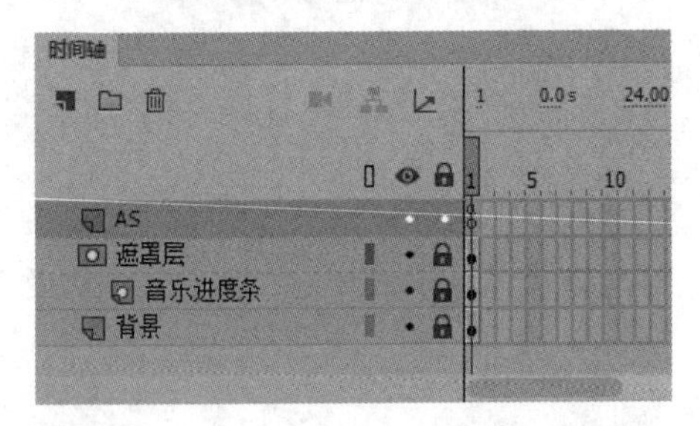

step 9 选中【AS】图层的第 1 帧，按F9 键打开【动作】面板，输入脚本代码(代码详见素材文件)。

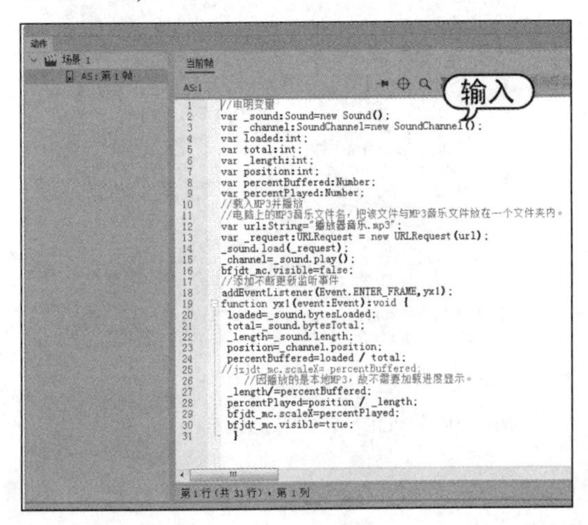

step 10 将其另存为“动态显示进度条”文档，按Ctrl+Enter键测试影片，播放歌曲时显示进度条。

9.3.4 添加外部单独代码

在需要组建较大的应用程序或者包括重要的代码时，就可以创建单独的外部 AS 文件并在其中组织代码。

要创建外部 AS 文件，首先选择【文件】|【新建】命令，打开【新建文档】对话框，在该对话框中选中【高级】|【ActionScript 文件】选项，然后单击【创建】按钮。

与【动作】面板相类似，可以在创建的 AS 文件的【脚本】窗口中输入代码，完成后将其保存。

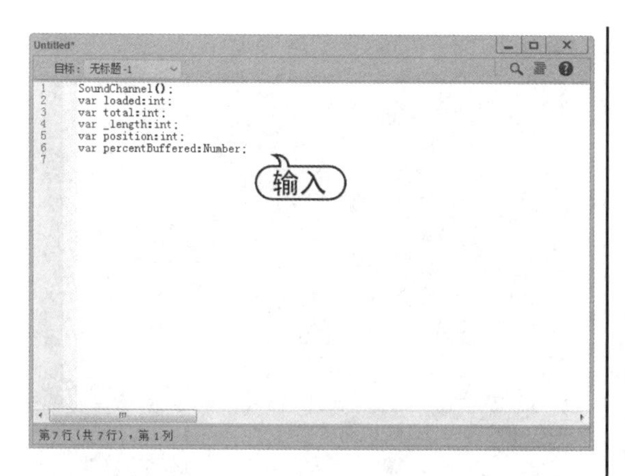

【例 9-2】新建一个 AS 文档，在外部 AS 文件和文档中添加代码，创建下雪效果。

视频+素材 (素材文件\第 09 章\例 9-2)

step 1　启动Animate CC 2019，新建一个文档，选择【修改】|【文档】命令，打开【文档设置】对话框，设置文档背景颜色为黑色，文档大小为 600 像素 × 400 像素，单击【确定】按钮。

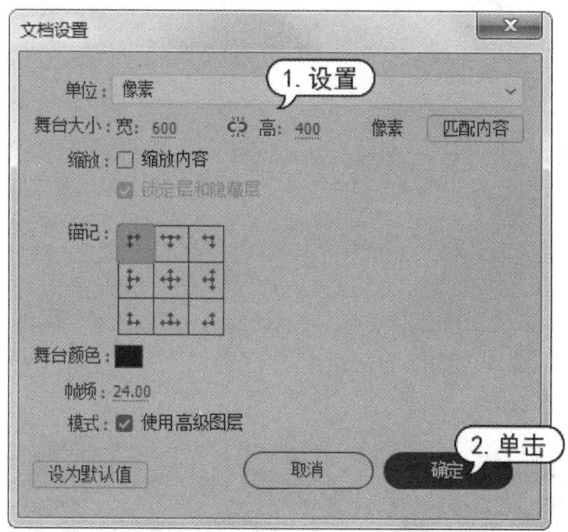

step 2　选择【插入】|【新建元件】命令，打开【创建新元件】对话框，创建一个名为snow的影片剪辑元件。

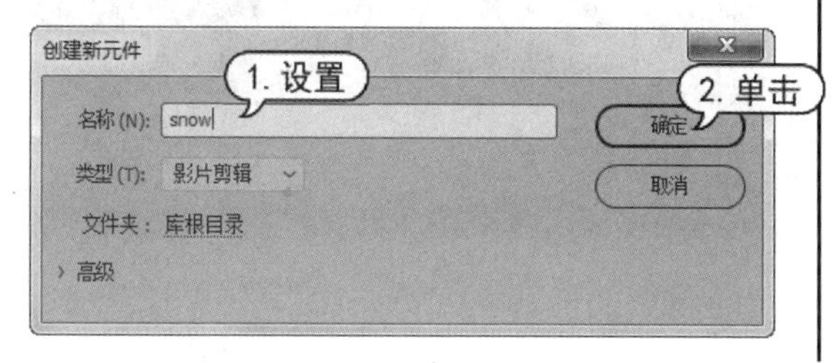

step 3　在snow元件编辑模式里，选择【椭圆工具】，按住Shift键，绘制一个正圆图形。删除正圆图形的笔触，选择【颜料桶工具】，设置填充色为放射性渐变色，填充图形，并调整其大小。

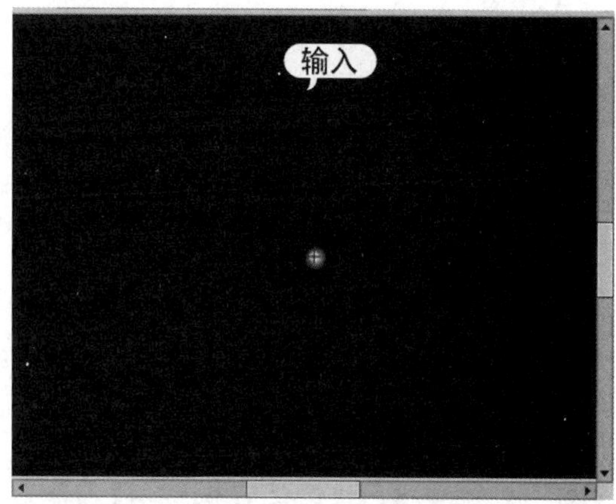

step 4　返回【场景 1】窗口，选择【文件】|【新建】命令，打开【新建文档】对话框，选择【高级】|【ActionScript文件】选项，然后单击【创建】按钮。

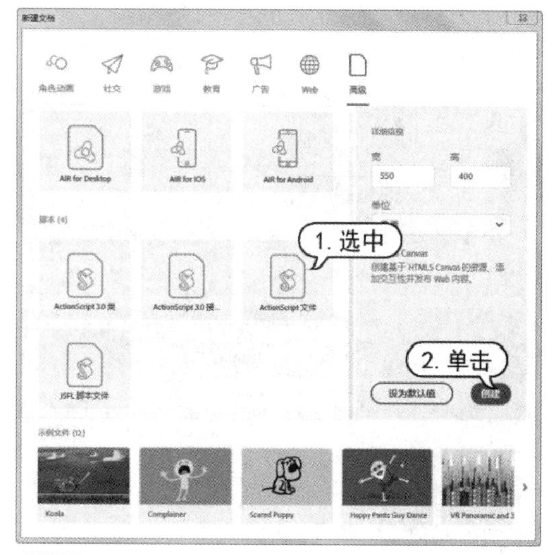

step 5　此时会自动打开一个【脚本】面板，在代码编辑区域输入代码(代码详见素材文件)。

```
package
{
import flash.display.*;
import flash.events.*;
public class SnowFlake extends MovieClip
{
var radians = 0;//radians
var speed = 0;
var radius = 5;
var stageHeight;
public function SnowFlake (h:Number)
{
speed =.01+.5*Math.random();
radius =.1+2*Math.random();
stageHeight = h;
this.addEventListener (Event.ENTER_FRAME,Snowing);
//这个this是库中的SnowFlake影片剪辑
}
function Snowing (e:Event):void
{
radians += speed;
this.x += Math.round(Math.cos(radians));
this.y += 2;
if (this.y > stageHeight)
{
this.y = -20;
 }
}
}
}
```

输入

step 6 选择【文件】|【另存为】命令，将ActionScript文件以“SnowFlake”为名保存到【下雪】文件夹中。

step 7 返回场景1，右击【图层_1】图层的第1帧，在弹出的快捷菜单中选择【动作】命令，打开【动作】面板，输入代码(代码详见素材文件)。

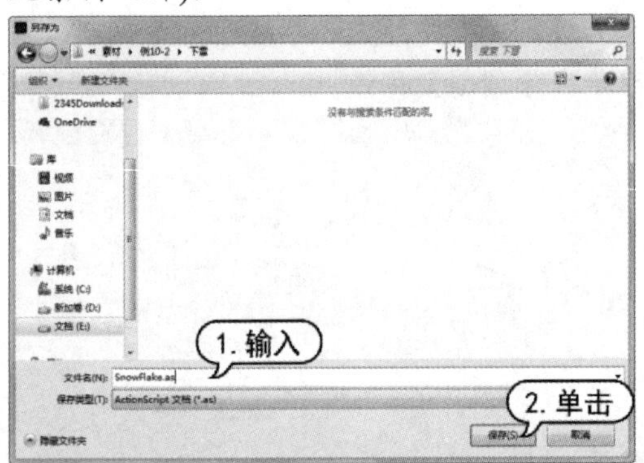

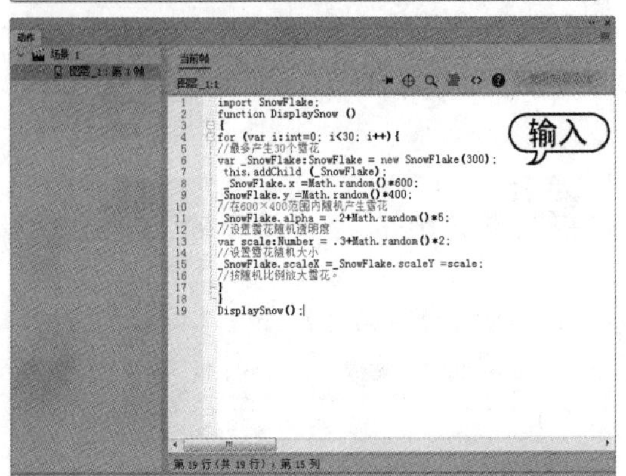

step 8 新建【图层_2】图层，将新图层移至【图层_1】图层下方，导入【背景】位图到舞台中，调整图像至合适大小。

step 9 选择【文件】|【保存】命令，打开【另存为】对话框，设置文件名称为“Snow”，将文件与SnowFlake.as文件保存在同一个文件夹“下雪”中。

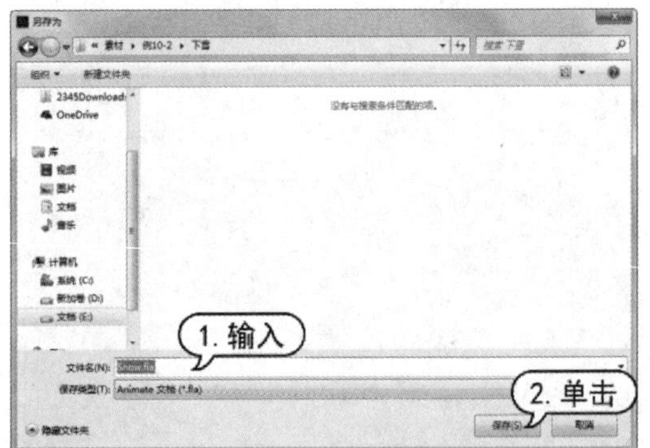

step 10 按Ctrl+Enter组合键，测试下雪的动画效果。

9.4 ActionScript 常用语句

ActionScript 语句就是动作或者命令，动作可以独立地运行，也可以在一个动作内使用另一个动作，从而达到嵌套效果，使动作之间可以相互影响。条件语句和循环语句是制作 Animate 动画时较常用到的两种语句。

9.4.1 条件语句

在制作交互性动画时，使用条件语句，只有符合设置的条件时，才会执行相应的动画操作。在 Animate CC 2019 中，条件语句主要有 if…else 语句、if…else…if 语句和 switch…case 语句 3 种句型。

1. if…else 语句

if…else 条件语句用于测试一个条件，如果条件存在，则执行一个代码块，否则执行替代代码块。例如，下面的代码测试 x 的值是否超过 100，如果是，则生成一个 trace() 函数，否则生成另一个 trace()函数。

```
if (x > 100)
{
trace("x is > 100");
}
else
{
trace("x is <= 100");
}
```

2. if…else…if 语句

使用 if…else…if 条件语句可以测试多个条件。例如，下面的代码不仅测试 x 的值是否超过 100，而且还测试 x 的值是否为负数。

```
if (x > 100)
{
trace("x is >100");
}
else if (x < 0)
{
trace("x is negative");
}
```

如果 if 或 else 语句后面只有一条语句，则无须用大括号括起后面的语句。但是在实际编写代码的过程中，用户最好始终使用大括号，因为以后在缺少大括号的条件语句中添加语句时，可能会出现误操作。

3. switch…case 语句

如果多个执行路径依赖于同一个条件表达式，则 switch 语句非常有用。它的功能大致相当于一系列 if…else…if 语句，但是它更易于阅读。switch 语句不是对条件进行测试以获得布尔值，而是对表达式进行求值并使用计算结果来确定要执行的代码块。代码块以 case 语句开头，以 break 语句结尾。

例如，在下面的代码中，如果 number 参数的计算结果为 1，则执行 case1 后面的 trace()动作；如果 number 参数的计算结果为 2，则执行 case2 后面的 trace()动作，以此类推；如果 case 表达式与 number 参数不匹配，则执行 default 关键字后面的 trace()动作。

```
switch (number) {
  case 1:
    trace ("case 1 tested true");
    break;
  case 2:
    trace ("case 2 tested true");
    break;
  case 3:
    trace ("case 3 tested true");
    break;
  default:
    trace ("no case tested true")
}
```

在上面的代码中，几乎每一条 case 语句中都有 break 语句，它能使流程跳出分支结构，继续执行 switch 结构下面的一条语句。

9.4.2 循环语句

循环类动作主要控制一个动作重复的次数，或是在特定的条件成立时重复动作。在 Animate CC 中可以使用 while、do…while、for、for…in 和 for each…in 动作创建循环。

1. for 语句

for 语句用于循环访问某个变量以获得特定范围的值。在 for 语句中必须满足以下 3 个条件。

- 一个设置了初始值的变量。
- 一个用于确定循环何时结束的条件语句。
- 一个在每次循环中都更改变量值的表达式。

例如，下面的代码循环 5 次。变量 i 的值从 0 开始到 4 结束，输出结果是从 0 到 4 的 5 个数字，每个数字各占 1 行。

```
var i:int;
for (i = 0; i < 5; i++)
{
trace(i);
```

2. for…in 语句

for…in 语句用于循环访问对象属性或数组元素。例如，可以使用 for…in 语句循环访问通用对象的属性。

```
var myObj:Object = {x:20, y:30};
for (var i:String in myObj)
{
trace(i + ": " + myObj[i]);
}
// 输出:
// x: 20
// y: 30
```

知识点滴

使用 for...in 语句循环访问通用对象的属性时，是不按任何特定的顺序来保存对象的属性的，因此属性可能会以随机的顺序出现。

3. for each…in 语句

for each…in 语句用于循环访问集合中的项目，它可以是 XML 或 XMLList 对象中的标签、对象属性保存的值或数组元素。例如，如下面所摘录的代码所示，可以使用 for each…in 语句来循环访问通用对象的属性，但是与 for…in 语句不同的是，for each…in 语句中的迭代变量包含属性所保存的值，而不包含属性的名称。

```
var myObj:Object = {x:20, y:30};
for each (var num in myObj)
{
trace(num);
}
// 输出:
// 20
// 30
```

4. while 语句

while 语句与 if 语句相似，只要条件为 true，就会反复执行。例如，下面的代码与 for 语句示例生成的输出结果相同。

```
var i:int = 0;
while (i < 5)
{
trace(i);
i++;
}
```

5. do…while 语句

do…while 语句是一种特殊的 while 语句，它保证至少执行一次代码块，这是因为在执行代码块后才会检查条件。下面的代码显示了 do…while 语句的一个简单示例，即使条件不满足，该示例也会生成输出结果。

```
var i:int = 5;
do
{
trace(i);
i++;
} while (i < 5);
// 输出：5
```

9.5　处理对象

Animate CC 中访问的每一个目标都可以称为“对象”，例如舞台中的元件实例等。每个对象都可能包含 3 个特征，分别是属性、方法和事件。在 Animate CC 中，用户可以进行创建对象实例的操作。

9.5.1　属性

属性是对象的基本特性，如影片剪辑元件的位置、大小、透明度等。它表示某个对象中绑定在一起的若干数据块的一个。

例如：

```
myExp.x=100
//将名为myExp的影片剪辑元件移动到X坐标为100像素的地方
myExp.rotation=Scp.rotation;
//使用rotation属性旋转名为myExp的影片剪辑元件，以便与Scp影片剪辑元件的旋转相匹配
myExp.scaleX=5
//更改Exp影片剪辑元件的水平缩放比例，使其宽度为原始宽度的5倍
```

通过以上代码可以发现，要访问对象的属性，可以使用“对象名称(变量名)+句点+属性名”的形式书写代码。

9.5.2　方法

方法是指可以由对象执行的操作。如果在 Animate 中使用时间轴上的几个关键帧和基本动画制作了一个影片剪辑元件，则可以播放或停止播放该影片剪辑，或者指示它将播放头移动到特定的帧。

例如：

```
myClip.play();
//指示名为myClip的影片剪辑元件开始播放
myClip.stop();
//指示名为myClip的影片剪辑元件停止播放
myClip.gotoAndstop(15);
//指示名为myClip的影片剪辑元件将其播放头移动到第15帧，然后停止播放
myClip.gotoAndPlay(5);
//指示名为myClip的影片剪辑元件跳到第5帧开始播放
```

通过以上的代码可以总结出两个规则：以“对象名称(变量名)+句点+方法名”可以访问方法，这与属性类似；小括号中指示对象执行的动作，可以将值或者变量放在小括号中，这些值被称为方法的“参数”。

9.5.3　事件

事件指用于确定执行哪些指令以及何时执行的机制。事实上，事件就是指所发生的、ActionScript 能够识别并可响应的事情。许多事件与用户交互动作有关，如用户单击按钮或按下键盘上的按键等操作。

无论编写怎样的事件处理代码，都会包括事件源、事件和响应 3 个元素，它们的含义如下。

- 事件源：指发生事件的对象，也被称为“事件目标”。
- 响应：指当事件发生时执行的操作。
- 事件：指将要发生的事情，有时一个对象可以触发多个事件。

在编写事件代码时，应遵循以下基本结构。

```
function
eventResponse(eventObject:EventType):void
{
// 此处是为响应事件而执行的动作
}
eventSource.addEventListener(EventType.EVE
NT_NAME, eventResponse);
```

此代码执行两个操作。首先，定义一个函数 eventResponse，这是指定为响应事件而要执行的动作的方法；接下来，调用源对象的 addEventListener()方法，实际上就是为指定事件“订阅”该函数，以便当该事件发生时，执行该函数的动作。而 eventObject 是函数的参数，EventType 则是该参数的类型。

9.5.4 创建对象实例

在 ActionScript 中使用对象之前，必须确保该对象的存在。创建对象的一个步骤就是声明变量，前面已经学会了其操作方法。但仅声明变量，只表示在计算机内创建了一个空位置，因此需要为变量赋予一个实际的值，这样的整个过程称为对象的“实例化”。除了可以在 ActionScript 中声明变量时赋值外，用户也可以在【属性】面板中为对象指定实例名。

除了 Number、String、Boolean、XML、Array、RegExp、Object 和 Function 数据类型以外，要创建一个对象实例，都应将 new 运算符与类名一起使用。例如：

```
Var myday:Date=new Date(2008,7,20);
//以该方法创建实例时，在类名后加上小括号，
有时还可以指定参数值
```

知识点滴

如果要使用 ActionScript 创建无可视化表示形式的数据类型的一个实例，则只能通过使用 new 运算符直接创建对象来实现。

9.6 使用类和数组

类是 ActionScript 的基础，ActionScript 3.0 中的类有许多种。使用数组可以把相关的数据聚集在一起，对其进行组织和处理。

9.6.1 使用类

类是对象的抽象表现形式，用来存储有关对象可保存的数据类型及对象可表现的行为的信息。使用类可以更好地控制对象的创建方式以及对象之间的交互方式。一个类包括类名和类体，类体又包括类的属性和方法。

1. 定义类

在 ActionScript 3.0 中，可以使用 class 关键字定义类，其后跟类名，类体要放在大括号“{}”内，且放在类名后面。

例如：

```
public class className {
//类体
}
```

2. 类的属性

在 ActionScript 3.0 中，可以使用以下 4 个属性来修改类定义。

- dynamic：用于运行时向实例添加属性。
- final：不能由其他类扩展。
- internal：对当前包内的引用可见。
- 公共：对所有位置的引用可见。

例如，如果定义类时未包含 dynamic 属性，则不能在运行时向类实例中添加属性，通过向类定义的开始处放置属性，可显式地分配属性。

```
dynamic class shape {}
```

3. 类体

类体放在大括号内，用于定义类的变量、常量和方法。例如，声明 Adobe Flash Play

API 中的 Accessibility 类。

```
public final class
Accessibility{
Public static function get
active ():Boolean;
public static function
updateproperties():void;
}
```

ActionScript 3.0 不仅允许在类体中包括定义，还允许包括语句。如果语句在类体中而在方法定义之外，这些语句只在第一次遇到类定义并且创建了相关的类对象时执行一次。

9.6.2　使用数组

在 ActionScript 3.0 中，使用数组可以吧相关的数据聚集在一起，对其进行组织处理。数组可以存储多种类型的数据，并为每个数据提供一个唯一的索引标识。

1. 创建数组

在 ActionScript 3.0 中，可以使用 Array 类构造函数或使用数组文本初始化功能来创建数组。

例如，通过调用不带参数的构造函数可以得到一个空数组，如下所示：

```
var myArray:Array = new
Array ();
```

2. 遍历数组

如果要访问存储在数组中的所有元素，可以使用 for 语句循环遍历数组。

在 for 语句中，大括号内使用循环索引变量以访问数组的相应元素；循环索引变量的范围应该是 0~数组长度减 1。

例如：

```
var myArray:Array = new
Array (…values);
For(var i:int = 0; I < myArray.
Length;I ++) {
Trace(myArray[i]);
}
```

其中，i 索引变量从 0 开始递增，当等于数组的长度时停止循环，即 i 赋值为数组最后一个元素的索引时停止。然后在 for 语句的循环数组中通过 myArray[i]的形式访问每一个元素。

3. 操作数组

用户可以对创建好的数组进行操作，比如添加元素和删除元素等。

使用 Array 类的 unshift()、push()、splice()方法可以将元素添加到数组中。使用 Array 类的 shift()、pop()、splice()方法可以从数组中删除元素。

- 使用 unshift()方法将一个或多个元素添加到数组的开头，并返回数组的新长度。此时数组中的其他元素从其原始位置向后移动一位。
- 使用 push()方法可以将一个或多个元素追加到数组的末尾，并返回该数组的新长度。
- 使用 splice()方法可以在数组中的指定索引处插入任意数量的元素。使用 splice()方法还可以删除数组中任意数量的元素，其执行的起始位置是由传递到该方法的第一个参数指定的。
- 使用 shift()方法可以删除数组的第一个元素，并返回该元素。其余的元素将从其原始位置向前移动一个索引位置。
- 使用 pop()方法可以删除数组中的最后一个元素，并返回该元素的值。

9.7　案例演练

本章的案例演练是制作蒲公英飘动动画等几个实例操作，用户通过练习从而巩固本章所学知识。

9.7.1 制作蒲公英飘动动画

【例 9-3】制作蒲公英飘动的动画效果。
视频+素材 (素材文件\第 09 章\例 9-3)

step 1 启动Animate CC 2019，新建一个文档，选择【修改】|【文档】命令，打开【文档设置】对话框，设置舞台颜色为黑色，文档大小为 550 像素 × 400 像素，单击【确定】按钮。

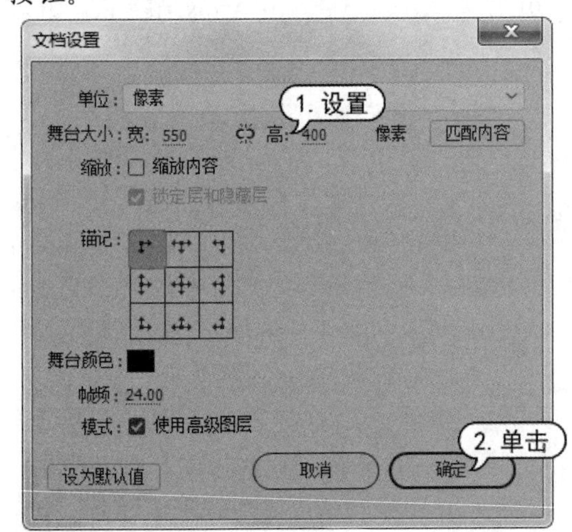

step 2 选择【插入】|【新建元件】命令，打开【创建新元件】对话框，创建一个影片剪辑元件。

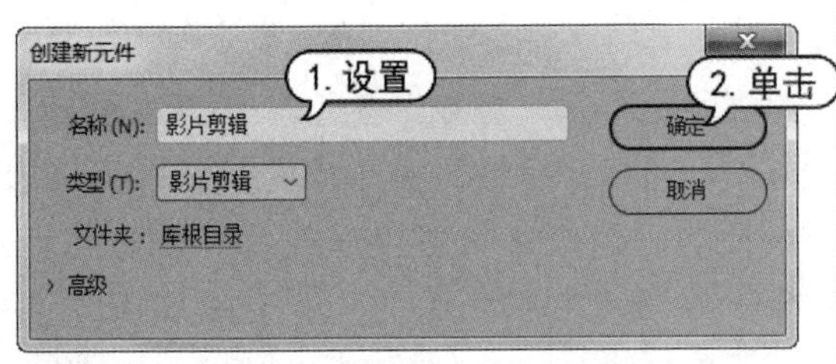

step 3 打开【影片剪辑】元件编辑模式，选择【文件】|【导入】|【导入到舞台】命令，导入蒲公英花絮图像到舞台中。

step 4 使用【任意变形工具】调整其大小和位置，然后选择【修改】|【转换为元件】命令，将其转换为图形元件。

step 5 分别在第 2、25、50、75 和 100 帧处插入关键帧，选中第 25 帧处的图形，选择【窗口】|【变形】命令，打开【变形】面板，设置旋转度数为-30°。

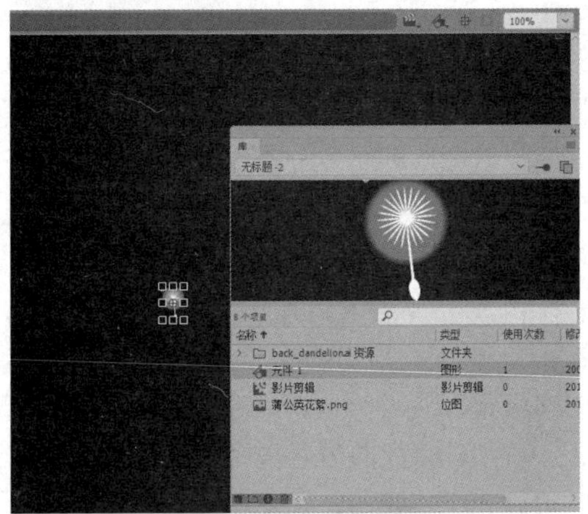

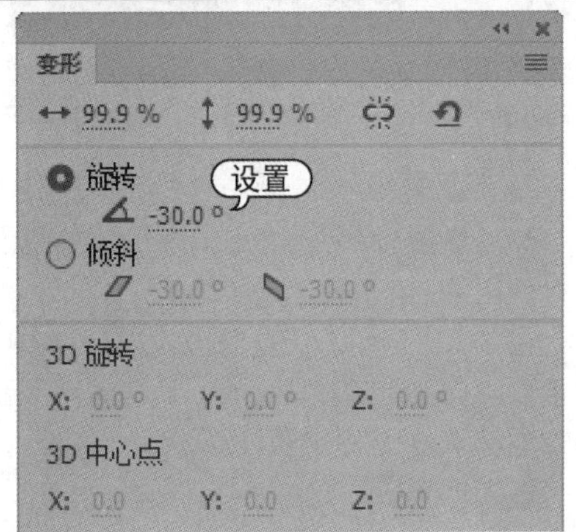

step 6 选中第 75 帧处的图形，在【变形】面板中设置旋转度数为 30°。

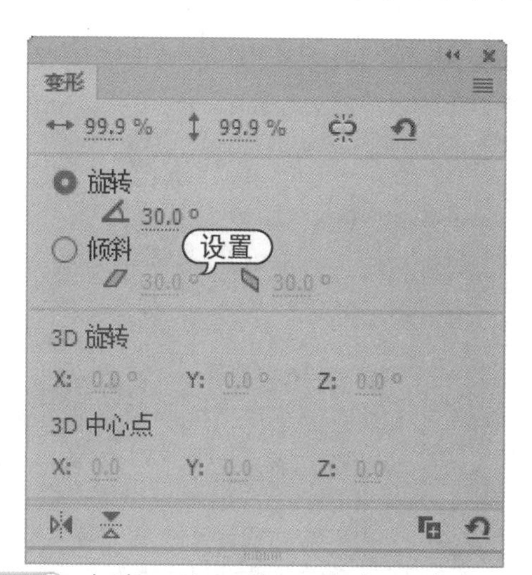

step 7 在第 2 到 24 帧、25 到 49 帧、50 到 74 帧和 75 到 100 帧各自创建传统补间动画。新建图层，重命名为【控制】图层，在第 1 帧、第 2 帧和第 100 帧处插入空白关键帧。

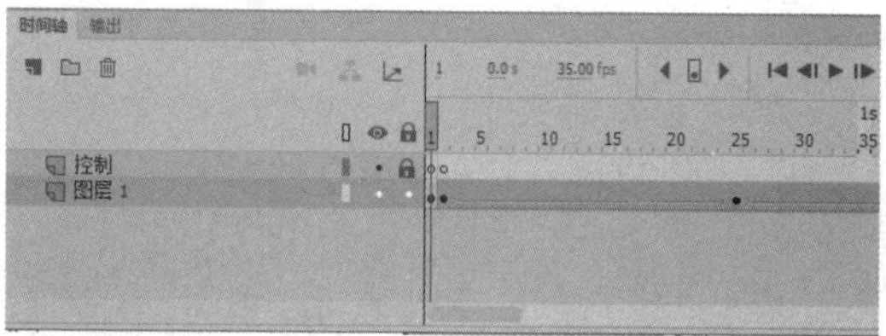

step 8 右击【控制】图层的第 100 帧，在弹出的快捷菜单中选择【动作】命令，打开【动作】面板，输入代码：gotoAndPlay(2);。

step 9 返回场景，选择【文件】|【新建】命令，打开【新建文档】对话框，选择【高级】|【ActionScript文件】选项，单击【创建】按钮。

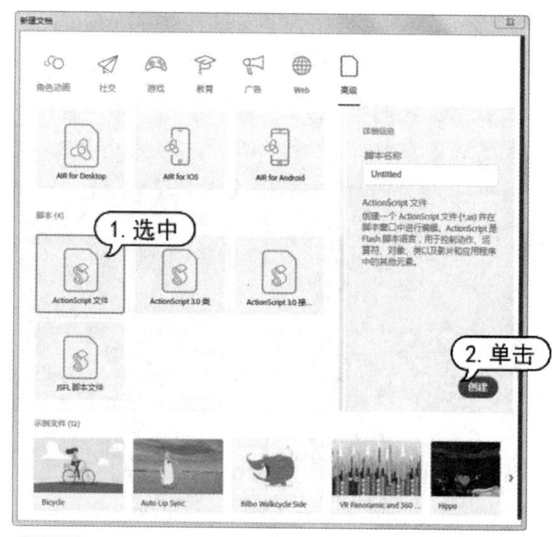

step 10 在新建的ActionScrpit文件窗口中输入代码(详见素材资料)。

step 11 选择【文件】|【保存】命令，将ActionScript文件以“fluff”为名保存在“蒲公英飘动”文件夹中。

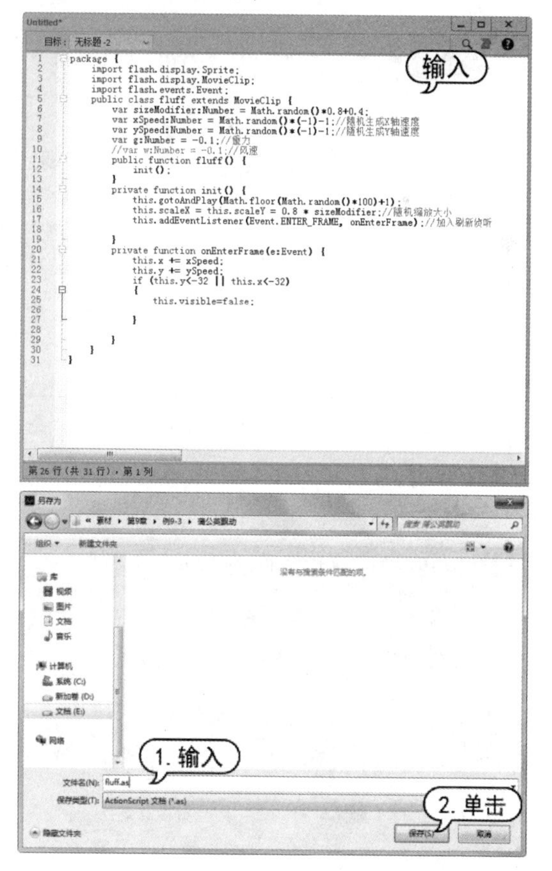

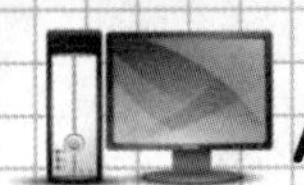

step 12 返回文档，右击【库】面板中的【影片剪辑】元件，在弹出的快捷菜单中选择【属性】命令，打开【元件属性】对话框，单击【高级】按钮，展开对话框，在【类】文本框中输入“fluff”，单击【确定】按钮。

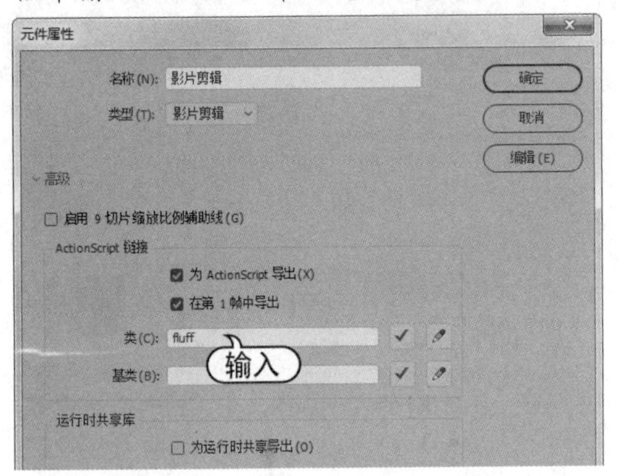

step 13 选择【文件】|【新建】命令，新建一个ActionScript文件。在【脚本】窗口中输入代码(详见素材资料)。

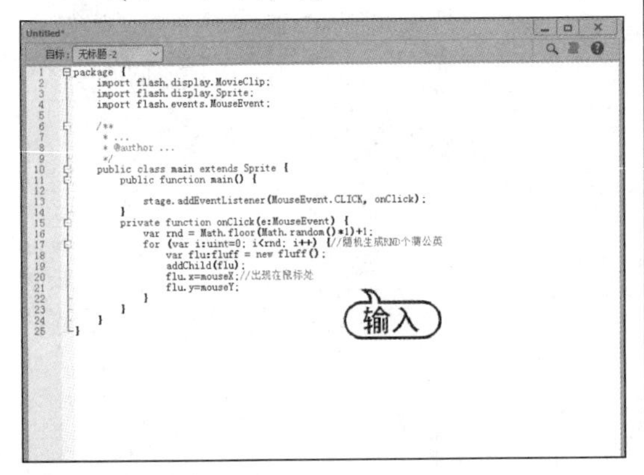

step 14 选择【文件】|【保存】命令，将ActionScript文件以“main”为名保存在“蒲公英飘动”文件夹中。

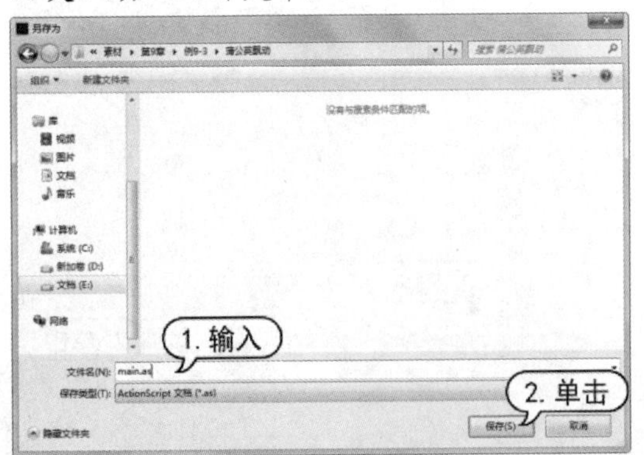

step 15 返回文档，打开其【属性】面板，在【类】文本框中输入连接的外部AS文件名称“main”。

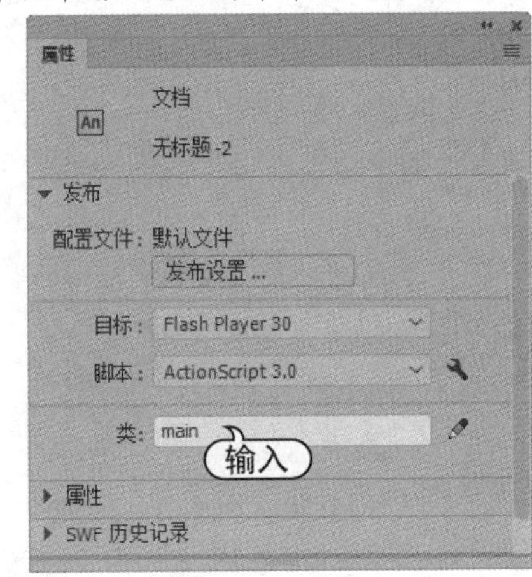

step 16 导入位图图像至舞台中，设置大小为“550 像素 × 400 像素”，X和Y轴坐标位置为“0，0”。

step 17 将文档以“蒲公英”为名保存在“蒲公英飘动”文件夹中。

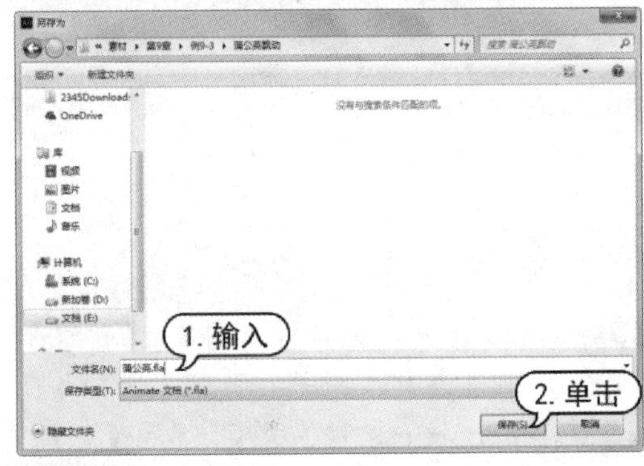

step 18 按下Ctrl+Enter组合键，测试动画效果：每次单击鼠标，即可产生一个随机大小的飘动的蒲公英花絮。

9.7.2　制作切换视频动画

【例 9-4】打开素材，嵌入视频，制作切换视频动画效果。

视频+素材　(素材文件\第 09 章\例 9-4)

step 1　启动Animate CC 2019，打开“按钮文件”文档。选择【文件】|【导入】|【导入视频】命令，打开【导入视频】对话框，单击【浏览】按钮。

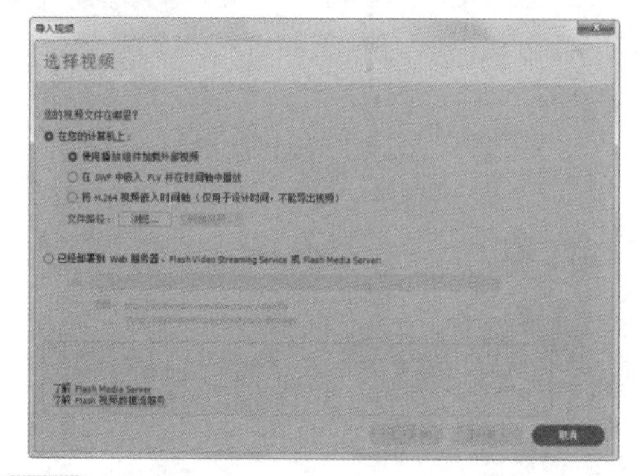

step 2　打开【打开】对话框，选择视频文件【AD1】，单击【打开】按钮，返回【导入视频】对话框。

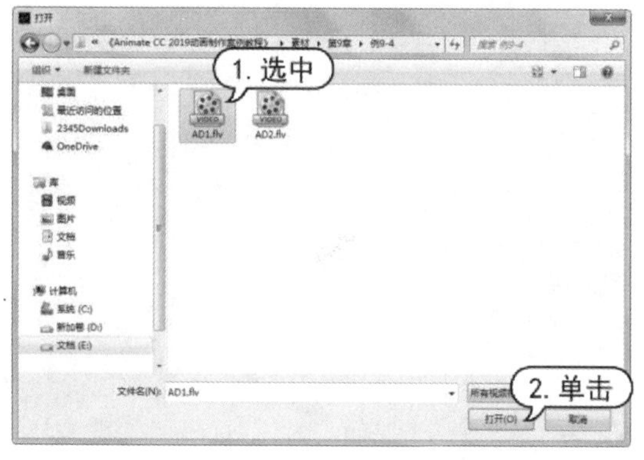

step 3　选中【使用播放组件加载外部视频】单选按钮，然后单击【下一步】按钮。

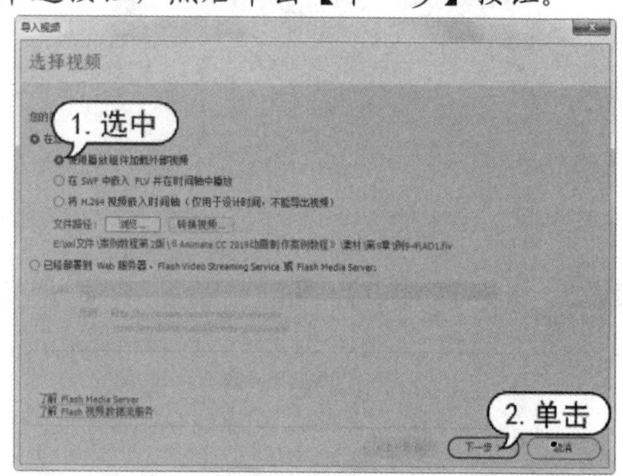

step 4　进入【设定外观】界面，在【外观】下拉列表中选择一种外观，单击【颜色】按钮，可以选择播放器的颜色，然后单击【下一步】按钮。

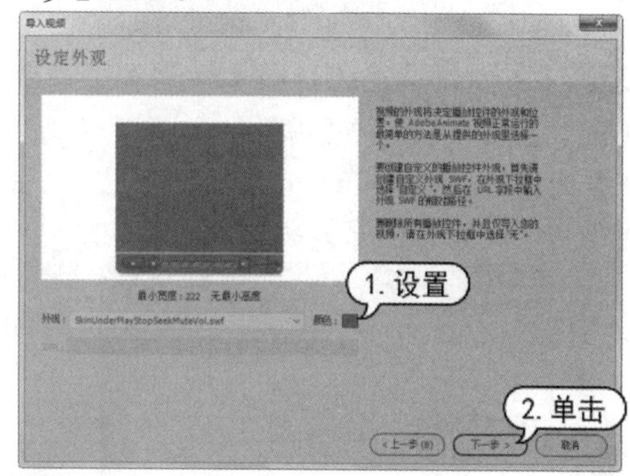

step 5　进入【完成视频导入】界面，单击【完成】按钮。

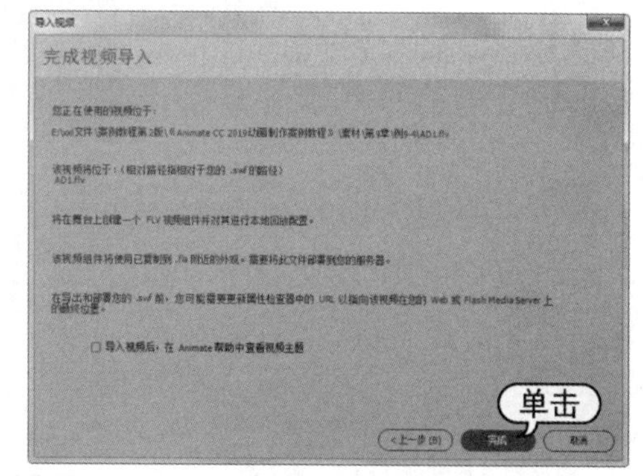

step 6　舞台上显示视频组件后，选择该组件对象，打开其【属性】面板，设置X和Y值均为 0，然后将该实例名称更改为“playBack”。

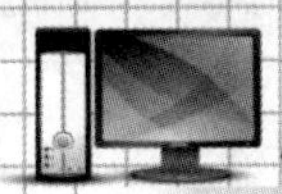

step 7 选择舞台上的按钮元件实例，打开其【属性】面板，设置实例名称为“myButton”。

step 8 选择舞台上的按钮元件实例，选择【窗口】|【代码片断】命令，打开【代码片断】面板，展开【音频和视频】列表，双击【单击以设置视频源】项目。

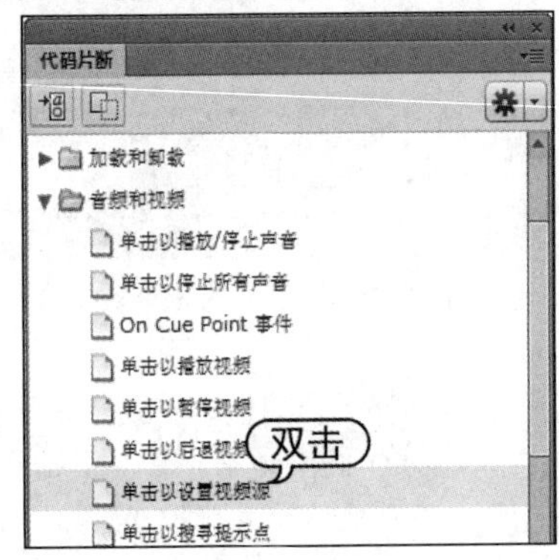

step 9 打开【动作】面板，将{ }内的代码修改成如下图所示(具体代码参见素材)。

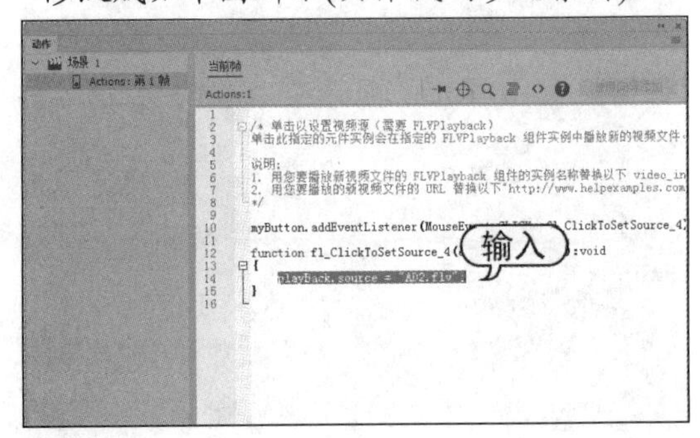

step 10 此时【时间轴】面板上添加了Actions图层，添加的代码在该图层的第1帧中。

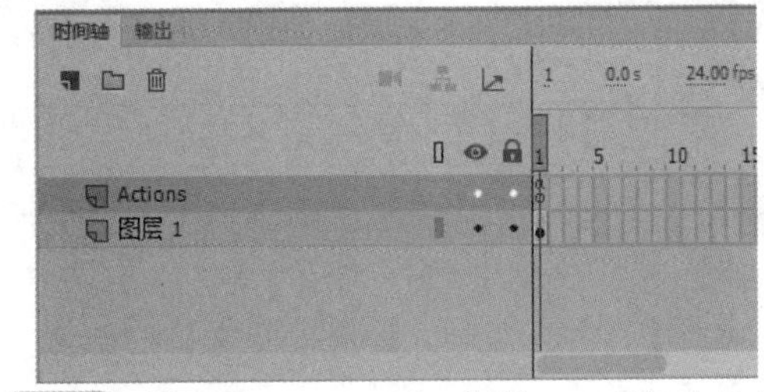

step 11 按下Ctrl+Enter组合键，测试动画效果：观看视频时，单击按钮可以切换至第2段视频。

第 10 章

创建基本动画组件

组件是一种带有参数的影片剪辑，它可以帮助用户在不编写 ActionScript 代码的情况下，方便而快速地在 Animate 文档中添加所需的界面元素。本章主要介绍在 Animate CC 2019 中使用各种组件的基本方法。

本章对应视频

例 10-1 创建按钮组件
例 10-2 创建复选框组件
例 10-3 创建下拉列表组件
例 10-4 创建文本区域组件
例 10-5 创建进程栏组件
例 10-6 创建滚动窗格组件
例 10-7 使用视频组件
例 10-8 制作注册界面
例 10-9 制作计算闰年程序

10.1 动画组件简介

每个组件都有一组独特的动作脚本方法，用户可以使用组件在 Animate 中快速构建应用程序。组件的范围不仅限于软件提供的自带组件，还可以下载其他开发人员创建的组件，甚至自定义组件。

10.1.1 组件的类型

Animate 中的组件都显示在【组件】面板中，选择【窗口】|【组件】命令，打开【组件】面板。在该面板中可查看和调用系统中的组件。Animate CC 2019 中包括【UI】(User Interface)组件和【Video】组件两类。

【UI】组件主要用来构建界面，实现简单的用户交互功能。打开【组件】面板后，单击【User Interface】下拉按钮，即可打开所有的【UI】组件。

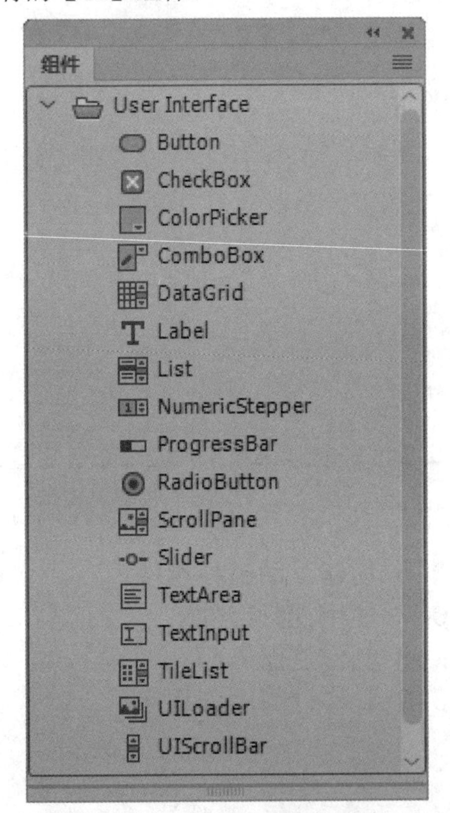

【Video】组件主要用来插入多媒体视频，以及多媒体控制的控件。打开【组件】面板后，单击【Video】下拉按钮，即可打开所有的【Video】组件。

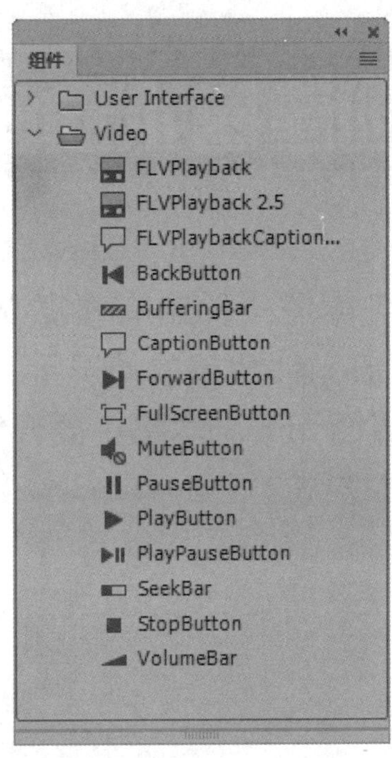

10.1.2 组件的基本操作

在 Animate CC 2019 中，组件的基本操作主要包括添加和删除组件、调整组件外观等。

1. 添加和删除组件

要添加组件，用户可以直接双击【组件】面板中要添加的组件，将其添加到舞台中央，也可以将其选中后拖到舞台中。

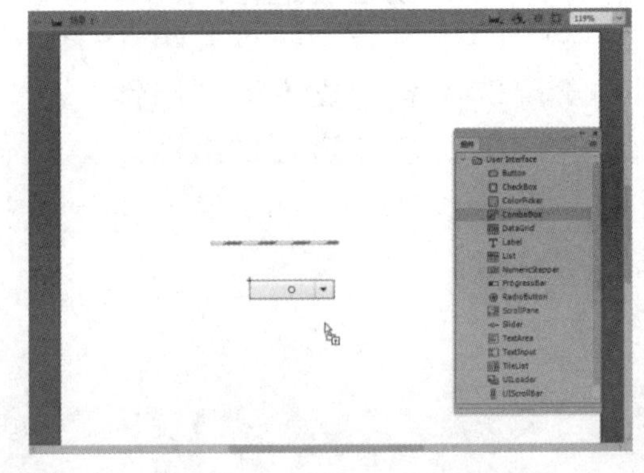

如果需要在舞台中创建多个相同的组件实例，还可以将组件拖到【库】面板中以便于反复使用。

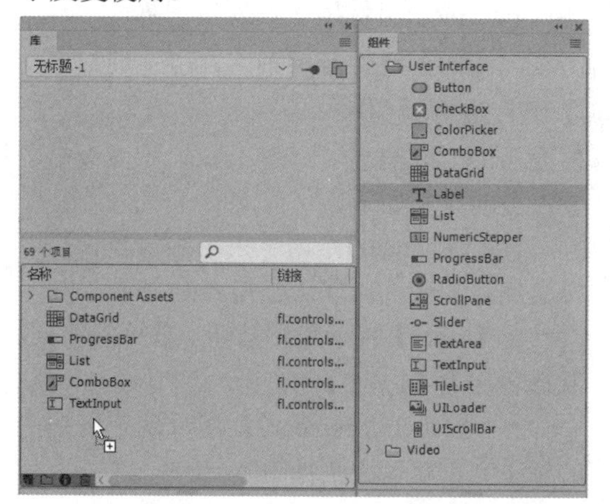

如果要在 Animate 影片中删除已经添加的组件实例，可以直接选中舞台上的实例，按下 Backspace 键或者 Delete 键将其删除；如果要从【库】面板中将组件彻底删除，可以在【库】面板中选中要删除的组件，然后单击【库】面板底部的【删除】按钮，或者直接将其拖动到【删除】按钮上。

2. 调整组件外观

拖动到舞台中的组件被系统默认为组件实例，并且都是默认大小的。用户可以通过【属性】面板中的设置来调整组件大小。

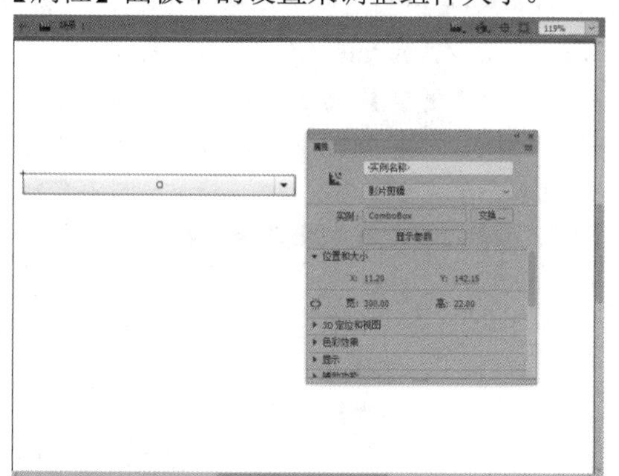

用户还可以使用【任意变形工具】调整组件的宽和高属性来调整组件大小，该组件内容的布局保持不变，但该操作会导致组件在影片回放时发生扭曲现象。

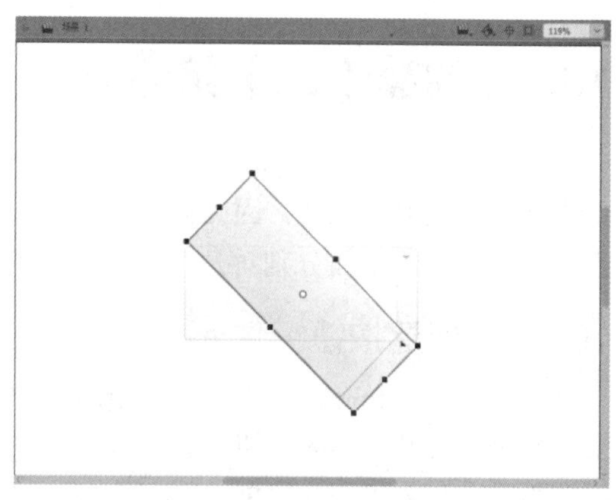

拖动到舞台中的组件系统默认为组件实例，关于实例的其他设置，同样可以应用于组件实例当中，例如调整色调、透明度等。

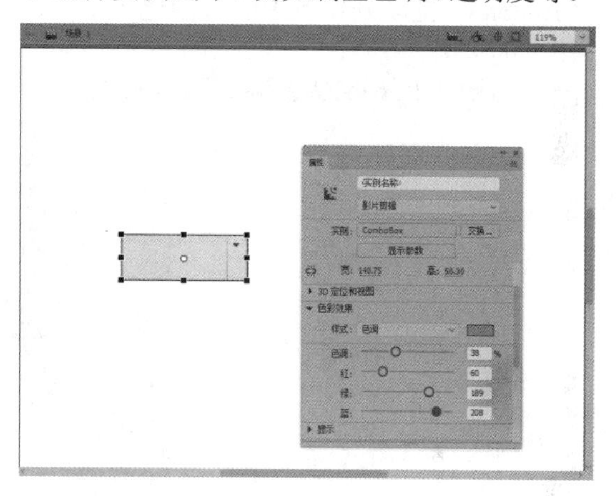

滤镜功能也可以使用在组件上，如下图所示为添加了渐变发光滤镜的组件。

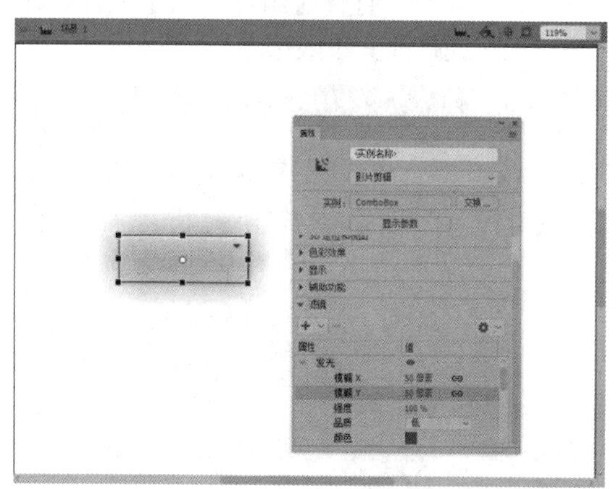

10.2 创建【UI】组件

在 Animate CC 2019 的组件类型中，【UI】(User Interface)组件用于设置用户界面，并实现大部分的交互式操作，因此在制作交互式动画方面，【UI】组件应用最广，也是最常用的组件类别之一。下面分别对几个较为常用的【UI】组件进行介绍。

10.2.1 创建按钮组件

按钮组件【Button】是一个可使用自定义图标来定义其大小的按钮，它可以执行鼠标和键盘的交互事件，也可以将按钮的行为从按下改为切换。

在【组件】面板中选择按钮组件【Button】，拖动到舞台中即可创建一个按钮组件的实例。

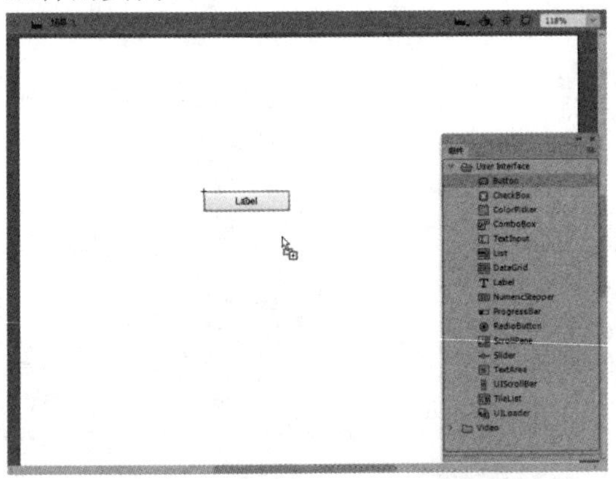

选中按钮组件实例后，选择【窗口】|【组件参数】命令，打开【组件参数】面板，用户可以在此修改其参数选项。

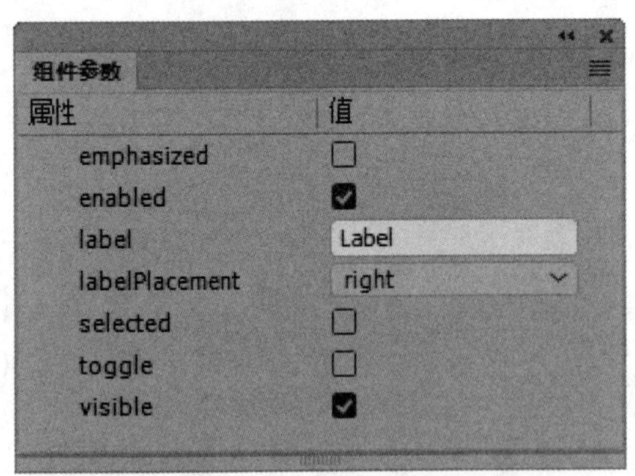

在按钮组件的【组件参数】面板中有很多复选框，只要选中复选框即可代表该项的值为 true，取消选中则为 false，该面板中主要参数的作用如下。

- 【enabled】：用于指示组件是否可以接受焦点和输入，默认值为 true。
- 【label】：用于设置按钮上的标签名称，默认名称为【Label】。
- 【labelPlacement】：用于确定按钮上的标签文本相对于图标的方向。
- 【selected】：如果【toggle】参数的值为 true，则该参数指定按钮是处于按下状态 true，或者是释放状态 false。
- 【toggle】：用于将按钮转变为切换开关。如果值是 true，按钮在单击后将保持按下状态，再次单击时则返回弹起状态。如果值是 false，则按钮行为与一般按钮相同。
- 【visible】：用于指示对象是否可见，默认值为 true。

【例 10-1】使用按钮组件【Button】创建一个可交互的应用程序。
视频+素材 (素材文件\第 10 章\例 10-1)

step 1 启动Animate CC 2019，新建一个文档。选择【窗口】|【组件】命令，打开【组件】面板，将按钮组件【Button】拖到舞台中创建一个实例。

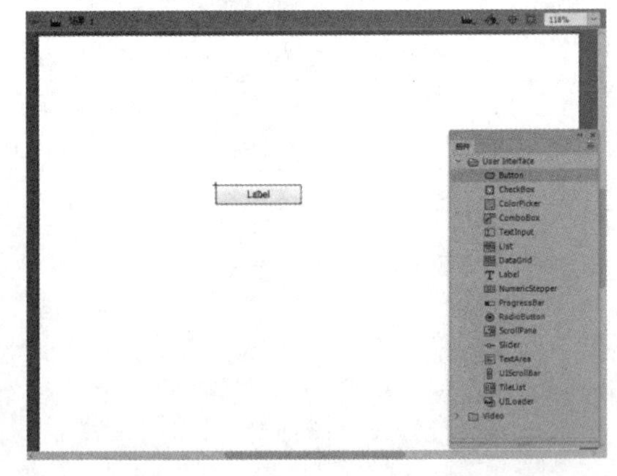

step 2 打开其【属性】面板，输入实例名称为“aButton”，然后打开【组件参数】面板，为【label】参数输入文字“开始”。

step 3 从【组件】面板中拖动拾色器组件【ColorPicker】到舞台中，然后在其【属性】面板上将该实例命名为“aCp”。

step 4 在时间轴上选中第 1 帧，按F9 键打开【动作】面板，输入代码(详见素材材料)。

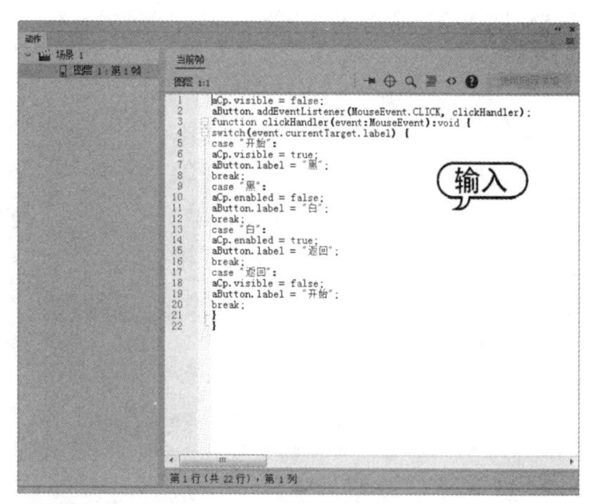

step 5 按下Ctrl+Enter组合键，测试动画效果：单击【开始】按钮，将会出现【黑】按钮，还会出现“黑色”拾色器；单击【黑】按钮，出现【白】按钮，还会出现“白色”拾色器；单击【白】按钮，出现【返回】按钮；单击【返回】按钮，将会返回【开始】按钮。

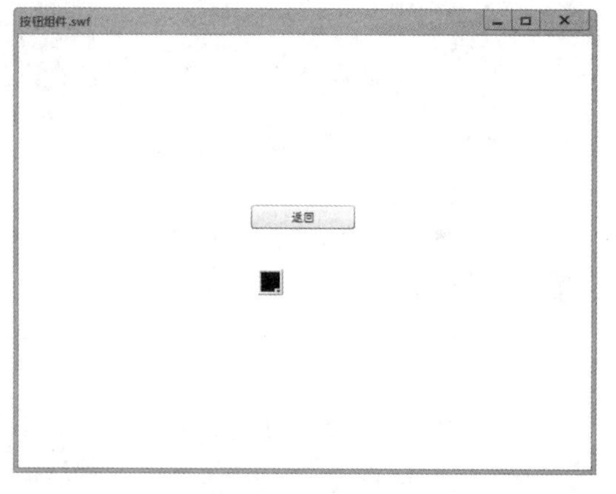

10.2.2　创建复选框组件

复选框是一个可以选中或取消选中的方框，它是表单或应用程序中常用的控件之一，当需要收集一组非互相排斥的选项时可以使用复选框。

在【组件】面板中选择复选框组件【CheckBox】，将其拖到舞台中即可创建一个复选框组件的实例。

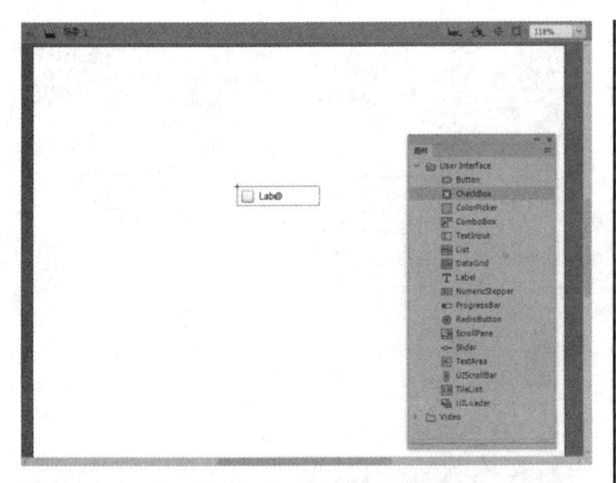

选中复选框组件实例后，选择【窗口】|【组件参数】命令，打开【组件参数】面板，用户可以在此修改其参数选项。

组件参数

属性	值
enabled	☑
label	Label
labelPlacement	right
selected	☐
visible	☑

该面板中主要选项的具体作用如下。

- 【enabled】：用于指示组件是否可以接受焦点和输入，默认值为 true。
- 【label】：用于设置复选框的名称，默认名称为【Label】。
- 【labelPlacement】：用于设置名称相对于复选框的位置，默认情况下位于复选框的右侧。
- 【selected】：用于设置复选框的初始状态是否被选中，默认值是 false。
- 【visible】：用于指示对象是否可见，默认值为 true。

10.2.3 创建单选按钮组件

单选按钮组件【RadioButton】允许在互相排斥的选项之间进行选择，可以利用该组件创建多个不同的组，从而创建一系列的选择组。

在【组件】面板中选择单选按钮组件【RadioButton】，将其拖到舞台中即可创建一个单选按钮组件的实例。

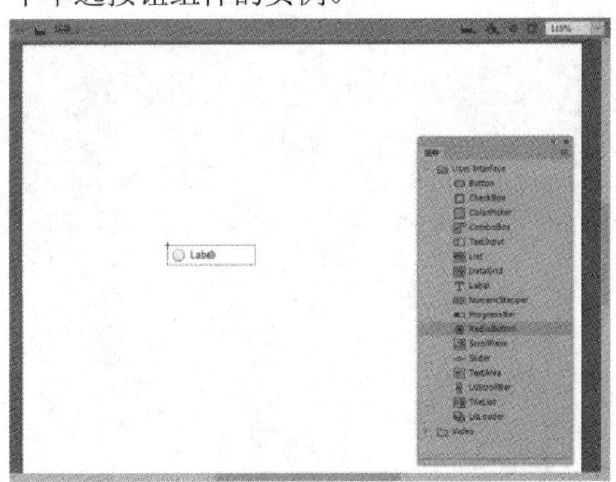

选中单选按钮组件实例后，打开【组件参数】面板，用户可以在此修改其参数。

该面板中各主要选项的具体作用如下。

- 【groupName】：可以指定当前单选按钮所属的单选按钮组，该参数相同的单选按钮为一组，且在一个单选按钮组中只能选择一个单选按钮。
- 【label】：用于设置 RadioButton 的文本内容，其默认内容为【Label】。
- 【labelPlacement】：用于设置单选按钮旁边标签文本的方向。
- 【selected】：用于设置单选按钮的初始状态是否被选中，默认值为 false。

【例 10-2】使用复选框和单选按钮组件创建一个可交互的应用程序。

视频+素材 (素材文件\第 10 章\例 10-2)

step 1 启动Animate CC 2019，新建一个文档。选择【窗口】|【组件】命令，打开【组

件】面板，将复选框组件【CheckBox】拖到舞台中创建一个实例。

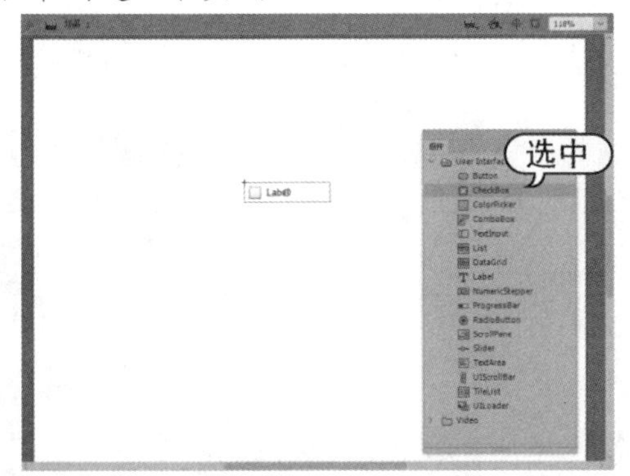

step 2 在该实例的【属性】面板中，输入实例名称为“homeCh”，然后打开【组件参数】面板，为【label】参数输入文字“复选框”。

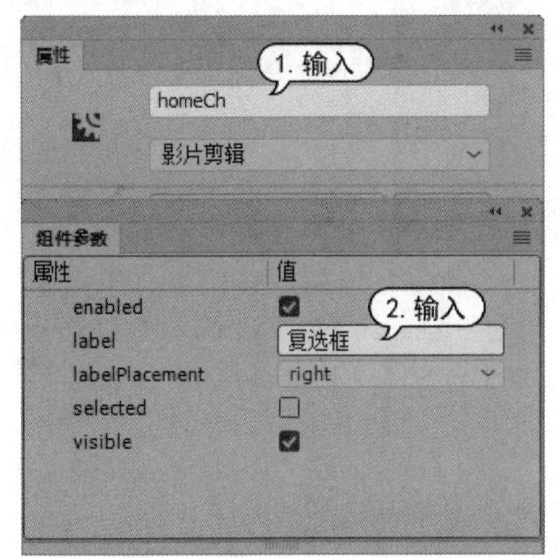

step 3 从【组件】面板中拖动两个单选按钮组件【RadioButton】至舞台中，并将它们置于复选框组件的下方。

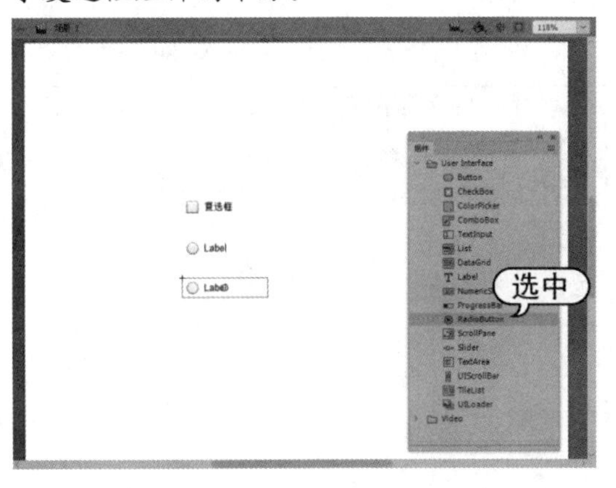

step 4 选中舞台中的第 1 个单选按钮组件，打开【属性】面板，输入实例名称“单选按钮 1”，然后打开【组件参数】面板，为【label】参数输入文字“男”，为【groupName】参数输入“valueGrp”。

step 5 选中舞台中的第 2 个单选按钮组件，打开【属性】面板，输入实例名称“单选按钮 2”，然后打开【组件参数】面板，为【label】参数输入文字“女”，为【groupName】参数输入“valueGrp”。

step 6 在时间轴上选中第 1 帧，然后打开【动作】面板输入代码(详见素材资料)。

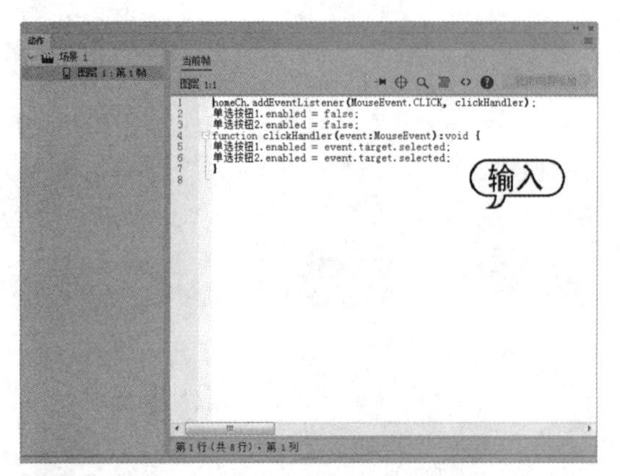

step 7 保存文档后，按下Ctrl+Enter组合键测试影片效果：选中复选框后，单选按钮才处于可选状态。

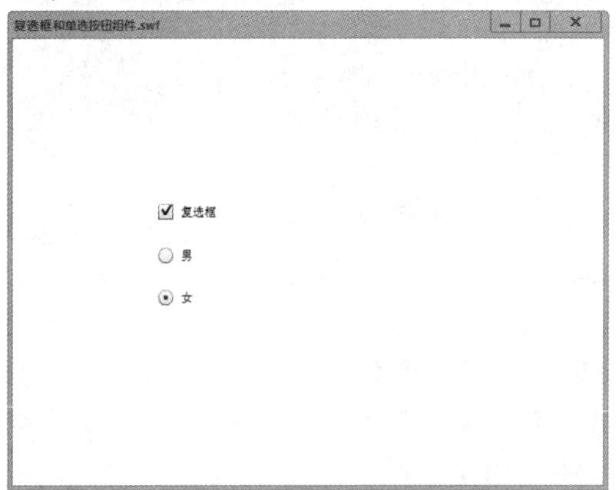

10.2.4 创建下拉列表组件

下拉列表组件【ComboBox】由 3 个子组件构成：【BaseButton】【TextInput】和【List】组件，它允许用户从打开的下拉列表框中选择一个选项。

知识点滴

下拉列表组件【ComboBox】可以是静态的，也可以是可编辑的，可编辑的下拉列表组件允许在列表顶端的文本框中直接输入文本。

在【组件】面板中选择下拉列表组件【ComboBox】，将它拖动到舞台中后，即可创建一个下拉列表框组件的实例。

选中下拉列表组件实例后，打开【组件参数】面板，用户可以在此修改其参数。

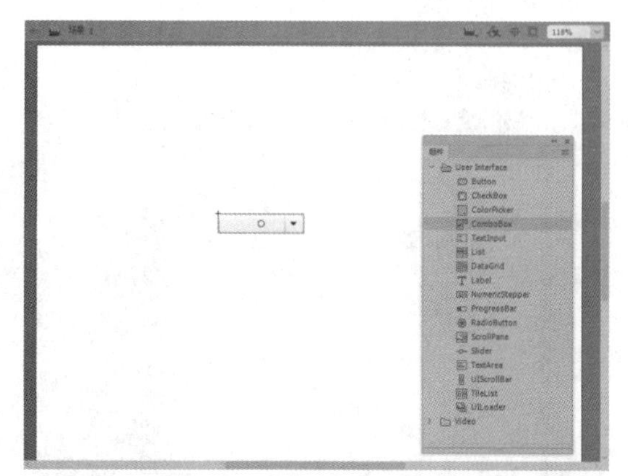

组件参数

属性	值
dataProvider	[]
editable	☐
enabled	☑
prompt	
restrict	
rowCount	5
visible	☑

该面板中主要选项的具体作用如下。

- 【editable】：用于确定【ComboBox】组件是否允许被编辑，默认值为 false，不可编辑。
- 【enabled】：用于指示组件是否可以接收焦点和输入。
- 【rowCount】：用于设置下拉列表中最多可以显示的项数，默认值为 5。
- 【restrict】：可在下拉列表框的文本字段中输入字符。
- 【visible】：用于指示对象是否可见。

【例 10-3】使用下拉列表组件【ComboBox】创建一个可交互的应用程序。

视频+素材 (素材文件\第 10 章\例 10-3)

step 1 启动Animate CC 2019，新建一个文档。选择【窗口】|【组件】命令，打开【组件】面板，将下拉列表组件【ComboBox】拖到舞台中创建一个实例。

step 2 在该实例的【属性】面板中，输入实例名称为“aCb”，然后打开【组件参数】面板，选中【editable】复选框。

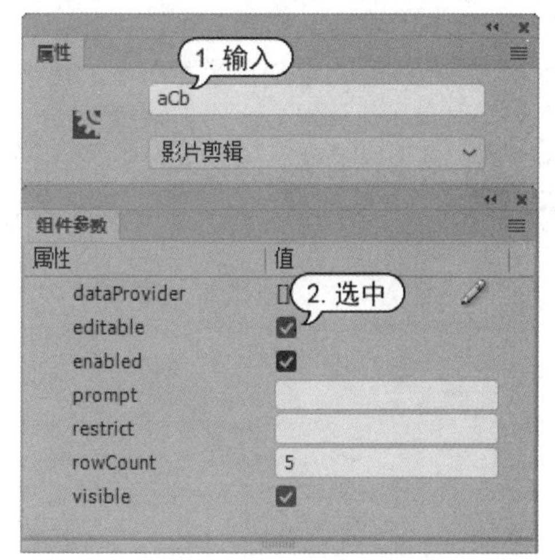

step 3 在时间轴上选中第 1 帧，然后打开【动作】面板，输入代码(详见素材资料)。

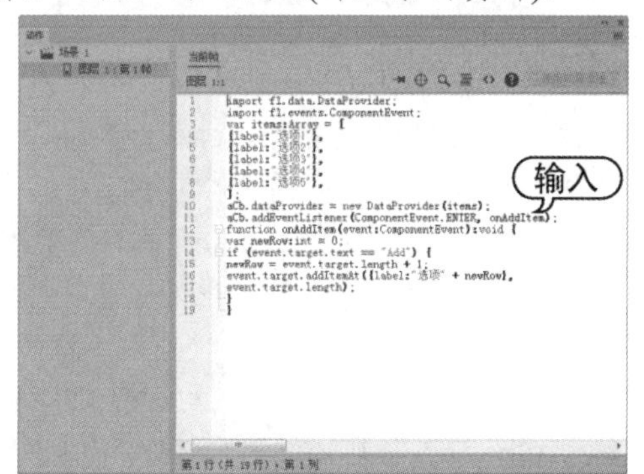

step 4 按下 Ctrl+Enter 组合键预览动画效果：用户可在下拉列表中选择选项，也可以直接在文本框中输入文字。

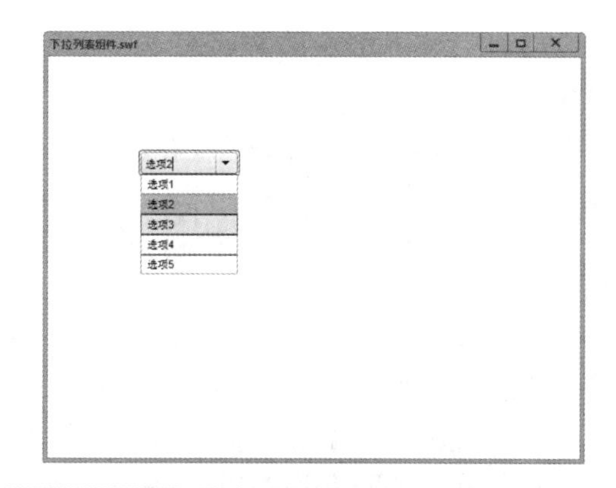

10.2.5　创建文本区域组件

文本区域组件【TextArea】用于创建多行文本字段，例如，可以在表单中使用【TextAre】组件创建一个静态的注释文本，或者创建一个支持文本输入的文本框。

在【组件】面板中选择文本区域组件【TextArea】，将它拖动到舞台中即可创建一个文本区域组件的实例。

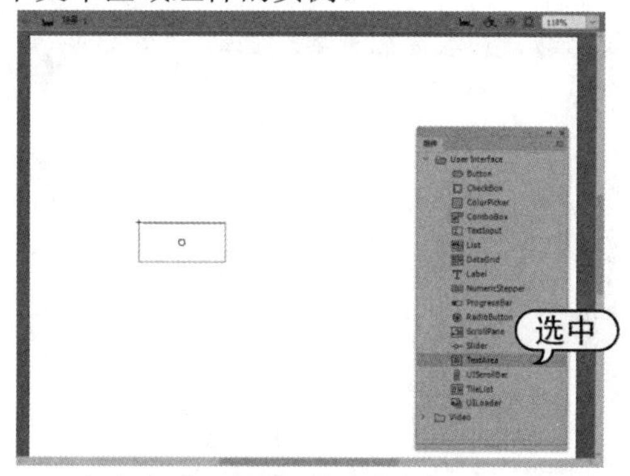

选中文本区域组件实例后，打开【组件参数】面板，用户可以在此修改其参数。

【组件参数】面板中主要选项的具体作用如下。

- 【editable】：用于设置【TextArea】组件是否允许被编辑，默认值为true，可编辑。
- 【text】：用于设置【TextArea】组件的内容。
- 【wordWrap】：用于设置文本是否可以自动换行，默认值为true，可自动换行。
- 【htmlText】：用于设置文本采用HTML格式，可以使用字体标签来设置文本格式。

【例 10-4】使用文本区域组件【TextArea】创建一个可交互的应用程序。

视频+素材 (素材文件\第 10 章\例 10-4)

step 1 启动Animate CC 2019，新建一个文档。选择【窗口】|【组件】命令，打开【组件】面板，拖动两个文本区域组件【TextArea】到舞台中。

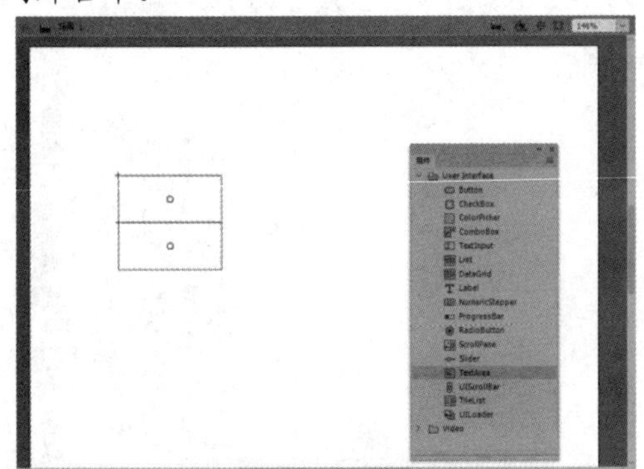

step 2 选中上方的【TextArea】组件，输入实例名称“aTa”；选中下方的【TextArea】组件，输入实例名称为“bTa”。

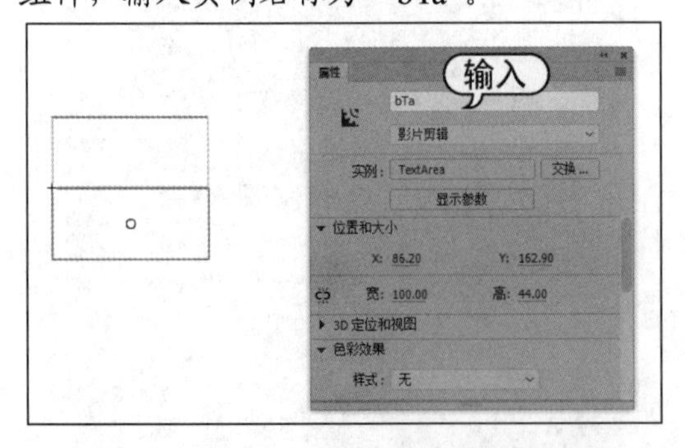

step 3 在时间轴上选中第1帧，然后打开【动作】面板输入代码(详见素材资料)。

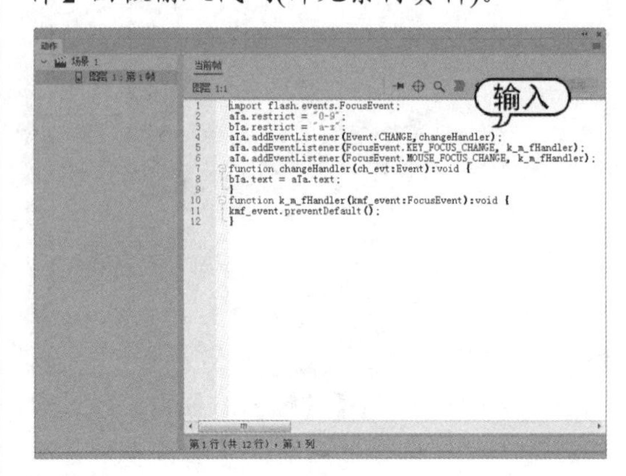

step 4 按下Ctrl+Enter组合键，测试动画效果：创建两个可输入的文本框，使第1个文本框中只允许输入数字，第2个文本框中只允许输入字母，且在第1个文本框中输入的内容会自动出现在第2个文本框中。

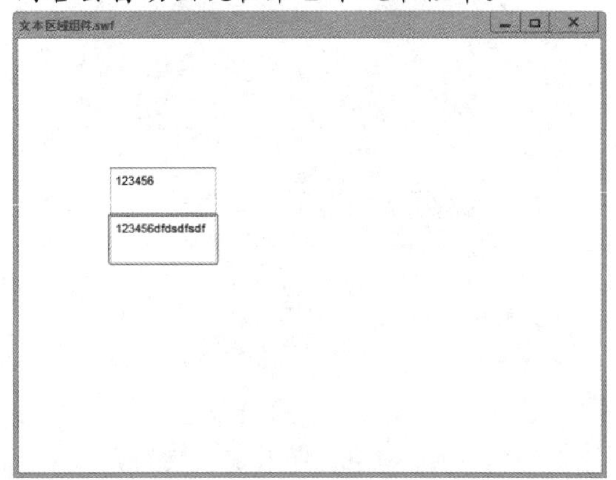

10.2.6 创建进程栏组件

使用进程栏组件【ProgressBar】可以方便快速地创建动画预载画面，即通常在打开Animate动画时见到的Loading界面。配合标签组件【Label】，还可以将加载进度显示为百分比。

在【组件】面板中选择进程栏组件【ProgressBar】，将其拖到舞台中后即可创建一个进程栏组件的实例。

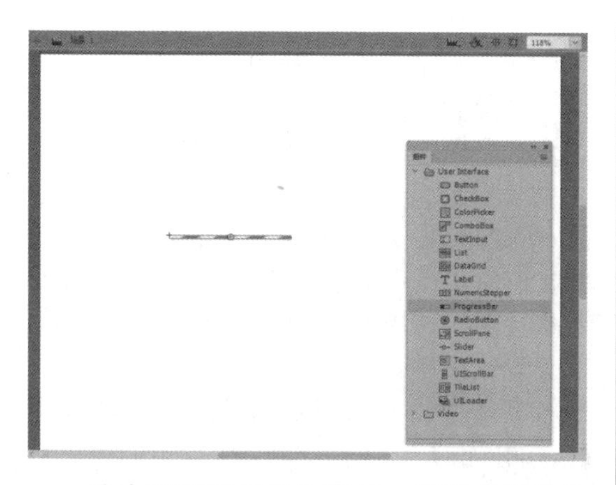

选中进程栏组件实例后，打开【组件参数】面板，用户可以在此修改其参数。

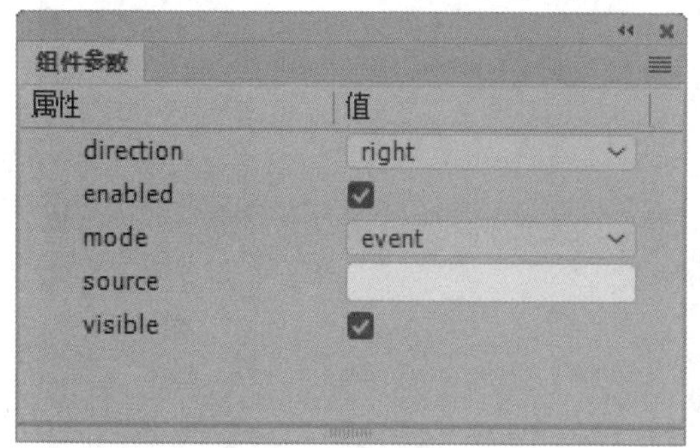

【组件参数】面板中主要选项的具体作用如下。

➤ 【direction】：用于设置进度栏的填充方向。默认为 right(向右)。

➤ 【mode】：用于设置进度栏运行的模式。这里的值可以是【event】【polled】或【manual】，默认为【event】。

➤ 【source】：它是一个要转换为对象的字符串，它表示源的实例名称。

【例 10-5】使用进程栏组件【ProgressBar】和【Label】组件创建一个可交互的应用程序。

视频+素材 (素材文件\第 10 章\例 10-5)

step 1 启动Animate CC 2019，新建一个文档。选择【窗口】|【组件】命令，打开【组件】面板，拖动进程栏组件【ProgressBar】到舞台中。

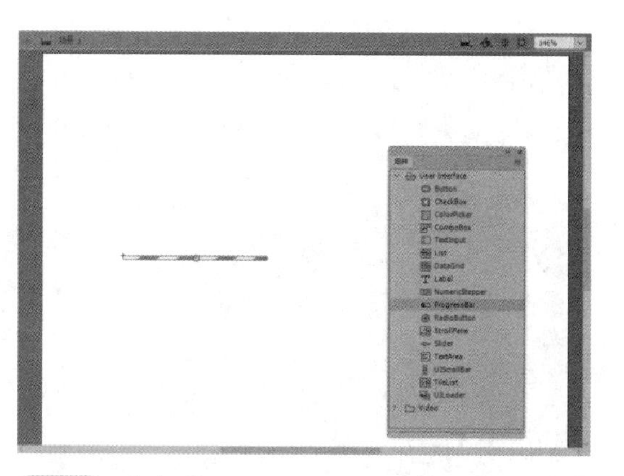

step 2 选中【ProgressBar】组件，打开【属性】面板，在【实例名称】文本框中输入实例名称为“jd”。

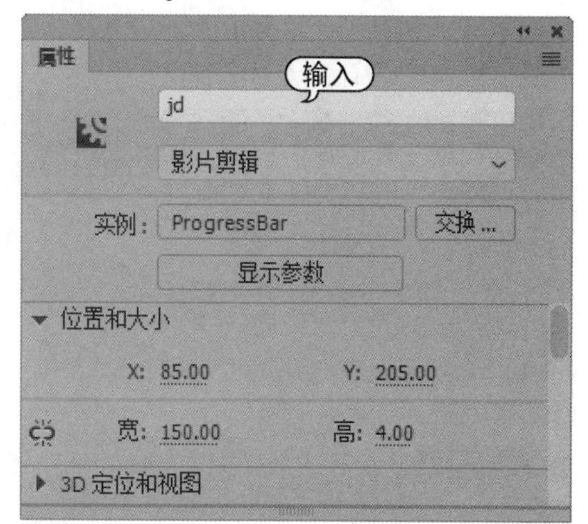

step 3 在【组件】面板中拖动一个【Label】组件到舞台中【ProgressBar】组件的左上方。

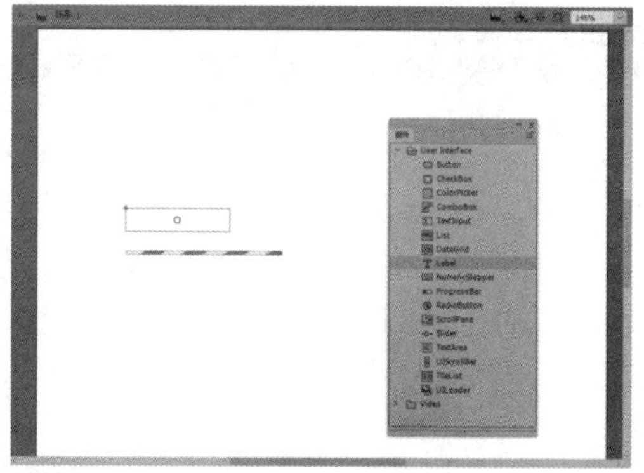

step 4 在其【属性】面板中输入实例名称为“bfb”，在【组件参数】面板中将【text】参数的值清空。

属性

bfb

影片剪辑

实例：Label　交换...

组件参数

属性	值
autoSize	none
condenseWhite	☐
enabled	☑
htmlText	
selectable	☐
text	
visible	☑
wordWrap	☐

step 5 在时间轴上选中第 1 帧，打开【动作】面板，输入代码(详见素材资料)。

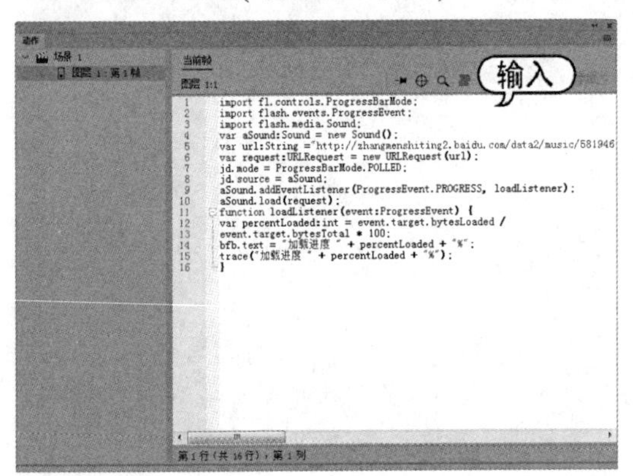

step 6 按下Ctrl+Enter组合键测试动画效果：创建出一个可以显示加载进度百分比的Loading画面。

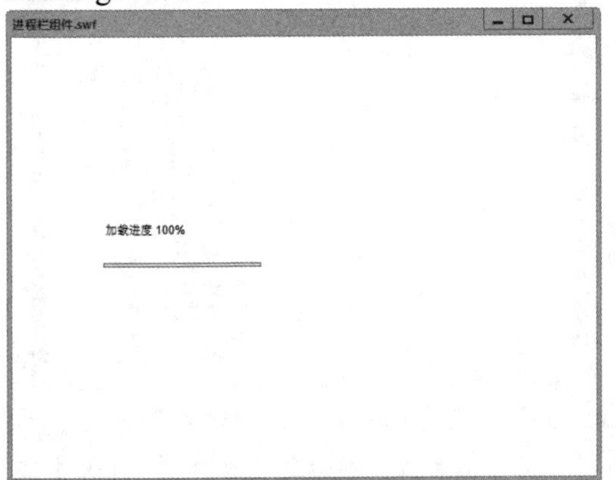

10.2.7 创建滚动窗格组件

如果需要在 Animate 文档中创建一个能显示大量内容的区域，但又不能为此占用过大的舞台空间，就可以使用滚动窗格组件【ScrollPane】。在【ScrollPane】组件中可以添加有垂直或水平滚动条的窗口，用户可以将影片剪辑、JPEG、PNG、GIF 或者 SWF 文件导入该窗口中。

在【组件】面板中选择滚动窗格组件【ScrollPane】，将其拖到舞台中即可创建一个滚动窗格组件的实例。

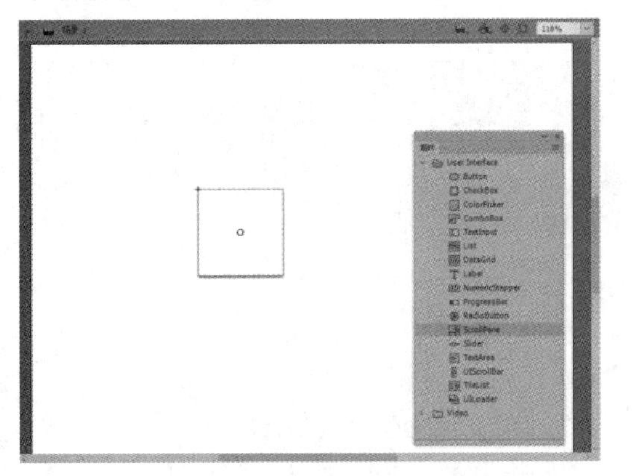

选中滚动窗格组件实例后，打开【组件参数】面板，用户可以在此修改其参数。

组件参数

属性	值
enabled	☑
horizontalLineScrol...	4
horizontalPageScro...	0
horizontalScrollPolicy	auto
scrollDrag	☐
source	
verticalLineScrollSize	4
verticalPageScrollSize	0
verticalScrollPolicy	auto
visible	☑

【组件参数】面板中各主要选项的具体作用如下。

- 【horizontalLineScrollSize】：用于设置每次单击箭头按钮时水平滚动条移动的像素值。
- 【horizontalPageScrollSize】：用于

设置每次单击轨道时水平滚动条移动的像素值。

▶【horizontalScrollPolicy】：用于设置水平滚动条是否显示。

▶【scrollDrag】：一个布尔值，用于确定当用户在滚动窗格中拖动内容时是否发生滚动。

▶【verticalLineScrollSize】：用于设置每次单击箭头按钮时垂直滚动条移动的像素值。

▶【verticalPageScrollSize】：用于设置每次单击轨道时垂直滚动条移动的像素值。

【例 10-6】使用滚动窗格组件【ScrollPane】创建一个可交互的应用程序。
视频+素材（素材文件\第 10 章\例 10-6）

step 1 启动Animate CC 2019，新建一个文档。选择【窗口】|【组件】命令，打开【组件】面板，拖动滚动窗格组件【ScrollPane】到舞台中。

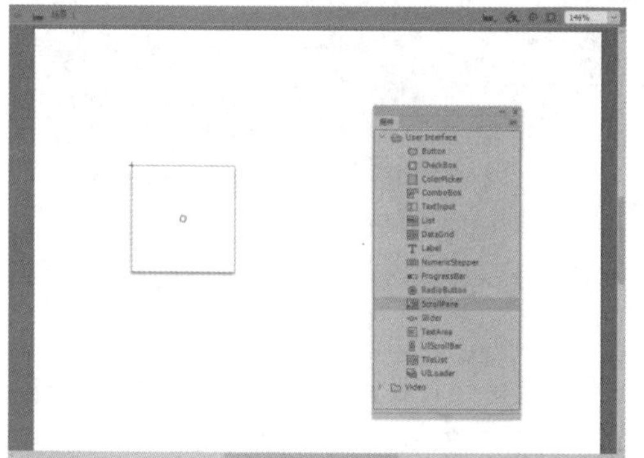

step 2 选中【ScrollPane】组件，打开【属性】面板，在【实例名称】文本框中输入实例名称为“aSp”。

step 3 在时间轴上选中第 1 帧，然后打开【动作】面板输入代码。

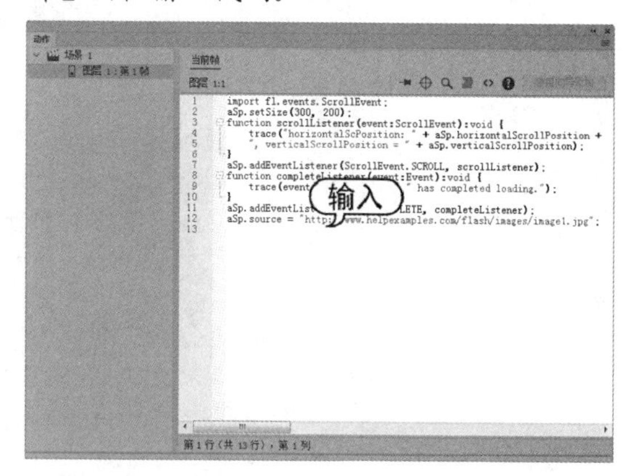

step 4 按下Ctrl+Enter组合键预览效果，窗口中的图像能够根据用户的鼠标或键盘动作改变显示位置。另外，在打开的【输出】对话框中将会自动反映用户的动作。

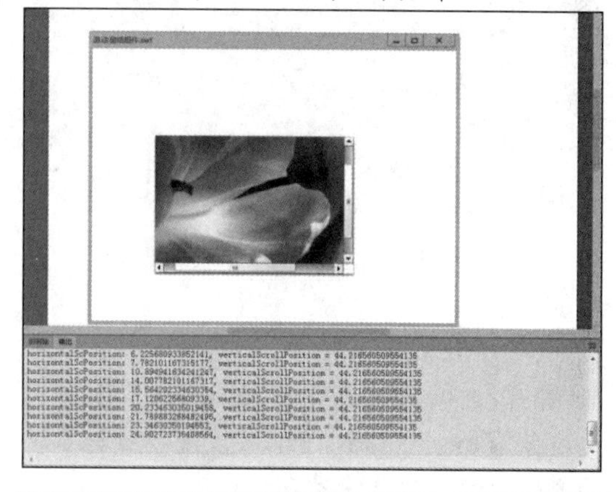

10.2.8　创建数字微调组件

数字微调组件【NumericStepper】允许用户逐个通过一组经过排序的数字。该组件由显示上、下三角按钮旁边的文本框中的数字组成。用户按下按钮时，数字将根据参数中指定的单位递增或递减，直到用户释放按钮或达到最大或最小值为止。

在【组件】面板中选择数字微调组件【NumericStepper】，将其拖到舞台中即可创建一个数字微调组件的实例。

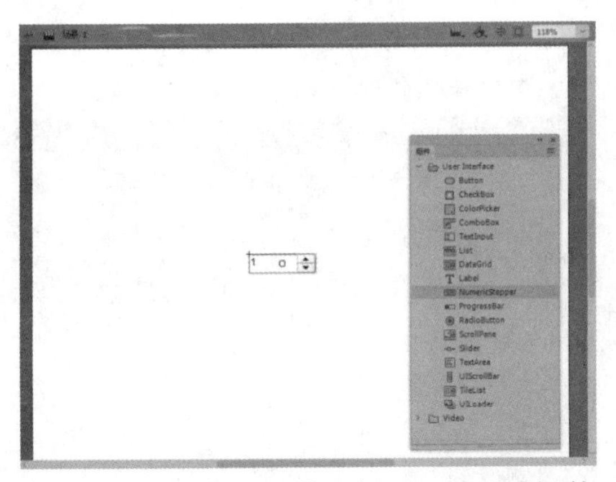

选中数字微调组件实例后，打开【组件参数】面板，用户可以在此修改其参数。

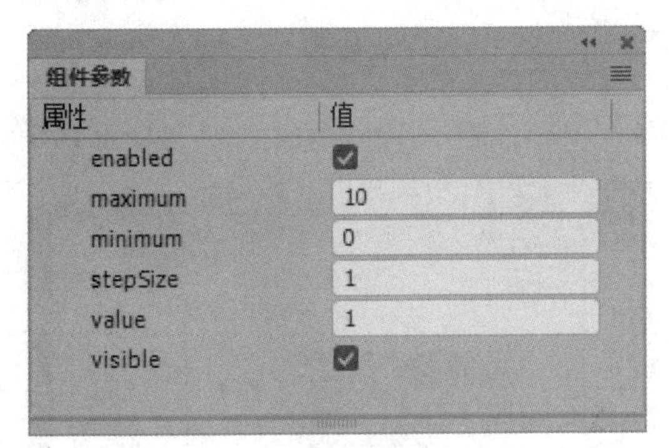

【组件参数】面板中主要选项的具体作用如下。

➤【maximum】：用于设置在步进器中显示的最大值，默认值为10。

➤【minimum】：用于设置在步进器中显示的最小值，默认值为0。

➤【stepSize】：用于设置每次单击时步进器中增大或减小的单位，默认值为1。

➤【value】：用于设置在步进器的文本区域中显示的值，默认值为1。

10.2.9 创建文本标签组件

文本标签组件【Label】是一行文本。用户可以指定一个标签的格式，也可以控制标签的对齐和大小。

在【组件】面板中选择文本标签组件【Label】，将其拖到舞台中即可创建一个文本标签组件的实例。

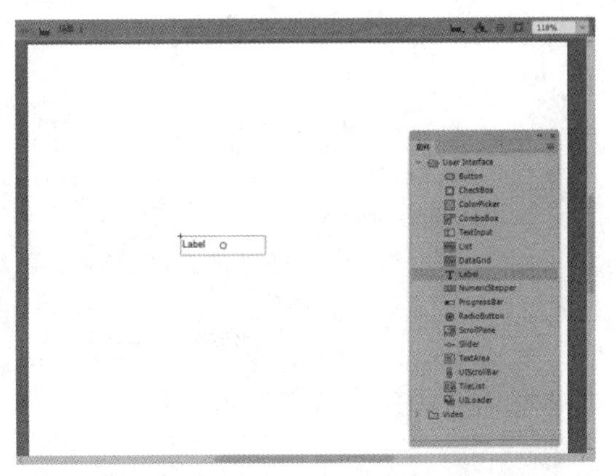

选中文本标签组件实例后，打开【组件参数】面板，用户可以在此修改其参数。

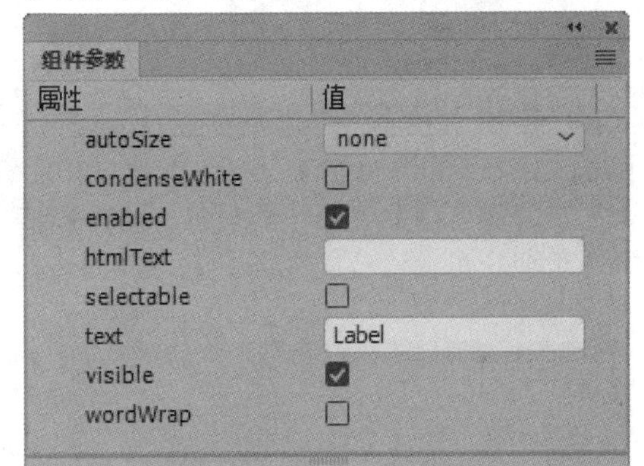

【组件参数】面板中主要选项的具体作用如下。

➤【autoSize】：设置如何调整标签的大小并对齐标签以适合文本。

➤【htmlText】：设置标签采用 HTML 格式，将文本格式设置为HTML。

➤【text】：设置标签的文本，默认为Label。

10.2.10 创建列表框组件

列表框组件【List】和下拉列表框很相似，区别在于下拉列表框一开始就显示一行，而列表框则是显示多行。

在【组件】面板中选择列表框组件【List】，将其拖到舞台中即可创建一个列表框组件的实例。

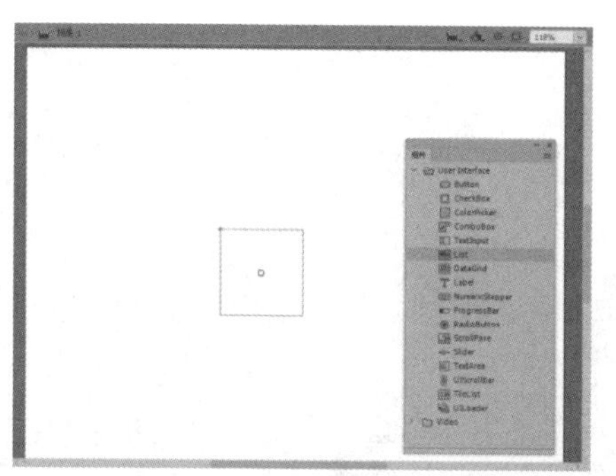

选中列表框组件实例后，打开其【组件参数】面板，用户可以在此修改其参数。

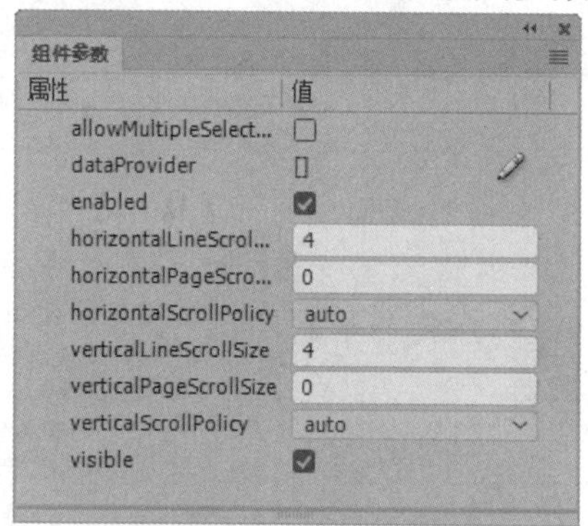

【组件参数】面板中主要选项的具体作用如下。

- 【horizontalLineScrollSize】：用于设置每次单击箭头按钮时水平移动的像素值，默认值为 4。
- 【horizontalPageScrollSize】：用于设置每次单击轨道时水平移动的像素值，默认值为 0。
- 【horizontalScrollPolicy】：用于设置水平滚动是否显示。
- 【verticalLineScrollSize】：用于设置每次单击箭头按钮时垂直移动的像素值，默认值为 4。
- 【verticalPageScrollSize】：用于设置每次单击轨道时垂直移动的像素值，默认值为 0。

10.3　创建视频类组件

Animate CC 2019 的【组件】窗口中还包含【Video】组件，即视频类组件。该组件主要用于控制导入 Animate CC 2019 中的视频。

Animate CC 2019 的视频组件主要包括视频播放器组件【FLVPlayback】和一系列用于视频控制的按键组件。通过该组件，可以将视频播放器包含在 Animate 应用程序中，以便播放通过 HTTP 渐进式下载的 Animate 视频(FLV)文件。

将【Video】组件下的【FLVPlayback】组件拖动到舞台中即可使用该组件。

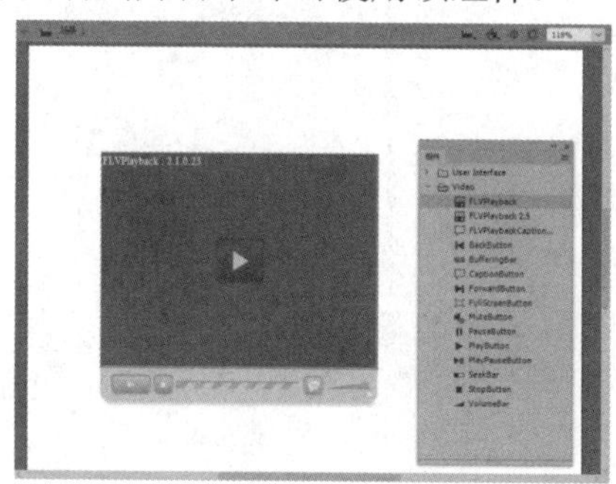

选中舞台中的视频组件实例后，在其【组件参数】面板中会显示组件选项，用户可以在此修改组件参数。

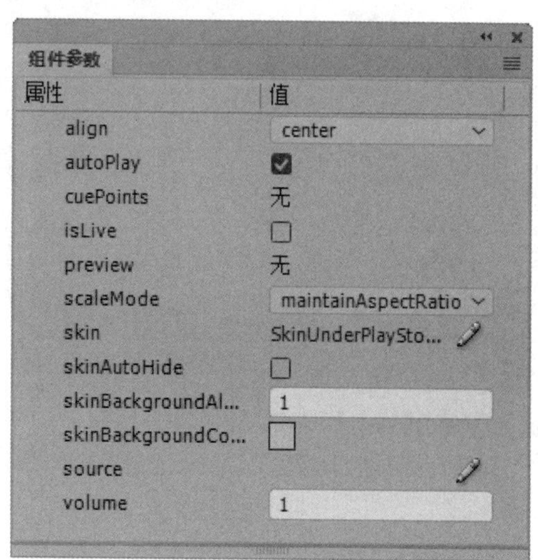

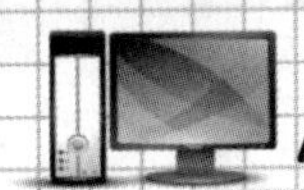

【组件参数】面板中主要选项的具体作用如下。

- 【autoPlay】：用于确定 FLV 文件的播放方式。如果选中该复选框，则该组件将在加载 FLV 文件后立即播放；如果未选中该复选框，则该组件会在加载第 1 帧后暂停。
- 【cuePoints】：它是一个描述 FLV 文件的提示点的字符串。
- 【isLive】：用于指定 FLV 文件的实时加载流。
- 【skin】：该参数用于打开【选择外观】对话框，用户可以在该对话框中选择组件的外观。
- 【skinAutoHide】：用于设置外观是否可以隐藏。
- 【volume】：用于表示相对于最大音量的百分比值，范围是 0～100。

【例 10-7】使用【FLVPlayback】组件创建一个播放器。
视频+素材 (素材文件\第 10 章\例 10-7)

step 1 启动Animate CC 2019，新建一个文档。选择【窗口】|【组件】命令，打开【组件】面板，在【Video】组件列表中拖动【FLVPlayback】组件到舞台中央。

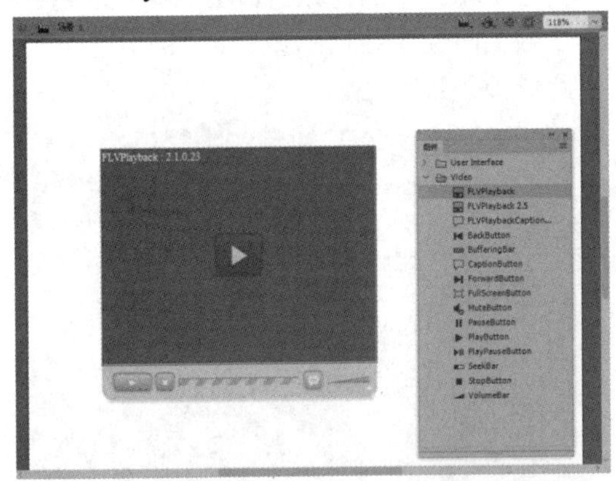

step 2 选中舞台中的组件，打开【属性】面板，单击【skin】选项右侧的按钮，打开【选择外观】对话框。

step 3 在该对话框中打开【外观】下拉列表框，选择所需的播放器外观，单击【颜色】按钮，选择所需的控制条颜色，然后单击【确定】按钮。

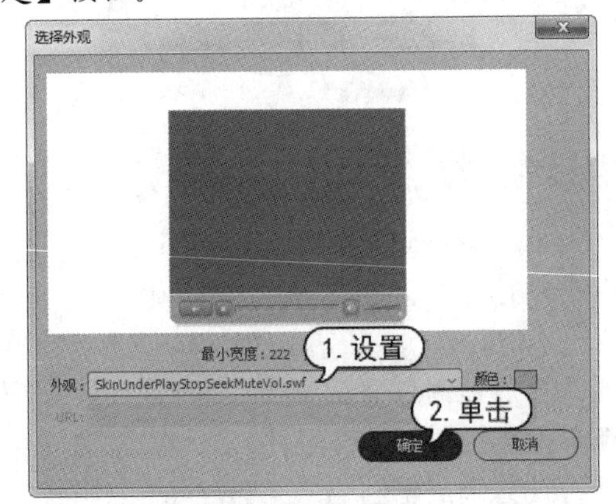

step 4 返回【组件参数】面板，单击【source】选项右侧的按钮。

step 5　打开【内容路径】对话框，单击其中的按钮。

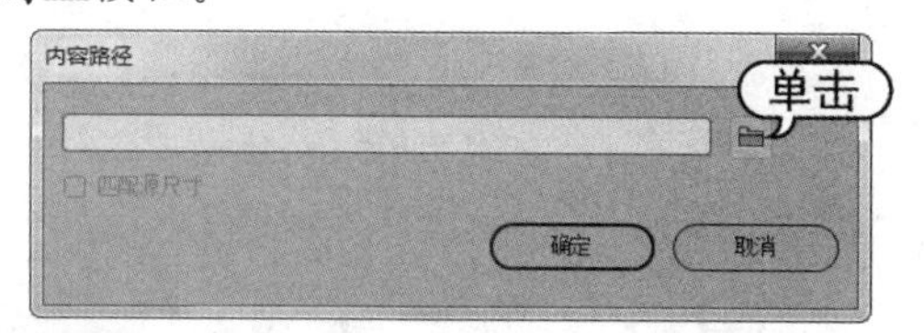

step 6　打开【浏览源文件】对话框，选择一个视频文件，单击【打开】按钮。

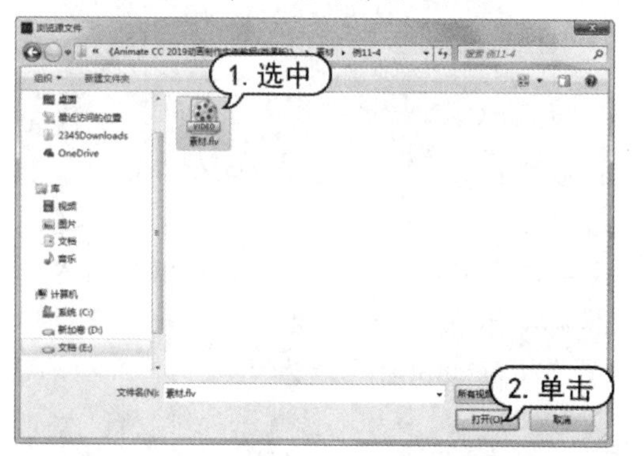

step 7　返回【内容路径】对话框，选中【匹配源尺寸】复选框，然后单击【确定】按钮，即可将视频文件导入组件。

step 8　使用【任意变形工具】调整播放器的大小和位置，按Ctrl+Enter组合键预览动画效果，在播放时可通过播放器上的各按钮控制影片的播放。

10.4　案例演练

本章的案例演练是制作注册界面等几个实例操作，用户通过练习从而巩固本章所学知识。

10.4.1　制作注册界面

【例 10-8】制作注册界面。
视频+素材 (素材文件\第 10 章\例 10-8)

step 1　启动Animate CC 2019，新建一个文档。

step 2　使用【文本工具】输入有关注册信息的文本内容。

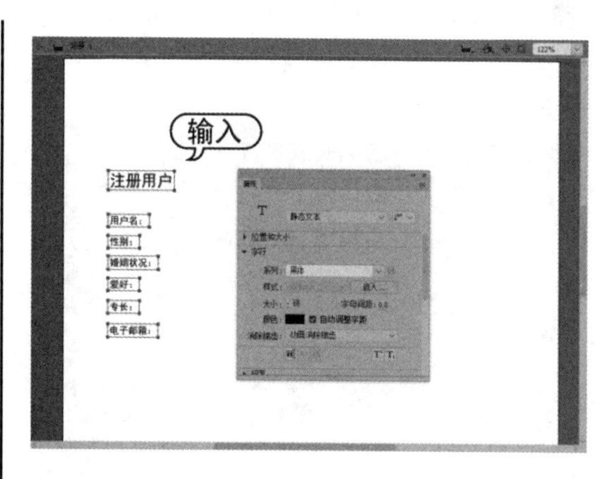

step 3　选择【窗口】|【组件】命令，打开【组件】面板，拖动【TextArea】组件到舞台中，选择【任意变形】工具，调整组件至合适大小。

step 4 使用相同的方法，分别拖动【RadioButton】【ComboBox】【CheckBox】和【TextArea】组件到舞台中，然后在舞台中调整组件至合适大小。

step 5 选中文本内容【性别：】右侧的【RadioButton】组件，打开其【组件参数】面板，选中【selected】复选框，设置【label】参数为【男】。

step 6 使用相同的方法，设置另一个【RadioButton】组件的【label】参数为【女】。

step 7 选中【ComboBox】组件，打开其【属性】面板，在【实例名称】文本框中输入实例名称“hyzk”。在【组件参数】选项卡中设置【rowCount】参数为“2”。

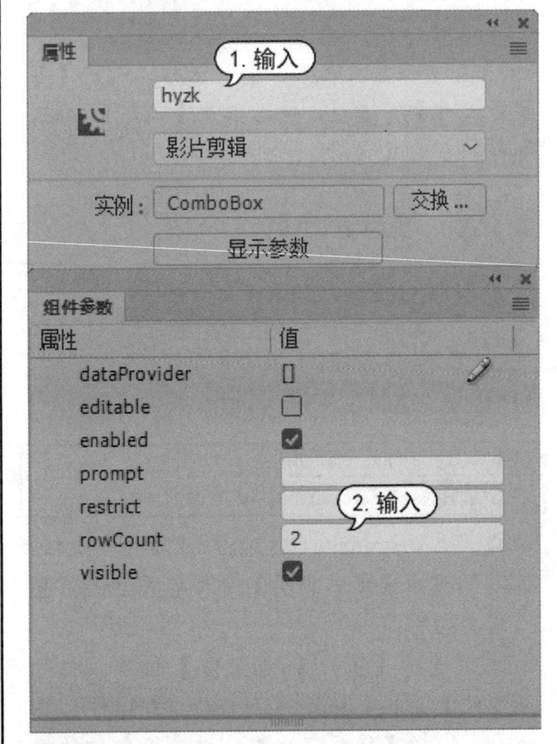

step 8 右击第1帧，在弹出的快捷菜单中选择【动作】命令，打开【动作】面板，输入代码(详见素材资料)。

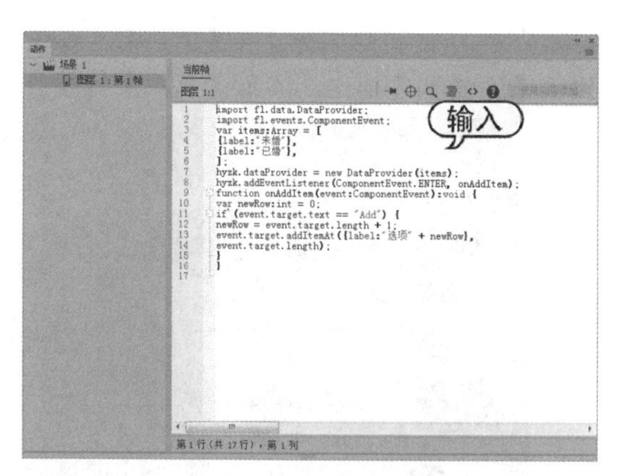

step 9　分别选中文本内容【爱好：】右侧的【CheckBox】组件，设置【label】参数分别为【旅游】【运动】【阅读】和【唱歌】。

step 10　此时完成组件的制作，选择【文件】|【保存】命令，打开【另存为】对话框，将其命名为“注册界面”进行保存。

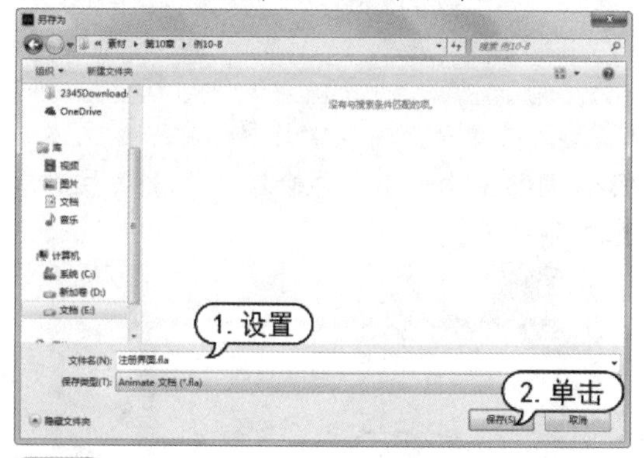

step 11　按下Ctrl+Enter组合键，测试动画效果：可以在【用户名】后文本框内输入名称，在【性别】单选按钮中选择选项，在【婚姻状况】下拉列表中选择选项，在【爱好】复选框中选择选项，在【专长】和【电子邮箱】文本框内输入文本内容。

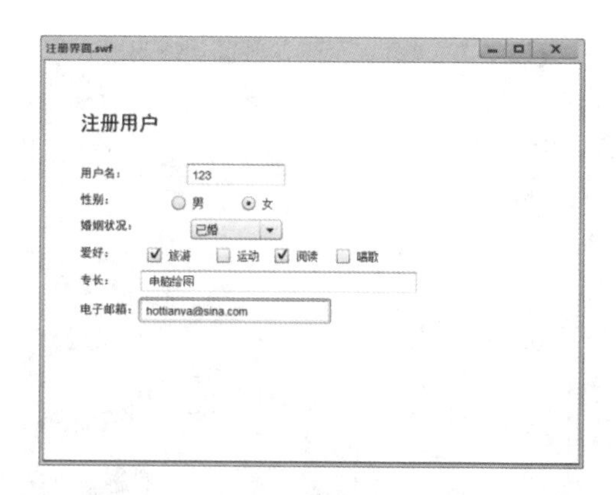

10.4.2　计算闰年程序

【例 10-9】新建一个文档，制作计算闰年的程序。
视频+素材（素材文件\第 10 章\例 10-9）

step 1　启动Animate CC 2019，新建一个文档。

step 2　选择【修改】|【文档】命令，打开【文档设置】对话框，设置舞台尺寸为“550 像素 × 500 像素”，单击【确定】按钮。

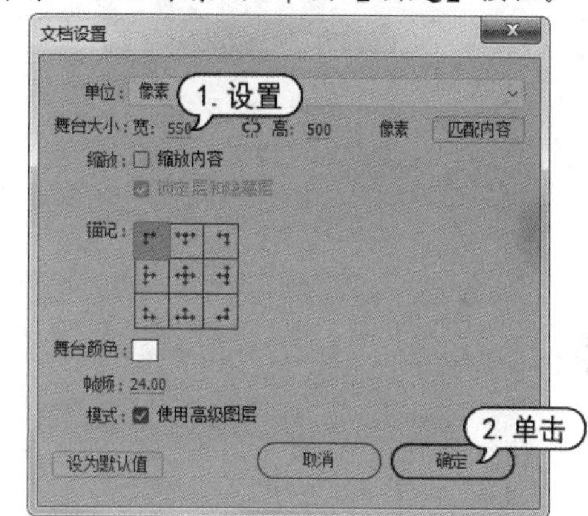

step 3　选择【文件】|【导入】|【导入到舞台】命令，打开【导入】对话框，将【背景】图形导入舞台中。

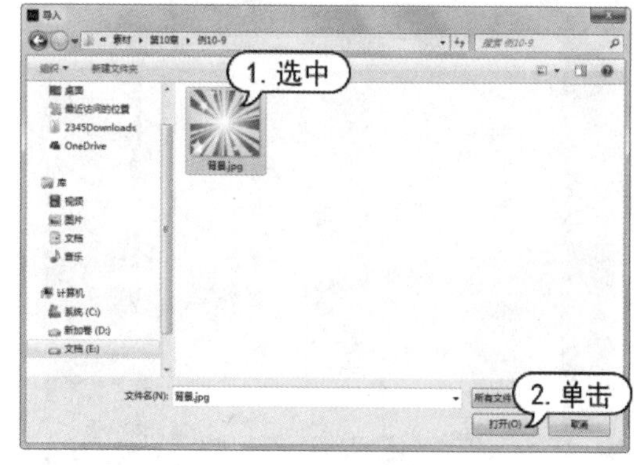

step 4 选择【矩形工具】，打开【属性】面板，设置【笔触颜色】为棕色，【填充颜色】为黄色，【笔触】为 10，【矩形边角半径】为 15。

step 5 在舞台中绘制矩形，并将其转换为【影片剪辑】元件，效果如下图所示。

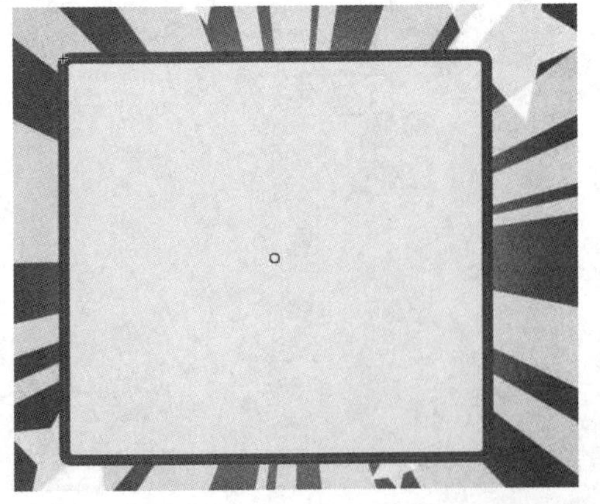

step 6 选择该矩形实例，在【属性】面板中打开【滤镜】选项组，添加【投影】滤镜。

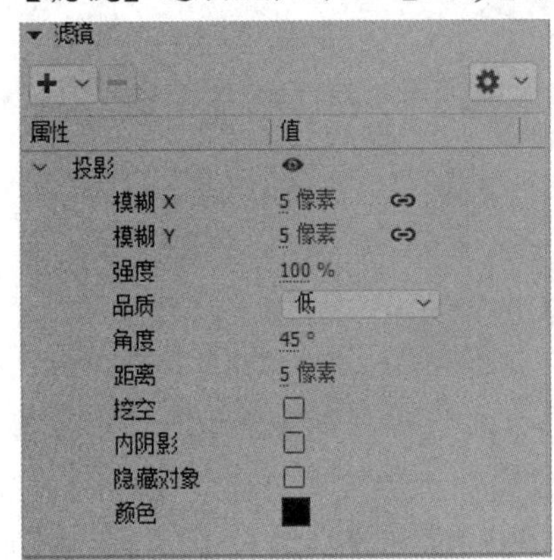

step 7 选择【文本】工具，在【属性】面板中设置文本类型为静态文本，【系列】为“汉仪菱心体简”，【大小】为 40 磅，颜色为棕色。

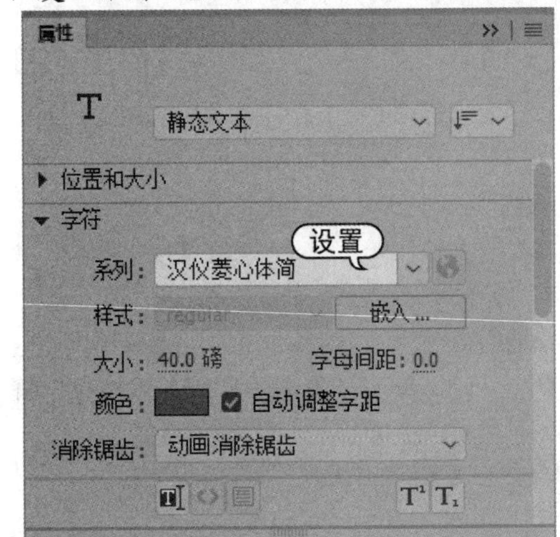

step 8 在舞台上输入“计算闰年”的文本。然后调整字体大小，再输入“年份:”文本，如下图所示。

step 9　新建一个名为“红色按钮”的图形元件，绘制一个红色渐变的圆角矩形，并在上面输入“结果”文本。

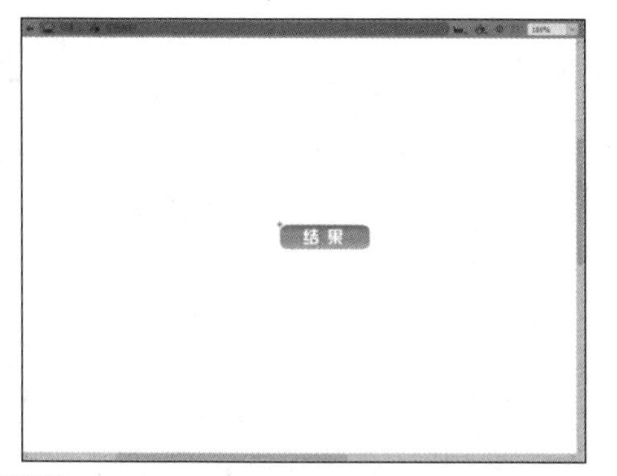

step 10　新建一个名为“绿色按钮”的图形元件，绘制一个绿色渐变的圆角矩形，和“红色按钮”元件的大小和位置一致。

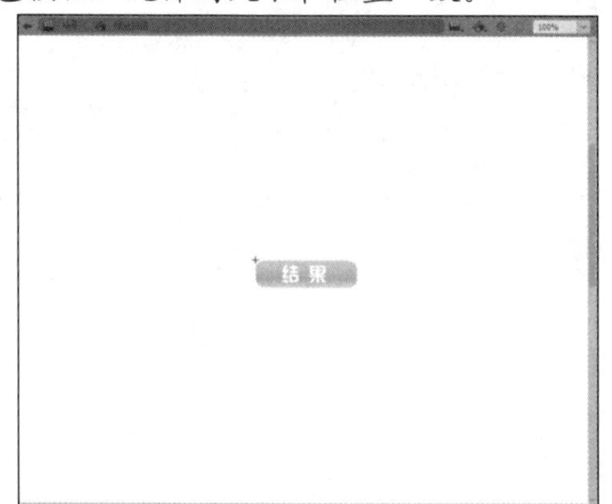

step 11　新建一个名为“按钮”的按钮元件，将“红色按钮”元件拖入舞台中，在【指针经过】帧处插入空白关键帧，将“绿色按钮”元件拖入到舞台中的相同位置。

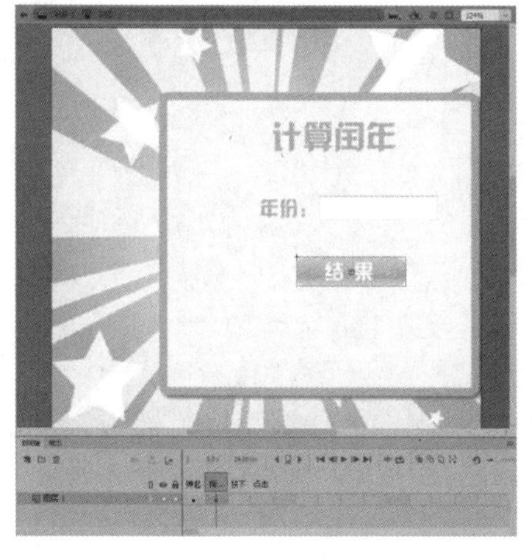

step 12　返回场景，将“按钮”按钮元件拖入到舞台中，并在【属性】面板中设置其【实例名称】为“submit”。

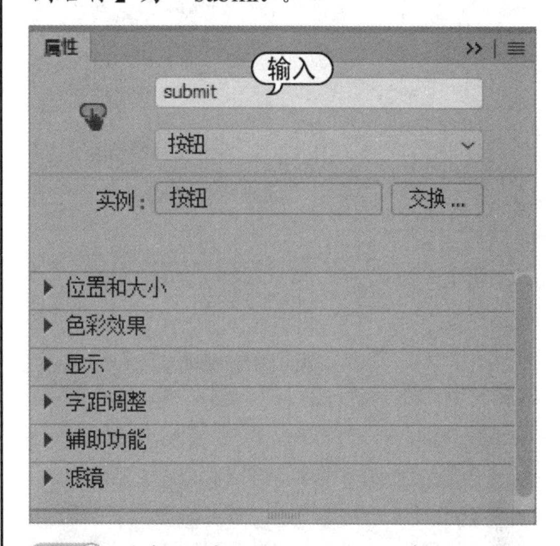

step 13　选择【窗口】|【组件】命令，打开【组件】面板，选中【User Interface】|【TextInput】组件，拖入舞台中，设置其【实例名称】为“year”,【宽】为 150,【高】为 30。

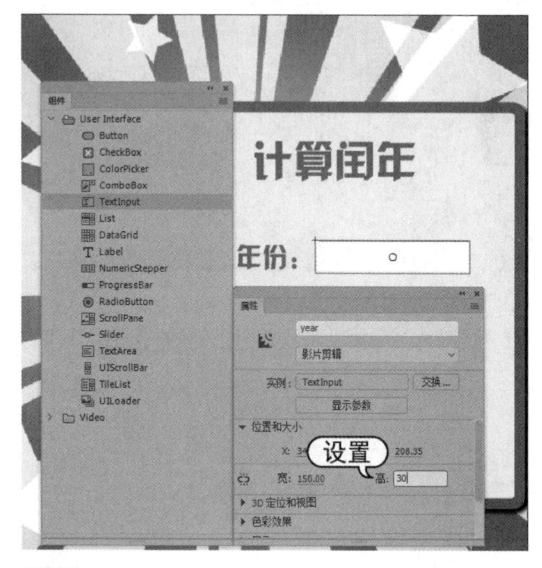

step 14　拖入一个【Label】组件实例，并设置其【实例名称】为“result”,【宽】为 200,【高】为 50。在舞台中分别设置各自的位置。

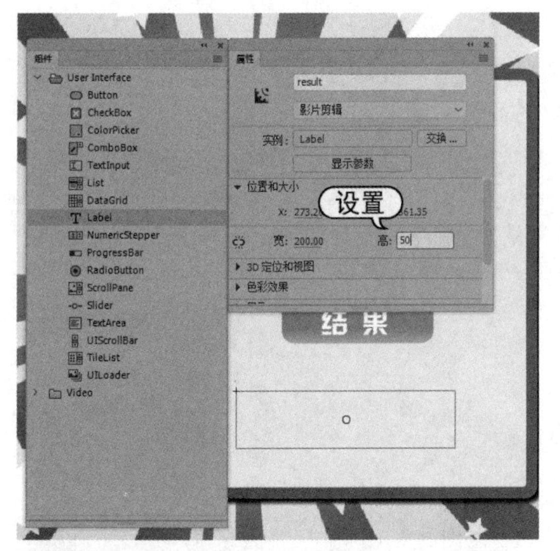

step 15 新建一个图层，打开【动作】面板，输入代码(具体代码参见素材文件)。

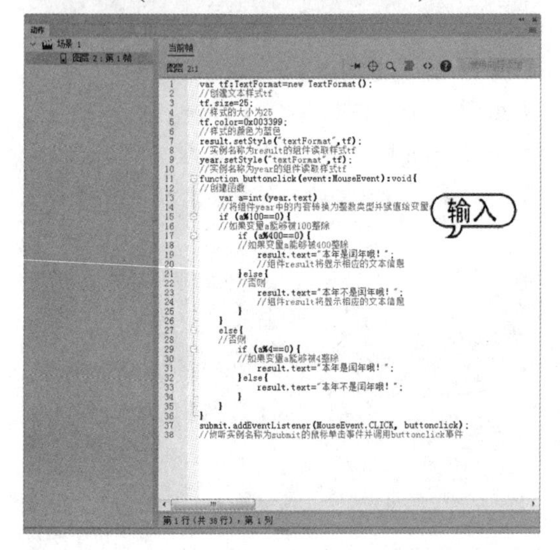

step 16 按Ctrl+Enter组合键，测试动画效果，输入年份，单击【结果】按钮，显示该年份是否是闰年。

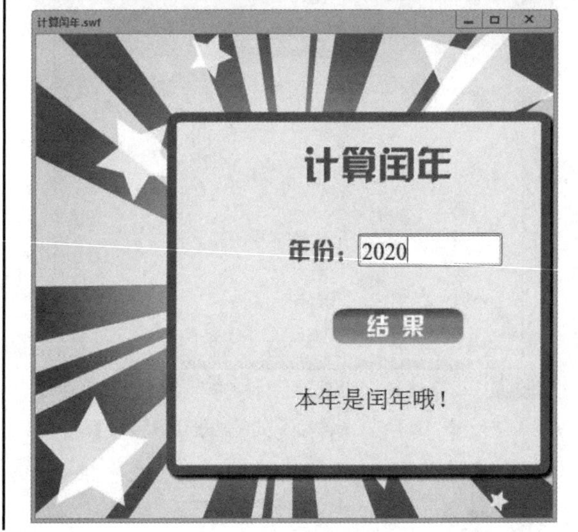

第 11 章

动画影片的后期处理

制作完动画影片后，可以将影片导出或发布。在发布影片之前，可以根据使用场合的需要，对影片进行适当的优化处理。此外还可以设置多种发布格式，以保证影片与其他的应用程序兼容。本章主要介绍测试、优化、导出、发布影片等后期处理内容。

本章对应视频

例 11-1 发布为 HTML 格式
例 11-2 将影片导出为 GIF 格式
例 11-3 将图像以 JPEG 格式导出
例 11-4 发布设置文档
例 11-5 将动画发布为视频格式
例 11-6 将元件导出为 PNG 格式

11.1 测试影片

使用 Animate CC 2019 提供的一些优化影片和排除动作脚本故障的功能，可以对动画影片进行测试。

11.1.1 测试影片概述

Animate CC 2019 的集成环境中提供了测试影片环境，用户可以在该环境中进行一些简单的测试工作。

测试影片需要注意以下几点。

- 测试影片与测试场景实际上是产生 SWF 文件，并将它放置在与编辑文件相同的目录下。如果测试文件运行正常，且希望将它用作最终文件，那么可将它保存在硬盘中，并加载到服务器上。
- 测试环境，可以选择【控制】|【测试影片】或【控制】|【测试场景】命令进行测试，虽然仍然是在 Animate 环境中，但界面已经改变，因为是在测试环境而非编辑环境。
- 在测试动画期间，应当完整地观看作品并对场景中所有的互动元素进行测试，查看动画有无遗漏、错误或不合理的地方。

在编辑 Animate 文档时，用户可以测试影片的以下内容。

- 测试按钮效果：选择【控制】|【启用简单按钮】命令，可以测试按钮动画在弹起、指针经过、按下以及单击等状态下的外观。

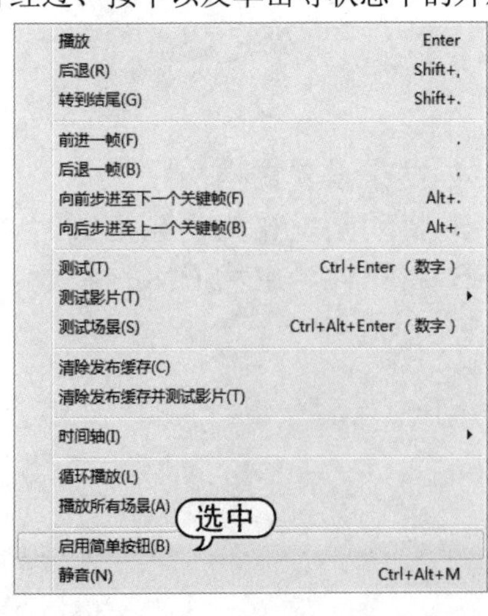

- 测试添加到时间轴上的动画或声音：选择【控制】|【播放】命令，或者在时间轴面板上单击【播放】按钮，即可在编辑状态下查看时间轴上的动画效果或声音效果。

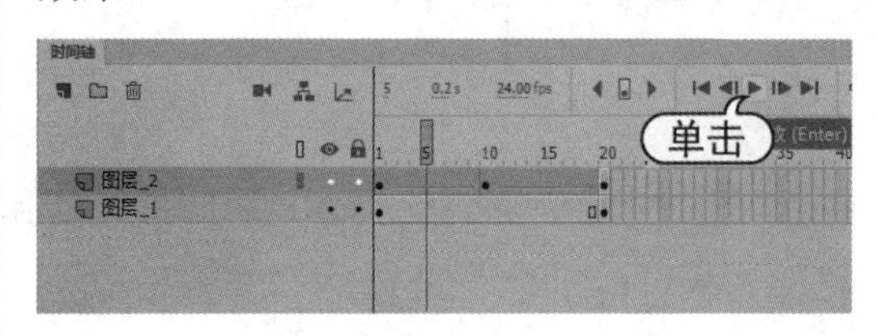

- 测试时屏蔽动画声音：如果只想看动画效果不想听声音，可以选择【控制】|【静音】命令，然后选择【控制】|【播放】命令测试动画效果。
- 循环播放动画：如果想多看几次动画效果，可以选择【控制】|【循环播放】命令，然后再选择【控制】|【播放】命令测试动画效果。
- 播放所有场景：如果影片包含了多个场景，在测试时可以先选择【控制】|【播放所有场景】命令，然后再选择【控制】|【播放】命令测试动画效果。此时 Animate 将按场景顺序播放所有场景。

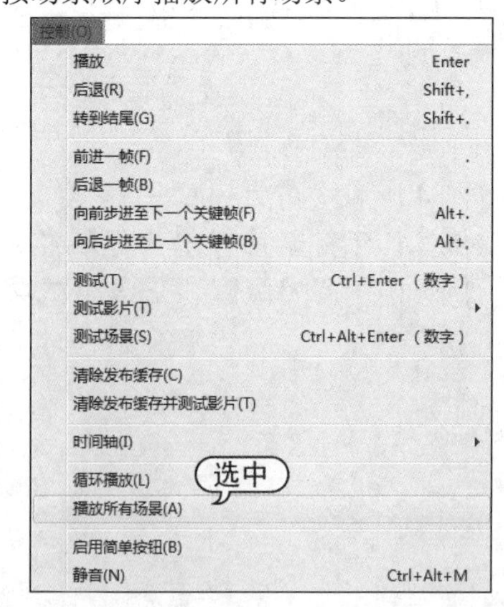

11.1.2　测试影片和场景

Animate CC 内置了测试影片和场景的选项，默认情况下完成测试会产生 SWF 文件，此文件会自动存放在当前编辑文件相同的目录中。

1. 测试影片

要测试整个动画影片，可以选择【控制】|【调试】命令，或者按 Ctrl+Enter 组合键进入调试窗口，进行动画测试。Animate 将自动导出当前动画，弹出新窗口播放动画。

2. 测试场景

要测试当前场景，可以选择【控制】|【测试场景】命令，Animate 自动导出当前动画的当前场景，并在打开的新窗口中进行动画测试。

完成对当前影片或场景的测试后，系统会自动在当前编辑文件所在文件目录中生成测试文件(SWF 格式)。

比如对【多场景动画】文件进行了影片和【场景 1】的测试，则会在【多场景动画.fla】文件所在的文件夹中，增加【多场景动画.swf】影片测试文件和【多场景动画_场景 1.swf】场景测试文件。

11.2　优化影片

优化影片主要是为了缩短影片的下载和回放时间，影片的下载和回放时间与影片文件的大小成正比。

11.2.1　优化文档元素

在发布影片时，Animate 会自动对影片进行优化处理。在导出影片之前，可以在总体上优化影片，还可以优化元素、文本和颜色等。

1. 优化影片整体

对于整个影片文档，用户可以对其进行整体优化，主要有以下几种方式。

- 对于重复使用的元素，应尽量使用元件、动画或者其他对象。
- 在制作动画时，应尽量使用补间动画形式。
- 对于动画序列，最好使用影片剪辑而不是图形元件。
- 限制每个关键帧中的改变区域，在尽可能小的区域中执行动作。
- 尽量避免使用位图图像作为背景或

静态元素。

▶ 尽可能使用 MP3 这种文件小的声音格式。

2. 优化元素和线条

优化元素和线条的方法有以下几种。

▶ 尽量将元素组合在一起。

▶ 对于随动画过程改变的元素和不随动画过程改变的元素，可以使用不同的图层分开。

▶ 使用【优化】命令，减少线条中分隔线段的数量。

▶ 尽可能少地使用虚线、点状线、锯齿状线之类的特殊线条。

▶ 尽量使用【铅笔工具】绘制线条。

3. 优化文本和字体

优化文本和字体的方法有以下几种。

▶ 尽可能使用同一种字体和字形，减少嵌入字体的使用。

▶ 对于【嵌入字体】选项只选中需要的字符，不要包括所有字体。

4. 优化颜色

优化颜色的方法有以下几种。

▶ 使用【颜色】面板，匹配影片的颜色调色板与浏览器专用的调色板。

▶ 减少渐变色的使用。

▶ 减少 Alpha 透明度的使用。

5. 优化动作脚本

优化动作脚本的方法有以下几种。

▶ 在【发布设置】对话框的【Flash.swf】选项卡中，选中【省略 trace 语句】复选框。这样在发布影片时就不使用【trace】动作。

▶ 定义经常重复使用的代码为函数。

▶ 尽量使用本地变量。

> **知识点滴**
>
> 用户可以根据优化影片的一些方法，在制作动画的过程中就进行一些优化操作，例如，尽量使用补间动画、组合元素等，但在进行这些优化操作时，都应以不影响影片质量为前提。

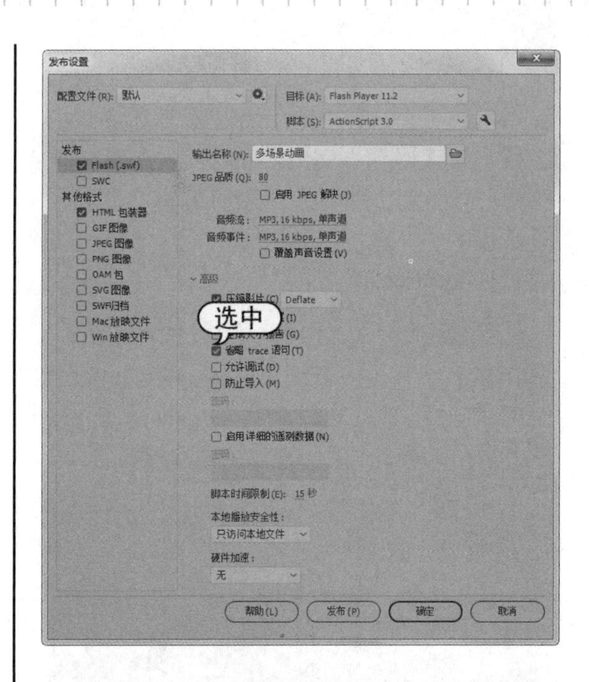

11.2.2 优化动画性能

在制作动画的过程中，有些因素会影响动画的性能，根据实际条件，对这些因素进行最佳选择来优化动画性能。

1. 使用位图缓存

在以下情况下使用位图缓存，可以优化动画性能。

▶ 在滚动文本字段中显示大量文本时，将文本字段放置在滚动框设置为可滚动的影片剪辑中，能够加快指定实例的像素滚动。

▶ 包含矢量数据的复杂背景图像时，可以将内容存储在【影片剪辑】元件中，然后将【opaqueBackground】属性设置为【true】，背景将呈现为位图，可以迅速重新绘制，更快地播放动画。

2. 使用滤镜

在文档中使用太多滤镜，会占用大量内存，从而影响动画性能。如果出现内存不足的错误，会出现以下情况。

▶ 忽略滤镜数组。

▶ 使用常规矢量渲染器绘制影片剪辑。

▶ 影片剪辑不缓存任何位图。

3. 使用运行时共享库

用户可以使用运行时共享库来缩短下载时间，对于较大的应用程序使用相同的组件或元件时，这些库通常是必需的。库将放在用户计算机的缓存中，所有后续 SWF 文件将使用该库，对于较大的应用程序，这一过程可以缩短下载时间。

11.3　发布影片

Animate CC 2019 制作的动画一般为 FLA 格式，在默认情况下，使用【发布】命令可创建 SWF 文件以及将 Animate 影片插入浏览器窗口所需的 HTML 文档。Animate CC 2019 还提供了多种其他发布格式，用户可以根据需要选择发布格式并设置发布参数。

11.3.1　【发布设置】对话框

在发布 Animate 文档之前，首先需要确定发布的格式并设置该格式的发布参数才可进行发布。在发布 Animate 文档时，最好先为要发布的 Animate 文档创建一个文件夹，将要发布的 Animate 文档保存在该文件夹中；然后选择【文件】|【发布设置】命令，打开【发布设置】对话框。

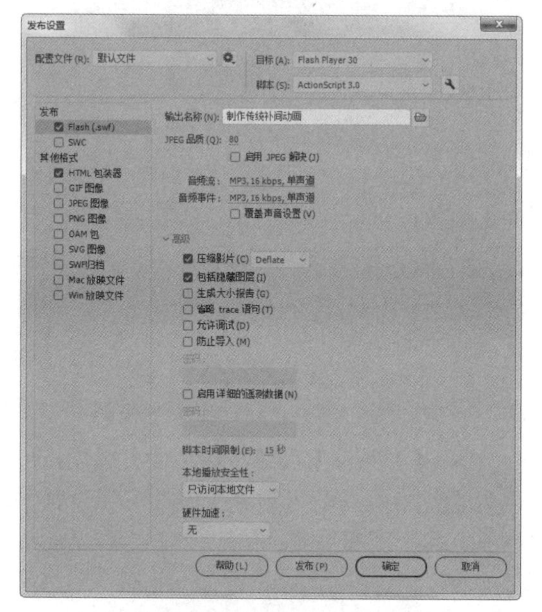

在【发布设置】对话框中提供了多种发布格式，当选择某种发布格式后，若该格式包含参数设置，则会显示相应的格式选项卡，用于设置其发布格式的参数。

默认情况下，在发布影片时会使用文档原有的名称，如果需要命名新的名称，可在【输出名称】文本框中输入新的文件名。

输出名称 (N): 制作传统补间动画

完成基本的发布设置后，单击【确定】按钮，可保存设置但不进行发布。选择【文件】|【发布】命令，或按 Shift+F12 组合键，或直接单击【发布】按钮，Animate CC 2019 会将动画文件发布到源文件所在的文件夹中。如果在更改文件名时设定了存储路径，Animate CC 2019 会将文件发布到该路径所指向的文件夹中。

11.3.2　设置 Flash 发布格式

Flash 动画格式是 Animate CC 2019 自身的动画格式，也是输出动画的默认形式。在输出动画的时候，选中【Flash.swf】复选框出现其选项卡，单击【Flash.swf】选项卡中

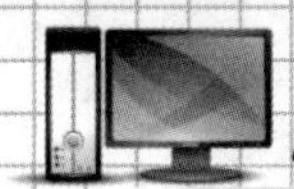

的【高级】按钮，可以设定 Flash 动画的高级选项参数。

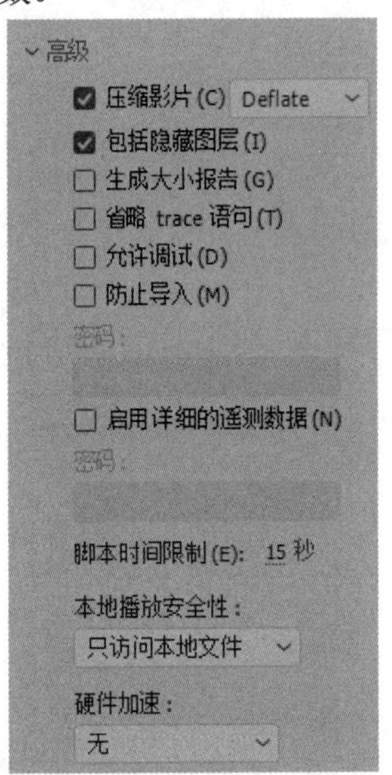

【Flash.swf】选项卡中主要参数选项的具体作用如下。

➤ 【目标】下拉列表框：可以选择所输出的 Flash 动画的版本，范围为 Flash 10.3～30 以及 AIR 系列。因为 Flash 动画的播放是靠插件支持的，如果用户系统中没有安装高版本的插件，那么使用高版本输出的 Flash 动画在此系统中不能被正确地播放。如果使用低版本输出，那么 Flash 动画所有的新增功能将无法正确地运行。所以，除非有必要，否则一般不提倡使用低版本输出 Flash 动画。

➤ 【高级】选项区域：该项目主要包括一组复选框。选中【防止导入】复选框可以有效地防止所生成的动画文件被其他人非法导入到新的动画文件中继续编辑，在选中此项后，对话框中的【密码】文本框被激活，在其中可以加入导入此动画文件时所需要的密码。以后当文件被导入时，就会要求输入正确的密码。选中【压缩影片】复选框后，在发布动画时对视频进行压缩处理，使文件便于在网络上快速传输。选中【允许调试】复选框后，允许在 Animate CC 的外部跟踪动画文件，而且对话框的密码文本框也被激活，可以在此设置密码。选中【包括隐藏图层】复选框，可以将 Animate 动画中的隐藏图层导出。在【脚本时间限制】文本框内可以输入需要的数值，用于限制脚本的运行时间。

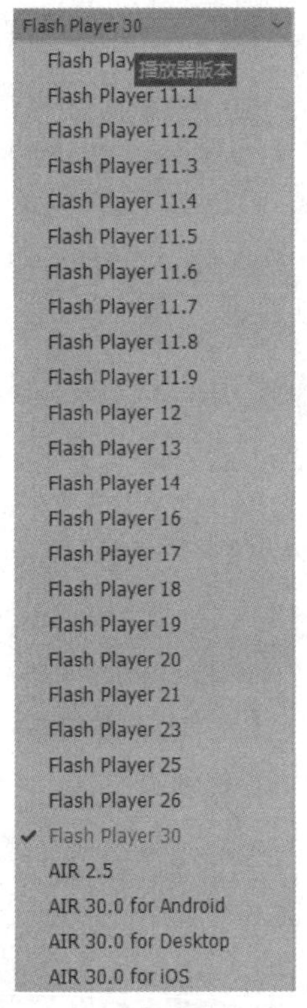

➤ 【JPEG 品质】选项：调整【JPEG 品质】数值，可以设置位图文件在 Animate 动画中的 JPEG 压缩比例和画质。用户可以根据动画的用途在文件大小和画面质量之间选择一个折中的方案。

JPEG 品质(Q): 80
启用 JPEG 解块(J)

➤ 【音频流】和【音频事件】选项：可以为影片中所有的音频流或事件声音设置采样率、比特率和品质。

音频流：MP3, 16 kbps, 单声道
音频事件：MP3, 16 kbps, 单声道
覆盖声音设置(V)

11.3.3 设置 HTML 发布格式

在默认情况下，HTML 文档格式是随 Animate 文档格式一起发布的。要在 Web 浏览器中播放 Flash 电影，则必须创建 HTML 文档、激

活电影和指定浏览器设置。选中【HTML 包装器】复选框，即可打开【HTML 包装器】选项卡。

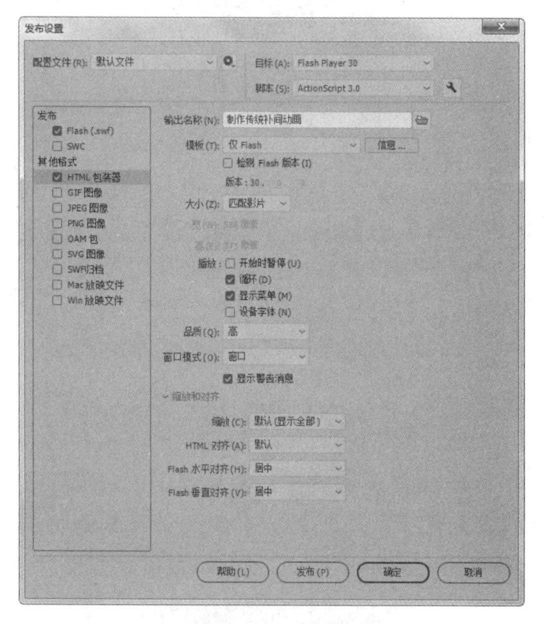

其中各参数选项的功能如下。

➤ 【模板】下拉列表框：用来选择一个已安装的模板。单击【信息】按钮，可显示所选模板的说明信息。在相应的下拉列表中，选择要使用的设计模板，这些模板文件均位于 Animate 应用程序文件夹的【HTML】文件夹中。

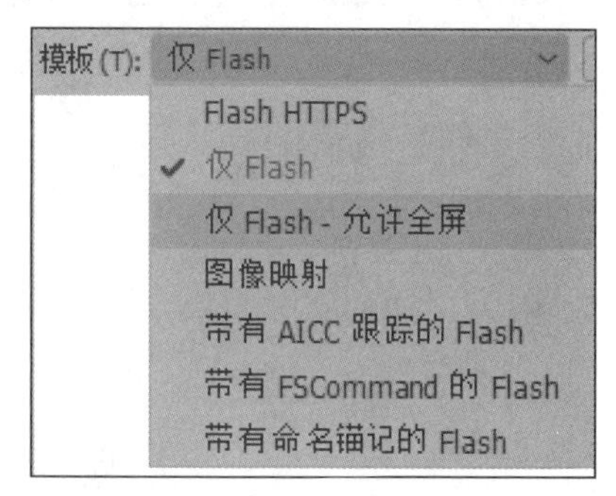

➤ 【检测 Flash 版本】复选框：用来检测打开当前影片所需要的最低的 Flash 版本。选中该复选框后，【版本】选项中的两个文本框将处于可输入状态，用户可以在其中输入代表版本序号的数字。

检测 Flash 版本(I)
版本：30. 0. 0

➤ 【大小】下拉列表框：可以设置影片的宽度和高度属性值。选择【匹配影片】选项后，浏览器中的尺寸设置与电影等大，该选项为默认值；选择【像素】选项后允许在【宽】和【高】文本框中输入像素值；选择【百分比】选项后允许设置和浏览器窗口相对大小的电影尺寸，用户可在【宽】和【高】文本框中输入数值确定百分比。

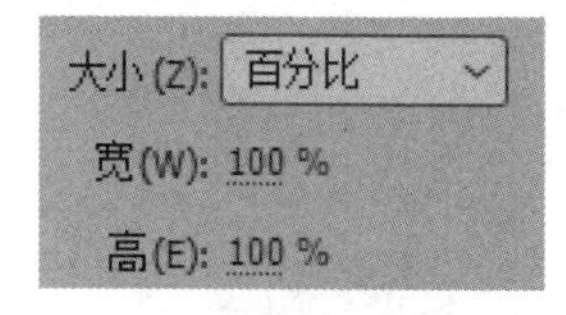

➤ 【播放】选项组：可以设置循环、显示菜单和设备字体参数。选中【开始时暂停】复选框后，电影只有在访问者启动时才播放。访问者可以通过单击电影中的按钮或右击后，在其快捷菜单中选择【播放】命令来播放电影。在默认情况下，该选项被关闭，这样电影载入后立即可以开始播放。选中【循环】复选框后，电影在到达结尾后又从头开始播放，未选中该选项将使电影在到达末帧后停止播放。在默认情况下，该选项是选中的。选中【显示菜单】复选框后，用户在浏览器中右击后可以看到快捷菜单。选中【设备字体】复选框后将替换用户系统中未安装的系统字体。

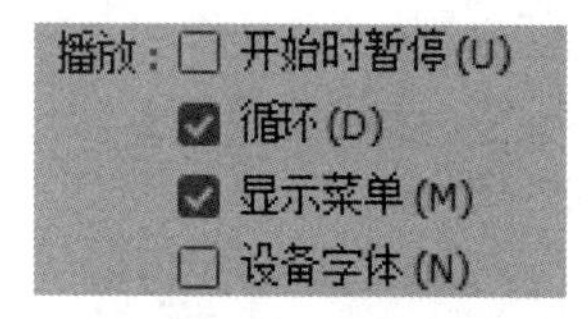

➤ 【品质】下拉列表框：可在处理时间与应用消除锯齿功能之间确定一个平衡点，从而在将每一帧呈现给观众之前对其进行平滑处理。选择【低】选项，将主要考虑回放速度，而基本不考虑外观，并且从不使用消除锯齿功能；选择【自动降低】选项将主要强调速度，但也会尽可能改善外观，在回放开始时消除锯齿功能处于关闭状态，如果 Flash Player 检测到处理器可以处理消除锯齿功能，则会打开该功能；选择【自动升高】

选项，会在开始时同等强调回放速度和外观，但在必要时会牺牲外观来保证回放速度，在回放开始时消除锯齿功能处于打开状态。如果实际帧频降到指定帧频之下，则会关闭消除锯齿功能以提高回放速度；选择【中】选项可运用一些消除锯齿功能，但不会平滑位图；选择【高】选项将主要考虑外观，而基本不考虑回放速度，并且始终使用消除锯齿功能；选择【最佳】选项可提供最佳的显示品质，但不考虑回放速度；所有的输出都已消除锯齿，并始终对位图进行平滑处理。

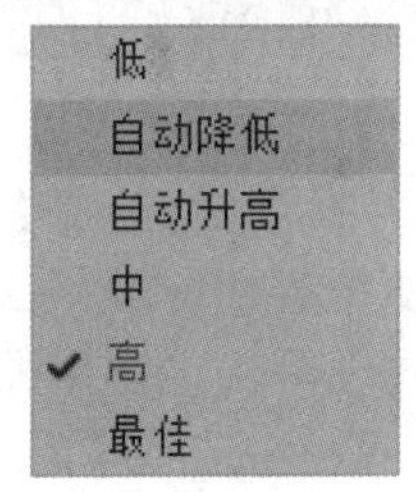

▶【窗口模式】下拉列表框：在该下拉列表框中，允许使用透明电影等特性。该选项只有在具有 Flash ActiveX 控件的 Internet Explorer 中有效。选择【窗口】选项，可在网页上的矩形窗口中以最快速度播放动画；选择【不透明无窗口】选项，可以移动 Flash 影片后面的元素(如动态 HTML)，以防止它们透明；选择【透明无窗口】选项，将显示该影片所在的 HTML 页面的背景，透过影片的所有透明区域都可以看到该背景，但是这样将减慢动画；选择【直接】选项，可以直接播放动画。

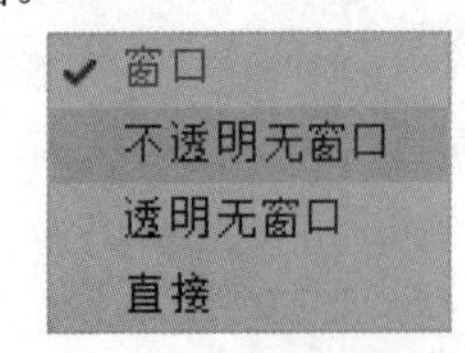

▶【HTML 对齐】下拉列表框：在该下拉列表框中，可以通过设置对齐属性来决定 Flash 电影窗口在浏览器中的定位方式，确定 Flash 影片在浏览器窗口中的位置。选择【默认】选项，可以使影片在浏览器窗口内居中显示；选择【左】【右】【顶部】或【底部】选项，会使影片与浏览器窗口的相应边缘对齐。

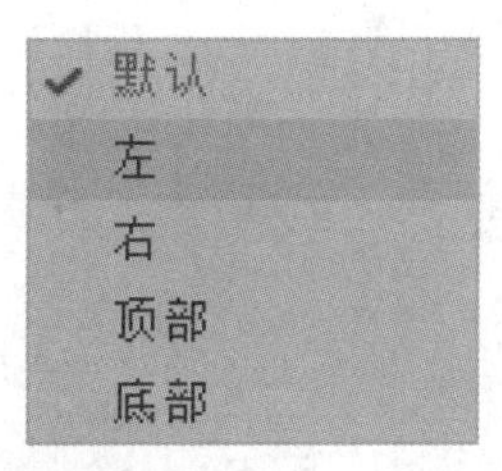

▶ Flash 对齐选项：可以通过【Flash 水平对齐】和【Flash 垂直对齐】下拉列表框设置如何在影片窗口内放置影片以及在必要时如何裁剪影片边缘。

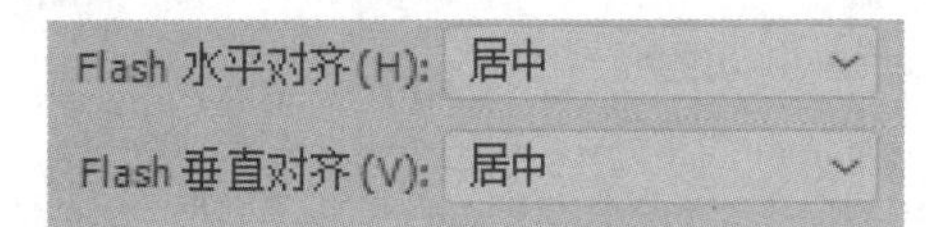

▶【显示警告消息】复选框：用来在标记设置发生冲突时显示错误消息，例如某个模板的代码引用了尚未指定的替代图像。

显示警告消息

【例 11-1】打开一个文档，将其以 HTML 格式进行发布预览。
视频+素材 (素材文件\第 11 章\例 11-1)

step 1 启动Animate CC 2019，打开一个文档。

step 2 选择【文件】|【发布设置】命令，打开【发布设置】对话框。选中左侧列表框中的【HTML包装器】复选框。

step 3　右侧显示设置选项，选择【大小】下拉列表框内的【百分比】选项，设置【宽】和【高】都为 60%。

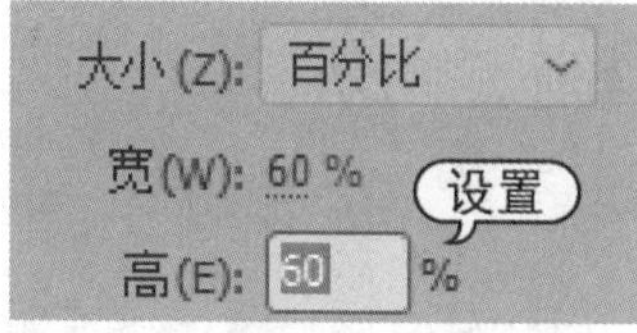

step 4　取消选中【显示菜单】复选框，在【品质】下拉列表框内选择【高】选项，选择【窗口】模式。

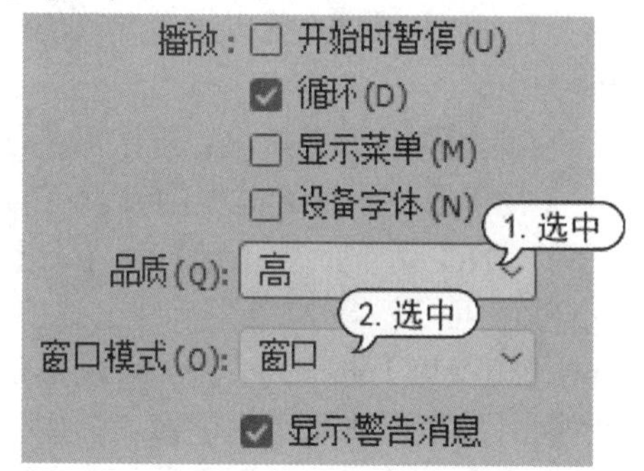

step 5　在【缩放和对齐】选项组中保持默认选项，然后在【输出名称】文本框内设置发布文件的名称和路径。

step 6　单击【发布】按钮，然后单击【确定】按钮。

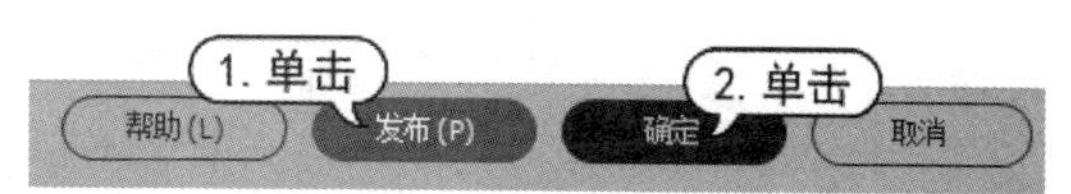

step 7　打开发布网页文件的目录，双击打开该HTML格式文件，预览动画效果。

11.3.4　设置 GIF 发布格式

选择【发布设置】对话框中的【GIF 图像】复选框，在其选项卡里可以设定 GIF 格式输出的相关参数。

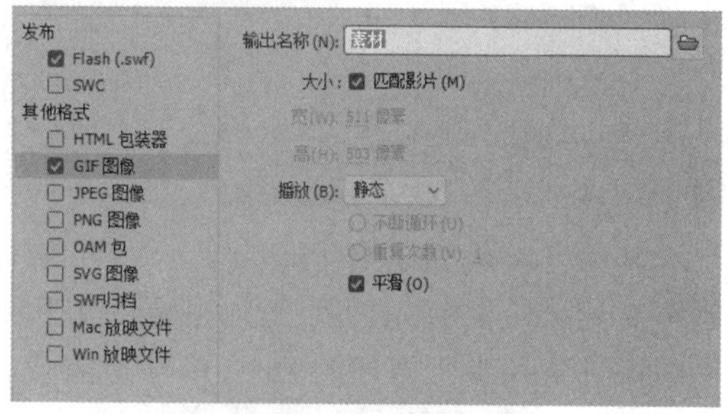

其中各参数选项的功能如下。

- 【大小】选项组：设定动画的尺寸。既可以使用【匹配影片】复选框进行默认设置，也可以自定义影片的高与宽，单位为像素。

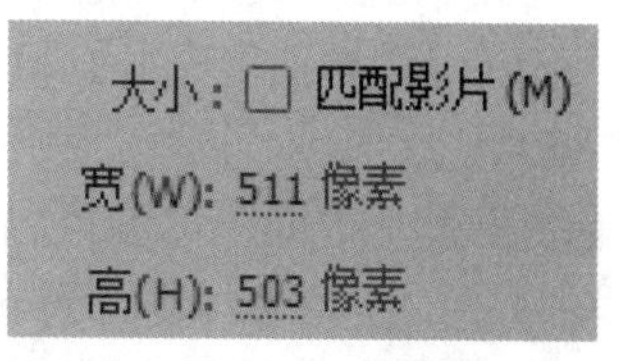

- 【播放】选项组：该选项组用于控制动画的播放效果。选择【静态】选项后导出

的动画为静止状态。选择【动画】选项可以导出连续播放的动画。此时如果选中【不断循环】单选按钮，动画可以一直循环播放；如果选中【重复次数】单选按钮，并在旁边的文本框中输入播放次数，可以让动画循环播放，当达到播放次数后，动画就停止播放。

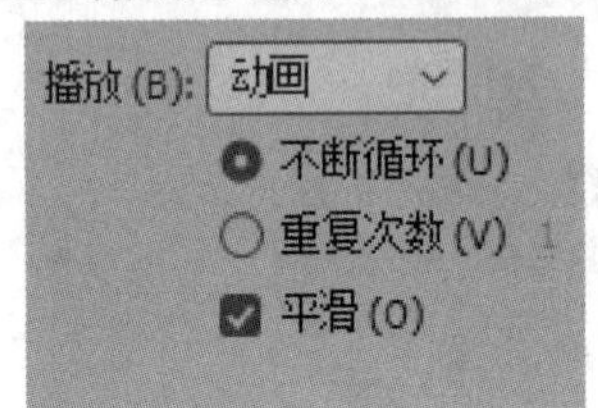

11.3.5 设置 JPEG 发布格式

使用JPEG格式可以输出高压缩的24位图像。通常情况下，GIF更适合于导出图形，而JPEG则更适合于导出图像。选中【发布设置】对话框中的【JPEG 图像】复选框，会显示【JPEG图像】选项卡。

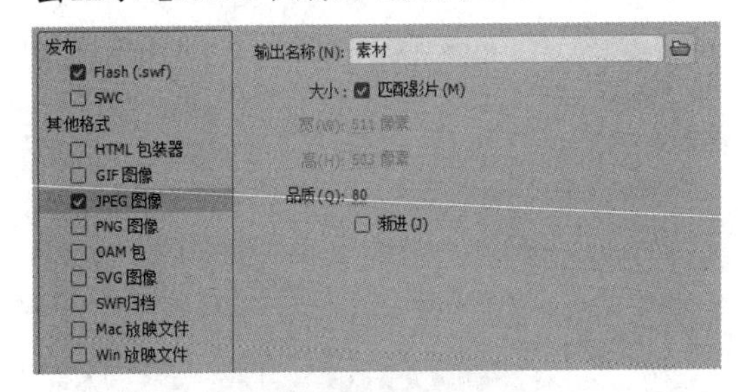

其中各参数选项的功能如下。

- 【大小】选项：可设置所创建的JPEG图像在垂直和水平方向的大小，单位是像素。

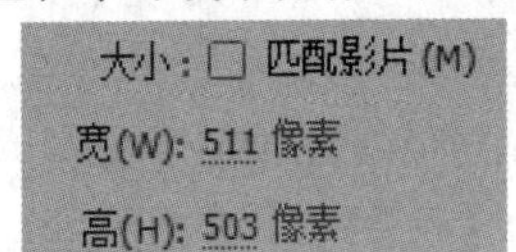

- 【匹配影片】复选框：选中后将创建一个与【文档属性】对话框中的设置有着相同大小的JPEG图像，且【宽】和【高】文本框不再可用。
- 【品质】文本框：可设置应用在导出的JPEG图像中的压缩量。设置为0，将以最低的视觉质量导出JPEG图像，此时图像文件最小；设置为100，将以最高的视觉质量导出JPEG图像，此时图像文件最大。
- 【渐进】复选框：当JPEG图像以较慢的连接速度下载时，此选项将使它逐渐清晰地显示在舞台上。

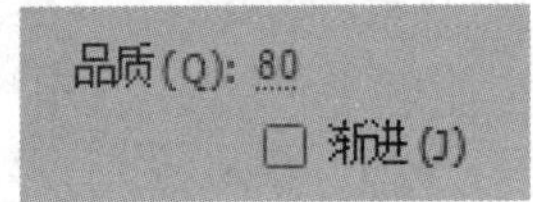

11.3.6 设置 PNG 发布格式

PNG格式是唯一支持透明度的跨平台位图格式，如果没有特别指定，Animate CC将导出影片中的首帧作为PNG图像。选中【发布设置】对话框中的【PNG图像】复选框，打开【PNG图像】选项卡。

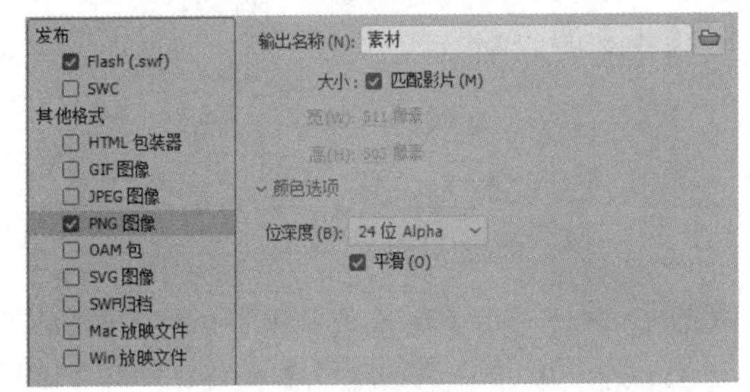

其中各参数选项的功能如下。

- 【大小】选项：可以设置导入的位图图像的大小。
- 【匹配影片】复选框：选中后将创建一个与【文档属性】对话框中的设置有着相同大小的PNG图像，且【宽】和【高】文本框不再可用。
- 【位深度】下拉列表框：可以指定在创建图像时每个像素所用的位素。图像位素决定用于图像中的颜色数。对于256色图像来说，可以选择【8位】选项。如果要使用数千种颜色，要选择【24位】选项。如果颜色数超过数千种，还要求有透明度，则要选择【24位 Alpha】选项。位数越高，则文件越大。

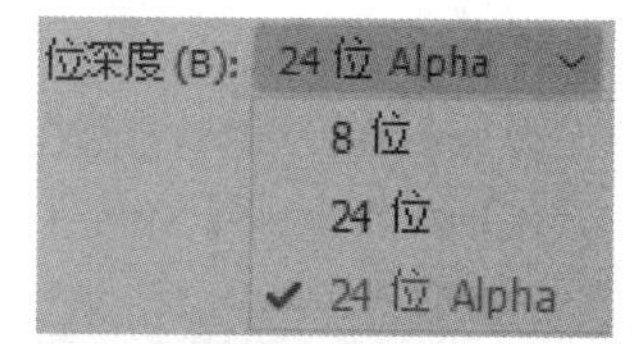

➤【平滑】复选框：选择【平滑】复选框可以减少位图的锯齿，使画面质量提高，但是平滑处理后会增大文件的大小。

平滑(O)

11.3.7　设置 OAM 发布格式

用户可以将 ActionScript、WebGL 或 HTML5 Canvas 中的 Animate 内容导出为带动画小组件的 OAM(.oam)文件。从 Animate 生成的 OAM 文件可以放在 Dreamweaver、Muse 和 InDesign 中。

选中【发布设置】对话框中的【OAM 包】复选框，打开【OAM 包】选项卡。

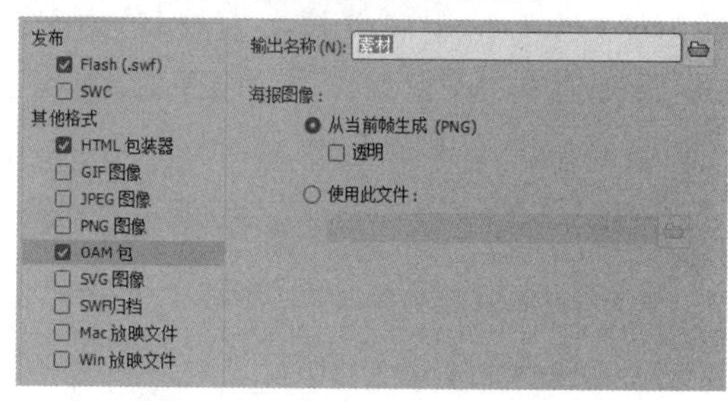

在【海报图像】下面，选择下面一个选项。

➤ 如果要从当前帧的内容生成 OAM 包，请选择【从当前帧生成 (PNG)】单选按钮。如果要生成一个透明的 PNG 图像，可选择【透明】复选框。

➤ 如果要从另一个文件生成 OAM 包，可在【使用此文件】框中指定该文件的路径。

单击【发布】按钮后，可以查看保存位置中的 OAM 包。

11.3.8　设置 SVG 发布格式

SVG(可伸缩矢量图形)是用于描述二维图像的一种 XML 标记语言。SVG 文件以压缩格式提供与分辨率无关的 HiDPI 图形，可用于 Web、印刷及移动设备。可以使用 CSS 来设置 SVG 的样式，对脚本与动画的支持，使 SVG 成为 Web 平台不可分割的一部分。

某些常见的 Web 图像格式如 GIF、JPEG 及 PNG 文件都比较大，且通常分辨率较低。SVG 格式则允许用户按矢量形状、文本和滤镜效果来描述图像，因此具有更高的价值。SVG 格式的文件小，且不仅可以在 Web 上，还可以在资源有限的手持设备上提供高品质的图形。用户可以在屏幕上放大 SVG 图像的视图，而不会损失锐度、细节或清晰度。此外，SVG 对文本和颜色的支持非常出众，它可以确保用户看到的图像就和在舞台上显示的一样。

选中【发布设置】对话框中的【SVG 图像】复选框，打开【SVG 图像】选项卡。

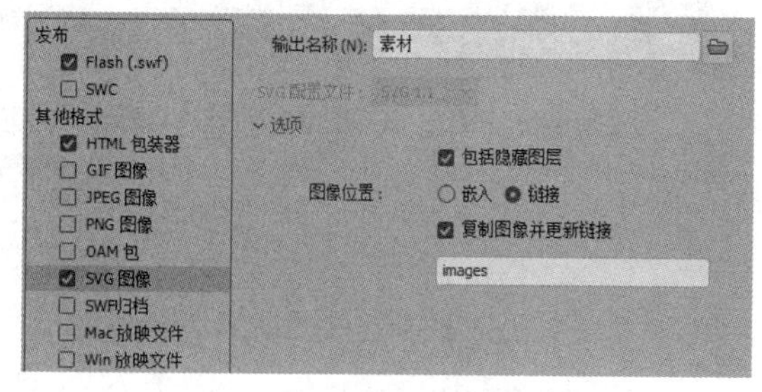

其中各参数选项的功能如下。

➤【包括隐藏图层】复选框：导出 Animate 文档中的所有隐藏图层。取消选择该复选框将不会把任何标记为隐藏的图层(包括嵌套在影片剪辑内的图层)导出到生成的 SVG 文档中。这样，通过使图层不可见，就可以方便地测试不同版本的 Animate 文档。

➤【嵌入】和【链接】单选按钮：选择【嵌入】单选按钮可以在 SVG 文件中嵌入位图。如果想在 SVG 文件中直接嵌入位图，则可以使用此选项。选择【链接】单选按钮可以提供位图文件的路径链接。如果不想嵌入位图，而是在 SVG 文件中提供位图链接，则可以使用此选项。

➤【复制图像并更新链接】复选框：允许用户将位图复制到 images 文件夹下。如果 images 文件夹不存在，系统会在 SVG 的导出位置下创建。

11.3.9 设置 SWC 和放映文件

SWC 文件用于分发组件。SWC 文件包含编译剪辑、组件的 ActionScript 文件，以及描述组件的其他文件。

放映文件是同时包括发布的 SWF 和 Flash Player 的 Animate 文件。放映文件可以像普通应用程序那样播放，无须 Web 浏览器、Flash Player 插件或 Adobe AIR。

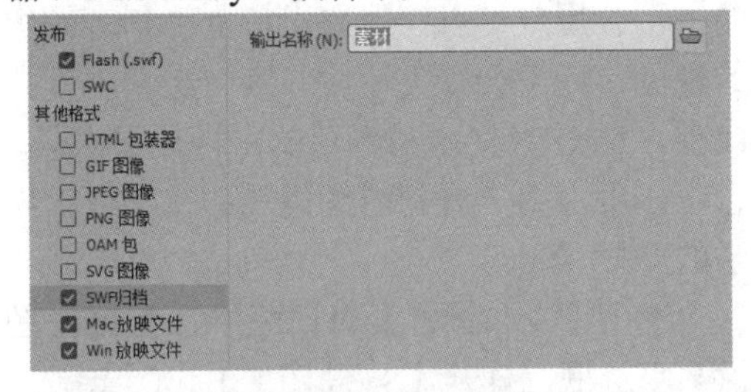

可以做如下设置。

- 若要发布 SWC 文件，可在【发布设置】对话框的左列中选择【SWC】复选框，并单击【发布】按钮。
- 若要发布 Windows 放映文件，可在左列中选择【Win 放映文件】复选框，并单击【发布】按钮。
- 若要发布 Macintosh 放映文件，可在左列中选择【Mac 放映文件】复选框，并单击【发布】按钮。
- 若要使用与原始 FLA 文件不同的其他文件名保存 SWC 文件或放映文件，可在【输出名称】文本框内输入一个名称。

11.4 导出影片内容

在 Animate CC 2019 中导出影片时，可以创建能够在其他应用程序中进行编辑的内容，并将影片直接导出为单一的格式。导出图像则可以将文档中的图像导出为动态图像和静态图像。

11.4.1 导出影片

导出影片无须对背景音乐、图形格式以及颜色等进行单独设置，它可以把当前的 Animate 动画的全部内容导出为 Animate 支持的文件格式。要导出影片，可以选择【文件】|【导出】|【导出影片】命令，打开【导出影片】对话框，选择保存的文件类型和保存目录。

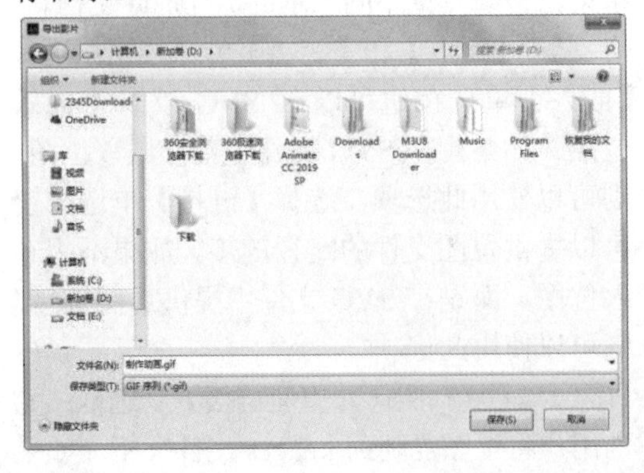

【例 11-2】打开一个文档，将该文档导出为 GIF 格式。
视频+素材 (素材文件\第 11 章\例 11-2)

step 1 启动Animate CC 2019，打开一个文档。

step 2 选择【文件】|【导出】|【导出影片】命令，打开【导出影片】对话框，选择【保存类型】为【GIF序列】格式选项。设置导出影片的路径和名称，然后单击【保存】按钮。

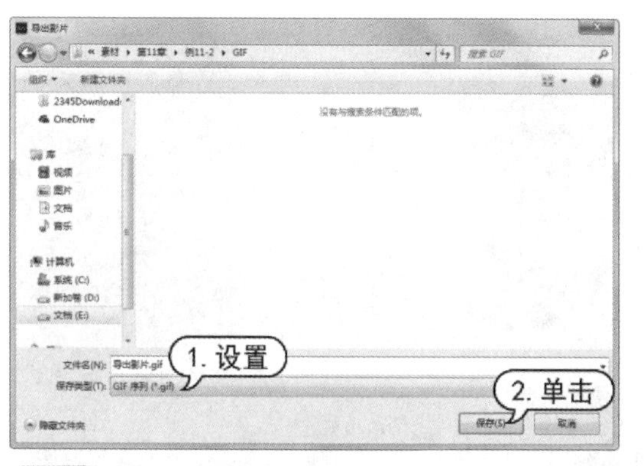

step 3　打开【导出GIF】对话框，应用该对话框的默认参数选项设置(设置大小和分辨率，以及颜色选项)，单击【确定】按钮。

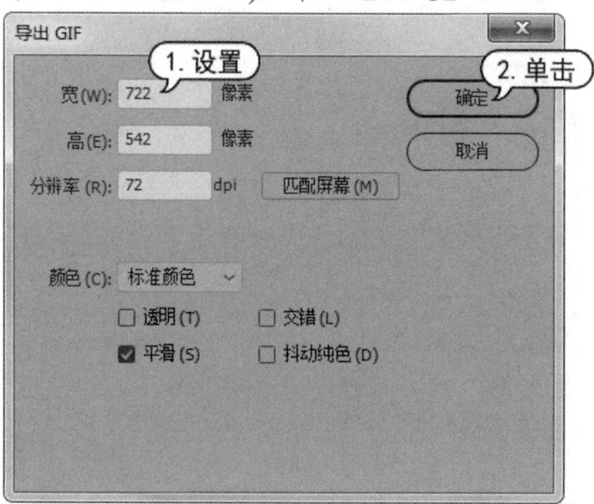

step 4　系统会打开【正在导出图像序列】提示框，显示导出影片的进度。

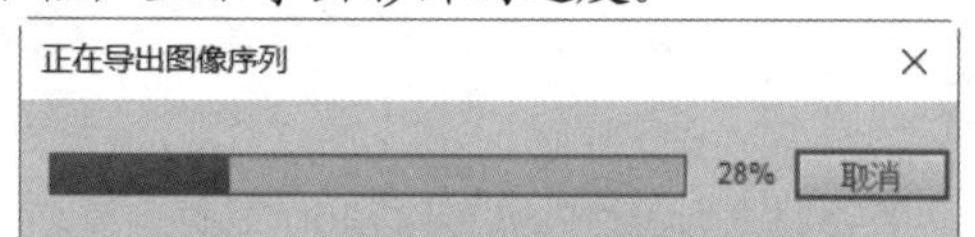

step 5　完成导出影片后，找到保存目录下的GIF序列文件。

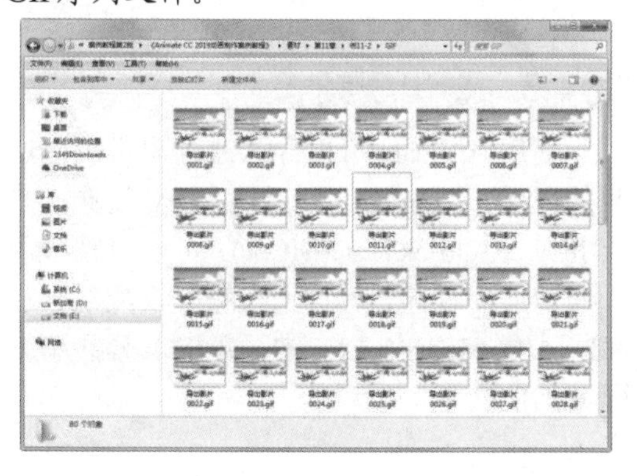

11.4.2　导出图像

Animate CC 2019 可以将文档中的图像导出为动态图像和静态图像，一般情况下，导出的动态图像可选择 GIF 格式，导出的静态图像可选择 JPEG 格式。

1. 导出动态图像

如果要导出 GIF 动态图像，可以选择【文件】|【导出】|【导出图像】命令，打开【导出图像】对话框，在【保存类型】下拉列表中选择【GIF】选项，输入文件名称，设置图像的大小和颜色，单击【保存】按钮。

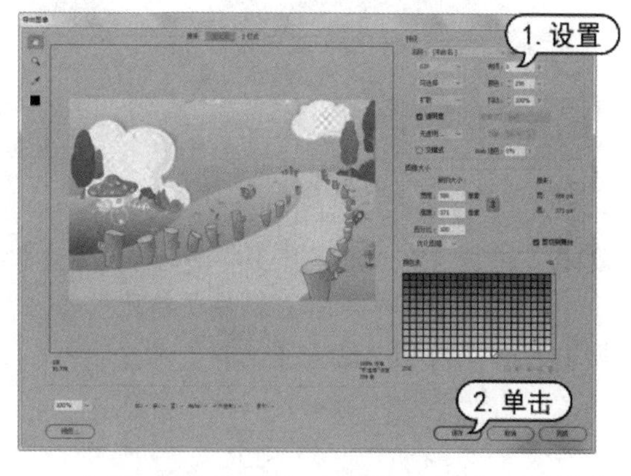

打开【另存为】对话框，在该对话框中设置相关参数，单击【保存】按钮，即可完成 GIF 图形的导出。

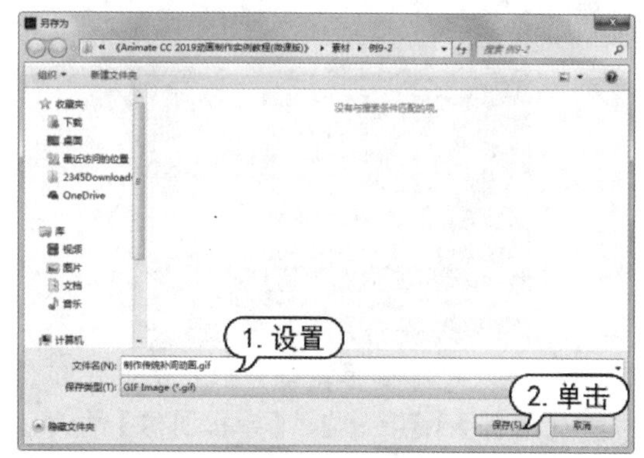

2. 导出静态图像

如果要导出静态图像，可以选择【文件】|【导出】|【导出图像】命令，打开【导出图像】对话框，在【保存类型】下拉列表中选择【JPEG】选项，然后设置其属性选项，

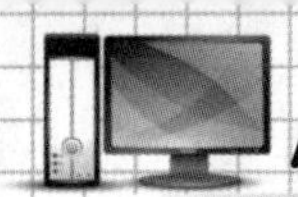

单击【保存】按钮，打开【另存为】对话框，设置文件的保存路径，单击【保存】按钮，即可完成 JPEG 图形的导出。

【例 11-3】打开一个文档，将文档中的图像以 JPEG 格式导出。

视频+素材 (素材文件\第 11 章\例 11-3)

step 1 启动Animate CC 2019，打开一个文档。

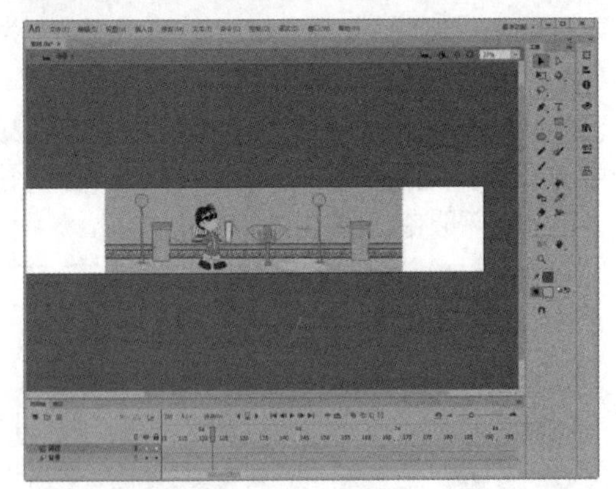

step 2 选择【窗口】|【库】命令，打开【库】面板。右击【男孩走路】影片剪辑元件，在弹出的快捷菜单中选择【编辑】命令。

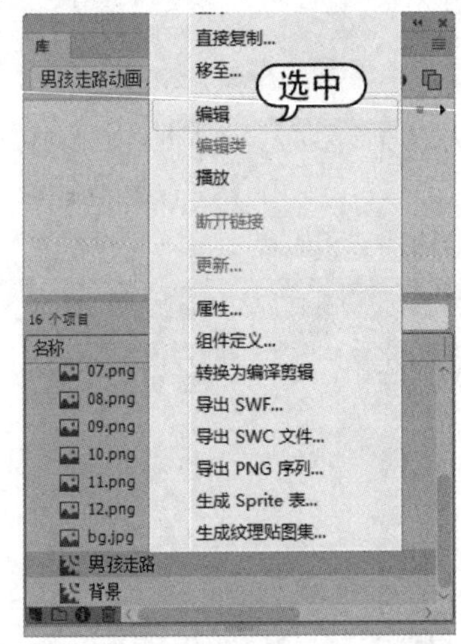

step 3 进入元件编辑窗口，选中男孩图像，选择【文件】|【导出】|【导出图像】命令。打开【导出图像】对话框，选择【JPEG】选项，设置相关属性，单击【保存】按钮。

step 4 打开【另存为】对话框，设置文件的保存路径，命名为“男孩”，单击【保存】按钮。

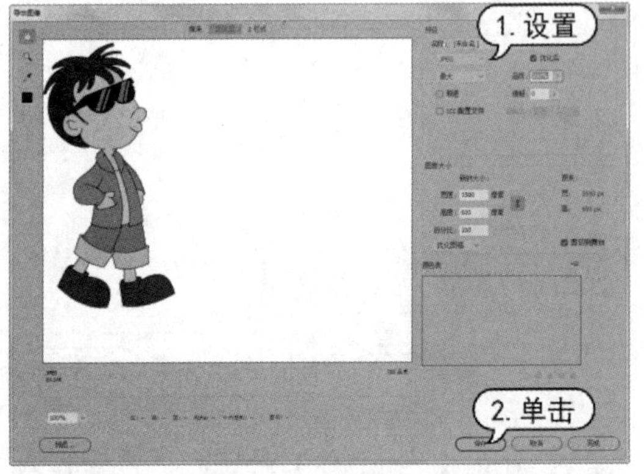

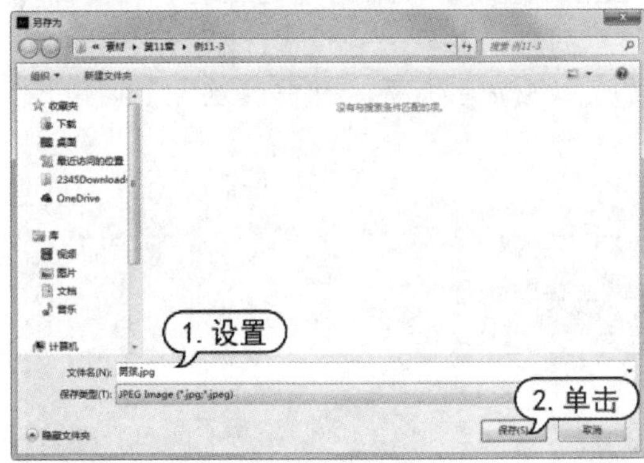

step 5 在保存目录中可以显示保存好的图片文件，双击可以打开该图片。

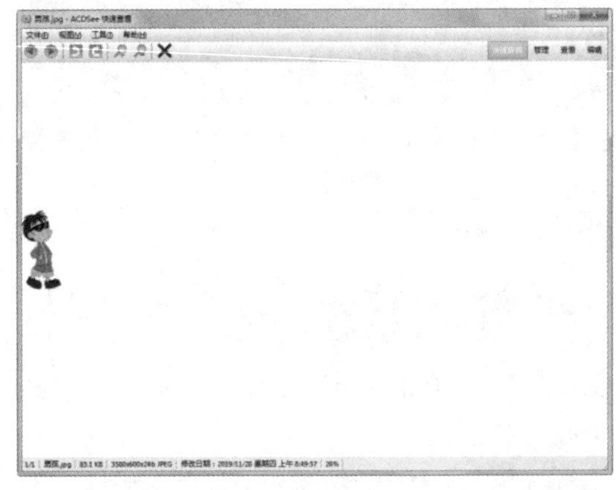

11.4.3 导出视频

使用 Animate 可以导入或导出带编码音频的视频。Animate 可以导入 FLV 视频，导出 FLV 或 QuickTime(MOV)。可以将视频用于通信应用程序，例如，视频会议或包含从 Adobe 的 Media Server 中导出的屏幕共享编码数据的文件。

1. 导出 FLV 视频

在从 Animate 以带音频流的 FLV 格式导出视频剪辑时，可以设置压缩该视频。用户可以从【库】面板中导出 FLV 文件的副本。

首先打开包含 FLV 视频的文档，打开【库】面板，右击面板中的 FLV 视频，在弹出菜单中选择【属性】命令。

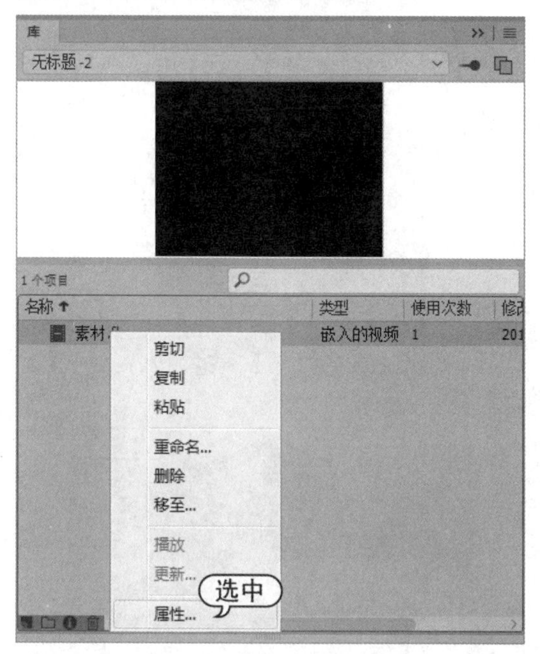

在打开的【视频属性】对话框中单击【导出】按钮。

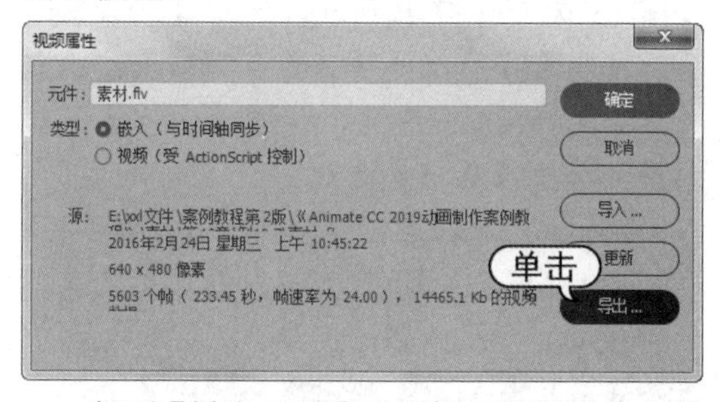

打开【导出 FLV】对话框，设置导出文件的保存路径和名称，单击【保存】按钮即可。

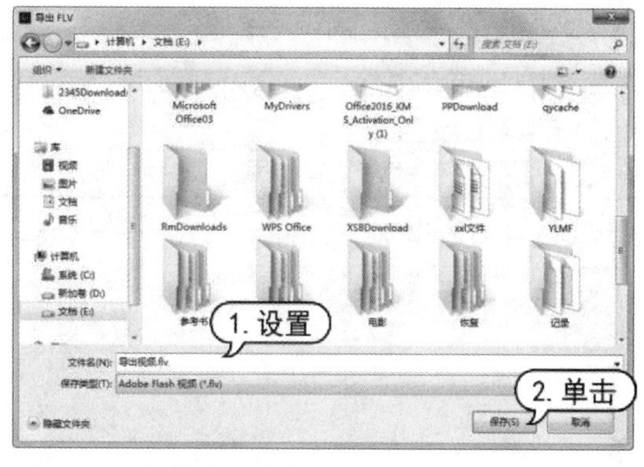

2. 导出 QuickTime

Animate CC 提供两种方法可将 Animate 文档导出为 QuickTime。

- QuickTime 导出：导出 QuickTime 文件，使之可以以视频流的形式或通过 DVD 进行分发，或者可以在视频编辑应用程序(如 Adobe Premiere Pro)中使用。QuickTime 导出功能是针对想要以 QuickTime 视频格式分发 Animate 内容(如动画)的用户设计的。请注意，用于导出 QuickTime 视频的计算机的性能可能会影响视频品质。如果 Animate 无法导出每一帧，就会删除这些帧，从而导致视频品质变差。如果用户遇到丢弃帧的情况，请尝试使用内存更大、速度更快的计算机，或者减少 Animate 文档的每秒帧数。
- 发布为 QuickTime 格式：用计算机上安装的那种 QuickTime 格式创建带有 Animate 轨道的应用程序。这允许用户将 Animate 的交互功能与 QuickTime 的多媒体和视频功能结合在一个单独的 QuickTime 4 影片中，从而使得使用 QuickTime 4 或其更高版本的任何用户都可以观看这样的影片。

11.5　案例演练

本章的案例演练为发布设置文档并导出文档图像等几个综合实例操作，用户通过练习从而巩固本章所学知识。

11.5.1 发布设置文档

【例 11-4】打开一个文档，进行发布设置，然后将里面的元件导出为图像。
视频+素材 (素材文件\第 11 章\例 11-4)

step 1 启动Animate CC 2019，打开一个文档。

step 2 选择【文件】|【发布设置】命令，打开【发布设置】对话框。选中左侧列表框中的【HTML包装器】复选框。

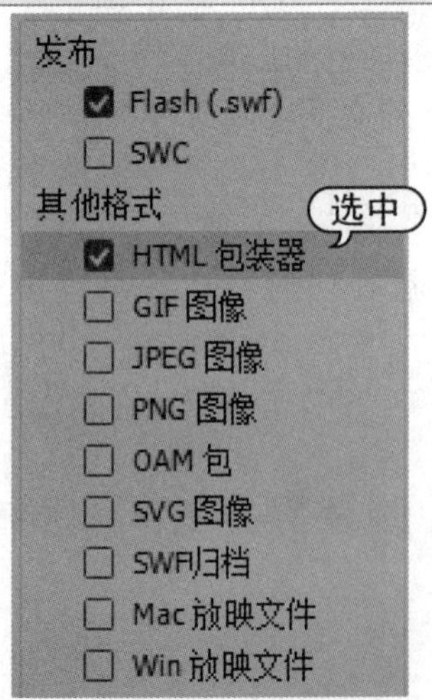

step 3 右侧显示设置选项，选择【大小】下拉列表框内的【百分比】选项，设置【宽】和【高】都为 80%。

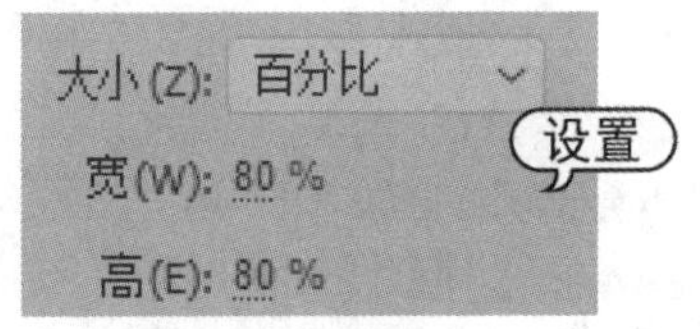

step 4 在【播放】选项组中，选中【开始时暂停】复选框，选中【循环】复选框，选中【显示菜单】复选框。

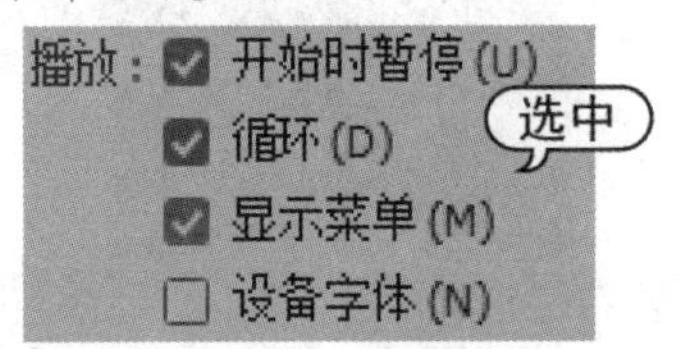

step 5 打开【品质】下拉列表，选中【高】选项，打开【窗口模式】下拉列表，选中【窗口】选项。

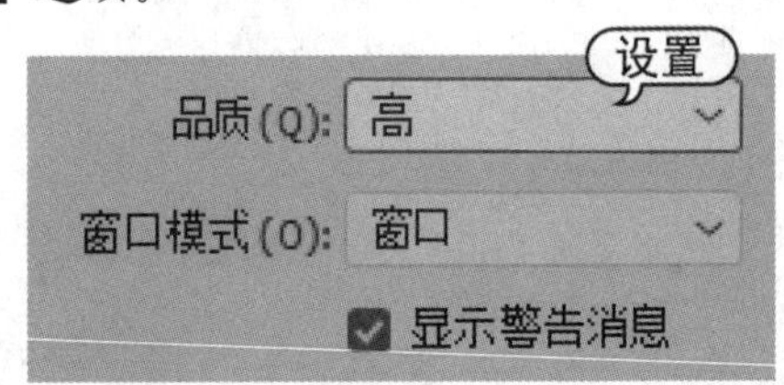

step 6 在【缩放和对齐】选项组中，打开【缩放】下拉列表，选中【无缩放】选项；打开【HTML对齐】下拉列表，选中【默认】选项；打开【Flash水平对齐】下拉列表，选中【居中】选项；打开【Flash垂直对齐】下拉列表，选中【居中】选项。

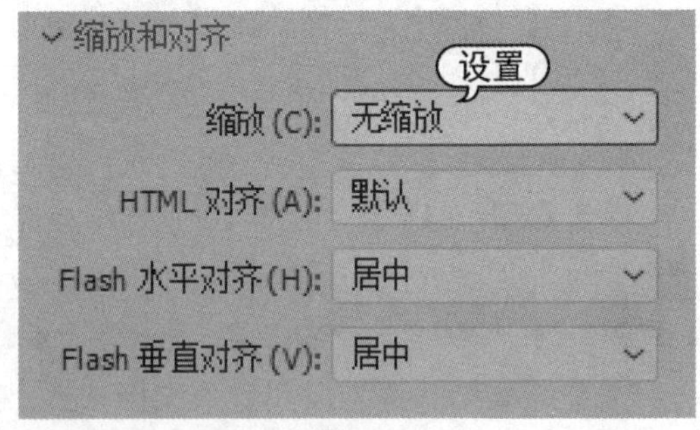

step 7 单击【输出名称】文本框后的【选择发布目标】按钮，打开【选择发布目标】对话框。

step 8 在该对话框中设置目标路径和名称，单击【保存】按钮。

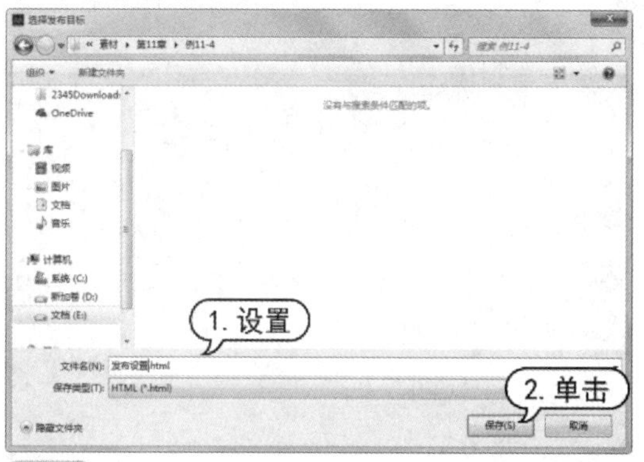

step 9 返回【发布设置】对话框，单击【发布】按钮，然后单击【确定】按钮关闭该对话框。

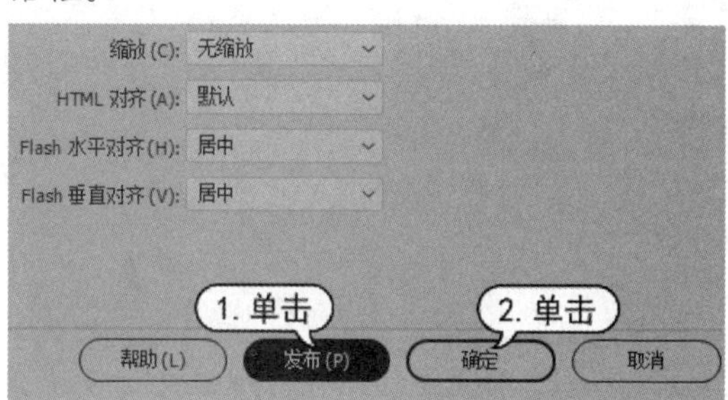

step 10 选择【窗口】|【库】命令，打开【库】面板，右击【蝶舞】影片剪辑元件，在弹出菜单中选择【编辑】命令。

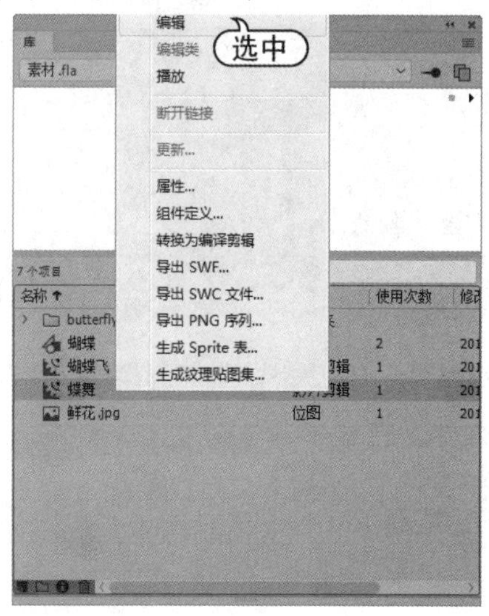

step 11 进入元件编辑窗口，选中蝴蝶图形。选择【文件】|【导出】|【导出图像】命令。打开【导出图像】对话框，设置保存类型为【JPEG】格式，然后单击【保存】按钮。

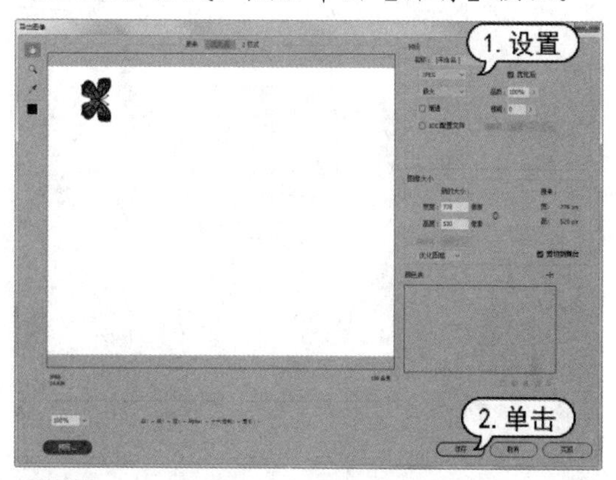

step 12 打开【另存为】对话框，设置名称和路径，单击【保存】按钮。

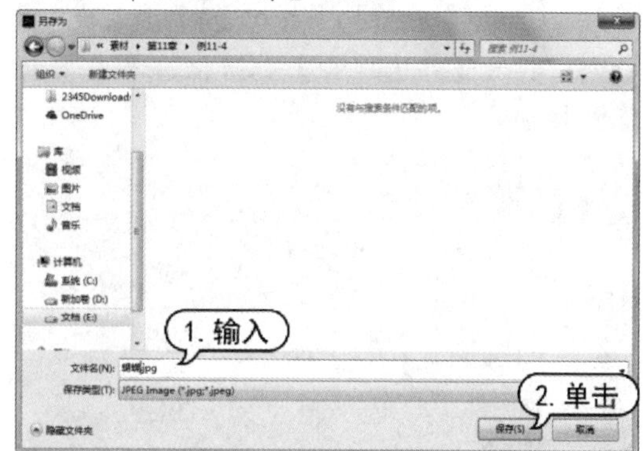

step 13 在保存目录中显示保存好的.jpg格式的图片文件和网页格式文件。

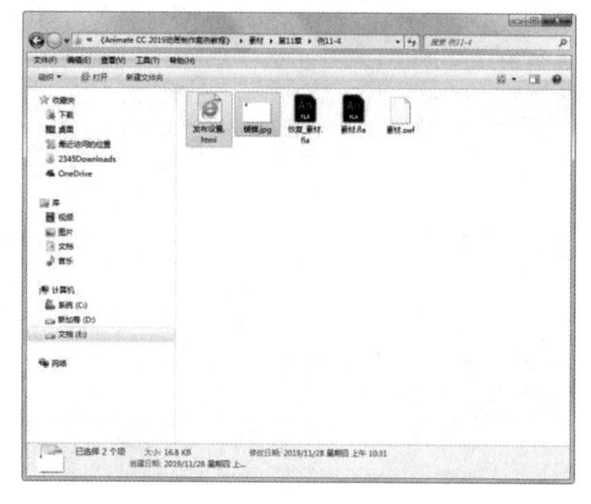

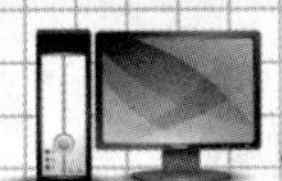

11.5.2　动画发布为视频格式

【例 11-5】打开一个文档，将其发布为视频格式。
视频+素材 (素材文件\第 11 章\例 11-5)

step 1　启动Animate CC 2019，打开一个文档。

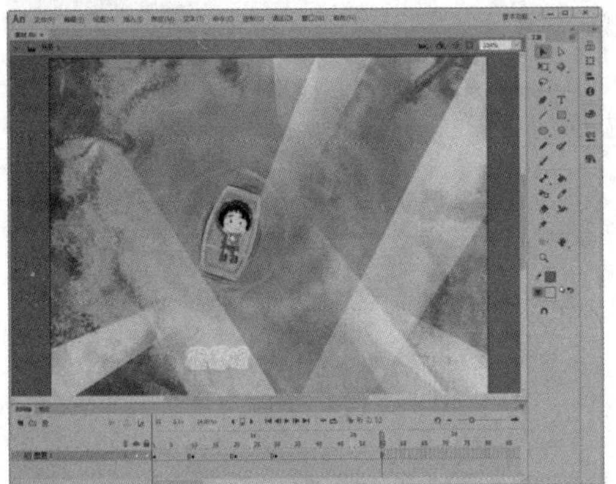

step 2　选择【文件】|【导出】|【导出视频】命令，打开【导出视频】对话框，单击【浏览】按钮。

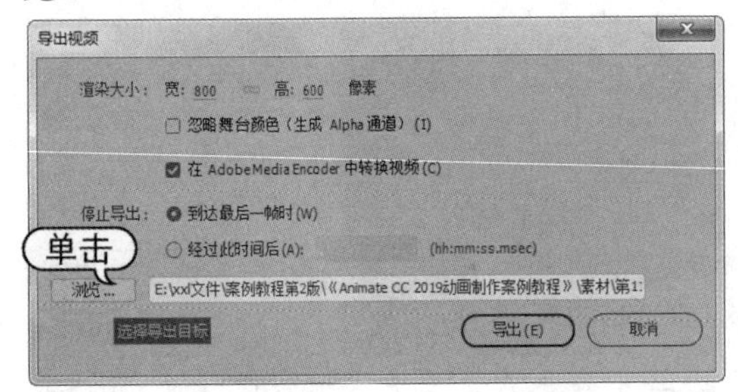

step 3　打开【选择导出目标】对话框，设置导出视频的位置，输入视频名称，然后单击【保存】按钮。

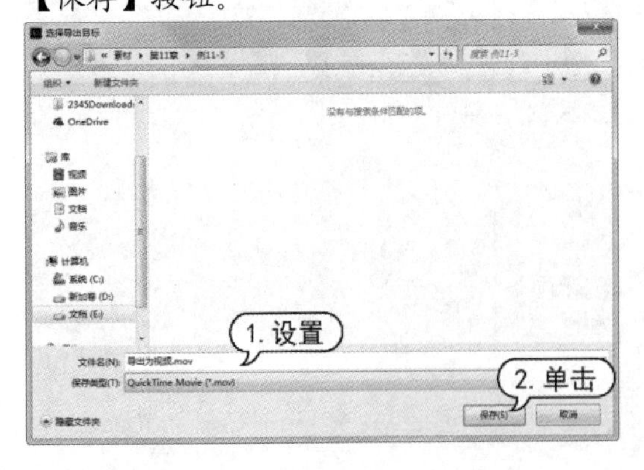

step 4　返回【导出视频】对话框，单击【导出】按钮。

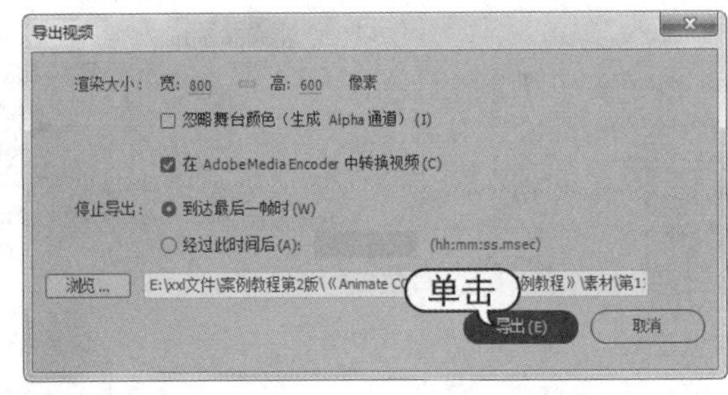

step 5　导出完成后，可以在导出文件夹位置找到导出的视频。

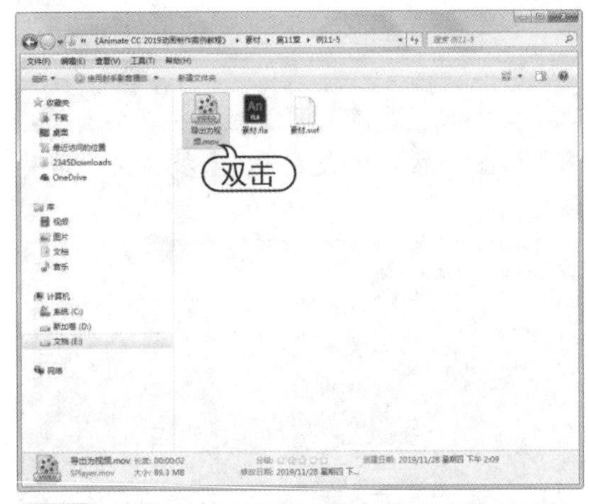

step 6　双击视频图标，打开视频进行观看。

11.5.3　元件导出为 PNG 格式

【例 11-6】打开一个文档，将其中的元件导出为 PNG 图片文件。
视频+素材 (素材文件\第 11 章\例 11-6)

step 1　启动Animate CC 2019，打开一个文档。

step 2　选择【窗口】|【库】命令，打开【库】面板。右击【青蛙】影片剪辑元件，在弹出的快捷菜单中选择【编辑】命令。

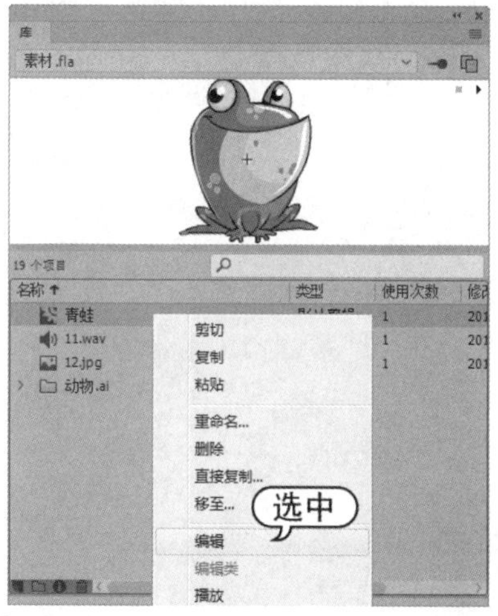

step 3　进入元件编辑窗口，选中青蛙图形，选择【文件】|【导出】|【导出图像(旧版)】命令。

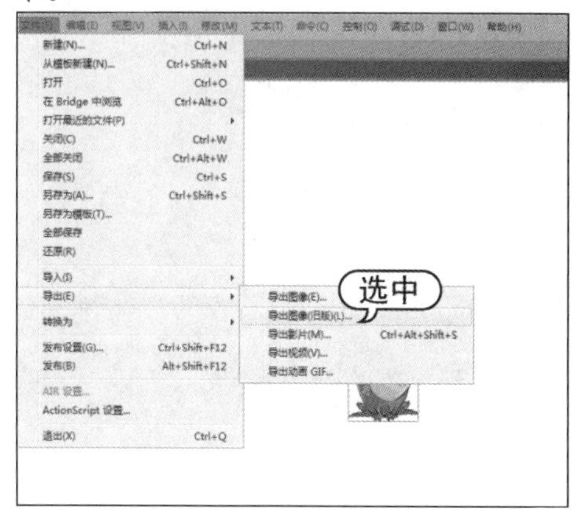

step 4　打开【导出图像(旧版)】对话框，设置文件的保存路径，命名为“青蛙”，设置保存类型为【PNG图像】格式，然后单击【保存】按钮。

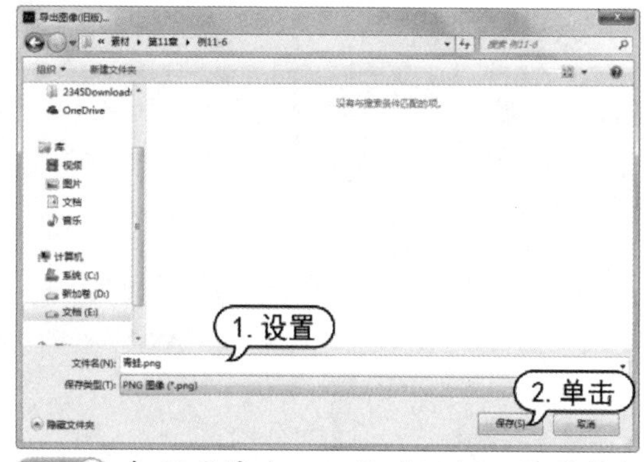

step 5　打开【导出PNG】对话框，设置【分辨率】为默认，【包含】选择【最小影像区域】选项，单击【导出】按钮。

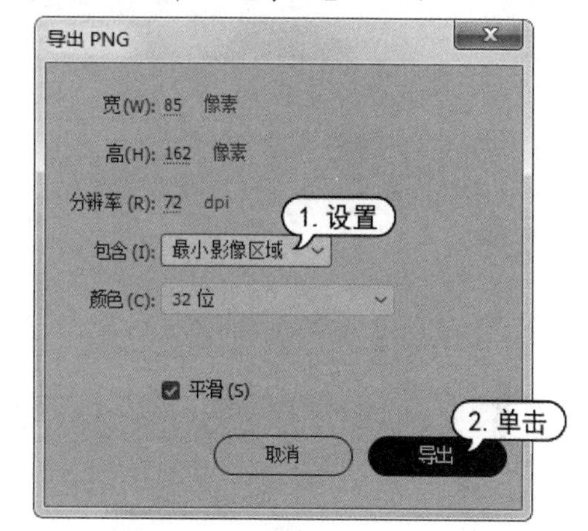

step 6　在保存目录中显示保存好的【青蛙.png】格式的图片文件。

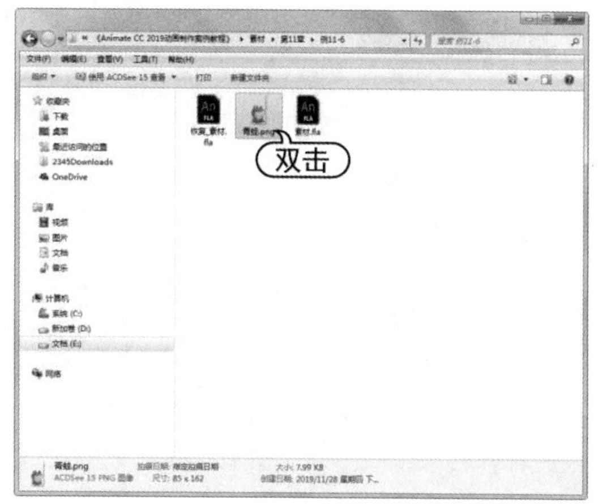

step 7 双击打开该文件，显示PNG图片。

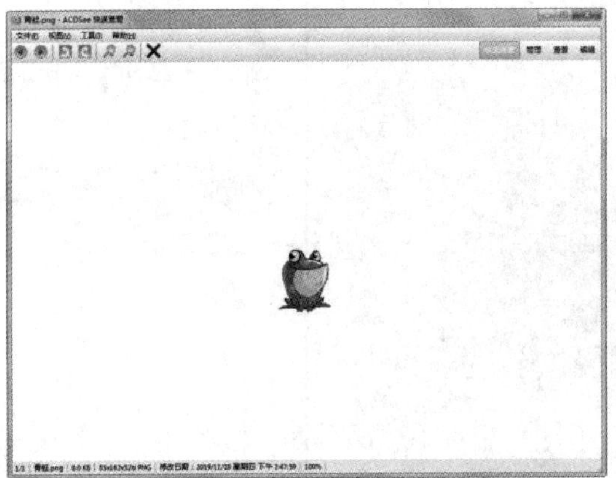

第 12 章

Animate CC 2019 综合案例

本章将通过多个实用案例来串联各知识点，帮助用户加深与巩固所学知识，灵活运用 Animate CC 2019 的各种功能，提高综合应用的能力。

本章对应视频

例 12-1 制作放大文本动画
例 12-2 制作缓动效果动画
例 12-3 制作电子贺卡
例 12-4 制作拍照效果动画
例 12-5 制作卷轴动画
例 12-6 制作云朵飘动效果动画
例 12-7 制作水面波纹动画
例 12-8 制作登录界面
例 12-9 制作光盘界面

12.1 制作放大文本动画

新建文档，导入位图，创建元件，结合传统补间动画，制作放大文本动画。

【例 12-1】新建文档，制作放大文本动画。
视频+素材 (素材文件\第 12 章\例 12-1)

step 1 启动Animate CC 2019，新建一个文档。

step 2 选择【修改】|【文档】命令，打开【文档设置】对话框，设置【舞台大小】为 600 像素×400 像素，单击【确定】按钮。

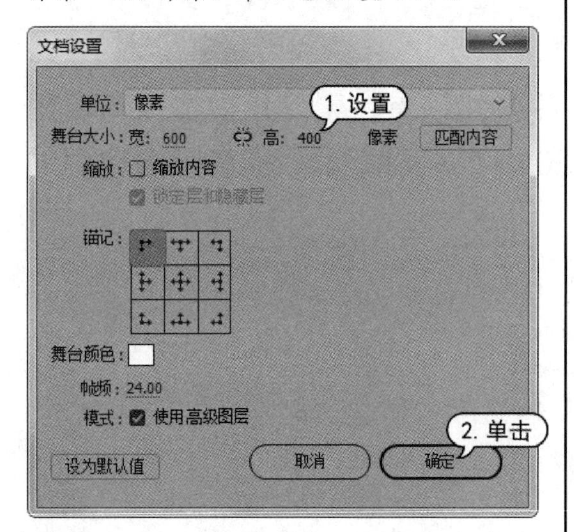

step 3 选择【文件】|【导入】|【导入到舞台】命令，选择【红心】图片文件，单击【打开】按钮。

step 4 选中舞台中的图片，打开【对齐】面板，单击【水平居中分布】按钮、【垂直居中分布】按钮、【匹配宽和高】按钮，改变图片的大小和位置。

step 5 选中图片，按F8 键，打开【转换为元件】对话框，输入【名称】为“红心”，将【类型】设置为【图形】元件，单击【确定】按钮。

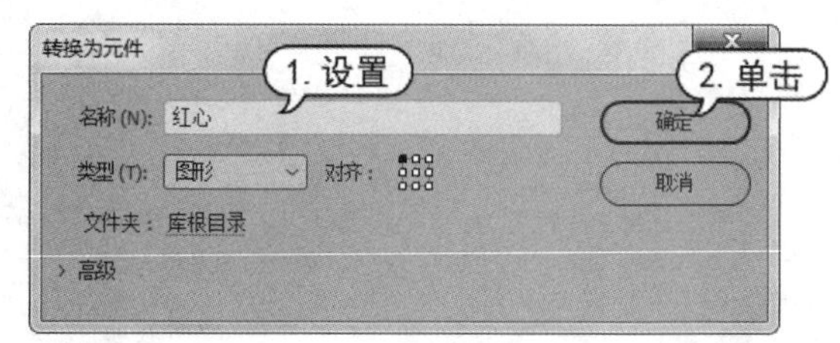

step 6 选择【图层_1】图层的第 135 帧，按F5 键插入帧，选中第 40 帧，按F6 键插入关键帧。

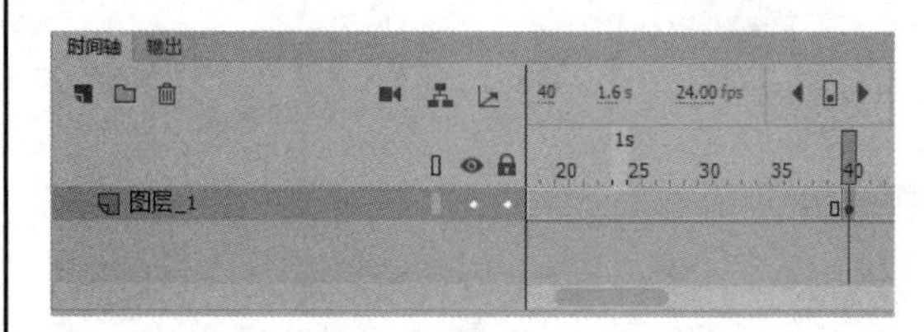

step 7 选择【图层_1】图层的第 1 帧，选中舞台中的元件，打开其【属性】面板，在【色彩效果】组里设置【样式】为【Alpha】，Alpha 值为 30%。

step 8 选择【图层_1】图层的第 40 帧，选中舞台中的元件，打开其【属性】面板，在【色彩效果】组里设置【样式】为无。

step 9 在第 1~39 帧内的任意 1 帧上右击，在弹出的快捷菜单中选择【创建传统补间】命令，形成传统补间动画。

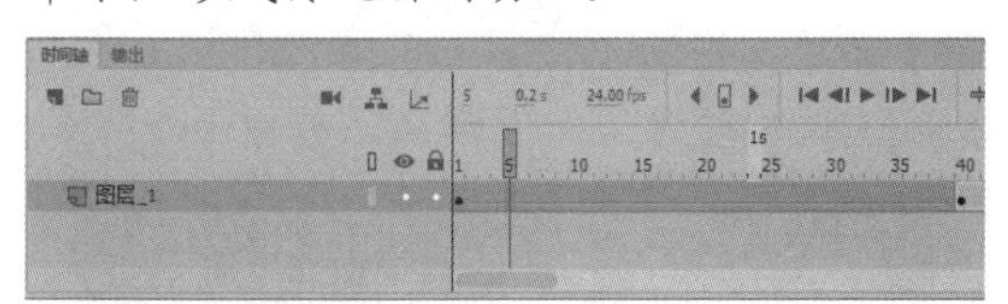

step 10 新建图层，选择【插入】|【新建元件】命令，打开【创建新元件】对话框，在【名称】中输入“L”，将【类型】设置为图形元件，单击【确定】按钮。

step 11 在【工具】面板中选择【文字工具】，在舞台中输入文本“L”，设置【系列】为【Algerian】，【大小】为 100 磅，【颜色】为白色。

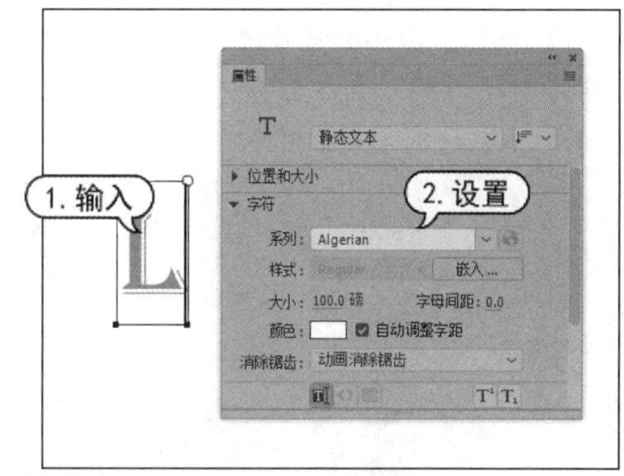

step 12 单击【返回】按钮，返回场景，使用相同的方法，新建另外 3 个图形元件，并分别输入：“O”“V”“E”。

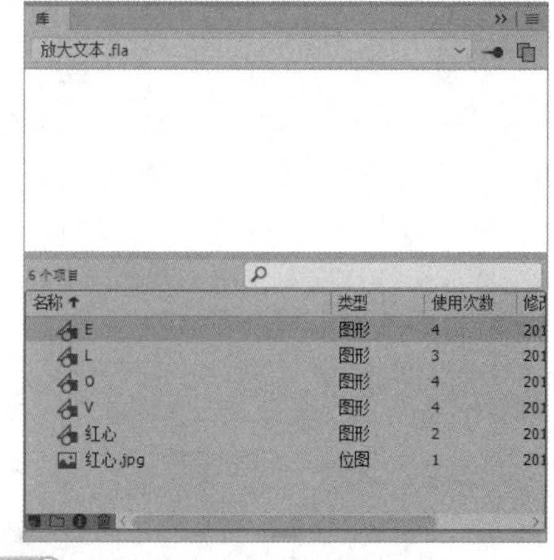

step 13 选中【图层_2】图层的第 40 帧，按 F6 键插入关键帧，将【库】面板中的L元件拖入舞台，调整元件的位置。

step 14 选中【图层_2】图层的第 49 帧，按F6 键插入关键帧，打开【变形】面板，设置【缩放宽度】为 200%,【缩放高度】为 200%，在该图层的第 40~48 帧中的任意帧上右击，选择【创建传统补间】命令，形成传统补间动画。

step 15 选中【图层_2】图层的第 54 帧，插入关键帧，打开【变形】面板，将元件L的【缩放宽度】和【缩放高度】设置为 100%，在第 49~54 帧创建传统补间动画。

step 16 新建【图层_3】图层，选择第 40 帧，插入关键帧，在【库】面板中将O元件拖入舞台中，放在合适的位置。

step 17 在该图层的第 47 帧和第 57 帧插入关键帧，选中第 57 帧的 O元件，打开【变形】面板，将元件的【缩放宽度】和【缩放高度】设置为 200%，在第 47~57 帧创建传统补间动画。

step 18 在第 63 帧处插入关键帧，打开【变形】面板，将O元件缩小到 100%，然后在第 57~63 帧创建传统补间动画。

step 19 新建【图层_4】图层，选中第 40 帧，插入关键帧，在【库】面板中将V元件拖入舞台中并调整位置。

step 20 在第 55 帧、第 65 帧、第 70 帧处插入关键帧，选中第 65 帧，在【变形】面板中将V元件的【缩放宽度】和【缩放高度】设置为 200%。

step 21 分别在第 55~65 帧和第 65~70 帧创建传统补间动画。

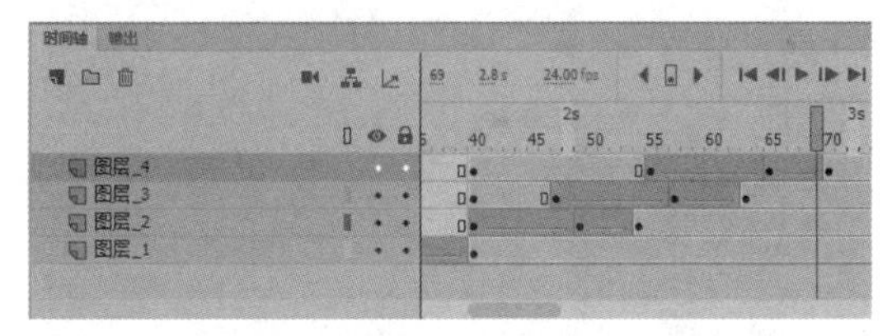

step 22 新建【图层_5】图层，选中第 40 帧，插入关键帧，在【库】面板中将E元件拖入舞台中并调整位置。

step 23 在第 63 帧、第 73 帧、第 78 帧处插入关键帧，选中第 73 帧，在【变形】面板中将V元件的【缩放宽度】和【缩放高度】设置为 200%，分别在第 63~73 帧和第 73~78 帧创建传统补间动画。

step 24 将其命名为“放大文本”加以保存。按Ctrl+Enter组合键测试影片；效果为按顺序循环放大文本。

12.2 制作缓动效果动画

新建【影片剪辑】元件，然后通过定义文档主类的方法创建缓动效果的文字显示动画。

【例 12-2】新建文档，制作一个鼠标控制文字缓动效果的动画。
视频+素材 (素材文件\第 12 章\例 12-2)

step 1 启动Animate CC 2019，新建一个文档。

step 2 选择【矩形工具】绘制矩形，打开【属性】面板，设置矩形图形大小为 550 像素×400 像素。

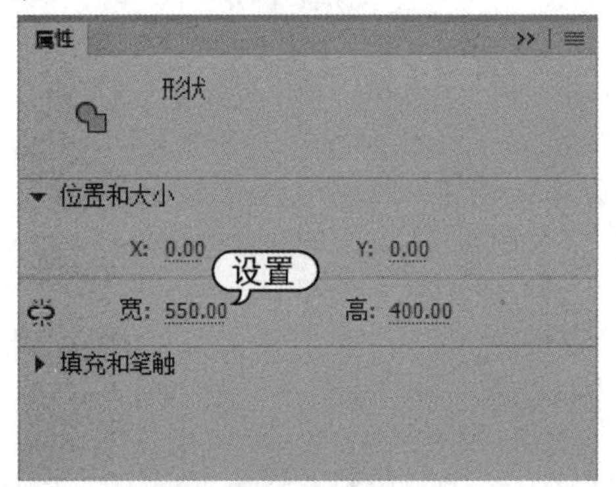

step 3 打开【颜色】面板，设置笔触颜色为黑色，填充颜色为线性渐变绿色。

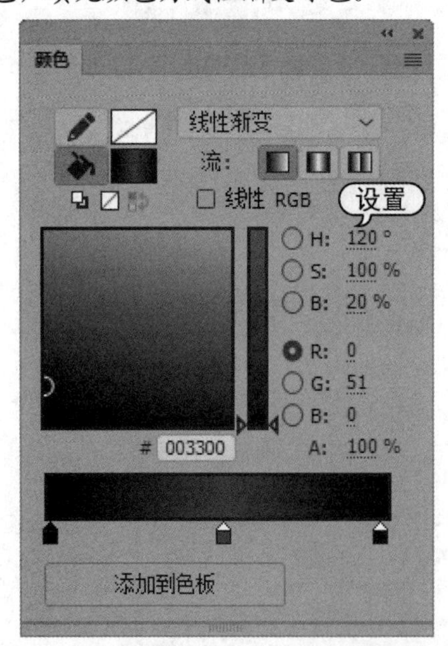

step 4 使用【渐变变形工具】调整矩形中的线性填充颜色，矩形效果如下图所示。

step 5 选择【插入】|【新建元件】命令，打开【创建新元件】对话框，新建一个【影片剪辑】元件。

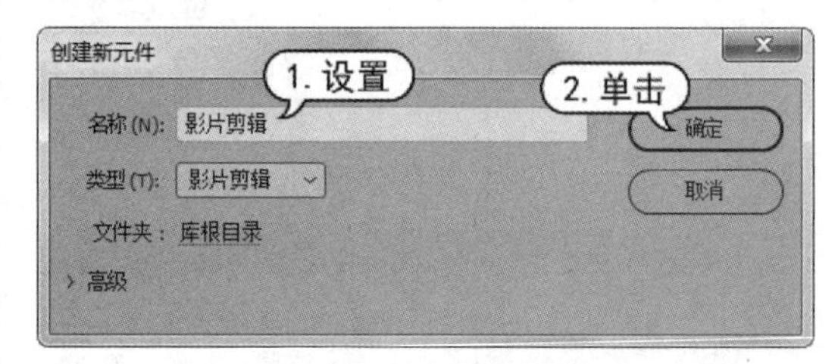

step 6 进入元件编辑模式，选择【文本工具】，在【属性】面板中设置文本类型为静态文本，【系列】为【Verdana】，【大小】为 20 磅，颜色为黑色。

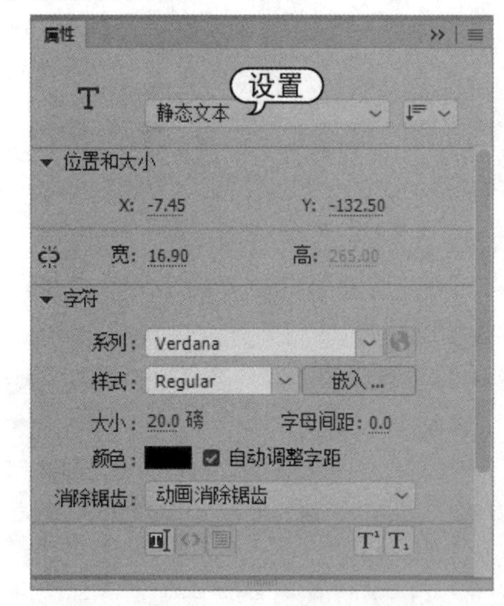

step 7　在舞台中输入文本并调整文本框。

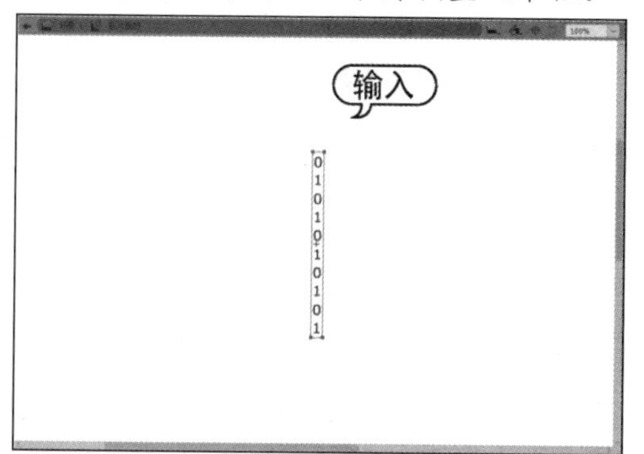

step 8　返回【场景 1】，选择【文件】|【新建】命令，在弹出的【新建文档】对话框中选择【高级】|【ActionScript文件】，然后单击【创建】按钮。

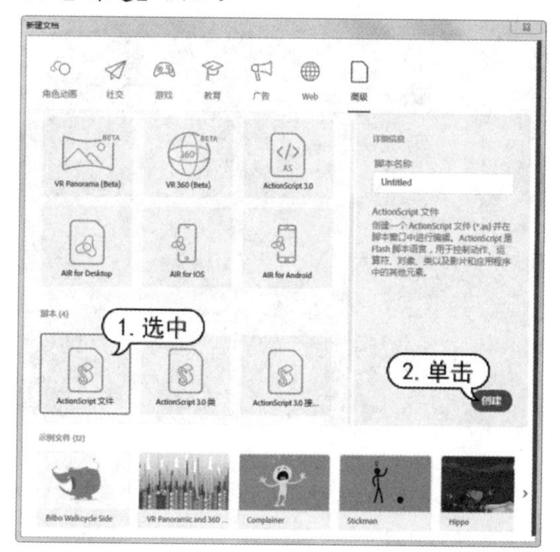

step 9　打开脚本窗口，输入代码（详见素材资料）。

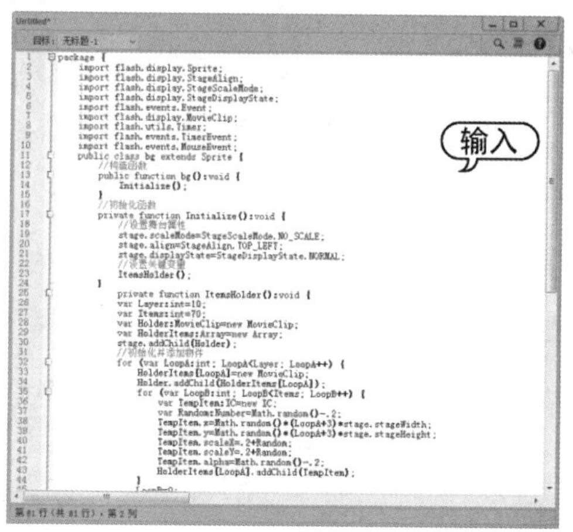

step 10　选择【文件】|【保存】命令，打开【另存为】对话框，将ActionScript文件以“bg”为名，保存到“缓动效果”文件夹中。

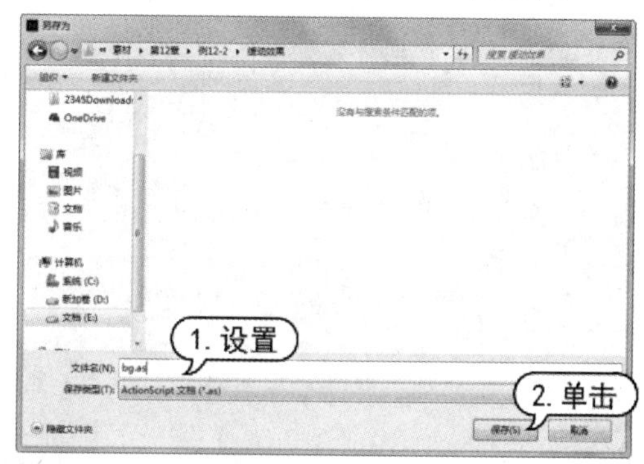

step 11　返回文档，打开【库】面板，右击【影片剪辑】元件，在弹出的快捷菜单中选择【属性】命令。

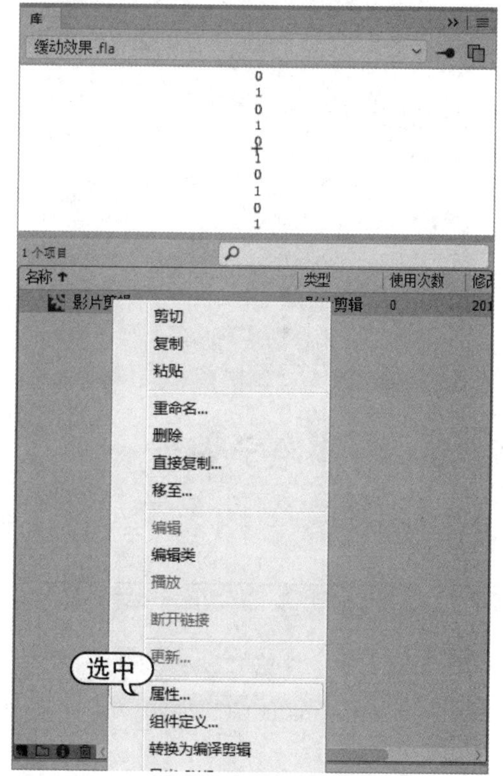

step 12　打开【元件属性】对话框，单击【高级】按钮，展开对话框，选中【为ActionScript导出】复选框，然后在【类】文本框中输入“IC”，为【bg.as】文件中定义的类IC，单击【确定】按钮，连接类。

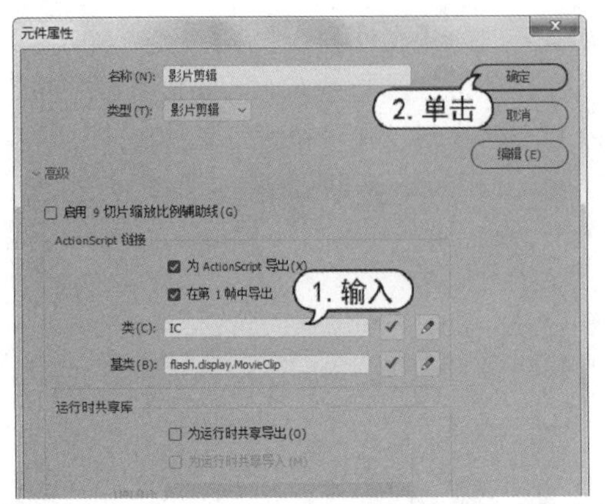

step 13 选中文档，打开【属性】面板，在【类】文本框中输入保存在“缓动效果”文件夹的外部AS文件名称“bg”，然后关闭【属性】面板。

step 14 选择【文件】|【保存】命令，打开【另存为】对话框，将文档命名为“缓动效果”，保存到“缓动效果”文件夹中。

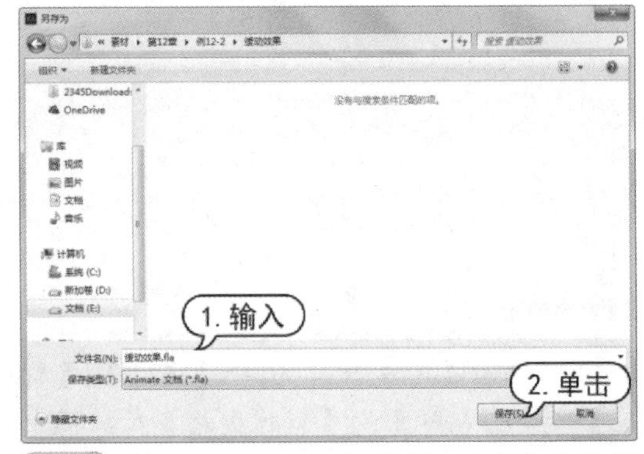

step 15 按下Ctrl+Enter组合键，测试动画效果。当鼠标移动时，文字会进行缓慢运动。

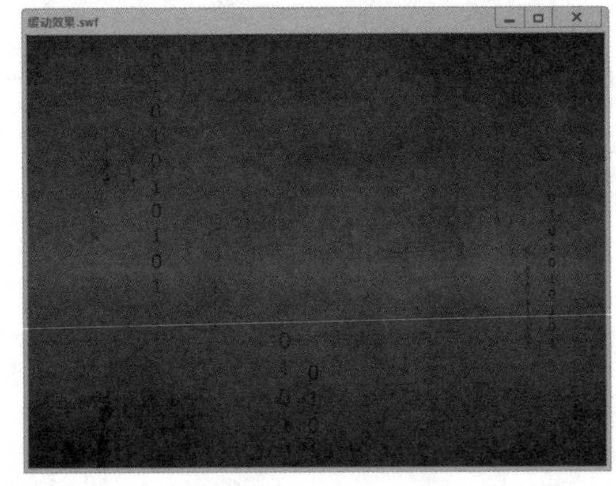

12.3 制作电子贺卡

应用绘图工具绘制矩形并输入文字，导入位图和音乐，结合补间动画和遮罩动画，制作电子贺卡。

【例 12-3】新建文档，制作播放音乐和文字效果的电子贺卡。

视频+素材 (素材文件\第 12 章\例 12-3

step 1 启动Animate CC 2019，新建一个文档。

step 2 选择【文件】|【导入】|【导入到舞台】命令，将名为“背景”的位图导入舞台中。

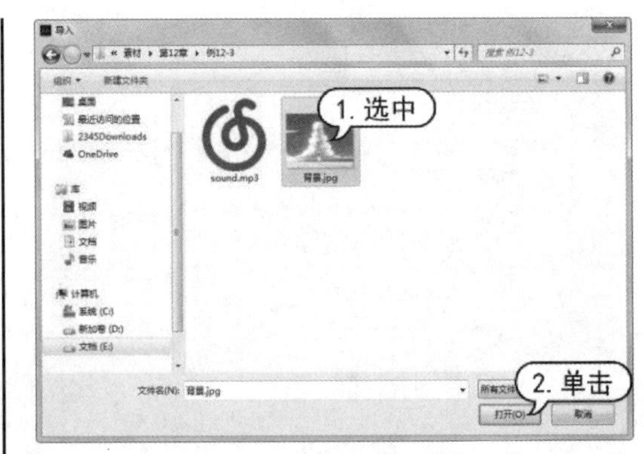

step 3　打开位图的【属性】面板，设置尺寸为 640 像素 × 480 像素，和舞台大小一致，然后调整图片的位置。

step 4　选择【插入】|【新建元件】命令，新建“祝福”影片剪辑元件。在编辑状态下，使用【矩形工具】绘制一个白色矩形，在【属性】面板中设置矩形【填充颜色】的 Alpha 透明度为 50%，笔触颜色为蓝色，【笔触大小】为 5，【笔触样式】为点状线，且矩形不为对象绘制形式。

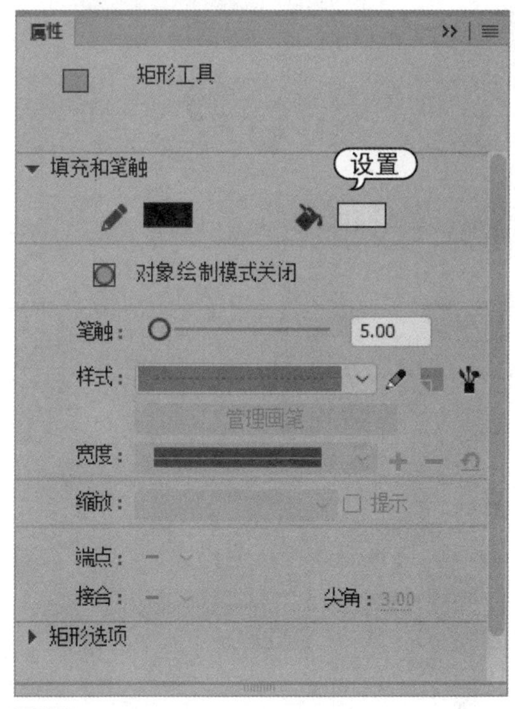

step 5　新建一个名为“文字”的图层，选择【文本工具】，打开其【属性】面板，选择【静态文本】选项，在【字符】组里设置【系列】为隶书，【大小】为 20 磅，颜色为绿色。在矩形框下拖拉出一个文本框，在里面输入文字。

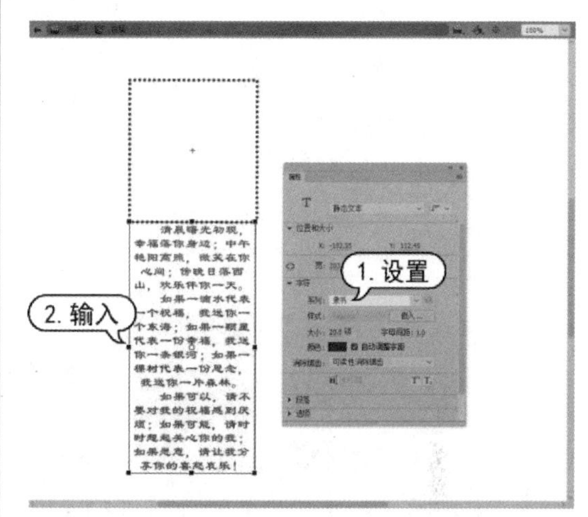

step 6　将【图层_1】图层改名为“矩形”图层，在【时间轴】面板上两个图层的第 500 帧上都插入帧，然后右击【文字】图层的第 500 帧，选择弹出菜单中的【创建补间动画】命令，再将文字拖到矩形框的上方位置。

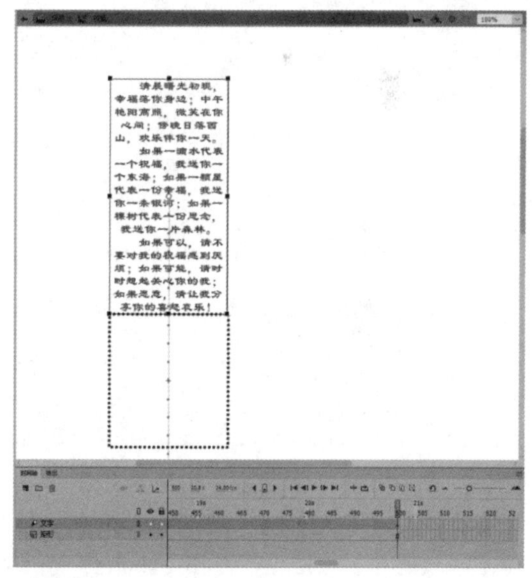

step 7　新建【遮罩】图层，将【矩形】图层

中的内容复制到该图层中，然后右击该图层，在弹出的快捷菜单中选择【遮罩层】命令，将其转换为遮罩图层。

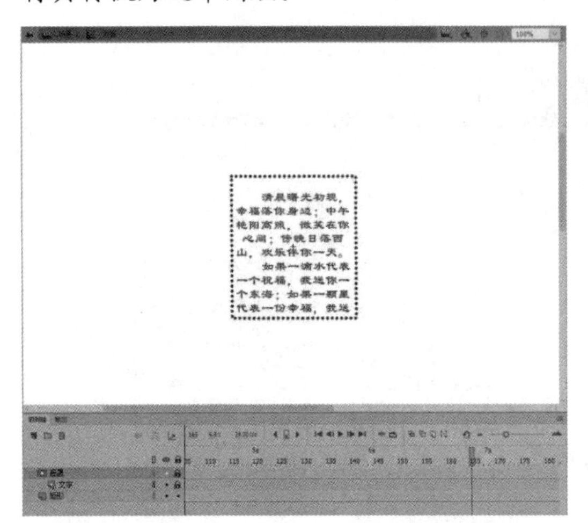

step 8 返回【场景 1】，新建【祝福语】图层，将【库】面板中的【祝福】影片剪辑元件拖入到舞台，设置合适的位置，将【图层_1】改名为【背景】图层。

step 9 新建【音乐】图层，选中第 1 帧，选择【文件】|【导入】|【导入到库】命令，打开【导入到库】对话框，选择【sound】音乐文件，单击【打开】按钮。

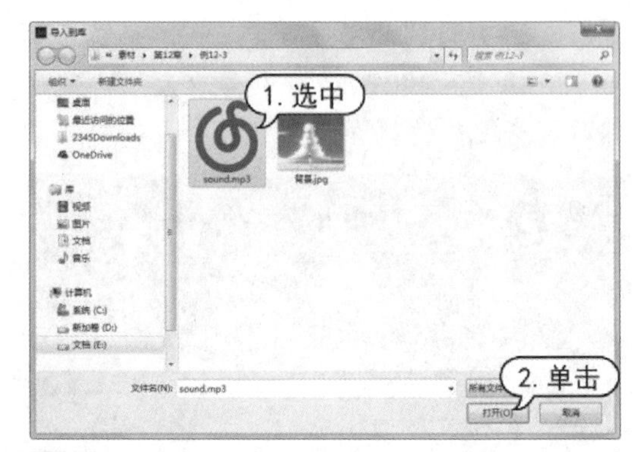

step 10 打开【库】面板，将【sound】元件拖入舞台中。

step 11 选中【音乐】图层的第 1 帧，打开其【属性】面板，打开【声音】选项组，设置【同步】区域中为【事件】选项和【循环】选项。

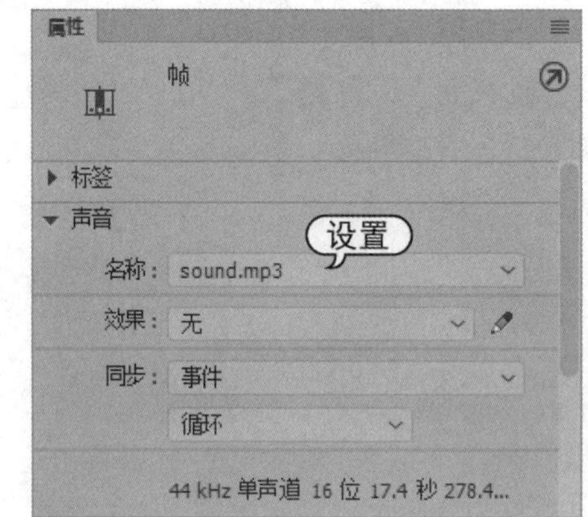

step 12　选择【文件】|【保存】命令，打开【另存为】对话框，以“制作电子贺卡”为名进行保存。

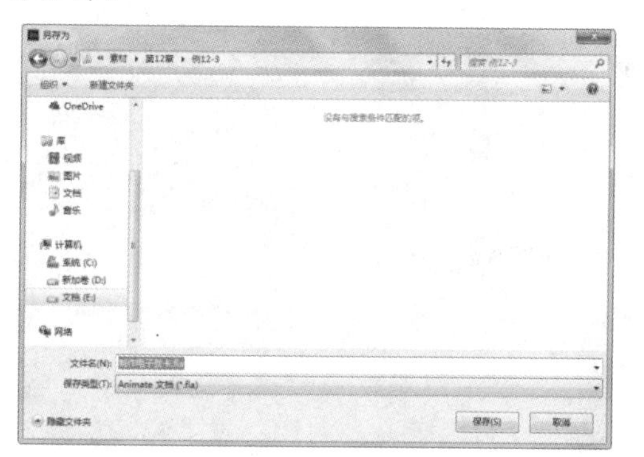

step 13　按Ctrl+Enter组合键，预览动画效果。

12.4　制作拍照效果

新建文档，创建补间动画，利用遮罩层和 ActionScript 动作脚本，制作拍照过程的动画。

【例 12-4】新建文档，创建一个拍照过程的动画。
视频+素材 (素材文件\第 12 章\例 12-4)

step 1　启动Animate CC 2019，新建一个文档。

step 2　选择【修改】|【文档】命令，打开【文档设置】对话框，在该对话框中将文档的尺寸修改为 800 像素 × 530 像素，舞台颜色为绿色，单击【确定】按钮。

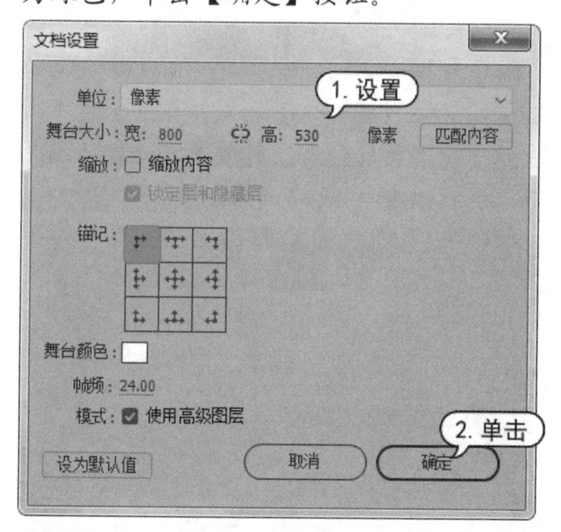

step 3　选择【文件】|【导入】|【导入到舞台】命令，打开【导入】对话框，选择【照片】位图文件，单击【打开】按钮，导入图片到舞台中。

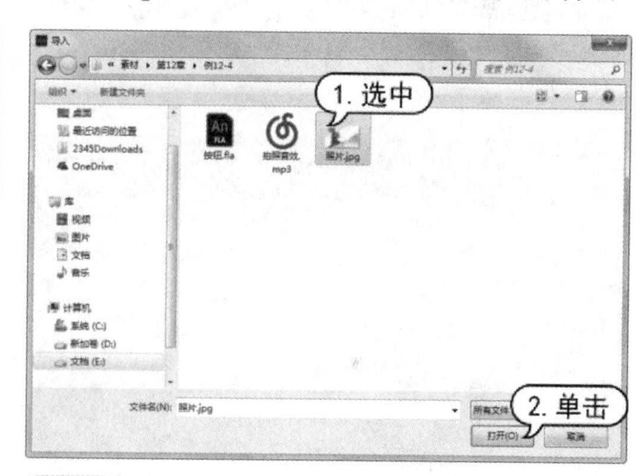

step 4　选中该图片，打开其【属性】面板，修改其大小为 800 像素 × 530 像素。

step 5　选择【修改】|【转换为元件】命令，将其转换为名为“zp”的影片剪辑元件。

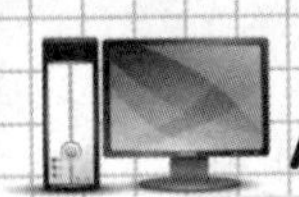

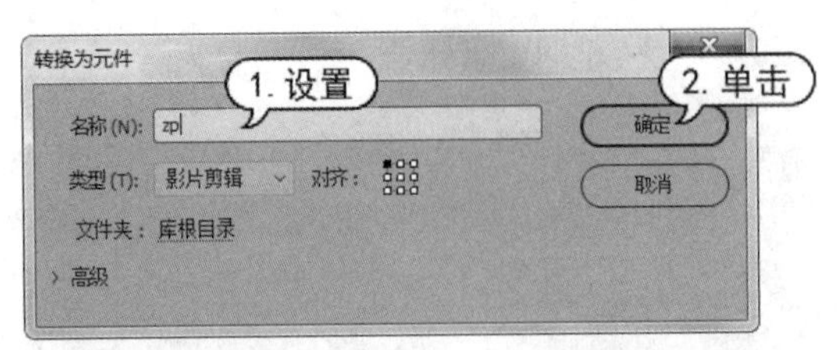

step 6 打开【变形】面板，设置【缩放宽度】和【缩放高度】均为 75%。

step 7 打开【对齐】面板，设置图片和舞台【水平中齐】和【垂直中齐】。

step 8 右击第 1 帧，选择弹出菜单中的【创建补间动画】命令。

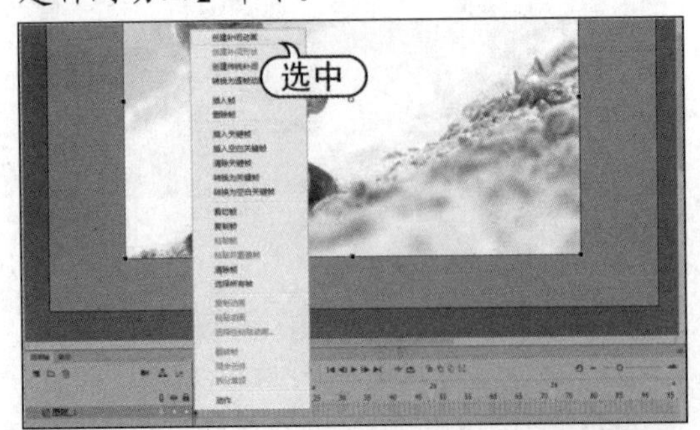

step 9 选择第 10 帧，在【变形】面板中设置【缩放宽度】和【缩放高度】均为 100%。

step 10 新建图层，在第 12 帧处插入关键帧，然后使用【矩形工具】在舞台中的合适位置绘制一个 300 像素 × 230 像素的无边框矩形。

step 11 右击【图层_2】图层，在弹出菜单中选择【遮罩层】命令，将该图层转换为遮罩层，然后删除第 12 帧以后的帧。

step 12 新建【闪光】图层，在第 11 帧处插入关键帧，绘制一个与遮罩层矩形相同位置和大小的白色矩形，然后删除第 12 帧。

step 13 新建【相框】图层，在第 12 帧处插入关键帧，绘制一个 300 像素 × 230 像素的无填充、笔触为 3 的红色边框的矩形。

step 14 新建【取景框】图层，在第 2 帧处插入关键帧，将刚绘制的相框复制到该图层原位置，删除中间的边框，使其形成取景器的效果，然后删除第 10 帧以后的所有帧。

step 15 新建【快门】图层，选择【文件】|【导入】|【打开外部库】命令，打开对话框，选择【按钮】素材文件，单击【打开】按钮。

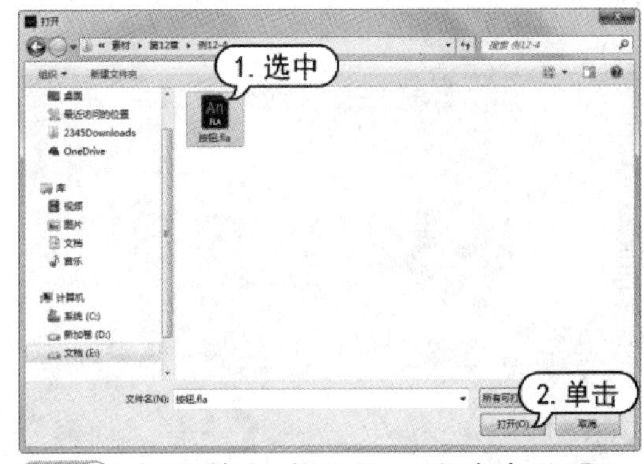

step 16 打开外部库面板，将其中的【bar capped orange】按钮元件拖入舞台。

step 17 新建【音效】图层，在第 9 帧处插入关键帧，选择【文件】|【导入】|【导入到库】命令，打开【导入到库】对话框，选择【拍照音效】文件导入到库。

step 18 选中第 9 帧，打开库面板，将【拍照

音效】元件拖入舞台。

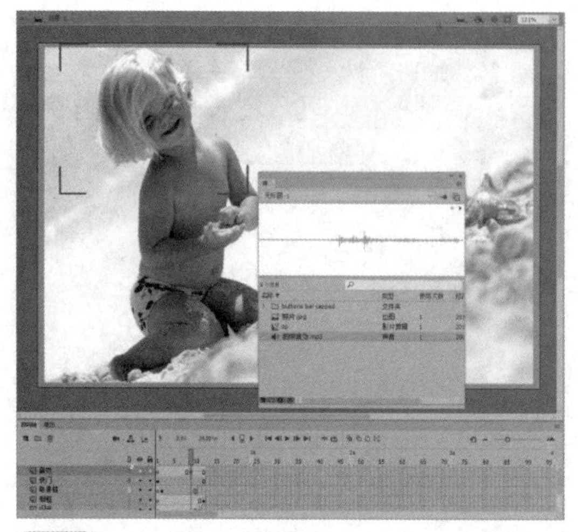

step 19 新建【动作】图层，在第 12 帧处插入关键帧，右击该帧并选择【动作】命令，打开【动作】面板，添加“stop();”代码。

step 20 选择按钮元件，在【属性】面板中设置其【实例名称】为btn。

step 21 选择【动作】图层的第 1 帧，右击该帧并选择快捷菜单中的【动作】命令，打开【动作】面板，添加代码（参见素材资料）。

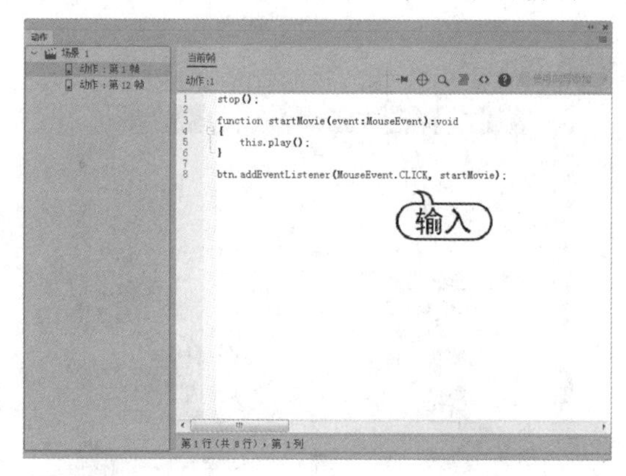

step 22 选择【文件】|【另存为】命令，打开【另存为】对话框，将其命名为“制作拍照效果”加以保存。

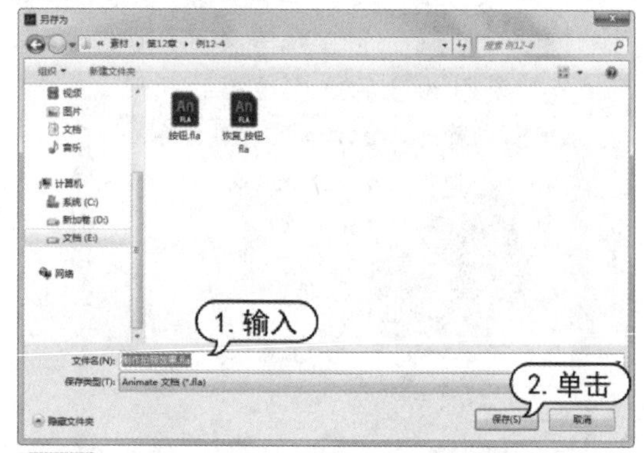

step 23 按下 Ctrl+Enter组合键，预览动画，只有按下【play】按钮，方可进行拍照过程效果演示。

12.5 制作卷轴动画

应用绘图工具绘制矩形，导入位图，结合遮罩层动画，制作卷轴效果动画。

【例 12-5】新建一个文档，使用遮罩层制作卷轴动画。
视频+素材 (素材文件\第 12 章\例 12-5)

step 1 启动Animate CC 2019，新建一个文档。

step 2 选择【修改】|【文档】命令，打开【文档设置】对话框，设置舞台大小为 230 像素 × 446 像素，【帧频】为 10fps，然后单击【确定】按钮。

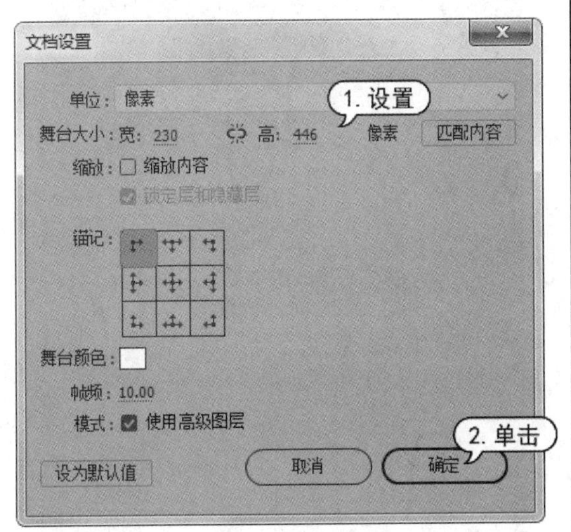

step 3 选择【文件】|【导入】|【导入到舞台】命令，将一张名为"纸"的位图导入舞台中。

step 4 新建图层，选择【文件】|【导入】|【导入到舞台】命令，将一张名为"虎"的位图导入舞台上，调整其在舞台上的位置和大小。

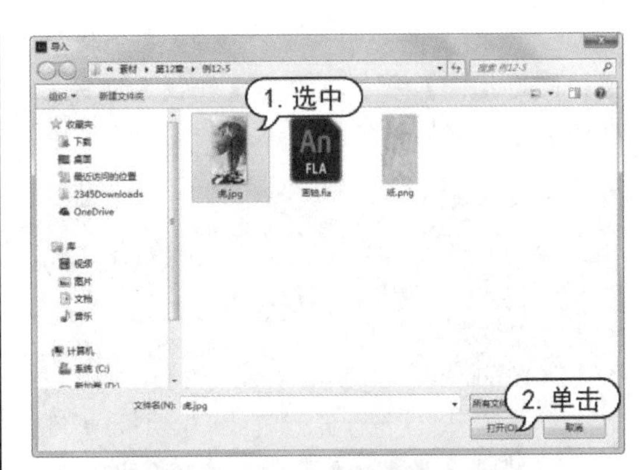

step 5 将【图层_1】图层改名为【背景】图层，将【图层_2】改名为【画】图层，在【画】图层中选择【矩形工具】绘制白色矩形，处于画的下方，作为画的边框。

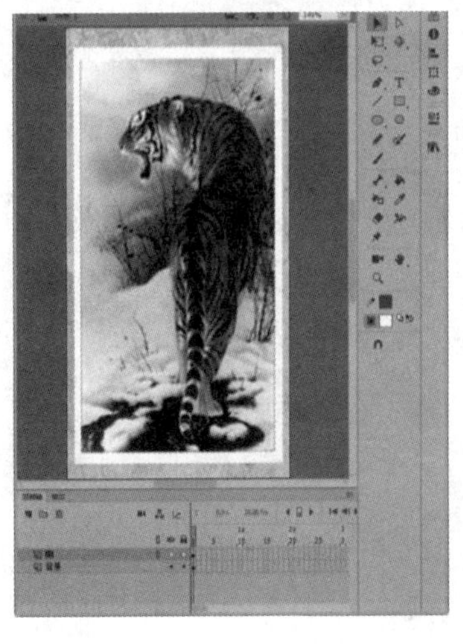

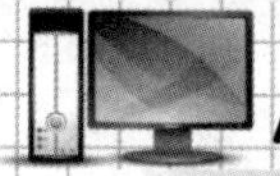

step 6 选择白色矩形和画，选择【修改】|【转换为元件】命令，打开【转换为元件】对话框，将它们转换为图形元件。

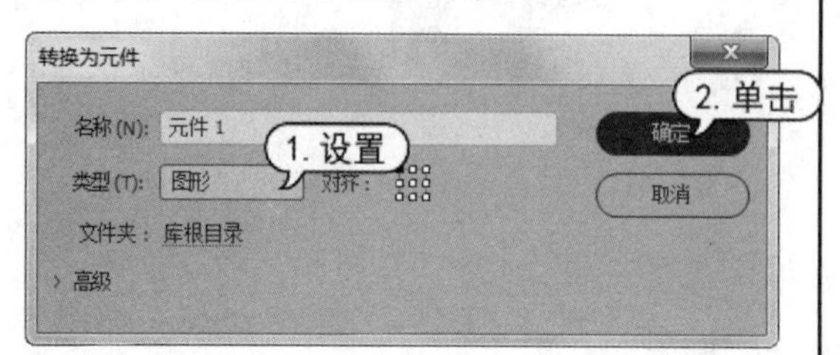

step 7 新建【画轴 1】图层，选择【导入】|【打开外部库】命令，打开对话框，选择【画轴】文档，单击【打开】按钮。

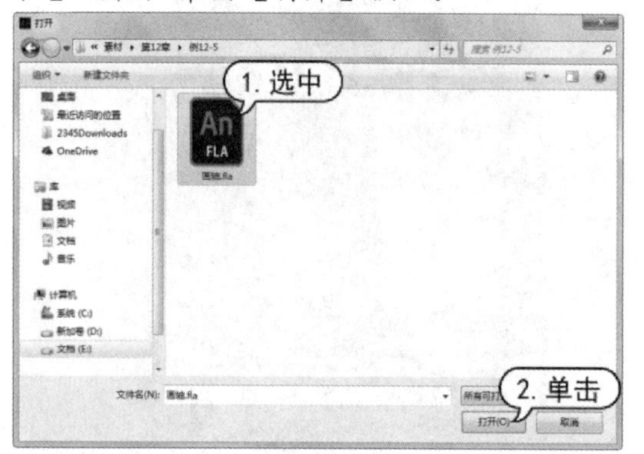

step 8 在外部库面板中，将【卷轴】元件拖入舞台，并移动到画的顶端。

step 9 新建【画轴 2】图层，复制卷轴元件，并拖到画的底端。

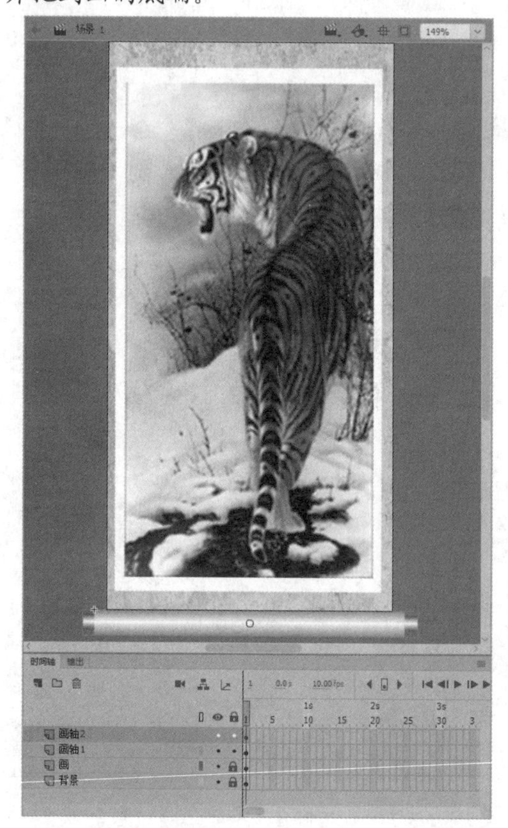

step 10 在所有图层的第 50 帧处插入关键帧，右击【画轴 2】图层中的任意 1 帧，在弹出的快捷菜单中选择【创建传统补间】命令，创建传统补间动画。

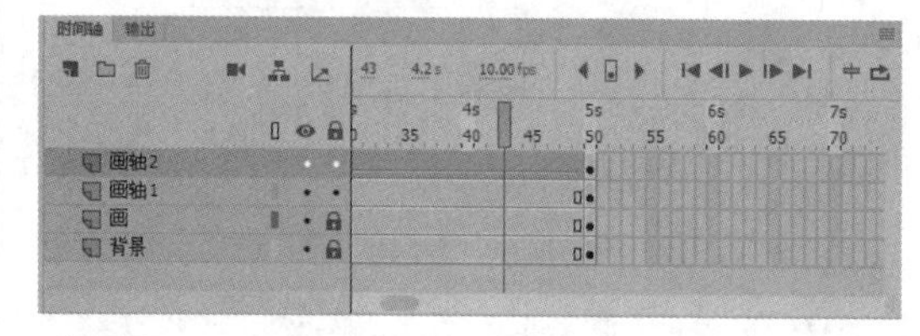

step 11 在【画】图层上新建图层，然后将其转换为遮罩层并以“遮罩层”为名。

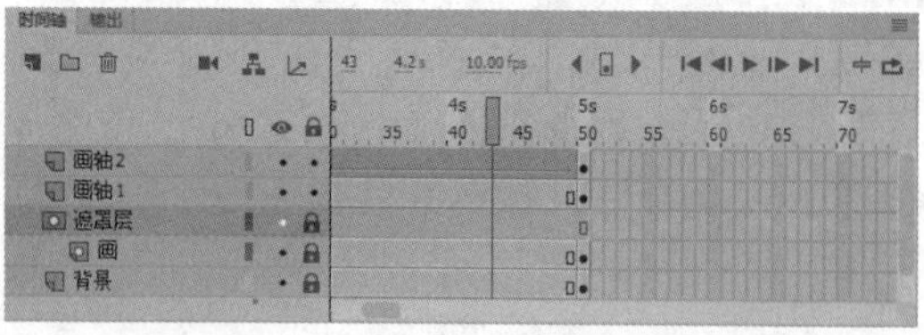

step 12 在【遮罩层】图层中的第 50 帧处插入关键帧，在两个画轴之间绘制一个矩形，填充色为绿色。

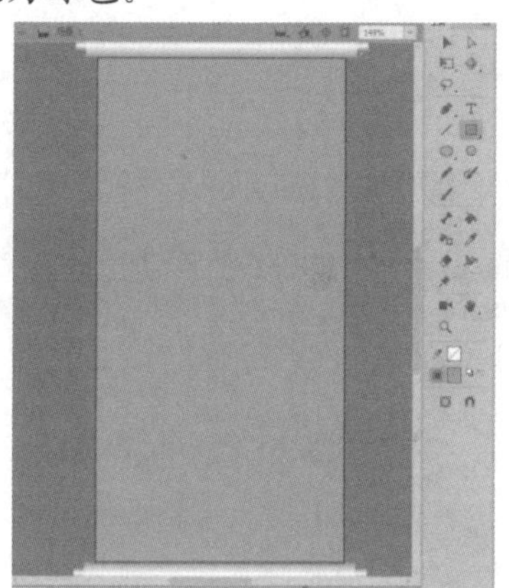

step 13 选择【遮罩层】图层中的第 1 帧，将矩形缩小到和卷轴一样高度并紧贴上方卷轴。

step 14 选择【画轴 2】图层中的第 1 帧，将画轴实例移动到顶端卷轴的下方并紧贴。

step 15 右击【遮罩层】图层中的任意 1 帧，在弹出的菜单中选择【创建补间形状】命令，创建补间形状动画。

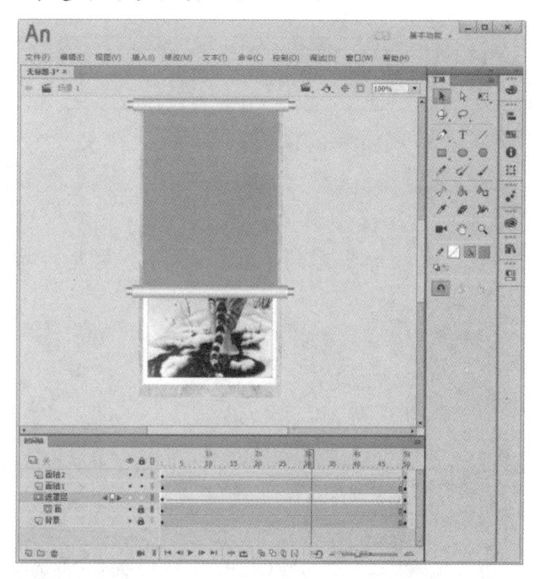

step 16 按Ctrl+Enter组合键，测试卷轴动画效果。

12.6 制作云朵动画

新建文档，导入位图，创建元件，结合传统补间动画，制作云朵飘动效果动画。

【例 12-6】新建一个文档，制作云朵飘动效果动画。
视频+素材 (素材文件\第 12 章\例 12-6)

step 1 启动Animate CC 2019，新建一个文档。

step 2 选择【矩形工具】，绘制一个矩形形状，删除矩形图形的笔触，将大小设置为舞台默认大小。

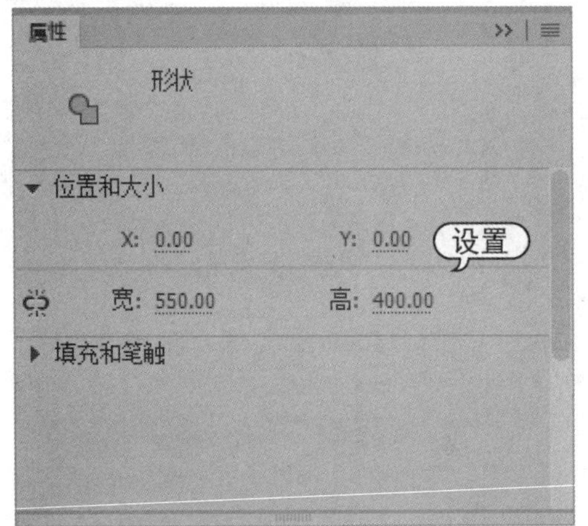

step 3 选择【颜料桶工具】，设置填充颜色为线性渐变色，打开【颜色】面板，设置渐变色为蓝白渐变色。

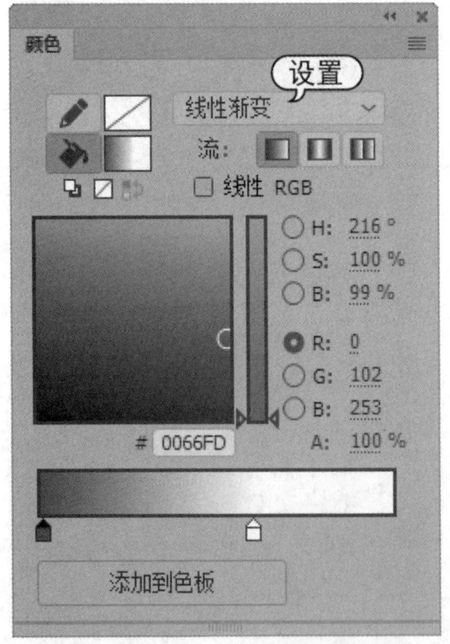

step 4 填充矩形图形，选择【渐变变形工具】调整渐变色，矩形填充颜色效果如下图所示。

step 5 新建图层，然后选择【插入】|【新建元件】命令，新建一个【影片剪辑】元件。

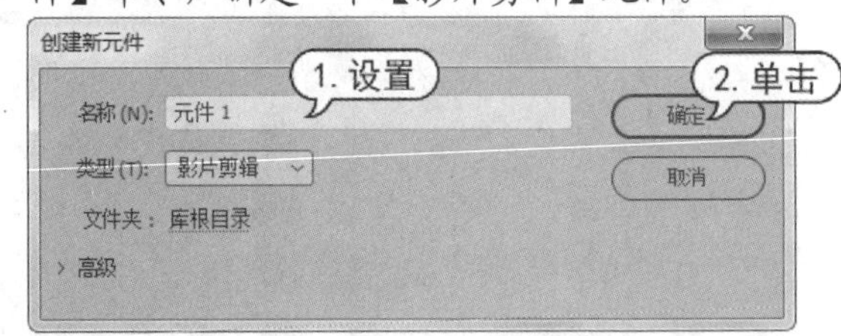

step 6 进入【影片剪辑】元件编辑模式，选择【铅笔工具】，绘制云朵图形轮廓，选择【颜料桶工具】，设置填充颜色为“放射性渐变色填充”，在【颜色】面板中设置渐变色，填充云朵颜色，删除云朵图形笔触，然后绘制其他大小和轮廓不相同的云朵图形，选中所有的云朵图形，按下Ctrl+G组合键组合图形。

step 7　选中组合的图形，复制多个相同的图形，然后选中所有图形，选择【修改】|【转换为元件】命令，转换为图形元件。

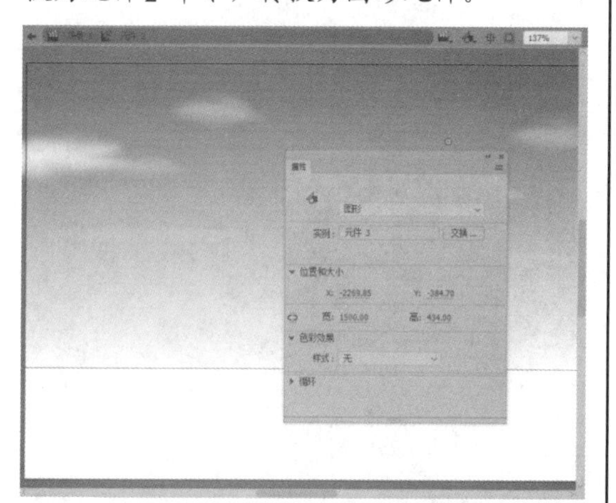

step 8　在图层第 80 帧处插入关键帧，将【图形】元件拖动到舞台外右侧。选中第 1~80 帧，右击，弹出快捷菜单，选择【创建传统补间】命令，形成传统补间动画。

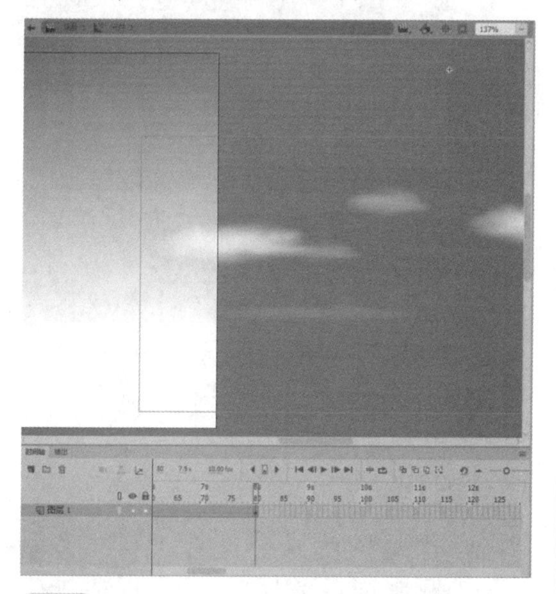

step 9　返回场景，新建【图层 3】图层，将该图层移至最顶层，选择【文件】|【导入】|【打开外部库】命令，打开对话框，选择【草坪】文件，单击【打开】按钮。

step 10　将外部库中的【草坪】图片拖入【图层 3】图层的舞台中，并调整图像的大小和位置。

step 11　按下 Ctrl+Enter 组合键，测试动画效果为云朵在天空中飘动。

12.7 制作水面波纹动画

制作图片倒影，使用遮罩层功能，设置补间动画，制作水面波纹动画。

【例 12-7】新建一个文档，创建一个水面波纹倒影的效果。
视频+素材（素材文件\第 12 章\例 12-7）

step 1 启动Animate CC 2019，新建一个文档。

step 2 选择【修改】|【文档】命令，打开【文档设置】对话框，在该对话框中将文档的舞台大小修改为 500 像素 × 798 像素，单击【确定】按钮。

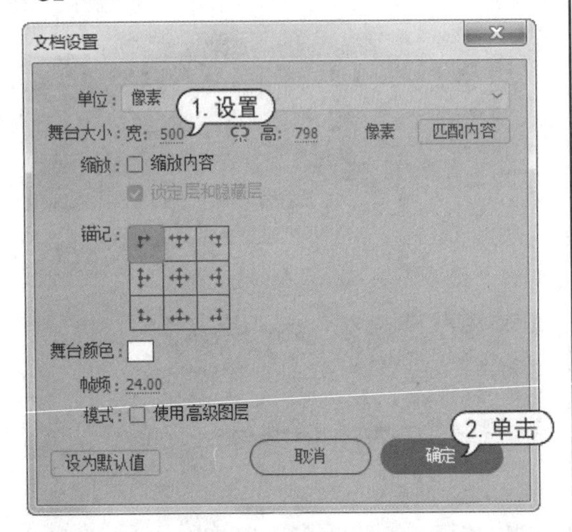

step 3 选择【文件】|【导入】|【导入到舞台】命令，打开【导入】对话框，选择【仙鹤】位图文件，单击【打开】按钮，导入图片到舞台中。

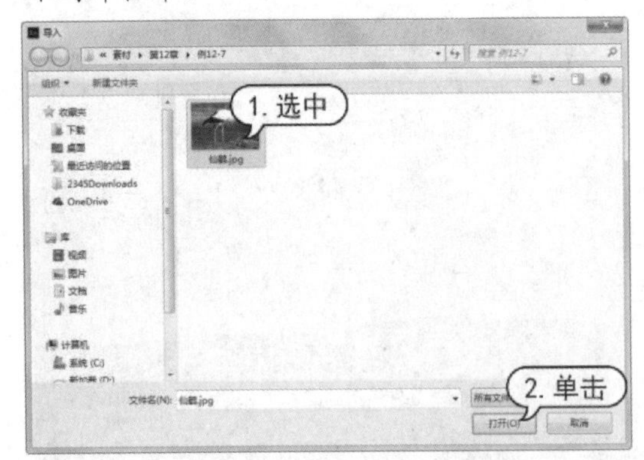

step 4 选中图片，打开【对齐】面板，单击【水平中齐】和【顶部分布】按钮。

step 5 打开其【属性】面板，设置X和Y值都为 0，设置宽为 500，高为 399。

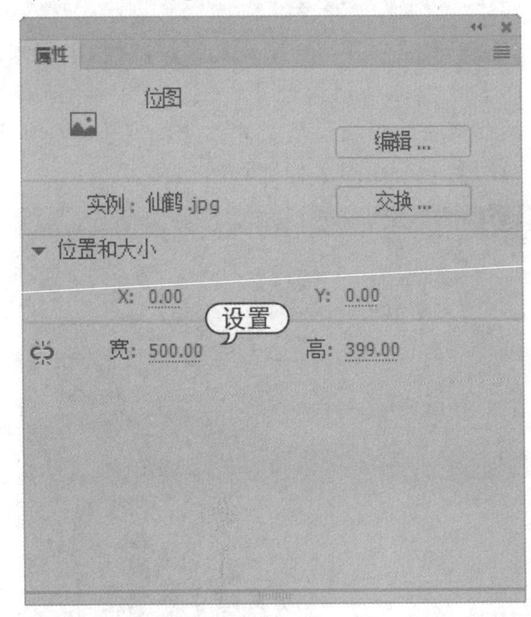

step 6 选择【图层_1】图层的第 40 帧，按F5 键插入帧。

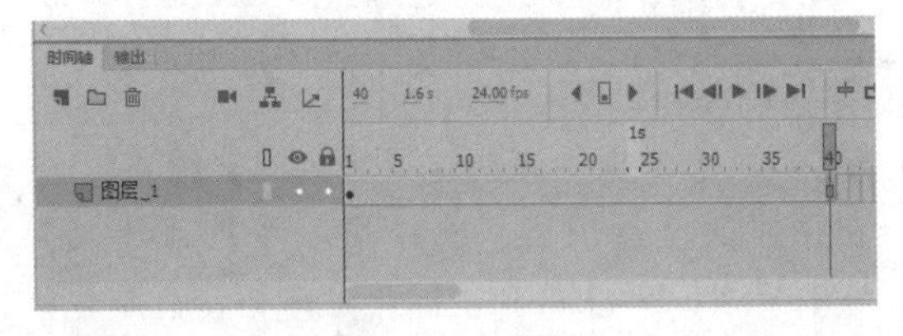

step 7 新建【图层_2】图层，打开【库】面板，将【仙鹤】元件拖入舞台中。

step 8 打开其【属性】面板，设置宽为 500，高为 399。

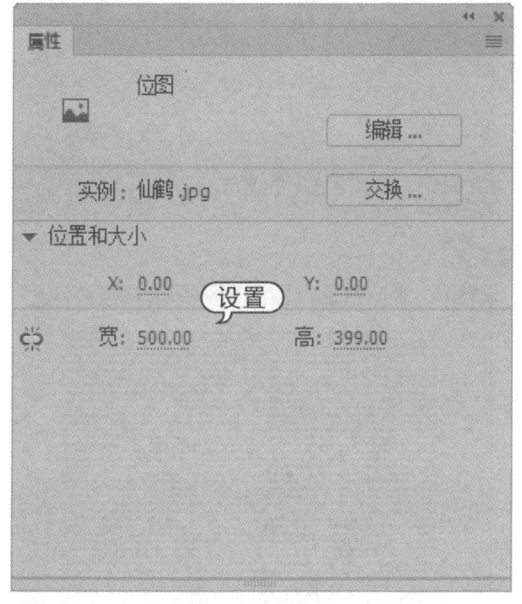

step 9 打开【对齐】面板，单击【水平中齐】和【底部分布】按钮。

step 10 选择【修改】|【变形】|【垂直翻转】命令，使底下图片形成倒影状态。

step 11 选择【修改】|【转换为元件】命令，打开【转换为元件】对话框，设置【名称】为“重影 1”，将【类型】设置为图形元件，单击【确定】按钮。

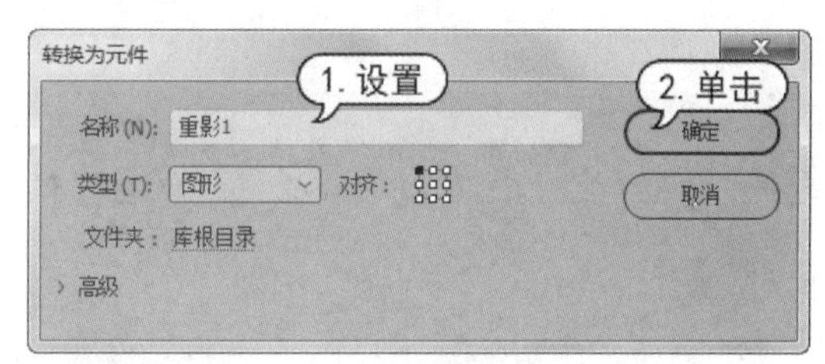

step 12 打开【属性】面板，在【色彩效果】选项组中设置【样式】为高级，将【红】【绿】【蓝】分别设置为 60%、70%、80%。

step 13 新建【图层_3】图层，在【库】面板中将【重影 1】拖至舞台中，使其与【图层_2】中的元件对齐。

step 14 打开其【属性】面板，在【色彩效果】选项组中设置【样式】为高级，将【Alpha】【红】【绿】【蓝】分别设置为 50%、60%、70%、80%。

step 15 新建【图层_4】图层，选择【插入】|【新建元件】命令，打开【创建新元件】对话框，设置【名称】为“矩形”，将【类型】设置为图形元件，单击【确定】按钮。

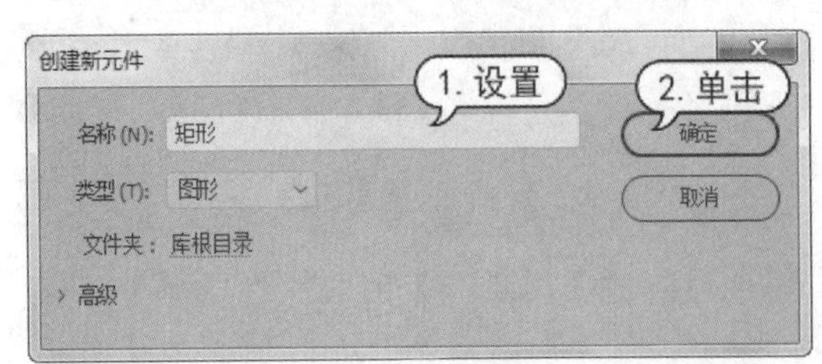

step 16 选择【矩形工具】，单击【对象绘制】按钮，关闭对象绘制。在矩形元件的编辑舞台中进行绘制，在其【属性】面板中设置【宽】为 500，【高】为 5，【笔触颜色】为无，【填充颜色】为黑色。

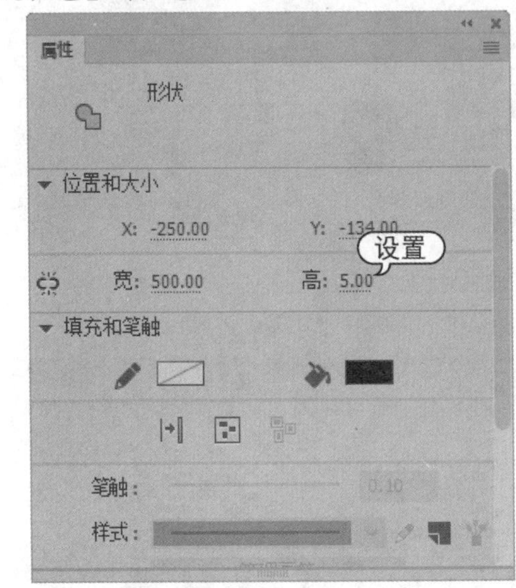

step 17 复制矩形形状，调整其位置。

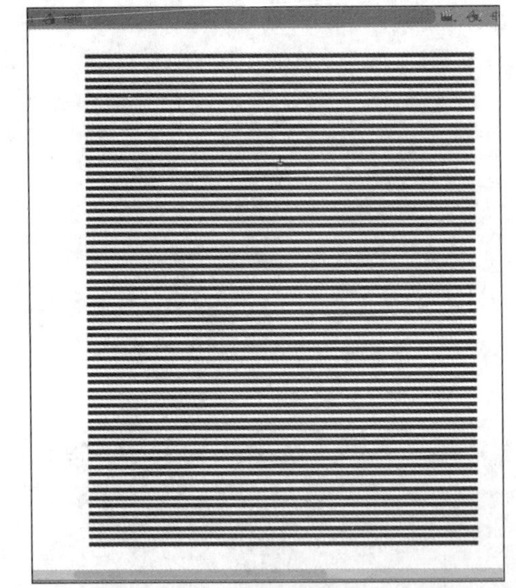

step 18 返回场景，选中【图层_4】图层的第 1 帧，在【库】面板中将【矩形】元件拖入舞台中，使用【任意变形工具】将元件大小调整至与舞台大小相同。

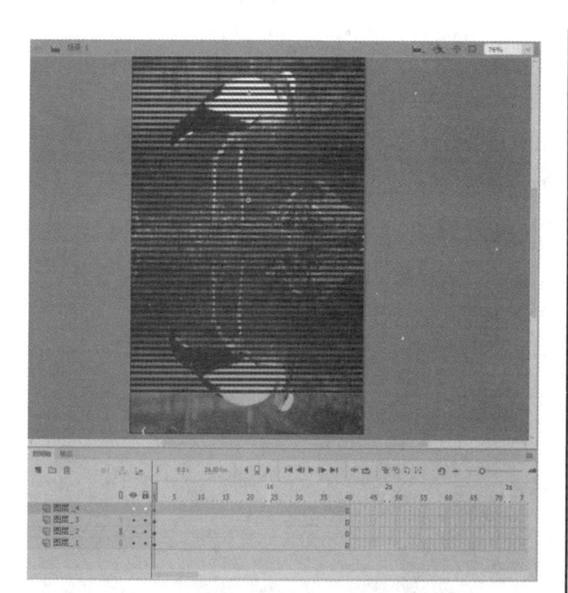

step 19 选择【图层_4】图层的第 40 帧，按F6键插入关键帧，在舞台中调整【矩形】元件的位置。

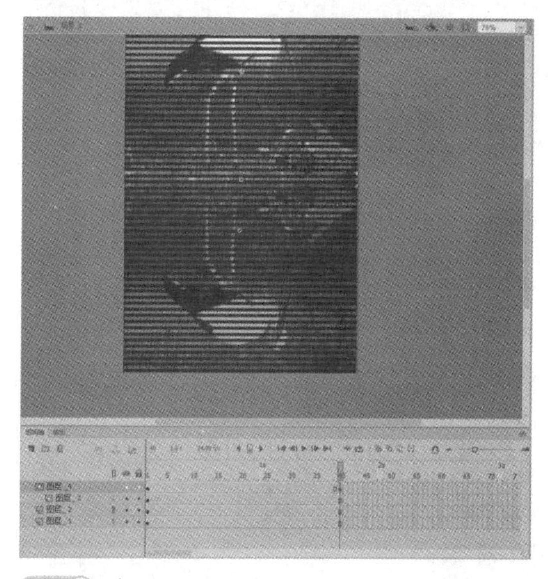

step 20 在该图层的第 1~40 帧的任意帧上右击，从弹出的菜单中选择【创建传统补间】命令创建传统补间动画。

step 21 右击该图层，从弹出菜单中选择【遮罩层】命令形成遮罩层。

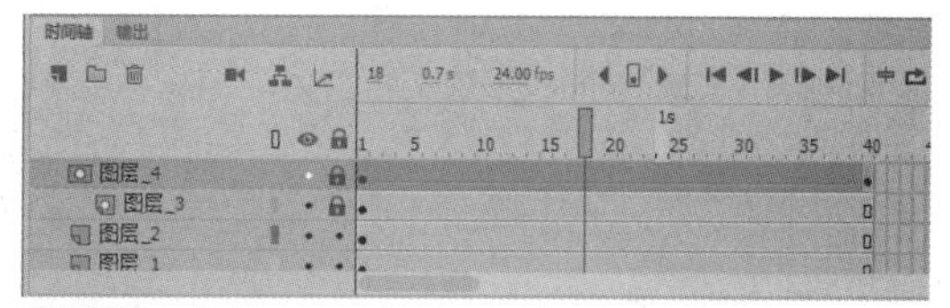

step 22 选择【文件】|【另存为】命令，打开【另存为】对话框，将其命名为“水面波纹”加以保存。

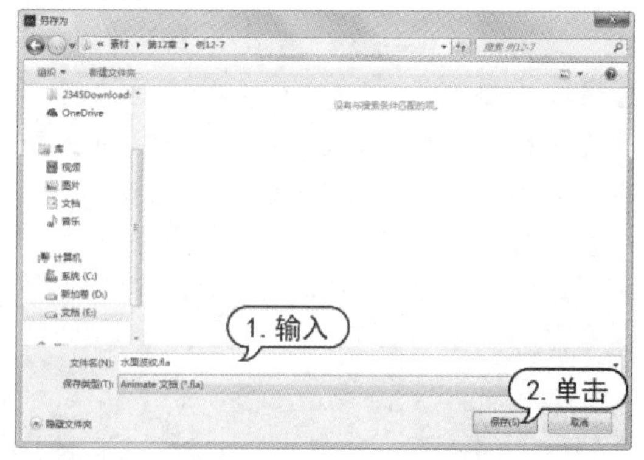

step 23 按下Ctrl+Enter组合键，预览水面波纹动画效果。

12.8 制作登录界面

新建文档，应用动画组件创建实例，输入 ActionScript 代码，制作在登录界面输入账号和密码的效果。

【例 12-8】新建一个文档，制作用户登录程序的界面。

视频+素材 (素材文件\第 12 章\例 12-8)

step 1 启动Animate CC 2019，新建一个文档。

step 2 选择【修改】|【文档】命令，打开【文档设置】对话框，在该对话框中将文档的舞台大小修改为 700 像素 × 470 像素，单击【确定】按钮。

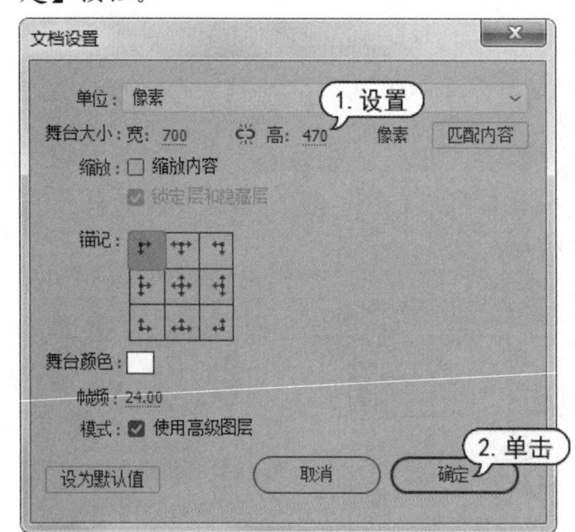

step 3 选择【文件】|【导入】|【导入到库】命令，打开【导入到库】对话框，选择【bg】图形和【登录窗口】图形，单击【打开】按钮。

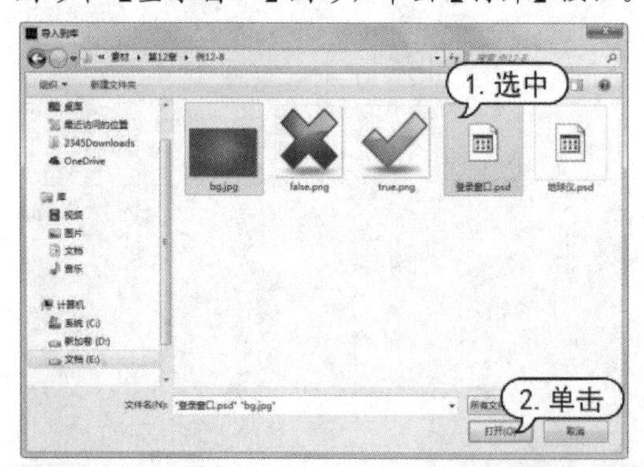

step 4 由于有psd格式的文件，将打开对话框，在【压缩】中选择【无损】选项，在【将图层转换为:】中选择【单一Animate图层】选项，然后单击【导入】按钮。

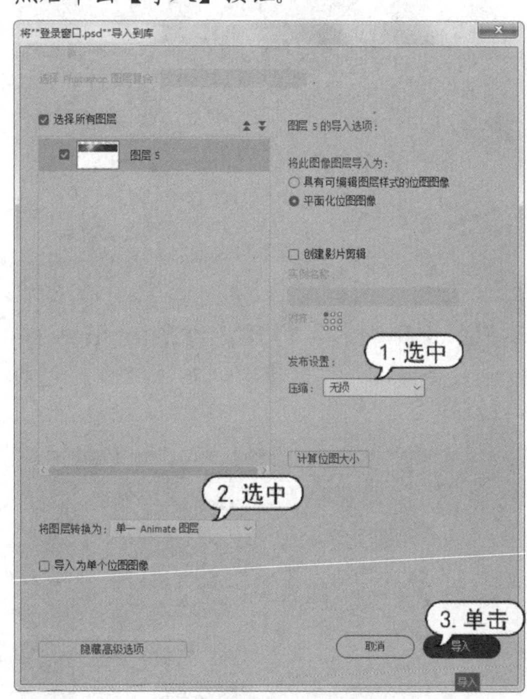

step 5 打开【库】面板，将【bg】图形和【登录窗口】图形拖入舞台中的合适位置。

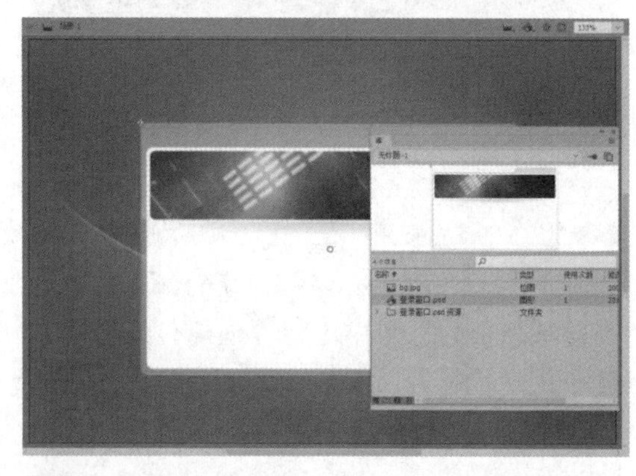

step 6 选择【登录窗口】图形，选择【修改】|【转换为元件】命令，打开对话框，将其转换为影片剪辑元件。

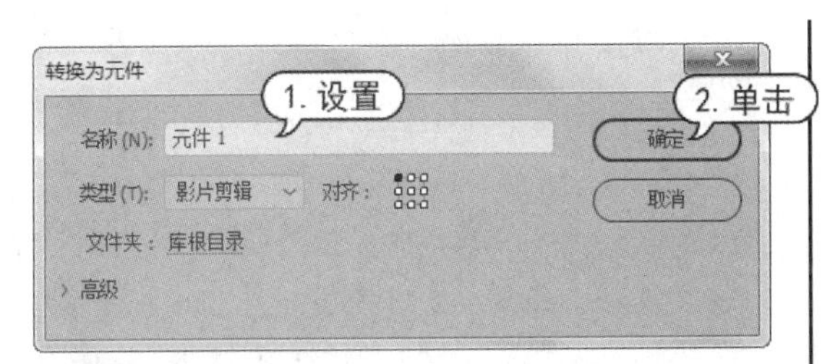

step 7 打开元件的【属性】面板，添加【投影】滤镜。

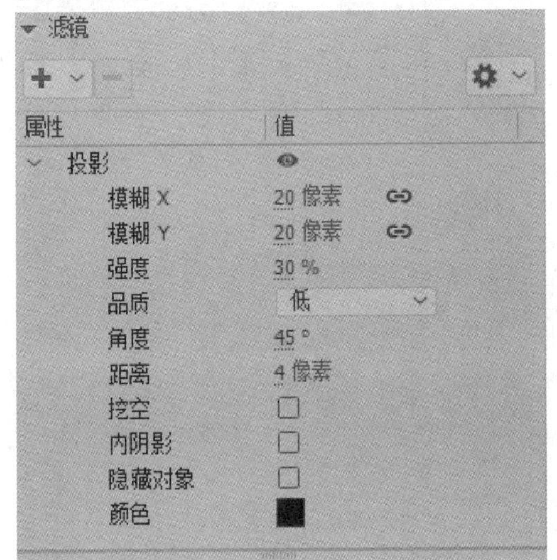

step 8 将该图层命名为“登录窗口”，然后新建名为“标题”的图层，在舞台中输入文本，然后添加【投影】滤镜。

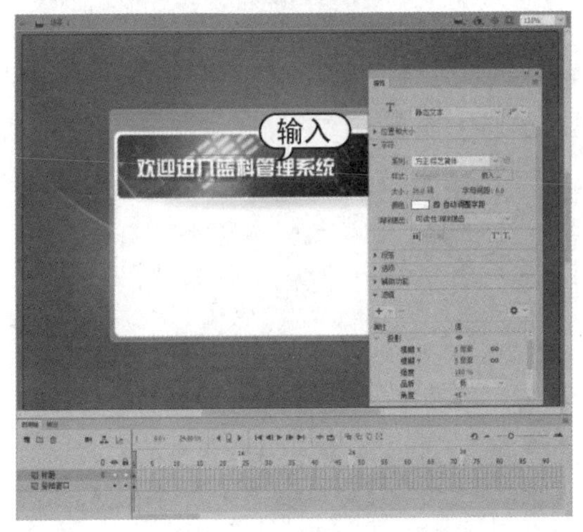

step 9 选择【文件】|【导入】|【导入到库】命令，打开【导入到库】对话框，选择【地球仪】等几个图形，单击【打开】按钮。

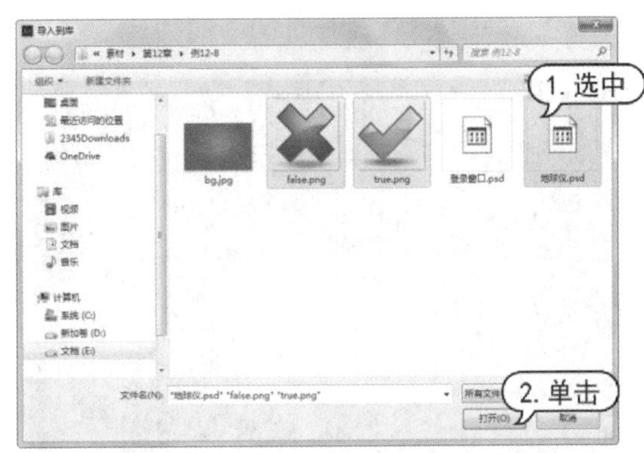

step 10 打开对话框，在【压缩】中选择【无损】选项，在【将图层转换为:】中选择【单一Animate图层】选项，然后单击【导入】按钮。

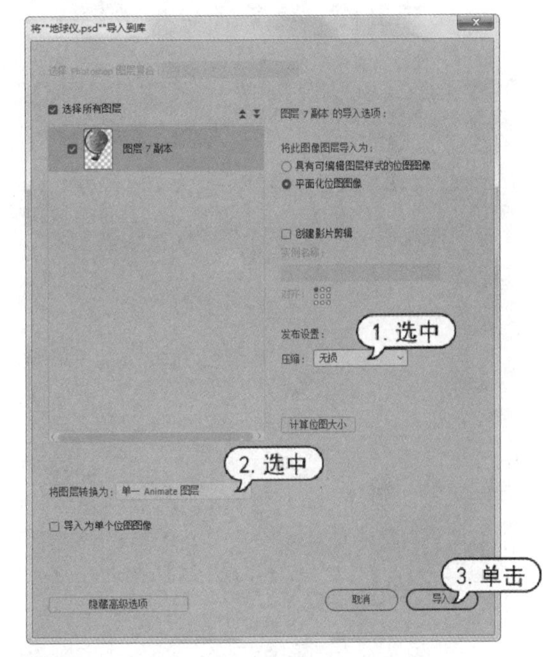

step 11 新建名为“登录界面”的图层，打开【库】面板，从库中选择【地球仪】图形拖入舞台中。

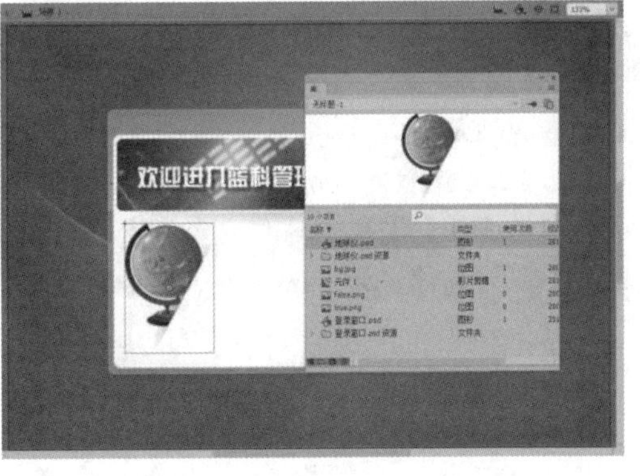

step 12 使用【文本工具】输入文本。

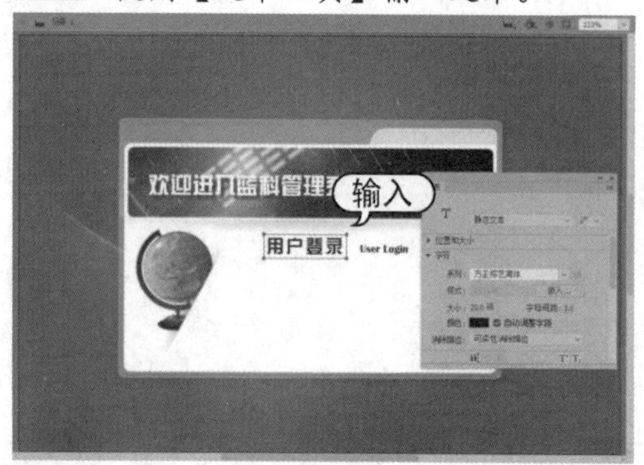

step 13 打开【组件】面板，选择【Label】组件拖入舞台中，打开其【属性】面板和【组件参数】面板，设置【实例名称】为“userTitle”，【text】参数为“账 号:”。

step 14 打开【组件】面板，选择【TextInput】组件拖入舞台中，打开其【属性】面板和【组件参数】面板，设置【实例名称】为“User”，【maxChars】参数为“16”。

step 15 拖入一个【Label】组件到舞台中，打开其【属性】面板和【组件参数】面板，设置【实例名称】为“pwdTitle”，【text】参数为“密码:”。

step 16 选择【TextInput】组件拖入舞台中，打开其【属性】面板和【组件参数】面板，设置【实例名称】为“PassWord”，【maxChars】参数为“16”，选中【displayAsPassword】复选框。

属性
1. 输入
PassWord
影片剪辑
实例：TextInput 交换 ...
显示参数
组件参数
属性 值
3. 选中
displayAsPassword
editable
enabled
2. 输入
maxChars 16
restrict
text
visible

step 17 选择一个【Button】组件拖入舞台中，打开其【属性】面板和【组件参数】面板，设置【实例名称】为“Submit”，【label】参数为“确定”。

属性
1. 输入
Submit
影片剪辑
实例：Button 交换 ...
显示参数
组件参数
属性 值
emphasized
enabled
2. 输入
label 确定
labelPlacement right
selected
toggle
visible

step 18 选择一个【Button】组件拖入舞台中，打开其【属性】面板和【组件参数】面板，设置【实例名称】为“Reset”，【label】参数为“取消”。

step 19 在第 2 帧处插入空白关键帧，从库中拖入【false】图形到舞台中。

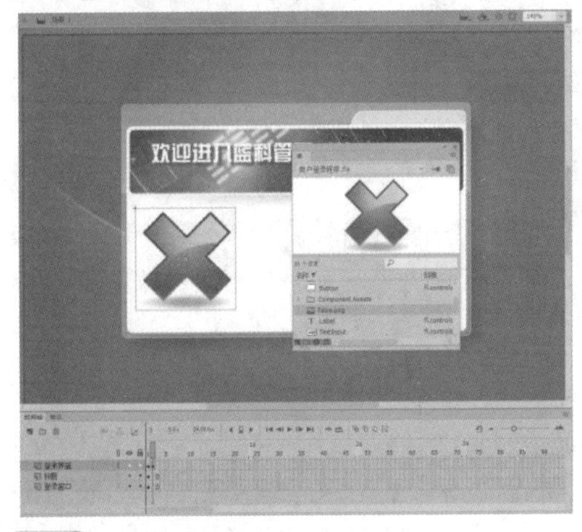

step 20 在第 2 帧中输入文本。

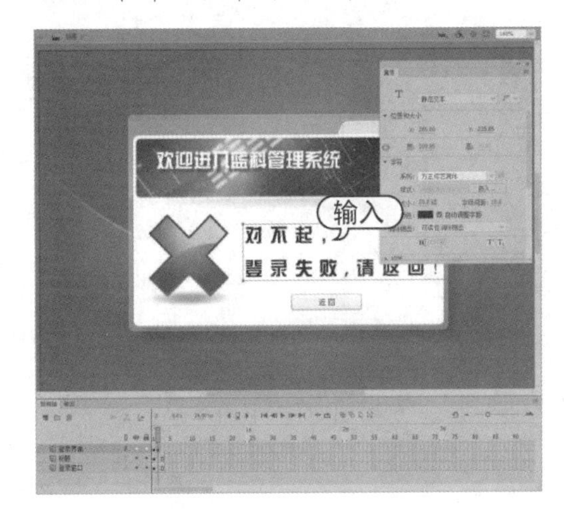

step 21 拖入【Button】组件，设置其【实例名称】为“Return”。

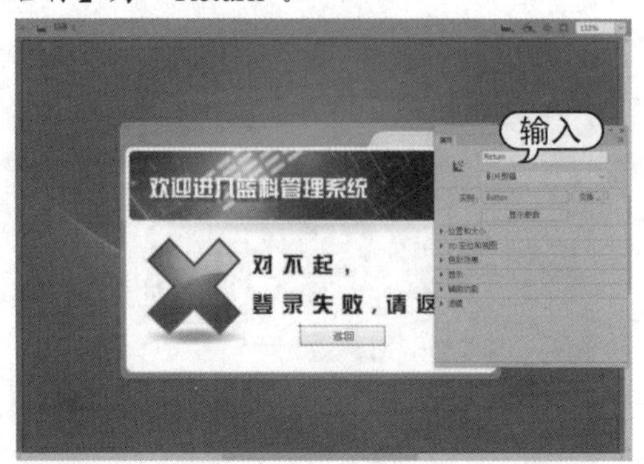

step 22 在第 3 帧处插入空白关键帧，从库中拖入【true】图形到舞台中，然后输入文本。

step 23 新建名为“AS”的图层，在第 1 帧处打开其【动作】面板，输入代码（参见素材文件），在第 2 帧处插入空白关键帧，打开其【动作】面板，输入代码（参见素材文件）。

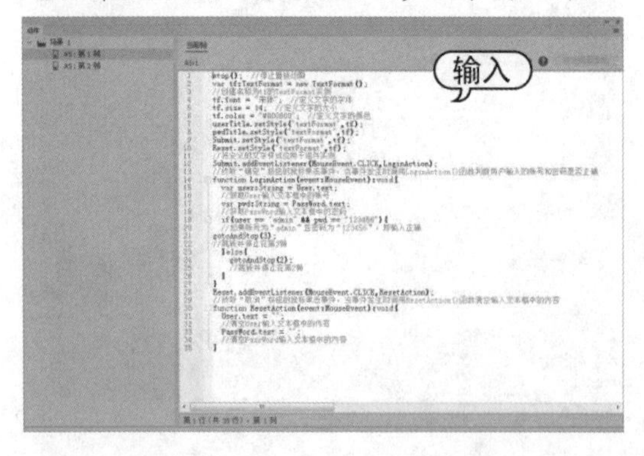

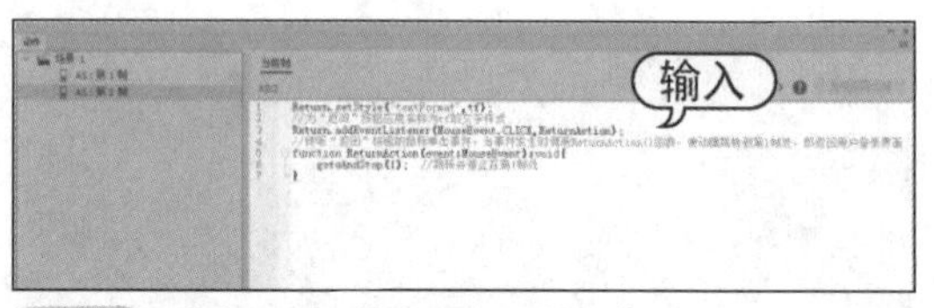

step 24 选择【文件】|【保存】命令，打开【另存为】对话框，将文件以“用户登录程序”为名进行保存。

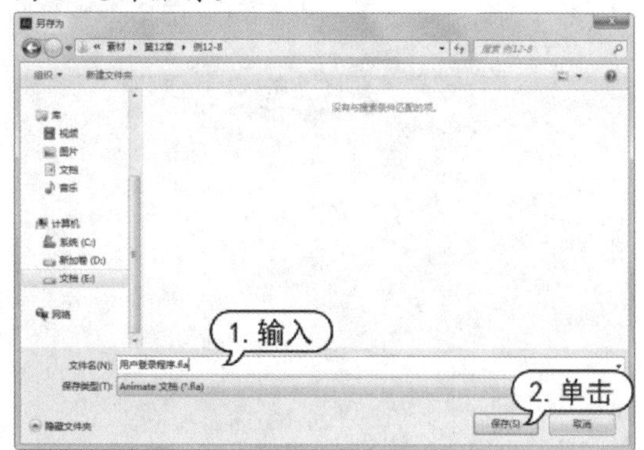

step 25 按Ctrl+Enter组合键，测试影片效果：输入错误的账号和密码，将显示登录失败界面；输入正确的账号（admin）和密码（123456），将显示登录成功界面。

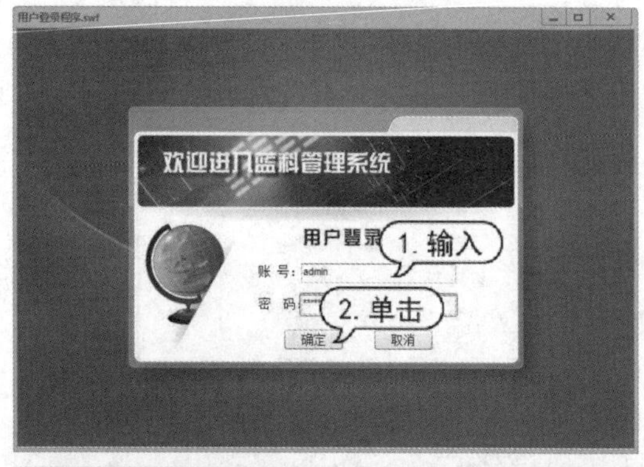

12.9　制作多媒体光盘界面

新建文档，导入位图文件，使用补间动画，编辑元件和图层等功能，制作多媒体光盘界面效果。

【例 12-9】新建文档，创建一个可以互动的光盘界面。
视频+素材 (素材文件\第 12 章\例 12-9)

step 1 启动Animate CC 2019，新建一个文档。

step 2 选择【文件】|【导入】|【导入到舞台】命令，打开【导入】对话框，选择【背景】位图文件，单击【打开】按钮，导入【背景】图片到舞台中并调整其位置。

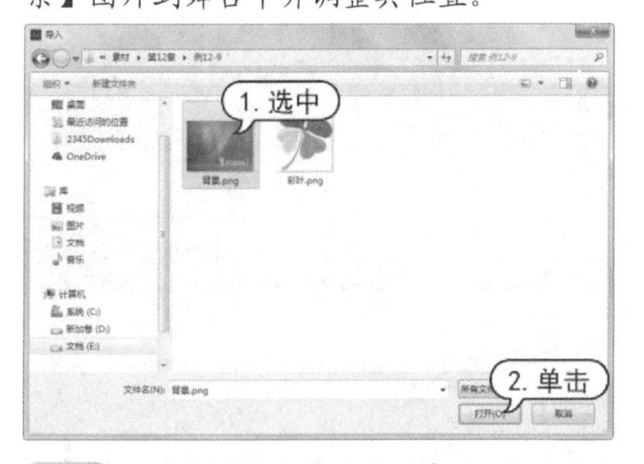

step 3 选择【修改】|【文档】命令，打开【文档设置】对话框，单击【匹配内容】按钮，单击【确定】按钮。

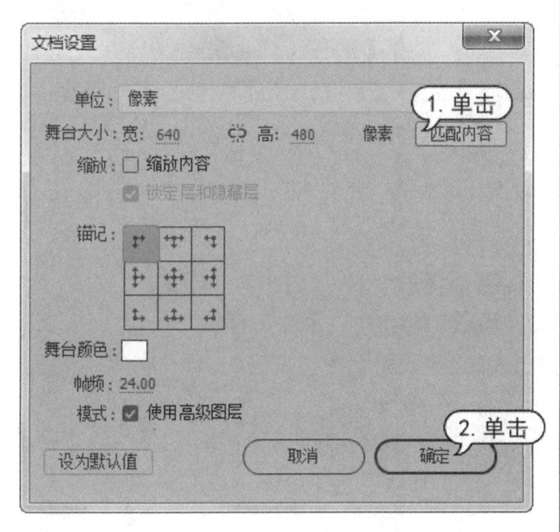

step 4 新建【图层_2】图层，选择【文本工具】，在其【属性】面板上设置文本类型为静态文本，【系列】为华文琥珀字体，【大小】为 28 磅，【颜色】为蓝灰色，输入文本“Windows 7 安装界面”，调整其位置。

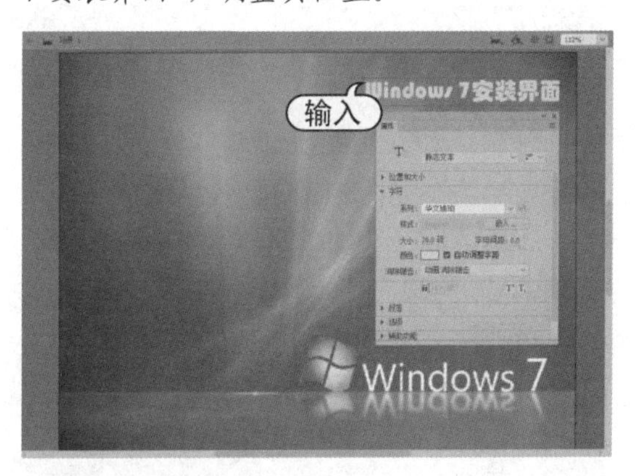

step 5 选择【基本矩形工具】，在舞台上绘制矩形。打开其【属性】面板，设置笔触颜色为“灰色”，填充颜色为线性渐变蓝色，在【矩形选项】里输入“10”，使其成为圆角矩形图形。

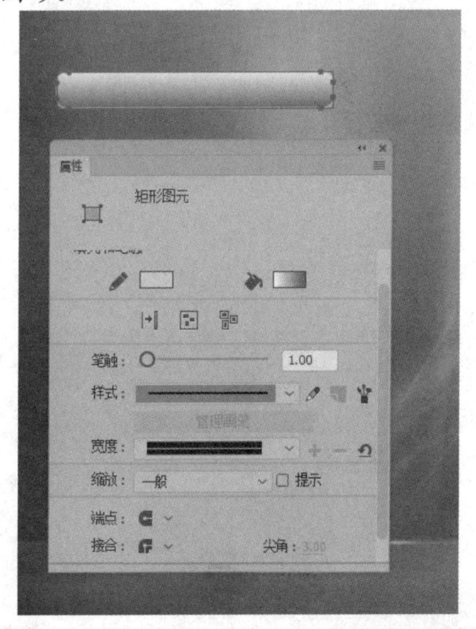

step 6 选择【文本工具】，在【属性】面板中将【大小】设置为“20 磅”，将【颜色】设置为“白色”，在舞台中输入一系列文本。

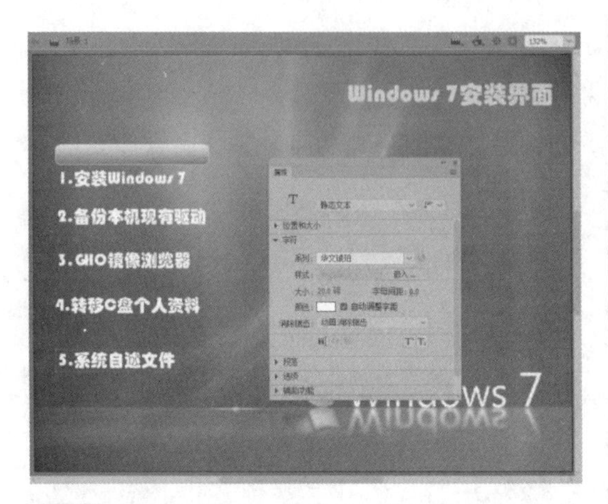

step 7 右击圆角矩形图形，在弹出的快捷菜单中选择【排列】|【下移一层】命令，然后将圆角矩形图形移至文本内容“1.安装Windows 7”下方。

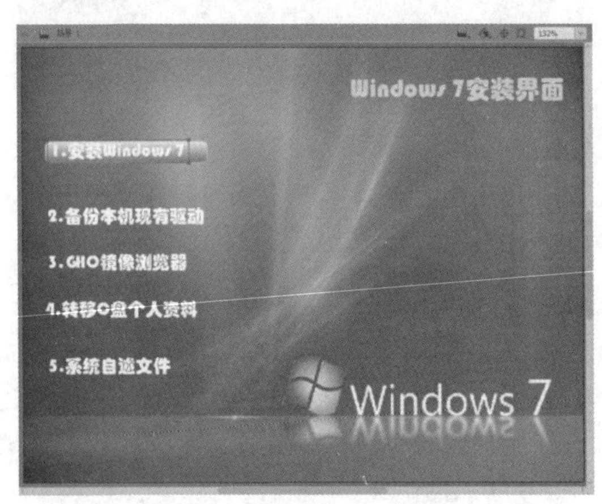

step 8 复制多个圆角矩形图形，移至其他文本内容下方。

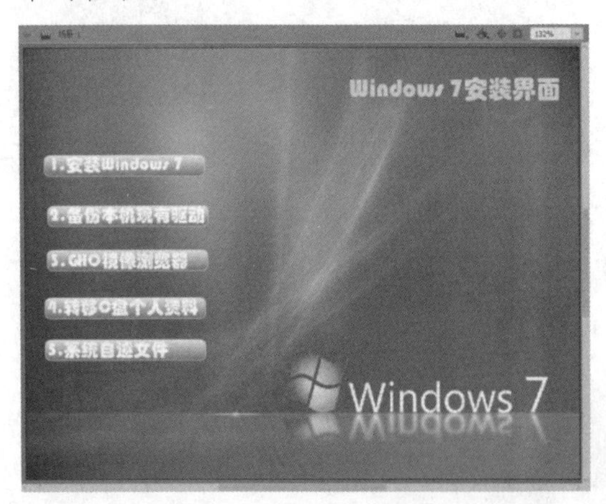

step 9 选中文本内容“1.安装Windows 7”和下一层的圆角矩形图形，选择【修改】|【转换为元件】命令，转换为【元件 1】按钮元件。

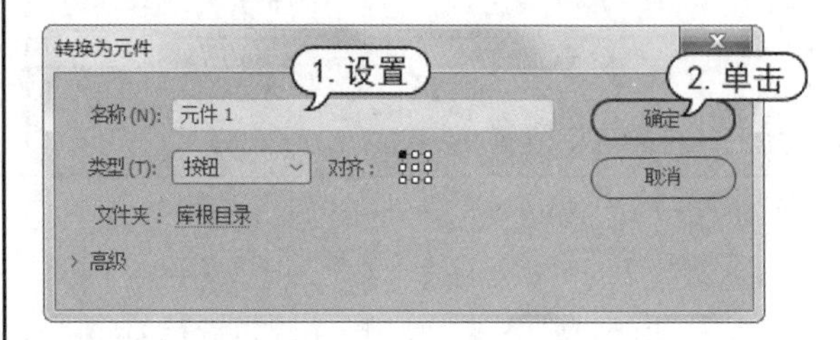

step 10 使用相同的方法，将其他文本内容和对应下一层的圆角矩形图形转换为【元件 2】【元件 3】【元件 4】【元件 5】按钮元件。

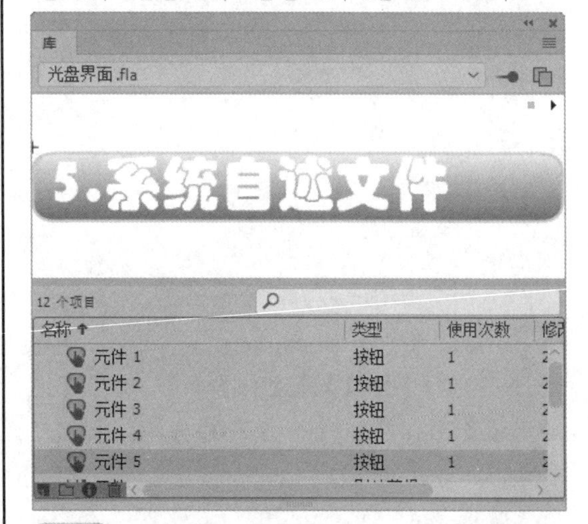

step 11 双击【元件 1】按钮元件，打开元件编辑模式，在【指针经过】帧处插入关键帧。

step 12 选中【指针经过】帧处的圆角矩形图形，打开其【颜色】面板，调整图形的渐变色。

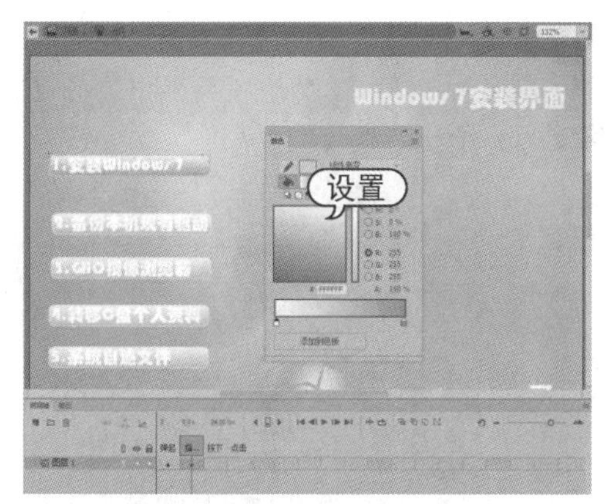

step 13 在【按下】帧处插入关键帧，选中该帧处的对象，按下方向键，向下移动 3~5 个像素点位置。

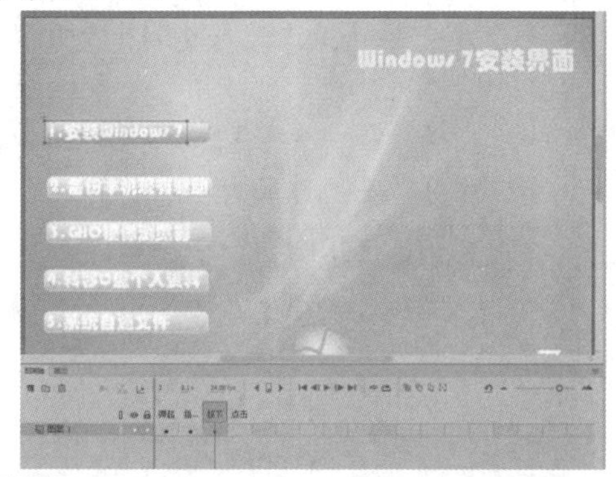

step 14 返回场景，按照前面相同的步骤，创建其他【按钮】元件效果。在进行其他【按钮】元件编辑操作时，可以复制【元件 1】按钮元件【指针】处的圆角矩形图形，粘贴到其他【按钮】元件【指针】关键帧处的初始位置，然后下移一层图形，此操作可以保证统一的渐变效果。

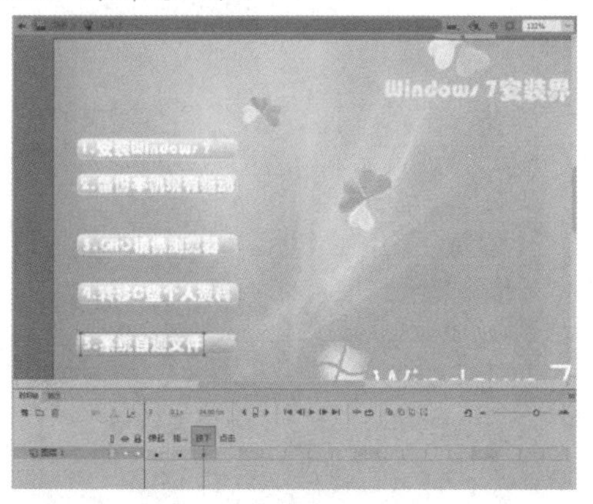

step 15 返回场景，新建【图层_3】图层，选择【文件】|【导入】|【导入到舞台】命令，在弹出的对话框中选择【彩叶】文件导入舞台中，然后用【任意变形工具】调整其大小。

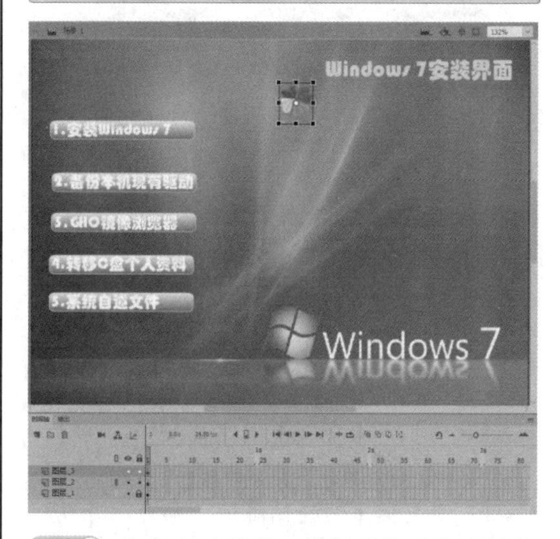

step 16 选中彩叶图像，选择【修改】|【转换为元件】命令，转换为【影片剪辑】元件。

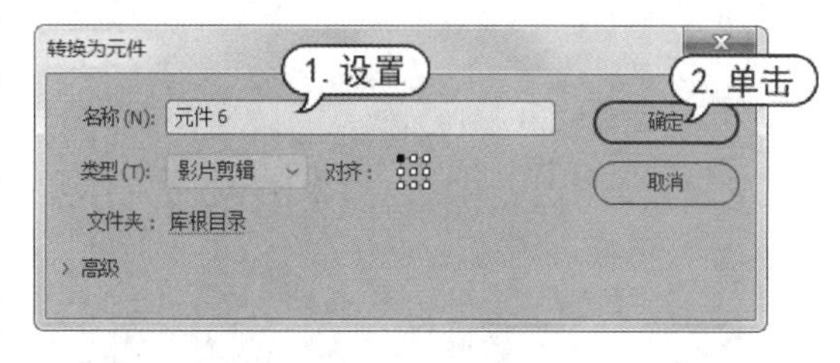

step 17 双击打开元件编辑模式，右击【图层_1】图层，在弹出的快捷菜单中选择【添加传统运动引导层】命令，创建引导层。

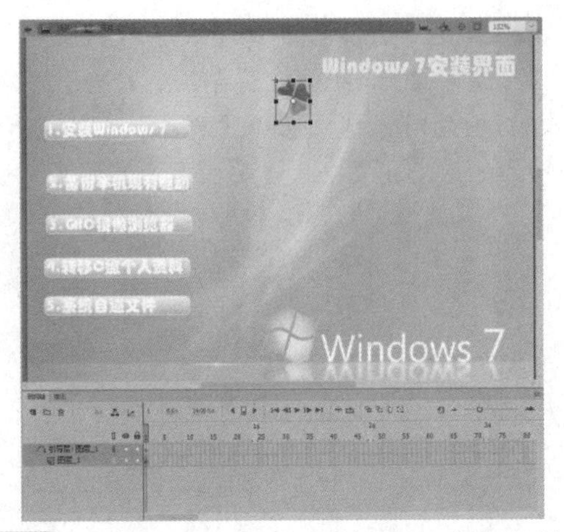

step 18 选中引导层，使用【铅笔工具】绘制引导曲线。

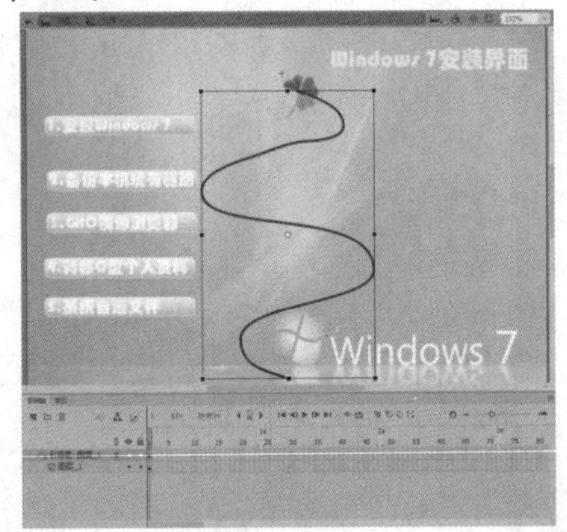

step 19 在引导层第 60 帧处插入帧，在【图层_1】图层的第 60 帧处插入关键帧。选中【图层_1】图层第 1 帧处的图像，移至引导曲线一端并贴紧，选中【图层_1】图层第 60 帧处的图像，移至引导曲线另一端。在第 1~60 帧创建传统补间动画。

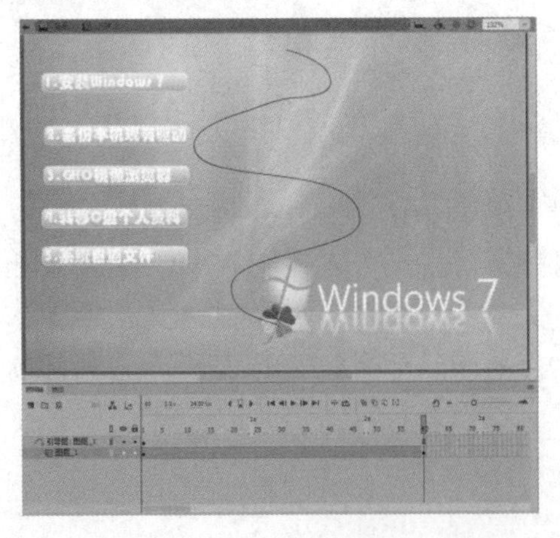

step 20 返回场景，右击【库】面板中的【元件 6】元件，在弹出的快捷菜单中选择【直接复制】命令，直接复制元件。

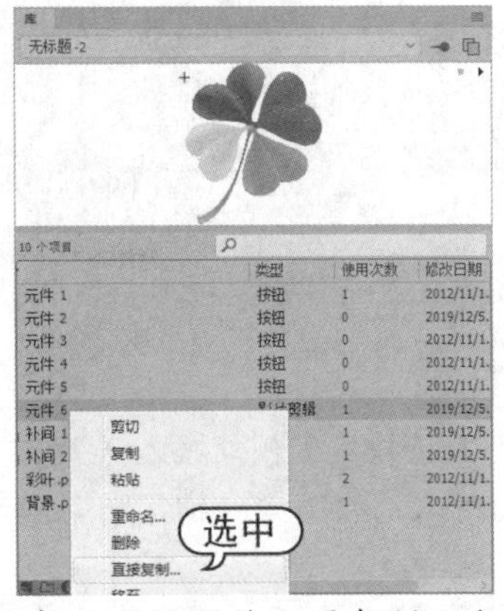

step 21 重复上面的操作，再复制 1 个元件，然后将复制的元件拖动到【图层_3】图层的舞台中，选择【任意变形】工具，分别调整各个【影片剪辑】元件的大小、旋转等。

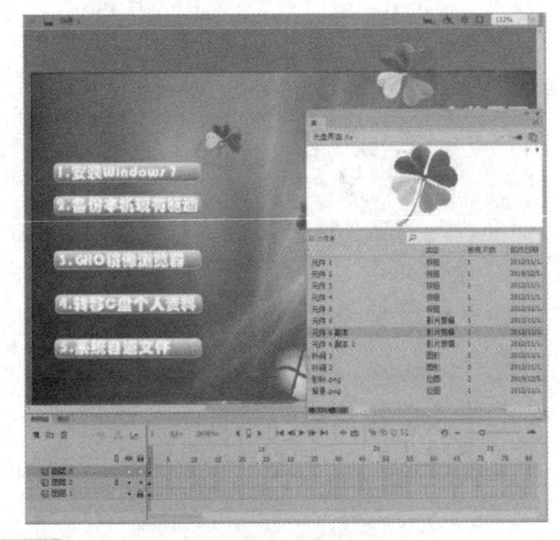

step 22 按Ctrl+Enter组合键测试动画效果：单击里面的标签按钮，不断有彩叶从上往下飘落。

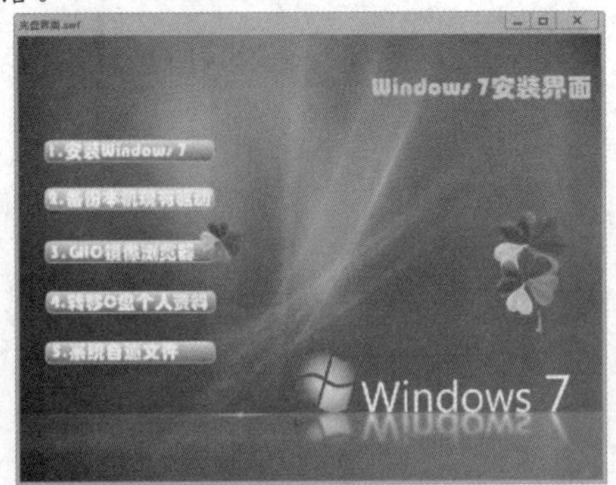